D1675159

Heinz Hossdorf – Das Erlebnis Ingenieur zu sein

Mit einem Beitrag von Peter Dietz und einem
Vorwort von José Antonio Torroja

Birkhäuser Verlag
Basel · Boston · Berlin

Wir danken für die freundliche Unterstützung durch Freunde und Kollegen des Autors aus dem Architekten- und Ingenieurbereich und der Holcim (Schweiz) AG.

Bibliografische Information der Deutschen Bibliothek
Die Deutsche Bibliothek verzeichnet diese Publikation in der Deutschen Nationalbibliografie; detaillierte bibliografische Daten sind im Internet über <http://dnb.ddb.de> abrufbar.

Postfach 133, CH–4010 Basel, Schweiz
Gedruckt auf säurefreiem Papier, hergestellt aus chlorfrei gebleichtem Zellstoff. TCF ∞
Umschlagsabbildung: Pavillon «Les échanges», Expo '64, Lausanne. Photo: Bernhard Moosbrugger.

Printed in Germany

ISBN 3-7643-6050-X

9 8 7 6 5 4 3 2 1

Das Buch sei mit grossem Dank all denen – nicht zuletzt meiner lieben Frau Carolina – gewidmet, die mich mit nachsichtiger Toleranz experimentieren liessen.

Heinz Hossdorf

Inhaltsverzeichnis

Teil II.
Entwurfswerkzeuge

Anhang

Vorwort

von José Antonio Torroja

Als Heinz Hossdorf mich bat, das Vorwort zu diesem Buch zu schreiben, überlegte ich es mir zweimal, ob ich diese herausfordernde Aufgabe übernehmen könnte. Denn das Buch, das der Leser in Händen hält, sprengt in vielerlei Hinsicht den Rahmen des Üblichen. Es ist trotz seines unbestreitbaren didaktischen Wertes kein technisches Lehrbuch. Es ist auch nicht eine rein informative Darstellung der Projekte und realisierten Werke eines Ingenieurs. Ebenso wenig handelt es sich nur um eine Auseinandersetzung mit der Kunst, sinnvolle und schöne Tragkonstruktionen zu entwerfen. Dennoch wird jeder Ingenieur, Architekt oder allgemein an der Baukunst Interessierte beim Duchblättern des Buches auf Seiten stossen, die seine Aufmerksamkeit erregen, und sich spontan von der Fülle der darin enthaltenen Darstellungen, grundsätzlichen Überlegungen und Anregungen angezogen fühlen. Daher die Schwierigkeit, auf dem notwendigerweise beschränkten Raum eines Vorworts die Mannigfaltigkeit der in diesem Buch behandelten Themen und insbesondere der reichen Persönlichkeit seines Autors zusammenzufassen.

Das Buch ist in zwei inhaltlich wie formal sauber getrennte Teile gegliedert, denen je zwei seiner insgesamt vier Kapitel zugeordnet sind.

Der erste, umfangreichere Teil des Buches befasst sich mit Baukonstruktionen. In seinem ersten Kapitel beschreibt und kommentiert Hossdorf die konstruktiven Entwurfsaspekte einer Auswahl von Bauwerken in ihrer ganzen Vielschichtigkeit. Das zweite Kapitel ist demgegenüber, was man als (unvermeidlich subjektiven) «Essay» charakterisieren könnte, in dem der Verfasser den möglichen Motivationen und mentalen Konzepten sowohl rationaler als auch emotionaler Natur nachgeht, die den Ingenieur bei der Suche nach konstruktiven und formalen Lösungen bewegen. Dieser Kontext bildet den natürlichen Hintergrund für einige allgemeinere Reflexionen über seine persönlichen Erfahrungen in der Architekturszene und den Antagonismus zwischen den zwei vermeintlichen «Denkkulturen», die in der heutigen Gesellschaft nicht selten in stereotyper Weise den Architekten und Ingenieuren zugeschrieben werden.

Der zweite Teil, bestehend aus dem dritten und vierten Kapitel des Buches, widmet sich zwei Etappen von Hossdorfs beruflichem Leben, die sich, parallel zu seiner Projektierungstätigkeit als Bauingenieur, in seinem Versuchslaboratorium vollzogen und einen Grossteil seiner kreativen Schaffenskraft in Anspruch nahmen: die Entwicklung von Methoden und Technologien der experimentellen Statik und später der Computersimulation, beide als Arbeitswerkzeuge für den entwerfenden Ingenieur.

Die beiden Teile stehen, wenn sie ihre Themen auch auf unterschiedliche Weise angehen, in enger gegenseitiger Verbindung. Während der erste Teil eine Vielfalt von praktischen Anwendungsbeispielen der erwähnten Werkzeuge zum Bauentwurf enthält, befasst sich der zweite Teil mit der technologischen Entwicklung dieser Instrumente als solche. – Eine Aktivität, die ihre eigene Dynamik entwickelte und technische Problemlösungen weit ausserhalb des Fachbereichs des Bauingenieurs erforderte.

Es existiert eine umfangreiche Literatur über das Wirken bekannter Architekten und Ingenieure, die aber in der Regel das Erzeug-

Prólogo

(spanischer Originaltext)

Cuando Heinz Hossdorf me pidió escribir el prólogo de este libro, me lo pensé dos veces antes de aceptar el reto que ello representa. Porque el libro que el lector tiene entre sus manos se sale de lo común en muchos aspectos. No es un libro de texto técnico, a pesar de sus indiscutibles valores didácticos. Ni es una exposición exclusivamente informativa sobre los proyectos y realizaciones de un ingeniero. Tampoco es solamente un ensayo sobre el arte de diseñar estructuras eficaces y bellas. Pero cualquier ingeniero, arquitecto o estudioso de la construcción arquitectónica que lo hojee, encontrará en cualquiera de sus páginas algo que llame su atención, y se sentirá inmediatamente atraído por el cúmulo de conceptos, imágenes, reflexiones y, en definitiva, de enseñanzas y sugerencias que en él se encuentran. De aquí la dificultad de condensar en el espacio de un prólogo, necesariamente corto, unos comentarios sobre la gran variedad de temas tratados y, en particular, sobre la compleja y rica personalidad de su autor.

El libro está estructurado en dos partes netamente diferenciadas tanto en su contenido como en su forma, organizada cada una de ellas en dos capítulos.

La primera parte del libro, que es la más extensa, trata del proyecto y construcción de obras. En su primer capítulo, Hossdorf describe y comenta, en toda la diversidad de sus facetas, los aspectos técnicos del diseño de una determinada selección de sus propias realizaciones. El segundo representa lo que podría considerarse como un ensayo, inevitablemente subjetivo en su exposición, en el que el autor explora las posibles motivaciones y conceptos mentales, tanto racionales como emocionales, de un ingeniero en la búsqueda de soluciones estructurales. Este contexto se presta, de forma natural, como trasfondo para unas reflexiones generales sobre sus propias impresiones en el escenario de la arquitectura y respecto al antagonismo entre las dos supuestas culturas de pensamiento que la sociedad de hoy día, a menudo, adscribe estereotípicamente a arquitectos e ingenieros.

La segunda parte, formada por el tercer y cuarto capítulos, está dedicada a dos etapas de la vida profesional de Hossdorf que tuvieron lugar en su propio Laboratorio de ensayos simultáneamente con sus actividades como proyectista de estructuras, y que absorbieron una importante parte de su potencial creativo: el desarrollo de métodos y tecnologías de análisis experimental y, más tarde, de simulación en ordenador, los dos concebidos como herramientas para uso del proyectista.

Las dos partes del libro están estrechamente relacionadas, aunque su tratamiento sea diferente. Así, mientras la primera parte contiene referencias a una gran variedad de aplicaciones prácticas de los instrumentos mencionados en los proyectos reales de construcción que Hossdorf comenta, la segunda se ocupa del desarrollo de las tecnologías como tales, que asumen, por tanto, su propia dinámica y exigen la dedicación a problemas de tipo físico bien fuera del campo estricto de la ingeniería civil.

Existe una literatura abundante dedicada a mostrar y comentar la obra de grandes arquitectos e ingenieros, en general escrita por

nis aussenstehender Verfasser ist. Bedauerlicherweise gibt es aber auf diesem Gebiet nur wenige Bücher, in denen – wie im vorliegenden – der Urheber sein eigenes Werk mit autobiografischer Authentizität selbst kommentiert. Dies hat allerdings den Nachteil, dass der Autor aus logischer Zurückhaltung kaum je über sich selbst spricht. Ich fühle mich daher, neben meinen Kommentaren zum Inhalt dieses Buches, auch dazu verpflichtet, einige, notwendigerweise subjektive Betrachtungen über die Persönlichkeit von Heinz Hossdorf einzuschliessen, mit dem mich ausser unserer professionellen Beziehung seit über dreissig Jahren eine enge Freundschaft verbindet.

Heinz Hossdorf ist in Basel aufgewachsen, wo er die Schulen besuchte und später auch seine beruflichen Tätigkeiten ausübte. Schon von klein auf prägte ihn seine Wissbegierde über die physische Welt und deren naturgesetzliche Verhaltensweisen mit dem Drang, die Kenntnisse mit kreativen Ideen in nutzbare Artefakte umzusetzten. In der Jugend äusserte sich sein schöpferisches Talent in vielerlei Erfindungen, deren Prototypen er in seiner Werkstatt selbst herstellte. Auf Grund seines sich auch in diesem Buch deutlich widerspiegelnden Interesses an sehr unterschiedlichen technologischen Gebieten konnte er nie Verständnis für die Aufspaltung der Lehrbereiche an den technischen Hochschulen in starre Fachdisziplinen aufbringen, was ihm auch Schwierigkeiten bei der Studienwahl zwischen Physik und einem der Ingenieurberufe bereitete. Schliesslich studierte er Bauingenieurwesen in Zürich und später in Aachen, wo er sich insbesondere von der Theorie der Schalenkonstruktionen angezogen fühlte.

Erst viel später, im Laufe seiner praktischen Berufstätigkeit, entdeckte er durch den engen persönlichen Kontakt mit Architekten die reizvolle «irrationale» Komponente der Architektur und richtete seine Fähigkeiten und Neigungen auf die Konstruktion auch formal überzeugender Bauwerke. Denn wie alle grossen Persönlichkeiten ist Hossdorf nicht nur an der materiellen Welt interessiert, sondern ist ebensosehr Humanist, der sich gern und intensiv mit allen Facetten menschlichen Tuns auseinandersetzt.

Heinz Hossdorfs vielseitige berufliche Tätigkeit ist schwer zu verstehen, ohne sie im Zusammenhang mit seinem Persönlichkeitsbild zu sehen: mit seiner schöpferischen und neugierigen Wesensart; seinem Bedürfnis, allen sich ihm stellenden Problemen, seien diese technischer oder anderer Natur, auf den tieferen Grund zu gehen; seiner feinen ästhetischen Sensibilität und insbesondere seinem ausgeprägt unabhängigen und individualistischen Charakter. Seiner liberalen Grundhaltung entsprechend hat er sich immer als Weltbürger verstanden und sich nie nach konventionellen sozialen oder beruflichen Verhaltensmustern ausgerichtet. Ich habe nur wenige Personen – um nicht zu sagen niemanden – gekannt, die sich stets, ungeachtet etablierter Normen, derart konsequent von den eigenen Motivationen und Impulsen leiten liessen. Es ist nicht weiter verwunderlich, dass diese Lebenshaltung, die ihm viele Freunde und Unterstützung einbrachte, ihm zeitweise auch Verdruss und Unverständnis bescherte. Dies umso mehr, als diplomatische Behutsamkeit nicht unbedingt zu seinen grossen Tugenden zählt.

estudiosos de aquella obra. Pero, desgraciadamente, hay muy pocos libros en este campo en los que, como en éste, es el propio autor quien comenta, con amplitud y autenticidad autobiográfica, su propia obra. Este planteamiento, sin embargo, tiene el inconveniente de que, por un lógico sentimiento de pudor personal, el autor nunca habla sobre su propia persona. Creo por tanto obligado, al comentar el contenido de este libro, incluir también unas consideraciones, necesariamente subjetivas, sobre la personalidad de Heinz Hossdorf, con quien he mantenido no solamente una relación profesional, sino también una entrañable amistad durante más de treinta años.

Heinz Hossdorf vivió en Basilea, donde recibió su primera educación y donde, más tarde, desarrolló sus actividades profesionales. Desde muy joven mostró una gran curiosidad por el mundo físico y las leyes naturales que rigen su comportamiento, utilizando sus conocimientos para transformarlos, con sus creativas ideas, en artefactos de utilidad práctica. Ya en su adolescencia, mostró este talento creativo a través de varios inventos, cuyos prototipos fabricó en su propio taller. Fue por su interés en campos tecnológicos muy diversos, como queda reflejado en este libro, por lo que nunca logró entender la compartimentación de la técnica, en las Escuelas Politécnicas convencionales, en disciplinas estancas entre sí, lo que le causó problemas al tener que decidirse entre la Física y una de las Ingenierías. Finalmente, estudió ingeniería civil en Zurich y más adelante en Aquisgrán, donde se sintió particularmente atraído por la teoría de las estructuras laminares.

Fue sólo más tarde, en el desarrollo de su actividad profesional y a través de sus relaciones con arquitectos, cuando descubrió las atractivas componentes "no racionales" de la arquitectura, y orientó sus capacidades y aficiones a la construcción de importantes y, en particular, bellas estructuras. Porque además, como todos los grandes hombres, Hossdorf no está sólo interesado por el mundo físico; es también un humanista, que gusta adentrarse en todas las facetas de la actividad humana.

Es difícil entender la variada actividad profesional de Heinz Hossdorf sin tener en cuenta ciertas características de su propia personalidad: su carácter creativo y curioso; su afán por profundizar en los fundamentos básicos de todas aquellas materias, técnicas o no, con las que ha tenido que enfrentarse; su exquisito sentido estético; y, en particular, su carácter independiente e individualista. Hombre de fuertes convicciones liberales, siempre se ha considerado como ciudadano del mundo, sin adscribirse a ningún modelo social o profesional establecido. He conocido muy pocas personas, por no decir ninguna, tan consecuentes con sus propias y personales motivaciones e impulsos, que le han acompañado durante toda su vida aunque no concordasen con la norma establecida como «correcta». No es de extrañar que esta actitud ante la vida, que le ha proporcionado grandes amigos y apoyos, le haya generado también, en ocasiones, sinsabores e incomprensiones. Porque, además, la precaución diplomatica no es precisamente una de sus virtudes.

Dieser ausgeprägte Unabhängigkeitsdrang ist vielleicht einer der kennzeichnendsten Charakterzüge Heinz Hossdorfs und hat seine Handlungen ein Leben lang bestimmt. Ein beredtes Zeugnis dafür ist die ungewöhnliche Gründung eines eigenen Modellversuchslaboratoriums: Es verlieh ihm die gesuchte Freiheit, seine Entwurfsideen losgelöst von üblichen Theorien, Normen und fremden Ratgebern nach eigenem Ermessen zu überprüfen. Der gleiche Hang zu persönlicher Unabhängigkeit hinderte ihn, obschon ihm das Unterrichten als solches keineswegs zuwider ist, auch daran, sich durch Annahme einer der wiederholten Rufe als Lehrer an verschiedene Technische Hochschulen zu binden. Trotzdem hielt er Seminare und Vorträge, nahm an Kongressen und Symposien teil und verfasste das bisher einzige, in mehrere Sprachen übersetzte Lehrbuch über «Modellstatik».

Die Entwicklungsbeiträge Hossdorfs zur experimentellen Statik fanden in Fachkreisen breite internationale Anerkennung, so dass er in den Augen vieler in diesem Gebiet Tätiger als «Spezialist» eingestuft werden könnte. Nichts liegt aber der Wirklichkeit ferner. Das primäre Anliegen Hossdorfs galt immer dem Entwurf von Baukonstruktionen. Wenn er sich vertieft mit anderen Fachgebieten befasste, dann, wie schon bemerkt, um sich die zur Durchführung seiner Hauptaktivität als hilfreich erachteten Werkzeuge zu beschaffen. Jedoch ist sicher, dass er, der immer von seiner eigenen Arbeit absorbiert war, sich zu wenig um die Veröffentlichung seiner Werke kümmerte. Was zur Folge hatte, dass diese ausserhalb seiner Heimat – wo die meisten seiner Bauten stehen – nur einem limitierten Kreis von Kennern der Baukunst bekannt sind. Eine Ausnahme bilden sowohl die 1956 in Madrid gegründete International Association of Shell Structures (IASS), als auch das Instituto Eduardo Torroja, in deren Zeitschriften seine bedeutensten Bauwerke publiziert wurden.

Wie dem auch sei, Hossdorfs Werk nimmt in der Ingenieurbaukunst der zweiten Hälfte des 20. Jarhunderts für immer einen hervorragenden Platz ein. Die seinen Schöpfungen zugrunde liegende Denkweise reiht sich in eine Entwurfsphilosphie ein, zu deren Repräsentanten man u.a. Robert Maillart, Eugène Freyssinet, Eduardo Torroja oder Pier Luigi Nervi zu zählen pflegt. Für sie führt ein gut durchdachtes, funktionskonformes Konzept, wenn es formal mit einer starken, dem Entwerfer eigenen ästhetischen Sensibilität gestaltet ist, von selbst zu einer nicht nur tragfähigen, sondern in ihrer plastischen Ausdruckskraft auch architektonisch überzeugenden Konstruktion. Entgegen dieser Denkweise haben die vielfältigen Möglichkeiten der modernen Materialien und Konstruktionsverfahren, vor allem aber der Einbruch des Computers und das damit einhergehende blinde Vertrauen in die Berechenbarkeit aller Tragkonstruktionen, viele Entwerfer zur umgekehrten Vorgehensweise verleitet, nämlich das tragende Gerippe zu zwingen, sich einer vorgefassten Formvorstellung unterzuordnen, wodurch es im Ergebnis notwendigerweise gekünstelt ausfallen muss. Hossdorf ging stets nach dem ersten, intellektuell weit anspruchsvolleren Konzept vor und prägte so allen Projekten, an denen er beteiligt war, sein unverwechselbares Siegel auf. Ihr Studium ist nicht nur eine unerschöpfli-

Este fuerte sentimiento de independencia es, quizá, una de las características más definitorias de la personalidad de Heinz Hossdorf, y ha marcado su actuación a lo largo de su vida. La fundación insólita de su propio laboratorio experimental es el más obvio testimonio de ello: le proporcionó la libertad que buscaba para verificar sus propias ideas de diseño con independencia de teorías, normas vigentes o consejeros ajenos. Y, aunque no le disgusta nada enseñar, ese mismo afán por su independencia personal siempre le impidió atarse aceptando alguna de las múltiples propuestas que, como Profesor, le hicieron desde varias Politécnicas. Sin embargo, dio varios Seminarios y conferencias, participó en Congresos y Simposios y, sobre todo, escribió el único libro de texto existente sobre "Ensayo de Modelos Reducidos", traducido a varios idiomas.

El reconocimiento internacional de sus aportaciones al análisis experimental de estructuras es muy amplio, y es posible que, para muchos expertos en este campo, Hossdorf pueda quedar clasificado como un "especialista". Nada más lejos de la realidad. Porque el interés primario de Hossdorf siempre estuvo en su actividad como proyectista de obras, y si se adentró en otros campos, lo hizo, como ya he mencionado, para disponer de las herramientas necesarias para el desarrollo de aquella actividad. Pero es cierto que, siempre ocupado en su propio y absorbente trabajo, se interesó demasiado poco por difundir su propia obra, poco conocida, en consecuencia, fuera de su país, donde se encuentra la mayoría de sus construcciones, y de un reducido número de expertos en el arte del diseño estructural. Una excepción a este hecho la constituyen tanto la International Association for Shell Structures (IASS), fundada en Madrid en 1956, como el Instituto Eduardo Torroja, en cuyas revistas se publicaron sus obras más significativas.

Sin embargo, la obra de Hossdorf tiene un importantísimo puesto por derecho propio en la construcción arquitectónica de la segunda mitad del siglo XX, y se inscribe en esa línea de pensamiento de la que, con frecuencia, se considera a Robert Maillart, Eugene Freyssinet, Eduardo Torroja o Pier Luigi Nervi como algunos de sus representantes más significativos. Para éstos, es del propio concepto estructural, bien concebido y adecuado a su función, y moldeado formalmente con la sensibilidad estética siempre subjetiva y propia de cada proyectista, del que surge no sólo la capacidad resistente sino también la expresividad plástica de una construcción arquitectónica. Frente a esta línea de pensamiento, las grandes posibilidades que ofrecen los modernos materiales y procesos de construcción, y, en particular, la irrupción del ordenador y la ciega confianza que ofrece en que cualquier estructura puede hoy día ser calculada, han llevado a muchos proyectistas a proceder a la inversa, creando primero un concepto formal al que, a posteiori, se adapta una estructura necesariamente artificiosa. En el desarrollo de su trabajo, Hossdorf ha procedido siempre según el primer concepto, intelectualmente mucho más exigente, dejando con ello presente su personalísima impronta en cuantos proyectos ha intervenido. Su estudio no es solamente una fuente inagotable de

che Quelle von Ideen und Anregungungen, sondern auch Anlass zu gründlichem Nachdenken.

Im ersten Kapitel des Buches tritt diese Philosophie Hossdorfs in den Ergebnissen deutlich zu Tage. Bei deren Analyse fällt insbesondere die vollkommene Unvoreingenommenheit ins Auge, mit der er seine Tragwerke konstruktiv und formal konzipierte und die dabei verwendeten Baustoffe wählte. Die letzteren reichen, ob vorgespannt oder nicht, vom Holz über Beton und Stahl bis hin zu den Kunststoffen und sogar dem altbewährten Naturstein. Im zweiten Kapitel widerspiegeln seine Gedanken den persönlichen Anteil bei der gemeinsamen Entwurfsarbeit mit Architekten, mit denen er unter Wahrung seiner eigenen unabhängigen Kriterien stets mit grossem Einfühlungsvermögen zusammenarbeitete.

Aber Hossdorf beschränkt sich nicht darauf, seine baulichen Werke zu erläutern und zu kommentieren. Er erzählt uns auch von seinen übrigen Aktivitäten, die zwar mit dem Bauingenieurwesen, aber nichts mit der Tätigkeit eines entwerfenden Ingenieurs zu tun haben. Die Zeitspanne der Aktivitäten des Versuchslaboratoriums (1955–1975) fiel in die Jahre der Schwindel erregenden Evolution und fortschreitenden Entdeckung der Möglichkeiten des Computers. Davon fasziniert, setzte Hossdorf, stets den neuesten Entwicklungen auf den Fersen, diese Möglichkeiten ein, um sie mit innovativen Konzepten und der Eigenherstellung der entsprechenden Instrumente in Arbeitswerkzeuge für den entwerfenden Ingenieur umzusetzten. Diese Bestrebungen gipfelten in einem «Hybridstatik» genannten System, in dem sich analoge Konzepte des Experiments mit den digitalen des Computers zu einer optimalen Symbiose ergänzen.

Im dritten Kapitel dieses Buches beschreibt Hossdorf die Grundlagen seiner Versuchsmethoden und die Entwicklung der einschlägigen Technologien. Damit verwandelte sich sein Laboratorium in das einzige private Dienstleistungszentrum seiner Zeit, in dem Tragkonstruktionen experimentell analysiert werden konnten. Ingenieure aus aller Welt wandten sich an das Institut, um dort ihre eigenen Konzeptionen untersuchen zu lassen. Ich hatte bei meinen Anwendungen selbst Gelegenheit, die der physischen Realität weit näher stehende als die durch den abstrakten Prozess der modernen Computermethoden aufgezwungene Vorstellungsweise festzustellen, die der Projektierende dabei aufbringen musste.

Die Beschäftigung mit der in der Hybridstatik auftretenden Problematik der geometrischen Darstellung von Gegenständen im Computer erweckte in Hossdorf eine Vision weit umfassenderer Art, die ihn in der Folge gänzlich in den Bann zog: die von jeglicher spezifischen Anwendung losgelöste digitale Modellierung der physischen Welt. Die Herausforderung, diesen Traum, der heute unter dem Begriff der virtuellen Welt bekannt ist, zu realisieren, führte zur Suspendierung all seiner angestammten Aktivitäten, um sich ganz dieser Aufgabe zu widmen. Er stürzte sich damit in ein nicht nur technisches, sondern auch unternehmerisches Abenteuer in einem völlig ungewohnten Umfeld.

Das vierte Kapitel widmet sich diesem Thema. Auf persönliches Ersuchen von Hossdorf hat es Peter Dietz, ein Pionier der

ideas y sugerencias, sino también motivo de profunda meditación.

En el primer capítulo de este libro, Hossdorf deja patente esta filosofía de actuación y su resultado. De su análisis destaca, en particular, su absoluta falta de apriorismos, tanto en la concepción estructural y formal de sus obras como respecto a los materiales que utilizó, que, pretensados o no, van desde la madera a las telas sintéticas, pasando por el hormigón, el acero, y hasta la propia piedra. Y en el segundo, sus propias reflexiones reflejan, aunque ésta no sea su intención, su actitud personal en el desarrollo de sus proyectos y su relación con los arquitectos con los que colaboró, siempre dialogante aunque planteada desde su propia independencia de criterios.

Pero Hossdorf no se limita a comentar y explicar sus obras. Nos habla también de esas otras actividades a las que dedicó su tiempo, afines a la ingeniería civil y al proyecto estructural, pero nada comunes en la actividad de un ingeniero proyectista. El periodo de actividad en su laboratorio experimental (1955–1975) coincidió con los años del vertiginosa evolución y progresivo descubrimiento de las posibilidades del ordenador electrónico. Fascinado por ellas, Hossdorf explotó a fondo estas potencialidades, siempre al ritmo de sus últimos desarrollos tecnológicos, convirtiéndolas, a través de innovativos conceptos y la propia fabricación de los instrumentos correspondientes en su taller, en herramientas de trabajo para el ingeniero proyectista. Este empeño culminó en un sistema integrado, llamado «cálculo híbrido», en el cual se funden los conceptos analógicos de la experimentación con los digitales del ordenador en una optima simbiosis.

En el tercer capítulo de este libro, Hossdorf describe los fundamentos de su método de análisis experimental y las tecnologías que desarrolló. Logró, con ello, convertir su Laboratorio en el único centro privado de su tiempo dedicado al cálculo de estructuras a través de su análisis experimental. Muchos proyectistas de diversos países acudieron a él para analizar sus propias concepciones. Yo mismo tuve la oportunidad de utilizarlo; y de comprobar, con ello, el necesariamente diferente planteamiento mental que exige del proyectista, mucho más próximo a la realidad física que el abstracto proceso impuesto por los modernos métodos de cálculo en ordenador.

El contacto con la problemática de la descripción geométrica de ojetos en el ordenador, inherente a su aplicación en el ensayo híbrido, despertó en Hossdorf una visión muy generalista, que le cautivó por completo, sobre la modelación digital del mundo físico como tal, con total independencia de su aplicación específica. El reto de realizar este sueño, que hoy día es conocido como el mundo virtual, le llevó a suspender todas sus actividades para concentrarse en su desarrollo, en una lucha no solo técnica sino empresarial en un campo ajeno a sus costumbres y actividades previas.

El cuarto capitulo se dedica a este tema. A petición personal de Hossdorf, su amigo Peter Dietz, un pionero en la industria

deutschen Computerindustrie und seit den ersten Anfängen verbunden mit den Tätigkeiten des Laboratoriums des Autors, übernommen, die letzte Geschichte dieses Buchs aus seiner persönlichen Perspektive zu erzählen.

Jede berufliche Tätigkeit entfaltet sich unvermeidlich im Rahmen eines persönlichen und sozialen Kontextes, der in vielen Fällen für das Endergebnis dieser Aktivitäten bestimmend ist. Und in diesem Buch, das in erster Linie das berufliche Zeugnis eines grossen Ingenieurs ist, wollte uns Hossdorf nicht verschweigen, welche Bedeutung dieses Umfeld für ihn selbst, seine eigenen Erfahrungen und seine Lebenseinstellung bei der Ausübung seines geliebten Berufes hatte. Er hinterlässt uns so nicht nur einen Einblick in sein Werk, sondern auch eine Fülle von Gedanken und persönlichen Ansichten, die zweifellos einer der interessantesten Aspekte des Buches sind. Die Lektüre dieser Reflexionen, die mit kritischem Geist und der für den Autor typischen Freimütigkeit geschrieben wurden, führen uns beinahe unbemerkt zu einem intimen Verständnis dessen, was für Heinz Hossdorf und sicherlich für viele seiner Berufskollegen das «*Erlebnis* Ingenieur zu sein» bedeutet.

Madrid, im August 2002

alemana de ordenadores y desde muy al principio relacionado con las actividades del Laboratorio del autor, aceptó el encargo de relatar, desde su propia perspectiva, esta última historia del libro.

Toda actividad profesional se desarrolla necesariamente en un contexto personal y social determinante, en muchas ocasiones, del resultado final de aquella actividad. Y en este libro, que es, ante todo, el testimonio profesional de un gran ingeniero, Heinz Hossdorf no ha querido pasar por alto lo que este contexto ha representado para él, sus propias experiencias personales y su filosofía vital en el ejercicio de su querida profesión, dejándonos no solo una visión de su obra sino también un conjunto de reflexiones y opiniones personales que constituyen, sin duda, uno de los aspectos más interesantes del libro. La lectura de estas reflexiones, escritas siempre desde la sinceridad y espíritu crítico que caracterizan a su autor, nos conducen, casi inconscientemente, a un íntimo entendimiento de lo que para Heinz Hossdorf, y seguro que para otros muchos proyectistas, representa lo que él define como la "apasionante aventura de ser ingeniero".

Madrid, Agosto de 2002

I. Baukonstruktionen

1

Einzelne Gesamtkonstruktionen

Die in diesem Kapitel betrachteten Bauten sind fast ausschliesslich Objekte des Hochbaus, deren architektonisches Erscheinungsbild durch die Form der Tragkonstruktion geprägt oder doch massgeblich mitgeprägt ist. In diesen Grenzbereich der gestalterischen «Zuständigkeit» von Architekt und Bauingenieur fallen vor allem grossräumige öffentliche oder industrielle Gebäude.

Die Auslese eignet sich auch zur Erwähnung der jeweiligen – von Bau zu Bau äusserst unterschiedlichen – Rollenverteilung zwischen den beiden Berufsvertretern bei der Formbestimmung. Dabei wird insbesondere auf die Aussenstehenden weniger vertraute Arbeitsweise des entwerfenden Ingenieurs ausführlicher eingegangen.

Die Bauten sind in der chronologischen Reihenfolge ihrer Erstellung aufgeführt.

1.1 Autoeinstellhalle der Linder-Häuser in Basel

Architekten: Otto und Walter Senn, Basel
Bauherr: PAX Lebensversicherungen, Basel
Baujahr: 1953–54

Zylinderschale, Rahmen und Trägerrost
Stahlbeton
Erstellung an Ort

Die Einstellhalle gehört zu einer 1915 von Rudolf Linder erstellten luxuriösen Wohnüberbauung und wurde nachträglich unter der dortigen Gartenanlage für den privaten Gebrauch der Bewohner eingebaut.

Die klassische Eisenbetonkonstruktion ist ein charakteristisches Frühwerk, bei dem Architekten wie Bauherrschaft dem Ingenieur die Freiheit liessen, seine Freude am statischen Experimentieren mit neuartigen Bauformen zur optimalen Erfüllung der spezifische Aufgabenstellung auszuleben. Dabei richtete sich die Lösungssuche stets nach der natürlichsten, d.h. unmittelbarsten Form der Lastabtragung und damit implizite auch nach der wirtschaftlichsten Konstruktionsweise (vgl. 2. Kapitel).

Diese erste fruchtbare Zusammenarbeit mit den oben genannten Architekten sollte in der Folge zur gemeinsamen Projektierung weiterer erwähnenswerter Baukonstruktionen führen. (s. Werkverzeichnis).

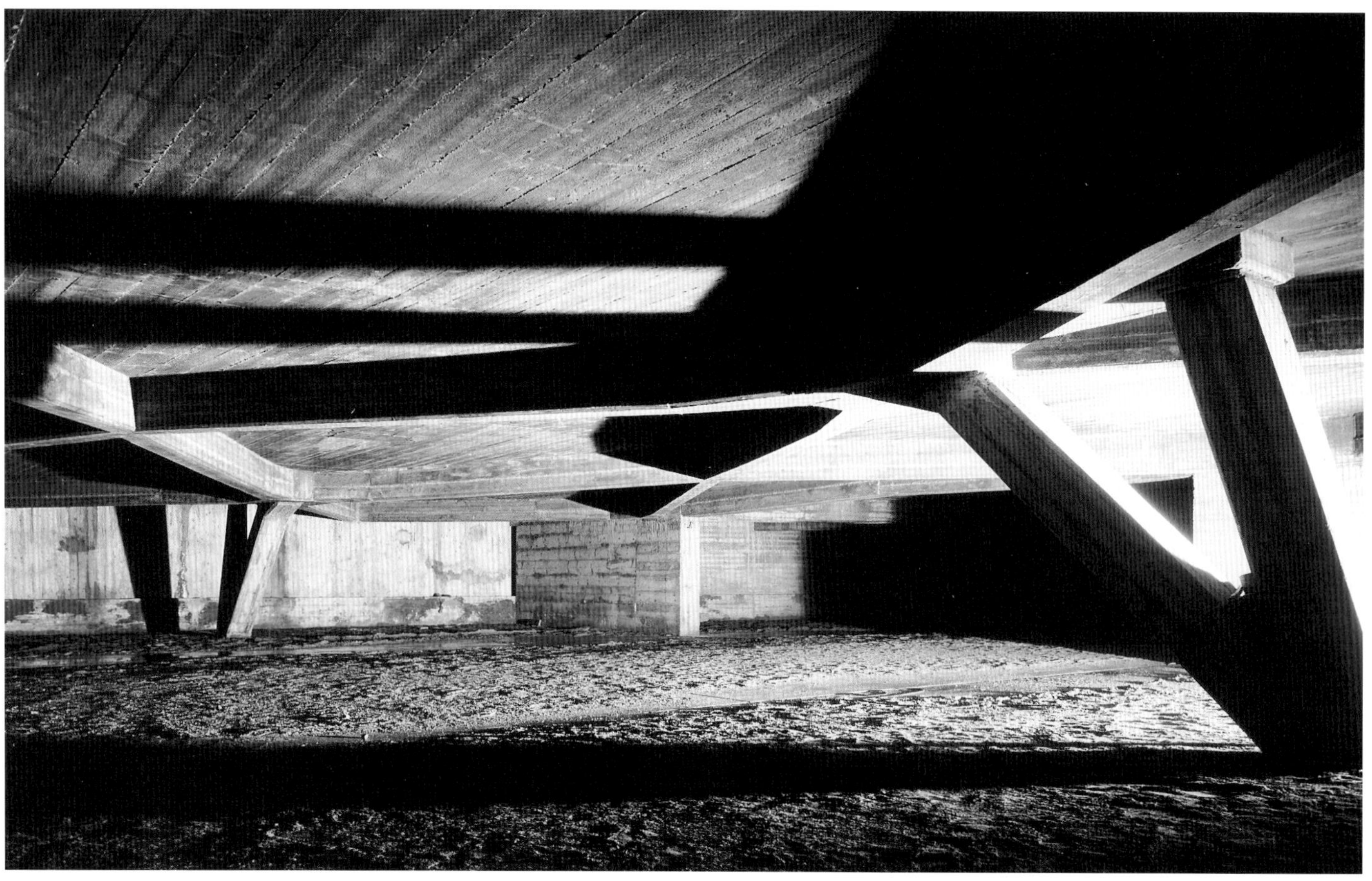

1 Die Tragkonstruktion der Untergeschossdecke mit den schiefen, eigenwillig gespreizten Stützpfeilern im Rohbau (Ausschnitt).

Gestalterische Umsetzung des statischen Tragkonzepts

Unter den äusseren Belastungen des zweigeschossigen unterirdischen Baukörpers dominieren das Gewicht der über der Einstellhalle liegenden Gartenanlage sowie der seitlich auf die Aussenwände wirkende, mit der Tiefe anwachsende Erddruck. Dieser Beanspruchung im Rahmen der nutzungsfunktionalen Rahmenbedingungen der Bauaufgabe in natürlichster Weise zu widerstehen, war der Leitgedanke bei der strukturellen und formalen Lösungssuche für die Tragkonstruktion.

Das Bestreben, die natürliche Tragfähigkeit des Baustoffs Beton optimal zu nutzen, legte es nahe, den mittleren Durchfahrtsbereich der Garage mit einem 12 cm dünnen Tonnengewölbe zu überspannen, das aber, um die Gartenanlage nicht zu beeinträchtigen, möglichst flach sein musste. Die an dessen Wurzel anfallenden Membrankräfte **M** stützen sich horizontal auf die Ränder der beidseitig über den Einstellboxen liegenden Deckenplatten ab. Die letzteren tragen neben ihrem Eigengewicht den wesentlichen Teil ihrer Erdauflast auf die alle 6 m angeordneten Querunterzüge ab, die sich ihrerseits mit der Auflagerkraft $\mathbf{Q_1}$ auf die darunter liegenden Strebepfeiler abstützen.

Die Vertikalkomponenten **V** der Membrankräfte gelangen über einen Längsrandträger zur auskragenden Spitze dieser Unterzüge. Statt den beträchtlichen Horizontalschub **H** der Zylinder-

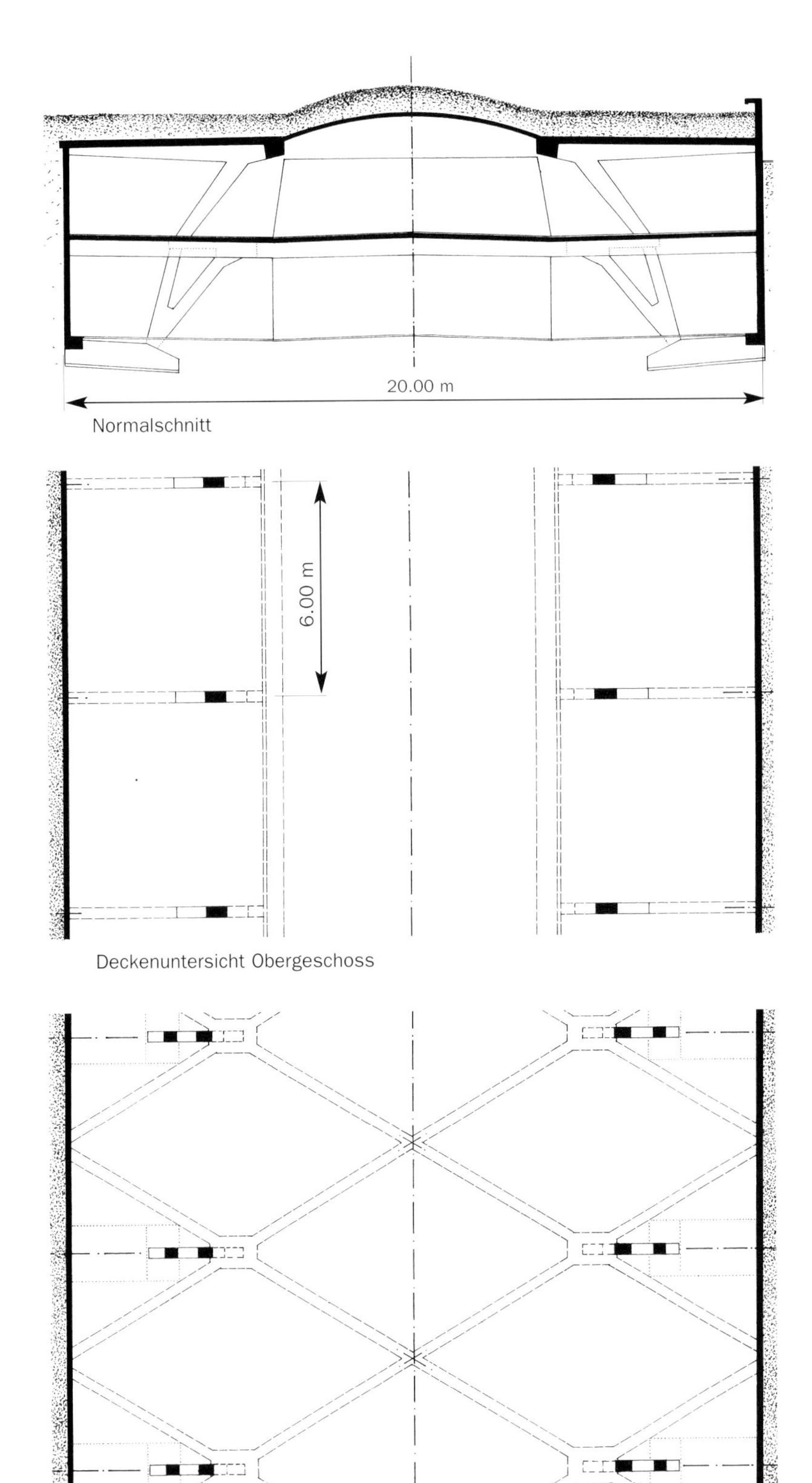

2 Schnitt- und Grundrisszeichnungen eines Normalausschnitts der Einstellhalle.

schale über eine unwirtschaftliche horizontale Biegebeanspruchung der 30 m langen Deckenfelder zu den entfernt liegenden Wandscheiben wegzuleiten, wird diesem an Ort und Stelle durch die Neigung der Stützkraft **S** der durch die Querunterzüge hoch belasteten Strebepfeiler unmittelbar entgegengewirkt. Die schiefen Stützen erleichtern zudem die Zufahrt zu den Autoboxen.

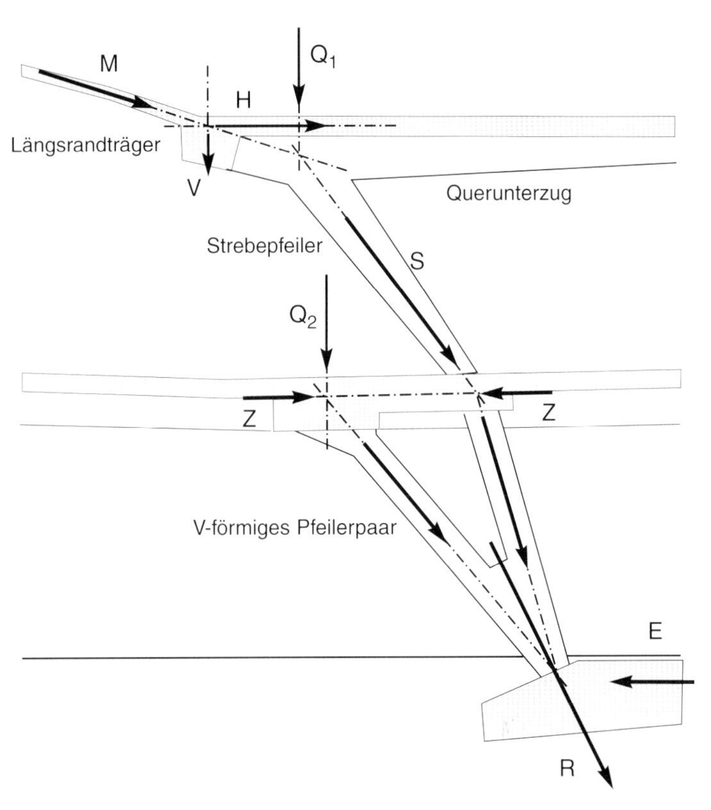

3 Kräftefluss durch Schale, Stützensystem und Zugband.

Über die einander gegenüber liegenden Strebepfeiler gelangt neben den Horizontalschüben aus der Tonnenschale fast die gesamte Erdauflast und das Konstruktionseigengewicht auf den Boden des Obergeschosses – dies allerdings an Stellen, die als Stützpunkte für die Deckenkonstruktion des Untergeschosses auf Grund ihrer geometrischen Lage denkbar ungeeignet sind. Zur Lagerung der Zwischendecke wurde daher ein Tragsystem gewählt, das zwar eine zusätzliche, weiter gegen die Baumitte hin verlagerte Abstützung erfordert, die ihre Auflast $\mathbf{Q_2}$ aber durch entsprechende Schiefstellung der Stützpfeiler auf einen gemeinsamen Fusspunkt mit den Abfangstützen für die direkt aus dem Obergeschoss ankommenden Vertikallasten führt.

Aus Gründen der Leichtigkeit und Einsparung an Trägerhöhe ist diese Decke als regelmässige Rippenkonstruktion ausgeführt, die sich in Feldmitte rautenförmig überkreuzt. Die Gestalt der sich im Querschnitt gegenüber liegenden V-förmigen Stützpfeilerpaare ist nun sichtbarer Ausduck eines Kräftespiels, bei dem sich in der mittleren Deckenzone die Druckkräfte aus der schiefen Abstützung der Rautendecke mit den auseinander strebenden Horizontalschüben **Z** aus den Obergeschossstützen das Gleichgewicht halten. Eine Zugbewehrung ist daher nur im kurzen Verbindungsbereich zwischen den Köpfen der gespreizten Pfeilerpaare erforderlich.

Die Resultierende der Lasten aus den V-Stützen **R** wirkt nun mit unveränderter Horizontalkomponente auf die Fundamente. Diese stützen sich ihrerseits seitlich auf die Fundamentriegel der Aussenwände ab, wo ihre Horizontalkraft, ohne ein Zugband zu benötigen, durch den äusseren Erddruck **E** abgefangen wird.

In seiner gesamtheitlichen Wirkungsweise kann der oben in Stufen verfolgte Kräftefluss in der Tragstruktur als ein einziges, zwei Stockwerke durchdringendes Gewölbe aufgefasst werden.

4 Das V-förmig gespreizte Pfeilerpaar zur separaten Abstützung der schiefen Obergeschosspfeiler und der Kreuzungspunkte der Rautendecke.

5
Detail der mehrlagigen Stützenkopfbewehrung über den Auflagern des Rautenträgerrostes mit der Zugbewehrung zur Einbindung des Horizontalschubes aus den Erdgeschossstützen.

Das Bewehrungsbild wurde vom Walzwerk der von Roll AG in der «Schweizerischen Bauzeitung» zur Werbung für ihren kaltgereckten «Caron» Armierungsstahl verwendet (vergleiche auch Einleitung 3. Kapitel).

6
Übersicht über das Bewehrungsbild der Rautendecke.

7
Einblick in das fertige Obergeschoss mit der Zylinderschalendecke über der Durchfahrtzone.

8
Das fertige Untergeschoss mit der Rautendecke. Die nachträglich angebrachten Sicherheitsdrahtgeflechte stören leider die Sicht auf die Tragkonstruktion.

9
Der rautenförmige Trägerrost mit den V-förmig gespreizen Tragpfeilern im Rohbau.

1.2 Gummibandwerberei Gossau (St. Gallen)

Architekten: Heinrich Danzeisen und Hans Voser, St. Gallen
Bauherr: «Goldzack»Gummibandweberei
Baujahr: 1954–55

geneigte Zylinderschalensegmente
räumliche Stahlbeton/Stahl-Vebundkonstruktion
Erstellung im Taktverfahren

Das gestalterische Konzept, die mit hohen Webmaschinen zu bestückende Fabrikationshalle durch Hintereinander-Reihung schief gestellter, aus dem Boden wachsender zylindrisch gewölbter Segmente unter Verzicht auf Seitenwände frei zu überdachen, war die geniale Idee der Architekten. Durch die Neigung der Mantellinien dieser Gebilde gegenüber der gegen Norden gerichteten Gebäudeachse ergibt sich von selbst eine shedartige Verzahnung der Gebäudekontur mit sichelförmigen Öffnungen für den indirekten Lichteinfall. Weil bei dieser Dachform das Regenwasser grösstenteils unmittelbar seitlich abfliesst, erübrigt sich auch die hohe, bei üblichen Shedkonstruktionen notwendige Entwässerungsrinne.

Hossdorf wurde von den Architekten zugezogen, als die praktische Verwirklichung dieser architektonischen Vorstellung wegen der mächtigen Abmessungen der als selbsttragende Stahlbetongewölbe vorgesehenen Konstruktion an den exorbitanten Baukosten zu scheitern drohte. Die auf ca. 40 cm veranschlagten Wandstärken dieser schweren Gebilde hätten überdies den Lichteinfall unzulässig beeinträchtigt.

Dank der «ingenieusen» Idee, die schief im Raum liegenden Bogensegmente durch gegenseitige Verbindung ihrer übereinander liegenden Ränder mit Stahlrohr-Diagonalen so auszufachen, dass sie statisch als ein räumlich tragendes Ganzes zusammenwirken, konnte der Materialbedarf auf einen Bruchteil gekürzt werden. Die massiven Gewölbe wurden durch nur 6–12 cm starke, an den Rändern leicht verstärkte Membranschalen ersetzt. – Aus der formalen Vision der Architekten wurde so ein technisch und wirtschaftlich realisierbares Bauvorhaben.

Die erstmalige statische Verheiratung einer Stahlbetonkonstruktion mit einer dem Stahlbau entlehnten Konstruktionsweise führte zu einem neuen Tragwerkstyp, dem «Verbundfachwerk», und stellte damit auch bautechnisch eine zukunftsweisende Innovation dar.

10 Rohbauaufnahme des reinen, durch den späteren Fenstereinbau formal noch ungestörten Verbundtragwerks. Die filigranen Stahlrohrausfachungen dienen - hier deutlich spürbar - in erster Linie der Aussteifung der biegeweichen Zylindermembranen gegen ihr Ausknicken.

11 Ansicht der vollendeten Fabrikhalle. Die Welleternit-Eindeckung trägt zur direkten seitlichen Abführung des Regenwassers bei.

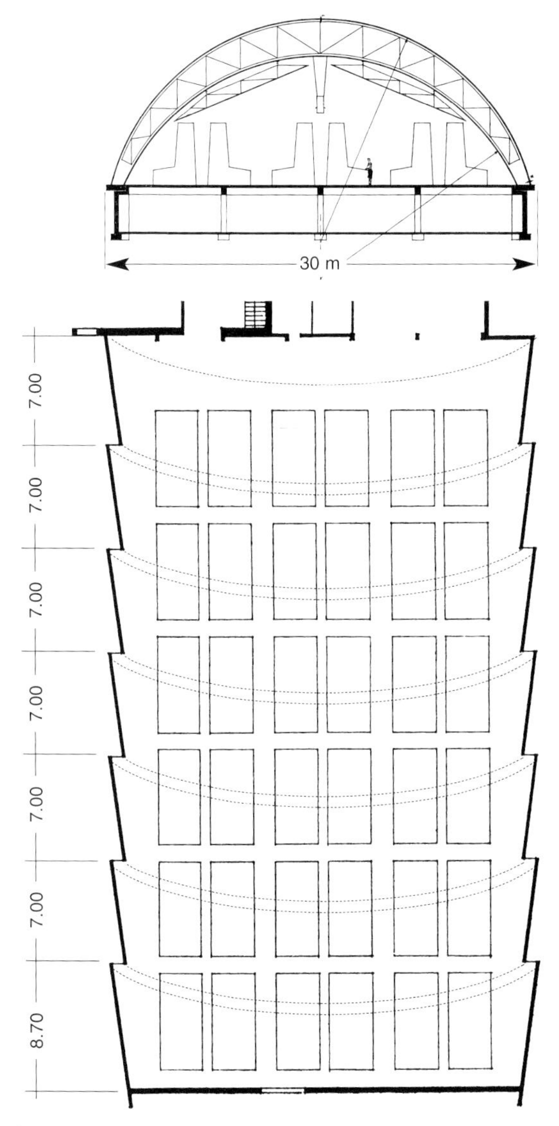

14 Querschnitt und Grundriss der Fabrikationshallen mit der Anordnung der Webstühle, den hängenden Brückenkranen und dem zentralen Klimakanal.

12 Nachtaufnahme bei beleuchtetem Innenraum der Halle.

13 Das Ideenmodell der Architekten.

Die konstruktive Realisierung entspricht formal genau dieser ursprünglichen architektonischen Vorstellung. Es fehlen einzig die aussteifenden Fachwerkdiagonalen, durch die der «Tatzelwurm» zu einem tragfähigen Gebilde wird.

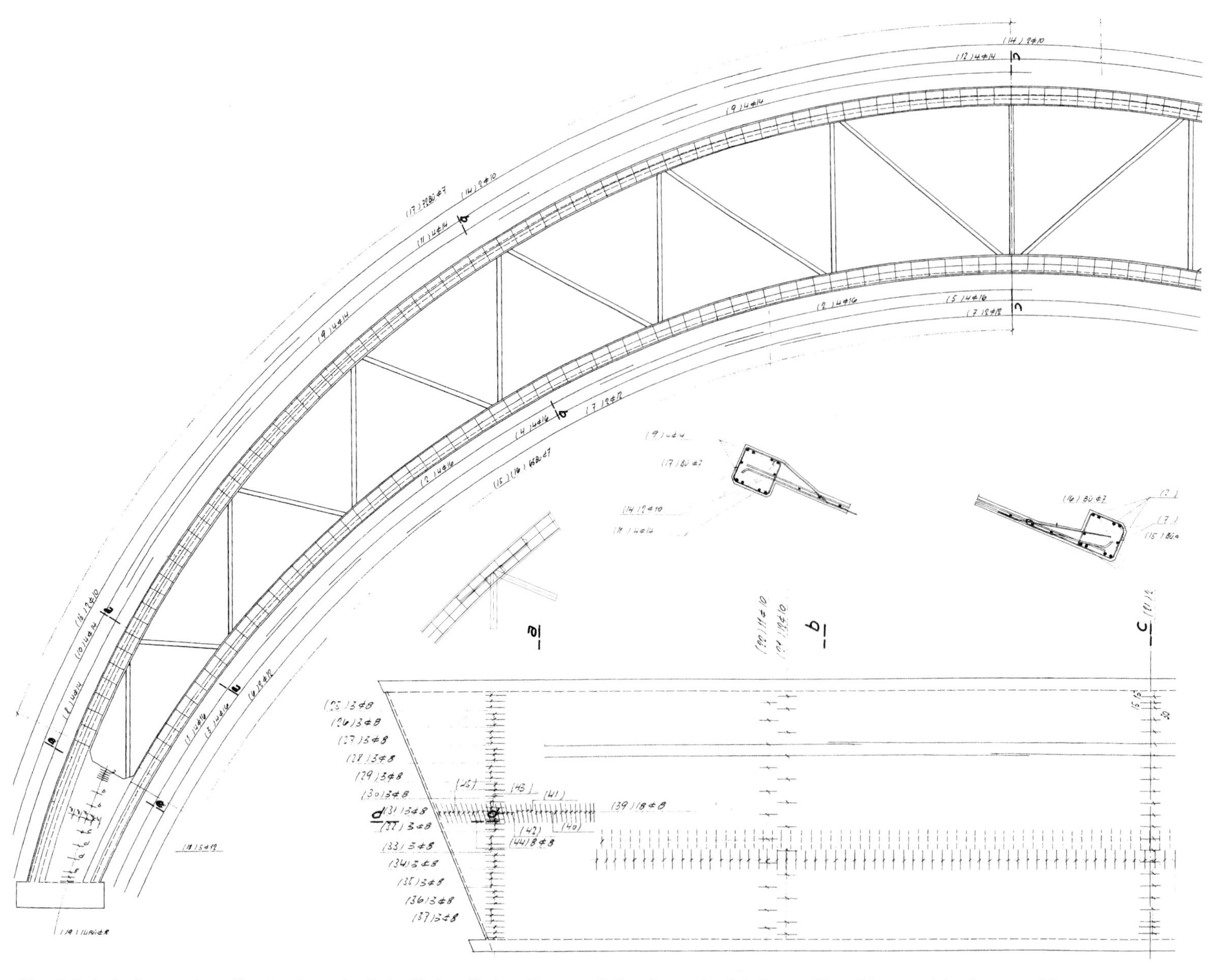

15 Schnitt in der geneigten Fensterebene durch den Verbundfachwerkbogen mit Bewehrung der Schalenrand-Verstärkung und Armierungszeichnung der abgewickelten Schalenfläche. Darüber Detailschnitte der Schalenrandverstärkung und eines Verbundfachwerk-Knotens.

Das räumliche Schalen-Verbundtragwerk

Die hintereinander gereihten «Gewölbe» wurden als Segmente von zylindrischen *Schalen*, d.h. als dünne, völlig biegeweiche Betonmembranen aufgefasst. Auf sich alleine gestellt, würden diese, wie man sich leicht vorstellen kann, von selbst in sich zusammenstürzen. Durch ihre feste trianguläre Verknüpfung durch die Stahlrohre werden die die Fensteröffnung umrahmenden, leicht verstärkten Schalenberandungen nun aber zu Ober- bzw. Untergurten eines Fachwerks mit beträchtlicher Trägerhöhe. Dadurch entsteht ein äusserst steifes räumliches Gebilde, das ein seitliches Ausbrechen der dünnen Schale mühelos verhindert und auch den sonstigen, in Querrichtung auf das Gebäude wirkenden Kräften wie Wind und Erdbeben problemlos widerstehen kann. – Die Verbundfachwerke ersetzen die sonst üblichen so genannten «Randglieder» der Schalen, die versteifenden Konstruktionselemente, durch die dünnwandige Zylindermembranen ganz generell überhaupt erst tragfähig werden (vgl. Kap.1.1, 1.4 und 1.8).

Das im Einzelnen keineswegs triviale statische Verhalten der schief in den Raum gestellten Zylinderschalen wurde samt der Wirkungsweise der neuartigen Verbundkonstruktion über elastizitätstheoretische Überlegungen und sinnvoll angesetzte Näherungsberechnungen untersucht. Ausserdem wurde im Ingenieurbüro auch ein Mörtelmodell im Massstab 1:20 samt Stahlfachwerk erstellt, um sich daran auch «kinästhetisch» von der zuverlässigen Tragweise der Konstruktion zu überzeugen. – Das Modellversuchslabor bestand damals noch nicht.

Auf das konstruktive Konzept der statischen Vereinigung zweier ohnehin notwendiger benachbarter Stahlbetonstrukturen durch deren gegenseitige Verknüpfung mit triangulierenden Stahldiagonalen zu einem neuen Tragwerk mit zusätzlicher Gesamttragfunktion wurde bei späteren Projekten verschiedentlich zurückgegriffen (vgl. Kap. 1.10 und 2.2).

16 Die wie gekrümmte Papierstreifen zwischen den sie gegenseitig aussteifenden Fachwerkdiagonalen «hängenden» Zylinderschalen-Elemente.

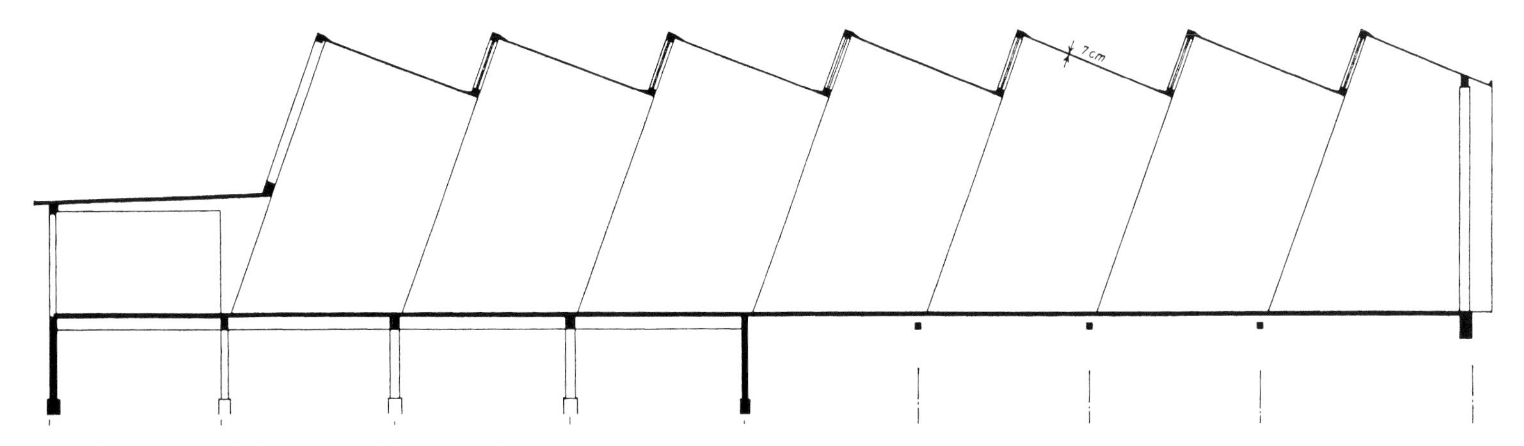

17 Mittiger Längsschnitt durch die Hallenkonstruktion.

Die Dreigelenkrahmen-Konstruktion des linken Vorbaus dient der Abfangung destabilisierender Fassaden-Horizontalkräfte auf das erste schiefe Zylinderelement. Das letzte Element rechts besitzt durch seine vertikale Abschlusswand eine besonders breite Standfläche. – Deutlich sichtbar ist auch die Lage der Zugbänder.

18 Die wachsende «Raupe» mit ihren Zylinderschalen-Segmenten in den verschiedenen Stadien.

Das Problem der Dehnungsfugen

Das integrale statische Zusammenwirken der jeweils benachbarten Zylindereinheiten verbot die sonst übliche Anordnung quer durch das Gebäude verlaufender Dilatationsfugen. Die Segmente samt ihren gemeinsamen Bogenauflagern wurden deshalb längs beider Fassaden je auf fugenlose Stahlbetonbänder gesetzt, die ihrerseits schlittenartig auf – in Längsrichtung gleitfähigen – Kipplagern ruhen. Diese übertragen nebst dem Schalengewicht auch den Horizontalschub aus der Bogenwirkung des Verbundfachwerkes auf den Unterbau, wo er von vorgespannten Betonzugbändern und im unterkellerten Bereich von teilweise vorgespannten, quer durch den Bau verlaufenden Deckenunterzügen aufgefangen wird.

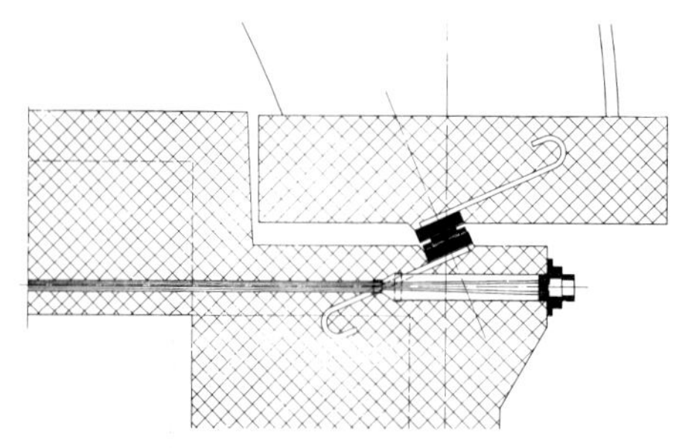

20 Schnitt durch den massiven «Dilatationsschlitten» auf dem stählernen Kipplager. Das darunter eingebaute Spannkabel überdrückt die durch den Bogenhorizontalschub verursachte Zugwirkung auf den Unterbau.

19 Hossdorf beobachtet das Manometer beim damals noch über eine hydraulische Handpumpe erfolgenden Vorspannen eines Zugbandes.

21 Das Dilatationsband mit der gezackten Anschlussbewehrung für den Schalenaufbau.

22
Erste fertig armierte und zum Betonieren bereite Schaleneinheit. Im Hintergrund sind die montierten Stahlrohrdiagonalen des Verbundfachwerks mit den angeschweissten Armierungsstählen zur Herstellung des Schubverbunds mit der benachbarten Zylinderschale erkennbar.

23
Zur Umgehung einer doppelten Schalung für die dünnwandige Schalenkonstruktion wurde der Beton im Spritzverfahren auf die steilen Schalflächen aufgebracht.

Die Leistung des Baumeisters

Die praktische Ausführung des Bauwerks im Taktverfahren erforderte die Bereitstellung der vollständigen Schalungen samt Lehrgerüste für zwei der insgesamt sieben Schalensegmente. Das zuerst betonierte Segment konnte erst ausgeschalt werden, wenn dessen Randausfachungsstäbe im erhärteten Beton des nachfolgenden stabilisiert waren. Dann musste die ganze Schalung des ersten Abschnitts abgebaut und für das Betonieren des übernächsten Segments neu aufgebaut werden.

Der Entwurf und die Herstellung einer wieder verwendbaren, exakt und zügig montier- und demontierbaren Holzschalung samt Unterbau für die schief im Raum verlaufenden Zylinderflächen stellte auch an die fachliche Kompetenz und die konstruktive Phantasie des Bauunternehmers eine aussergewöhnliche Herausforderung dar. Dass diese schwierige Aufgabe von einem lokalen Baumeister (Otto Kleiner, Fa. Stutz AG, Hatswil) in begeistertem persönlichem Einsatz tadellos bewältigt wurde, ist ein bemerkenswertes Beispiel für den damals noch nicht einzig von Profitdenken dominierten unternehmerischen Geist der 50er und 60er Jahre.

24
Montage des ersten Lehrgerüsts mit dem Unterbau.

Die heutige Nutzung der Fabrikhalle

Mit der fortschreitenden Abwanderung der Textilindustrie aus der Schweiz wurde das Gebäude anderen Verwendungszwecken zugeführt. Heute dient die Halle der MIGROS-Ladenkette als Einkaufszentrum.

25
Hölzernes Arbeitsmodell des Zimmermanns im Massstab 1:10, das ihm zur Überprüfung der räumlich anspruchsvollen (damals ohne Computer) rein trigonometrisch errechneten Geometrie der Leergerüstbauteile diente.

Die vollendete Werkhalle

26
Einblick gegen Norden in die vollendete, mit Fenstern versehene und mit Klimakanal sowie Kranbahnen zur Maschinenmontage ausgestattete Werkhalle.

27
Blick von Süden in die künstlich beleuchtete Halle gegen die innen ausgeriegelte Rückwand.

1.3 Bruder Klaus-Kirche in Winkeln bei St. Gallen

Architekten: Ernst Brantschen mit Alfons Weisser, St.Gallen
Bauherr: Röm.-kath. Kirchgemeinde St. Gallen
Baujahr: 1957–58

frei geformte Schalenüberdachung
Stahlbeton
Herstellung an Ort
erster Einsatz des Modellversuchs

Das eigenwillige Erscheinungsbild dieses Sakralbaus ist geprägt durch die frei geschwungene, an ihren diagonal gegenüberliegenden Ecken ausdrucksvoll himmelwärts strebende Dachform des Kirchenschiffs. Kein Wunder, dass das Gotteshaus im Volksmund bald spitzbübisch zur «Seelenabschussrampe» wurde...

Doch diese «Symbolik» war keineswegs das Gestaltungsmotiv des Architekten: Die Form des Bauwerks ergibt sich von selbst – als nach aussen gekehrter Ausdruck einer starken architektonischen Vorstellung über die geometrische Gestaltung des Innenraums der Kirche zur Vermittlung eines andachtsvollen Stimmungserlebnisses für den Kirchbesucher.

Die Dachfläche zieht sich, erzeugt durch eine längs einer Raumkurve gleitende und sich dabei kontinuierlich verwindende Gerade über den gesamten Kirchenraum. An der Eingangsfassade über der erhöhten Empore beginnend, sinkt sie sanft zum Andachtsraum ab, erhebt sich dann immer steiler Richtung Altar und schafft dort einen hohen Raum, der sich einseitig gegen ein Kirchenfenster für den seitlichen Lichteinfall der Morgensonne öffnet.

Die Überzeugung des Ingenieurs, dass sich die geometrische Wunschvorstellung des Architekten in mathematische Form giessen liesse und dass die sich ergebende Sattelfläche, in Form einer tragenden Membrane ausgeführt, auch die erforderlichen Festigkeitseigenschaften besitze, führte dazu, den Innenraumplafond – statt ihn, wie ursprünglich vorgesehen, aus Holz oder Gips an einer gesonderten Tragkonstruktion aufzuhängen – als selbsttragende Sichtbetonschale zu realisieren. Dadurch ergab sich dann auch die vollkommene Kongruenz von Innenraumbegrenzung und äusserem Baukörper.

28
Gesamtansicht der Kirche.

29 Blick gegen den Altarrraum der Kirche mit der indirekten Tagesbeleuchtung durch die Morgensonne. (Aufnahme am ursprünglichen Ideenmodell des Architekten aus Balsaholz).

30 Entsprechende Aufnahme des Innenraums aus einem näher zum Altar verschobenen Standpunkt am Versuchsmodell aus Mikrobeton mit der analytisch definierten Schalenform.

Von der formalen Vorstellung zum baubaren Tragwerk

Die Aufmerksamkeit des Ingenieurs musste sich hier auf die Aufgabe konzentrieren, die ins Auge gefasste Tragwerksform geometrisch und statisch in den Griff zu bekommen.

Durch Überlagerung bekannter Funktionen der analytischen Geometrie wurde zunächst eine Formel zur Beschreibung der dem Architekten vorschwebenden Innenraumgestalt entwickelt, mit der sich dann auch beliebige Raumkoordinaten der Schale und damit alle für die Bauausführung benötigten Masse eindeutig berechnen liessen. Die saubere Eleganz der sich ergebenden mathematischen Form – eine negativ gekrümmte Sattelfläche – übertraf dann selbst die Wunschvorstellungen des Architekten.

Aber Geometrie allein macht aus einem Gebilde noch keine tragfähige Konstruktion: Die statischen Betrachtungen mussten davon ausgehen, dass die hohen Umfassungswände des Kirchenraums zur Aufhängung des Dachs keinerlei seitliche Kräfte aufnehmen können. Die Wände ertragen nur Schubkräfte in ihrer eigenen Scheibenebene. Die formal erwünschte Schalenform konnte daher nur dann als selbsttragende Membrane verwirklicht werden, wenn sie mit Randverankerungskräften in Form reiner, in der Wandebene liegender Schubspannungen auskommt (vgl. Kap.1.12). Die im Grundriss diagonale Ausrichtung der zwischen den beiden Gebäudespitzen durchhängenden Leitlinie zusammen mit dem sich senkrecht zu ihr durch die Rotation der Erzeugenden ausbildenden flachen Gewölbe berechtigte aber zur Vermutung, dass sich in dem Flächentragwerk in der Tat ein derartiger Gleichgewichtszustand einstellen kann (s. Abb. 31)

Angesichts ihrer ungewöhnlichen geometrischen Form liess sich die Tragweise der Schale rechnerisch nicht im Einzelnen erfassen. Nur das statische Experiment am Modell konnte die notwendige Gewissheit über die wirkliche Tragfähigkeit der Konstruktion erbringen.

Die Schalenstärke von 7 cm ergab sich als minimales Mass zur konstruktiven Unterbringung einer dreilagigen Bewehrung: Einer zentralen, an den Zugstössen gegenseitig verschweissten Membran-Armierung zur Aufhängung des «Tuches» und einer quer dazu abwechselnd darüber und darunter liegenden zur Aufnahme örtlicher Biegebeanspruchungen (s. Abb. 32).

Die bis zu 30 m hohen, nur 16 cm schlanken Stahlbeton-Umfassungswände wurden durch einen Rost von Verstärkungsrippen ausgesteift. An diesen hängt, über rostfreie Fugendrähte angebunden als isolierte Aussenhaut der Fassadenwände auch das verputzte, 15 cm starke Kalksteinmauerwerk.

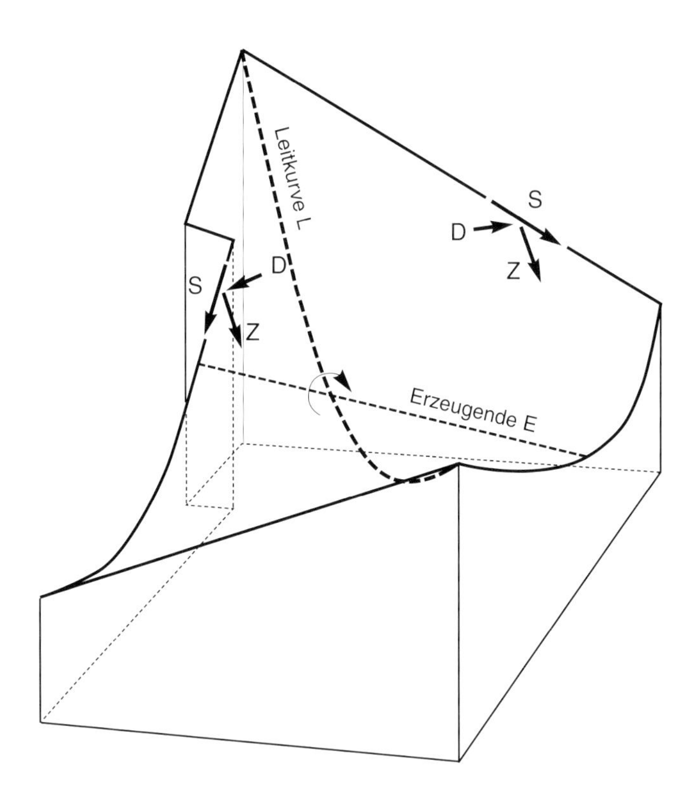

31 Die Schalenform entsteht durch Überstreichen der Dachfläche mit der erzeugenden Geraden **E**, die sich bei ihrer Bewegung längs der diagonalen Leitkurve **L** kontinuierlich von ihrer Ursprungsneigung über der Empore bis zu ihrer entgegengesetzten Neigung über dem Altarraum dreht.
Die über den Wänden in Diagonalrichtung seitlich ankommenden Zerrkräfte **Z** des Hängewerks werden durch senkrecht dazu entstehende Druckkräfte **D** innerlich derart abgestützt, dass die biegeweichen Wände im Ergebnis einzig durch reine Schubkräfte **S** in ihrer starren Scheibenebene beansprucht werden.

32 Blick gegen die Dachspitze der Eingangsseite.
Das streifenweise Betonieren der dünnen Membrane in Richtung der Hauptspannungstrajektorien. Der Beton aus Kies geringer Korngrösse wird mit Oberflächenvibratoren verdichtet.

33
Blick gegen die Dachspitze auf der Altarseite.

In Nähe der Dachspitze erkennt man die Konterschalung zum Betonieren des dort verdickten Schalen-Verankerungsbereichs.

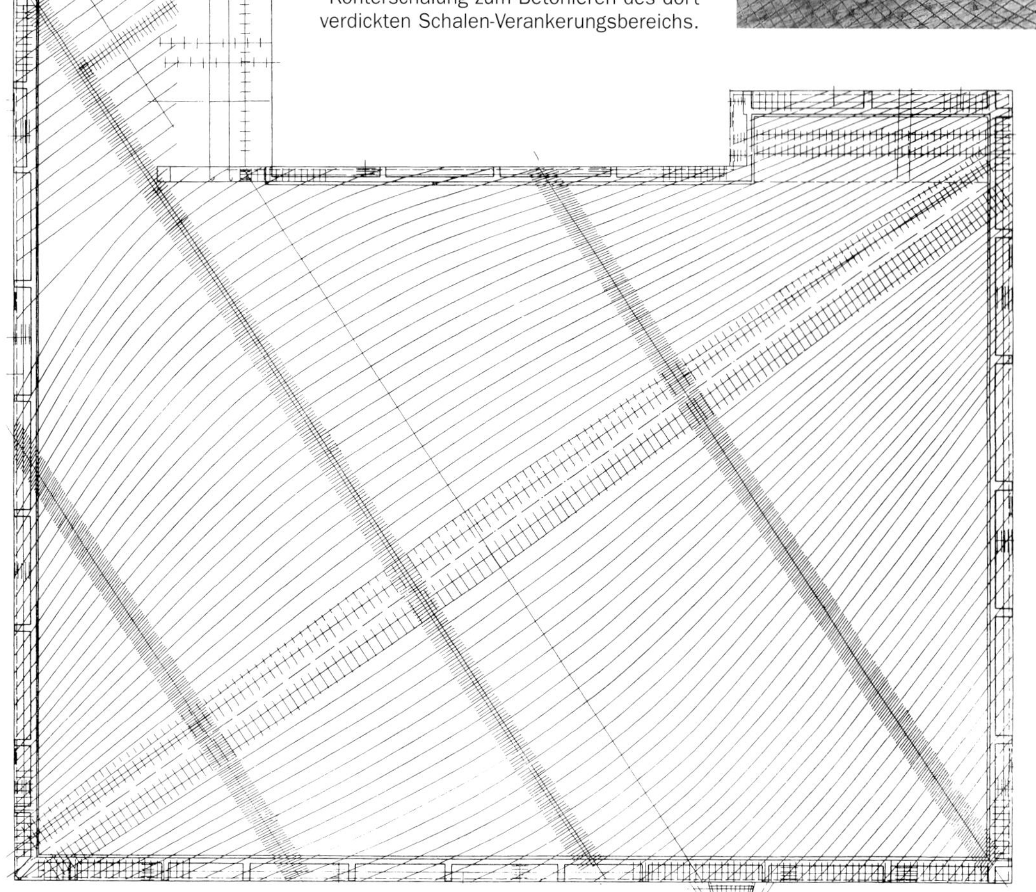

34
Zeichnung der Grundrissprojektion der Schalenbewehrung.

Die Trajektorien der Zugarmierung folgen den aus statischen Überlegungen geschätzten Hauptzugspannungen der Betonmembrane.

Die 12 m langen Bewehrungsstähle für die Hauptzugspannungen wurden an ihren Stoss-Stellen überlappt und gegenseitig verschweisst. Die Querarmierung liegt abwechslungsweise über oder unter der Zugarmierung.

35 Wirklichkeitsgetreues Modell im Massstab 1:20 aus armiertem Mikrobeton, aufgebaut über der ersten – hydrostatischen – Belastungseinrichtung des Labors. Ca. 200 senkrecht im Becken schwimmende, 150 cm tief eingetauchte Gewichtsrohre waren an den sichtbaren Stellen angehängt und brachten durch Absenken des Wasserspiegels eine präzise dosierbare Last auf das mit handelsüblichen mechanischen Deflektometern bestückte Modell auf. Im Vordergrund ist der am Wasserspiegel abzulesende Belastungsmassstab sichtbar (vgl. auch Kap. 1.4 und Kap. 3.1).

36 Das auf der Gipsform zum «Betonieren» bereite Modell mit seiner naturgetreuen Eisendrahtbewehrung. Der Architekt Rainer Senn, der in seiner frühen Lehrzeit das Modell im Labor baute, verdichtete die 3,5 mm dünne Mikrobeton-Membrane mit einem ausgedienten Kosmetikvibrator seiner Mutter!

Der erste Laborversuch am Modell aus Mikrobeton

An einem in all seinen geometrischen und konstruktiven Einzelheiten der vorgesehenen Ausführungsweise nachgebildeten Modell der Dachschale samt der vollständigen Umfassungswände aus armiertem Mikrobeton wurde dann das wirkliche Tragverhalten des komplexen Baukörpers beobachtet und gemessen. Der «Realversuch» (vgl. Kap. 3.1) sollte sowohl die Verhaltensweise des Tragwerks unter den auftretenden Gebrauchslasten abklären als auch seinen Sicherheitsfaktor gegenüber Einsturz feststellen.

Das Versuchsergebnis erwies sich als äusserst beruhigend. Unter Gebrauchslasten verhielt sich die Konstruktion vollkommen elastisch, d.h. wiederholte Einsenkungsmessungen unter Belastung konnten beliebig oft reproduziert werden. Zudem gelang es nicht, das Modell zum Einsturz zu bringen: Die Kapazität der hydrostatischen Belastungseinrichtung, die nur eine 1,8fache Überlastung gegenüber der Gebrauchslast ermöglichte, reichte dazu nicht aus.

Dieser Modellversuch markierte auch den Beginn des systematischen Rückgriffs auf Experimente beim Bauentwurf.

1.4 Zentrallager des VSK in Wangen bei Olten

Architekt: Baubüro des VSK
Bauherr: Verband Schweizerischer Konsumvereine
Baujahr: 1958–61

Zylinderschalensheds mit Randgliedern
voll vorgespannte Stahlbetonelemente
Innovation der Segementbauweise
Experimente am materialgetreuem Modell

Der Projektierungsauftrag für die Konstruktion der grossflächigen Lagerhallen des Verbands Schweizerischer Konsumvereine (heute COOP Schweiz) war Ergebnis eines eingeladenen Wettbewerbs unter Ingenieurbüros. Der bautechnisch innnovative Charakter des vorgeschlagenen Dachtragwerks, seine Wirtschaftlichkeit und kurze Bauzeit sowie seine formale Eleganz waren die objektiven Gründe für die getroffene Wahl. Die Wahl war aber auch eine mutige persönliche Entscheidung, vor allem des damaligen Chefarchitekten des VSK, Jeanpierre Dubath, und der Fachjury unter Leitung von Ingenieur Werner Jauslin, wurde doch mit dieser Konstruktion in mehrer Hinsicht technisches Neuland betreten: Das Zusammenspannen äusserst dünnwandiger, sich gegenseitig nur über unarmierte Mörtelfugen abstützender Zylinderschalenelemente zu einem steifen monolithischen Tragwerk durch ausserhalb des Betonquerschnitts verlaufende Spannkabel war damals eine zukunftsweisende Anwendung der heute weit verbreiteten Segmentbauweise mit externer Vorspannung. Die Konstruktion gilt daher als Markstein in der Entwickungsgeschichte der modernen Ingenieurbaukunst.

37 Einblick in die Shedhalle im Rohbau. Zur Sicherung des gesunden Abbindens des Fugenmörtels wurde die Konstruktion mit Wasser berieselt.

38 Luftbild der Gesamtüberbauung des Coop-Verteilzentrums mit den hier beschriebenen Shedhallen aus dem Jahr 1992, also vor dem so genannten «Sanierungs»-Umbau (Näheres s. S. 37).

Das System

Das ausserordentliche Ausmass der zu überdachenden Fläche von ca. 24'000 m² veranlasste dazu, die damals übliche Bauweise der in Ortsbeton gegossenen Schalensheds neu zu überdenken und die Zylinderschalen durch trockenen Zusammenbau von industriell vorgefertigten, an Ort monolithisch zusammengespannten Teilelementen zu erstellen. Von diesem Konzept liess sich neben der Verminderung des Material- und Kostenaufwands auch eine bedeutende Verkürzung der Bauzeit erwarten.

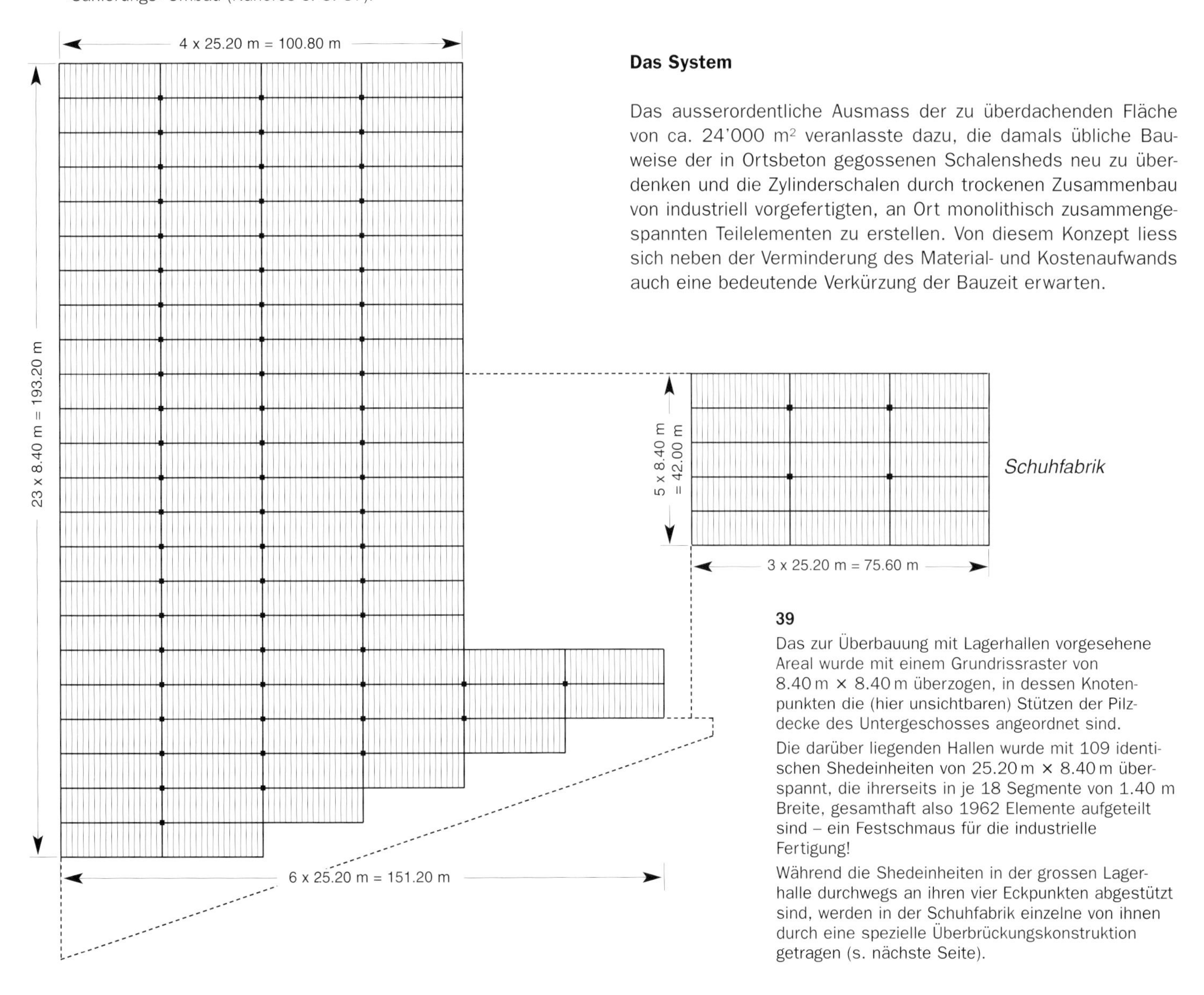

39

Das zur Überbauung mit Lagerhallen vorgesehene Areal wurde mit einem Grundrissraster von 8.40 m × 8.40 m überzogen, in dessen Knotenpunkten die (hier unsichtbaren) Stützen der Pilzdecke des Untergeschosses angeordnet sind.

Die darüber liegenden Hallen wurde mit 109 identischen Shedeinheiten von 25.20 m × 8.40 m überspannt, die ihrerseits in je 18 Segmente von 1.40 m Breite, gesamthaft also 1962 Elemente aufgeteilt sind – ein Festschmaus für die industrielle Fertigung!

Während die Shedeinheiten in der grossen Lagerhalle durchwegs an ihren vier Eckpunkten abgestützt sind, werden in der Schuhfabrik einzelne von ihnen durch eine spezielle Überbrückungskonstruktion getragen (s. nächste Seite).

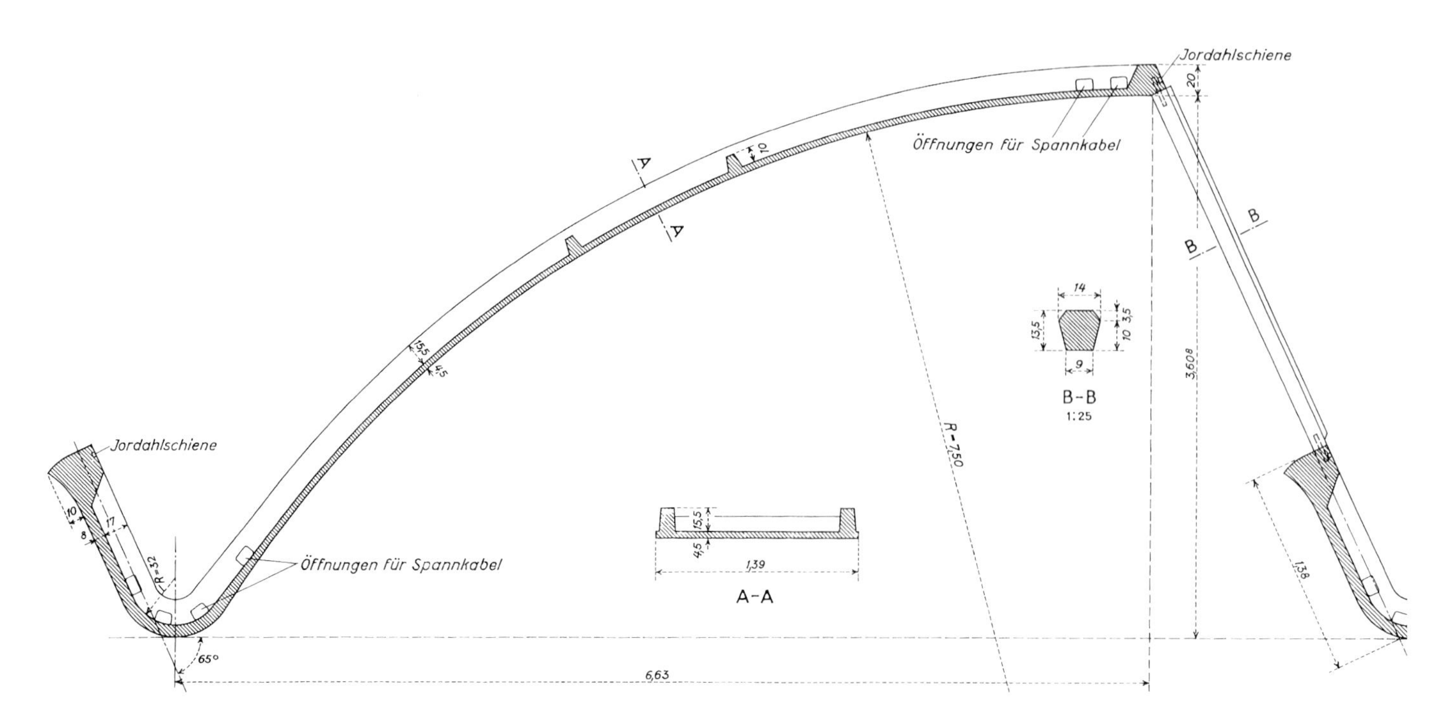

40 Querschnitt durch ein normales Schalenelement.

Formale Gestaltung der Tragkonstruktion

Beim Entwurf des zylindrischen Flächentragwerks wurde neben der Material sparenden statischen Gestaltung seines Querschnitts auch grösster Wert auf eine seiner Funktion als Nordlicht-Sheddach entgegenkommende, für die optimale Lichtführung sorgende Formgebung gelegt. So wurde u.a. durch die angemessene Neigung der Fensterfläche mit einem Ausleuchtungsverhältnis von Fenster- zu Grundrissfläche von gut 30 % ein für Sheddächer ungewöhnlich hoher Ausbeutungsfaktor des Tageslichts erreicht. Da bei der Massenherstellung identischer Betonelemente die Kosten für den Formenbau kaum ins Gewicht fallen, stand auch wirtschaftlich einer freien, rein ästhetisch begründeten Formgestaltung der Innenansicht der Überdachung nichts im Wege. So wurde insbesondere die schwerfällige, für den klassischen Ortsbeton-Schalenshed typische kantige Ausbildung der Rinnenträger durch einen weichen, wellenförmigen Übergang der Zylinderfläche in den Randträger ersetzt. Vom diffusen Shednordlicht erhellt, entsteht dadurch im Rauminneren die Sensation einer leichten, harmonisch beschwingten Decke aus tadellosem Sichtbeton.

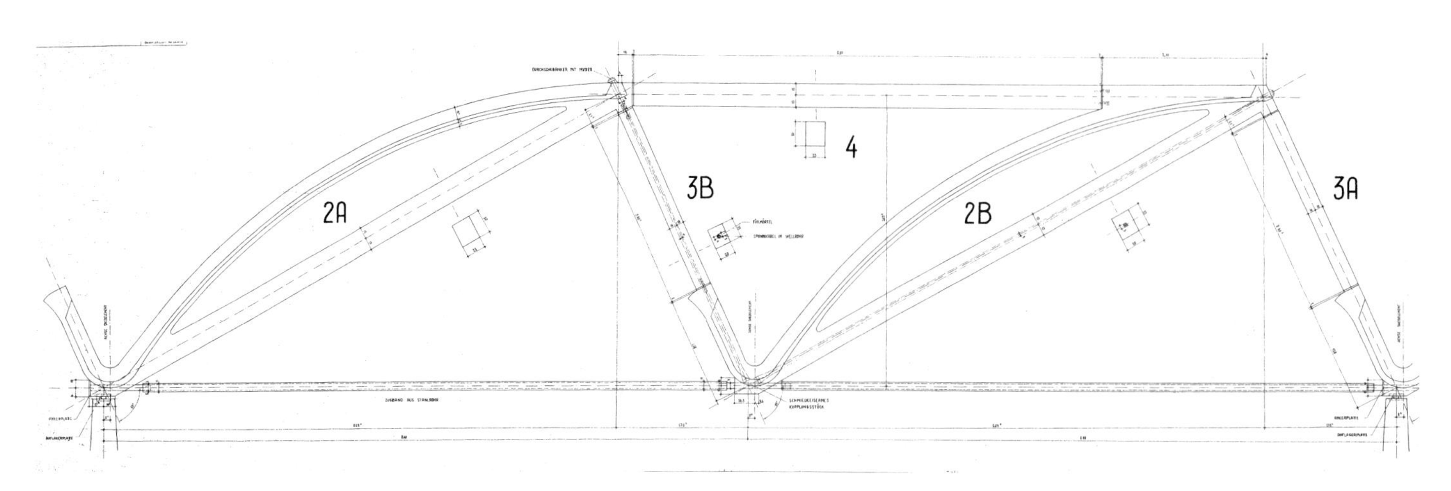

41 Sonderkonstruktion in der Schuhfabrik zur Überwindung einer doppelten Querspannweite von 16.80 m.
Den Schalen-Randelementen werden ohne Veränderung ihrer äusseren Dimensionen zusätzliche Tragfunktionen als Glieder eines Überbrückungsfachwerks zugewiesen. Ihre «Zugbänder» werden hier zu Druckstäben bzw. – wie auch die Fensterrand-Pfosten – zu vorgespannten Zugdiagonalen. Der Obergurt ist ein horizontaler Betondruckstab. Der Untergurt besteht aus zwei dickwandige Stahlrohren, die über gegenläufige Gewinde in geschweissten Lagerelementen eingeschraubt sind.

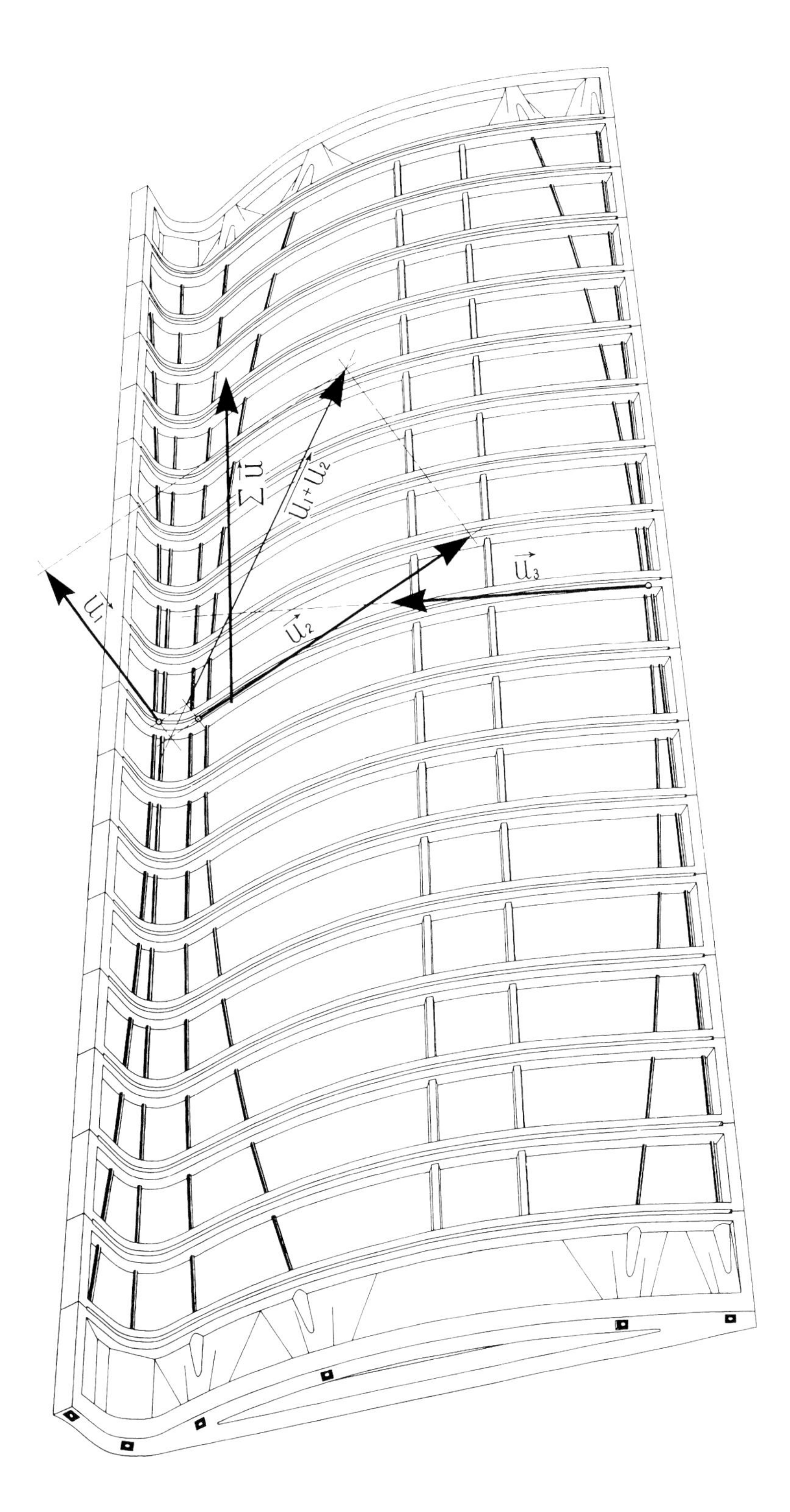

42 Perspektivische Aufsicht auf die mit sechs Vorspannkabeln vom Typ BBRV bewehrte Shedeinheit. Eingezeichnet sind die resultierenden, in Wirklichkeit verteilt auf die Querrippen wirkenden Umlenkkräfte der parabolisch verlaufenden Spannglieder. In den Randelementen sind auch die Sonderverstärkungen zur «weichen» Einleitung der Verankerungskräfte in die Schale sichtbar. Das längs verlaufende Rippenpaar dient der Gewährleistung der rechnerischen Bruchsicherheit des Tragwerks (Beulaussteifung der Druckzone der dünnen Zylindermembrane).

Statische Tragweise und konstruktive Durchbildung.

Lang gestreckte zylindrische Schalen sind einfach gekrümmte Flächentragwerke, deren globale Tragweise in Richtung ihrer grossen Spannweite näherungsweise wie die eines einfachen (torsionsweichen) Balkens aufgefasst werden kann. In Querrichtung wird die Flächenlast durch die Verteilung der Schubspannungs-Änderungen längs dieses Balkens über die Zylindermembrane gewölbeartig getragen. Da die gedachten Gewölbe-Stützlinien insbesondere bei unregelmässigen Lastverteilungen nicht genau in die Mittellinie der Schalenmembrane fallen, ist diese auch auf Biegung quer zur Haupttragrichtung beansprucht. Die Fensterpfosten verhindern nur die Verdrehung der Schalen und dienen als feste Abstandhalter der Schalenränder.

Wird nun diese Zylinderschale samt «Rinnenträger» durch parabolisch in ihr verlaufende Kabel so vorgespannt, dass sie in Längsrichtung unter allen zu erwartenden Belastungen auf Druck beansprucht bleibt – und auch ein Grossteil der Querkräfte direkt, d.h ohne den Beton auf Schub zu beanspruchen, von den «Seilkräften» der Spannkabel getragen wird –, so herrscht im Betonquerschnitt ein Spannungszustand, der aus statischen Gründen auch bei Auftreten geringer Hauptzugspannungen keinerlei Zugbewehrung erfordert. In diesem Zustand kann die Schale im Prinzip auch in beliebig viele, senkrecht zur Haupttragrichtung ausgeschnittene Segmente aufgeteilt werden, ohne in ihrer Gesamtheit die monolithische Tragweise einzubüssen. Der derart vorgespannte Schalenshed kann also prinzipiell aus vorfabrizierten Elementen, die sich über unbewehrte Fugen gegenseitig abstützen, zusammengesetzt werden.

Die zur Übertragung der reinen Membranspannungen im fertig montierten und vorgespannten Tragwerk notwendige Wandstärke der Schale ist minim. Sie variiert, von den örtlichen Endverdickungen zur Erhöhung des Trägheitsmoments abgesehen, zwischen 4.5 cm und 8 cm – viel zu dünn für genügende Festigkeit der rund 8 m grossen Einzelsegmente bei deren Transport und Montage. Die Elemente wurden daher an ihren Rändern mit 20 cm hohen Rippen verstärkt, die ihnen auch die nötige Biegefestigkeit zur Aufnahme der erwähnten, auch im Gebrauchszustand auftretenden Quermomente verleihen.

Im Inneren der dünnen Membranschale ist auch kein Platz zur Unterbringung der Spannkabel. Statt nun die Elemente zur Durchführung der Kabel an den betreffenden Stellen auf umständliche Weise zu verdicken, wurden diese einfach lose direkt über der Schalenfläche verlegt und dabei durch entsprechend vorgesehene Löcher in den Randrippen geschoben, wo sie dann, einmal vorgespannt, auch ihre Umlenkkräfte auf die Segmente abstützen.

Die speziellen Randelemente wirken als Bögen mit massivem Zugglied auch zur Randaussteifung der gesamten Zylinderschale, dienen zur Verteilung der konzentrierten Vorspann-Ankerkräfte bei ihrer Weiterleitung auf die Normalelemente und führen die Dachlast über ihre Lager direkt auf die Stützen der Hallenkonstruktion.

Wo das Bedürfnis bestand, einzelne störende Auflagerstützen wegzulassen, wurde, ohne Veränderung deren äusserer Dimensionen, den erwähnten Zuggliedern der Randglieder auch die Funktion als Zug- bzw Druckstäbe eines speziellen Überbrückungsfachwerks zugewiesen (Abb. 42).

43 Dachaufsicht an der Nahtstelle zwischen zwei benachbarten Shedeinheiten mit den «frei» auf der Schalenmembrane liegenden Spannkabeln.

44 Durchschieben der BBRV-Kabel samt Hüllrohren durch die in den Randversteifungen der Normalelemente vorbereiteten Löcher. Der Spielraum zwischen Kabel und Aussparung wird ausgemörtelt.

Grundlegende Fragen der Festigkeit und Sicherheit

Die neuartige Bauweise warf gleich eine Mehrzahl ungewöhnlicher Ingenieurprobleme auf, für deren schlüssige Beantwortung weder greifbare Theorien noch verbindliche Normen bestanden. Die Verwirklichung des Bauvorhabens setzte daher – innerhalb eines unerbittlichen Zeitrahmens – die wissenschaftlich fundierte Abklärung der folgenden Fragen voraus:

Die Spannungsübertragung in den Mörtelfugen
Wenn das Prinzip der Tragweise eines quasi-homogenen, auf Querkraft und Biegung beanspruchbaren Betontragwerks durch das gegenseitige Zusammenpressen aufeinander passender Einzelteile intuitiv auch ohne weiteres einleuchten mag, so ist die Frage nach der physikalischen Wirkungsweise und konstruktiven Ausbildung der Kontaktfugen zwischen den Elementen keineswegs gleichermassen selbstverständlich.

Ein simples Zusammenspannen von Betonteilen im «trockenen» gegenseitigen Kontakt ist praktisch undurchführbar, da schon unbedeutende Unebenheiten der Berührungsflächen zu zerstörerischen Spannungskonzentrationen führen können. Die Fugen müsssen daher an Ort und Stelle mit einem plastischen, später erhärtenden Material «ausgegossen» werden. Die unarmierten Fugen dürfen aber, sollen sie eine hohe Formfestigkeit haben, im Verhältnis zu ihrer Tiefe auch nicht zu breit sein, was im konkreten Fall, bei der geringen Schalenstärke von nur 45 mm, zur Festlegung einer Fugenbreite von 8–12 mm führte – einer Vorgabe, die auch so noch eine ungewöhnlich hohe Anforderung an die Herstellungspräzision der voluminösen Elemente stellte.

Aus Kostengründen wurde auf die schon damals ins Auge gefasste Verwendung einer mit Kunststoff verklebten oder mit Kunststoffmörtel ausgegossenen Fuge verzichtet und deren Ausmörtelung mit gewöhnlichem Zementpflaster entschieden. Dieser besitzt selbst zwar eine, wenn auch geringe, Zugfestigkeit, kann aber dennoch durch seine glatten Kontaktflächen mit den Schalenelementen keinerlei Zugspannung übertragen. Deshalb bleibt in den Fugen – das Vorhandensein einer entsprechenden Normalspannung vorausgesetzt – zur Übertragung der in der Schale auftretenden Schubspannungen nur die Reibung.

Reibung ist aber ein höchst undurchsichtiges Phänomen. Seine Wirkungsweise ist eine Mixtur von molekularer Adhäsion und mechanischer «Verkrallung» mikroskopischer Oberflächenunebenheiten. Die Schubsicherheit konnte deshalb nur empirisch durch die experimentelle Bestimmung der Reibungswinkel zwischen den ausgefugten Schalensegmenten an wirklichkeitsgetreu nachgebildeten Probekörpern und deren Vergleich mit den Angriffswinkeln der im Gebrauchszustand des Bauwerks tatsächlich vorkommenden Hauptdruckspannungen (max. 17°) ermittelt werden. Die Auswertung der zur Abklärung dieser Frage durchgeführten Versuche (s. Abb. 46) ergab für die Sicherheit der Fugen gegen Ausgleiten einen Faktor von 2.4.

Die «exzentrische» Einleitung der Vorspannkräfte
Im normalen Feldquerschnitt durch die Zylindermembrane liegen die Spannkabel örtlich exzentrisch über der Betonschale. Würde (was eine weit verbreitete Fehlvorstellung ist!) die Spannkraft jedes einzelnen Kabels tatsächlich an der Stelle ihrer lokalen Lage direkt auf den darunter liegenden dünnen Betonquerschnitt einwirken, so könnte dieser der Beanspruchung nie standhalten. Da die der Spannkraft widerstehenden Betonspannungen aber in Wirklichkeit die Folge von überlagerten Fernwirkungen aus sämtlichen Kabeln, insbesondere der Verankerungskräfte sind, die sich alle gemäss dem Saint-Venant'schen Prinzip im Feld auf den Gesamtquerschnitt der Schale verteilen, verschwindet auch die Gefahr der örtlichen Exzentrizität. Einzig die in den Rippen angreifenden Umlenkkräfte haben lokale Wirkung (vgl. Kap. 2.3).

A. Probekörper mit unkritischer, orthogonaler Fuge in seinem Schalungskasten

B. Probe mit Anstellwinkel 30°: Bruchbild wie bei Fall A von der Fuge unbeeindruckt

C. Probe mit Anstellwinkel 45°: Obere Körperhälfte gleitet ohne Kraftaufwand ab

45 Versuchsreihe zur angenäherten Simulierung des Fugenverhaltens der zusammengespannten Shedelemente unter der Wirkung schiefer, nicht-orthogonaler Hauptdruckspannungen unterschiedlicher Richtung an wirklichkeitsgetreu ausgefugten, zweiteiligen Probekörpern aus armiertem Beton (vgl. auch Kap. 2.1).

In Nähe der Shedränder hingegen, wo die Verankerungskräfte der Spannkabel tatsächlich punktuell und gegenüber der Schalenmittellinie exzentrisch eingeleitet werden, stellt die Beanspruchung der Betonmembrane ein ernsthaftes Problem dar. Den Randelementen der Schale kommt daher neben ihren schon angeführten Funktionen auch die Aufgabe zu, für die rasche Ausbreitung der konzentriert aufgeprägten Ankerkopf-Spannungen zu sorgen, sodass sie schon bei Erreichen der Fuge zum benachbarten Normalelement als gleichmässig verteilte Spannungen ankommen. Zur Erzielung der hierzu notwendigen Eigensteifigkeit musste im Rahmen des aus Montagegründen limitierten Maximalgewichtes die optimale Form der Randelemente gefunden werden. Der komplexe Spannungszustand in diesen räumlichen Krafteinleitungskörpern konnte aber rechnerisch nur grob abgeschätzt werden. Ein experimenteller Nachweis des Tragverhaltens der Randelemente auch im Verband mit der gesamten Shedkonstruktion war daher unverzichtbar.

Bruchsicherheit des Gesamttragwerks

Die Spannkabel und die Betondimensionen des Tragwerks wurden für eine zweifache rechnerische Biegebruchsicherheit gegenüber den Gebrauchsbelastungen bemessen. Dies ist in Anbetracht der umfassenden statischen Vorabklärungen über das wirkliche Tragverhalten, die präzis masshaltige industrielle Fertigung der Bauteile und die damit einhergehende rigorose Kontrolle der Betonqualität ein vergleichsweise sehr komfortabler Sicherheitsfaktor. Das sichere Verhalten der Konstruktion bei Überlastung wurde denn auch im Modellversuch bestätigt.

Sind die «freien» Kabel korrosionsgefährdet?

Im herkömmlichen Betonbau, wo sowohl die schlaffen als auch die vorgespannten Armierungen im Inneren des tragenden Betonkörpers liegen, sind diese – gute Betonqualität und genügende Überdeckung vorausgesetzt – ganz natürlich vor Rost geschützt, auch wenn die Konstruktion als solche frei der Witterung ausgesetzt ist. Dieser gewohnte Schutz entfällt, wenn, wie in unserem Fall, die Bewehrung ausserhalb der Betonkörper verläuft. Es stellte sich daher auch aus diesem Blickwinkel die Frage nach der Verantwortbarkeit der neuartigen Konstruktionsweise.

Hier liegen zwar nicht die Spannkabel als solche im Freien, sondern nur ihre Hüllrohre aus dünnem Stahlblech, die nach dem Vorspannen mit Mörtel ausinjiziert wurden. Da das Injektionsgut die tragenden Spanndrähte aber nicht nachweislich an allen Stellen zuverlässig einpackt und das umhüllende Blech auch rosten könnte, ist damit noch kein garantierter Korrosionsschutz erreicht. Hingegen wurden hier, was noch wirksamer ist, die *Ursachen* der Korrosion durch eine klimatechnisch sinnreiche Dachkonstruktion von vornherein ausgeschaltet: Während die Welleternit-Eindeckung der Schalen die Kabel vor direktem Regenwasser schützt, bewahrt sie die dazwischen durchgehend angeordnete Isolation vor der gefürchteten Entstehung von Kondensationsfeuchtigkeit beim Auftreten schneller, z.B. Tag- und Nacht-Temperaturschwankungen. Die Spannkabel liegen demnach klimatisch wie im Innenraum des Gebäudes.

Die langfristige Bewahrung der Konstruktion erfordert also im Prinzip nur den zuverlässigen Unterhalt der Dacheindeckung. Will man vorsichtshalber auch der möglichen Auswirkung von Dachschäden vorbeugen, so können die Kabel zusätzlich mit einem korrsionsschützenden Kunststoff beschichtet werden. In Wangen geschah dies in Ermangelung moderner Schutzmittel noch in Form eines doppelten Bitumenanstrichs.

Herstellung und Montage

Im Werk des ausführenden Unternehmens, der Element AG Tafers, wurden 36 Gussformen für die Herstellung der je 18 (wegen der Kabellöcher unter sich leicht unterschiedlichen) Elemente zweier vollständiger Shedeinheiten bereitgestellt. Mit jeder von ihnen wurden später 43 identische Elemente fabriziert. Wegen dieser hohen Wiederverwendbarkeit der Schalungen war auch der Aufwand zur Erzielung der millimetergenauen Masshaltigkeit der Schalensegmente kaum spürbar. Als Schalung für die gerundeten Sichtflächen dienten massive Betonformen mit nachgeschliffenen Oberflächen. Die Abschalungen der späteren Fugenränder und der Verstärkungsrippen bestanden aus präzisen Stahllehren.

Auf der Baustelle wurden die auf der Kellerdecke zwischengelagerten Elemente dann mittels Pneukran millimetergenau auf die bereit stehenden Stahlböcke gesetzt, die Elementfugen durch von unten angepresste Weichgummischläuche abgedichtet und anschliessend mit Mörtel vergossen und die Randelemente mit ihren stählernen Lagergelenken samt provisorisch anmontierten Gegenlagern mit Verankerungen in die Stützenkopf-Aussparungen eingelassen und unterschlagen.

Um täglich einen ganzen Shed mit seinen 18 Elementen fertig stellen zu können, standen drei vollständige, aus je sechs fahrbaren Böcken zusammengesetzte Lehrgerüste zur Verfügung. Auf dem ersten Gerüst wurden in einem Tag die Elemente wie beschrieben versetzt und verfugt. Dazu wurden auch die als Montagestützen für die folgende Shedeinheit dienenden Fensterpfosten montiert. Auf dem zweiten Gerüst wurden die Spannkabel durch die Rippen eingezogen und deren Durchlassöffnungen ausgemörtelt. Der Shed auf dem dritten Gerüst wurde am Morgen desselben Tages in vorgeschriebenen Stufen endgültig vorgespannt, was auch sein vollständiges Abheben vom Lehrgerüst bewirkte. Am Nachmittag wurde das nun frei bewegliche Lehrgerüst zur Aufnahme einer weiteren Shedeinheit in die neue Lage gefahren.

46 Blick in die Fabrikationshalle der Element AG Tafers mit den Formen zur Herstellung der 18 Elemente für eine komplette Shedeinheit.
Das Formenwerk zur Fabrikation der Einzelemente mit der massiven Betonschalung als Unterbau und den Stahlblechlehren als Schalung für die Verstärkungsrippen sind gut erkennbar.

47 Zwischenlagerung der an der Baustelle angelieferten, äusserst verwindungsweichen Elemente in vorgeschriebener Seitenlage.

48 Einbau der Fensterpfosten mit Motangelehre.

49 Taktmontage der Shedeinheiten in Tagesetappen (von rechts nach links):

1. Montage der Fenstersprossen zur Abstützung der nächsten Shedeinheit.
2. Abdichten und Ausgiessen der Fugen der montierten Shedeinheit.
3. Erste Vorspannetappe (äussere Arbeitsgerüste).
4. Vollvorspannung und Entfernen von Fugenlehre und Lehrgerüst.

50 Anfügen eines Normalelements an die (im Hintergrund) zur Hälfte montierte Shedeinheit.

51 Versetzen eines Randelements mit seinem Randbogen und massivem Zugband.

52 Letztes Experiment an einem aus der Serienfertigung herausgegriffenen Prototyp im Werkhof der Element AG. Es ging hier um die endgültige Überprüfung des am Modell festgestellten Tragverhaltens der Randelemente unter ihrer komplexen Beanspruchung durch die Einleitungskräfte der Vorspannung.

Die Versuche am vorgespannten Mikrobeton-Modell

Angesichts der durch das Tragwerkskonzept aufgeworfenen, theoretisch nur ungenügend durchschaubaren Festigkeitsfragen war die Realisierung des Bauvorhabens nicht zu verantworten, ohne das zuverlässige Verhalten des Tragwerks auch im integralen Zusammenwirken seiner Komponenten experimentell verifiziert zu haben. Da aus zeitlichen und Kostengründen an die Herstellung und Prüfung des Prototyps einer ganzen Shedeinheit nicht zu denken war, blieb nur die Alternative, die Versuche an einem verkleinerten, auch in seinem Materialverhalten möglichst wirklichkeitsgetreuen Modell durchzuführen.

So wurde denn im Massstab 1:10 ein Modell zweier kompletter Schalensheds hergestellt. Deren Elemente wurden analog zum wirklichen Bauverfahren einzeln aus armiertem Mikrobeton «vorfabriziert», auf einem «Lehrgerüst» zusammenmontiert und mit Zement ausgefugt. Das ganze Gebilde wurde dann den mechanischen Ähnlichkeitsgesetzen entsprechend wirklichkeitsgetreu belastet und vorgespannt.

Die durch die Versuche abzuklärenden Fragen widerspiegelten nochmals den in diesem Kapitel schon im Einzelnen besprochenen Problemkreis des Tragwerks:

- Festigkeit und Verformung der kritischen, schlaff bewehrten Randelemente unter der «exzentrischen» Vorspannbelastung.
- Biegeverhalten der «eingeklemmten» Normalelemente in Querrichtung unter Einzellasten. Beobachtung der Schubübertragung in den Randfugen.
- Biegebruchsicherheit des Gesamttragwerks.

Vor der Montage des ersten Sheds an der Baustelle wurde im Werkareal des Herstellers auch noch ein Spannversuch an einem Prototyp im Massstab 1:1 durchgeführt (s. Abb. 52).

Während damals im Laboratorium die Technologien zur Herstellung von materialtechnisch realitätsnahem (auch armiertem) «Mikrobeton» zur Herstellung von Modellen im Massstabsbereich von ca. 1:10 – 1:20 schon genügend ausgereift waren, gaben die Sonderprobleme des Wangener Sheds den Anstoss zur Entwicklung eines vollständigen Modell-Vorspannsystems, dessen Gerätschaften in der Folge in einer Reihe weiterer Projekte zur Anwendung kamen (vgl. Kap. 3.1).

53 Versuchsaufbau des Mikrobetonmodells im Masstab 1:10 einer vollständigen Shedeinheit über dem hydrostatischen Belastungsbecken.

54 Die Gipsformen für die Herstellung der drahtarmierten Modellelemente einer ganzen Shedeinheit. Im Randelement sind die eingelegten Hüllrohre mit den Verankerungsplatten für die Spannkabel sichtbar.

55 Modell der Sonderkonstruktion eines in Querrichtung statisch zusammenwirkenden Paares von Shedeinheiten (s. Seite. 32). Auch die hier als Fachwerksdiagonalen wirkenden «Zugbänder» der Randglieder sind wirklichkeitsgetreu vorgespannt.

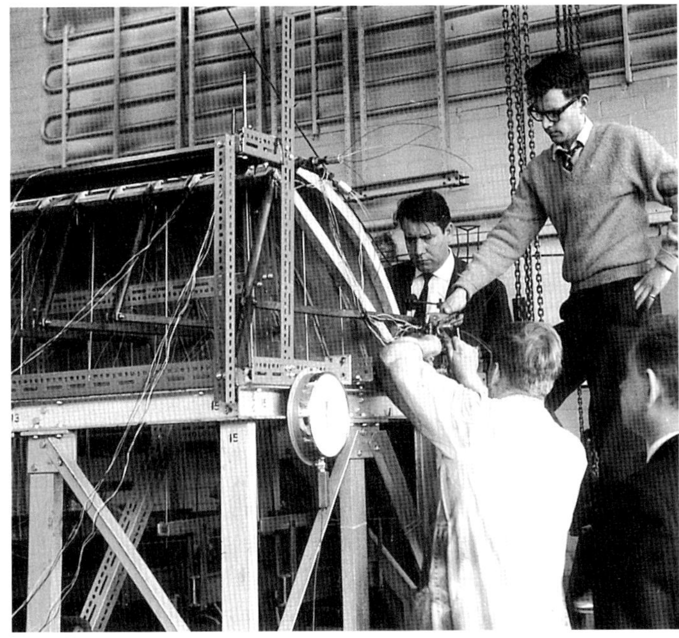

56 Inspektion der Vorbereitungen für einen Modellversuch in der Versuchsanstalt der British Railways in London, wo auf Veranlassung des Spannbetontheoretikers A. Abeles ein dem Konzept des Wangener Sheds nachvollzogenes Projekt für eine Lokomotivwerkstatt überprüft wurde.

Das Schicksal des Bauwerks – ein Gruss aus Seldwyla

In seinen Novellen «Die Leute von Seldwyla» erzählt der Schweizer Volksdichter Gottfried Keller mit viel Liebe, Humor und Ironie Grotesken aus dem kleinbürgerlichen Alltag seiner Landsleute.

Die Geschichte, wie in den 90er Jahren, aufgescheucht durch ein paar Rostflecken, die Geschäftsleitung der COOP von überforderten «Experten» dazu übertölpelt wurde, mit einem hohen, zweistelligen Millionenbetrag eine neues Dach pharaonischen Ausmasses über die Schalensheds zu stülpen, um diese ohne ersichtlichen Grund wie Jagdtrophäen daran aufzuhängen, hätte einen Ehrenplatz in der obigen Novellensammlung verdient. Auch Seldwyla-Geschichten gehören zum Ingenieur-Erlebnis. Weitere Beispiele dazu siehe S. 148 und 193.

1.5 Schreinereigebäude Voellmy & Co. in Basel

Architekt: Vischer Architekten, Basel
Bauherr: Schreinerei Voellmy & Co., Basel
Baujahr: 1959

Kombination von Rahmen- und Faltwerken
Stahlbeton, teilweise vorgespannt
Herstellung an Ort

57 Gesamtansicht mit der an rippenförmig aufgereihten Zweigelenkrahmen «hängenden» massiven Überdachung des Holzlagers.

Das Bauwerk wurde in partnerschaftlicher Zusammenarbeit zwischen Architekten und Ingenieur entworfen und ist architektonisch wie auch konstruktiv ein typisches Beispiel eines Industriebaus der 60er Jahre.

Die vorgespannten Stockwerksrahmen

Die Massivdecken der zweigeschossigen, stützenfreien Werkhallen sind im Abstand von 6.50 m durch vorgespannte Rahmen von 14 m Spannweite getragen. Die geringe Höhe, aber ausgeprägte Breite (1.20 m) der mit der Deckenplatte monolithisch als T-Träger zusammenwirkenden Unterzüge ist für die Formgebung vorgespannter Stockwerksrahmen typisch. Die Rahmenstiele bzw. Fassadenstützen sind gleich breit, aber – um grosse Einspannmomente der Unterzüge zu vermeiden – sehr flach und biegeweich. Folglich können sie in Querrichtung keine Horizontalkräfte aufnehmen. Die seitlichen Kräfte werden deshalb über die Deckenplatten auf steife Giebel-Wandscheiben übertragen.

Die Überdachung des Holzlagers

Aus Gründen der Brandsicherheit sollte das Holzlager durch eine Betonkonstruktion überdacht werden.

Die markante Gestalt des Dachtragwerks ergab sich dann als konstruktive Lösung des verzwickten Problems, die baugesetzlich geforderte niedere Traufhöhe des Dachs mit den Raumbedürfnissen für die Lagerbewirtschaftung unter einen Hut zu bringen:

Die als Tragsystem gewählten Zweigelenkrahmen, die sich auf die darunter liegenden Fassadenpfeiler abstützen, bekamen stark nach innen geneigte Stiele, Sie tragen damit gleichzeitig den erhöhten Mittelbereich (der den lichten Raum für die Durchfahrt eines Laufkrans schafft) wie auch – über Kragarme – den der Vorschrift entsprechend tieferen Randbereich des Dachs. Durch den Höhenunterschied wird die durchgehende Deckenplatte zu einem steifen Faltwerk, das gemeinsam mit den Rahmenstielen dem Aufbau seine Längsstabilität verleiht.

58 Eckansicht mit der aussteifenden Giebelwand und den ausladenden Kranbahnträgern sowie der schlanken, ohne Konsolen an die Fassade «angeklebten» Faltwerkstreppe (vgl. auch Kap.1.7).

59 Innenansicht der unterzugslos unter den Tragrippen durchlaufenden Faltwerksdecke mit den tiefer liegenden beidseitigen Kragdächern des Holzlagers.

60 Einblick in die obere Werkhalle mit den niedrigen, durch die Vorspannung spürbar nach oben gewölbten Unterzügen und den ebenso «flachen» Fassadenstützen.

1.6 Kirche in Vicques bei Delémont (Jura)

Architekt: Pierre Dumas, Romont
Bauherr: kath. Kirchgemeinde Vicques
Baujahr: 1958–60

räumliches Rahmentragwerk
voll vorgespannter Beton
Herstellung an Ort

Die Idee des Architekten zur formalen Gestaltung des Kirchenbaus war entscheidend vom Erscheinungsbild der in dieser ländlichen Juragegend oft anzutreffenden grossflächigen Scheunendächer inspiriert. In dieser assoziativen Anlehnung sollte das mächtige, weit ausladende Satteldach natürlich auch von den zurückgesetzten Umfassungswänden des Kirchenraums getragen werden.

Die vorgesehene Dachform – ein am First in seiner Symmetrieachse gefalteter Rhombus mit zwei bis in Bodennähe reichenden Spitzen – regte den Ingenieur zur Idee an, die übliche Tragweise des Scheunendachs umzukehren und es just an diesen Dachecken aufzulagern. Durch diese statische Umdeutung der Dachform wurde das Gebilde zu einer selbsttragenden Konstruktion, die ihre Hauptlast gewölbeartig auf zwei äussere Kämpfer abträgt. Dank der punktförmig konzentrierten Lagerung blieb die visuelle Ausgangsvorstellung des Architekten nicht nur erhalten, sondern wurde durch den Eindruck einer geheimnisvoll «schwebenden» Konstruktion noch gesteigert.

61 Gesamtansicht der Kirche.

Das Dachtragwerk und seine Errichtung

Die Dachkonstruktion selbst ist ein biegefest verknotetes, hochgradig statisch unbestimmtes räumliches Rahmentragwerk aus vorgespanntem Beton. Darüber hinaus bilden die mit Stahlrohrdiagonalen ausgefachten Frontpaare der aus den Auflagerspitzen ausstrahlenden Betonträger Verbundfachwerke, die der Dachfläche die notwendige horizontale Steifigkeit verleihen. Die Konstruktion stützt sich über stählerne Zapfengelenke auf ein Paar massiver Widerlagerböcke ab und wird in einem dritten Eckpunkt durch eine Pendelstütze stabilisiert. Die Kämpfer sind zur Aufnahme der Spreizkraft des Dachs gegenseitig durch ein unterirdisches Zugband aus Spannbeton verbunden.

Dank dieser Bauweise konnten die inneren Ausbauarbeiten und die künstlerische Gestaltung der Fassadenwände mit ihren an Ort eingelegten Glasmosaiken unter dem Schutz eines wettersicheren Dachs in aller Ruhe durchgeführt werden.

Unter üblichen Umständen hätte sich das Dachtragwerk vielleicht sinnvoller als Stahlkonstruktion realisieren lassen. Die Ausführung in Ortsbeton, die ein umfangreiches, hinsichtlich seiner Geometrie sehr anspruchsvolles Lehrgerüst erforderte, wurde hier aus einem ungewöhnlichen Grund gewählt: Es war der Ehrgeiz der kleinen, wenig betuchten Kirchgemeinde, ihr Gotteshaus wo immer möglich aus eigener Kraft und mit den im Dorf verfügbaren technischen Mitteln zu errichten. Daher wurden die Bauarbeiten unter der Leitung eines talentierten Dorfbaumeisters in begeisterter Fronarbeit der jüngeren Gemeindemitglieder durchgezogen – und dies mit bewundernswerter Perfektion!

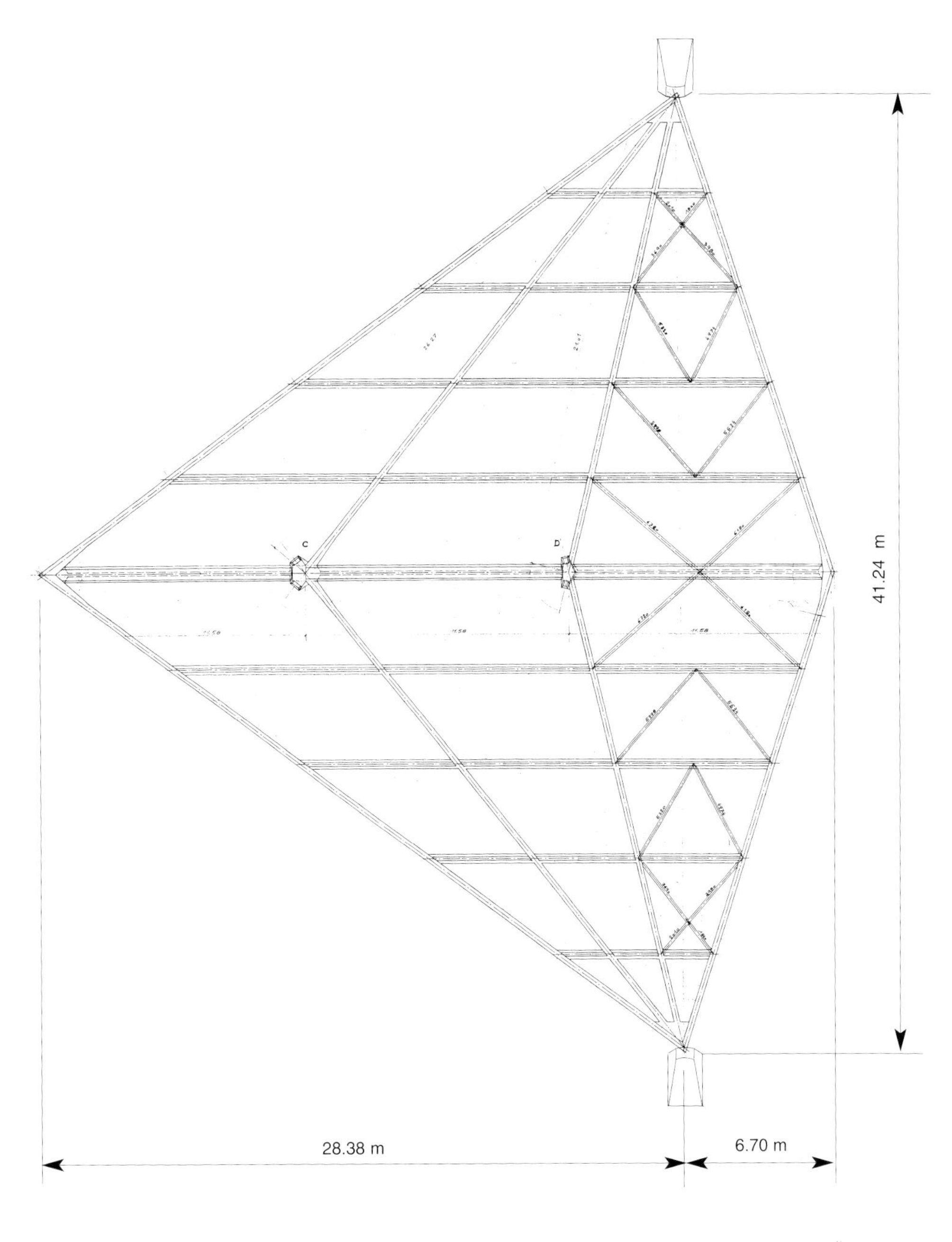

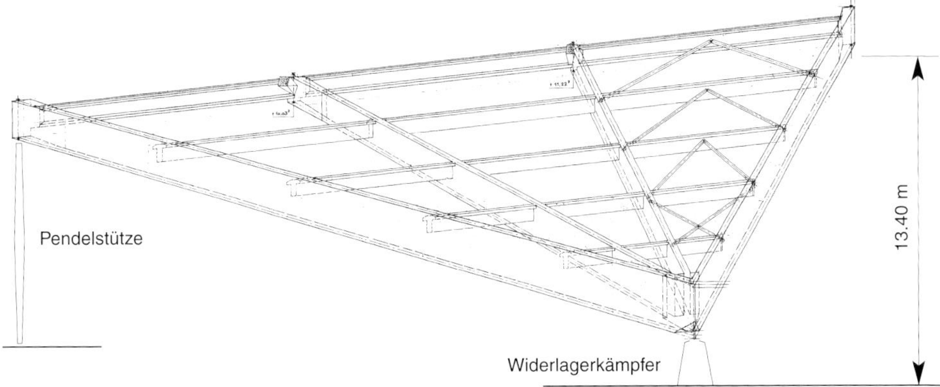

62 Grundriss und Seitenansicht des räumlichen Rahmentragwerks mit seinen vorgespannten Radialhauptträgern, dem vorgespannten Doppel-T-Firstträger und den an Ort vorfabrizierten, schlaff armierten T-förmigen Pfetten sowie der Stahlrohrausfachung zwischen dem frontalen Hauptträgerpaar.

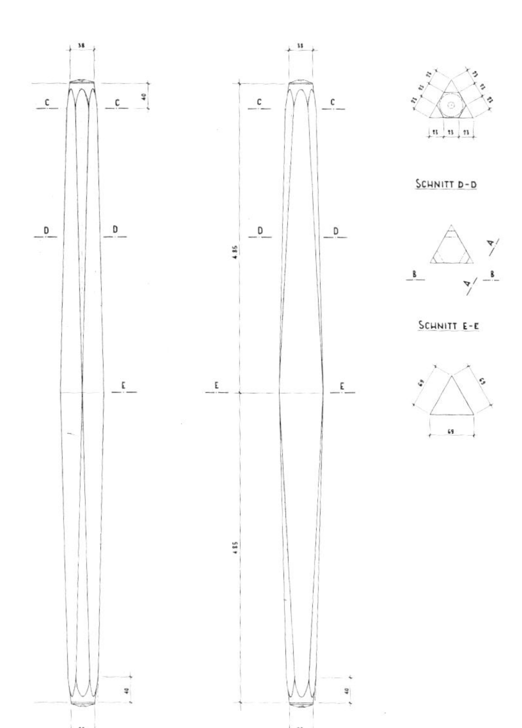

63 Gestaltung der stabilisierenden Pendelstütze mit ihren Pfannenlagern.

64 Blick auf den Firstträger und die Verankerungen der sich dort überkreuzenden Spannkabel der Hauptträger.

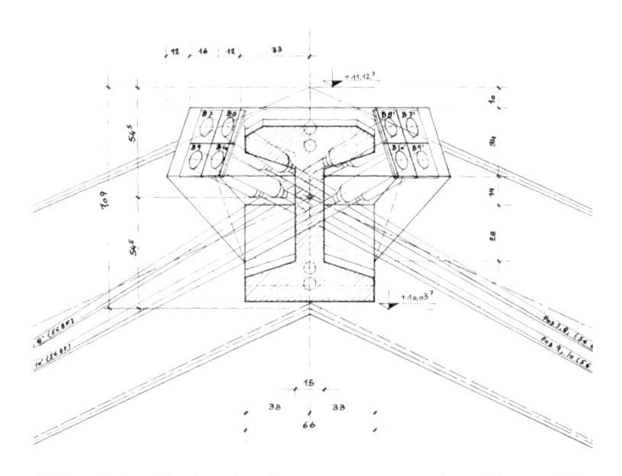

65 Schnitt durch den vorgespannten Doppel-T-Firstträger mit Kabelüberkreuzung.

66

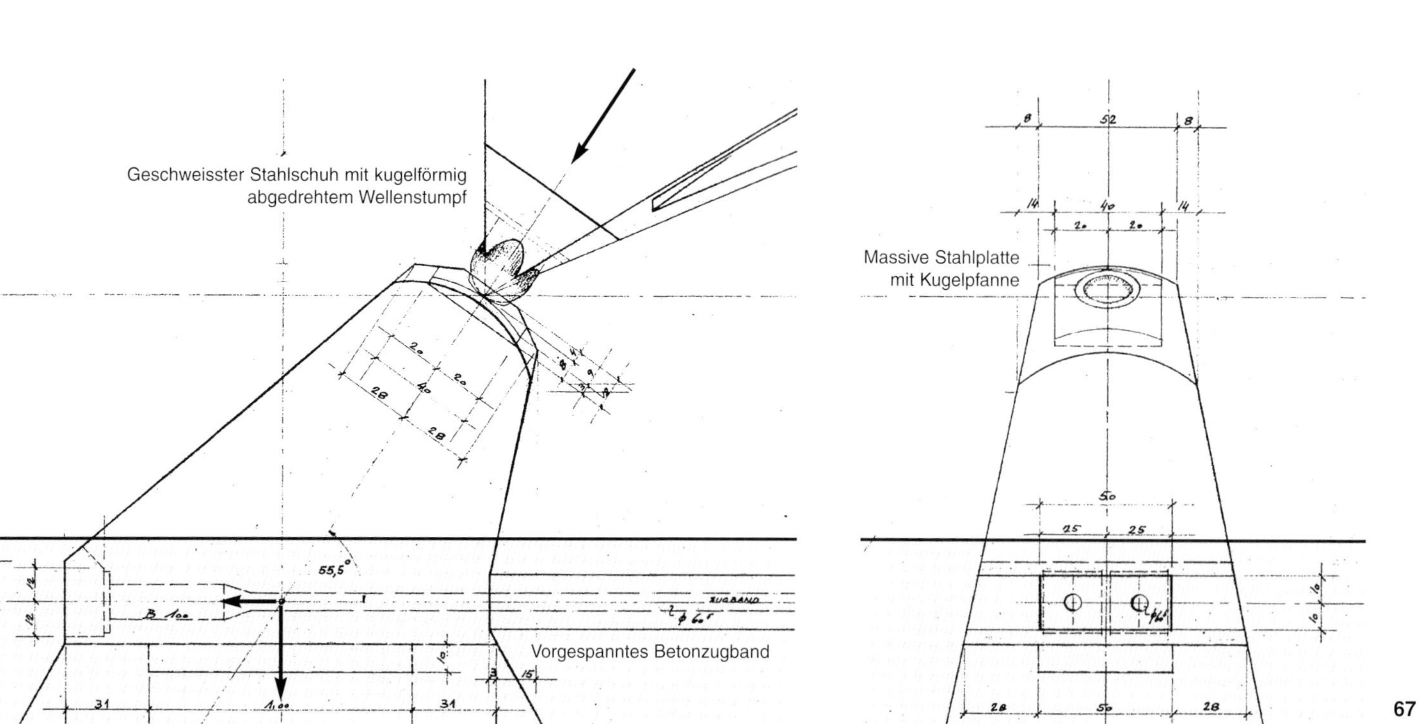
Geschweisster Stahlschuh mit kugelförmig abgedrehtem Wellenstumpf
Vorgespanntes Betonzugband
Massive Stahlplatte mit Kugelpfanne

67

68 Nachtaufnahme des räumlichen Tragwerks. Aus diesem Bild geht auch die perfekte Masshaltigkeit der grossenteils von freiwilligen Helfern hergestellten Schalung samt Lehrgerüst hervor – ein Spiegel des ausgeprägten Sinns für Präzision in einem typischen jurassischen Uhrmacherdorf! Die Konstruktion wurde im Endausbau auch auf ihrer Untersicht mit einem Holzplafond verschalt.

Bilder Seite 44:

66

Fotografie mit ausgeblendetem Hintergrund der auskragenden Vorderseite des fertig mit Eternitschiefer auf Holzschalung eingedeckten Dachs. Unter dessen Wetterschutz wurde später der Kirchenraum mit Empore und die Glasmosaikfassade erstellt. (Die Spannkabelverankerungen sind noch nicht vermörtelt und abgeschliffen).

67

Konstruktionszeichnung der Widerlagerkämpfer zur punktförmigen Abfangung der Gewölbekraft der Dachkonstruktion und dem Zugband zur Aufnahme der horizontalen Spreizkraft.

1.7 Kies- und Betonwerk in Gunzgen (Solothurn)

Bauherr: Jakob Fritschi, Wangen b. Olten
Baujahr: 1960–62

Scheiben- und Rahmentragwerk
Stahlbeton
an Ort vorgefertigte Fassadenelemente
elastischer Modellversuch

69 Das Kieswerk mit dem demontier- und umstellbaren Grubenförderband. Links im Bild ist noch ein Teil der mit dem Kieswerk durch ein Förderband verbundenen Betonfabrik sichtbar.

Die klare Struktur dieses reinen Zweckbaus ist das Ergebnis gebrauchsfunktionaler und statischer Überlegungen, die darauf abzielten, mit einfachen bautechnischen Mitteln ein grosszügiges Gehäuse für die Einrichtungen zur langfristigen Aufbereitung der dortigen Kiesvorkommen zu schaffen. Im Unterschied zu den üblichen, oft improvisiert zusammengebastelten Kiesaufbereitungsanlagen konnte hier dank dem engen Einvernehmen des Projektverfassers mit dem damals auch als Bauunternehmer tätigen Grubeninhaber ein Bauwerk entstehen, das sich trotz der inzwischen stark erhöhten qualitativen und damit auch maschinellen Anforderungen an die Kiesaufbereitung bis heute praktisch unverändert bewährt hat.

Das strukturelle Konzept

Die Prozessabfolge der Kiesaufbereitung ist an der gebrauchsfunktionalen Formgebung des Baukörpers deutlich ablesbar:

Die Anlieferung des Rohkieses erfolgt über das enorme Grubenförderband an oberster Stelle des geräumigen dreistöckigen Aufbaus mit den Maschinenanlagen. Von dort durchläuft das Material, immer der Schwerkraft folgend, der Reihe nach die obligaten Verarbeitungsgänge von Brechen, Waschen, Sieben und Sortieren. Das klassifizierte Material ergiesst sich dann im freien Fall in die entsprechenden 18 darunter liegenden, nach aussen offenen Silokompartimente. Die Oberkanten von deren Trennwänden folgen dem natürlichen Schüttwinkel des Kiesmaterials und bestimmen so die imposante Kontur des sich nach unten verbreiternden Gebäudesockels.

70 Ansicht von Norden mit den Fensteröffnungen in den sichtbaren Flanken der gewellten Fassadenelemente.

71 Blick von Süden auf die fensterlosen Flanken der Elemente.

Die Tragkonstruktion des Aufbaus ist ein klassisches, innen stützenloses Stahlbetonskellett, das in den schwer belasteten Untergeschossen aus eingespannten Rahmen gebildet ist. Der Dachaufbau ist von leichten Zweigelenkrahmen getragen, die durch einen durch ihre Firstpunkte laufenden Längsträger gegenseitig stabilisiert sind. An diesem Balken, der zudem den symmetrischen Hälften der Dacheindeckungselemente als inneres Auflager dient, hängt auch die Laufkatze für die Maschinenmontage.

Das Gebäude benötigt in Anbetracht des ohnehin «nassen» Betriebs der Kiesaufbereitung weder luxuriöse Dachrinnen noch Abfallrohre. Das Regenwasser fliesst direkt über die Fassadenhaut bis zur Oberkante der Silowände, wo es zur Verhinderung übermässiger Durchnässung des Kieslagers über die für den optischen Eindruck des Bauwerks typischen – an ihrem Rand aufgebördelten – Dreiecksflächen und weiter über die als Rinne ausgebildeten Trennwand-Oberseiten zur Erde gelangt. Die in der Bodenplatte des unteren Maschinenraums faltwerkartig eingespannten Dreieckszwickel dienen zusammen mit dem an ihren Spitzen quer durch die Silowände laufenden Beton-«Zugband» auch als seitliche Auflager für die vom Fülldruck des Kieses horizontal beanspruchten Silowände (vgl. Modellversuch S. 48).

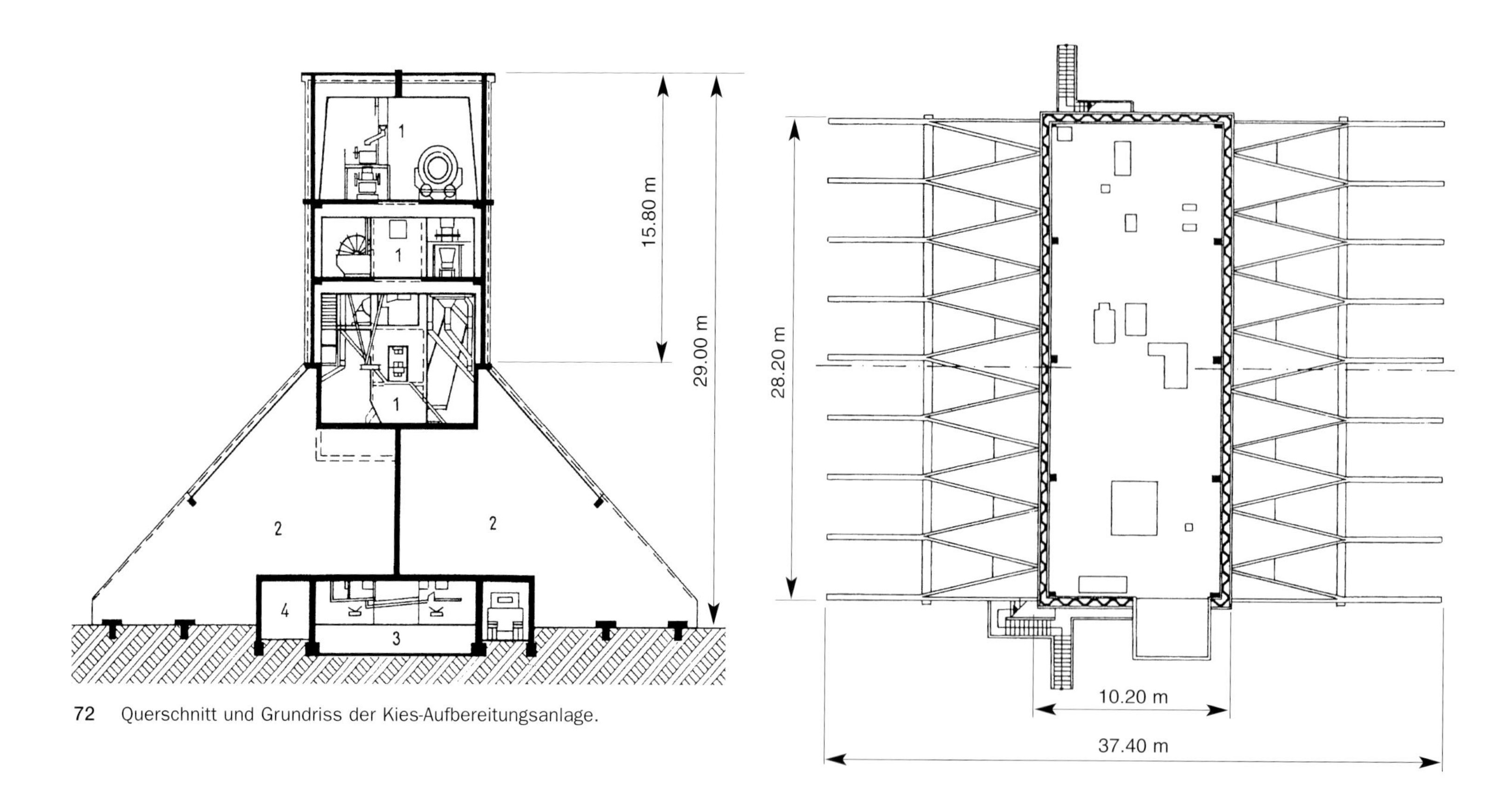

72 Querschnitt und Grundriss der Kies-Aufbereitungsanlage.

Die an der Baustelle vorgefertigte Dach- und Fassadenhülle

Die konstruktive Gestaltung der selbsttragenden Dach- und Fassadeneinkleidung des Maschinenhaus-Aufbaus erfüllt alle funktionalen, statischen, wirtschaftlichen und letztlich auch ästhetischen Anliegen. In Anbetracht dessen, dass die Biegebeanspruchungen des tragenden Dachs und der hohen, dem Wind ausgesetzten Fassaden von vergleichbarer Grösse sind, wurden zur Eindeckung wie zur Umhüllung vorfabrizierte Elemente mit geometrisch identischem Querschnitt gewählt. Die aus Festigkeitsgründen wellenförmig gefalteten Bauteile unterscheiden sich nur durch ihre Länge, die Art ihrer Bewehrung und allenfalls ihre Fensteraussparungen.

Diese Vereinheitlichung ermöglichte die Anwendung eines äusserst rationellen Herstelllungsverfahrens: Auf einem einzigen entsprechend geformten, als unterste Gussform dienenden Betonsockel beginnend, konnten ganze Serien von Fassaden- bzw. Dachelementen schalungslos vorgefertigt werden. Sie wurden ganz einfach schichtweise übereinander betoniert, wobei jeweils die vorangehende, mit einem trennenden Ölpapier abgedeckte Elementoberfläche wieder als Gussform genutzt wurde. Zur Gewährleistung der Masshaltigkeit musste vorher jede (mörtelfeine) Betonschicht noch mittels einer Formlehre abgezogen werden. Nach dem Abbinden wurden die biegesteifen Elemente dann mit einem einzigen Kranmanöver aus ihrem Stapel gehoben und an der vorgesehenen Stelle des Bauwerks versetzt.

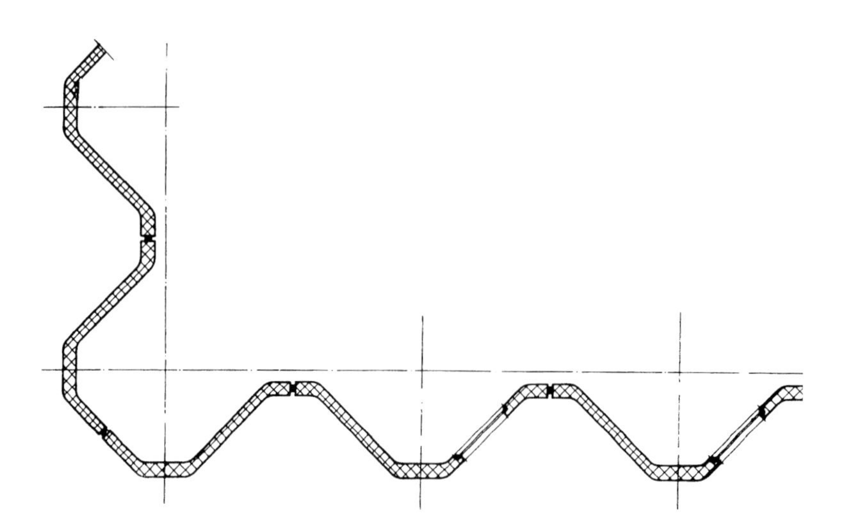

73 Die Dach- und Fassadenelemente sind bis hin zur Gebäudeeckausbildung in der geometrischen Kontur ihres Querschnitts identisch.

Die gegen Norden orientierten Flanken der Fassadenelemente haben schlitzartige Fensteröffnungen, durch die die Maschinenräume mit gleichmässig diffusem Licht erhellt werden. Die Verglasung ist unmittelbar in die Nuten der Betonelemente eingekittet.

74 Bauzustand während der Montage der Dach- und Fassadenelemente. Gut sichbar ist hier die unmittelbare Abstützung der «Dachwellen» auf den oberen Fassadenelementen. Links im Bild: Die über ein Förderband direkt mit dem Kieswerk verbundene Betonfabrik mit ihrem stählernen Zementsiloaufbau und der scherenförmig ausladenden Freitreppe mit den aus dem zentralen Tragrahmen auskragenden Trittstufen.

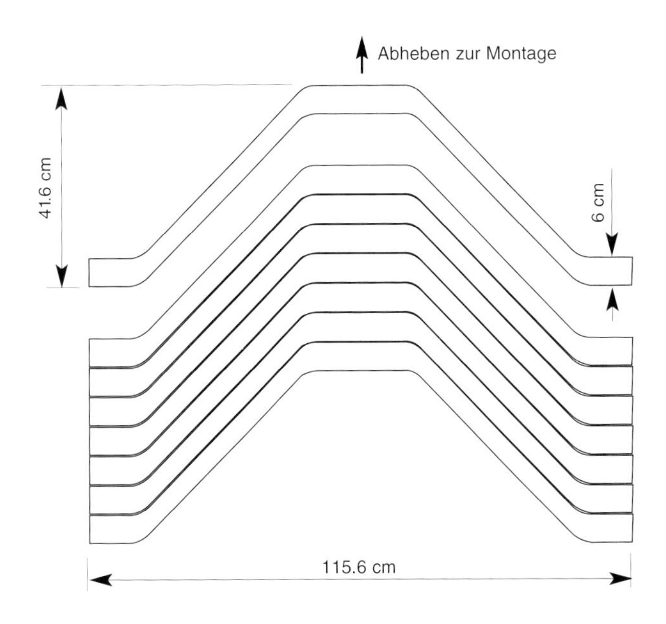

75 Querschnitt durch die als Stapel übereinander betonierten Dach- und Fassadenelemente.

76 Die drei den unterschiedlichen Längen entsprechenden Stapel der zum Abheben und Versetzen bereiten Dach- und Fassadenelemente. Auch in Abb. 74 sind die gleichen Stapel, teilweise schon abgetragen, noch gut erkennbar.

Gestalterische Experimente mit Freitreppen

Wie es der Architekt nicht lassen kann, den Stuhl immer wieder neu zu erfinden, fühlt sich auch der Ingenieur bei jeder sich bietenden Gelegenheit von den konstruktiven Gestaltungsmöglichkeiten der räumlich tragenden Freitreppe angezogen.

Die einseitig angeklebte doppelläufige Freitreppe
An der Nordfassade des Kieswerks wurde erstmals eine zweiläufige Treppenanlage aus Stahlbeton mit nur einseitig aufgelagerten Podestplatten verwirklicht.

Im Gegensatz zur üblichen statischen Auffassung, nach der sich Podestplatten als simple Balkenträger zur Auflagerung der Treppenläufe verhalten, wirkt das monolithische Stahlbeton-Gebilde von Treppenplatten und Zwischenpodesten in Wirklichkeit als räumlich zusammenhängendes Faltwerk. Als solches kann es bei sinnvoller konstruktiver Gestaltung seine Hauptlasten auf die Tragwände abführen, ohne die dünnen Podestplatten auf Biegung zu beanspruchen. Sie können vielmehr an beliebiger Stelle unter der Bruchkante zwischen Podest und Treppenläufen – im Extremfalle auch nur einseitig – direkt unterstützt werden.

Da sich diese Tragweise zwar im Prinzip verstehen, aber nicht genau berechnen lässt, war das erfolgreiche Prototypexperiment eine nützliche Erfahrungsbereicherung, auf die in weiteren Projekten zurückgegriffen werden konnte (vgl. Kap. 1.5).

Die Freitreppe vor der Betonfabrik
Eine weitere konstruktive Gestaltungsvariante für doppelläufige Treppenaufgänge ist die vor der Betonfabrik auskragende Freitreppe.

Hier ist das Haupttraggerüst ein zentral im Treppenauge liegendes Stabwerk in Form eines in die Horizontale gekippten Bockes, an dessen Spitze auf einer auskragenden Konsole das Zwischenpodest balanciert. Die Treppenläufe bestehen aus einzelnen, vorgefertigten Stufenelementen, die einseitig in die torsionssteifen Bockstäbe eingespannt sind.

77 Die einseitig über die schlanken Podeste an der Siloaussenwand «angeklebte» Aufgangstreppe zu den Maschinenräumen.

78 Die scherenförmige Aussentreppe in der Fassade der Betonfabrik.

Weitere Beispiele von Treppenexperimenten sind in den Seiten 85, 152 und 175 zu finden.

79 Experimentelle Ermittlung der Biegebeanspruchung der Silotrennwände an einem einfachen Plattenmodell aus Aluminiumblech.

Auf die Biegemomente wurde indirekt über die Krümmungen der Platte geschlossen, die ihrerseits mittels handelsüblicher induktiver Verschiebungsgeber gemessen wurden.

Modellversuch zur Bemessungsoptimierung der Silotrennwände

Ein Grossteil des Materialaufwands an Beton und Armierung zur Erstellung des Kieswerks geht zu Lasten der 18 grossflächigen, unter sich identischen Silotrennwände. Der wirtschaftlichen Bemessung dieser durch den Fülldruck des Kieses hoch belasteten Platten war daher besondere Aufmerksamkeit zu schenken.

Da es damals keine zuverlässigen Berechnungsverfahren zur Bemessung derart unregelmässig berandeter Platten gab, wurde zur Ermittlung der Momentenverteilung der unter Abb. 79 näher beschriebene Modellversuch durchgeführt. Das Ergebnis führte zu einer äusserst sparsamen Bewehrung der ungewöhnlich schlanken, nur 18 cm starken Silotrennwände.

Der hier zur Plattenbemessung verwendete elastische Modellversuch ist heute längst durch allgemein zugängliche Computerprogramme nach der Methode der Finiten Elemente abgelöst. Seine Erwähnung ist daher im konkreten Falle nur noch von historischem Interesse. Die Leistungsfähigkeit empirischer Nachweismittel, die jedoch auch heute keineswegs generell durch den Computer ersetzbar sind, wird im Kap. 3 ausführlicher kommentiert (vgl. auch die Beispiele in den Kapiteln 1.9, 1.10 und 1.12).

Das Traggerippe des Grubenförderbandes

Die filigrane Tragkonstruktion des langen Förderbands zum Transport des Rohkieses von seiner Entnahmestelle zur Aufbereitungsanlage besteht aus leicht montier- und demontierbaren räumlichen Fachwerkeinheiten aus verschweissten Stahlrohren. Die Tragbrücken sind im Querschnitt dreieckige, torsionssteife Träger, die an den Ecken auf zwei Spitzen der hohen Stützpfeiler ruhen. Diese bestehen aus einem Paar sich in Querrichtung (ähnlich einem Dreigelenkbogen) gegenseitig abstützender Stabwerke, die einzig durch zwei Schrauben verbunden sind. In Längsrichtung wirken sie als gelenkig gelagerte Stützen, die durch die zusammenhängende, am Gebäude verankerte Trägerkette gehalten sind.

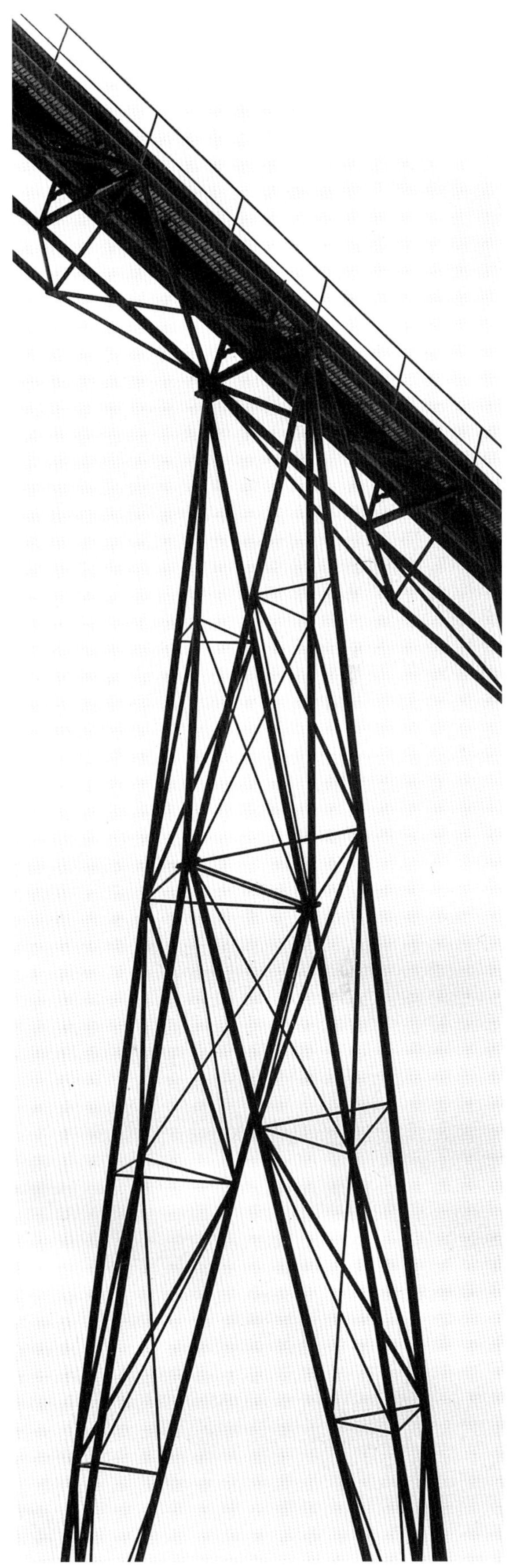

80 Die räumliche Struktur der tragenden Fachwerkkörper des Förderband-Unterbaus (s. auch Abb. 69).

1.8 Lagerhalle und Birsbrücken der Zementfabrik Liesberg

Architekt: Burckhardt Architekten, Basel
Bauherr: Portlandzementfabrik Laufen
Baujahr: 1961–63

praktisch randgliedlose Tonnenschalen
vorgespannter Stahlbeton
Herstellung an Ort

Das Bauwerk liegt am natürlich gewachsenen Ufer der Birs im Blickfeld der gegenüberliegenden Hauptverkehrsstrasse sowie direkt neben der Bahnlinie Delémont–Basel. Die exponierte Lage der grossräumigen, funktionell aber wenig anspruchsvollen Material-Lagerhalle bot dem Zementhersteller eine willkommene Gelegenheit, mit dem Bau auch ein werbendes Exempel für die konstruktiven und formalen Gestaltungsmöglichkeiten «seines» Baustoffs Beton zu schaffen.

In diesem Sinne liessen die Architekten – die langjährigen Gesamtplaner des Zementwerks – dem Ingenieur bei der Gestaltung des fast ausschliesslich aus tragender Betonkonstruktion bestehenden Bauwerks vollkommen freie Hand. Das architektonische Bild der fertigen, offen überdachten und mit einem schweren Brückenkran ausgerüsteten Lagerhalle ist denn auch durch die expressive statisch-funktionale Durchbildung seiner eleganten Tragkonstruktion in Beton gekennzeichnet.

81 Blick aus der Bahn auf die Lagerhalle mit ihren gegen die Gleisanlage auskragenden Brückenkranträgern aus Stahlbeton.

Das vorgespannte Schalentragwerk der Lagerhalle

Die Dachkonstruktion ist aus 7 cm dünnen tonnenförmigen Betonschalen zusammengesetzt. Ihre gemeinsamen unteren Berührungskanten sind im Unterschied zu ihren horizontalen Scheitellinien in Feldmitte parabelförmig um 25 cm überhöht, was im Querschnitt einen veränderlichen Kreisradius der Tonnen zur Folge hat. Dies macht die Schalenfläche im Unterschied zur reinen Zylinderfläche geometrisch unabwickelbar. Statisch bedeutet dies eine beachtliche Erhöhung der globalen Querbiegesteifigkeit der Membrane, was ermöglichte, die bei zylindrischen Tonnenschalen sonst üblichen massiven Randscheiben nur noch andeutungsweise durch eine schmale bogenförmige Berandung mit stählernem Zugband zu ersetzen.

Als zusätzlicher Wetterschutz kragen die Schalen mit ihrem wellenförmig ausgeschittenen Rand über die Fassadenflucht hinaus und entlasten so auch ihre globale Biegebeanspruchung in Feldmitte. Das Dachwasser, das dank der erwähnten Überhöhung ungehindert seitlich abfliesst, wird durch die natürliche Form der Schalenberandung abgefangen und den Abfallrohren zugeführt.

Die unterzugslosen Schalen sind wegen ihrer vergleichsweise geringen Traghöhe vorgespannt. Um die zierlich schlanken Schalenränder nicht durch klobige Ankerkopfverstärkungen zu beeinträchtigen, wurden die Spannkabel im Verankerungsbereich besenförmig in ihre Einzeldrähte mit eigenen Miniatur-Ankerplättchen aufgelöst und dann, statt an ihren Enden, in temporären Aussparungen im Feld mittels einer Sondervorrichtung unter Spannung gesetzt.

82 Blick von der öffentlichen Strasse über die Birs auf die gegenüberliegende Materiallagerhalle.

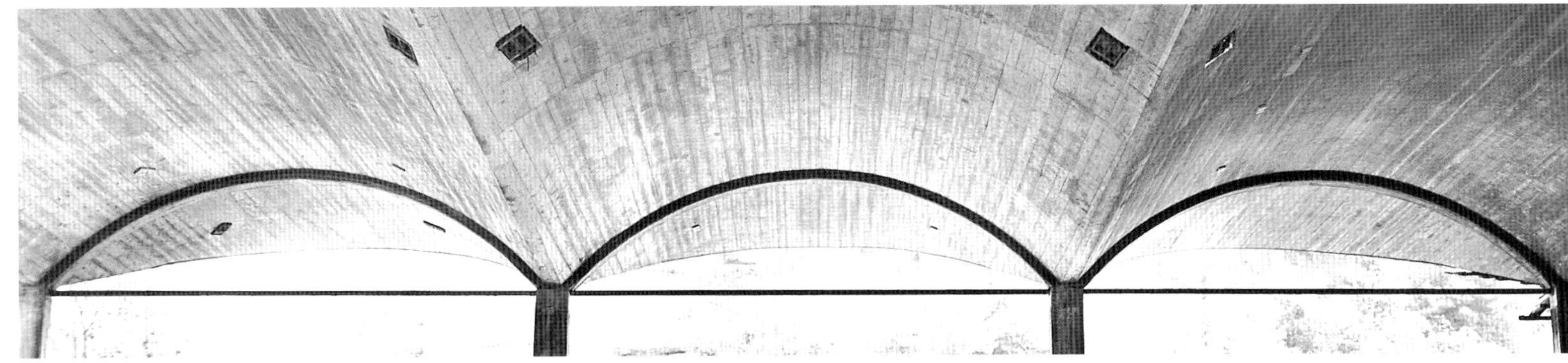

83 Blick aus dem Innenraum auf das in einen zierlichen Bogen mit Zugband aufgelöste Schalenrandglied. An der Decke sind die noch unvermörtelten Aussparungen der Zwischenspannstellen erkennbar (s. auch Abb.86).

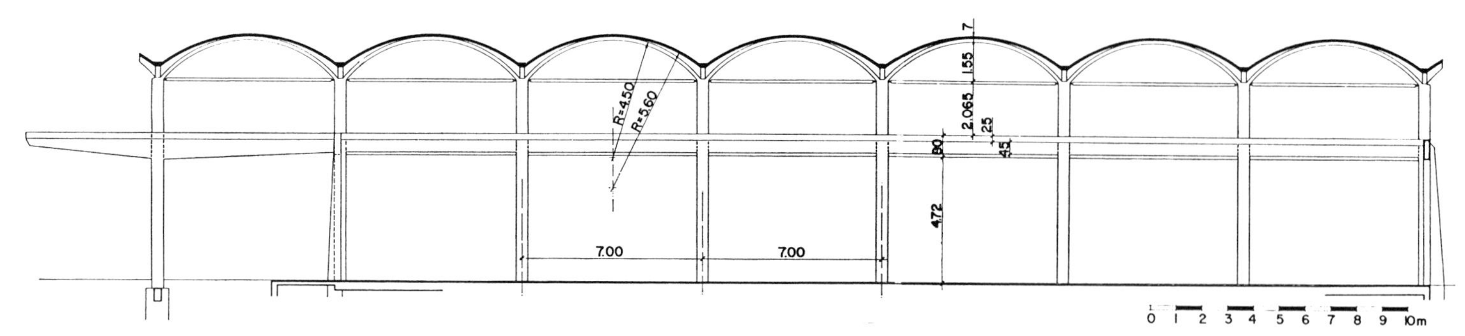

84 Längsschnitt durch das Schalendach in seiner Symmetrieebene. Gut erkennbar ist die betonte parabolische Überhöhung der gemeinsamen Berührungskanten der Tonnen. Diese dient der natürlichen seitlichen Abführung des Dachwassers und erhöht durch die Veränderlichkeit des Krümmungsradius die Querbiegesteifigkeit der Tonnen und beschwingte Eleganz der Schalenkonstruktion.

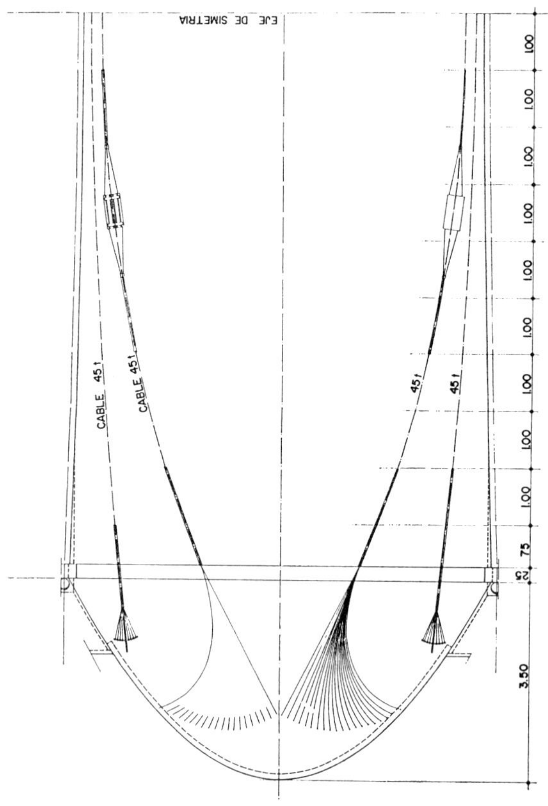

85 Grundriss einer Tonnenhälfte mit den Spannkabeln, deren Zwischenspannstellen und besenförmig ausstrahlenden Endverankerungen.

87 Ansicht des wellenförmigen Schalenrands. Die wie «Schwimmhäute» zwischen den parabolisch auskragenden Tonnen aufgespannten Zwickel bilden mit der Dachrinne den Trichter zur Einführung des Dachwassers in das in den Stützen eingebaute Abfallrohr.

86
Die offenen Zwischenspannstellen in der «Rinne» zweier benachbarter Tonnenschalen mit den sich überkreuzenden Spanngliedern.

88 Birsbrücke I: Das schlanke, in die Landschaft eingeschmiegte vorgespannte Plattensprengwerk mit seinem schlichten Stahlrohrgeländer.

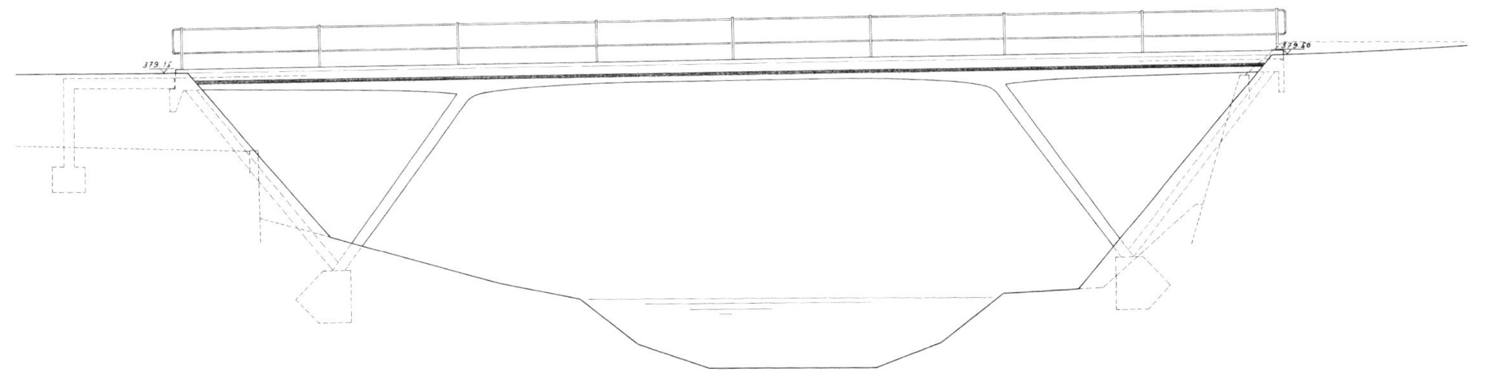

89 Ansicht der Brücke I in Flussrichtung.

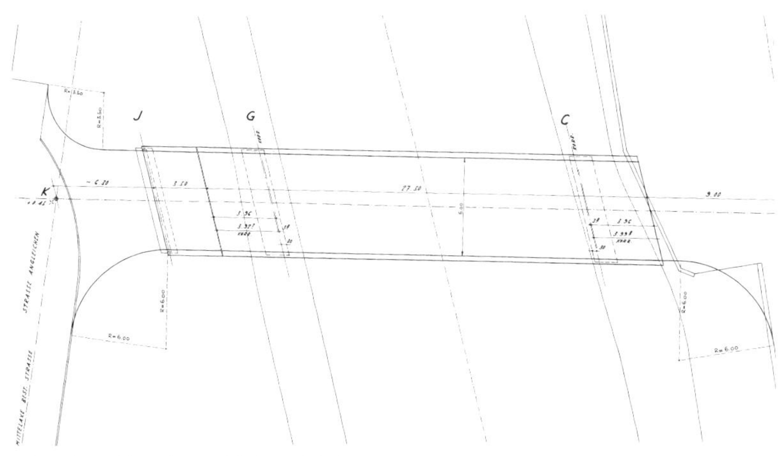

90 Grundriss der «schiefen» Brücke I.

Die Birsbrücken

Im Zuge der Fabrikerweiterung wurden zur Zeit des Baus der Lagerhalle auch zwei in ihrer Konstruktionweise fast identische Zufahrtsbrücken über die Birs zum Werkareal erstellt.

Das Geländeprofil und der feste, zur Aufnahme des Horizontalschubs geeignete Kalksteinboden liessen sofort das Sprengwerk als die natürlichste Tragwerksform für die Brücken erkennen (vgl. Kap. 2.4). Die Fahrbahnträger konnten als rippenlose vorgespannte Platten variabler Stärke und die in Flussrichtung orientierten Stiele als durchgehende schlanke Scheiben ausgeführt werden. Die flächigen Konstruktionselemente setzen so einerseits bei Hochwasser dem Durchfluss von Treibgut den geringsten Widerstand entgegen und verleihen andererseits den Bauwerken eine hohe Querstandfestigkeit.

Die Gestaltung der äusserst schlichten Konstruktionen beschränkte sich auf eine subtile Variation der Dicken bzw. Wandstärken der Fahrbahnplatten und der geneigten Stiele.

91
Birsbrücke II
Die Verjüngung der Scheibenbreite der Sprengwerksstiele ist hier gut zu erkennen.

Brücke I

Die 1961 zuerst erstellte, schmälere Brücke ohne Trottoir. Im Unterschied zur Brücke II überquert sie die Birs mit einem um 17° von der Orthogonalen zur Flussrichtung abweichenden Winkel, was durch die entsprechende Schiefstellung der flächigen Stiele eine Erhöhung der Fahrbahnplatten-Steifigkeit zur Folge hat.

Brücke II

Die 1962 erbaute Brücke mit Fussgängerweg steht praktisch orthogonal zum Flussufer. Ihre scheibenartigen Stiele verjüngen ihre Breite nach unten im Neigungswinkel von 20° zur Vertikalen.

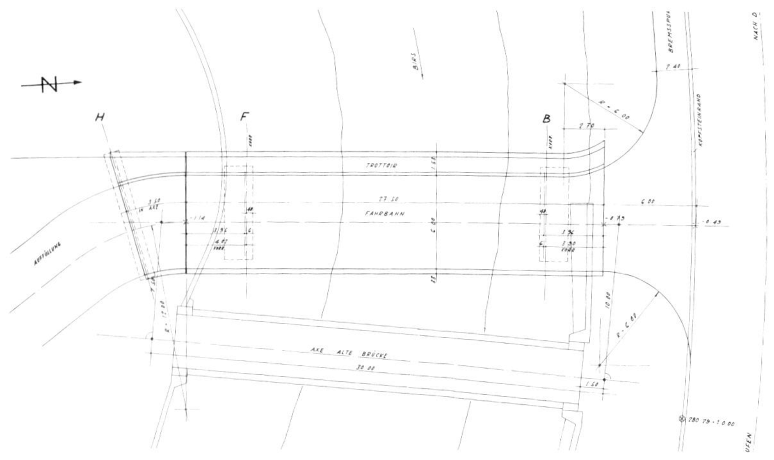

92 Die orthogonale Brücke II.

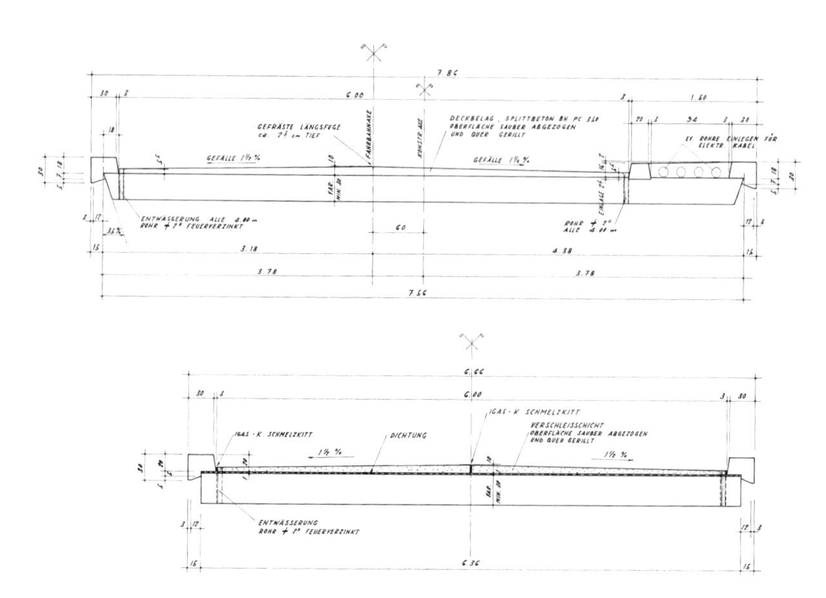

93
Vergleich der Querschnitte der beiden Brücken:
oben: Brücke II
unten: Brücke I

Der heutige Status der Bauwerke

Die Zementfabrik Liesberg gehörte zur weltumspannenden Holderbank-Gruppe und wurde Ende der 70er Jahre zu Gunsten eines neuen Werks in Rekingen geschlossen. Mit Ausnahme weniger Bauten, u.a. der hier beschriebenen Lagerhalle und der zwei Zugangsbrücken wurde in der Folge fast die ganze Fabrikanlage abgerissen.

1999 wurden die nördliche der Zugangsbrücken (Brücke II) und eine 1935 von Robert Maillart erstellte Eisenbahnbrücke, die die Birs weiter flussaufwärts überquert, als repräsentative Beispiele zweier Generationen von Stahlbeton-Konstruktionsweisen – einer schlaff armierten Trogbalkenbrücke und einer vorgespannten Sprengwerksbrücke – dem Denkmalschutz des Kantons Basel-Landschaft unterstellt. In Erwartung eines entsprechenden Entscheids des Kantons Solothurn wurde als baugeschichtlich beachtenswerte Schalenkonstruktion auch die Lagerhalle vor dem Abbruch bewahrt.

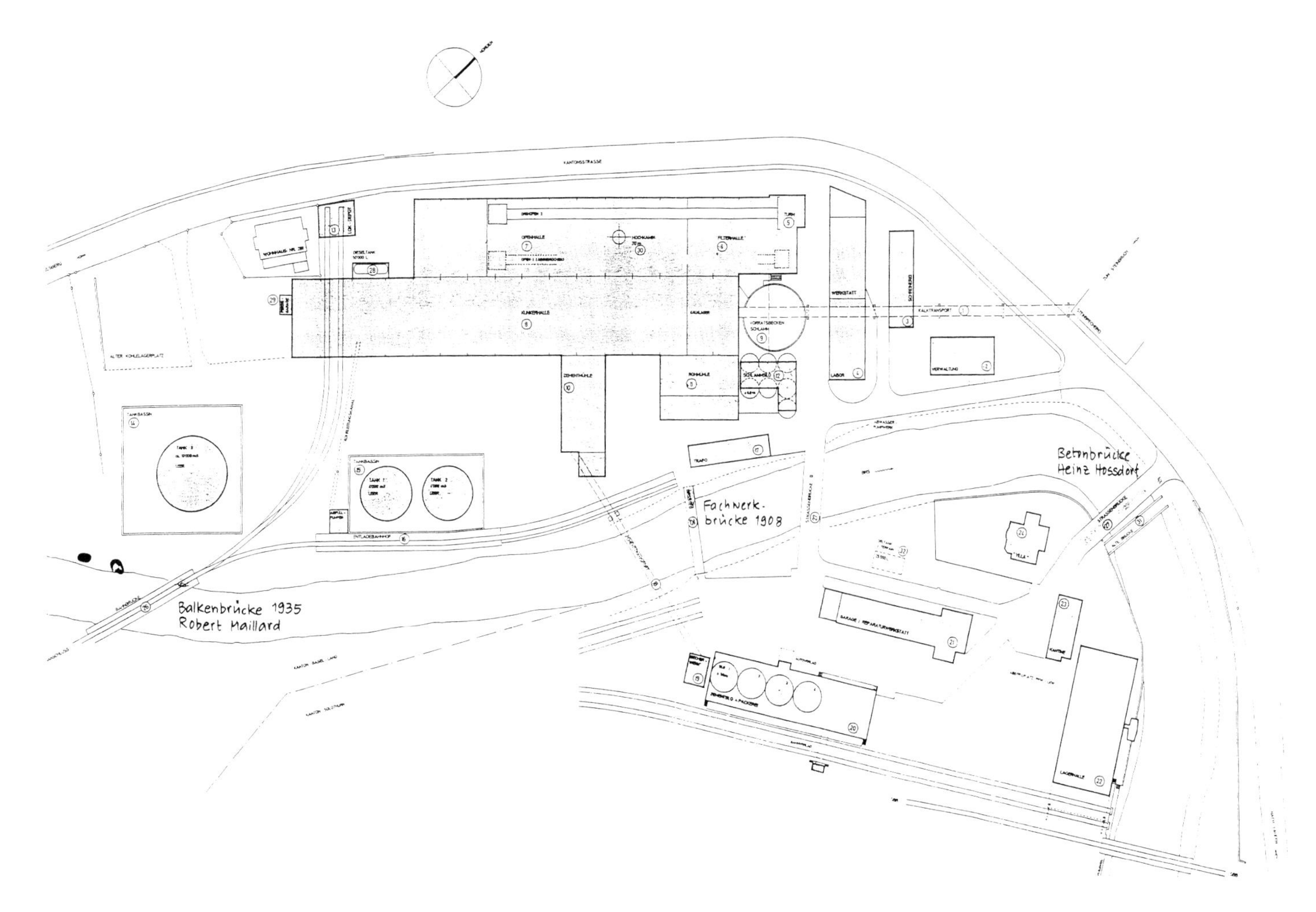

94 Situationsplan der ehemaligen Industrieanlage mit der eingezeichneten Kantonsgrenze. Das linke Ufer und der Fluss Birs gehören zum Kanton Basel-Landschaft. Das Gelände der Lagerhalle fällt dagegen unter die Jurisdiktion des Kantons Solothurn.
Im Plan sind die von der Heimatschutzkommission des Kantons Baselland als schützenswert erachteten Bauwerke eingetragen.

1.9 Pavillon «Les échanges», Expo'64 Lausanne

Architekten: F. Vischer + G. Weber (Federführung), M.-H. Burckhardt, R. Gutmann, W. Wurster
Bauherr: Exposition Nationale
Baujahr: 1962–64

Kombination von Hyparflächen
vorgespannte GFK/Stahl-Verbundkonstruktion
industrielle Fertigung der Elemente
materialgetreue Modellversuche

Für den experimentierfreudigen Ingenieur gehört das Entwerfen ephemerer Ausstellungsbauten zu den reizvollsten Aufgaben: Sie ist eine der seltenen Gelegenheiten, wo das innovative Wagnis nicht nur verantwortbar ist, sondern geradezu herausgefordert und erwartet wird. Aus dieser Sicht gewann innerhalb des Basler Planungsteams für den Ausstellungssektor «Waren und Werte» die Idee des Ingenieurs für den Bau des Sektorpavillons die Oberhand: Die Vision eines transluziden, nachts selbstleuchtenden «Tulpenfeldes» als schützender Regenhaut über einer offenen Ausstellungslandschaft, realisiert in Form einer selbsttragenden, hinsichtlich Grösse, Formgebung und angewandter Technologie einzigartigen Kunststoffkonstruktion. Der Vorschlag kam auch den Vorstellungen der Architekten entgegen, die in seiner Erscheinung – als schirmartige Überdachung eines Jahrmarkts gedeutet – eine sinnvolle Assoziation zur Ausstellungsthematik erblickten.

Die Wunschvorstellung bewegte sich an der äussersten Grenze des überhaupt Realisierbaren. Das technische Neuland, das hier betreten wurde, barg ja ein ganzes Spektrum unabsehbarer Probleme, die zudem unter gnadenlosem Zeit- und Kostendruck zu bewältigen waren: von der Umsetzung der visuellen Gestaltungsidee in ein baubares Tragwerkskonzept über die damals kaum erforschten Eigenschaften des unerprobten Baustoffes bis hin zur auf die auch bau- und fertigungstechnisch ungewöhnliche Aufgabe völlig unvorbereiteten Unternehmerschaft.

Ohne die systematische Durchführung zielgerichteter, wissenschaftlich fundierter experimenteller Untersuchungen – dies sei im heutigen Zeitalter der naiven Computergläubigkeit besonders hervorgehoben – wären die hier angetroffenen Ingenieurprobleme niemals, auch bis heute nicht, beherrschbar gewesen.

Doch auch die Abklärung aller technischer Fragen hätte nicht genügt, um das Vorhaben zu einem erfolgreichen Ende zu führen, wäre nicht die Verantwortung für das Wagnis von allen Beteiligten, den Architekten, den Unternehmern, vor allem aber der Direktion der Expo in einem Klima der vertrauensvollen Zusammenarbeit voll mitgetragen worden.

95 Südwestecke der Pavillon-Überdachung. Hier ist auch das Abspannseil zur Stabilisierung der Eckspitze noch erkennbar (vgl. S. 63).

96 Luftbild des Sektors "Waren und Werte" mit dem Hauptpavillon, dem Seerestaurant und den auf dem See tanzenden Kantonswappen.

Technische Unsetzung der bildhaften Vision

Aus Kostengründen — ein Liter Polyester war damals teurer als als eine Flasche auserlesenen Rotweins – erwies sich die Verwirklichung einer reinen Kunststoffkonstruktion rasch als Utopie. Mit den verfügbaren Mitteln konnte bestenfalls eine dünne Plastikhaut bezahlt werden, und diese kann bekanntlich keinen Druckkräften widerstehen. Es galt daher, die hohe Zugfestigkeit glasfaserarmierter Polyesterlaminate (GFK) statisch voll auszunützen, die auftretenden Druckbeanspruchungen jedoch sinnvoll mitwirkenden Stahlverstärkungen zuzuweisen. Dieser Leitgedanke führte zur Erfindung eines hinsichtlich seiner zentralen Betätigungsart und der gegenseitig aussteifenden Wirkungsweise zweier wesensfremder Materialien schirmartig aufspannbaren Gebildes, dessen Gestalt aber weiterhin von der ursprünglichen formalen Wunschvorstellung inspiriert blieb.

Die «Blütenblätter» der einzelnen «Tulpen» wurden durch vier sternförmig aus ihrem gemeinsamen «Kelch» hervorspriessende, durch windschiefe Vierecke begrenzte und durch Stahlprofile umrahmte hyperbolische Paraboloide aus 3 mm starkem, durchscheinendem GFK stilisiert. Diese Kernelemente sitzen, sich längs ihrer unteren hochstrebenden Ränder konzentrisch berührend, gelenkig auf einem gemeinsamen Auflagerkreuz im Kopf ihres jeweiligen «Stiels» – einem konisch zulaufenden, im Fundament eingespannten Blechrohr. Sie sind an ihren Spitzen mit den jeweils benachbarten Sternen fest ver-

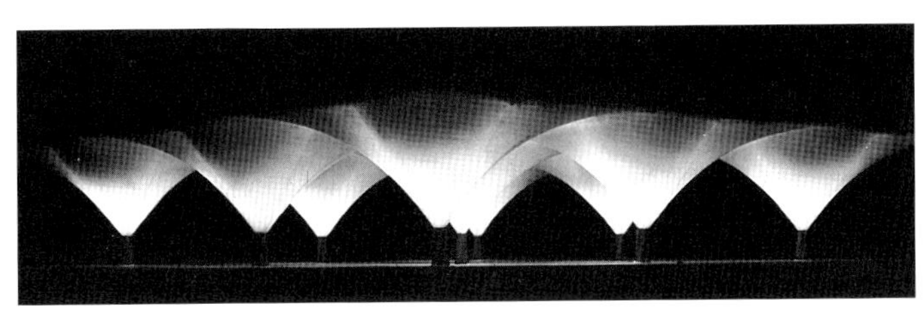

97 Erstes skizzenhaftes Demonstrationsmodell 1:200 zur Vermittlung des optischen Eindrucks der nachts selbstleuchtenden Blumen.

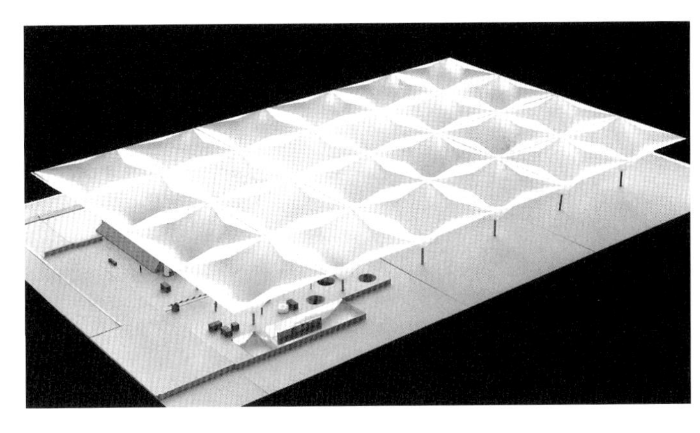

98 Zwischenentwurf einer reinen, jedoch unbezahlbar teuren Kunststoffkonstruktion.

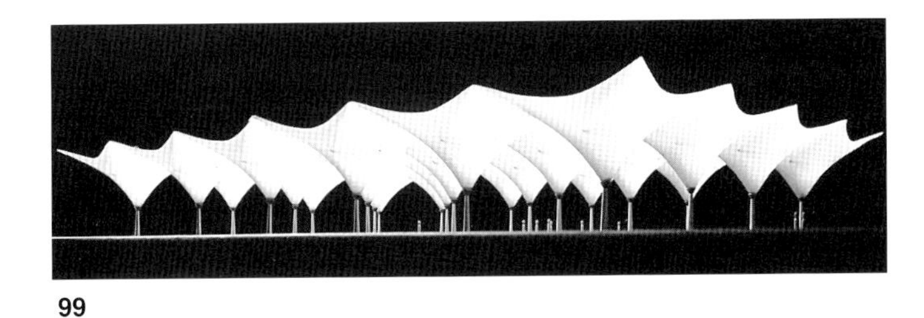

99

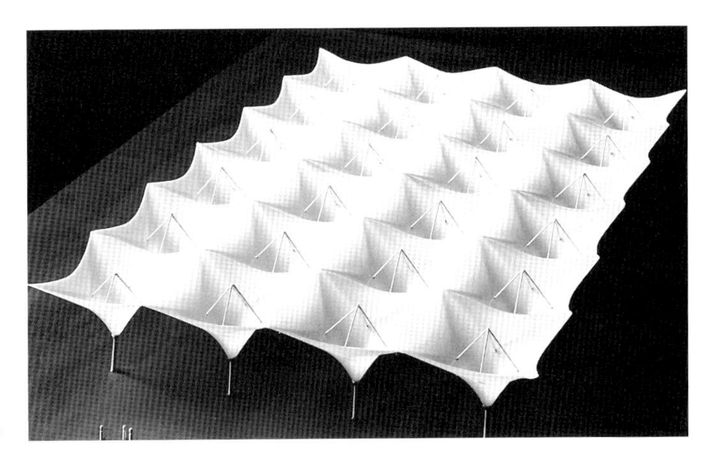

100

99 und 100
Anschauungsmodell 1:200 der konstruktiv ausgereiften und durchstilisierten Pavillonkonstruktion mit Spannvorrichtung.
Durch die formale Umsetzung des neuen statischen Konzepts gewann die Überdachung auch entscheidend an Eleganz.

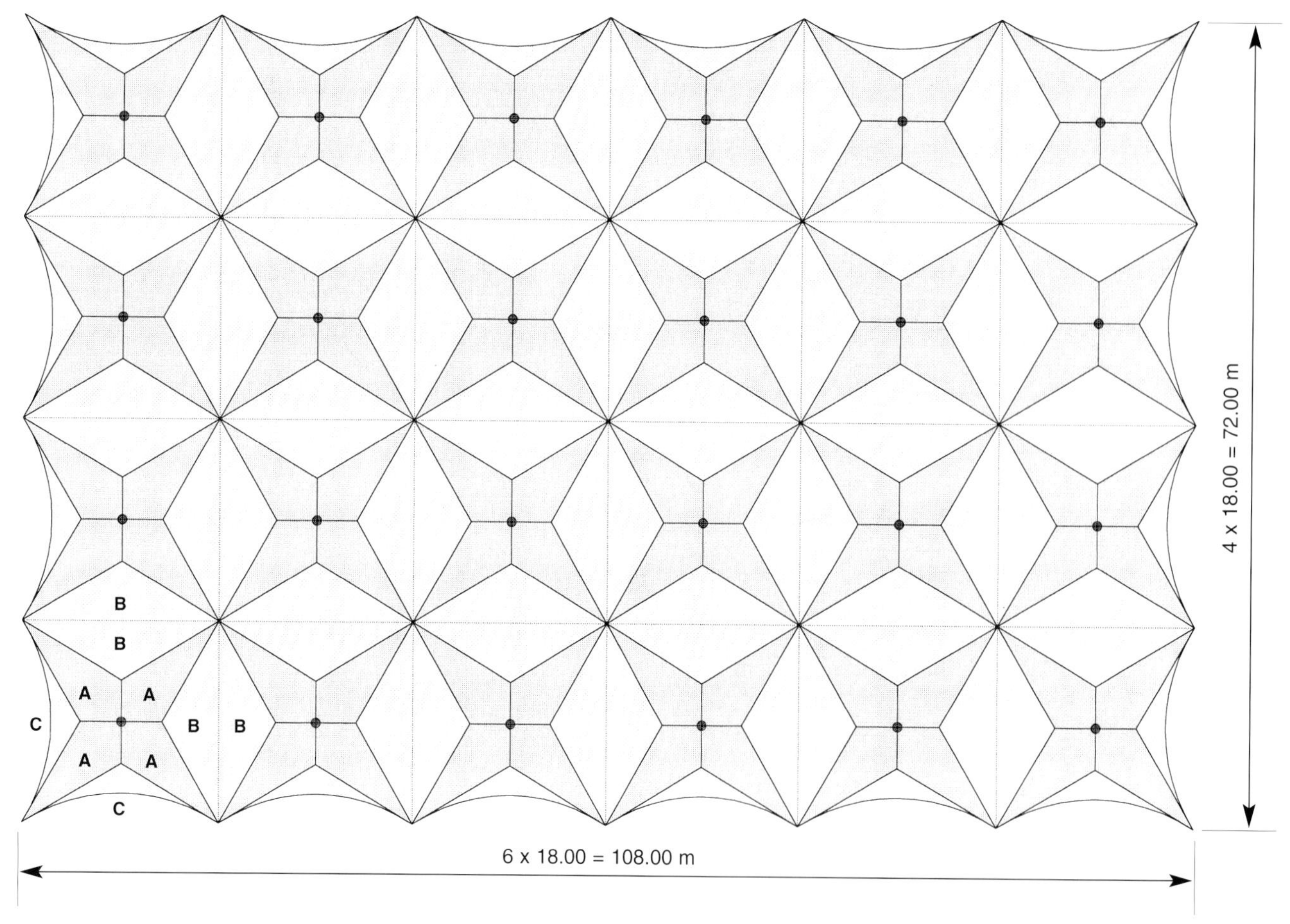

101 Grundrissübersicht über die Pavillonüberdachung mit den 96 sternförmig gruppierten Kernelementen (Typ A), den inneren Paaren von total 56 Überbückungselementen (Typ B) und den 20 schwimmhautartigen Randelementen (Typ C).

schraubt und erlangen ihre Standfestigkeit durch die gegenseitige Abstützung der Blumen untereinander. Zur Erzwingung eines unveränderlichen Abstands zwischen den auskragenden Spitzen der äusserst torsionsweichen Kernelemente sind diese durch einen starren, horizontal umlaufenden Distanzhalter in Form eines gewöhnlichen Armierungseisens miteinander verbunden.

Die sich jeweils an zwei ihrer Spitzen berührenden Nachbarsterne umschliessen einen Zwischenraum, dessen Ränder wiederum ein windschiefes, hier spiegelsymmetrisches Viereck bilden. Es lag nun nahe, auch diese Öffnung, unter Verwendung ihrer Randgeraden als Leitlinien, mit einer Hyparfläche zu überdecken. In der praktischen Ausführung wurde diese in zwei Hälften aufgeteilt, die als zunächst schlaffe Überbrückungselemente je einer Blume zugeordnet wurden. Erst bei der Endmontage des Pavillons wurden sie dann paarweise mit einem straff gespannten, PVC-beschichteten Drahtseil zu einer räumlich tragenden Einheit zusammen«genäht».

Die konkaven Zwickel zwischen den sternförmig ausladenden Kernelementen wurden an der freien Peripherie des Gebäudes mit Randelementen in Form schwimmhautartiger, beinahe ebener Kunststoffmembranen überspannt.

Die 18.00 x 18.00 m grossen Blumeneinheiten setzen sich also jeweils aus 8 Elementen (4 Kernelementen und 4 Rand- bzw. Überbrückungselementen) zusammen, deren einzelne Abmessungen gerade noch ihren Strassentransport vom Herstellungswerk zur Baustelle ermöglichten.

102 Konstruktives Detail der verschraubten Kreuzverbindung zwischen den vier zusammentreffenden Sternspitzen sowie der Verbindungsnaht zwischen den angrenzenden Überbrückungselementen.

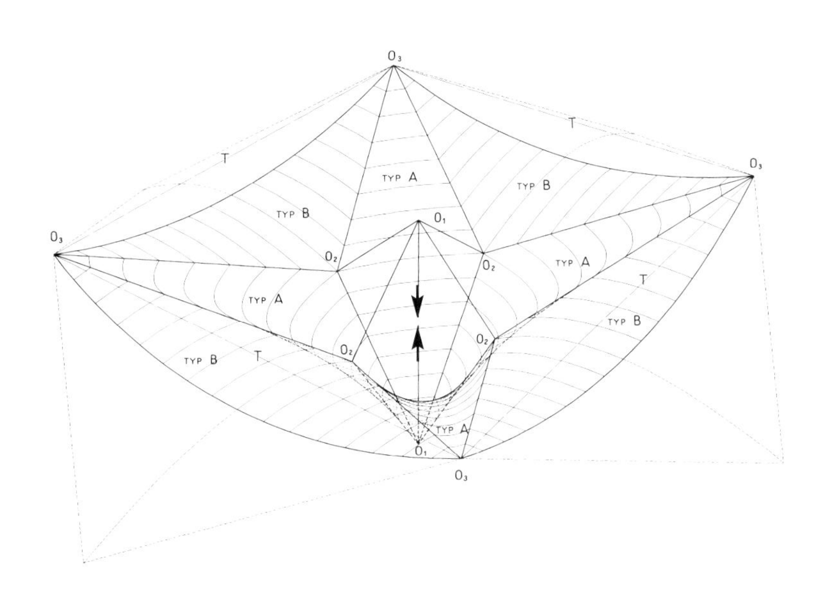

103 Perspektivische Ansicht der räumlichen Geometrie der blütenförmigen Tragwerkseinheit, zusammengesetzt aus hyperbolischen Paraboloidflächen, die zwischen einem Gerippe von räumlichen Vierecken aufgespannt sind, dem Stützbock und der zentralen Zugvorrichtung.

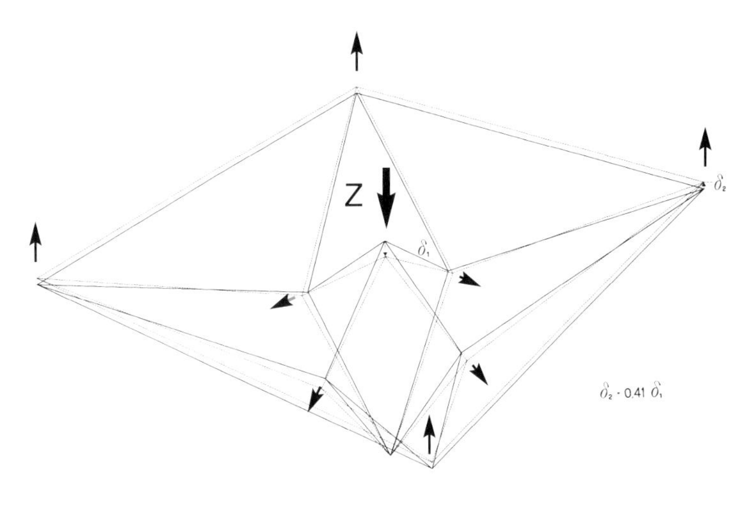

104 Die kinematische und statische Wirkungsweise des Aufspannmechanismus.

Die durch die Zugkraft Z forcierte Einsenkung der Bockspitze hat eine Spreizwirkung auf die sich innen gegenüberliegenden Ecken des räumlichen Vierecks der Kernelemente und ein Anheben von deren Spitzen zur Folge, wodurch die darin aufgespannte Kunststoffhaut allseitig unter Zugspannung gesetzt wird. Aus geometrischen Gründen heben sich die durch ihr umlaufendes Zugband zwangsgeführten Spitzen der Kernelemente um den 0.41-fachen Wert der zentralen Einsenkung.

Das Aufspannprinzip

Die vier sich an ihren unteren Flanken konzentrisch berührenden und an einzelnen Punkten gegenseitig verschraubten Kernelemente bilden als zusammengehöriges Bündel die primären Tragkörper der Dachkonstruktion. An ihren ausladenden Spitzen stützen sie sich horizontal auf das umlaufende Zugband ab.

Ohne äusseres Zutun würden jedoch in diesem statischen System die Elemente schon unter ihrem Eigengewicht in sich zusammenbrechen. Denn die biegeweichen metallenen Randverstärkungen der Kernelemente weichen dann an ihren Verzweigungsstellen nach innen aus, das Zugband büsst seine Funktion ein und die dadurch in der Polyesterhaut auftretenden Druckspannungen könnten durch diese nicht verkraftet werden – sie würden unweigerlich ausbeulen.

Um das Gebilde dennoch für die Gebrauchsbelastungen (Eigengewicht, Schnee, Wind, Temperatur und Kriechen des GFK) tragfähig zu machen, wurden die Membranen der Kernelemente über einen sinnigen Mechanismus künstlich in einen permanenten Zugspannungszustand versetzt: Hydraulische Pressen ziehen an den Spitzen eines pyramidenförmigen Bocks, dessen vier Beine auf die erwähnten Verzweigungspunkte drücken und diese derart auseinander treiben, dass die zwangsgeführten Spitzen der Kernelemente nach oben ausweichen und so die Haut allseitig aufspannen. Die dabei im System auftretenden Druckkräfte (vgl. Kap. 2.3) werden allein von den stählernen Randverstärkungen aufgefangen. In diesem vorgespannten Zustand verwandeln sich die Kernelemente in äusserst biegesteife, vielseitig belastbare Stahl/GFK-Verbundträger.

105 Einblick in den Vorspannmechanismus mit der hydraulischen Zugvorrichtung und dem Stützbock.

Die problematischen Materialeigenschaften des Kunststoffs

Mit dem Nachlassen der Vorspannkraft verliert das Gebilde der aufgespannten Blume, wie oben erläutert, an Tragfähigkeit und bricht bei deren Ausfall gänzlich zusammen.

Leider hat nun Polyester zwei höchst unwillkommene rheologische Eigenschaften, deretwegen sich die künstlich aufgebrachten Membranzugspannungen auch ganz von selbst in bedrohlichem Masse abbauen und damit den praktischen Nutzen des schönen Aufspannprinzips ernsthaft in Frage stellen können: seine gegenüber Stahl (dem anderen Verbundbaustoff) beträchtlich höhere Wärmedehnzahl sowie seine Eigenart, sich unter dauernder Zugbeanspruchung über seine elastische Initialdehnung hinaus laufend weiter auszudehnen – das Material «kriecht».

Über keine dieser Charakteristiken des neuen Kunststoffs – dessen Eigenschaften übrigens mit Art und Dichte seiner Glasfaserverstärkung über ganze Grössenordnungsbereiche streuen – waren seinerzeit (weder von der Industrie noch von Hochschulinstituten) brauchbare Angaben erhältlich. Aus den Ergebnissen der deshalb eiligst eingeleiteten Untersuchungen bei der CIBA (als Kunstharzhersteller) und am Modell im eigenen Laboratorium wurden dann die unten angeführten Schlussfolgerungen gezogen:

Wärmedehnung:
Die Spannungsänderungen in der Membrane infolge von Temperaturschwankungen von +/– 25 °C sind signifikant und entsprechen (absolut) in etwa den Spannungen des Tragwerks unter Schneelast. Mit anderen Worten: Zur Erlangung eines ausgeglichenen Spannungszustands im ganzen Pavillondach musste beim Aufbringen der initialen Vorspannung der Blumeneinheiten die momentan herrschende Aussentemperatur berücksichtigt werden. Anderseits kommt die Temperaturwirkung, im Jahreszyklus gesehen, dem Verhalten der Konstruktion insofern entgegen, als ja die Schneelast durch ihre Kühlung automatisch eine erwünschte Erhöhung der Spannkraft zur Folge hat, sie im heissen Sommer aber ausser dem geringen Eigengewicht nur nach oben gerichtete, keine Vorspannung erfordernde Windkräfte aushalten muss.

Kriechen:
Auch die Spannungsverluste infolge Kriechen sind bedeutend und konnten aus den kurzfristigen Experimenten nur unzuverlässig abgeschätzt werden. Da einer präventiven initialen Überspannung der zu befürchtenden Verluste aus Festigkeitsgründen Grenzen gesetzt sind, wurde jede einzelne Blume mit einem permanenten hydraulischen Spannzylinder bestückt, über den das Tragwerk im Bedarfsfall jederzeit durch einfachen Anschluss an eine Druckleitung hätte nachgespannt werden können. Diese Vorsichtsmassnahme musste dann aber während der dreijährigen Lebensdauer des Bauwerks nicht in Anspruch genommen werden.

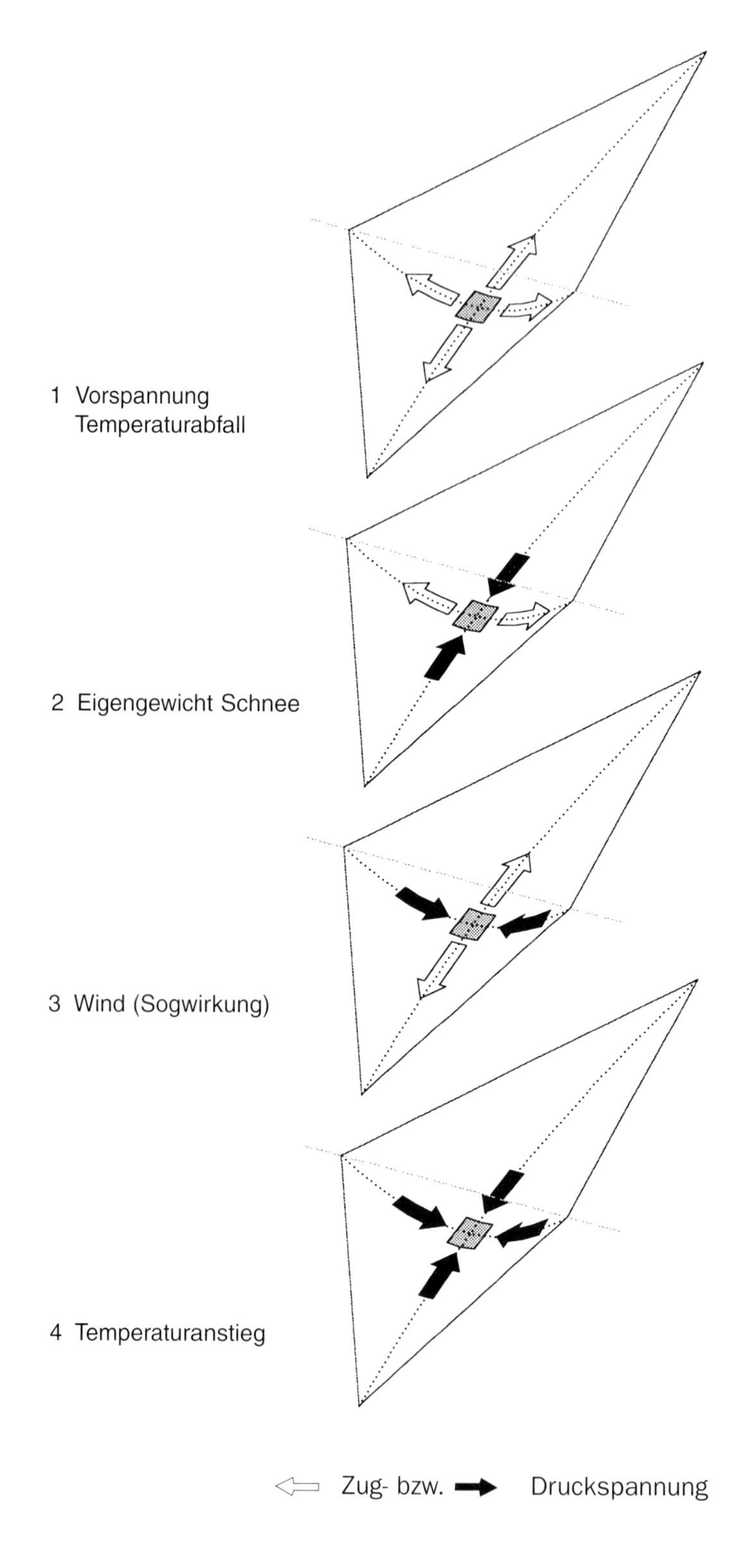

106 Hauptspannungen in der Kunststoffmembrane der tragenden Kernelemente. Qualitative Auswirkungen der vorkommenden Belastungsarten auf deren Vorzeichen.
Die Vorspannung hatte die Aufgabe, dort unter allen während der Lebensdauer des Bauwerks zu erwartenden Belastungen eine genügende Zugspannung aufrecht zu erhalten.
Die Aufgabe aller weiteren Untersuchungen drehten sich darum, das qualitativ verstandene statische Problem auch quantitativ so weit in den Griff zu bekommen, dass sich die Realisation der Projektidee verantworten liess.

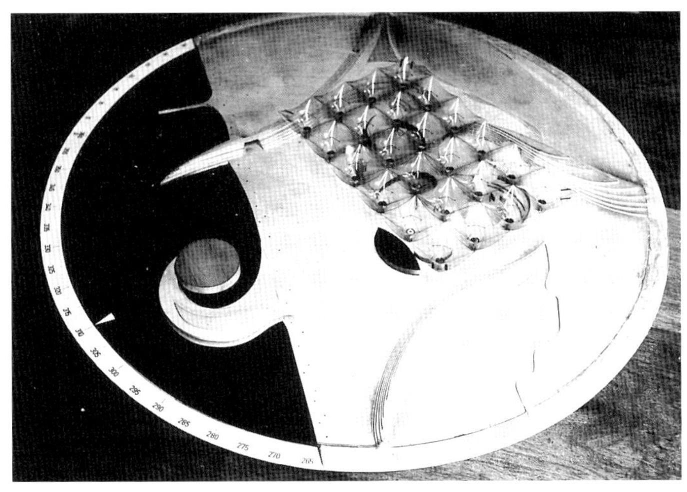

107 Versuchsanordnung für den Windkanalversuch. Das Modell ist zur Simulierung der Wirkung beliebiger Anströmrichtungen auf einem Drehschemel gelagert.

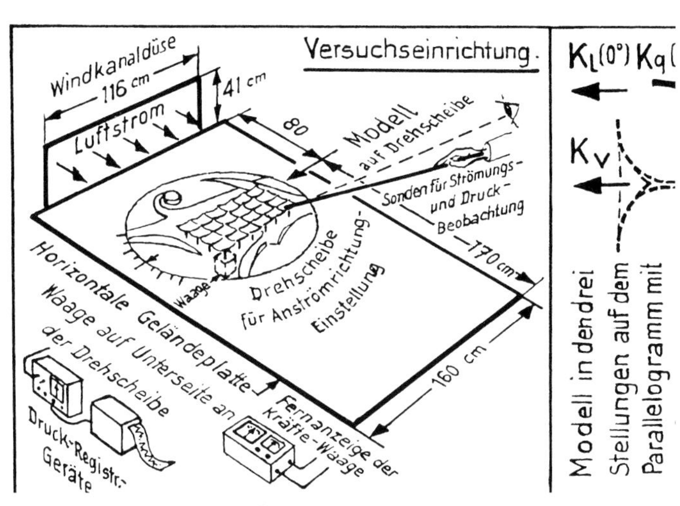

108 Skizze der zur Durchführung des Versuchs verwendeten Einrichtungen und Messapparaturen.

Das aerodynamische Verhalten des Tragwerks

Das gegenüber den Windkräften federleichte Eigengewicht von etwa 15 kg/m² und ihre exponierte Lage am Seeufer machte die grossflächige Dachkonstruktion besonders sturmanfällig.

Da die Windkräfte auf die trichterförmigen Gebilde vorwiegend eine grosse Sogwirkung nach oben ausüben (örtlich bis ca. 180 kg/m²), erzeugen sie im Verein mit der gleich wirkenden Vorspannung die signifikantesten Zugspannungen in der Polyesterhaut. Dazu kommt die indirekte Wirkung der Horizontalkomponenten der Windkräfte auf die Kernelemente in ihrer stabilisierenden Abstützungsfunktion im Dachverband. All diese üblicherweise als ruhend betrachteten Belastungsarten lassen sich samt ihren Auswirkungen recht zuverlässig durch Vergleich mit bekannten Erfahrungswerten abschätzen.

Mehr Sorge bereitete die dynamische Beanspruchung, d.h. die Gefahr des «Flatterns» der freien Ränder des Pavillons. Das Auftreten dieses beim Bau von Flugzeugflügeln so gefürchteten Phänomens, bei dem es zwischen den intermittierenden Druckstössen sich ablösender Randwirbel und der Eigenschwingung der Konstruktion zur Resonanz, d.h. zum «Aufschaukeln» bis hin zum Bruch kommen kann, war in Anbetracht der niederen Eigenfrequenzen des «weichen» Tragwerks sehr ernst zu nehmen.

Unter Aufsicht von Prof. J. A. Ackeret, dem weltbekannten Aerodynamiker – er hat u.a. die Mach'sche Zahl eingeführt – wurden daher im Windkanal der ETH die notwendigen experimentellen Untersuchungen durchgeführt. An einem Modell im Massstab 1:500, in dem auch die Topographie des umgebenden Geländes nachgebildet war, wurden die bei unterschiedlichen Anströmrichtungen in der Dachhaut auftretenden Druckschwankungen gemessen. Da jedoch das elastische Resonanzverhalten des Tragwerks in diesem Miniaturmassstab nicht simulierbar ist, wurden die Eigenschwingungsfrequenzen samt Dämpfungsfaktoren im eigenen Laboratorium am dort schon vorhandenen wirklichkeitsgetreuen Versuchsmodell im Masstab 1:6 ermittelt und dann dem Spektrum der im Windkanal gemessenen Erregerfrequenzen gegenübergestellt.

Als resonanzkritisch erwiesen sich dann nur die ässersten Eckspitzen des Pavillons. Nur diese mussten deshalb (in Abb. 95 gut erkennbar) durch leichtes Abspannen mit einem im Boden verankerten Drahtseil am Flattern gehindert werden.

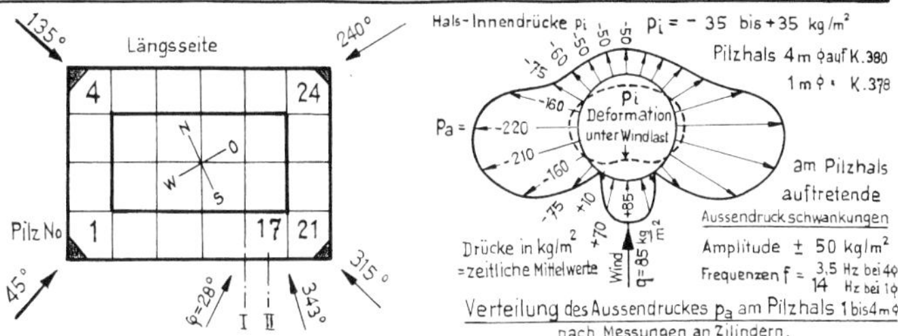

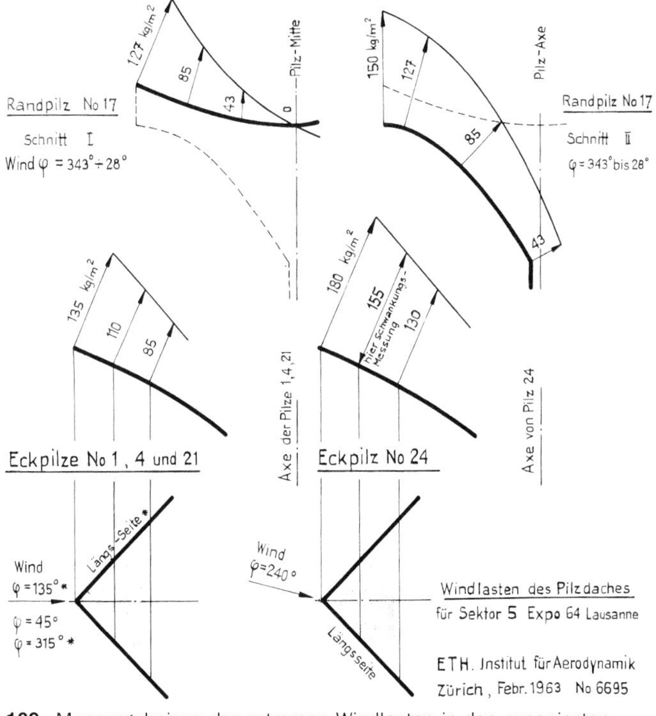

109 Messergebnisse der extremen Windlasten in den exponierten Ecken des Pavillons bei einem Staudruck von 85 kg/m².

Das Verbundproblem Stahl/Polyester

Auch die Frage nach der Art der Verbindung zwischen Polyestermembrane und stählerner Randverstärkung zu einer monolithischen Einheit konnte nicht ohne Experimente beantwortet werden.

Vom direkten Einlaminieren – wie zuerst vorgesehen – der nassen Kunststoffmatten auf die mit einer Verkrallungsmöglichkeit versehenen Stahlprofile musste wegen des Schwindens des Harzes bei der Polymerisierung abgesehen werden. Die Rahmen hätten sich verzogen und ihre für den späteren Zusammenbau erforderliche Masshaltigkeit verloren. Auch die trockene Verbindung durch Schrauben oder Nieten wurde wegen des spröden Bruchverhaltens des GFK ausgeschlossen.

Es blieb nur noch die Möglichkeit der Verklebung der auspolymerisierten Membrane mit den Stahlprofilen. Deren Zuverlässigkeit hängt aber, wie erste Vorversuche erwiesen, entscheidend von der mechanischen Aufbereitung der metallenen Oberflächen ab. Ausserdem stellte sich auch hier die Frage nach den Auswirkungen der unterschiedlichen Wärmeausdehnungskoeffizienten beider Materialien.

In der Folge wurden an der Eidgenössischen Materialprüfungsanstalt EMPA unter Verwendung unterschiedlicher Klebstoffe am Ausführungsdetail der Verbindung nachgebildete Probekörper Zerreissversuchen unterworfen. Die Experimente wurden in einem Temperaturbereich von −20 bis +50 °C durchgeführt und erbrachten denn auch die erhofften Ergebnisse.

110 Zerreissproben an geklebten Polyester/Stahl-Verbindungen aus der Versuchsserie an einer Belastungsmaschine der EMPA.

Die konstruktive Durchbildung

Den letzten Schliff erhält jede Konstruktion erst durch die sorgfältige Ausbildung der konstruktiven Details. Diese müssen zwar ihre wichtige statische und bautechnische Funktion erfüllen, ihre formale Ausbildung ist dadurch jedoch keineswegs eindeutig vorbestimmt. Dem Ingenieur bleibt deshalb ein breiter Spielraum für die gestalterische Einfügung dieser konstruktiven Notwendigkeiten in die generelle, dem Bauwerk zu Grunde liegende architektonische Zielvorstellung.

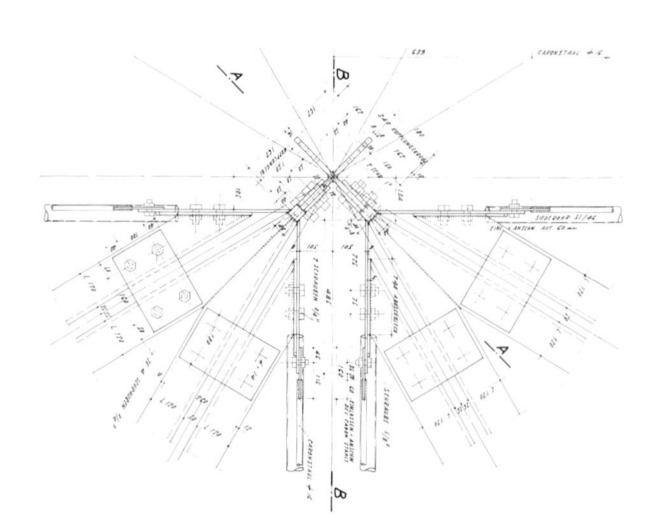

111 Detailzeichnung des verschraubten Kreuzes zur Verbindung eines Quartetts sich treffender Sternspitzen. Im Gesamtzusammenhang des Dachs betrachtet, wird die handfeste Konstruktion nur als leichte Andeutung der gegenseitigen Verknüpfung der Elemente wahrgenommen (siehe Abb. 102).

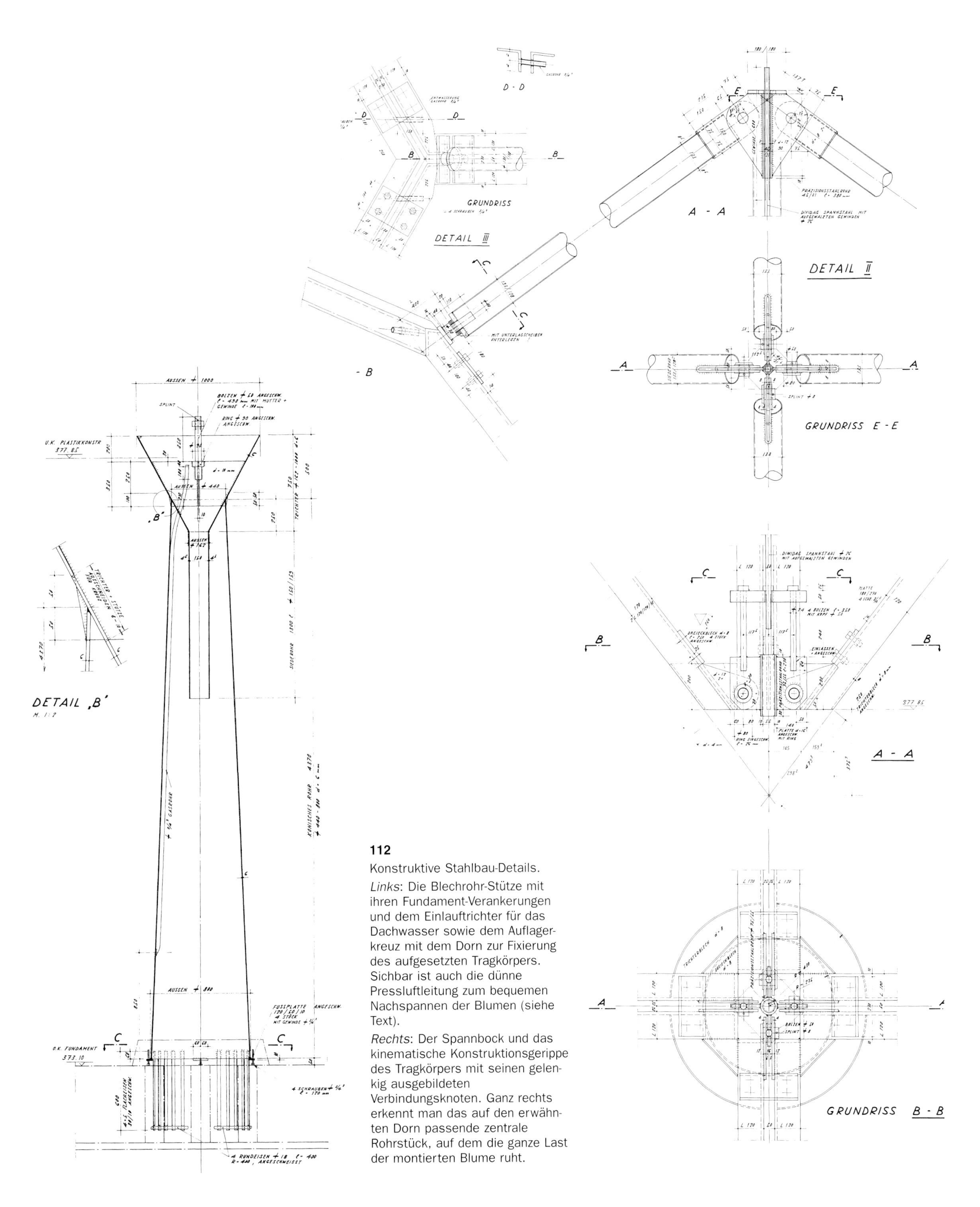

112

Konstruktive Stahlbau-Details.

Links: Die Blechrohr-Stütze mit ihren Fundament-Verankerungen und dem Einlauftrichter für das Dachwasser sowie dem Auflagerkreuz mit dem Dorn zur Fixierung des aufgesetzten Tragkörpers. Sichbar ist auch die dünne Pressluftleitung zum bequemen Nachspannen der Blumen (siehe Text).

Rechts: Der Spannbock und das kinematische Konstruktionsgerippe des Tragkörpers mit seinen gelenkig ausgebildeten Verbindungsknoten. Ganz rechts erkennt man das auf den erwähnten Dorn passende zentrale Rohrstück, auf dem die ganze Last der montierten Blume ruht.

113 Das materialgetreue Labormodell im Massstab 1:6 einer vollständigen, aus 4 A-Elementen und je 2 B- und C-Elementen zusammengesetzten Blume.

Abklärung von Verbund- und Stabilitätsproblemen am Modellversuch

Nie zuvor war eine Hyparschale als Membrane zwischen schlanken Randverstärkungen zu dem Zweck auf allseitigen Zug aufgespannt worden, um sie als *Druckglied* einer auskragenden Verbundkonstruktion zum Tragen der Dachlasten zu verwenden (vgl.auch Kap. 2.3).

Wenn die statische Wirkungsweise des zentralen Tragkörpers der «Blume» als Ganzes auch ohne weiteres verständlich sein mag und sich die *globale* Beanspruchung seiner Konstruktionselemente schon über eine simple Handrechnung gut abschätzen lässt, so trifft dies auf die Art der lokalen Interaktion zwischen Kunststoffmembrane und stählerner Randverstärkung in keiner Weise zu.

Das durch den Vorspannmechanismus bewirkte allseitige Aufspannen der Membrane hat – im Gegensatz zur bekannten Wirkungsweise von Hyparschalen unter Flächenlast, wo die Ränder von reinen Schubkräften gehalten werden (vgl. Kap. 1.3) – unvermeidlich eine seitliche Belastung der Randglieder zur Folge. Die deshalb dort ebenfalls auftretenden Biegebeanspruchungen sind umso kritischer, als die schlanken Profile infolge der sehr hohen Spitzendruckkraft ohnehin einer grossen Knickgefahr ausgesetzt sind. Durch ihren festen Klebeverbund wirken nun aber Membrane und Stahlverstärkung derart monolithisch zusammen, dass die Polyesterhaut sowohl eine knickstabilisierende Funktion ausüben als auch selbst bei der Verkraftung der Biegebeanspruchung mitwirken kann. Die Untersuchung der wahren Wirkungsweise dieser komplexen räumlich-statischen Interaktion zwischen zwei Elementen aus wesensverschiedenen Materialien entzieht sich jeder theoretischen Berechenbarkeit.

Es wurde daher im Laboratorium ein massstabs- und materialgetreues Modell zunächst nur eines einzelnen Kernelementes mit geschätztem Randprofilquerschnitt hergestellt (s. Abb. 115). Dabei wurde das – 1/2 mm dünne! – glasfaserarmierte Polyesterlaminat auch in seinen Festigkeitseigenschaften möglichst wirklichkeitsnah nachmodelliert. Nachdem sich das Element unter der Einwirkung einer der wirklichen Vorspannung entsprechenden Belastung in jeder Hinsicht zufrieden stellend verhalten hatte, wurden seine Dimensionen den Ausführungsplänen wie auch dem Bau des Modells einer vollständigen Blume zugrunde gelegt.

An diesem Modell wurden alle Belastungsarten durchgespielt und dabei vor allem Spannungen und Deformationen gemessen. Teilweise konnten die Egebnisse später mit Messungen am Prototyp verglichen werden (siehe S. 69). Ausserdem wurden auch die auf Seite 63 besprochenen Eigenschwingungsfrequenzen des Gebildes bestimmt sowie das langzeitige Kriechverhalten des Kunststoffs beobachtet.

115
Vorversuch an einem einzelnen Kernelement zur Simulation der Auswirkungen der Vorspannung auf die Spannungsverteilung in der Polyesterhaut sowie auf das Biege- und Knickverhalten der stählernen Randverstärkungen.

Die Belastung wurde durch einen Seilzug in Richtung der resultierenden Reaktionskraft des in Wirklichkeit umlaufenden Zugbandes aufgebracht. Die Kraft wurde durch Einfüllen des im Hintergrund sichtbaren, über Umlenkrollen am Zugseil aufgehängten Wasserfasses dosiert.

114 Der vorgespannte, sternförmig aus vier Kernelementen zusammengesetzte Tragkörper der «Blume» mit seinem an den Spitzen umlaufenden Zugband.

115 Vorversuch am Modell des Kernelements. Erläuterung siehe Legende auf der Gegenseite.

116 Die Spannkraft (im Modell bis zu 200 kg) wurde mit der für die Vorspannung von Mikrobeton-Modellen entwickelten Spannvorrichtung aufgebracht (vgl. Kap. 3.2.3).

Fabrikation der Elemente

Es war ein Glücksfall, dass sich für die Realisation des Projekts ein Hersteller fand, der neben der nötigen Risikobereitschaft auch über das erforderliche unternehmerische Können verfügte: Die Metallwerke Buchs AG konnte bereits auf Erfahrungen in der Herstellung von Futtersilos aus glasfaserarmierten Polyester aufbauen und stellte sich – unter der technischen Leitung von J. Marugg – dieser Herausforderung mit Begeisterung. Sie stampfte eigens für die Fabrikation der grossflächigen Kunststoffelemente eine Werkhalle aus dem Boden, wo dann der Formenbau, das Aufbringen der Laminate und deren Verbindung mit dem Stahlgerippe mit grossem Einfallsreichtum in Angriff genommen wurde.

118 Einblick in die vom Hersteller eigens errichtete Werkhalle mit den teils räumlich drehbaren Grossformen zur Laminierung der Pavillonelemente.

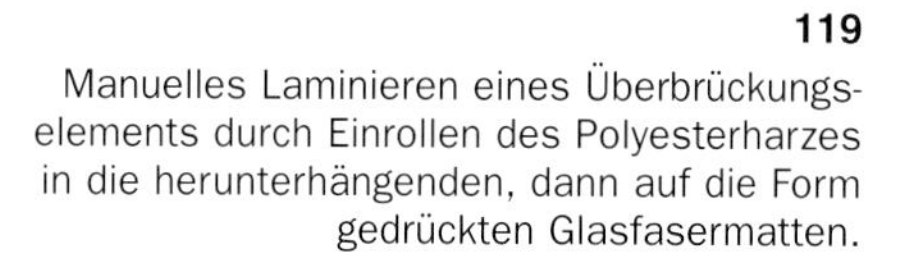

119
Manuelles Laminieren eines Überbrückungselements durch Einrollen des Polyesterharzes in die herunterhängenden, dann auf die Form gedrückten Glasfasermatten.

117 Aufbringen des stählernen Randgerippes auf ein fertig laminiertes Kernelement zu deren gegenseitiger Verklebung. Auf dem umlaufenden Arbeitsgerüst liegt auch die schlauchartige Vorrichtung zur pneumatischen Erzeugung des notwendigen Anpressdrucks auf die Epoxydharz-Klebfuge zur Anwendung bereit.

120 Einbau des Stützbocks während des Zusammenbaus des ersten vollständigen Dachmoduls auf dem verschneiten Werkareal des Herstellers im Dezember 1963. Es diente als Protyp für den Belastungsversuch und als Übungsobjekt für den späteren Montageprozess in Lausanne.

Die Feuertaufe: der Versuch am Prototyp

Erst jetzt, wo die Hauptinvestitionen in die Herstellung schon getätigt waren, konnte das wirkliche Verhalten des Tragwerks endgültig verifiziert werden. Im Werkhof der Metallwerke wurden erstmals acht Elemente zu einer vollständigen Blume zusammengebaut und unter Zittern der Zuschauer mit einer bis auf 20 Tonnen anwachsenden Zugkraft – einer Überbelastung von 110 % gegenüber dem Nominalwert – vorgespannt.

Der Prototyp hielt der Probe mit Bravour stand und die gemessenen Spannungs- und Verschiebungsgrössen zeigten zu aller Beruhigung eine schöne Übereinstimmung mit den entsprechenden Messwerten am Labormodell (s. Abb. 122). – Die Montage in Lausanne konnte beginnen.

121
Hossdorf erläutert den bei dem Ereignis Anwesenden die statische Funktionsweise der Pavillon-Überdachung.

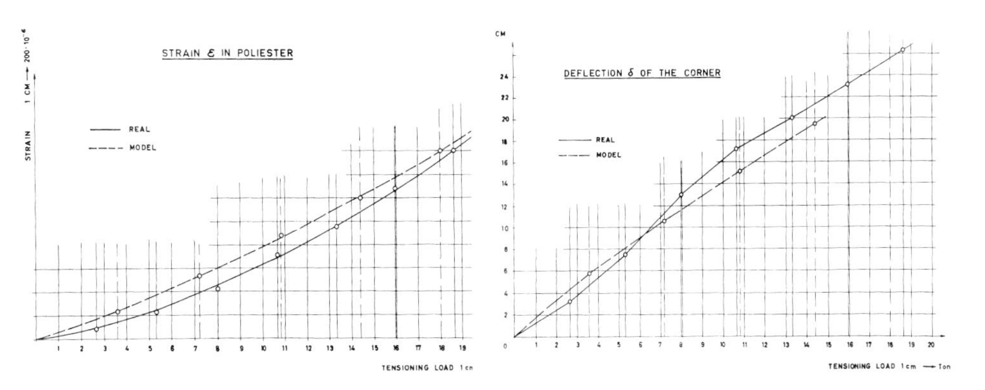

122
Vergleich der Messergebnisse am Prototyp mit den am Labormodell ermittelten Versuchswerten in Funktion der aufgebrachten Spannkraft.
Links: Spannungsmessungen in der Polyestermembrane.
Rechts: Die Anhebung der Sternspitzen.

Transport und Montage

Der Transport, die Zwischenlagerung der Elemente an der Baustelle, deren Zusammenbau zu ganzen Blumeneinheiten und die endgültige Montage waren eine beachtliche logistische Leistung. Die Etappen der Operation sind in den nebenstehenden Bildern festgehalten.

Der Weg quer durch die Schweiz von Buchs nach Lausanne führte – es gab damals noch keine Autobahnen! – auf gewöhnlichen Landstrassen durch Dörfer und Städte von sieben Kantonen. Längs der ganzen Strecke mussten vorgängig die möglichen Hindernisse für das sperrige Transportgut ausgekundschaftet und notfalls beseitigt werden. Zur «Erleichterung» der Operation musste ausserdem nach guter Schweizer Sitte der Geleitschutz des Konvois an allen Kantonsgrenzen durch die jeweils zuständige lokale Polizei ausgewechselt werden.

123 Nach dem abenteuerlichen Transport der sperrigen Elemente bei Nacht und Nebel quer durch die Schweiz: Ankunft auf dem Ausstellungsgelände in Lausanne.

124

Zwischenlagerung der angelieferten Elemente auf dem Ausstellungsgelände.

Links sind zwei Stapel von Kernelementen, rechts ein Bündel von Überbrückungselementen mit ihrer schlaffen Polyesterhaut erkennbar.

125

In einer festen Montagelehre erfolgt der Zusammenbau entsprechender Elementtypen zu ganzen Blumeneinheiten, die vor ihrem Transport an die Endmontagestelle schon endgültig vorgespannt sind.

126 An einem von zwei Pneukranen getragenen Fachwerkbügel zentrisch aufgehängt, werden die Blumeneinheiten an ihren Platz in der Dachkonstruktion getragen.

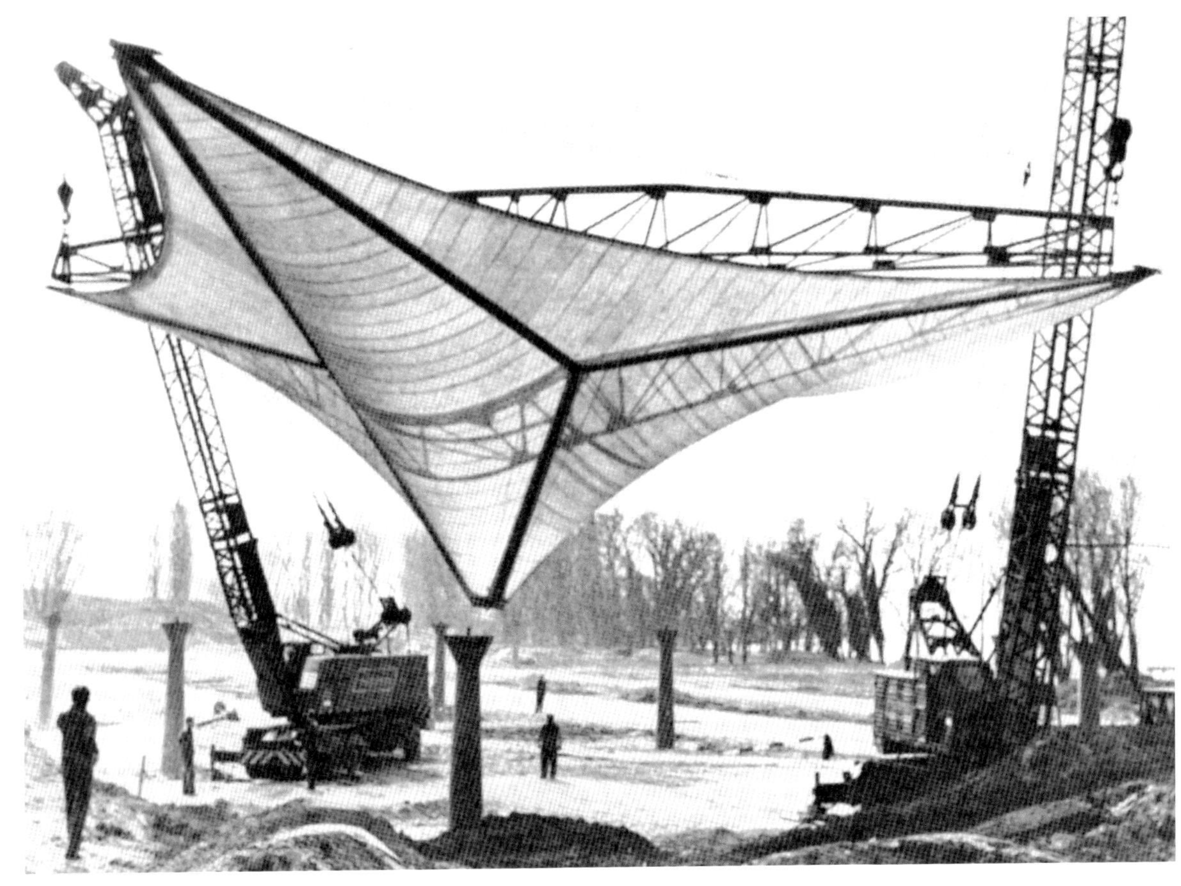

127
Aufsetzten der ersten «Tulpe» auf ihren «Stiel».

128 Blick vom Helikopter auf die fertige Dachkonstruktion. Von oben sieht man die Spannböcke der einzelnen Blumeneinheiten als greifbare Realitäten. Von unten kann der Pavillon-Besucher deren Existenz bestenfalls an ihren Schattenwürfen auf die transluzide Kunststoffhaut erahnen (s. Abb. 130).

129
Durchblick durch die fertige Halle.
Die paarweise Vernähung der Überbrückungselemente zu tragfähigen Hyparflächen ist hier besonders gut erkennbar.

130
Unter dem Schutz des fertig gestellten Pavillondachs beginnt die Konstruktion der von den Architekten entworfenen «Landschaft» als topografische Infrastruktur für die thematische Schau der Ausstellung.

Das Dach als Teil der Ausstellung

Unter der Leitung von Florian Vischer teilten sich die Sektorarchitekten im Rahmen eines gemeinsam erabeiteten Konzepts in die Aufgabe der Bearbeitung und gestalterischen Umsetzung der thematischen Aspekte von «Les échanges», wie Handel, Bank- und Versicherungswesen oder Aussenwirtschaft.

Die wohl spektakulärste, von Rolf Gutmann inspirierte Attraktion der Ausstellung war das damals technologisch hochmoderne, vorprogrammierte Lärm- und Geräuschorchester elektronisch gesteuerter Büromaschinen. Ihr amüsantes Konzert (komponiert von Rolf Liebermann) ist den damaligen Besuchern bis heute in reger Erinnerung.

Im Rahmen des Ausstellungssektors entstand neben dem hier beschriebenen Hauptpavillon auch die von den federführenden Architekten entworfene, frei geformte und auf Pfählen schwebende Holzkonstruktion des Seerestaurants (s. Abb. 96).

Es war auch die Idee der Architekten, zur Symbolisierung der weltweiten kommerziellen Beziehungen der Schweiz die Insignien ihrer wichtigsten Handelspartner auf den Wellen des Lac Léman tanzen zu lassen. Die speziellen Schwimmbojen dafür wurden in der Werkstatt des Laboratoriums entworfen, fabriziert und auch gleich von deren Chef persönlich im See von Stapel gelassen (s. Abb. 132).

131 Eröffnung der Ausstellung.

Der innovative Geist der Expo '64

Ohne die Erwähnung des enscheidenden Verdiensts des Architekten Franz Amrhein (Leiter der Bauabteilung der Expo) an der Realisation der hier beschriebenen Pavillonkonstruktion wäre deren Entstehungsgeschichte unvollständig. Er gab in mutiger Eigenverantwortung und im Einvernehmen mit dem Chefarchitekten Alberto Camenzind *entgegen* der Empfehlung der technischen Expertenkommission der Expo '64 – sie vermisste bei der Prüfung des Projekts eine klassische statische Berechnung des Ingenieurs – das Projekt als «avantgardistische» Lösung zur Ausführung frei.

Das Schicksal des Pavillons nach der Ausstellung

Franz Amrhein könnte auch vom Wunsch der Veranstalter der damals in Vorbereitung begriffenen Weltausstellung 1968 in Montreal berichten, das Pavillondach nach der Expo dort weiterleben zu lassen. Ein Vorhaben, das dann nur knapp an den hohen Transportkosten scheiterte. – Dem Pavillon war schliesslich ein anderes Schicksal beschieden: So wie in Spanien nach dem Stierkampf das saftige Fleisch des tapferen Toro an die Bedürftigen verteilt wird, konnten sich die Bootsbesitzer des Lac Léman nach der Ausstellung gratis ein geeignetes Stück Polyester-Membrane aus dem Baukörper des Pavillondachs herausschneiden und – als Regenschutz für ihr Schifflein – mit nach Hause nehmen.

132 Die auf dem See tanzenden Nationalembleme der wichtigsten Handelspartner der Schweiz.

133 Der selbstleuchtende Pavillon bei Nacht.

135 *Umstehende Doppelseite*: Gesamtbild.

134 Pavillon beim Eindunkeln.

1.10 Lesesaal der Universitätsbibliothek Basel

Architekt: Otto Senn
Bauher: Einwohnergemeinde Basel
Baujahr: 1962–64

Hyparschalenkuppel auf räumlichem Rahmentragwerk
Partiell vorgespannte Verbundkonstruktion
Herstellung an Ort
Elastische Modellversuche an Akrylharzmodell

Das Gebäude der Universitätsbibliothek zählt heute – neben anderen bekannten Werken des Architekten Otto Senn – zu den wertvollsten Architekturschätzen der Stadt Basel. Er suchte die «Schönheit» innerhalb einer ungeschminkten «Wahrhaftigkeit» und baute dafür auch auf das formale Gestaltungspotenzial des Ingenieurs.

Der hexagonale Baukörper des grossen Lesesaals, von dem hier die Rede sein soll, thront auf einer gegen den Botanischen Garten vorspringenden Ecke des Zwischentrakts der Bibliotheksanlage und bildet mit seiner beschwingten Dachkuppel die architektonische Krone des Bauwerks. Während die Ingenieurarbeiten für das übrige Gesamtgebäude von Rudolf Hascha betreut wurden, suchte Senn für den Entwurf und die konstuktive Gestaltung dieses baulichen Schmuckstücks die Zusammenarbeit mit Hossdorf, mit dem er und sein Bruder Walter damals noch ein Reihe weiterer Projekte verfolgte.

Das Ergebnis dieser Zusammenarbeit ist der Spiegel einer von gegenseitigem Einfühlungsvemögen getragenen Synthese des starken funktionalen Gestaltungswillens beider. Die vollkommene Integration von Nutzungs- und statischer Funktion offenbart sich denn auch in der zwanglosen Harmonie, mit der in diesem Bauwerk, getragen von einem übereinstimmenden Raumempfinden, das Erscheinungsbild der sichtbar gelassenen Konstruktion und die Sprache der architektonischen Ausstattungen aufeinander abgestimmt sind.

136 Das Gebäude der Universitätsbibliothek mit seiner «Krone», dem hexagonalen, gegen den Botanischen Garten ausgerichteten Aufbau für den grossen Lesesaal mit der beschwingten Dachkuppel.

Geometrie des Lesesaal-Aufbaus

Das Gesamtgebäude der Bibliothek besteht im Wesentlichen aus zwei mehrgeschossigen Haupttrakten (einem Alt- und einem Neubau), die, mit einem Zwischenwinkel von 60° gegeneinander abgewinkelt, den Zweigen einer Strassengabelung folgen. Sie treffen sich in einem gemeinsamen Kopfbau, in dem sich auch der Hauptbau befindet. Dahinter sind sie durch einen sich V-förmig verbreiternden Zwischenbau verbunden. Dieser übernimmt an seinen Flanken die orthogonalen Achssysteme der anliegenden Trakte bis zu deren Schnitt mit seiner winkelhalbierenden Symmetrieachse. Entsprechend ist denn auch die auf den Botanischen Garten blickende Rückfassade des Verbindungsbaus in der Mitte um 60° geknickt.

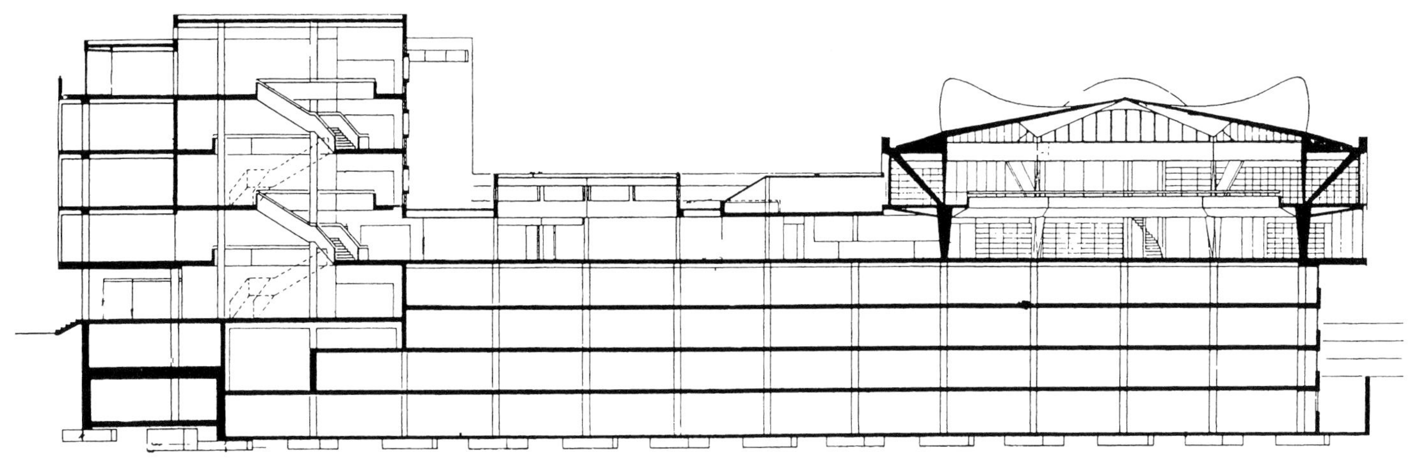

137 Lage des Lesesaalbaukörpers im Bibliotheksgebäude. Schnitt durch die winkelhalbierende Quasi-Symmetrieachse des Gesamtgebäudes.

Diese drei sich überschneidenden Achssysteme werden im hexagonalen, mit zwei Seiten direkt über dieser Wand stehenden Baukörper des Lesesaals zusammengeführt. Eine seiner Ecksymmetrieachsen fällt mit der erwähnten Winkelhalbierenden zusammen. Die zwei übrigen Achsen weisen senkrecht auf die Fassaden der beiden Bibliothekstrakte.

Der rund 10 m hohe Baukörper steht mit seinen sechs Stützpfeilern auf dem Boden des zweiten Geschosses des Verbindungsbaus. Durch die rückwärtige Lage des Saals kommen die äusseren Tragpfeiler direkt über die Fassadenstützen des Unterbaus zu liegen.

Auf Höhe des dritten Geschosses ist eine Galerie angeordnet, die den offenen Lesesaal als hexagonale Ringfläche umfasst. Sie beherbergt die Handbibliothek. Da der Umriss des 4.50 m breiten Galeriebodens ausserhalb des Grundrissrasters des Unterbaus verläuft, musste die Galerie samt ihrer Überdachung stark exzentrisch auf den sechs weiter innen liegenden Tragpfeilern gelagert werden. Der Galerieraum kragt deshalb im Fassadenbereich markante 3.50 m über die Aussenhaut des Unterbaus hinaus.

Zur Überdachung des freien Saalraumes wurde – nicht zuletzt aus Gründen der optimalen Tageslicht-Ausleuchtung und Raumakustik – eine neuartige Betonschalenform entworfen. Sie setzt sich aus sechs zentralsymmetrisch gruppierten Segmenten hyperbolischer Paraboloide zusammen, die sich sowohl in Radial- als auch in Ringrichtung gegenseitig abstützen. Deren schallreflektierende Sichtflächen wirken auf Grund ihrer negativen Gauss'schen Krümmung stark Echo streuend.

Die gemeinsamen konvexen Berührungskanten der Teilflächen strahlen nach ihren punktförmigen Auflagern über den konkaven Eckkanten des hexagonal umlaufenden Randunterzugs der Galeriedecke aus. Dortige Vertikalschnitte durch die Hyparschalen umschliessen mit der Galeriedecke grosszügige parabelförmige Fensterflächen für den allseitigen Lichteinfall. Im Aussenraum ist die ausladende Sattelfläche durch eine schiefe Ebene so abgeschnitten, dass die verbleibende Fläche mit ihrem hyperbolischen Rand über dem Fenster eine ausdrucksvolle, Schatten spendende Kragfläche bildet.

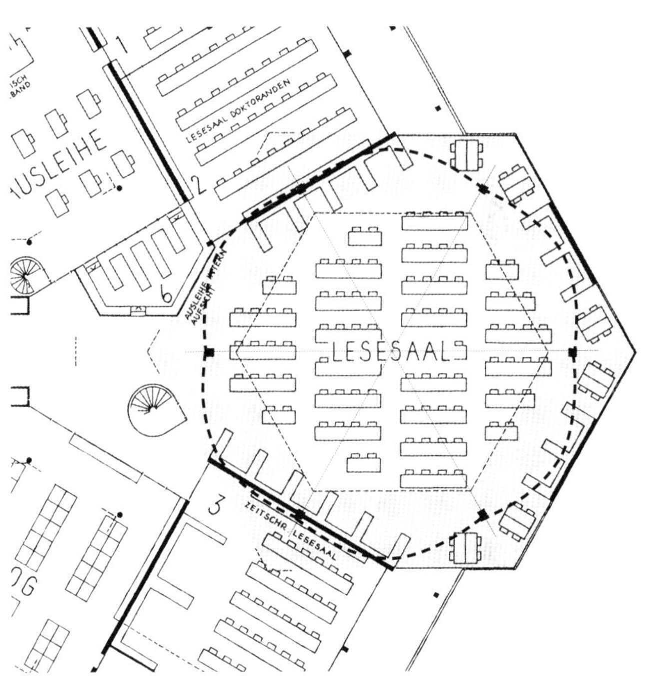

138 Grundriss des Lesesaals mit dem hexagonal um die sechs Hauptpfeiler umlaufenden Ringkörper der Handbibliothek.

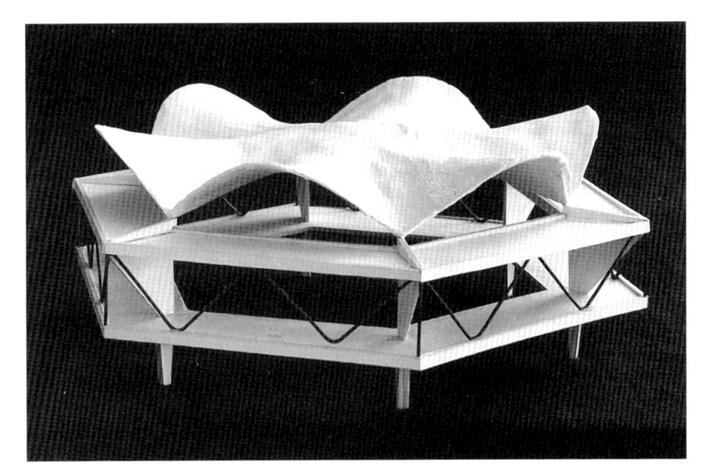

139 Das erste skizzenhafte Papp- und Gipsmodell des Ingenieurs mit dem der Architekt von der gestalterischen Qualität des konstruktiven Lösungskonzepts für den Lesesaalaufbau überzeugt wurde.

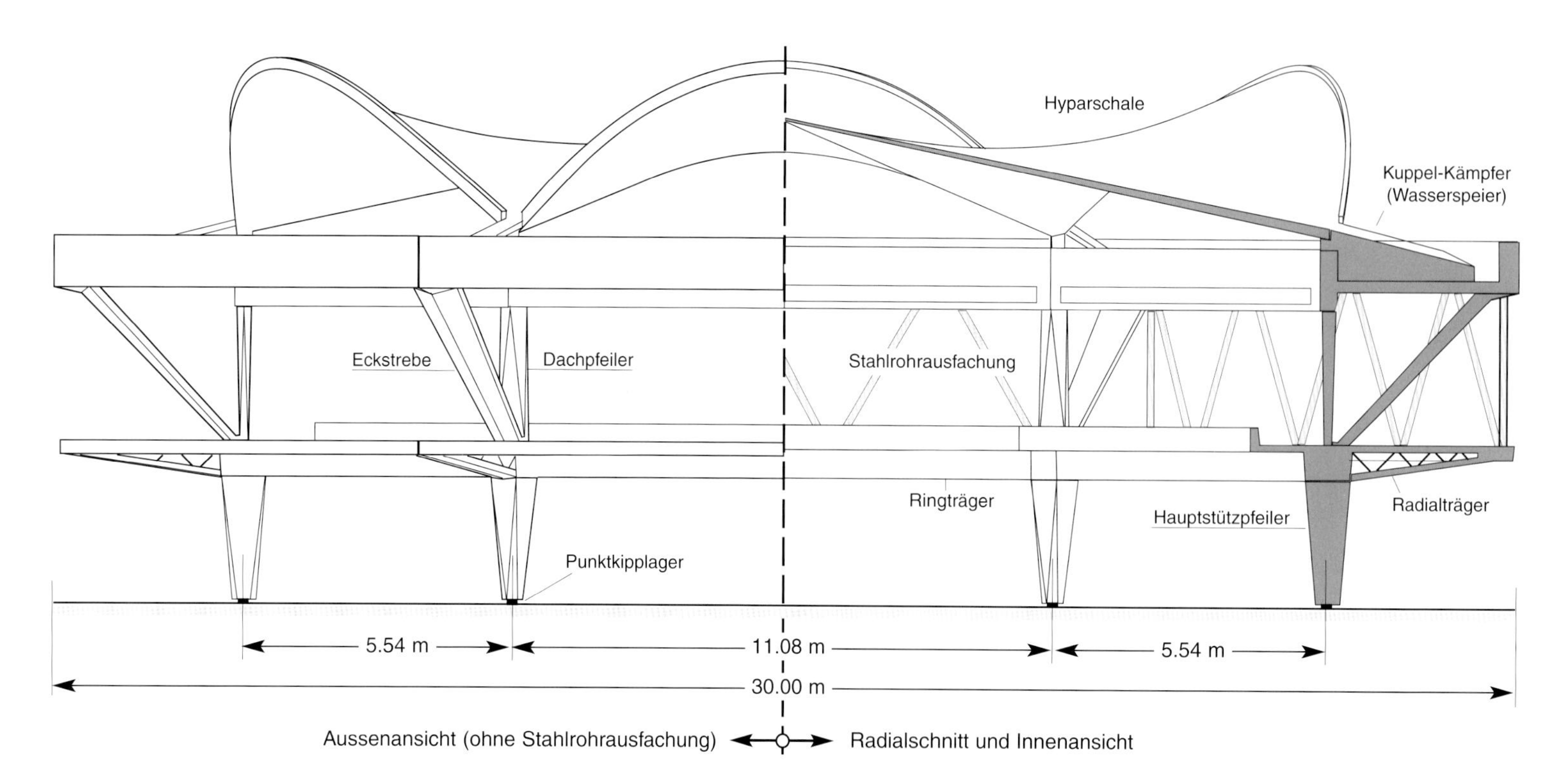

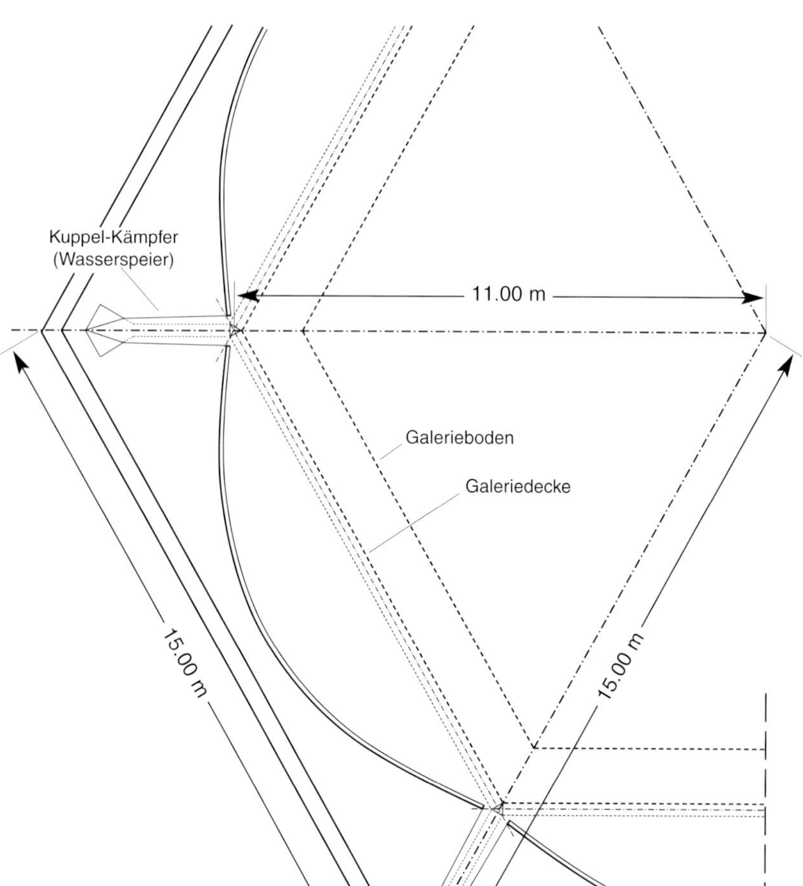

140

Geometrie der Bauelemente des Lesesaalaufbaus (Massstab 1 : 150).

Oben:

Ansicht und Schnitt durch die tragende Struktur des Lesesaals mit seiner umlaufenden Galerie und Schalenkuppel.

Im Text sind die statischen Funktionen der einzelnen Bauteile mit den hier verwendeten Bezeichnungen erläutert.

Links:

Aufsicht auf das Kuppeldach und die hexagonalen Ringflächen von Galerieboden bzw. -decke.

Zu beachten ist die Formgebung der auch als Wasserspeier dienenden radialen Widerlager.

141 Montage der Stahlrohrdiagonalen des Verbundfachwerks mit den an seinen Knotenblechen angeschweissten Bewehrungseisen zur Übertragung der Schubkräfte in die Dachrandträger. Am Kopf des vertikalen Eckrohrs ist die Zugbewehrung zur Aufhängung des Fachwerkkranzes erkennbar.

Die Tragweise der Dachkuppel

Entgegen einem ersten Eindruck stellt die «Berechnung» der beschwingt geformten Betonschale für den erfahrenen Statiker kein sonderliches Problem dar – sinnvoll erdachte Ersatzmodellvorstellungen machen ihr globales Tragverhalten leicht verständlich. Zur Bestimmung der bedeutenden Stützkräfte, die sich an den sechs Auflagerpunkten radial gegen den Gürtel der Galeriedecke stemmen, kann z.B die Tragweise des Gebildes als die eines einfachen Dreigelenkbogens zwischen je zwei sich gegenüber liegenden Schalensegmenten aufgefasst werden.

Weniger zuverlässig können die Membranspannungen und die Randstörungen (vgl. Kap. 1.12 und 2.4.3) in der Schalenfläche «gefühlsmässig» abgeschätzt werden. Ihre unpräzise Kenntnis ist in diesem Fall aber ohne praktische Bedeutung für die Bemessung, da bei der für das grosse Tragpotenzial der Schalenform relativ geringen Spannweite von 22 m die absoluten Spannungswerte so gering sind, dass sie von der Betonfestigkeit und einer sinnvoll angeordneten Bewehrung ohnehin problemlos verkraftet werden.

Zur Überprüfung solcher Betrachtungen wurden die geschätzten Werte an kritischen Stellen noch im Modellversuch nachgemessen (s. S. 86).

Die statische Herausforderung der Galeriekonstruktion

Weit grössere Sorgen bereitete die konstruktiv zufrieden stellende Gestaltung des sich exzentrisch um die Innenstützen windenden Galeriekörpers. Dass dessen Umrandung nach unten nicht abgestützt werden kann, wurde bereits festgestellt. Seine einzige Lagerungsmöglichkeit sind die sechs *Hauptstützpfeiler.* Diese liegen aber vom Rand um ca. 3.50 m entfernt gegen den Sechseckmittelpunkt verschoben und stehen ausserdem, aus Rücksicht auf die Konstruktion des Unterbaus, auf frei drehbaren Kugelgelenken.

Es stellte sich also die Frage, wie unter diesen schwierigen Voraussetzungen die hohen exzentrischen Vertikalbelastungen (das Eigengewicht der Galeriekonstruktion, die variablen Nutzlasten der Handbibliothek und das Gewicht der schweren einseitigen Kunststeinverkleidung des Baukörpers) ohne hässliche

142 Kopf der schiefen Eckstrebe mit dem horizontalen Armierungsbündel zur Einbindung ihres Radialschubs in die Dachringplatte.

Verstärkungen im Unterbau aufgefangen werden können. Zur Lösung des Problems wurde, unter Nutzung der zentralsymmetrischen Geschlossenheit des Baukörpers, die grosse *horizontale* Steifigkeit der ringförmigen Plattenflächen von Galerieboden und -decke zur Mitwirkung herangezogen. Zum Verständnis der diesbezüglichen Überlegungen ist es hilfreich, bei den auftretenden vertikalen Belastungen zwischen einem zentralsymmetrischen Haupt- und einem antimetrischen Nebenanteil zu unterscheiden.

Das Verbundfachwerk und die zentralsymmetrische Belastung
Die beiden übereinander liegenden Deckenplatten wurden zunächst mittels gegenseitiger Verbindung ihrer äusseren Ränder durch eine trianguläre Stahlrohr-Ausfachung zu einem den Galerieraum umschliessenden Verbundfachwerk verknotet – eine Konstruktionsweise, die, inspiriert von der Erfahrung mit dem Bau der Gummibandweberei (vgl. Kap.1.2), hier erstmals auf einen hoch belasteten Hauptträger übertragen wurde. Dieses transparente und dennoch äusserst biegesteife Traggebilde kam auch dem architektonischen Wunsch nach freier Sichtverbindung zwischen Handbibliothek und den benachbarten Bibliotheksräumen entgegen.

143 Einer der sechs auf Punktkipplagern «schwebenden» Haupt-Stützpfeiler. Auf seinem Kopf treffen unter 120° Zwischenwinkeln die zwei Ringträger-Segmente mit dem ausladenden Radialträger zusammen. Der Pfeilerquerschnitt verwandelt sich, dem Anwachsen seiner Biegebeanspruchung entsprechend, kontinuierlich von einem kleinen, regulären Sechseck in ein grosses, ungleichseitiges Rechteck. Zwischen den Sichtbetonträgern ist der luftdurchlässige Holzplafond zur Abdeckung des Klimakanals eingelassen (s. auch S. 84)

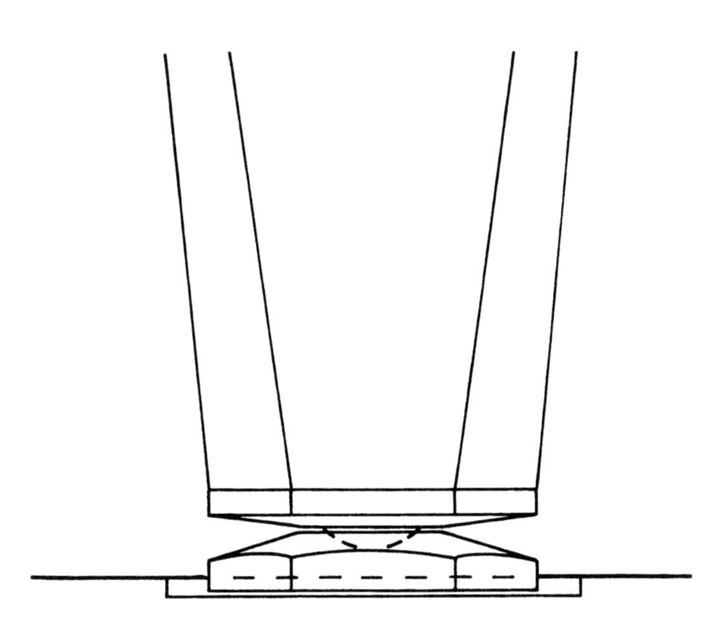

144 Konstruktives Detail des stählernen Punktkipplagers der Hauptpfeiler.

Der Fachwerkkranz bildet zusammen mit den beiden Ringflächen von Boden- und Dachplatte ein räumliches Gebilde das – statisch vergleichbar mit einem dünnwandigen, sechseckigen, gegen innen offenen U-Profilkranz – lokal zwar biegesteif, als Ganzes aber sehr torsionsweich ist. Er verlangt daher, um seiner Funktion als äusseres Deckenauflager nachkommen zu können, trotz des Fehlens einer unteren Auflagerungsmöglichkeit nach einer festen Unterstützung seiner Ecken. Diese Aufgabe übernehmen die schiefen *Eckstreben*, an deren Kopf der Fachwerkkranz in seinen oberen Eckknotenpunkten *aufgehängt* wurde (s. Abb. 142). Diese Streben leiten die Auflagerlast des Fachwerks zum Fusspunkt der schlanken *Dachstützen* und damit zentrisch auf die darunter liegenden Hauptstützpfeiler.

Die starke Neigung dieser Eckstreben hat nun aber grosse radiale, in der Dachebene nach aussen, auf dem Galerieboden nach innen gerichtete Belastungen der Hexagonalringe zur Folge, wodurch diese – zentralsymmetrische Belastung vorausgesetzt – in Ringrichtung auf gleichförmigen Zug bzw. Druck beansprucht werden. Zur Zugbeanspruchung der Galeriedecke samt ihren Randträgern gesellt sich noch jene aus den Radialschüben der Dachkuppel. Zur Überdrückung der andernfalls dort auftretenden Betonzugspannungen wurde die Deckenkonstruktion entsprechend ringförmig vorgespannt. Die Exzentrizitätsmomente aus den symmetrischen vertikalen Lasten werden so vom horizontalen Kräftepaar des Radialwiderstands der Decken-

145 Blick auf die Galerie mit der Handbibliothek. Der schiefe Strebepfeiler erlaubt den unbehinderten Zugang zu den Bücherregalen. Im Hintergrund sind in der Glaswand die Fachwerkstreben des Verbundfachwerks sichtbar. Der Querschnitt des schlanken Dachpfeilers variiert in seiner Höhe von einem Rechteck zu einem Rhombus, dessen Seitenflächen Antwort auf die konkave Ecke der Galeriedeckenträger geben. Dort sind auch die Beleuchtungskörper in die rohe Betonkonstruktion eingelassen.

platten absorbiert, statt die Pfeilerköpfe auf Biegung zu beanspruchen.

Die Verkraftung der antimetrischen Lasten

Die statische Verhaltensweise des Traggebildes unter den durchaus nicht unsignifikanten *antimetrischen* Lastanteilen ist wesentlich komplexer. Sein Gleichgewichtszustand ist ohne Einbeziehung einer Biegebeanspruchung der Stützpfeiler nicht mehr zu erzielen.

Die antimetrische Belastung ist von einer entsprechenden Unsymmetrie der Eckstrebenbeanspruchung und damit auch der Radialkräfte auf die Hexagonalringe von Boden- und Deckenplatten begleitet. Daraus ergibt sich zwischen den Deckenplatten eine Schubwirkung, der der torsionsweiche «U-Profilkranz» durch *Verwindung* um die festen Drehpunkte der Hauptpfeilerköpfe ausweichen möchte. Zur Verhinderung dieser Verformung fällt nun den *Radialträgern* die wichtige Aufgabe zu, als käftige Hebelarme die Differenzen der an ihren Spitzen angreifenden Fachwerksecklasten als Stützenkopfmomente auf die Hauptstützpfeiler und teilweise auch auf die dort abzweigenden Ringtrager zu übertragen.

Das wirkliche Verhalten des Traggebildes kann theoretisch (und damit auch durch den Computer) quantitativ nur unzureichend erfasst werden. Zur möglichst wirklichkeitsnahen Simulation des Tragverhaltens wurde daher auch hier in letzter Instanz wieder auf das Mittel des Modellversuchs zurückgegriffen (s. S. 86).

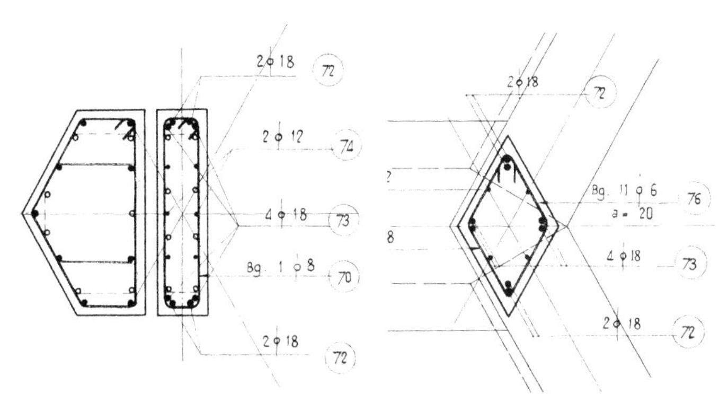

146 Horizontalschnitt durch schiefe Eckstrebe und Dachpfeiler unten. Die Form der Eckstrebe gibt dem Besucher der Handbibliothek optimal freien Kopfraum und lässt zudem den massiven Pfeiler schlanker erscheinen als er ist (s. Abb. 145).
Der unten rechteckige Querschnitt des Dachpfeilers verwandelt sich gegen oben in einen 60°-Rhombus.

Die direkten horizontalen Belastungen

Zur Sicherung gegen Wind- und Erdbebenkräfte wurde der Baukörper des Leesesaals auf Galerieebene an zwei Stellen mit Zugeisen an den sonst durch eine Schallisolationseinlage getrennten, äusserst stabilen anliegenden Verbindungsbau angebunden.

Das Sonderproblem der Radialträger
Die unverzichtbaren Radialträger hätten dem erwünschten, ringförmig unter dem Galerieboden durchlaufenden Entlüftungskanal der Klimaanlage völlig den Weg versperrt, wäre bei diesem technischen Interessenskonflikt nicht die Fachwerkverbundidee nochmals zu Hilfe gekommen: Der massive Steg der als Plattenbalken wirkenden Kragträger wurde zur Ermöglichung des freien Luftdurchflusses direkt unter der Decke grosszügig auf seine ganze Länge ausgehöhlt. Das dabei entstehende Schlitzloch wurde dann zur Gewährleistung der Schubfestigkeit des Gesamtträgers mit nur 20 mm dünnen Stahlblechen vollkommen luftdurchlässig zu einer Verbundkonstruktion ausgefacht, die in ihrer Steifigkeit mit dem Massivträger vergleichbar ist.

Statisch wäre das Problem auch mit einem simplen Stahlbalken zu lösen gewesen. Dies hätte aber der Philosophie einer einheitlichen Materialisierung des Bauwerks widersprochen. Das wichtige Tragelement des Radialträgers konnte so als *echter* Betonträger in der Decke sichtbar gelassen werden (s. Abb. 143).

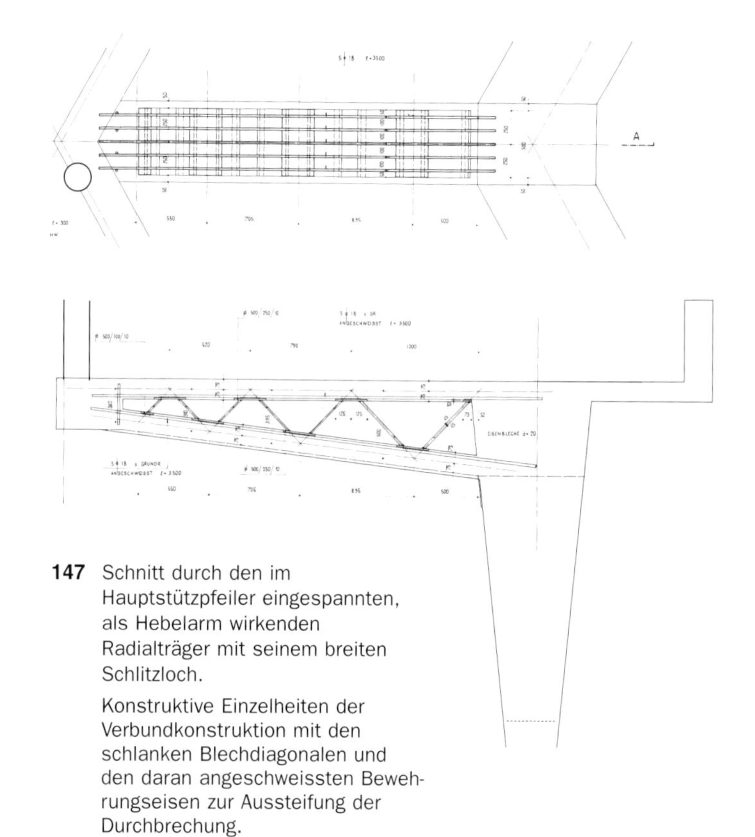

147 Schnitt durch den im Hauptstützpfeiler eingespannten, als Hebelarm wirkenden Radialträger mit seinem breiten Schlitzloch.

Konstruktive Einzelheiten der Verbundkonstruktion mit den schlanken Blechdiagonalen und den daran angeschweissten Bewehrungseisen zur Aussteifung der Durchbrechung.

148
Die skulpturale Verdeutlichung des Kraftflusses in den Haupttragpfeilern von ihrem punktförmigen Basislager über den Einspannbereich der schweren Galerie bis zur «schwebenden» Lagerung der Dachkuppel.

149 Blick vom Botanischen Garten auf den markant über die Fassadenflucht des Unterbaus auskragenden Baukörper des Lesesaals.

150
Nachtbild des Lesesaalbaukörpers mit Blick vom Botanischen Garten.

151 Elastisches Präzisionsmodell 1:20 aus Acrylharz mit allen geometrischen Einzelheiten der wirklichen Ausführung (wie z.B. die Oberlicht-Aussparungen in der Galeriedecke). Um ihre relative Steifigkeit zum Stalbeton ähnlichkeitsmechanisch korrekt zu simulieren, wurden die Stahlrohr-Diagonalen des Verbundfachwerks im Modell als vollwandige Zylinderprofile ausgeführt.

In der Aufnahme kann man erkennen – teils durch die im Vordergrund sichtbaren Drahtbündel für je zehn Messstellen verdeckt –, dass das Modell nur in einem Sechstelsegment mit Dehnmessstreifen bestückt ist (s. Erläuterung im Text).

Der Modellversuch

Zum Zeitpunkt der Herstellung des Versuchsmodells waren die geometrischen Abmessungen der Konstruktionsteile des Bauwerks schon bis auf alle Einzelheiten festgelegt. Der Versuch diente also vor allem der *Verifikation* der theoretischen Überlegungen und rechnerischen Abschätzungen, die zu den gewählten Dimensionen geführt hatten.

Das aus Acrylharzteilen zusammengeklebte Modell simuliert sehr genau das wirkliche Tragverhalten der Konstruktion im elastischen Gebrauchszustand und seine Beobachtung trägt auch zum vertieften Verständnis seiner statischen Wirkungsweise bei.

Die Beanspruchung der Schalenkuppel wurde am in klassischer Weise auf seiner ganzen Fläche durch Gewichte belasteten Modell gemessen (s. Abb. 151). Von besonderem Interesse war, wie die vorangegangenen Ausführungen zeigen, die Untersuchung des Tragwerkverhaltens unter antimetrischen Belastungsweisen im Galeriebereich der Konstruktion. Wegen der zentralsymmetrischen hexagonalen Form des Baukörpers genügte es zur allgemeinen Erfassung des Verhaltens des *gesamten* Tragwerks unter *beliebig verteilter* Belastung, nacheinander an den sechs Eckpunkten eine vertikale Punktlast aufzubringen und deren *Einfluss* (vgl. Kap. 3.4) auf die Messstellen im Bereich nur eines Sechstelsegments des Tragwerks zu messen. Die Wirkung aller oben aufgezählten Lastfälle lassen sich aus den Messergebnissen dann nachträglich durch deren Superposition rechnerisch ermitteln.

Zur Kontrolle des auch *physisch* perfekt zentralsymmetrischen Verhaltens des Modells wurden bei diesen Experimenten erstmals nicht nur Spannungen (bzw. Dehnungen), sondern mit neuen, selbst entwickelten elektrischen Kraftmessgeräten auch die Auflagerdrücke unter allen sechs Stützpfeilern bestimmt. Die algebraische Summe der experimentell ermittelten Kräfte musste dann aus Gleichgewichtsgründen immer mit der aufgebrachten Last übereinstimmen und deren geometrische Verteilung bei zuverlässigem Verhalten des Modells relativ zur jeweiligen Ecklaststellung immer die gleiche sein. Die Erfahrung mit der versuchstechnischen Aussagekraft der in der Modelltechnik bis anhin – auch in Ermangelung geeigneter Messgeräte – vernachlässigten Reaktionsmessungen veranlasste das Laboratorium zur Entwicklung der fehlenden Instrumente und der entsprechenden Versuchsmethoden (vgl. Kap. 1.12, 3.21 und 3.31).

Konstruktionsphasen der Schalenkuppel

152
Hölzerner Unterbau für die Schalung. Die Tragpfetten liegen in Richtung der geraden Erzeugenden der Hyparflächen.

153
Bewehrung der Dachschale in Richtung der Hauptmembranspannungen und die Armierung der teils als «Unterzüge» wirkenden Berührungskanten zwischen den benachbarten Schalenmodulen.

154
Die fertig betonierte Schale im Rohbau vor dem Aufbringen der thermischen Isolierung und der Kupferblechabdeckung. Gut sichtbar sind auch die sechs als Widerlager gegen den Radialschub der Kuppel wirkenden Dachwasserspeier.

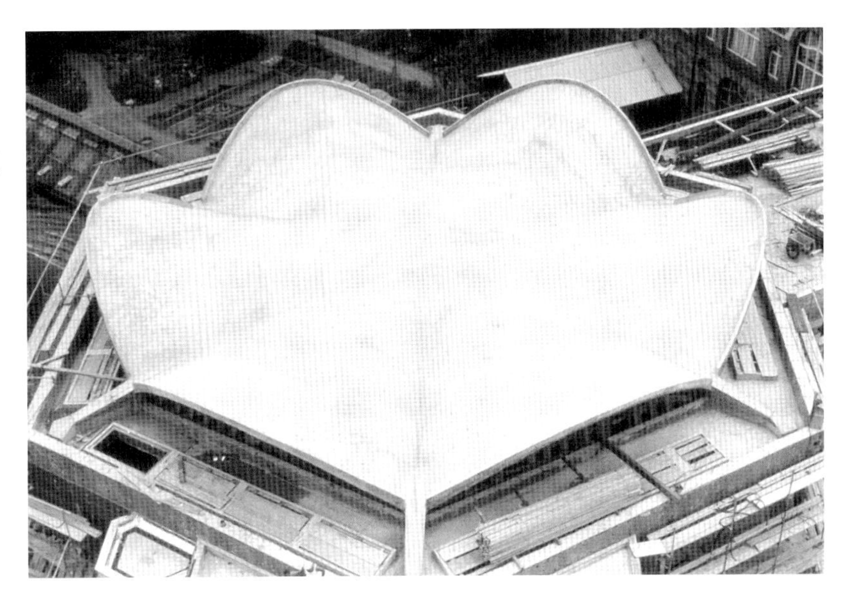

155 *(umstehende Doppelseite)*
Der vollendete Lesesaal im Betrieb.

1.11 Rudolf Steiner-Schule Basel

Architekt: Hans-Felix Leu, Basel
Bauherr: Rudolf-Steiner-Schulverein
Baujahr: 1964–67

Faltwerke
partiell vorgespannter Stahlbeton
Betonieren an Ort
Elastische Versuche an Acrylharzmodellen

Das gestalterische Konzept der Schulanlage, mit dem der Architekt seinerzeit schon den Auftragswettbewerb gewonnen hatte, beruht auf der konsequenten Verwendung von räumlich gefalteten Polygonalflächen als formale Grundelemente. Ihre Ausführung war ursprünglich als Holzkonstruktion gedacht.

Die konstruktive Gestaltung der verschiedenen Baukörper der Schulanlage (Klassentrakt, Turnhalle und Aula) lag das Bestreben zugrunde, die anthroposophische Formensprache über ihre optische Erscheinung hinaus auch physisch in der innewohnenden Tragfestigkeit ihrer Elemente auszudeuten. Im Unterschied zum berühmten Goetheanum, dessen «naturnah» modellierte Stahlbetonhülle nach rein visuellen Kriterien gestaltet wurde und erst durch Aussteifung mit artfremden, hinter Gipsattrappen versteckten Ausfachungen tragfähig wird, entstand hier in enger Zusammenarbeit von Architekt und Ingenieur ein Kaleidoskop von Faltwerksgebilden, die sich zwanglos in das Formenverständnis Rudolf Steiners einreihen und zugleich über eine grosse natürliche Tragfähigkeit verfügen.

156 Eingangszone der Schulanlage. Rechts das Aulagebäude mit der über die Zufahrtsstrasse auskragenden Tribüne. Im Hintergrund einer der Klassentrakte.

Die Aula

Aus funktionellen Überlegungen wurde der Mehrzwecksaal in Form einer aufgebrochenen Auster gestaltet. Die Konstruktion nimmt dieses Bild in der Gegenüberstellung zweier Faltwerksformen auf: hier die aus dem Unterbau hervorragende Zuschauertribüne – dort der darüber gestülpte Dachkörper. Zwischen ihnen öffnet sich ein breites Fensterband.

Die statische Tragweise der Tribüne erklärt sich durch die gürtelartige Umschlingung der räumlichen Auskragung mit einem vorgespannten, an seinen Enden zugbandartig in die seitlichen Wandscheiben des Bühnenraums eingebunden Randglied, durch die Faltwerkswirkung im Bereich der geknickten Berührungskanten der beiden Flächen und durch die entlastende Wirkung der Biegeeinspannung der Faltwerksflächen längs ihrer unteren Ränder. Die genaue Aufteilung dieser Tragwirkungen, vor allem auch unter asymmetrischen Belastungen, wurde an Hand eines elastischen Modellversuchs ermittelt.

157
Innenraum der Aula mit Blick auf das Auflagergelenk der «Muschelschale», in dem auch der «Tribünengürtel» befestigt ist. Die spitze Kantenverstärkung leitet die Membranspannungen der Faltwerksflächen zum Auflager.

158 Die sauber bewehrte, zum Betonieren bereite Faltwerkskuppel der Aula. Unten im Bild ist die Verankerung der Spannkabel des «Gürtels» gut zu erkennen.

Auch das Tragverhalten des 12 cm dicken, kuppelartigen Achtflachs der Saalüberdachung wurde am Modell überprüft. Dabei interessierte insbesondere die statische Interaktion zwischen Tribüne und Dach, die, obwohl beide für sich allein tragfähig wären, zur Verhinderung unerwünschter gegenseitiger Deformationen an ihren Fassadenecken über schlanke Betonpfeiler starr miteinander verbunden sind.

Das formale Motiv des Vielflachs, das jedem Faltwerk von Natur aus zu eigen ist, wird konsequent fortgeführt – in der Gestaltung der geometrischen Details der Sichtbetonkonstruktion bis hin zu den Einrichtungsgegenständen (wie z.B die Beleuchtungskörper).

159
Montage der Bewehrung und der Spannkabel im auskragenden Faltwerk des Tribünenunterbaus. Gut erkennbar ist der gürtelhafte Verlauf der sich in der Symmetrieachse überkreuzenden Spannkabel.

160
Modellversuch zur Untersuchung der statischen Zusammenwirkung der Tribünenauskragung mit der Faltwerkskuppel.

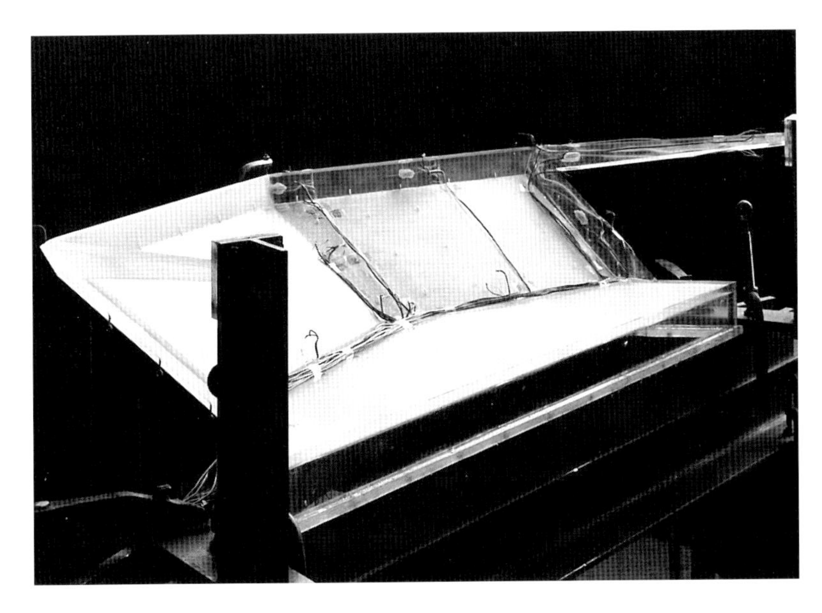

161
Teilmodell zur Untersuchung der Tragweise des Tribünenfaltwerks.

162 Innenansicht der Turnhalle mit ihrer rhombischen Faltwerksdecke.

Die Turnhalle

Die Formensprache der Faltwerke wiederholt sich auch hier, diesmal entwickelt auf einer rechteckigen Grundrissfläche.

Rautenförmige Unterkanten verbinden – sich in Raummitte überkreuzend – diagonal die beidseitigen Fensterstützen der Turnhalle. Sie bilden die gemeinsame Basis für die pyramidenförmig auf einem Rhombus aufbauenden zentralen Faltwerkselemente und die sich gegen aussen dem Lichteinfall öffnenden Randfaltwerke. Als Gesamttragwerk wirkend, nehmen die ersteren – als einfache Balken zwischen den gegenüberliegenden Stützen betrachtet – in Feldmitte allein das gesamte Biegemoment auf, die zweiten leiten dagegen die gesamte Randquerkraft auf die Stützen ab. Als statisches Problem stellt sich hier die Frage nach der Verteilung der notwendigen Schubübermittlung zwischen den beiden wesensverschiedenen Faltwerkstypen, durch die sie erst als tragfähiges Ganzes zusammenwirken können.

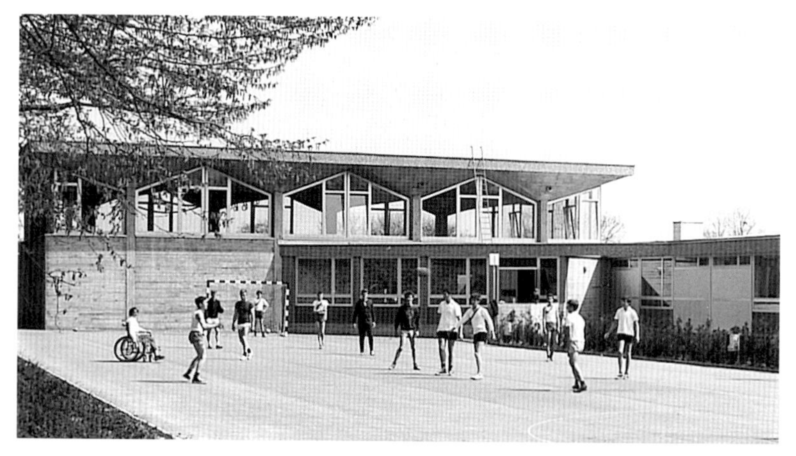

163 Aussenansicht der Turnhalle mit dem auskragenden Vordach.

164 Aufsicht im Rohbau auf die räumliche Faltwerkskonstruktion über den darunter liegenden Klassenräumen.

Die Klassenräume

Das Motiv der Faltwerksformen wird auch in den Unterrichtsräumen nicht verlassen. Während in dieser Absicht das Dach über dem Obergeschoss des Klassentrakts noch eine dünnwandige, echt als räumliches Faltwerk tragende Konstruktion ist, kann diese Tragweise von den an ihrer Oberseite notwendigerweise ebenen Zwischendecken natürlich nicht mehr erwartet werden. In der Deckenuntersicht zeichnet sich hier zwar, wenn auch in stark abgeflachter Form, die räumliche Gestalt des Dachfaltwerks weiterhin ab, verursacht aber nur noch eine stark variable Dicke der nun im Wesentlichen als Platte, d.h. über Biegebeanspruchung tragenden Geschossdecken.

165 Aussenansicht eines Klassentrakts. In der auskragenden Sockelgeschossdecke ist sichtbar, wie sinnvoll auch hier die aus dem Dachfaltwerk übernommene Variabilität der Deckenstärke ist. Im mittleren Geschoss wurde für den Fenstereinbau vor die gefaltete Deckenuntersicht eine horizontale Betonschürze heruntergezogen.

1.12 Stadttheater Basel

Architekten: Felix Schwarz und Rolf Gutmann
Bauherr: Stadt Basel
Baujahr: 1968–76

Polygonalisierte Rotationsfläche mit unregelmässigem Umriss
zwischen Wandscheiben auf- und vorgespannte Betonschale
Ortsbeton
elastische Modellversuche an Acrylharzmodell

Das Projekt des Stadttheaters ist aus einem öffentlichen Wettbewerb hervorgegangen, an dem die Architekten gemeinsam mit dem Ingenieur teilgenommen hatten. Neben wohl ausschlaggebenderen architektonischen Qualitäten der komplexen Theateranlage einschliesslich ihrer städtebaulich äusserst sensitiven Umgebung war auch die eigenwillige Konstruktion für die Überdachung des Hauptbaus bereits Bestandteil des Wettbewerbprojekts: Mit grosszügigem Schwung spannt sich eine dünne Betonmembrane wie ein ausgebreiteter Baldachin von der Rückwand des geräumigen Foyers über den Zuschauerraum hinweg bis zum Dachrand des Bühnenturms. Dieser konstruktive, das unverwechselbare äussere Erscheinungsbild des Bauwerks prägende Teilaspekt des Theaterbaus ist das Thema der folgenden Betrachtungen.

In freundschaftlicher, von gegenseitigem Verständnis für die Anliegen des Entwurfspartners getragener Auseinandersetzung wurde hier die von der Wesensart der Festigkeitsprobleme des erdachten Tragwerks inspirierte Formensprache des Ingenieurs mit den allgemeinen gestalterischen und raumfunktionalen Vorstellungen der Architekten in Einklang gebracht.

166 Luftaufnahme der Theateranlage im städtischen Kontext.

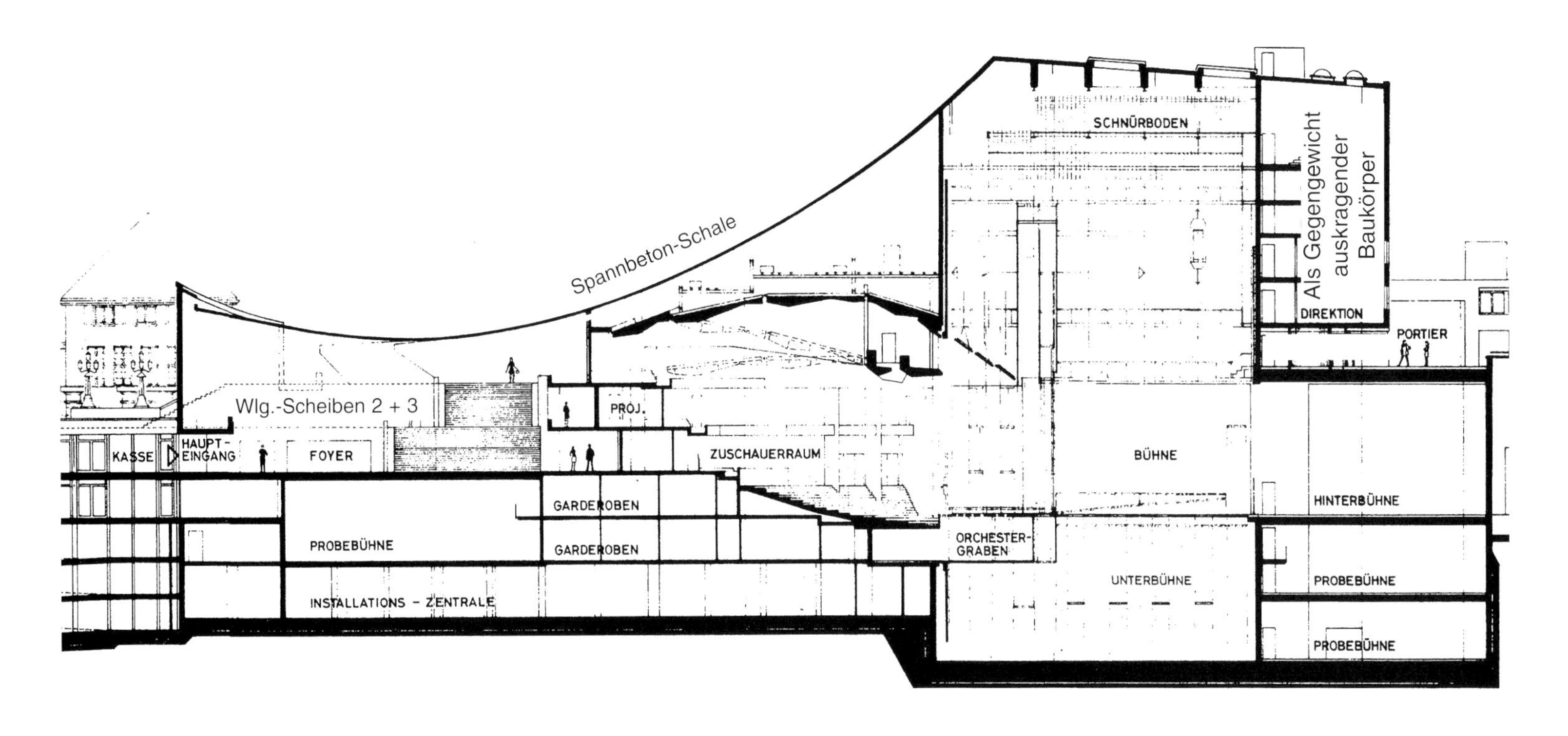

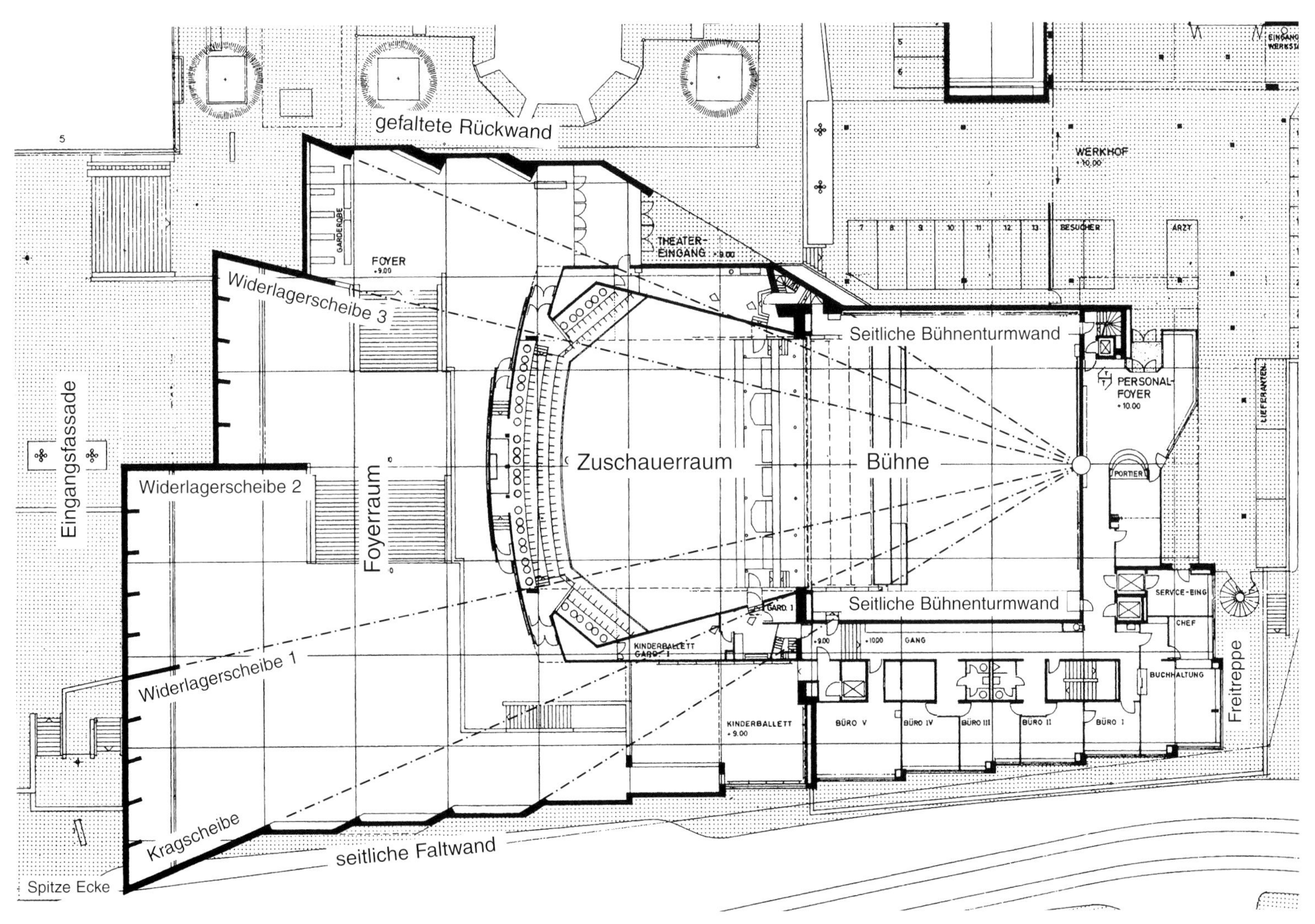

167 Grundriss und Schnitt (1:500) mit dem für die Konstruktion massgebenden zylindrischen, auf die Mitte der Bühnenrückwand ausgerichteten Achssystem und den im Text verwendeten Bezeichnungen der wesentlichen konstruktiven Elemente des Bauwerks.

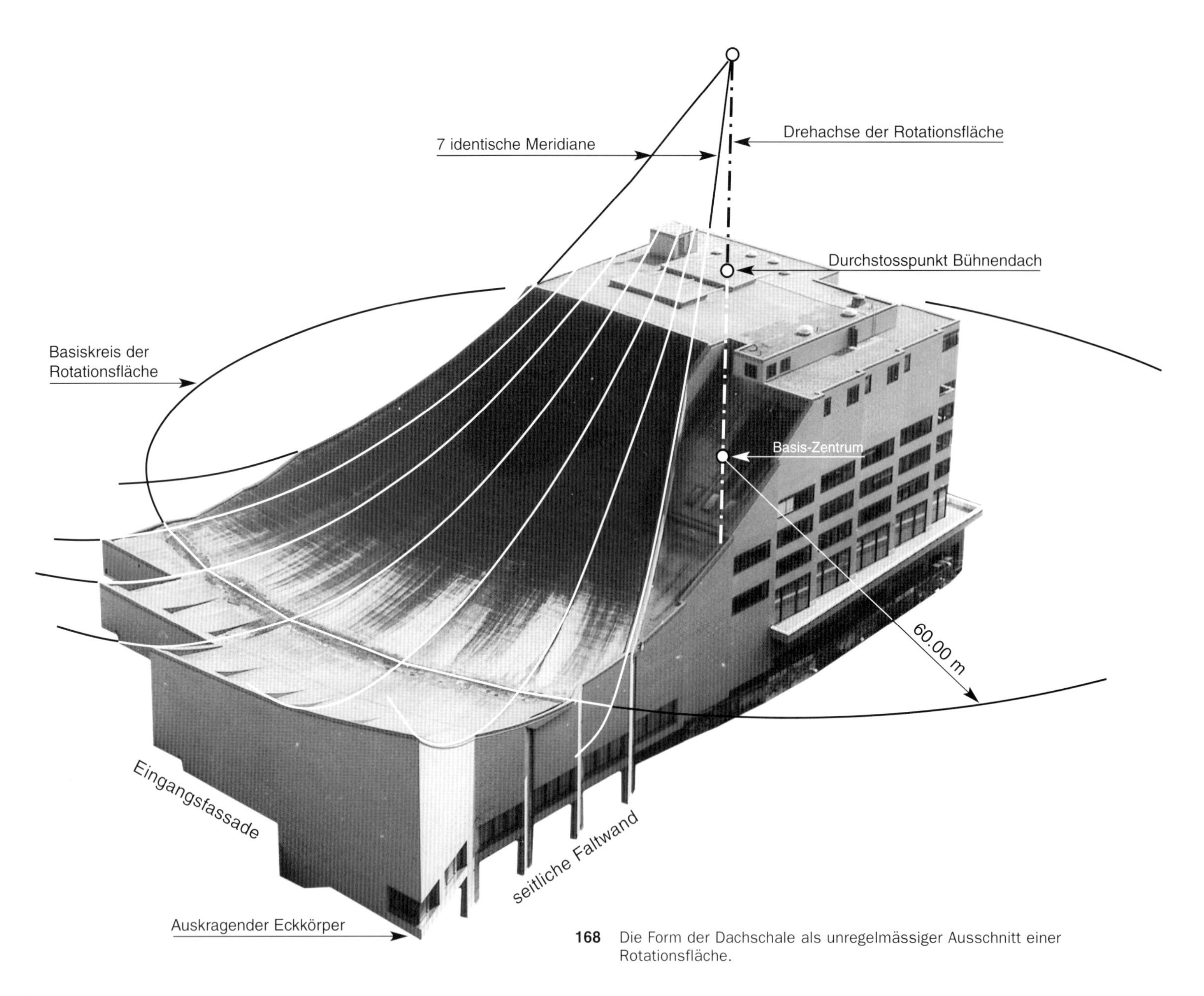

168 Die Form der Dachschale als unregelmässiger Ausschnitt einer Rotationsfläche.

Die Form des Baukörpers

Die konzentrische Ausrichtung von Foyer und Zuschauerraum zur Bühne hin legte es nahe, die Geometrie der Dachschale auf einer Rotationsfläche mit vertikaler Drehachse über der Bühnenturmrückwand aufzubauen. Deren genaue Meridianform wurde über die weiter unten erläuterten statischen Überlegungen festgelegt. Die räumlichen Konturen des von der Überdachung belegten Ausschnitts aus dieser Drehfläche sind dann durch den Grundrissverlauf des Gebäudeumrisses determiniert und bestimmen auch die bewegten Silhouetten der Fassadenansichten.

Wenn sich auch die unregelmässige Umrissform des Gebäudes vorwiegend aus den inneren Raumbedürfnissen des Bauwerks sowie den (hier teils sehr beengten) Grundstücksverhältnissen ergab, so wurden die Anordnung und Gestalt der Innen- und Aussenwände insbesondere im Foyerbereich auch massgeblich durch statische Überlegungen mitbestimmt: Die hohen, an den Fassadenkämmen in Richtung des Bühnenturms zerrenden Verankerungskräfte der Dachschale müssen ja über die Wände auf den Unterbau abgeführt werden. Um ihnen die hierzu notwendige Widerstandsfähigkeit zu verleihen, wurden die Seitenwände des Foyers derart aufgefältelt, dass jedes zweite (fensterlose) Wandstück als scheibenförmiger Pfeiler gegen das Drehzentrum der Rotationsfläche ausgerichtet ist. In der breiten, im Grundriss abgetreppten Rückwand – der Eingangsfassade – mussten neben den entsprechend orientierten Seitenwänden zusätzlich noch drei mächtige, auf das gleiche Zentrum weisende Wandscheiben eingebaut werden. Im grossen Foyerbereich bildet also die Dachkonstruktion mit den Umfassungswänden eine unzertrennliche, monolithisch zusammenwirkende Einheit.

Auf der Bühnenturmseite konnten die Verankerungskräfte der Schale ohne sichtbare konstruktive Auswirkungen abgeleitet werden. Dank der als Gegengewicht zur Schalenbelastung wirkenden exzentrischen Auflast der in der Bühnenturmrückseite integrierten, mehrstöckigen Anbauten halten die mächtigen Seitenwände des Turms ohne weiteres der gewaltigen exzentrischen Zugbeanspruchung stand.

Die Meridian-Linien, die über den strahlenförmig zum Rotationsmittelpunkt weisenden Grundrissachsen dieser Wandscheiben verlaufen, wurden nun dazu verwendet, die Drehfläche durch

169 Konstruktion des Unterbaus der Holzschalung mit primären Meridianträgern und den quer darüber liegenden horizontalen Pfetten in Richtung der geraden Mantellinie der zylindrisch «polygonalisierten» Schalensegmente.

sechs abwickelbare zylindrische Flächensegmente anzunähern. Durch Überstreichung der jeweils benachbarten Meridiane mit ihren Verbindungssehnen wurde die kontinuierliche Rotationsfläche «polygonalisiert», was vor allem die Konstruktion des Unterbaus der Holzschalung für das Giessen der Betonmembrane beträchtlich erleichterte. Zudem zeichnet sich in den meridional verlaufenden Schalungsstössen der sichtbaren Betoninnenfläche eine mit der Wandgeometrie harmonierende Textur ab (s. Abb. 173, 176).

Globales Tragverhalten und Meridianform

Wie ein schwerer, an seinen Rändern aufgehängter Baldachin, der seine Lasten über reine Zugkräfte an seine Verankerungen abträgt, sollte sich das Theaterdach über Foyer und Zuschauerraum schwingen. Das Dach ist nun aber kein Tuch, sondern eine zweidimensional tragende Betonmembrane mit doppelter Krümmung, völlig unregelmässiger Berandung und daher statisch schwer durchschaubaren Auflagerbedingungen. Um die Tragweise des komplexen Gebildes dennoch bestmöglich in den Griff zu bekommen und gleichzeitig die Hängetragwirkung für den Betrachter nachfühlbar zu machen, wurde der Erzeugenden der Rotationsfläche eine ganz spezifische Meridianform gegeben.

Bei Rotationsschalen ist bei gegebener zentralsymmetrischer Belastung das Verhältnis von Radial- zu Ringspannungen durch den geometrischen Verlauf ihres Meridians bestimmt. In Umkehr dieser Eigenschaft wurde nun für das Theaterdach diejenige Meridianform gesucht, für die unter Eigengewicht der Schale die Ringspannungen vollends verschwinden. Deren Verlauf ist genau die Kurve, die bei bekannter Drehachse ein frei hängender flexibler Streifen von der Form eines infinitesimalen Sektorausschnitts aus der Rotationschale beschreiben würde. Diese leicht berechenbare Kurve wurde denn auch der Geometrie der Dachform zugrunde gelegt. Da das Schalengewicht (samt Dachbelag) die übrigen Auflasten beträchtlich überwiegt, treten infolge anderer Belastungen wie Wind und Schnee nur noch unbedeutende Ringspannungen auf. Kleinere Abweichungen von der angenommenen Lastverteilung werden durch geringe Schubspannungen, die sich auf die Seitenwände abstützen, im Gleichgewicht gehalten.

170 Rohbauaufnahme des Foyerraums mit Blick gegen die Widerlager-Wandscheiben 2 + 3 und die gefaltete Rückwand. Vorne links im Bild ist auch der Fuss der Widerlagerscheibe 1 noch sichtbar. Rechts sieht man die nichttragende, von der Schale losgelöste Rückwand des Zuschauerraums.

Die Membranspannungen und ihre Randverankerung

Membranspannungen nennt man in der Elastizitätstheorie diejenigen Spannungen, die bei Belastung einer dünnwandigen Schale tangential zu ihrer gekrümmten Mittelfläche auftreten. Eine vollkommen biegeweiche Haut – einem Sonderfall von «Schale» – kennt nichts anderes als solche Tangentialspannungen. Aber auch bei dünnen Betonschalen mit ihrer (begrenzten) Biegesteifigkeit sind die Membranspannungen für das Gesamttragverhalten massgebend.

Beim Theaterdach soll die Rotationsschale durch den Verlauf ihrer Meridiankurve noch dazu gebracht werden, sich wie ein reines Hängewerk zu verhalten. Wo die Schale dies tut, weiss man über ihre Membranspannungen, ausser dass es *Zugspannungen* sein müssen, auch, dass sie alle, wie die Meridiane selbst, gegen den Mittelpunkt der Drehfläche gerichtet sind. Das ungetrübte Zustandekommen dieses einfachen Spannungszustands würde aber bedingen, dass die Membranspannungen auch längs der offenen Umrandungen der Rotationsschale – das Theaterdach ist ja nur ein, zudem äusserst regellos umrandeter *Auschnitt* aus einer Rotationsfläche – in Grösse und Richtung entsprechende Reaktionsspannungen vorfinden.

Reaktionen lassen sich aber nicht vorschreiben. Die Schale verankert sich dort, wo sie den grössten Widerstand findet. Und dieser ist in den Umfassungswänden des Theaterbaus, deren Aufgabe es ist, die Schalenrandkräfte in den Unterbau abzuleiten, von Ort zu Ort äusserst unterschiedlich. Die unten eingespannten Betonwände können an ihrem oberen Rand nur Kräften widerstehen, die längs oder in Richtung ihrer Grundrissachsen angreifen. Quer dazu leisten sie keinen Widerstand. So ergeben sich je nach jeweiliger Orientierung der betrachteten Wandbereiche gegenüber der Richtung der ankommenden Membrankräfte stark divergierende Voraussetzungen für die Randverankerung.

Die Verankerungen in den Wandscheiben der Eingangsfassade
In der Wandkonstruktion des Eingangsbereichs bieten der Hängeschale die schon erwähnten, zum Bühnenturm hin ausgerichteten Wandscheiben den weitaus grössten Verankerungswiderstand. Die dazwischen liegenden Aussenwandstücke sind demgegenüber, da sie fast senkrecht zu den Meridianen der Rotationsfläche stehen, praktisch wirkungslos. Es bleibt der Schale also keine andere Wahl, als ihre dorthin gerichteten Radialzugspannungen abzulenken, um sie über Schubspannungen seitlich an die Wandscheiben anzuhängen.

Wie am oberen Bord zwischen den Aufhängungen eines schweren Vorhangs immer eine schlaffe Zone zu beobachten ist, ist auch die Theaterschale in Nähe der Rückwand nicht mehr in der Lage, ihre Last als gestrafftes Hängewerk zu tragen, da die Membranspannungen ja zu den Scheiben abgewandert sind. Sie verlangt daher in diesem «weichen» Bereich nach einer Unterstützung. Diese Funktion übernehmen aus den Köpfen der senkrechten Wandaussteifungen ragende Kragträger, deren Form sich aus einer zungenartigen Aufschlitzung des Schalenrandbereichs ergibt. Da diese Zungen nicht der nach oben gebogenen Schalenfläche folgen, sondern tangential zu dieser als ebene Streifen gegen die Rückwand weisen, ergeben sich seitlich zwickelhafte Zwischenräume, die durch die erwähnten Kragträger ausgefüllt werden.

Die über den Zungenspitzen entstehenden viereckigen Öffnungen waren dazu vorgesehen, als Fenster tagsüber die Rückwand mit einem indirekten Lichtspiel zu beleben (s. Abb. 182). Diese Möglichkeit wurde aber von den Architekten aus anderen Gründen nicht genutzt.

171
Innenansicht der zungenartigen Aufschlitzung der Schalenrandzone gegen die Eingangsfassade zwischen den Widerlagerscheiben 1 und 2.

Hier ist die unterstützende Funktionsweise der an den Köpfen der Wandversteifungspfeiler (als Verbindungsstege der Randaufbördelungen) herausragenden Kragträger leicht nachvollziehbar.

172
Aussendachansicht im Rohbau der zungenartigen Aufschlitzung der Schale gegen die Eingangswand.

Man sieht hier ausser den Trägerzwickeln auch die Entstehung der viereckigen «Oberlichtfenster».

173
Innenansicht der gleichen Wandpartie.

Hier ist auch die Abzeichnung des Schalungsstosses zwischen den Zylindersegmenten der polygonalisierten Rotationsfläche in der Textur der Betonoberfläche gut erkennbar.

174 Fugenloses Betonieren der 11 cm dünnen Betonmembrane in ca. 1 m breiten radialen Streifen hin zur Eingangsfassade und dem Bühnenturm.

Der Sonderfall des spitzen Eckkörpers

Die erste Wandscheibe der Strassenfront bildet zusammen mit der anschliessenden Eingangsfassade einen hohen und mit seiner spitzen Kante äusserst markanten Baukörper. Die in seiner oberen Ecke in Richtung des Bühnenturms zerrende Schalenzugkraft regte dazu an, ihn als Gegengewicht zum auftretenden Kippmoment exzentrisch zu lagern. So wurden die dort zusammentreffenden Fassadenwände, statt sie unter dem 3 m über dem Stassenniveau liegenden Foyerboden in der Ecke abzustützen, im Gegenteil als kühne Kragscheiben ausgebildet.

Die Verankerung im Bühnenturm

Völlig andere Verankerungs-Voraussetzungen findet die Hängeschale auf der Bühnenturmseite. Dort werden die Membranspannungen teils unmittelbar von den scheibenartigen Bühnenturmwänden angezogen und durch diese in den Unterbau geleitet. Zusammen mit dem massiven, an der Schnittkante der beiden Flächen konoid überhöhten Bühnendach entsteht in der Verankerungszone der Schale ein äusserst steifes faltwerkartiges Gebilde, das in der Lage ist, die restlichen dort eintreffenden Membranspannungen bogenartig auf die Seitenwände zu tragen. An seiner oberen Kante treten starke Druckkräfte, in einem weiter unten liegenden Bereich ebensolche Zugbeanspruchungen auf (vgl. Kap. 2.4).

Das gewaltige Biegemoment, dem die im Unterbau eingespannten Turmwände unter den Zerrkräften der Hängeschale ausgesetzt sind, werden durch das Gegengewicht des Vorbaus auf der Gegenseite des Bühnenturms bedeutend abgeschwächt.

Verankerung in den Seitenwänden

Das konstruktive Konzept der Seitenwände wurde schon erwähnt. Die scheibenartigen Elemente der Seitenwände absorbieren dort zwar den Löwenanteil der angreifenden Zugkräfte, dennoch verbleibt in der «schwachen» Richtung der monolithisch zusammenhängenden Faltwände immer noch eine Kraftkomponente, gegen die sie sich nur in Ringrichtung auf die Schale selbst abstützen können. Auch an diesem Rand wird demnach die reine Hängetragweise der Schale gestört.

Die parasitäre Biegebeanspruchung der Schale

Die Membranzugspannungen der Hängeschale sind unvermeidlich von einer Dehnung der Betonkonstruktion begleitet. Dies hat je nach Distanz zwischen den Endaufhängungen des betrachteten Radialschnitts durch die Schale eine mehr oder minder deutliche Vergrösserung des Durchhangs der Schale zur Folge – es handelt sich hier um Grössenordnungen von etwa 5 cm. Theoretisch ergeben sich daraus zwischen den ungleich weit gespannten Schalensektoren des Theaterdachs auch deutlich unterschiedliche Einsenkungen, wie dies beispielsweise bei Betrachtung der zwei durch die Widerlagerscheibe zweigeteilten Segmente sofort einleuchtet.

Nun ist aber die Schale in Wirklichkeit ein zusammenhängendes Kontinuum, das keine Unstetigkeiten zulässt. Wo sich die Schale auf eine Auflagerscheibe aufstützt, kann sie sich auch nicht einsenken. Durch Abstützung vor allem an der Vorderkante

175

Das (an der Grenze des Möglichen steile) Betonieren des letzten Schalenstreifens gegen den Bühnenturm.

Der bis zum gekrümmtenten Rand des Dachkonoids noch ungeschalte und offene Zwischenstreifen, der sich gegen oben kontinuierlich auf 25 cm verdicken soll, wurde später – beidseitig geschalt – als Bestandteil des «Querbalkens» zusammen mit der Dachfläche betoniert.

Durch die Öffnung sieht man auch den Stahl-Fachwerkträger, der hier zunächst als Unterbau der Dachschalung diente und nunmehr auf seinem Untergurt als permanentes Konstruktionselement den Schnürboden der Bühne trägt.

Im Vordergrund ragt eine Reihe von Röhrchen aus dem Beton, durch die später die Spannkabelhüllen mit Mörtel ausinjiziert wurden.

176 Die leichten, aus den scheibenartigen Seitenwänden spriessenden und sich tangential in der Schalenfläche verlierenden Verstärkungen zur weichen Einleitung der Biegerandstörungen.

der gemeinsamen Widerlagerscheibe wird daher das weiter gespannte Schalensegment seitlich auf die Höhe des benachbarten Segments gezwungen. Dies führt nun unvermeidlich zu einer signifikanten Querbiegebeanspruchung der Schale, die umso gefährlicher ist, je unvermittelter diese Angleichung zwischen den benachbarten Segmenten geschieht. Würde sich die Schale örtlich konzentriert auf die Vorderkante der Wandscheibe absetzen, würde diese genau so brechen, wie man eine harte Bretzel über der Tischkante teilt.

Um dies zu vermeiden, wurde hier – unter Wiederholung des schon für die Randaufbördelungen in der Eingangswand angewendeten formalen Prinzips – für eine weiche Einleitung der Biegebeanspruchung gesorgt. Aus den Vorderkanten der Wandscheiben spriessen als deren Fortsetzung mit der Schale monolithisch verbundene Kragträger, deren Höhen, bestimmt durch ihre geraden, sich tangential an die Meridiankurve der Schale anschmiegenden Unterkanten, graduell bis zum völligen Verschwinden abnehmen. Sie wirken wie gummiweiche, die Gesamtbiegebeanspruchung breit verteilende Auflager und dienen gleichzeitig auch der kontinuierlichen seitlichen Schubeinleitung der Membranspannungen.

Die expressive Konstruktionsform zur sanften Krafteinleitung wiederholt sich in unterschiedlicher Ausprägung an der ganzen, innen sichtbaren Schalenumrandung, so auch an den Seitenwänden (s. Abb. 176) und trägt zum spannungsvoll bewegten Raumeindruck des grosszügigen Foyers bei.

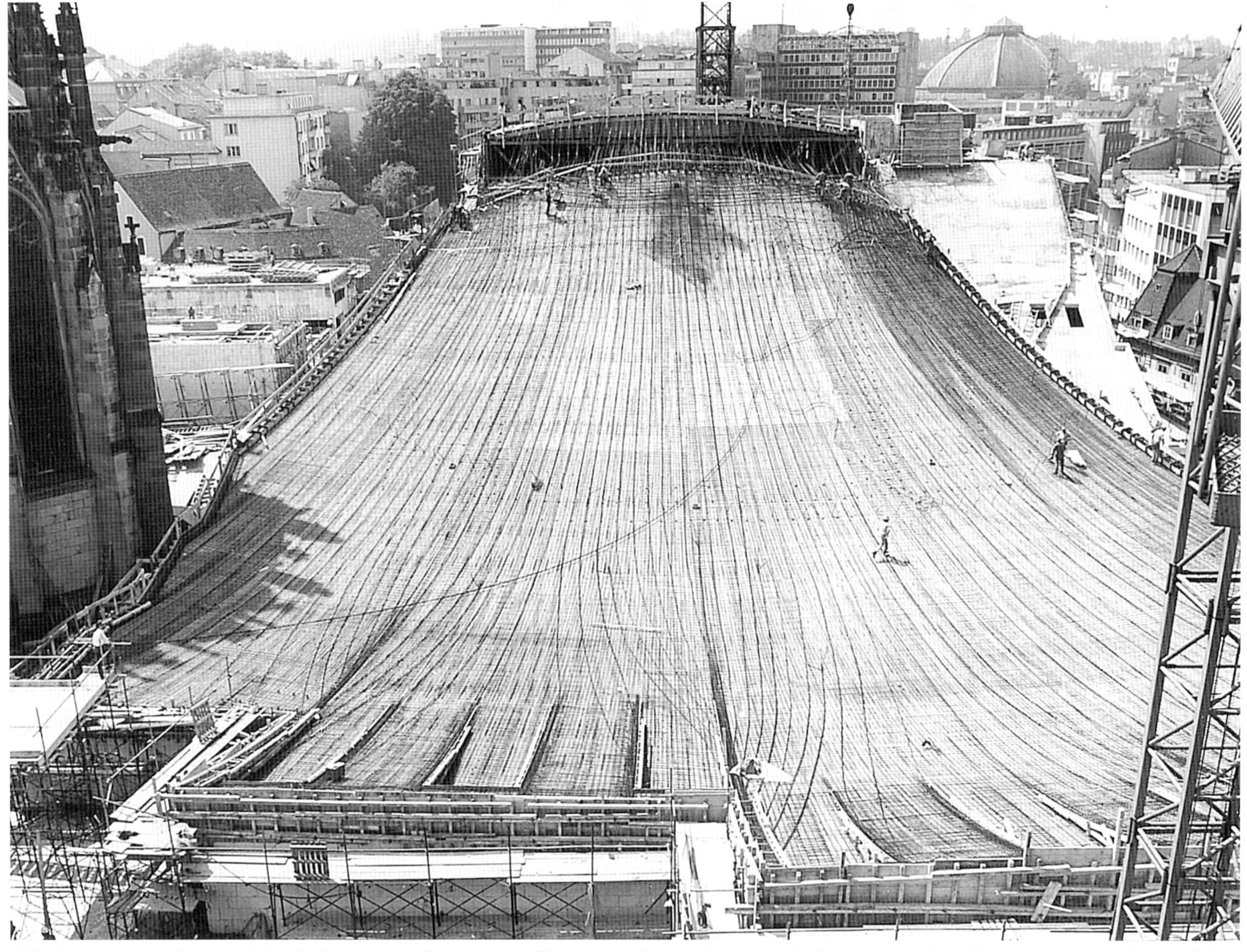

177 Schalung des Dachs mit den fertig verlegten Spannkabeln. Zu beachten ist vor allem, wie die Kabel zur dortigen Verankerung graduell gestaffelt in den Wandscheiben verschwinden (s. S. 101). Im «schlaffen» Zwischenbereich übernehmen die aufgeschlitzten Dachzwickel die Tragfunktion.

Die Vorspannung der Hängeschale

Zur Gewährleistung ihres rissefreien und elastischen Verhaltens wurde die Betonschale vorgespannt. Sie hätte grundsätzlich, wie bei der Kirche in Winkeln (vgl. Kap. 1.3), auch mit schlaffer Bewehrung verwirklicht werden können. Doch dort sind die Membranzugspannungen wesentlich geringer und, was für die Entscheidung zur Vorspannung ausschlaggebend war, auch die geometrischen Randbedingungen für die Verankerung der Schale unvergleichlich harmloser.

Die Vorspannung von Schalen hat nämlich neben ihrer Hauptaufgabe, die Membranzugspannungen zu «überdrücken», ganz generell den willkommenen Nebeneffekt, alle Arten der schlecht erfassbaren Randstörungen, so komplex diese auch sein mögen, signifikant abzuschwächen, wenn nicht sogar zu eliminieren.

Die Vorspannwirkung

Entgegen der üblichen Vorstellung werden in einer vorgespannten Hängeschale die auftretenden Belastungen *nicht* unmittelbar von den Spannkabeln getragen. Diese haben nur den Beton des Tragwerks unter genügenden permanenten Druck versetzt, um ihn zu befähigen, die bei Belastung auftretenden Zugspannungen durch *Abbau* seiner Druckspannungsreserven selbst zu tragen. Diese indirekte Wirkungsweise zeigt sich schon deutlich daran, dass für auftretende Deformationen der Schale die elastische Steifigkeit des Betons und nicht die der Stahlkabel massgebend ist (vgl. Kap. 2.4).

Um Beton durch Vorspannung unter Druck zu setzen, muss sich dieser, seinem Kraft-/Verformungsverhalten entsprechend, auch ungehindert zusammenziehen können. Bei einer zwischen starren Widerlagern – hier der Bühnenturm und die Wandscheiben – aufgehängten Schale kann diese Stauchung nicht durch gegenseite Annäherung der Verankerungspunkte geschehen. Sie kommt aber durch *Anheben* der Schale und der damit verbundenen Verkürzung der Verbindungskurve zwischen den Auflagern zustande. – Diese Erscheinung konnte beim Vorspannen der Theaterdachschale eindrücklich beobachtet werden: Sie hob sich beim Spannen von allein von der Schalung ab.

Nun bedarf auch die kompensierende Wirkung der Vorspannung auf die Parasitärmomente im Randstörungsbereich keiner weiteren Erläuterung mehr: Durch die Rückgängigmachung der gemäss ihrer Membranspannungen zu erwartenden Verformung

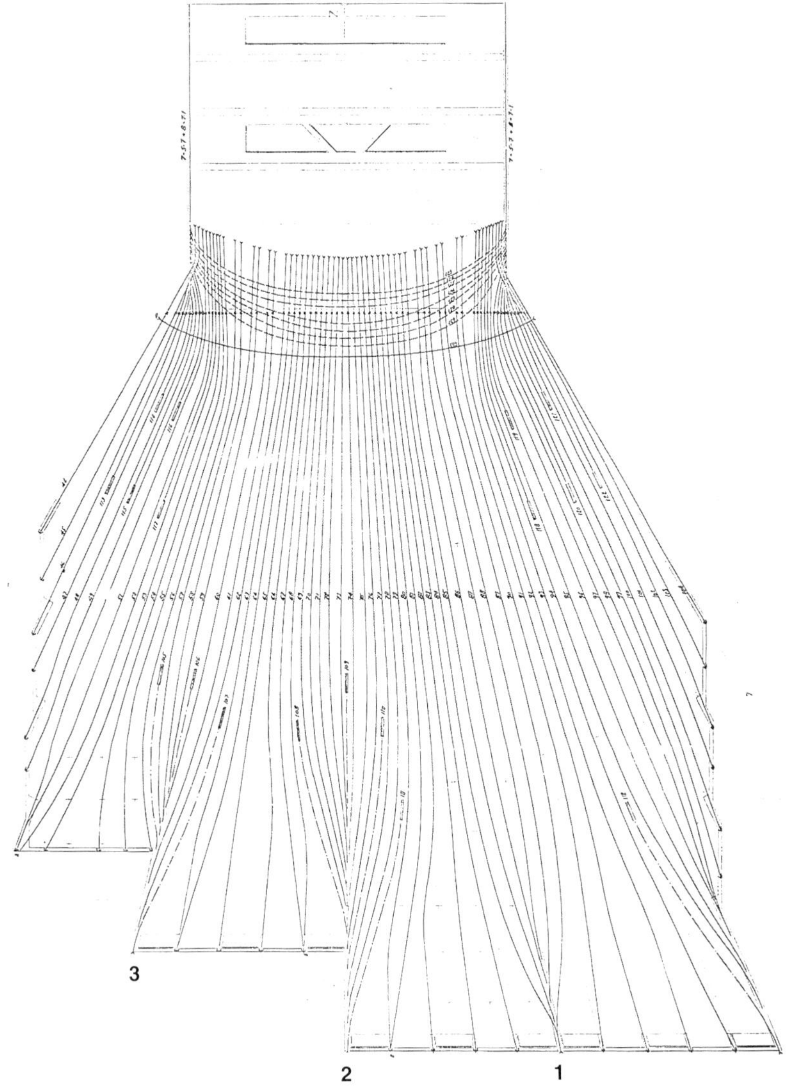

178 Grundrissprojektion der Spannkabelverläufe.
Oben im Bild: die Quervorspannung in der Nähe des Bühnenturms zur Überdrückung der Zugzone des dortigen «Querbalkens».

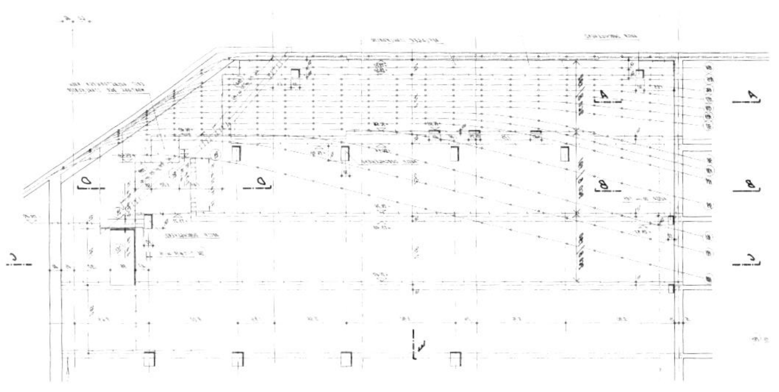

179 Kabelführung und -verankerung in den Bühnenturmseitenwänden sowohl der direkt in die Wand geleiteten seitlichen Kabel aus der Hängeschale als auch der Kabel aus dem «Querbalken».

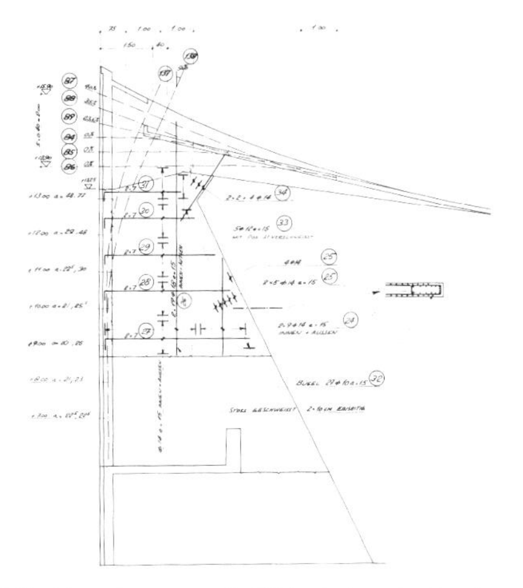

180 Verankerungen in Widerlagerscheibe 1.
Zur Überdrückung der dort auftretenden beträchtlichen Hauptzugspannungen ist ihr schlanker Hals in Fassadennähe auch in vertikaler Richtung vorgespannt.

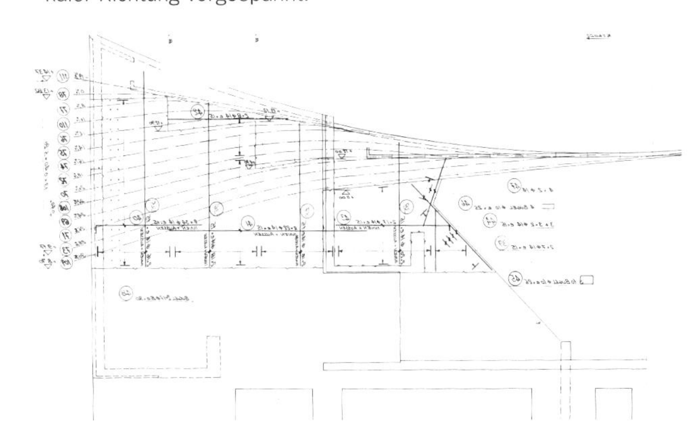

181 Verankerungen in Widerlagerscheibe 2.

verschwinden, in Umkehrung der weiter oben angeführten Überlegungen, auch die Gründe, die dort zur sekundären Biegebeanspruchung der Schale geführt hatten. Übrig bleiben nur sekundäre Störungen, die sich aus der Ungenauigkeit der Spannkräfte, der variablen Schnee- und Windlast, durch Schwinden und Kriechen des Betons und Temperaturschwankungen ergeben können.

Der geometrische Verlauf der Spannkabel

Die exakte Anordnung der Spannkabel lässt sich ebenso wenig berechnen wie die genaue Verteilung der Membranspannungen in der Schale. So muss sich der Ingenieur für eine sinnvolle Spannkabelführung weitgehend auf sein Einfühlungsvermögen in die Tragweise der Konstruktion verlassen. Bei diesen Überlegungen muss er sich insbesondere dauernd vor Augen halten, dass im Beton weder die Druckspannungen aus der Vorspannung noch die Spannungen aus der Gebrauchslast an den Stellen auftreten, wo sich die einzelnen Kabel physisch befinden (vgl. Kap. 1.4 und 2.4). So ist die Zugkraft der Hängeschale keineswegs – wie es in den nebenstehenden Abbildungen den Anschein haben könnte – in den Spannköpfen der Kabel verankert. Die Schale klammert sich längst vor Erreichen der in der Fassade angeordneten Kabelköpfen am vorgespannten *Beton* der Wandscheiben fest.

Spannkraft und Bruchsicherheit

Das Bestreben nach Minimalisierung der Randstörungen war für die Bemessung der anzuwendenden Spannkraft richtungsweisend. Da dieses Kriterium eine nur schwache Überdrückung der Membranzugspannungen fordert, ergäbe es Kabelquerschnitte, die für die Gesamtkonstruktion keine ausreichende Bruchsicherheit gewährleisten würden. Die Kabel wurden daher – unter Verzicht auf die volle Nutzung ihrer Spannkapazität – gegenüber den statischen Forderung des Gebrauchszustandes überdimensioniert.

182 Der Foyer-Raum im Rohbau. Blick von innen gegen die Eingangsfassade mit den Widerlagerscheiben 1, 2 und 3.
Die durch betrieblich notwendige Durchbrüche zur Aufnahme ihrer gewaltigen Horizontalschübe geschwächte Lagerung der Scheiben 2 und 3 wird durch Einbeziehung der unter dem benachbarten Treppenaustritt angeordneten Wandscheiben kompensiert.
Die balkonartigen Träger über den breiten Eingangsöffnungen dienen der Aufnahme der Horizontalreaktionen der exzentrisch belasteten Wandrippen.
In diesem Bild sieht man auch noch den Lichteffekt der sich in der Aufbördelung des Schalenrands konstruktiv ergebenden Oberlichtöffnungen.

Der Modellversuch

Die in diesem Kapitel angeführten statischen Überlegungen, die zur konstruktiven Gestaltung des Theater-Baukörpers führten, waren weitgehend qualitativer Natur und nicht frei von intuitiven Bewertungen. Obwohl sich zwar die *globale* Wirkungsweise der Konstruktion – und damit ihre Tragsicherheit – rechnerisch gut abschätzen lässt, so genügt dies nicht im Entferntesten, um das zuverlässige Verhalten aller Einzelteile und Zonen des komplexen Gebäudes auch im Gebrauchszustand zu gewährleisten. Die Tragweise der erdachten Bauformen musste also auch quantitativ erfasst und überprüft werden.

Da sich die Verhaltensweise des monolithisch zusammenhängenden Betongebildes nur als enge Interaktion zwischen den sehr unterschiedlich verformbaren Elementen Schale, Bühnenturm, Wandscheiben und Foyerwänden verstehen lässt, bot sich der *elastische* Modellversuch als weitaus leistungsfähigstes Mittel zur Simulierung des wahren Tragverhaltens an. Zur Beobachtung, Messung und Beurteilung dieses Verhaltens wurde daher ein aus Acrylharz fest zusammengeklebtes, in allen Einzelheiten nachgebildetes Modell verwendet.

Unter den statischen Unsicherheiten, deren schlüssige Abklärung vom Modellversuch erwartet wurde, waren die Fragen nach der wirklichen Verteilung der Schalenverankerungskräfte auf die Wandscheiben und Umfassungswände sowie die Tragweise des «Querträgers» für die Bühnenturm-Verankerung die wichtigsten. Im Einzelnen wurden die folgenden Probleme angegangen:

- Grösse und Verteilung der Schalen-Verankerungskräfte in den Widerlagerscheiben und seitlichen Faltwänden.
- Membranspannungen in den «schlaffen» Zonen und die Biegebeanspruchung der dortigen Kragträger.
- Radialdrücke aus den Seitenwänden.
- Einleitung der Membrankräfte über den räumlichen «Querträger» zu den seitlichen Bühnenturmwänden.

Während die klassische «strain gauge»-Messtechnik zwar gute Auskunft über örtliche Materialbeanspruchungen gibt, die beispielweise ein Bild über den Spannungsverlauf von Krafteinleitungen in die Schale vermitteln, sagt das Verfahren kaum etwas über die so brennend interessierende Frage nach der integralen Beanspruchung, bzw. den Schnittkräften der Wandelemente aus.

Diese spezielle Problemstellung veranlasste das Laboratorium in Anbetracht der Schlüsselstellung, die dem Modellversuch zum Verständnis der Tragweise des Theaterdachs zukam, zur Entwicklung eines völlig neuartigen Versuchskonzepts. Dieses war Grundlage für die später systematisch ausgebaute allgemeine *Versuchsmethode der «geschlossenen Gleichgewichtssysteme»*. Diese wird anhand des Theater-Experiments in Kapitel 3.3 näher erläutert.

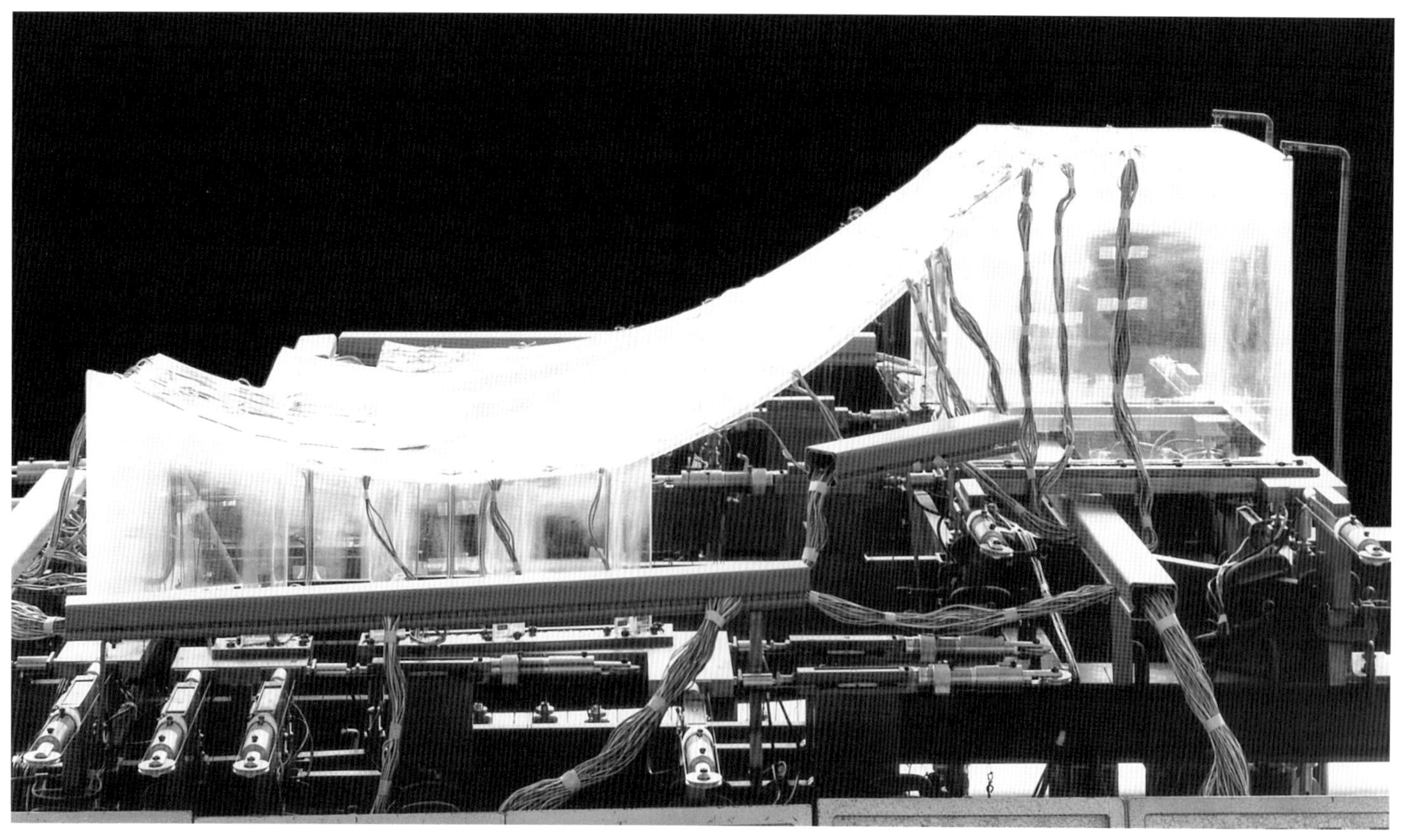

183 Das bis auf alle Einzelheiten nachgebildete Versuchsmodell 1:50 aus Akrylharz des gesamten Tragkörpers der Theaterkonstruktion mit Schalendach, Bühnenturm, Wandscheiben und seitlichen Faltwänden. – Nähere Erläuterungen siehe Kapitel 3.3.

184 Ansicht der Strassenfront des Stadttheaters.

186 Auskragende spitze Ecke des Foyer-Bodens.

185 Die Wendeltreppe als äusserer Aufgang zum Werkhof – eine willkommene Gelegenheit zum Experimentieren mit der Gestaltung von Freitreppen (vgl. auch Kap. 1.7 und 2.13).

187
Die auch als fester Distanzhalter zwischen Bühnenturm und gefalteter Rückwand wirkende seitliche Randversteifung der Schale.

188 Blick auf die Eingangsfassade des Theaters. Rechts vom berühmten Fasnachts-Brunnen des Bildhauers Jean Tinguely ist noch ein Stück der diesen umfassenden, hyperbolisch-parabolischen, verspielt aus gewöhnlichen gekrümmten Armierungseisen zusammengefügten Pergola-Dachkonstruktion sichtbar.

189
Die gefaltete Rückwand mit Blick gegen den Bühnenturm.

Links blickt man die auf die gekrümmte Oberseite des seitlichen Aussteifungsträgers von Abb. 187.

1.13 Überdachung zweier Zollstationen in Basel

Architekt: G. Panozzo
Bauherr: Direktion eidgenössischer Bauten
Baujahr: 1976–78

Regelfaltwerke als Biege- und Torsionsträger
geschweisste und geschraubte Stahlblechkonstruktion
industrielle Vorfertigung

Im Rahmen der Erneuerung zweier Zollstationen an den Basler Landesgrenzen sollten auch die Strassenkontrollstellen der Grenzübergänge überdacht werden. Um durch die Bauarbeiten den flüssigen Grenzverkehr nicht zu stören, wurde für die Konstruktion beider Schutzdächer eine superleichte, rasch montierbare Blechbauweise gewählt.

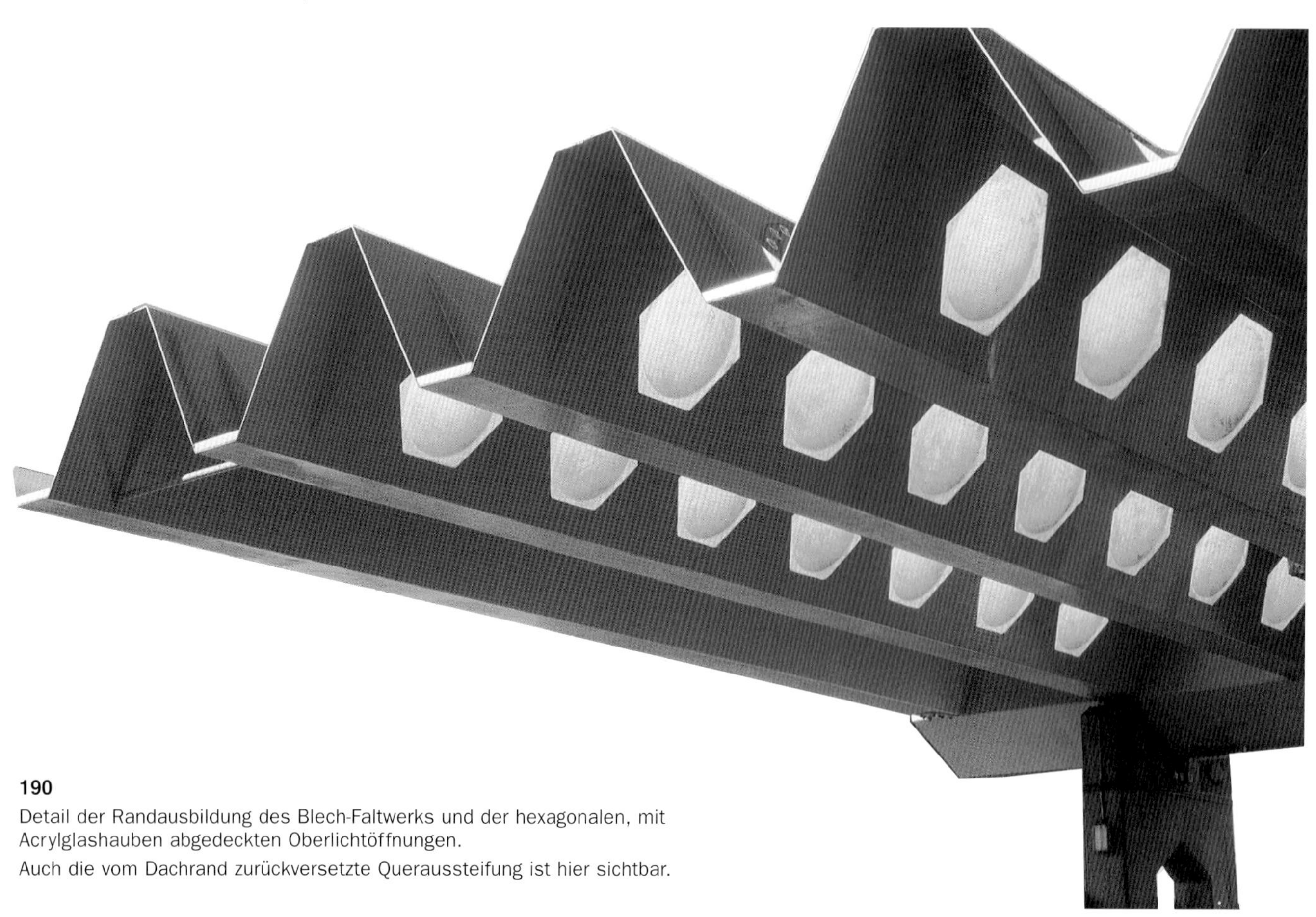

190
Detail der Randausbildung des Blech-Faltwerks und der hexagonalen, mit Acrylglashauben abgedeckten Oberlichtöffnungen.
Auch die vom Dachrand zurückversetzte Queraussteifung ist hier sichtbar.

Die Dachkonstruktion

Die tragenden Überdachungen beider Zollstationen wurden im Hinblick auf ihre vergleichbare maximale Biegebeanspruchung als lineare Faltwerkskonstruktionen mit identischem Querschnitt ausgebildet. Ihre wellenförmigen Elemente sind aus 6 mm dünnen, unter Winkeln von 60° abgekanteten Stahlblechen zusammengeschweisst. Es erwies sich dann auch als konstruktiv sinnvoll, das sich oft wiederholende Winkelmass als formales Regulativ auf die Gestaltung der übrigen Konstruktionselemente der Tragwerke anzuwenden. Es taucht deshalb auch als Teilungseinheit in der Geometrie der hexagonalen Oberlichtaussparungen, im Querschnitt des nachstehend beschriebenen Torsionsträgers und in der Gestalt von dessen Stahlbeton-Tragpfeilern wieder auf.

Das Sonderproblem des einseitigen Kragdachs

Bei der Zollstation vor Lörrach konnte die 8 x 12 m grosse Überdachung – im Unterschied zu derjenigen des Grenzübergangs bei Hüningen, die beidseitig durchgehend aufgelagert ist – aus verkehrstechnischen Gründen nur an zwei einseitigen Eckpunkten abgestützt werden. Hier wurde das Faltwerk deshalb einseitig fest in einen voluminösen, sechseckigen und ebenfalls aus abgekantetem Blech zusammengeschweissten Hohlkastenträger eingespannt, der dank seiner hohen Torsionssteifigkeit das grosse Kragmoment der exzentrischen Dachlast praktisch verformungslos auf die beiden Endabstützungen überleitet.

Die statische Wirkungsweise dieser Stützpfeiler ist in ihrer Form deutlich ablesbar. Um das einseitig überhängende Gewicht des Dachs standfest in die Fundamente zu leiten, sind sie – dem Kräftepaar des Kragmoments entsprechend – in je eine Druck- und eine Zugsäule aufgespaltet, die zur Erhöhung der Widerstandsfähigkeit gegen Horizontalkräfte an ihren Köpfen gegenseitig verbunden sind.

Der hexagonale Torsionsträger ist nur durch ein Paar unscheinbarer Metallzapfen auf den Pfeilern gelagert und «schwebt» daher, dem Prinzip einer sauberen Materialtrennung folgend, anscheinend berührungslos über seinem Betonbett (vgl. Kap. 2.2).

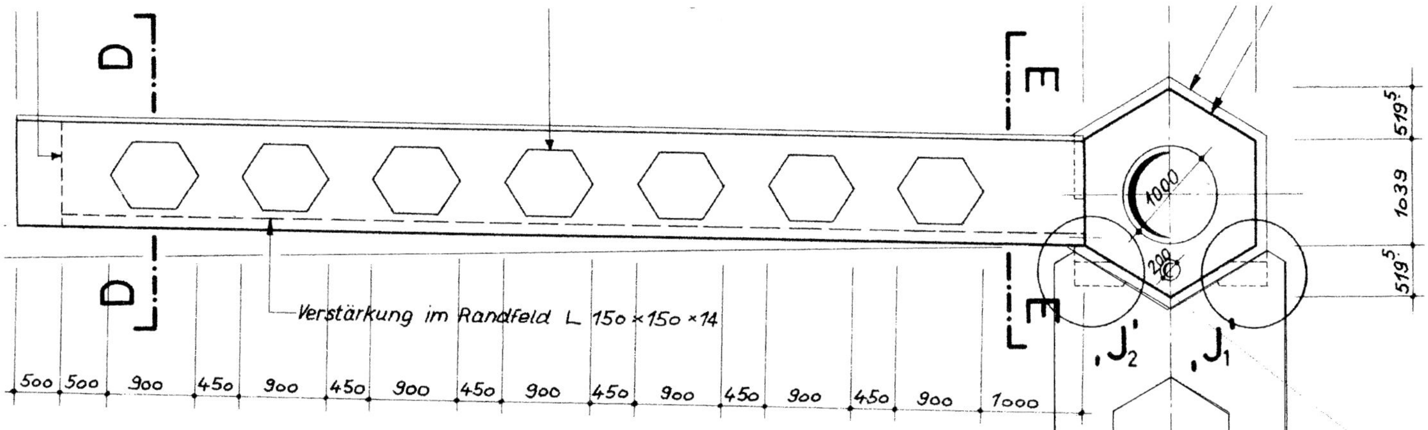

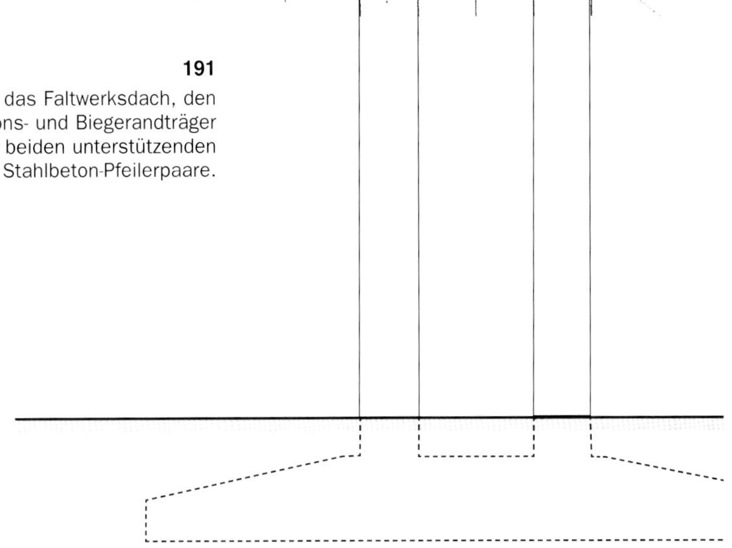

191
Gesamtschnitt durch das Faltwerksdach, den hexagonalen Torsions- und Biegerandträger und eines der beiden unterstützenden Stahlbeton-Pfeilerpaare.

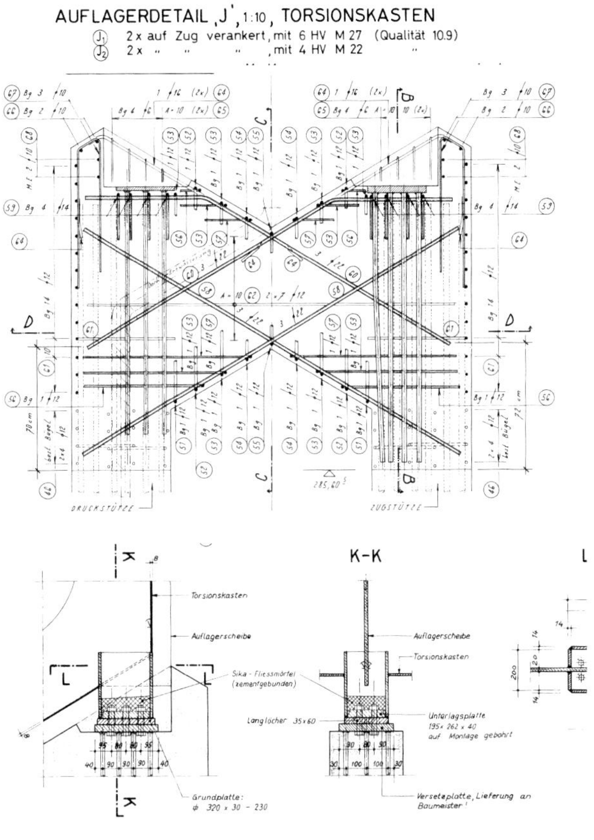

192
Gekreuzte Schubverbund-Bewehrung im gemeinsamen Kopf des spiegelsymmetrischen Säulenpaars und Armierung der rechts stark auf Zug beanspruchten, an den Auflagerplatten für den Torsionsträger angeschweissten Säulenarmierung.
Rechts unten: Detail der an den Platten angeschraubten Auflagerfüsse des Torsionskastens.

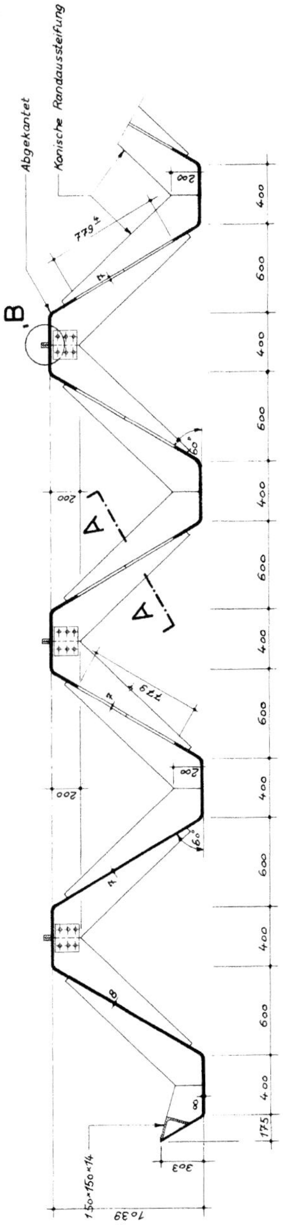

193
Schnitt durch das gewellte Blechfaltwerk.
Es ist aus V-förmigen Elementen zusammengesetzt, die jeweils an ihren Quer-Randaussteifungen biegesteif gegeneinander verschraubt sind.

194 Das einseitig auskragende, nur an zwei Ecken aufgelagerte Faltwerksdach der Zollstation Grenze Basel/Lörrach mit seinem sechskantigen, an Pfeilerpaaren gegen Torsion eingespannten Randträger.

195
Mit dem konstruktiv gleichen Faltwerkskonzept ausgeführte, aber beidseitig aufgelagerte Überdachung der Zollstation Basel/Hüningen.

1.14 Festsaal der Basler Messe

Architekten: Architektengemeinschaft MUBA
Ausführende Architekten: Beck und Baur, W. Wurster, Basel
Bauherr: Basler Mustermesse, Basel
Baujahr: 1978–80

begehbare räumliche Fachwerkträger
geschweisste Stahlblechkonstruktion
industrielle Vorfertigung

Der grosse Festsaal liegt im Obergeschoss des alten Hauptgebäudes der Basler Mustermesse (heute: Messe Basel) und entstand durch Umbau der inneren Bausubstanz.

In Voraussicht des sich ankündigenden Medienzeitalters wurde die neue Dachkonstruktion so gestaltet, dass sie gleichzeitig auch begehbares Gerüst ist für die räumlich unbehinderte Installation und Bedienung aller erdenklicher audio-visueller Anlagen.

Zu erwähnen bleibt, dass Architekten und Ingenieur die Lösung der Dachkonstruktion hier – vor mehr als zwei Jahrzehnten – erstmals weitgehend gemeinsam per Computer-Bildschirm erarbeiteten. Mit Hilfe der ersten im Laboratorium entwickelten CAD-Programme (vgl. Kapitel 4) konnten sich die Planungspartner ihre Entwurfsideen durch Dialog über Modifikationen an einem virtuellen 3D-Modell gegenseitig übermitteln.

196 Blick in den Festsaal. Leicht erkennbar sind fünf der sechs V-Träger mit ihren breiten, begehbaren Untergurten. Die Querverbindung dient gleichzeitig auch als Beleuchtungsbrücke.

Das Tragwerkskonzept der Mehrzweckkonstruktion

Der Schlüssel zur Lösung der Aufgabe lag im Entwurf eines räumlichen, auf seinem Untergurt frei begeh- und belastbaren Fachwerk-Dachbinders:

Statt der üblicherweise in der Vertikalebene angeordneten Fachwerkdiagonalen wurden diese, verteilt auf zwei V-förmig aufgespaltene Ebenen, beidseits an einem breiten gemeinsamen Untergurt angeschweisst. Zusammen mit der horizontalen Ausfachung zwischen den zwei seitlichen Obergurten entsteht gesamthaft ein geschlossenes räumliches Gitterwerk von grosser Torsionssteifigkeit zur Aufnahme von exzentrischen Belastungen. Aus der Anordnung im doppelten Abstand ihrer Konstruktionsbreite ergeben sich zudem auch minime Spannweiten für die Dachpfetten. Zur Stabilisierung des geschlossenen, durch die seitliche Anordnung der Diagonalen am Laufsteg bei aussermittiger Belastung aber auf Querbiegung beanspruchten Fachwerkkörpers – sein Querschnitt hat vier statt der statisch idealen drei Eckpunkte – wurde der Untergurt auch selbst als torsionssteifer Hohlkasten ausgebildet. In formaler Ergänzung dazu wurden dann auch die Obergurte zu konstruktiv sinnvollen Hohlprofilen zusammengeschweisst.

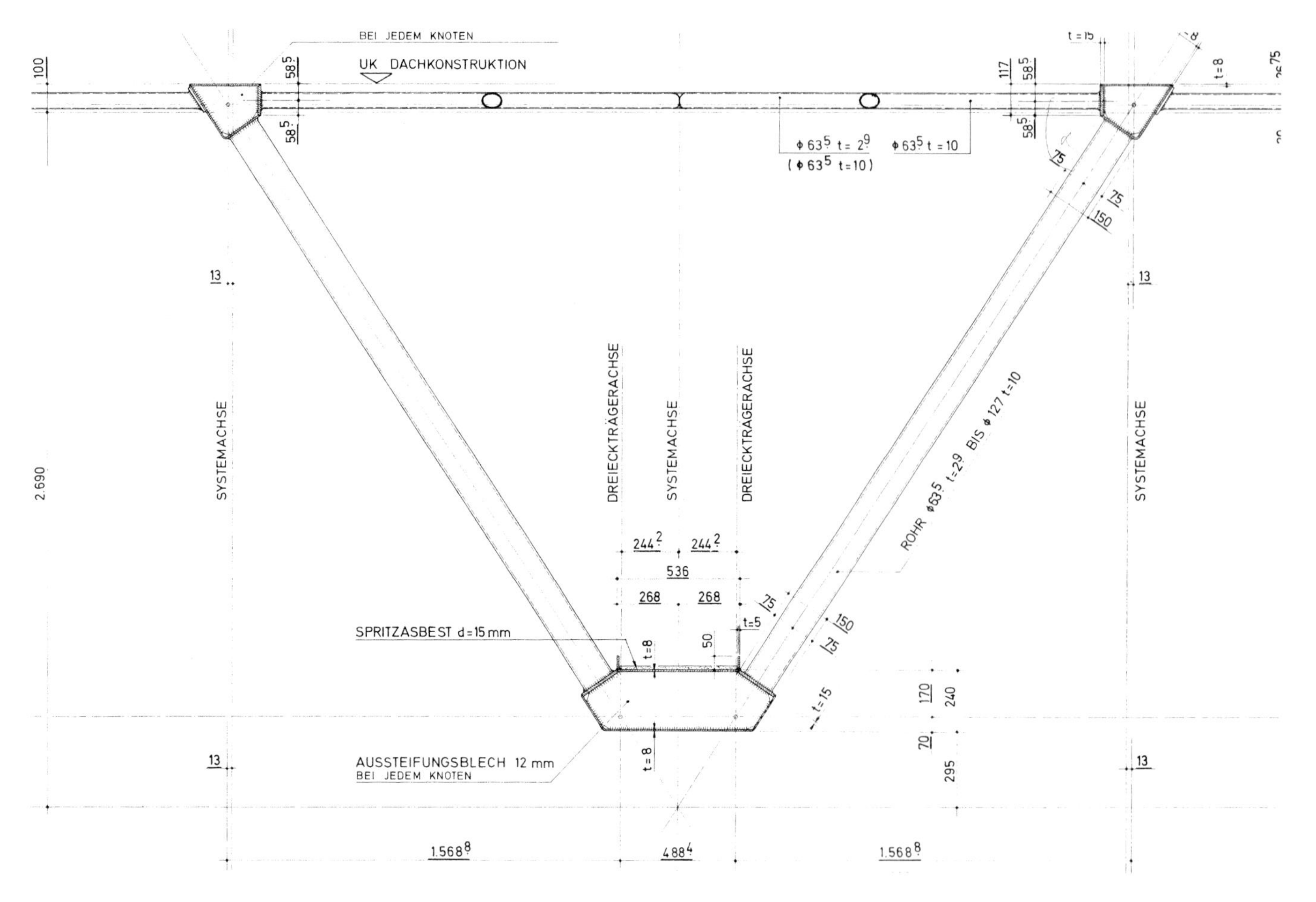

197 Schnitt durch das V-förmige, räumlich geschlossene Stahlfachwerk mit seinem als torsionssteifem Hohlkasten ausgebildeten Untergurt.

198
V-Träger während der Montage mit Draufsicht auf den als «Laufsteg» ausgebildeten gemeinsamen Untergurt der beiden seitlich aufgespreizten Fachwerke.

199, 200, 201

Erste Anwendungsbeispiele eines sich damals im Laboratorium in Entwickung befindlichen CAD-Programms (s. Kapitel 4).

Die projektiven Darstellungen eines einfachen Computermodells (einem so genannten «Drahtmodell») der Dachkonstruktion dienten schon 1978 der Verständigung zwischen Ingenieur und Architekt bei der gemeinsamen Entwurfsarbeit.

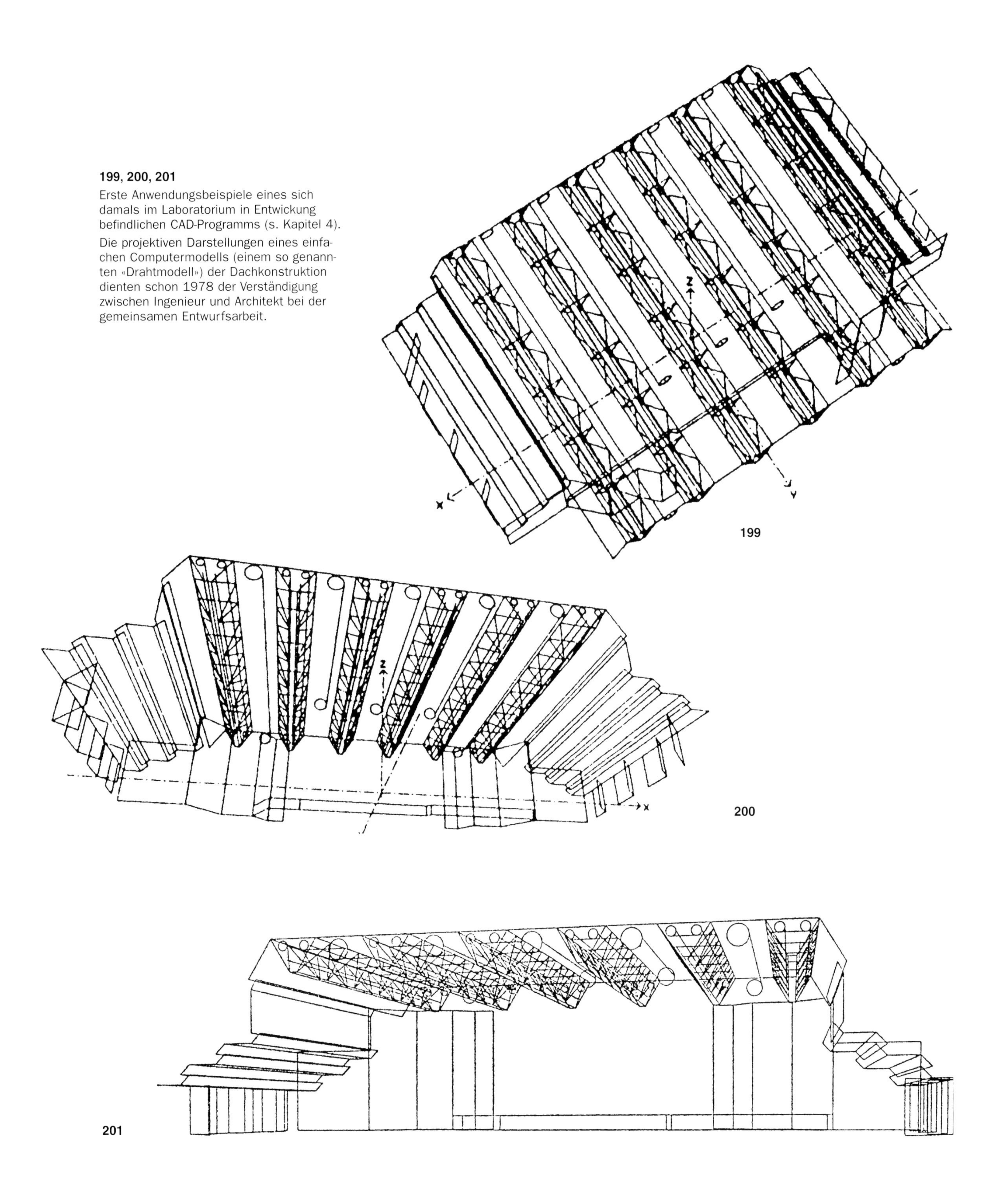

199

200

201

2

Formale und materialgerechte Umsetzung statischer Konzepte

Dieses Kapitel befasst sich mit der Frage der Gestaltung von Tragkonstruktionen einschliesslich ihrer Funktion als architektonisches Ausdrucksmittel.

Die Betrachtungen bemühen sich, die rationalen und irrationalen Kriterien der Formfindung kritisch auseinander zu halten und den letztlich intuitiven Charakter auch des ingenieurmässigen Entwurfsdenkens aufzuzeigen.

Die aufgeführten Bauten und Projektideen dienen als Illustration der hier thematisierten Gesichtspunkte des konstruktiven Entwurfs.

Bauwerke sind Artefakte, deren Sinn und Zweck sich in ihrer körperhaften geometrischen Form widerspiegelt: Das bauliche Gebilde markiert die Freiräume für seine menschliche Nutzung, sein inneres stoffliches Gefüge widersteht der physischen Gebrauchsbeanspruchung und seine Oberfläche ist Träger der Merkmale seiner visuell wahrnehmbaren ästhetischen Qualitäten.

Die drei Aspekte, die sich nach dieser Feststellung auch in ihrer topologischen Zuordnung unterscheiden: der nutzbare *Aussenraum*, der materieerfüllte *Innenraum* und deren gemeinsame *Trennfläche*, decken sich völlig mit den Kriterien der berühmten Trilogie von «utilitas», «firmitas» und «venustas», mit der Vitruv vor 2000 Jahren das Wesen der Baukunst charakterisierte. Die dort postulierte Unteilbarkeit dieser architektonischen Gesichtspunkte ergibt sich aus ihrem gegenseitigen topologischen Zusammenhang von selbst: *Jede Gestaltänderung modifiziert unvermeidlich die Eigenschaften des baulichen Gebildes aus der Warte aller drei Blickwinkel.* Die Suche nach der zur *integralen* Erfüllung der drei Kriterien optimalen Form ist demnach die Kernaufgabe jedes baulichen Entwurfs.

Im Quervergleich frappiert die intellektuelle Wesensverschiedenheit des teils rationalen, teils irrationalen Charakters der hier angesprochenen Wissens- und Erfahrungsgebiete:

«utilitas» bezieht sich auf die Verhaltensweisen des Menschen bei der Raumnutzung und hat daher mit Humanwissenschaften wie Psychologie und Soziologie zu tun.

«firmitas» bezieht sich auf das Verhalten der physisch beanspruchten Materie und ist ein Problemfeld der Ingenieur- und der exakten Naturwissenschaften.

«venustas» spricht die emotional bedingte Schönheitswahrnehmung des Individuums und damit die irrationale Sinnlichkeit der Kunst an.

Im Folgenden soll der mentale Vorgang der Formfindung unter Berücksichtigung seiner engen Verflochtenheit mit den übrigen Komponenten dieser Trilogie aus dem Blickwinkel von «firmitas», d.h. dem Aspekt der Festigkeit der tragenden Konstruktion in der Architektur, beleuchtet werden.

Kontext der baukonstruktiven Formsuche

Wenn auch die Gestalt eines Bauwerks vorwiegend Ausdruck seiner Tragfunktion sein kann, so ist «firmitas» dennoch nie der Beweggrund für seine Errichtung. Auch die Form der herrlichen Golden-Gate-Bridge – ein Wahrzeichen technischen Pioniergeistes – erfüllt in erster Linie ihre ganz pragmatische Nutzungsfunktion: die bequeme Verkehrsführung über ein topographisches Hindernis. Und ihre Attraktion verdankt sie nicht allein der von jedermann nachempfindbaren Kühnheit der Tragkonstruktion, sondern ebenso sehr ihrer harmonischen Einbettung in das spektakuläre Landschaftsbild.

Weit vielschichtiger als im Brückenbau, wo «firmitas» immerhin das dominant Gestalt bestimmende Kriterium ist, haben im Hochbau nicht nur die übrigen Vitruv'schen Gesichtspunkte ein relativ höheres Gewicht, sondern werden darüber hinaus noch

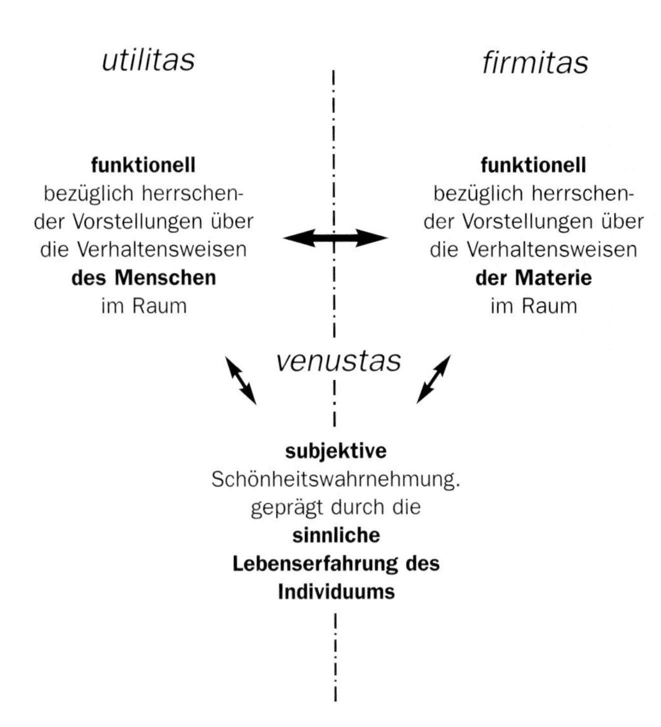

202 Die drei zeitlosen Kriterien architektonischen Bauschaffens nach heutiger Terminologie: *Nutzungswert, Bautechnik* und *Ästhetik*.

durch die Formansprüche zusätzlicher *physikalischer* Randbedingungen diversifiziert. Dazu zählen Fragen wie die der natürlichen und künstlichen Lichtführung, der Raumakustik, der Schall- und Wärmedämmung, der Klimatisierung etc. Nicht zuletzt ist die Wahl der ebenfalls formrelevanten Baustoffe und deren Verarbeitungs- und rationelle konstruktionstechnische Verwendungsweise von grosser, oft entscheidender Bedeutung.

In der Aufgabe, dieser bunten Palette ideeller, physikalischer und wirtschaftlicher Anforderungen mit einem einheitlichen, funktionskonform gestalteten und gleichzeitig ungezwungen tragenden Baugefüge zu genügen, lässt sich die Herausforderung an den Bauschaffenden zusammenfassen. Gelingt ihm die Integration von Funktionalität, Wirtschaftlichkeit und Ästhetik in einem Guss, so ist dies sein schönstes Erfolgserlebnis.

Schon an dieser Stelle sei der oft geäusserten Auffassung der Unvereinbarkeit von Wirtschaftlichkeit und Schönheit der Konstruktion entgegengetreten. Sparzwang ist im Gegenteil oft sogar willkommener Ansporn zur Suche nach der – im Rahmen der sonstigen Randbedingungen – wirkungsvollsten räumlichen Form zur Kraftableitung der äusseren Belastungen und zur ausgeglichenen Ausschöpfung der Festigkeiten der verwendeten Baustoffe. Dieses Bestreben lässt die Konstruktionsform erfahrungsgemäss oft ganz von selbst zu einem auch ästhetisch überzeugenden Gebilde konvergieren. – Teuer ist «Schönheit» nur dann, wenn sie durch effekthascherische Entfremdung der natürliche Tragform erkauft oder nachträglich an die Konstruktion angepappt wird.

2.1.1 Kriterien der Formsuche

Die Suche nach der optimalen Konstruktionsform kann als intellektueller Vorgang angesehen werden, der sich auf drei *Denkebenen* abspielt, in denen das Formfindungsproblem aus ganz unterschiedlichen Standpunkten angegangen wird (Abb. 203):

1. Ebene: Die konzeptionelle Gestaltung
Suche nach der globalen räumlichen Gestalt der Tragkonstruktion aus der Sicht ihrer (Teil-)Funktion innerhalb einer umfassenden (architektonischen) Bauaufgabe in dialektischer Auseinandersetzung zwischen Formkriterien aus «utilitas» und «firmitas».
(Kritische Gegenüberstellung von Propositionen aus der Vorstellungswelt der Entwerfenden.)

2. Ebene: Die konstruktive Formgebung
Nach Festlegung der im Tragwerk zu berücksichtigenden äusseren Beanspruchungen: Verdichtung und Strukturierung des globalen Formkonzepts zu geometrisch definierten, baustofflich konkretisierten und somit analytisch beschreibbaren Tragelementen.
(Bemühung um das rationale, naturwissenschaftlich begründete Verständnis des Tragverhaltens und der quantitativen «Bemessung» seiner Elemente.)

3. Ebene: Detailgestaltung
Konstruktive und formale Durchbildung der Bauteile und deren Verbindungen.
(Skulpturelle Umsetzung des Einfühlungsvermögens in das lokale Festigkeitsverhalten der beanspruchten Materialien und deren Herstellungs- und Bearbeitungsweise in eine kohärente Formensprache.)

Zum mentalen *Prozess* des Entwerfens als solchem und zur Rolle, die «venustas» bei der Gestaltung der Konstruktion spielt, siehe S. 131 ff. und S. 139.

Das Postulat der Festigkeit der Konstruktion ist das einzige architektonische Kriterium, dessen formale Entsprechung nicht dem freien menschlichen Ermessen überlassen, sondern nur unter Respektierung der unbestechlichen Naturgesetze der Statik auffindbar ist. Dies bedeutet aber keineswegs, dass umgekehrt die optimale Form von Tragwerken durch diese Gesetzmässigkeiten auch determiniert, geschweige denn «vorausberechenbar» ist. Unbegrenzt viele Spielarten konstruktiver Formen erfüllen die Grundbedingung ihrer physischen Realisierbarkeit. Die daraus zur Projektlösung erhobene *Auswahl* bleibt deshalb letztlich eine Ermessensfrage.

Aber auch unter den auf der ersten Ebene grundsätzlich als tragfähig «beurteilten» Konstruktionsformen ist trotz aller hochentwickelter Festigkeitstheorien der Nachweis ihres sicheren Verhaltens auf der zweiten Ebene nicht immer so selbstverständlich durchführbar, wie dies gemeinhin angenommen wird. Naturgesetzlichkeit bedeutet nicht automatisch auch ihre praktische Anwendbarkeit. – Diese *Unschärfe* unserer Beurteilungsfähigkeit von oft ganz trivial scheinenden physikalischen Phänomenen wird in den folgenden Betrachtungen immer wieder hervorgehoben.

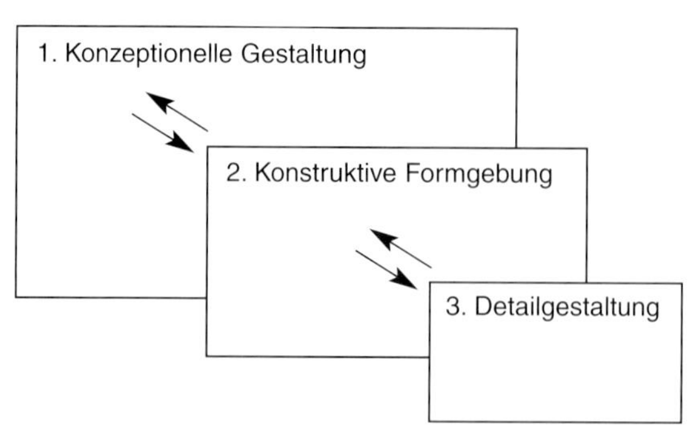

203 Die Hierarchie der drei Denkebenen der konstruktiven Formsuche.

Wege der konstruktiven Formfindung

Jede Bauaufgabe besteht in der Umsetzung menschlicher Anliegen in zweckdienliche stoffliche Gebilde. Wenn auch der Art und Weise der Suche nach der Form dieser Gefüge keine Grenzen gesetzt sind, so haben doch alle Wege einen gemeinsamen Ausgangspunkt: Die Vorstellungswelt des Entwerfenden als Quelle assoziativer Lösungspropositionen, die, wenn sie die Konstruktion als tragendes Gebilde betreffen, rational auf ihre Tauglichkeit überprüft werden müssen. Einige solcher Bezugsvorstellungen seien hier mit kritischen Anmerkungen zu ihrer logischen Brauchbarkeit aufgeführt:

Organische Analogien
Eine besonders nahe liegende Quelle gestalterischer Inspiration ist die Formenvielfalt der Pflanzen- und Tierwelt. Die Gestalt lebender *Organismen* hat mit derjenigen von Baukonstruktionen zwar gemeinsam, dass sie notwendigerweise immer eine statisch mögliche Formenspielart darstellt. Sie unterscheidet sich von ihnen aber insofern grundlegend, als sie hinsichtlich ihrer «utilitas» ganz andere formbestimmende (physiologische) Funktionen erfüllt und dabei auch ganz andersartigen Belastungen ausgesetzt ist. Ausserdem ist die organische Form deutlich von durchlaufenen Phasen ihrer biologischen Genese mitgeprägt.

Daher ist es beispielsweise Unsinn, die Dachfläche einer Halle auf verästelte «Baumkronen» eines als «Wald» empfundenen Abstützungssystems zu lagern. Äste und Zweige werden ja zu den Spitzen hin deshalb immer dünner, weil sie dort nichts mehr zu tragen haben. So sehr man sich über die Schönheit organischer Formen und deren Sinn auch freuen kann: als Vorbilder für den Bauentwurf sind sie fast ausnahmslos untauglich.

Anorganische, mechanische Analogien
Weit nützlicher sind Gestaltungsvorbilder physikalischer Phänomene der toten Materie, deren Erscheinungsformen aus dem Blickwinkel der Festigkeit erklärbar sind. Diese Art von Naturerscheinungen lässt sich auch im Experiment nachvollziehen und mit naturgesetzlichen Theorien in Beziehung bringen.

Ein Beispiel hierzu ist der simple, unbenetzend auf seiner Unterlage liegende Flüssigkeitstropfen (Abb. 204). Seine Form ist eindeutig durch seine Grösse und die (immer konstante) Oberflächenspannung der betreffenden Flüssigkeit bestimmt. Da die Kohäsion zwischen den Oberflächenmolekülen die Flüssigkeit wie eine unsichtbare Haut umspannt, kann deren Wirkungsweise im Grossen durch Anwendung einer wirklichen (Blech- oder Kunststoff-)Haut simuliert werden, die dann ihrerseits tangential allseitig gleich auf Zug beansprucht ist. Diese Idealform, die sich sich mit der Membrantheorie auch rechnerisch ermitteln lässt (Abb. 205), bietet sich als Vorlage zum Bau ultraleichter Behälter an.

Verwandt mit dieser Tropfenanalogie sind auch die in Abb. 206 beschriebenen Modellversuche zur Ermittlung der «Idealform» ausschliesslich auf Druck beanspruchter Staumauern.

Aber auch diese wissenschaftlichen Analogien liefern zur Formfindung nicht mehr als unverbindliche Denkanstösse, denn ihre idealen Spannungszustände treffen nie für das ganze Spektrum der Gebrauchsbelastungen des Prototyps zu – in den angeführten Beispielen nur bei totaler Wasserfüllung. Die Behältnisse können ja auch leer oder teilweise gefüllt sein und dann ganz andersartigen, oft ungünstigeren Beanspruchungen unterliegen.

Typologie der Tragwerke

Im Laufe der Entwicklung der angewandten Festigkeitslehre hat sich ganz von selbst eine Klassifizierung der Tragwerkstypen in Stützen, Fachwerke, Balken, Rahmen, Scheiben, Platten, Schalen, Faltwerke, Seile, Netzwerke, Membrane etc. ergeben. Diese unterscheiden sich für den Ingenieur vor allem in der Art der vereinfachenden Idealisierungen, die ihren Berechnungstheorien zugrunde liegen (vgl. Kap. 3.2). Dennoch ist es für den routinierten Statiker naheliegend, diese Standardtypen auch als *Morphologie* der Tragwerks*formen* zu betrachten und sich bei der Lösungssuche für eine spezifische Bauaufgabe auf dieses erprobte Arsenal gebrauchsfertig durchstudierter (heutzutage mit Computerprogrammen auch spielend leicht berechenbarer) Traggebilde abzustützen.

Allgemein gebräuchliche Ingenieurtheorien entstehen aber immer erst post festum, d.h. zum Zweck der formalisierten Behandlung *bereits erfundener* und in ihrer praktischen Anwendung bewährter Konstruktionsweisen. Die denkbare konstruktive Formenwelt erschöpft sich aber bei weitem nicht mit den «berechenbaren» Tragwerksformen. Bei der unvoreingenommenen Suche nach einer kreativen Formlösung ist daher ein leeres Blatt Papier der bessere Berater als der Seitenblick auf die zufällige und limitierte Sammlung von Tragwerkstypen (vgl. Kap 2.2).

Vergleichbar mit dem unausrottbaren Aberglauben an das «perpetuum mobile», tut sich die menschliche Eitelkeit schwer damit, die erkenntnislogische Unmöglichkeit der deduktiven statischen Formfindung wahrzuhaben. Unbelehrbare Optimisten klammern sich gerne an den Strohhalm der Seillinien-Analogie als berühmtes Bestimmungsmittel idealer Gewölbeformen. Die anschliessende Betrachtung setzt sich deshalb am Beispiel dieser Konstruktionsform mit den Grenzen der logischen In-Beziehung-Setzung von Gestalt und Festigkeit auseinander. Es wird sich dabei nicht nur erweisen, dass optimale Tragwerksformen analytisch unbestimmbar sind, sondern sogar je nach theoretischer Betrachtungsweise ganz unterschiedlichen rational-statischen Formkriterien unterliegen können.

204 Der Wassertropfen auf unbenetzter Unterlage als Vorbild. Seine Oberflächenspannung wirkt statisch als Haut mit allseitiger, konstanter Zugspannung [8].

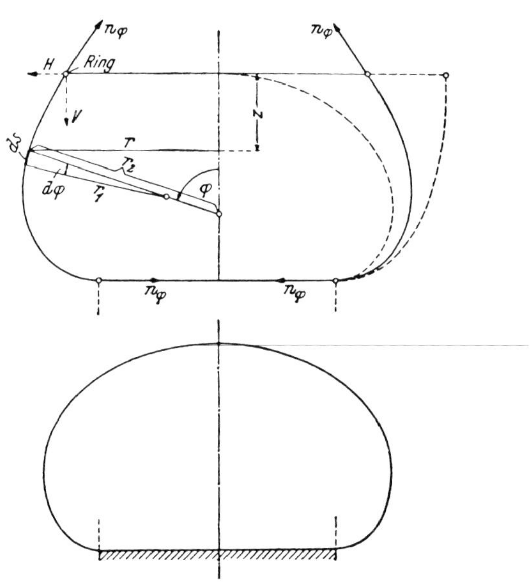

205 Die Tropfenform kann nach der Membrantheorie berechnet werden und wird bei der Konstruktion grosser, aus dünnem Blech hergestellter Flüssigkeitstanks angewendet [6].

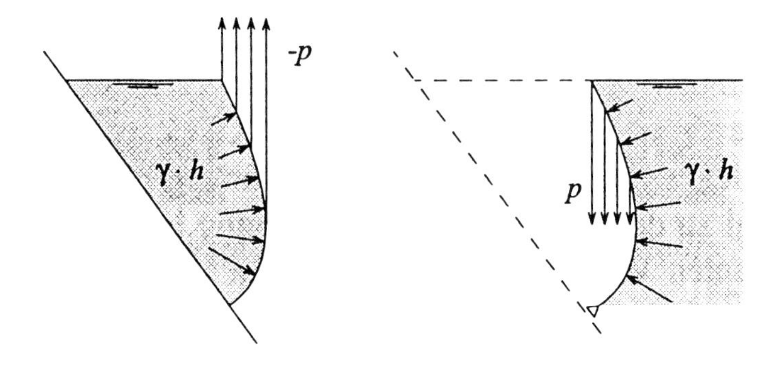

206 Modellversuch zur Formbestimmung einer ausschliesslich auf Druck beanspruchten Staumauer [11].

Links: Ein am Rand wie im wirklichen Gelände befestigter Sack wird mit Wasser hinterfüllt und dem Eigengewicht entsprechend von Lasten nach oben gezogen. Die entstehende Flächenform wird vermessen.

Rechts: Die Umkehrwirkung der Kräfte auf die in Wirklickeit druckbeanspruchte Staumauer.

Über das Tragverhalten von Gewölben

Gewölbe sind flächenhaft ausgedehnte, zwischen ihren äusseren Rändern freitragende, nach oben aufgebogene Gebilde von meist variabler Dicke. Sind diese nur *einfach gekrümmt* und ausschliesslich an ihren unteren Aussenrändern abgestützt, bezeichnet man sie als *Bogen*. Setzen sich die Gebilde aus räumlich gekrümmten, im Grundriss radialsymmetrisch angeordneten Sektor-Elementen zusammen, spricht man von *Kuppeln*. Diese sind an ihren freien Rändern kontinuierlich oder auf Einzelpunkten gelagert. Daneben lassen sich noch beliebig viele Spielarten unregelmässiger Gewölbeformen denken.

Bei Verwendung vorwiegend auf *Druck* beanspruchbarer Baustoffe sind Gewölbe die leistungsfähigste Konstruktionsform zur Überbrückung grosser Spannweiten. Da in den älteren Kulturen Ziegel- oder behauene Natursteine die einzigen, für grosse Spannweiten geeigneten Baustoffe waren, soll auch hier zunächst vom Festigkeitsverhalten dieser Bauweise ausgegangen werden.

Massgebend für die Stabilität jedes Mauerwerks, ob komplexes räumliches Gewölbe oder nur einfache Tragwand, ist die *Exzentrizität* der Resultierenden der örtlich auf sie einwirkenden Belastung gegenüber der Mauerachse. Die je nach Grösse dieser Aussermittigkeit auftretenden Gefahren für die Tragsicherheit des Gefüges, die zweifellos den Baumeistern aller Zeiten bewusst waren, sind in Abb. 207 dargestellt. Während sich die Exzentrizitäten bei freistehenden senkrechten Mauern seit Aristoteles mit dem Hebelgesetz vorausberechnen lassen, entzieht sich die Bestimmung von Lage und Richtung des auf den gekrümmten, auch in horizontaler Richtung abgestützten Gewölbequerschnitt wirkenden räumlichen Kraftflusses, der so genannten *Stützlinie*, einfachen Gleichgewichtsüberlegungen.

Die invertierte Seillinie als Analogie zur idealen Bogenform

Die grossen Entdeckungen des 16. Jahrhunderts mechanischer Gesetzmässigkeiten und der damit eng verknüpften Erfindung der Infinitesimalrechnung bedeuteten auch für die mathematische Erfassbarkeit von Phänomenen der Statik und Festigkeitslehre einen Quantensprung. So gelang es in jener Zeit auch verschiedenen Mathematikern, die Durchhangkurve eines flexiblen, einzig durch sein Eigengewicht belasteten Seils mit der als «Kettenlinie» bezeichneten analytischen Funktion exakt zu beschreiben.

Es bedurfte dann noch des Gedankensprungs, das Spiegelbild dieser Kurve als Form eines ideal zentrisch druckbeanspruchten Bogens auszudeuten. Nachweislich hat Stirling diese durch einfache Umkehrung des Vorzeichens der als gerichtete Vektoren aufgefassten inneren Seilkräfte zustande kommende Beziehung zwischen Seillinie und Stützlinie in seinen Gleichgewichtsüberlegungen an bogenförmig aufeinander getürmten Gewichtskugeln dargestellt (s. Abb. 208).

Hypothese 1: Die Kuppel als Bogentragwerk

Anlässlich seiner Untersuchung über die Tragsicherheit des Petersdoms, die er Mitte des 18. Jahrhunderts im Auftrag von Papst Benedikt XIV. durchführte, setzte sich Giovanni Poleni erstmals mit der Frage auseinander, inwieweit sich das Seilmodell, das ja nur eine strenge Analogie zum *einfach gekrümmten, ausserdem durch gleichmässige Eigengewichtsverteilung belasteten Bogen* darstellt, auch zur Simulation der räumlichen Tragweise von Kuppeln anwenden lässt. Er dachte sich zu diesem Zweck die Kuppel durch zentrale Vertikalschnitte wie einen Gugelhopf in 50 unabhängige Segmentkörper zerteilt und betrachtete dann jedes Paar

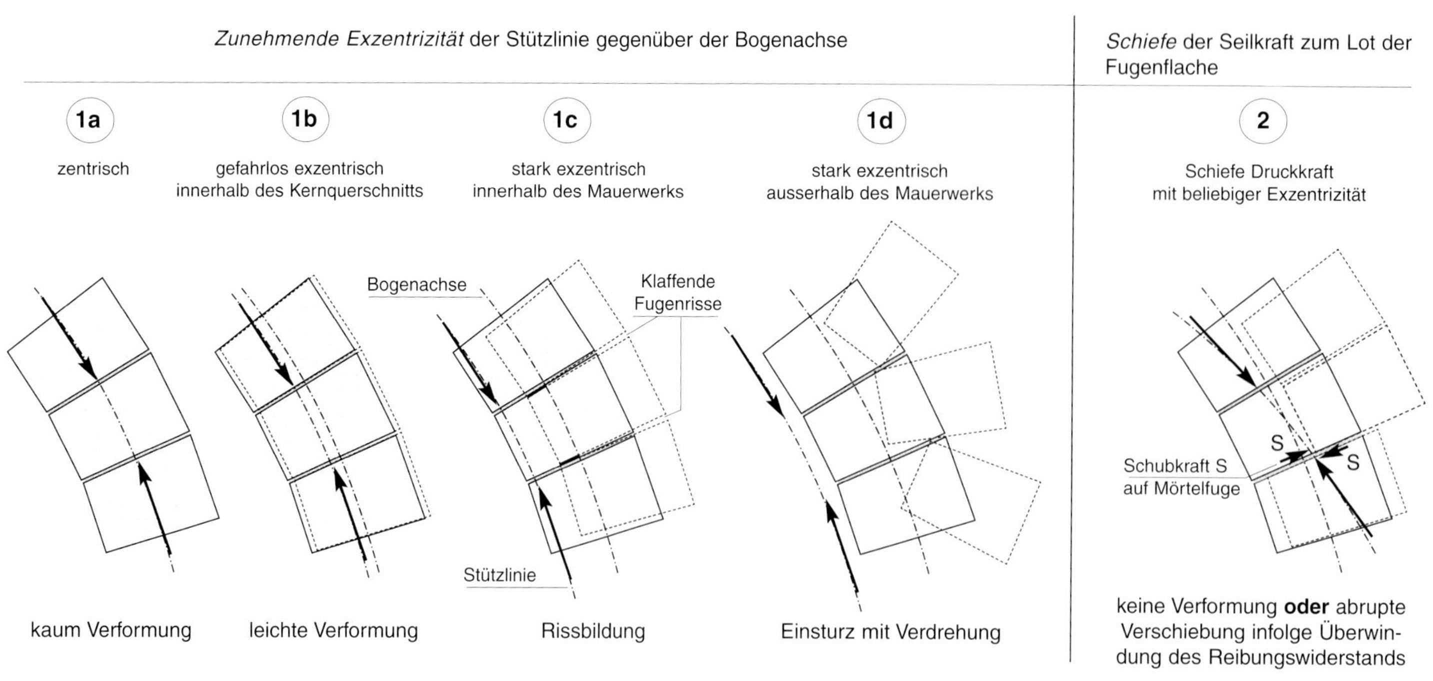

207 Mögliche Beanspruchungsweisen des Bogens und deren Auswirkungen auf das Tragverhalten des Mauerwerks. Die Beanspruchungsarten des Typs 1 und 2 können je nach dessen Belastungsweise in jedem Tragwerk in beliebiger Kombination auftreten.

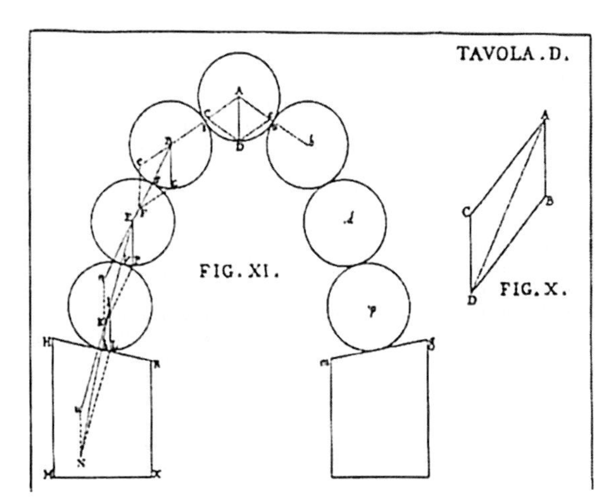

208 Stirlings Verwendung des Kräfteparallelogramms zur Bestimmung der Stützlinie des Gewölbebogens als Spiegelbild der Durchhanglinie des belasteten Seils [15].

209

Giovanni Polenis experimentelle Ermittlung der Stützlinie der Kuppel des Petersdoms in Rom (1748) [15].

A. Querschnitt durch die Kuppelkonstruktion mit ihrer gleichmässigen Unterteilung in (halbseitig) 16 Elemente von unterschiedlichem Gewicht.

B. Experimentelle Überprüfung der analytischen «Kettenlinien»-Funktion.

C. Modell zur Ermittlung der realen Stützlinie: Die der Last eines Sektors der Kuppel entsprechenden 16 Elementgewichte sind an einer 16-gliedrigen Kette aufgehängt, die so die gesuchte Stützlinienform annimmt.

D. Die fünf Stellen, wo die Kuppel durch eiserne Ringe verstärkt wurde. Ein sechster Ring wurde um den Fuss des Tambours gelegt.

der sich gegenüber liegenden «Schnitze» als eigenständige Bögen. Sind diese für sich allein stabil, muss auch die Kuppel als Ganzes im Gleichgewicht sein, war seine Überlegung.

Als grossem Gelehrten und Experimentator waren Poleni auch Bernoullis Arbeiten über die Kettenlinie sowie die Bogenanalogie Stirlings bekannt. Da sich aber die Stützlinienermittlung wegen der unregelmässigen Belastung der Bogensegmente der geschlossenen mathematischen Erfassung entzog, entschloss er sich, diese empirisch an einem physischen Modell zu bestimmen. Nach Überprüfung der Messgenauigkeit seines Verfahrens durch Simulation einer idealen analytischen Kettenlinie vermass er den Stützlinienverlauf seiner realen Bogenschnitze an einer flexibeln, wirklichkeitsgetreu durch Kugeln unterschiedlichen Gewichts belasteten Kette und gelangte dabei zur beruhigenden Feststellung, dass diese – anders als die Kettenlinie – durchwegs im Inneren der Kuppel verläuft (s. Abb. 209).

Die von Michelangelo Mitte des 16. Jahhunderts entworfene und in den Jahren 1588–90 in leicht veränderter Form durch della Porta realisierte Kuppel von 42.6 m Durchmesser ist im Unterschied zum simplen Kettenmodell ein komplexes Gebilde, bestehend aus zwei in Ziegelstein gemauerten, sich aus einem gemeinsamen Basisbereich aufspaltenden (meterdicken) «Schalen», die gegenseitig durch 16 radiale Rippen ausgesteift sind (s. Schnitt Abb. 209). Angesichts der Kühnheit seiner Idealisierung liess Poleni, obwohl der von ihm ermittelte Verlauf der Stützlinie nur einen einzigen eisernen Fussring erfordert hätte, vorsichtshalber auf die ganze Kuppelhöhe verteilte Ringverstärkungen anbringen. Vermutlich war er sich auch der Ungewissheit der seinem Versuch zugrunde liegenden Hypothese, die Stützlinie ende exakt in der Wandmitte des Kuppelfusses, bewusst.

Da ein belastetes Seil auch bei grossem Durchhang nie ganz senkrecht an seinen Aufhängepunkten ankommen kann, sind auch die Auflagerkräfte des entsprechenden Bogens gegenüber der Lotrechten geneigt und besitzen deshalb immer eine horizontale, nach aussen gerichtete Kraftkomponente. Bei Bogenbrücken und bei Dachgewölben, deren Ränder bis zum Boden reichen, wird dieser «Horizontalschub» über die Fundamentwiderlager unmittelbar auf den festen Baugrund übertragen. Auch bei flächigen Gewölbekonstruktionen, deren Ränder vom Boden abgehoben sind, können die schiefen Randkräfte über entsprechend geneigte Einzelabstützungen auf den Baugrund abgeleitet werden.

Zur Überdachung geschlossener Räume lagert man die Kuppeln aber vorzugsweise direkt auf ihren ohnehin vorhandenen *senkrechten* Umfassungsmauern, die aber zur Aufnahme des Gewölbeschubs denkbar ungeeignet sind. Die Übergangszone von der schief ankommenden Gewölbewurzel und ihrer senkrechten Unterstützung ist daher die Schwachstelle jedes derartigen Kuppelbauwerks. Zudem werden die horizontalen Fugen der Umfassungsmauern unabhängig von ihrer Grundrissform *immer* auch auf ihrer ganzen Höhe einer Schubbeanspruchung ausgesetzt, der sie als solche – ohne Sondermassnahmen – nur durch *Reibung* widerstehen können.

Coulomb hat sich der wissenschaftlichen Erfassung dieses Problems angenommen und dabei 1773 das nach ihm benannte Reibungsgesetz aufgestellt. Demnach wächst die Reibkraft – in unserem Fall die Widerstandskraft der Fuge gegen den Horizontalschub – proportional zu seiner Querbelastung – hier die senkrechte Randlast der Kuppel – an und ist im Übrigen durch einen für die in Kontakt stehenden Materialoberflächen typischen «Reibungskoeffizienten» bestimmt.

210 Schiefe Abstützungen der «Iglesia de la Colonia Güell». Die zwei äusseren Pfeiler sind zwar zentrisch belastet, ihre horizontalen Mörtelfugen sind jedoch auf Schub beansprucht.

Das Reibungsgesetz ist aber, auch wenn es in Ermangelung besseren Wissens zu jedem Physikunterricht gehört, kaum mehr als eine grobe Faustformel und kann nicht als Naturgesetz eingestuft werden. Denn weder trifft die erwähnte Proportionalität genau zu, noch besteht ein molekularphysikalisches Verständnis für das Zustandekommen des Reibungskoeffizienten. Der Schubwiderstand ist – insbesondere wenn dieser noch über eine Mörtelschicht mit ebenso geheimnisvollen Eigenheiten übertragen wird – eine undurchsichtige Mischung von Verkrallungs- und Adhäsionswirkungen. Gemessene Schubwiderstandswerte streuen dementsprechend in einen weiten Bereich und können in jedem Einzelfall nur experimentell mit einiger Zuverlässigkeit ermittelt werden (vgl. Kap. 1.4). – Dennoch wären ohne Reibung die meisten antiken Kuppeln schon längst zusammengebrochen. Wie hoch ihre wirkliche Standfestigkeit ist, weiss keiner zu sagen.

Niemand hat sich die Analogie des Seilversuchs so systematisch als architektonisches Gestaltungsmittel zu Nutze gemacht, wie der Künstler und Baumeister Antonio Gaudí. Seine Hängeseil-Versuche zur Formfindung für die Konstruktion der Gewölbe und schiefen Säulen im Garten Güell und der Kathedrale «Sagrada Familia» in Barcelona üben insbesondere auf die heutigen, mit Beispielen willkürlicher Formspielereien übersättigten Architekten eine magnetische Anziehungskraft aus (Abb. 211).

Gaudí ist in all seinen Bauten dem Reibungsproblem zwischen Gewölbe und Unterbau konsequent aus dem Weg gegangen, indem er seine Gewölbe stets seinen Versuchsergebnissen gemäss schief abstützte (Abb. 210). Auch Nervis grossartige Kuppel- und Bogenkonstruktionen stützen sich durchwegs nach diesem Prinzip auf geneigte Aussenpfeiler ab.

Hypothese 2: Die Kuppel als Schalentragwerk

In Wirklichkeit bestehen Rotationskuppeln nicht – wie oben angenommen – aus unabhängigen, nur in Radialrichtung beanspruchten Bogensegmenten. Die Bausteine stehen ja auch seitlich, d.h. in Ring- bzw. Meridianrichtung in gegenseitiger Interaktion.

Dieser Tatsache trägt die Membrantheorie Rechnung. Sie ist eine im 19. Jahrhundert entstandene, zur Elastizitätstheorie gehörende Modellvorstellung, bei der die gewölbeartigen Gebilde als *kontinuierlich zusammenhängende,* dünnwandige Schalen betrachtet werden. Was beim Bogen die zentrische Achse war, wird hier zur räumlich gekrümmten Mittelfläche des Gewölbes, im Falle der Rotationskuppel zur entsprechenden Rotationsfläche. Die Theorie nimmt an, das Gebilde sei in den Tangentialebenen dieser Mittelflächen in *beliebiger Richtung* durch «Membranspannungen» auf Zug, Druck und Schub beansprucht, setzt also im Gegensatz zur Bogentheorie die «axiale» Beanspruchung des Gewölbes von vornherein *als gegeben* voraus – ein Idealverhalten, das bei entsprechenden konstruktiven Massnahmen bei vielen

211 Die Versuche von Antonio Gaudí zur Formfindung der Gewölbe des «Templo de la Sagrada Familia» in Barcelona (um 1910).
Durch Vermessung der Geometrie der proportional zur wirklichen Lastverteilung mit Hängegewichten belasteten, an der Decke befestigten Schnüre bestimmte er den räumlichen Verlauf der Gewölberippen und deren schiefe Abstützungen.

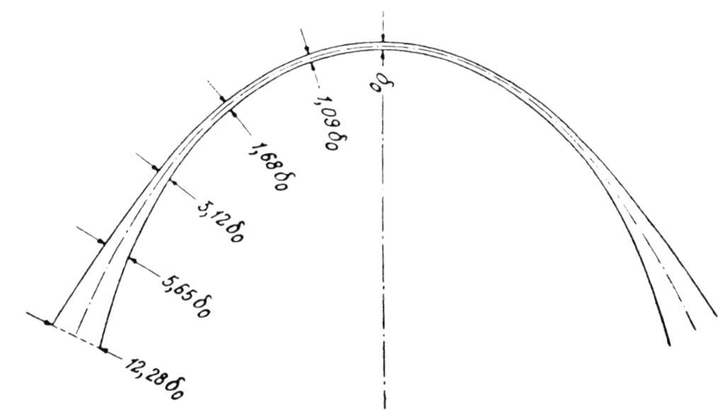

212 Form und Wandstärkeverlauf einer unter ihrem Eigengewicht durchwegs mit gleicher Radial- und Meridiandruckspannung beanspruchten «Ideal-Kuppel» (berechnet nach der Membrantheorie) [6].
Die Kuppel-Mittelfläche kann im Kämpfer *nie vertikal* enden, da dies eine unendliche Zunahme der Wanddicke erfordern würde.

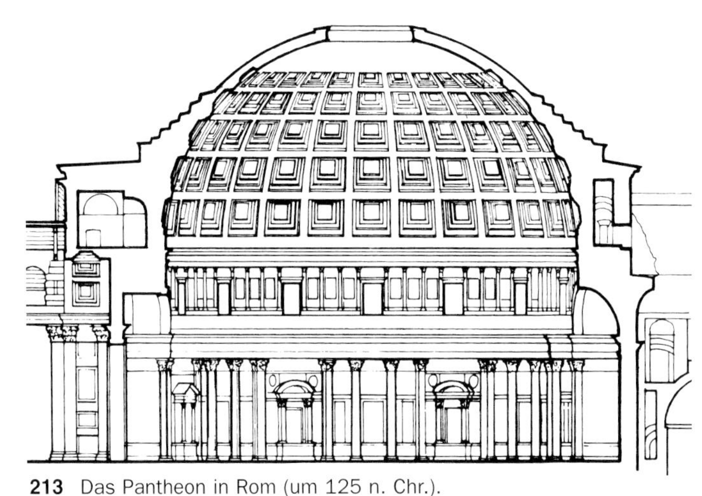

213 Das Pantheon in Rom (um 125 n. Chr.).
Mit 43.30 m Durchmesser bis Anfang des 20. Jh. die grösste Kuppel der Welt. Ihre Innenseite ist eine perfekte Kugelfläche.

Schalenformen auch in Wirklichkeit angenähert zutrifft (vgl. Kap. 1.12, 2.4.3). Die Schalentheorie stellt daher im Unterschied zur Seillinie keinen Zusammenhang zwischen Belastung und Form her, sondern berechnet umgekehrt die in einer *vorgegebenen* Schalenform zur Erhaltung des inneren Gleichgewichts mit der äusseren Belastung auftretende *Spannungsverteilung*.

In Abb. 214 ist die Membranspannungsverteilung in einer halbkugelförmigen, durch ihr Eigengewicht belasteten Schale mit konstanter Wandstärke aufgezeichnet. Im Unterschied zu den bisher betrachteten Kuppeln tritt an ihrem Auflager keinerlei Horizontalschub auf. Die Kugelschale erreicht die ideal lotrechte Auflagerbeanspruchung durch in ihren Meridianen auftretende Ring*zug*spannungen, die durch ihre Gürtelwirkung die nach aussen strebenden radialen Druckspannungen des Gewölbes überall in die Mittelfläche der Schale zwingen.

In gemauerten Kuppeln kann sich dieser vorteilhafte Spannungszustand kaum ausbilden, da die vertikalen Fugen der gemauerten Ringe keine Zugkraft übertragen können. Sind die Formsteine der meridianen Mauerschichten gegeneinander versetzt, können sich jedoch Ringzugspannungen in begrenztem Mass durch Interaktion zwischen den benachbarten Schichten *über die Reibung* in den quer dazu schwer belasteten Horizontalfugen von Stein zu Stein übertragen. Wenn diese Tragweise auch kaum quantifizierbar ist, so bewahrt sie dennoch zweifellos viele der bestehenden Kulturdenkmäler vor dem Einsturz.

Mit der Membrantheorie lassen sich in Sonderfällen auch Idealformen von Schalen finden, in denen unter bekannter Belastung ein spezifisch erwünschter Spannungszustand entsteht. In Abb. 212 ist die so gefundene Form und Wandstärkenverteilung einer Rotationskuppel aufgezeichnet, die unter Eigengewicht allseitig – also auch in Ringrichtung – gleichmässigen Druckspannungen unterworfen ist, und daher, aus Stein gemauert, ein besonders vertrauenswürdiges Gewölbe wäre. Da ihm aber die Meridianzugspannungen fehlen, lässt sich der Auflager-Horizontalschub trotz der gegen die Auflager hin mit wachsender Steilheit in praktisch unerfüllbarem Masse zunehmenden Wandstärke nie eliminieren.

Bei kritischer Betrachtung der beiden membrantheoretischen Grenzfälle lässt sich die Genialität der römischen Baumeister ermessen, die vor beinahe 2000 Jahren die bis ins 20. Jahrhundert weitest gespannte Kuppel der Welt errichteten (Abb. 213). Die Innenform des seit 125 n. Chr. sicher stehenden *Pantheons in Rom* ist eine exakte Halbkugel. Durch ihre äusseren konstruktiven Verdickungen erreicht der Kuppelquerschnitt dennoch eine

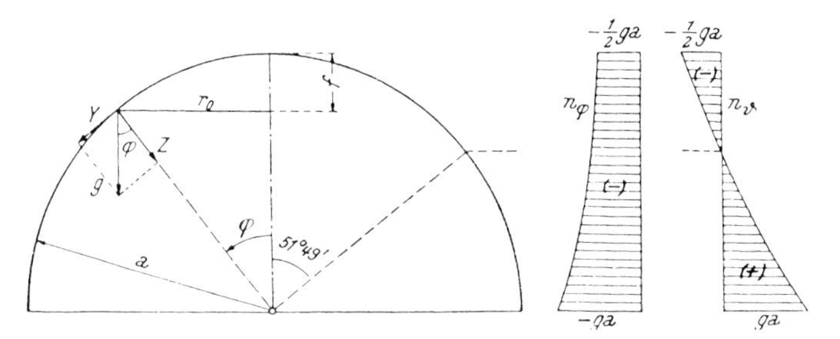

214 Nach der Membrantheorie berechnete Spannungen in einer Halbkugel-Kuppel mit konstanter Wandstärke infolge Eigengewicht [6].
Links: die gegen unten anwachsenden Druckspannungen in Radialrichtung (die «Bogenwirkung»).
Rechts: die Meridianspannungen, die von Druckspannungen im Scheitel bei ca. 50° in Zugspannungen übergehen.

deutliche Übereinstimmung mit der Formcharakteristik aus Abb. 212. Zur Verstärkung der gegen den Scheitel hin angestrebten Belastungsabnahme wurde zudem der obere Kuppelbereich in leichtem Backstein gemauert und weiterhin durch das offene Oberlicht entlastet. Bis zu ihrem Übergang in die lotrechten Umfassungswände ist die Kuppel somit in idealer Weise auf allseitigen Druck beansprucht. Dort wird dann die immer noch geneigte Ringwand zusätzlich durch das Gewicht der umlaufenden Galeriedecken belastet, um die resultierende Kuppellast möglichst in die Senkrechte zu zwingen. Dennoch kann das Gesamtbauwerk sein Gleichgewicht nur über Ringzugkräfte finden, die von den Mauersteinen aufgenommen und zwischen diesen, wie oben beschrieben, durch Reibung übertragen werden müssen. Die Realisierung eines Pantheons würde deshalb heute durch die Überwacher herrschender Bauvorschriften zweifellos untersagt werden (vgl. S. 138).

Aktuelle Untersuchungen an kriegszerstörten Gewölbebauten

Einen seltenen Einblick in den Umgang früherer Baumeister mit der Problematik von gemauerten Gewölbetragwerken vermitteln die sich derzeitig im Gange befindlichen Rekonstruktionsarbeiten an zwei bauhistorisch bedeutenden Baudenkmälern – einer Kuppel und einer Bogenbrücke. Diese setzen sich das aussergewöhnliche Ziel, die statisch anspruchsvollen, aber nach dem damaligen Kenntnisstand konzipierten Tragwerke Stein für Stein *originalgetreu* wieder nachzubilden. Dieses Unterfangen erfordert

215 Bild der 1566 vom türkischen Baumeister Imar Hayreddin erstellten Bogenbrücke von Mostar vor ihrer Zerstörung im Bosnien-Krieg.

eine äusserst kritische Auseinandersetzung nicht nur mit den in den Trümmern vorgefundenen Baustoffen und Konstruktionselementen, sondern auch mit den *Grenzen unserer eigenen statischen Urteilsfähigkeit.* Jedenfalls lassen diese Projekte die hierfür verantwortlichen Techniker das Ringen der damaligen Erbauer um statisches Verständnis ihrer gewagten Vorhaben hautnah wiedererleben.

Der erste Fall betrifft die elegante Gewölbebrücke über die Neretwa in Mostar – die damals weitest gespannte Bogenbrücke überhaupt (Abb. 215). Dieses Juwel islamischer Baukunst wird gegenwärtig unter dem Patronat der UNESCO und der technischen Leitung der Landesgewerbeanstalt Bayern (LGA) wieder aufgebaut.

Die Trümmer der 1993 durch kroatischen Artilleriebeschuss vollkommen zum Einsturz gebrachten Brücke förderten der Nachwelt bisher verborgen gebliebene konstruktive Einzelheiten der osmanischen Bautechnik zu Tage, die dem allgemeinen Stand der damaligen Baukunst weit voraus waren. Zur Bannung genau der beiden in Abb. 207 angeführten Typen von Einsturzgefahren gemauerter Gewölbe wurden die Formsteine systematisch einer-

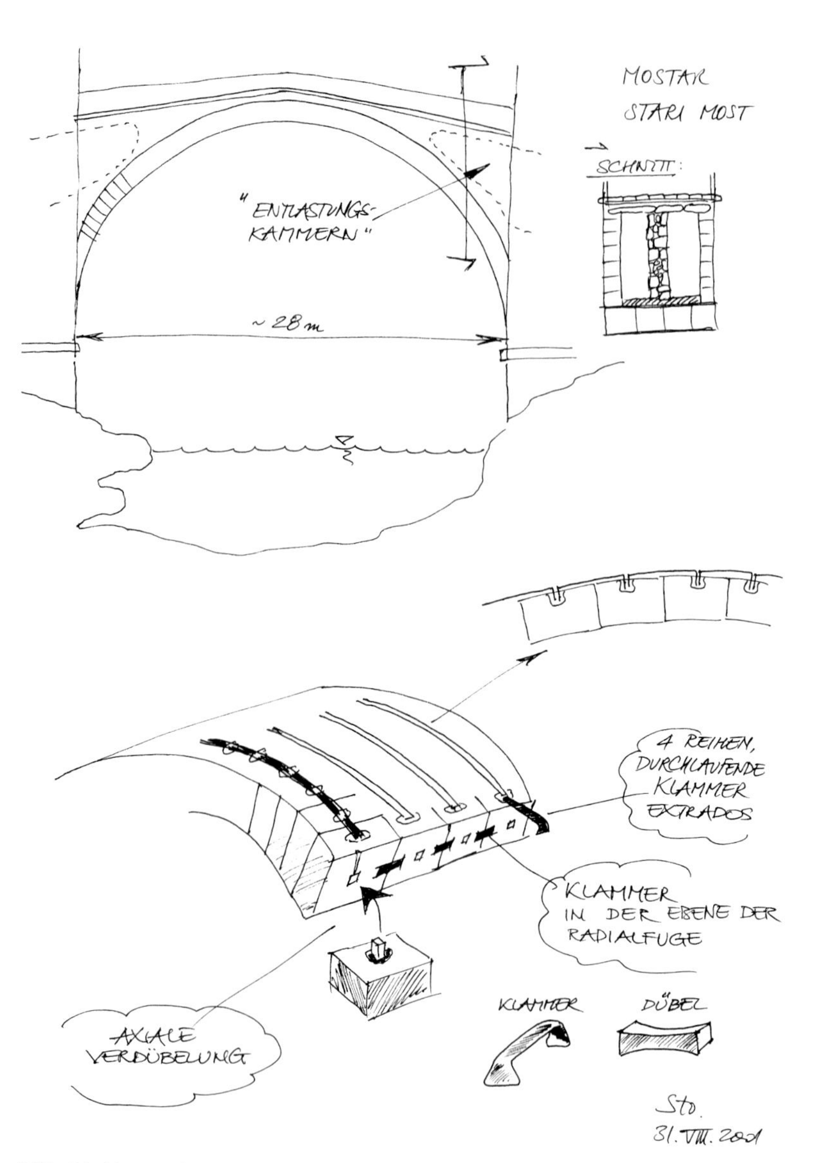

216 Die Verwendung schmiedeeiserner Zug-Klammern und Schub-Dübel zur Erweiterung der Beanspruchbarkeit der Gewölbekonstruktion der Brücke von Mostar. (Handskizze von Gregor Stolarski, LGA)

217 Detailaufnahmen von geborgenen Trümmersteinen und Versuchsanordnung im Grundbauinstitut der LGA, Nürnberg.

Links: Gruppe benachbarter Bausteine des Brückenbogens, die mit schmiedeeisernen Klammern gegen Aufklaffen der Fugen zusammengehalten wurde.
Mitte: Freigelegter Schubdübel. Sichtbar ist die Bleimasse, mit der der eiserne Zapfen fest in die Dübelaussparung und die Steinfuge eingegossen wurde.
Rechts: Versuchsanordnung einer mit dem wirklichen Material von Stein, Zapfen und Bleimasse nachgebildeten Schubverbindung bereit zur Bruchbelastung.

seits zur Verhinderung des Aufklaffens exzentrisch belasteteter Fugen durch eiserne Klammern miteinander verbunden und andererseits zur Vermeidung ihrer gegenseitigen Verschiebung mit Eisenzapfen verdübelt. Zur Gewährleistung des festen Sitzes dieser – durchwegs im Brückeninneren versteckten – Metallelemente wurden sie in ihren ausgemeisselten Verankerungslöchern mit Blei vergossen (s. Abb. 216 und 217).

Der Fahrweg der Brücke ist über vier parallele Längsmauern über dem Tragbogen aufgeständert. Diese belasten zwar den Bogen, haben auf ihn aber eine knickaussteifende Wirkung und tragen – auf wenig durchsichtige Weise – auch zur Gewölbewirkung der Gesamtbrücke bei. In diesen Mauern wurden ebenfalls eiserne Verklammerungen gefunden.

Den Mechanismus des Zusammenwirkens dieser Mauern mit dem Bogen und der Bausteine untereinander bei Berücksichtigung der Wirkungsweise ihrer Verbindungselemente auch nur halbwegs wirklichkeitsgetreu theoretisch nachzumodellieren, ist ein Ding der Unmöglichkeit. Die Bestrebungen der Baustatiker, das Tragverhalten des Gebildes auf dem Computer zu simulieren, wurden denn auch rasch aufgegeben. – Nicht anders als seinerzeit der auf seine Intuition vertrauende Hayreddin, kann auch die moderne Projektierungsequipe bei Entfernen des Leergerüsts der rekonstruierten Brücke nur beten, dass sie stehen bleibt.

Der zweite Rekonstruktionsfall ist die Dresdener Frauenkirche, die 1734 erbaut und 1945 in einem Bombenangriff bis auf den letzten Stein in Trümmer gelegt wurde. Die Bauweise ihrer Barockkuppel – der grössten nördlich der Alpen – ist insofern für unsere Betrachtung von Belang, als ihr Erbauer, der Ratszimmermeister George Bähr glaubte, die konstruktive Lösung für das Problem des Kuppelschubs gefunden zu haben. Die von ihm zur Übertragung des Horizontalschubs und eines bedeutenden Teils der Kuppellast von den direkt unterstützenden Pfeilern auf die weiter aussen liegenden Umfassungswände vorgesehenen schiefen Abstützungen rissen jedoch schon kurz nach Erstellung – durch Schub – von ihrem Auflager ab, sodass die Gesamtlast auf den dafür nicht vorgesehenen Innensäulen ruhen blieb. Dennoch hatte die Kirche das Glück, 250 Jahre zu überleben.

Bei der idelogischen Auseinandersetzung mit den bauhistorischen «Fundamentalisten», die bei der Rekonstruktion der Kirche das statische Konzept ihres Erbauers bewahren wollten, behielt das moderne Sicherheitsdenken die Oberhand. Bei der Neuerstellung werden deshalb die Aussenmauern am Kranzgesims originalwidrig mit stählernen Ankerringen zusammengehalten.

Schalenkuppeln aus Stahlbeton

Mit der Erfindung des Stahlbetons stand ein dem Naturstein verwandter «Baustoff» zur Verfügung, der aber bei entsprechender Bewehrung allseitig auf Zug und Druck beanspruchbar ist und damit die Festigkeitshypothese der Membrantheorie erfüllt. Er eröffnete so den Weg zur problemlosen Verwirklichung einer ganzen Welt bisher nicht realisierbarer Gewölbeformen – darunter auch die vollkommene Halbkugel – in Form dünnwandiger Schalen. Ausserdem liessen sich jetzt, vorzugsweise in Verbindung mit der Vorspannung, auch die Berandungen der Gewölbe frei gestalten (s. Kap. 2.4.3).

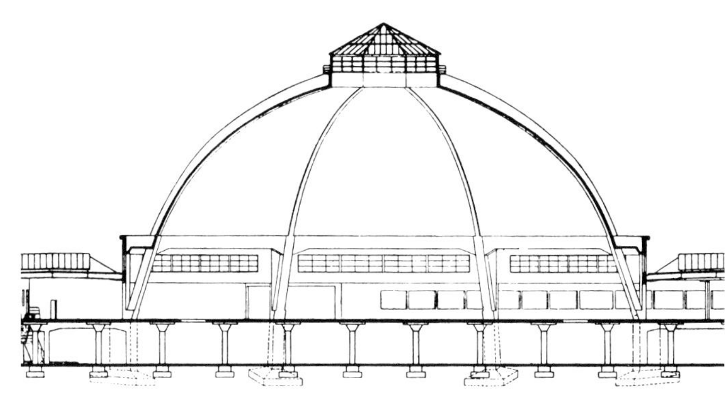

218 Markthalle von Basel (1929).
Mit 60 m Durchmesser war die Schalen-Kuppel zu ihrer Zeit die drittgrösste nach der Leipziger Grossmarkthalle (76 m) und der Breslauer Jahrhunderthalle (65 m). Alle drei Hallen wurden nach dem Bauverfahren Zeiss-Dywidag ausgeführt.

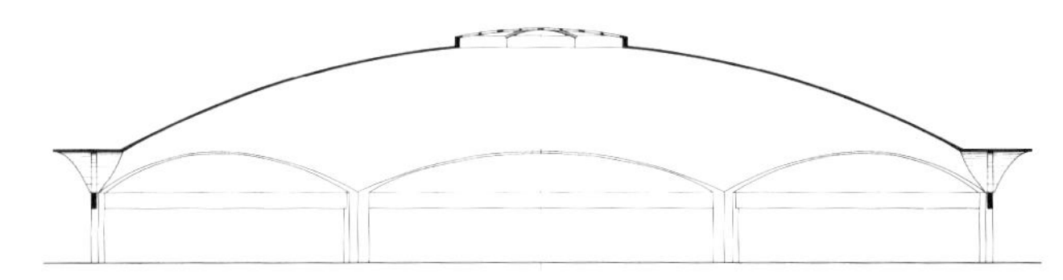

219 Markthalle von Algeciras (Eduardo Torroja, 1934).
Rippenlose hexagonale Kugelschale auf Einzelstützen. Die bogenförmigen Randglieder sind durch aus dem breiten Zugband ausstrahlende Eisen ausgesteift.

Dennoch ist auch die konstruktive Durchbildung von Schalenkonstruktionen keineswegs durch die – immer vereinfachend abstrahierende – Theorie determiniert. Die Gegenüberstellung der drei folgenden Beispiele von Kuppelkonstruktionen beleuchtet den grossen gestalterischen Freiraum, der auch bei Anwendung der ausgeklügeltsten Theorie der intuitiven Ausdeutung auf allen Denkebenen der Formfindung verbleibt:

Die oktogonale Vieleckskuppel der *Basler Markthalle* (Abb. 218) ist eine Art Kreuzgewölbe, das sich auf acht schiefe Eckstreben abstützt. Die Kuppelsegmente sind (einfach gekrümmte) Zylinderschalen, die längs ihrer gemeinsamen Berührungskurven durch radiale Betonrippen ausgesteift sind. Diese Konstruktionsweise spiegelt das abstrakt-modellhafte Entwurfsdenken ihrer Urheber wider, die in den Schalensegmenten und deren Randverstärkungen Konstruktionselemente mit klar getrennten statischen Funktionen sahen. Bei Betrachtung des monolithischen Zusammenwirkens des Kuppelgebildes als Ganzes erweisen sich die Rippenverstärkungen jedoch als überflüssig: Die abgewinkelt aufeinander stossenden Zylinderschalensegmente steifen sich – unter Bewirkung eines komplexen räumlichen Spannungszustandes im Nahbereich ihrer Berührungskanten – als solche schon hinreichend gegenseitig aus.

Die Kuppel der *Markthalle von Algeciras* (Abb. 219) zeigt, wie eine rotationssymmetrische, auf Einzelstützen ruhende Kuppel bei entsprechender Randausbildung auch ohne Versteifungsrippen auskommt. Die flache Kugelschale trägt einen Teil ihrer Last über die acht bogenförmigen, ebenfalls als dünne Schalen ausgebildeten Randglieder über den Fensteröffnungen, den Rest unmittelbar durch die örtlich verdickte Schale selbst auf die lotrechten Fassadenpfeiler ab. Ein umlaufendes, hier schlaff armiertes Fensterband übernimmt den Horizontalschub der Kuppel.

Bei der Kuppel über dem *Lesesaal der Universitätsbibliothek Basel* ist das Problem der Lastabtragung auf Einzelstützen auf andere Weise gelöst (s. Kap. 1.11). Die radialsymmetrisch zusammengesetzten Hypar-Schalen formieren sich hier zu einem frei interpretierten Klostergewölbe, das als Decke des geräuschempfindlichen Leseraums gegenüber dem Kreuzgewölbe und der Rotationskuppel auch weit günstigere raumakustische Eigenschaften besitzt. Die «Verstärkungsrippen» sind hier eine deutlicher als in der Basler Markthalle ausgeprägte Charakteristik der Schalenform selbst und bestehen aus den sich längs der gegenseitigen Berührungskanten der radial verlaufenden Hypar-Schalenränder ausbildenden V-förmigen Querschnitten. Als ringförmiges Zugband dient die ohnehin vorhandene, vorgespannte Decke der hexagonal umlaufenden Galerie.

Die Quintessenz dieser Betrachtungen:

> *Es existiert keinerlei natur- bzw. ingenieurwissenschaftliche Gesetzmässigkeit, aus der sich die statisch «richtige» Form einer Tragkonstruktion ableiten lässt.*

Das Verständnis von Festigkeitstheorien trägt wohl beträchtlich zur Schärfung der Urteilskraft des Entwerfenden bei, die «richtige» Formgebung ist aber innerhalb der Grenzen des physikalisch Möglichen eine Frage des *subjektiven Ermessens*. Jeder neue Baustoff, jedes neue Herstellungs- und Konstruktionsverfahren hat seine eigene Wesensart, die es zu entdecken, zu begreifen und für die jeweilige Bauaufgabe formal auszudeuten gilt.

Zu allen Zeiten haben sich die Konstrukteure dieser bei Neuschöpfungen *auch im heutigen Computerzeitalter unverändert bestehenden* Ermessensfrage gestellt. Die durch ihre konstruktive Kühnheit bestechenden Bauwerke römischer, islamischer oder mittelalterlicher Architektur, sind wie heute das Ergebnis geistigen Ringens um naturgesetzliches Verständnis ihrer Tragweise und des Wagemuts, die intuitiven Erkenntnisse der praktischen Bewährungsprobe auszusetzten.

Das Architekturverständnis im Wandel des sozialen Umfelds

Der erfinderischen Seite der Baukunst widmeten sich in früheren Zeiten – im Mittelalter meist anonym gebliebene – zu innovativer Tätigkeit motivierte Menschen, die sich in Wanderjahren quer durch Europa das dazu erforderliche theoretische Wissen – wie u.a. die Euklidische Geometrie – und durch Betätigung als Maurer oder Zimmerleute die nötigen Materialkenntnisse aneigneten. Das handwerksbezogene Denken dieser oft legendären Baumeisterpersönlichkeiten war durch keine ideologischen Wertungsprobleme zwischen technischen und künstlerischen Belangen ihres Tuns vorbelastet.

Dies änderte sich mit der zu Beginn der Renaissance einsetzenden «ersten humanistischen Aufklärung». Mit ihr rückten neben dem allgemeinen Vernunftsoptimismus auch die Schönheitsideale des klassischen Altertums ins Bewusstsein der Architekten und führten zur Verklärung der *rein literarisch* begründeten Bauregeln der Antike zu ihrem formbestimmenden Massstab (vgl. auch Kap. 2.2). *«Es begann sich»*, wie in diesem Zitat von Hackelsberger so treffend formuliert, *«die neue Disziplin ‹Wie sieht etwas aus› von jener des ‹Wie wird's gemacht› abzuheben […]. Architektur wird nun als Kunst schlechthin verstanden, gehört damit zu den Schätzen des humanistischen Bildungsgutes und drängt die ‹téchné› als etwas Zweitrangiges in den Schatten.»* [7] – Die Ästhetik der Bauform wird aus ihrer stofflichen Bezogenheit herausgelöst und der Architektur gewissermassen als Seele, der sich die mindere, haptische Physis unterzuordnen hat, eingehaucht. Die ursprünglich aus ihrer Tragfunktion inspirierten, aus Stein gehauenen Bauformen der Antike wie Säulen, Kapitelle oder Architraven wurden, insbesondere im späten Klassizismus, sogar bedenkenlos als Attrappen an andersartig tragende Konstruktionen, seien dies Fassaden oder (Stahlgerippe)-«Kuppeln», angeklebt oder auch samt allen bildhauerischen Verzierungen industriell in Eisen gegossen.

Die Tendenz, den formalen Schein über das Sein der Dinge zu stellen – eine der Ungereimtheiten der sonst vom Streben nach rationalem Verständnis der stofflichen Wirklichkeit gekennzeichneten Aufklärung – bewirkte in der Folge einen bleibenden Wandel des Kunstverständnisses schlechthin. «Kunst» verselbstständigte sich zu einem rein transzendenten, vom handwerklichen Talent zu greifbarer Umsetzung der Aussageabsicht ihres Urhebers entkoppelten Begriff. – Nicht allen Künstlern und Bauschaffenden war und ist jedoch, weder in der Renaissance noch heute, diese schöngeistige Ästhetikauffassung auf den Leib geschrieben. Für Leonardo da Vinci jedenfalls war der *wertgleiche* Umgang mit Kunst und Technik ganz offensichtlich eine Selbstverständlichkeit, die keiner Hinterfragung bedurfte.

Die Wiege des neuen Feinsinns waren zunächst Zirkel des intellektuell interessierten Adels in ganz Europa, in denen die geladene Bildungselite neben dem Appell an die Vernunft auch zur Pflege des guten Geschmacks aufrief. Ihre Breitenwirkung erlangte das aufgeklärte Gedankengut aber erst, als im 17. und 18. Jahrhundert ein aufkeimender Mittelstand in die Lage kam, dem Vorbild der besseren Gesellschaft nachzueifern und in den allenthalben aus dem Boden schiessenden Debattierclubs, den mit den eben erfundenen Zeitungen versorgten Kaffeehäusern, seinen liberalen Bildungshunger zu stillen. Robert Darnton skizziert dieses Stimmungsbild und dessen sozial umwälzende Auswirkung mit folgenden Worten: *«Die Kombination aus Gedrucktem, Gesprächen und Kaffee liess überall in Europa eine starke neue Macht aufsteigen: die öffentliche Meinung.»* [5]

Längst musste die nostalgische «humanistische» Architekturideologie vor der formprägenden Kraft der technischen Revolution des 19. und 20. Jahrhunderts kapitulieren. Das qualifizierende duale Denken in Geistigkeit und Physis hat sich jedoch nicht ohne Grund in die Neuzeit herübergemogelt: Die postulierte Spiritualität ermöglicht der nunmehr als meinungsbildende Kraft entscheidenden, *als solche* aber jeglichen Talents entbehrenden Gesellschaft, die Architektur weiterhin als sublimen Gegenstand der *über*sinnlichen (und damit unverfänglich unverbindlichen) Wertung zu sehen. – Die Neigung des Menschen, der beschwerlichen Wahrheitssuche durch Flucht in die angenehme Selbsttäuschung zu entrinnen, hat mit humorigem Scharfsinn schon Platon in seinem berühmten «Höhlengleichnis» festgestellt…

2.1.2 Der mentale Prozess des Entwerfens

Der Entwurfsablauf

Das gegenständliche Entwerfen ist ein intellektueller Vorgang, in dem sich, wie in Abb. 220 schematisch skizziert, intuitive Einfälle mit Phasen von deren kritischer Überprüfung aneinander reihen, bis eine zufrieden stellende Lösung des Problems erreicht ist. Das Resultat dieses iterativen Vorgangs ist – im Gegensatz zur Rechenaufgabe – in Anbetracht des subjektiven Ermessensspielraums der Lösungsschritte weder durch die angegangene Problemstellung vorherbestimmt, noch kann es, auch innerhalb des verfolgten Lösungswegs, je (objektiv) perfekt sein.

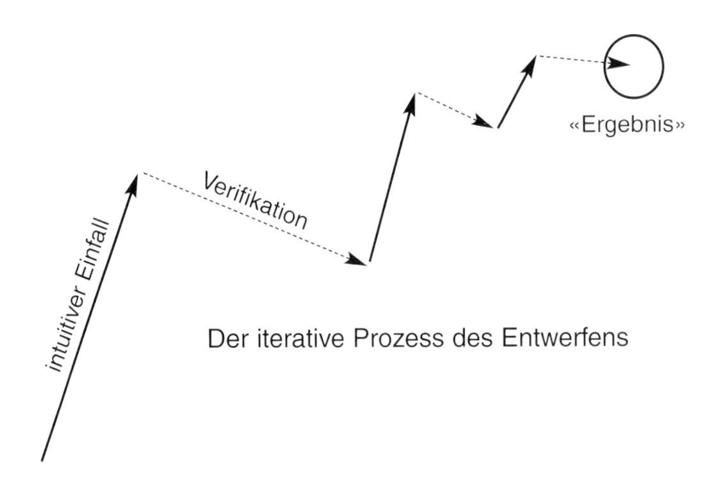

220 Das Entwurfsergebnis ist das abgebrochene Ende einer Gedankenkette, in der sich intuitive Einfälle mit Überprüfungsphasen ablösen.

Die aufbauende dialektische Auseinandersetzung zwischen spontaner «Eingebung» und rationaler Verifikation ist ein der Funktionsweise des menschlichen Intellekts natürlich innewohnender Vorgang, der sich bei der erfinderischen Tätigkeit des Technikers in nichts von dem des kreativen Künstlers unterscheidet. Von Mensch zu Mensch verschieden sind einzig die *Inhalte* der den jeweiligen Ideen zugrunde liegenden Vorstellungswelten und die Art der von ihnen zu Rate gezogenen Verifikationskriterien.

Beim Entwurf von Tragwerken dreht sich die *Verifikation* vor allem um den möglichst *objektiven* Nachweis der Gebrauchssicherheit. In diesen Überprüfungsphasen kommen die wissenschaftlich fundierten Kenntnisse und das verfügbare professionelle Instrumentarium voll zum Tragen. Wenn diese Verifikationstätigkeit als solche auch nichts zur Verbesserung der Entwurfsidee beiträgt, sondern weit eher euphorischen Visionen einen Dämpfer aufsetzt, kann die vertiefte Auseinandersetzung mit den Problemen eines spezifischen Lösungsansatzes u.U. auch richtungsweisende Anregungen für die weitere Suche bieten.

Der Motor des kreativen Schaffens ist die *Intuition.* Unter ihr versteht man die menschliche Gabe, den *ganzheitlichen Zusammenhang* einer Vielzahl simultan vergegenwärtigter Sachverhalte *spontan* zu erfassen und daraus folgerichtige Schlüsse zu ziehen. Schon das tägliche Erlebnis der blitzartigen Erfassung einer verwickelten Verkehrssituation und der daraus abgeleiteten Verhaltensentscheidung ist ein typisch intuitiver mentaler Vorgang.

Von letzterem Beispiel hebt sich die *Intuition bei der Entwurfstätigkeit* nur insofern ab, als diese nicht durch das Bild eines unmittelbaren sinnlichen Eindrucks ausgelöst wird, sondern durch die *Vorstellung* eines nur *erdachten* Szenarios von als relevant betrachteten Randbedingungen. In beiden Fällen greifen die intuitiven Einfälle jedoch assoziativ auf den genau gleichen Erinnerungsschatz des Individuums zurück: auf seine unter vergleichbaren Umständen *persönlich erlebten* Erfahrungen. Ohne diese könnte auch der Verkehrsteilnehmer seine unmittelbaren Sinneseindrücke nicht folgerichtig ausdeuten.

In Anbetracht der intellektuellen Vielschichtigkeit der Vitruv'schen Kriterien und des Postulats ihrer *integralen* Erfüllung hat die Intuition bei der architektonischen Entwurfstätigkeit möglicherweise einen besonderen Stellenwert. Wegen der entscheidenden Bedeutung, die der sinnlichen Erfahrung als Quelle der individuellen Intuitionsfähigkeit zukommt, seien daher als Grundlage der weiteren Betrachtungen einige psychologische Wesenszüge der Wahrnehmung in Erinnerung gerufen:

Wahrnehmung und Intuition

Sinnliche Wahrnehmung ist die sich in unserem Kopf unbewusst vollziehende assoziative Verknüpfung direkter Sinneseindrücke mit Denkkonzepten unserer rationalen Auffassungsweise der physischen Welt. Sie ist die *unmittelbare* Umsetzung des sinnlich Empfundenen in genau die Begrifflichkeiten, mit denen wir unsere gegenständlichen Vorstellungen – soweit uns die Sprache dazu ausreicht – auch in Worte fassen würden. In diesem Prozess stehen den der geringen Zahl unserer Sinnesorgane entsprechenden Sinnesmodalitäten die zigfache Menge an Modalitäten der wahrnehmbaren Denkbausteine unseres geistigen Weltbilds gegenüber.

Nur ausnahmsweise lassen sich Wahrnehmungsmodalitäten, wie dies bei der nur über das Auge erkennbaren Farbe der Fall ist, eindeutig einem einzigen Sinn zuordnen. Normalerweise erfordert die Wahrnehmung eines Gegenstands oder dessen Eigenschaften die Ergänzung des unmittelbaren Sinneseindrucks durch frühere Erfahrungen mit vergleichbaren Objekten und Gegebenheiten über andere Sinnesmodalitäten. Der Sinneseindruck wirkt dann vor allem als *Auslöser* des Assoziationsprozesses. Der Wahrnehmungserfolg ist also, neben der von Mensch zu Mensch kaum unterschiedlichen Assoziations*fähigkeit*, entscheidend durch die individuell weit verschiedenartiger memorisierten Sinnes*erfahrungen* bestimmt.

In Abb. 221 sind die wichtigsten Modalitäten von Sinnesempfindungen Beispielen begrifflicher Wahrnehmungsmodalitäten gegenüber gestellt. Die Pfeile deuten einerseits an, in welchen der Begrifflichkeiten die einzelnen Modalitäten von Sinneseindrücken Verwendung finden und andererseits lässt sich aus ihnen die Kombination von Sinneseindrücken – ob unmittelbare oder im Gedächtnis archivierte – ablesen, die zur Wahrnehmung einer spezifischen begrifflichen Einheit beitragen können.

In der modernen Physiologie lässt sich die klassische Einteilung der Sinnesempfindungen in fünf je einem Organ zugeordnete Modalitäten nicht aufrecht erhalten. Unser Empfindungsspektrum ist weit differenzierter. Man denke nur an die spezifischen Sensoren unserer Haut zur Temperaturmessung oder die viszeralen Sensoren unserer inneren und äusseren Schmerzempfindungen verschiedenster Art. Die Fähigkeit zur Kraftmessung über die graduelle Empfindung unserer Muskelspannung (beispielsweise bei kinästhetischer Betätigung wie dem Heben, Bewegen oder Zerreissen von Gegenständen) ist im Zusammenhang dieser Betrachtung besonders bemerkenswert. Kombinierte Sinneseindrücke, die diese Fähigkeit einschliessen und von einer taktilen Empfindung begleitetet sind, sind in Abb. 221 unter der Bezeichnung «Erproben» zusammengefasst.

Die Entstehung der Wahrnehmungsfähigkeit

Die Aneignung des sinnlichen Erfahrungsschatzes beginnt persönlichkeitsprägend schon im frühesten Kindesalter. Der Biologe und Psychologe Jean Piaget hat dies mit seinen umfassenden Forschungsarbeiten an Kindern jeden Alters schon früh nachgewiesen und Mitte des letzten Jahrhunderts in seiner *genetischen* Theorie über das Zustandekommen der Erkenntnisfähigkeit des Menschen zusammengefasst [13]. Seine über Verhaltensexperimente erlangten Thesen wurden inzwischen durch die Erkenntnisse der modernen Hirnforschung auch neurophysiologisch vollauf bestätigt:

Es gehört heute zum Allgemeinwissen, dass sich die für die Wahrnehmungsweise des einzelnen Menschen massgeblichen synaptischen Verbindungen zwischen den Neuronen des Gehirns, *angeregt durch sinnliche Erlebnisse und deren Deutung,* weitgehend erst nach der Geburt ausbilden. Diese als Plastizität bezeichnete Anpassungsfähigkeit des Gehirnsubstrats vermindert sich deutlich mit zunehmendem Alter, sodass sich die persönlichkeitstypischen neuronalen Verschaltungsstrukturen vorwiegend in den jüngsten bis jungen Jahren des Menschen herausbilden und mit der Adoleszenz im Wesentlichen abgeschlossen sind. Die Fähigkeit zu deren Ergänzung, d.h. zur Aneignung weiteren Wissens, bleibt jedoch bis ins hohe Alter erhalten.

Daher wird ein Kleinkind, dessen neugieriger Drang zum Aufschlitzen, Aufbrechen und Kaputtmachen durch die Eltern aus Sauberkeits- und Ordnungswahn unterbunden wird, nie einen intuitiven Bezug zur physischen Wesensart der Materie entwickeln. Es wird dann später einen Beruf ergreifen, bei dem – wie z.B beim Börsenmakler – kein sinnlicher Wirklichkeitsbezug gefragt ist.

Die Überschätzung des visuellen Anteils der Wahrnehmung

Das «Sehen» ist zweifellos die unserem Bewusstsein am meisten gegenwärtige Sinnesempfindung. Die bekannten wunderbaren Eigenschaften des Auges, auf dessen Information wir uns im Wachzustand ununterbrochen verlassen, lässt uns aber leicht den Wahrnehmungsgehalt des optischen Eindrucks überschätzen und ihm auch den unbewusst in die Wahrnehmung einfliessenden memorisierten Informationsanteil zuschreiben. *In Wirklichkeit beruht nur ein erstaunlich geringer Teil unserer visuellen Wahrnehmungen unmittelbar auf gesehener Information.* Spricht man von *visueller* Wahrnehmung, so ist nicht die Wahrnehmung als solche eine visuelle, sondern nur der sie auslösende optische Sinneseindruck.

So lässt sich beispielsweise allein durch Anschauen eines ruhenden Gegenstands nicht feststellen, ob dieser eine losgelöste Ganzheit oder fest mit dem Hintergrund verbunden ist. Erst wenn wir ihn als einer vertrauten Gegenstandsklasse zugehörig erkennen (z.B. als auf dem Tisch liegendes Buch), nimmt unser Intellekt durch *Assoziation* zu taktilen Umgangserinnerungen mit Büchern dessen Beweglichkeit «wahr». Der direkte optische Eindruck dient bei der Feststellung dieser Eigenschaft «nur» der Objektidentifikation.

Aber auch die durch multisensorielle Erfahrung mit dem betrachteten Objekttyp erweiterten Wahrnehmungsgehalte sind kein sicheres «Wissen». Das Buch könnte ja – dem Auge verborgen – am Tisch angeklebt sein. Auch optische Täuschungen aller Art, allein schon bei der Identifizierung der Betrachtungsgegenstände, sind nicht die Ausnahme, sondern unser ständiger, nicht selten auch heimtückischer Begleiter. Wahrnehmungen sind also stets nur mehr oder minder wahrscheinlich zutreffende *Vermutungen* über wirkliche Sachverhalte. Diese Ungewissheit schlägt logischerweise, so überzeugend diese uns selbst auch vorkommen mögen, auch voll auf all unsere, inhärent ja auf Wahrnehmungserfahrung beruhenden intuitiven Einfälle durch.

Eine saubere Unterscheidung zwischen visuellem Sinneseindruck und visueller Wahrnehmung ist auch der entscheidende Schlüssel zum Verständnis des Wesens der Ästhetik: Diese ist, obwohl durch den optischen Eindruck ausgelöst, nicht eine im Gesehenen selbst vorhandene Eigenschaft, sondern einzig die geistige Projektion einer über bildhaft assoziierbare Erlebniserinnerungen verschiedenartiger Sinnesmodalitäten wahrgenommenen, rein subjektiven Befindlichkeit.

Die vitale Bedeutung der taktilen Wahrnehmung

Unter *taktiler* Wahrnehmung seien hier alle Wahrnehmungsweisen zusammengefasst, die über Sinneseindrücke von Erscheinungen erworben werden, die den simultanen physischen Kontakt mit dem Objekt der Wahrnehmung voraussetzen. Zu diesen gehören neben den direkten Berührungsreizen alle Erfahrungen aus kinästhetischer, oft von muskulöser Kraftempfindung begleiteter Betätigung. Vielleicht ist dem sehenden Menschen die Bedeutung der taktilen Wahrnehmung wegen der Selbstverständlichkeit ihrer – vor Erreichen der Schmerzgrenze – unspektakulären, meistens passiven Allgegenwart so viel weniger bewusst als die willentlich dirigier- und beeinflussbare visuelle. Dennoch ist die taktile Wahrnehmung weit lebenswichtiger: Ohne Augen kann der Mensch gut existieren. Ohne taktile Empfindungsfähigkeit aber ist er mausetot!

Aus der Darstellung des Prozesses der beiden Wahrnehmungsweisen in Abb. 221 geht hervor, dass ausser der Farbe sämtliche im Schema aufgeführten, visuell wahrnehmbaren Begrifflichkeiten auch taktil erkannt werden können. Dies erklärt die für den sehenden Menschen schwer vorstellbare Tatsache, dass sogar blind Geborene im Stande sind, sich in ihrer Umgebung sicher zu orientieren und ein reichhaltiges Leben zu führen. Sehr

Der Prozess
der sinnlichen Wahrnehmung

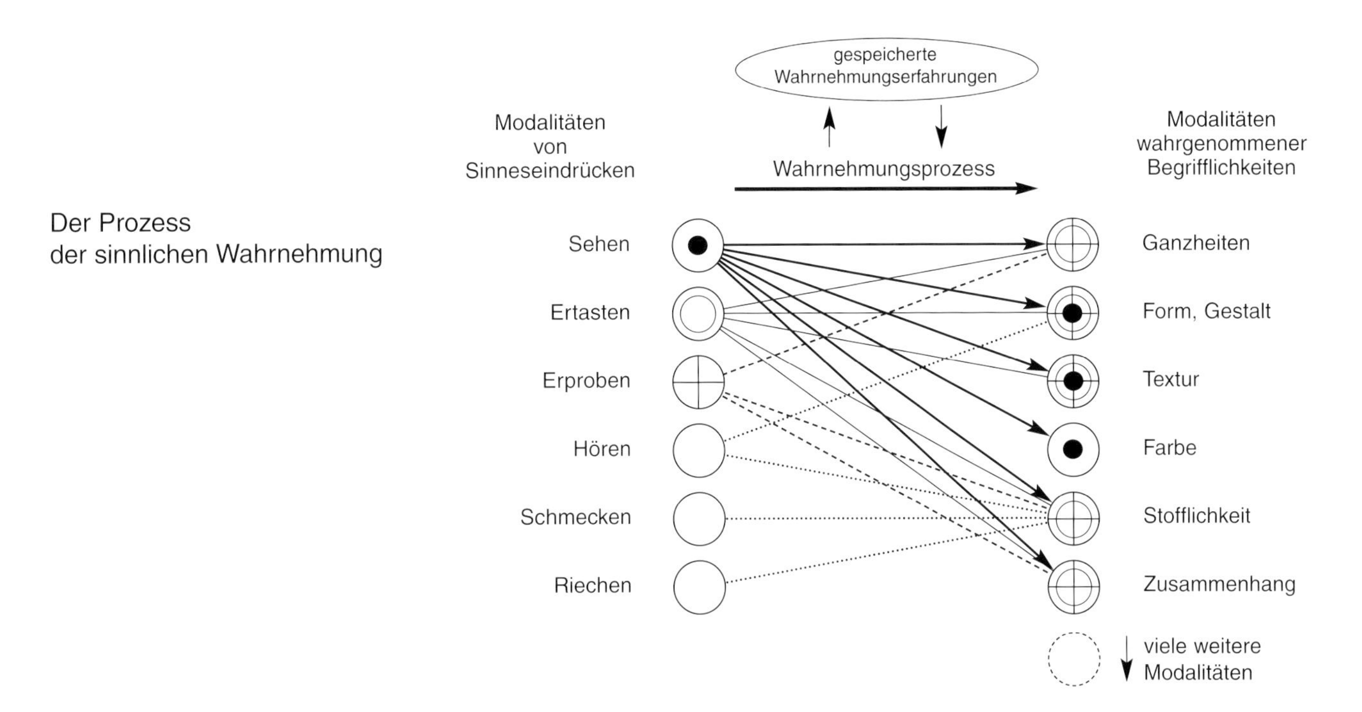

221 Schematische Darstellung des sinnlichen Wahrnehmungsprozesses von gegenständlichen Objekten und deren Eigenschaften.
Dominanz und Überbewertung der visuellen Wahrnehmung: Alle sechs der aufgeführten Gegenstandseigenschaften können visuell wahrgenommen werden. Dies aber nur über assoziative Ergänzung der optischen Information durch frühere Wahrnehmungserfahrungen anderer (oben symbolisch gekennzeichneter) Sinnesmodalitäten. Nur drei der erkennbaren Eigenschaften (mit fetten Punkten) sind mit dem Auge allein überhaupt erkennbar.
Bedeutung und Unterbewertung der taktilen Wahrnehmung: Taktile Wahrnehmungserfahrungen (aus Berühren und Erproben) liefern die zur visuellen Wahrnehmung unverzichtbaren Ergänzungen. Mit Ausnahme der Farbe können sämtliche der angeführten Dingeigenschaften auch ganz ohne optische Information wahrgenommen werden. Dies erklärt den erstaunlich realen Wirklichkeitsbezug auch blind geborener Menschen.

oft kann ja im Gegenteil auch visuelle Wahrnehmung ohne simultane taktile Eindrücke oder Erinnerungsblitze gar nicht zustande kommen.

Nur wer sich die vitale Bedeutung der taktilen Wahrnehmungserfahrung vergegenwärtigt, kann sich ein echtes Bild über die Verkümmerung des menschlichen Wirklichkeitsbezugs bei deren Ausbleiben machen. Dem unerfahrenen Kind, das sein Weltbild aus der aller taktilen Sinnesübermittlung baren elektronischen, audio-visuellen Bildschwemme bezieht, wird diese Erfahrung von vornherein vorenthalten. Das Ausmass der erschreckenden Auswirkungen dieses Wirklichkeitsdefizits der medienbasierten Informationsübermittlung kann sich der ausgereifte Mensch, der ja die bildlichen Eindrücke unbewusst und spontan noch mit Assoziationen zu seinem Schatz anderweitig erworbener taktiler Wahrnehmungserfahrungen anreichert, kaum ausmalen.

Zusammenfassend führen die Betrachtungen über das Zustandekommen der Intuitionsfähigkeit zu folgender Feststellung:

> *Das durch unmittelbare sinnliche Wahrnehmung erworbene Wissen über die Eigenschaften der stofflichen Dinge ist für die intuitive Beziehungsfähigkeit des Menschen zur physischen Wirklichkeit entscheidend und somit auch Voraussetzung für jede fruchtbare technisch-formale Entwurfstätigkeit.*

Es liegt auf der Hand, dass die Aneignungsweise dieses Wissens notwendigerweise mit handwerklicher Betätigung und Freude am neugierigen Experimentieren zu tun hat.

Beruf und mentale Disposition

Da zwischen Begabung und akademischer Ausbildung grundsätzlich keine *kausale* Beziehung besteht, wurde bis hier die für die bauliche Entwurfstätigkeit besonders Erfolg versprechende mentale Disposition nicht mit einer Berufskategorie in Verbindung gebracht. Sprachlogisch gesehen sind Leute, die Architektur betreiben, Architekten. Aber seit es Ingenieure gibt, schaffen auch diese Baukunst. Man nennt deren Architektur dann – schüchtern differenzierend – Ingenieur-Baukunst. Werden Objekte zu Architektur, *weil* sie von Architekten stammen? Oder ist es, falls man die Sache selbst über ihren Namen stellt, nicht eher umgekehrt? – Auf derartige Begriffsspielereien rund um den letztlich ohnehin zur Debatte stehenden Wortsinn von «Architektur» reduziert sich bei näherem Zusehen die ganze Substanz des in der heutigen Bauwelt zwischen Architekten und Ingenieuren latent schwelenden Familienzwists. – Mit Distanz betrachtet, eine wohl einmalige Burleske zwischen Fachleuten eines zusammengehörigen Arbeitsgebiets!

Wenn dieses soziale Phänomen wirklichkeitsfremder Simplifizierung hier überhaupt zur Sprache kommt, dann einzig aus dem Anliegen, dessen völlige sachliche *Überflüssigkeit* aufzuzeigen. Das Thema ist daneben auch Anreiz, um aus der Perspektive der psychologischen Hintergründe des Entwerfens einige freimütige Gedanken zur Baukunst und dem gesellschaftlichen, weltanschaulichen und technologischen Stimmungsbild, in dem diese heute ausgeübt wird, zu skizzieren.

2.1.3 Architekt und Ingenieur

Beim Versuch, Vitruv, dem ersten dokumentierten Architekturtheoretiker der Kulturgeschichte, eine heutige Berufsbezeichnung zuzuordnen, gerät man unvermeidlich in Verlegenheit. Denn seine «Zehn Bücher über die Architektur» befassen sich nicht nur mit der damaligen Baukunst und den ihr innewohnenden Ingenieurfragen von «firmitas». Sein letztes Buch ist sogar ausschliesslich den verschiedensten Maschinen seiner Zeit gewidmet. Vitruv sah im Architekten neben dessen ästhetischer Kompetenz auch den auf allen Gebieten der Technik bewanderten *Universalisten*. – In den einschlägigen Lexika wird diese Leitfigur der Architekten aber meistens als Ingenieur aufgeführt.

Die Geburt des Ingenieurs

Die obige Begriffsverwirrung hat ihren Ursprung im Ende des 18. Jahrhunderts, als der «Ingenieur», dessen Funktion erfinderische Menschen aus unterschiedlichsten Betätigungsbereichen zwar schon zu allen Zeiten ausgeübt haben, als spezifischer *Berufsstand* aus der Taufe gehoben wurde. Die sich damals ankündigende technische Revolution und die beginnende Industrialisierung benötigte Menschen, die befähigt waren, die sich überstürzenden Erkenntnisse der exakten Naturwissenschaften unter Anwendung der sich ebenso rapide entwickelnden mathematischen Methoden in nützliche Gebrauchsgüter umzusetzten. Dieser gesellschaftliche Bedarf an erfinderischer Kreativität rief nach Schaffung besonderer Schulen zur Ausbildung moderner Ingenieure, die mit den technischen und theoretischen Errungenschaften der Zeit Schritt halten konnten.

Als Keimzelle der neuen Art von Bildungsstätten gilt die 1795 in Paris gegründete «École Polytechnique» [14]. Sie entstand im liberalen und rationalen Geist der französischen Revolution, von dem auch ihre Gründungsväter und Lehrer beseelt waren. Zu ihnen zählten auch so illustre Enzyklopädisten wie die Mathematiker und Philosophen d'Alembert und Condorcet. Die Lehrmethoden drehten sich denn auch in allen Fachgebieten um die gemeinsame Achse der Mathematik, zu deren Entwicklung auch die Lehrer dieser Schulen selbst Entscheidendes beitrugen. Typisch dafür ist der systematische Aufbau der für Architekten und Ingenieure gleichermassen wertvollen «darstellenden Geometrie» durch Gaspart Monge. Die jungen Architekten studierten dort im vereinten Glauben an die rationale Beherrschbarkeit der Dinge anfänglich in Minne mit den neu geschaffenen Ingenieuren. Auch die Entwurfslehre der Architekten, in der Konstruktion und Komposition noch gleiches Gewicht hatten, war von ausgeprägt analytischem Charakter. – Jedenfalls setzte das generelle Unterrichtskonzept der «École Polytechnique», das durch die Verknüpfung von theoretischen Vorlesungen mit praktischen Übungen im Zeichensaal und im Laboratorium gekennzeichnet war, weltweit bleibende Massstäbe für die technische Ausbildung.

Welche Form diese Polytechniken, denen teils auch der Status von Hochschulen bzw. Universitäten zuerkannt wurde, im Einzelnen auch immer annahmen, mit ihnen standen sich nun – und stehen sich noch heute – zwei Schultypen mit gegensätzlichen (Denk-)Kulturen gegenüber: Auf der einen Seite die neuen, dem kartesianischen Rationalismus verschriebenen, jeder Emotionalität abholden technischen Lehranstalten und auf der anderen die klassischen, weit toleranteren, geistes- und kulturwissenschaftlich ausgerichteten Universitäten.

Die Lehrweise der technischen Wissenschaften unterscheidet sich auch signifikant von derjenigen der ihnen sonst so nahe liegenden exakten Naturwissenschaften: Im Gegensatz beispielsweise zur Physik, die bestrebt ist, die stoffliche Welt als Ganzheit zu begreifen, wurde das sich auf letztere berufende, *in sich ebenso unzertrennlich verwobene* Gebiet der Technik an den neuen Schulen – besonders ausgeprägt an der ETH Zürich mit der Einführung (1855) ihrer weitgehend *autonomen* «Abteilungen» [14] – von vornherein in anwendungsbezogene Teilgebiete aufgesplittert. Die Kriterien zu dieser Zergliederung, die bis heute ihre verkrusteten Spuren hinterlassen hat, kamen je nach Land aus Anlehnung an militärische und ministerielle Verwaltungsstrukturen, oder auch aktuelle technische Errungenschaften, denen man in momentaner Euphorie bleibende gesellschaftsrelevante Bedeutung beimass. Als Folge kann es beim Gedankenaustausch zwischen Angehörigen solcher «Disziplinen» (die zur Identitätspflege auch ihre ureigenen Methoden und Fachjargons hegen) durchaus vorkommen, dass sie nicht mehr merken, wenn sie vom gleichen Sachthema sprechen. – Die Segmentierung kommt im Effekt der Institutionalisierung des heute so beklagten Spezialistentums gleich.

In diesem Sinne wird u.a. auch festgeschrieben, was Bauingenieure zu lernen haben. Unter diesen befinden sich auch die so genannten «Baustatiker», die sich besonders eingehend mit der Festigkeitslehre befassen und damit eine privilegierte Wissensbasis besitzen, um aus der Perspektive von «firmitas» auch Einfluss auf den Bauentwurf und damit *potenziell* auch auf die Architektur zu nehmen oder «sogar» selbst zu Architekten zu werden. Im weiten Feld auch anderweitiger Sorgen der Ingenieure und insbesondere der Architekten wird jedenfalls das Festigkeitsproblem, wenn es im Rahmen einer gemeinsamen Bauaufgabe von gestaltrelevanter Bedeutung ist, zum Brennpunkt der gegenseitigen Auseinandersetzung. Die Statiker sind deshalb insbesondere angesprochen, wenn im Weiteren vom Ingenieur die Rede ist.

Die Bauaufgaben der Statiker – ob Teilkonstruktionen oder ganze Bauwerke – zeichnen sich wie die der Architekten durch ihre jeweilige Einmaligkeit aus. Sie haben, im Unterschied zu den Serienprodukten der Ingenieure anderer Fachbereiche, wegen der grossen Unterschiedlichkeit der Randbedingungen meistens den Charakter von Prototypen. Beim Baukonstrukteur ist daher vor allem Einfallsreichtum und technische Flexibilität gefragt.

Unvereinbarkeiten mit Architektur und den Architekten

Kein menschliches Betätigungsfeld ist durch die weltanschauliche Spaltung der öffentlichen Ausbildungsstätten existenzieller betroffen als die sich als *unteilbares Ganzes* verstehende Architektur. Sie verläuft ja quer durch die Wissensgebiete, die nach Vitruv die intellektuelle Basis des architektonischen Schaffens bilden und nun fragmentiert in beiden Hochschultypen gelehrt werden (vgl. Abb. 202).

Vor diesem Hintergrund ist das Dauerdilemma der modernen Architekten in der Frage ihrer akademischen Zugehörigkeit zu sehen. Was mit dem aufklärerischen Idealismus von «liberté, égalité et fraternité» begann, führte bei vielen Architekten unter dem Eindruck der oft als rücksichtslos empfundenen technischen Revolution und der wachsenden Überhandnahme mathematischer Anforderungen bald zu einer Besinnung auf ihr kunsthistorisches Erbe und ihre kulturelle Mission als Schöpfer und Überwacher von «venustas». Die wütenden Attacken der damaligen Stararchitekten gegen die «Kulturschande» des von Ingenieuren geschaffenen Eiffelturms (1885–89) setzte ein Zeichen für den aufkeimenden Antagonismus zwischen den beiden Berufsgattungen.

Die schrecklich beengend, nach Sachdisziplinen strukturierten Studienpläne der technischen Bildungsstätten, an denen die Architekten dennoch meistens, ähnlich den Ingenieuren, ihren höheren Studien innerhalb einer Fachbereichsschublade nachgehen, sind mit ihrem Selbstverständnis als liberale Universalisten schwerlich vereinbar. Viele suchten deshalb bald ihre «alma mater» in Kunstakademien, wo sie sich vermehrt der dekorativen Seite der Architektur zuwenden konnten. Und im verflossenen Jahrhundert haben hervorragende Architekten – man denke u.a. an das Bauhaus von Dessau, die Hochschule für Gestaltung in Weimar, die Akademie für Baukunst in Amsterdam oder die neue Schweizer Architekturakademie in Mendrisio – immer wieder die Initiative zur Schaffung ihrer Standesauffassung besser entsprechender Schulen ergriffen.

Diese Flucht aus der trockenen Umgebung allzu einseitiger Rationalität ändert aber nichts an der Eigendynamik, mit der die Entwicklung neuer Technologien auch im Bauwesen unaufhaltsam fortschreitet und nachhaltigen gestalterischen Einfluss auf die Architektur ausübt. Während sich in früheren Zeitepochen das bautechnische Umfeld im Laufe eines Menschenalters kaum merklich veränderte, die Konstruktionsweise sich deshalb über Generationen in überschaubare Regeln fassen liess, ist heute die einzige Konstante der technologischen Randbedingungen ihr permanenter *Wandel*. Die Formensuche wird zu einem laufenden, durch Impulse aus diesbezüglichen intuitiven Einfällen angetriebenen Prozess der sinnvollen Ausdeutung der aktuellen technischen Möglichkeiten. Dieser Gegebenheit kann sich auch der Architekt, der sich vermehrt der immateriellen Seite der Architektur zuwendet, nicht entziehen, es sei denn, er begnüge sich mit Bauaufgaben – deren es ja eine grenzenlose Fülle gibt –, bei denen die Festigkeitsfrage ohne nennenswerten gestalterischen Belang ist.

«Firmitas» ist der einzige Aspekt der Trilogie, der sich auf die *stoffliche Wirklichkeit* der Architektur und damit implizite auch auf die materielle Bedingtheit ihrer formalen Ausdrucksmöglichkeiten bezieht. Da, wie oben festgestellt, die Beurteilungsfähigkeit des Menschen der physischen Eigenschaften des baulichen Gebildes massgeblich auf dessen persönlichem *taktilen* Erfahrungsschatz beruht, geht mit Abwendung des Interesses des Architekten von der Baukonstruktion unvermeidlich eine *Verarmung seiner sinnlichen Beziehung* zur *Physis der Form* einher. Als Folge lässt sich auch seine Wahrnehmungsweise von «venustas» immer ausschliesslicher von rein optischen Assoziationen leiten.

Die Abtretung von «firmitas» an die Ingenieure bedeutet für den Architekten die Einbusse eines seiner drei angestammten vitruvianischen Standbeine, was (falls er sich diesem anspruchsvollen Selbstverständnis verschrieben hat) seinen Status als Universalist schmerzlich in Frage stellt. Dies verleitet manche von ihnen dazu, den Verlust – auf Kosten der ruhigen Ausgewogenheit, die jede gesunde, auch die kühnste Konstruktion natürlicherweise ausstrahlt –, durch überbetonte (ausschliesslich visuell inspirierte) *Fabrikation* gekünstelter «venustas» zu kompensieren. Im heutigen Architekturpanorama mangelt es daher nicht an Bauten, bei denen die Tragkonstruktion – ungeachtet der Kostenfolgen solcher Vergewaltigungen – zum zweckdienlich zurechtgebastelten Traggestell spektakulärer Kulissenbauten degradiert, oder selbst zur Vollführung Aufsehen erregender Trapezkunststücke gezwungen wird – eine Tendenz, die im Wettstreit mit der effekthascherischen Bildschwemme des neu angebrochenen Medienzeitalters ihren zusätzlichen Ansporn findet.

Der Ingenieur hätte die besten Voraussetzungen, dieser kosmetischen Verwilderung seine Sensibilität für die «Echtheit» tragfähiger Formen entgegen zu halten. Dies bedingt allerdings, dass er bei aller Rationalität seines theoretischen Wissens und seiner physikalischen Kenntnisse der Baustoffe und Technologien auch *unmittelbar* auf sein *taktiles Einfühlungsvermögen* in die stoffliche Wesensart vertraut und dieses in nachempfindbare plastische Ausdrucksformen umzusetzen sucht. Bei solchem Tun kann er mit dem Beifall all der Architekten rechnen, die – und diese sind trotz der obigen Anmerkung alles andere als ausgestorben – den Wahrhaftigkeitssinn für die bauliche Wirklichkeit der Architektur bewahrt haben.

Angesichts der auf unterschiedlichem sinnlichem Wirklichkeitsbezug beruhenden Divergenz der auf ein- und dieselbe Problemstellung ausgerichteten Gestaltungskriterien der Ingenieure und Architekten scheint, um der zeitlosen architektonischen Maxime nach Ganzheitlichkeit des baulichen Werks weiterhin nachstreben zu können, nichts einleuchtender zu sein, als deren komplementäres Wissens- und Vorstellungsgut in «interdisziplinärer» Teamarbeit wieder zusammenzuführen. – Gegen diese gute Absicht sträubt sich aber die künstlerische Komponente der Architektur: «Venustas», bzw. deren Wahrnehmung und Beurteilung ist ein eifersüchtig gehüteter geistiger Besitzstand des Individuums und daher *im Prinzip* personell nicht aufteilbar.

Wie diese bruchstückartigen Einblicke nahe legen, befasst sich unser Thema mit einem kunterbunten Kaleidoskop ganz artverschiedener Gesichtspunkte teils rationaler, teils irrationaler Natur, die sich je nach persönlicher Betrachtungsweise und dem sozialen Umfeld – das auch selbst einem laufenden zeitlichen Wandel unterworfen und zudem von Land zu Land verschieden ist – zu ganz unterschiedlichen Gesamteindrücken formieren. Keine der denkbaren Momentaufnahmen kann für sich in Anspruch nehmen, das «wahre» Bild einer beliebig komplexen und dynamischen Wirklichkeit zu sein. – Wo Architektur mit im Spiel ist, kann es inhärenterweise keinen objektiven Standpunkt geben.

Dieses schillernde Szenario bildet den gesellschaftlichen Hintergrund, auf dem sich in der Praxis die Architekten sowohl untereinander als auch mit den Ingenieuren – alle auf ihre eigene Weise – zusammenraufen.

Wenn die ordnungsbeflissene Öffentlichkeit nun glaubt, regelnd auf diese lebendige Realität einwirken zu müssen, so kommt sie nicht umhin, sich von dieser ein greifbares Bild zu machen und die Wirklichkeit in eine künstliche Ersatzvorstellung einzufrieren.

Fiktionen als Regulativ des Unregulierbaren

Die von Architekten und Bauingenieuren entworfenen Gebäude und Einrichtungen bilden die allgegenwärtige Bühne für die täglichen Verrichtungen des zivilisierten Menschen. Die Tätigkeiten der beiden Berufsgattungen unterliegen daher nicht nur der ständigen Aufmerksamkeit und Kritik der Gesellschaft, sondern werden auch zum Gegenstand von Politik und letztlich auch der administrativen Überwachung durch öffentliche Organe.

So sehr auch Verordnungen zur Festlegung der von den durch Ingenieure und Architekten projektierten *Erzeugnissen* einzuhaltenden Rahmenbedingungen – z.B. betreffend deren städtebaulicher Einordnung oder Nutzungssicherheit – ihre unbestreitbare gesellschaftliche Berechtigung haben, so unakzeptabel werden diese, wenn sie sich in deren persönliche Zuständigkeitsbereiche oder Fragen ihrer *intellektuellen Arbeitsweisen* einmischen. Dies gilt auch, wenn derartige Regelungsinitiativen sogar von einschlägigen Berufsverbänden zur Demarkierung von Jagdrevieren für ihre «gewerbetreibenden» Schützlinge ausgehen. – Die selbständige Persönlichkeit bedarf weder der wohlmeinenden Hilfestellung noch der Bevormundung durch die Gesellschaft.

Jede Ordnung setzt notwendigerweise eine Klassifizierung der in Betracht gezogenen Objekte nach eindeutigen Unterscheidungskriterien voraus. Wenn das soziale Ordnungsbedürfnis *menschliche Verhaltensmuster* zum Gegenstand hat, so treten in Ermangelung objektiv messbarer Unterscheidungsmerkmale gesellschaftlich vereinbarte, subjektive Beurteilungskriterien an deren Stelle. Diese stützen sich immer auf ein grob vereinfachtes, der Öffentlichkeit leicht einleuchtendes Weltbild von suggestiver «Klarheit», dessen Validität Arglose dann dank selektiver Wahrnehmung ihrer persönlichen Erfahrungen auch im täglichen Leben bestätigt zu finden glauben. – Die zur Regelung der beruflichen Zuständigkeiten von Ingenieuren und Architekten herbeigezogenen Unterscheidungskriterien sind ein, wenn auch nicht weltbewegendes, so doch typisches sozialpsychologisches Schulbeispiel für die Entstehung und die Auswirkungen öffenlicher Meinungsschablonen.

Das Konstrukt der stereotypen Berufsbilder ...
Zur Abgrenzung der Betätigungfelder und typischen Arbeitsweisen von Ingenieuren und Architekten zwecks Festlegung ihrer sozialen Obliegenheiten scheint es naheliegend, sich an den Lehrstoffen ihrer beruflichen Ausbildung zu orientieren.

Stellt man zu diesem Zweck die entsprechenden Studienprogramme gegenüber, so springt schon beim ersten Blick ein frappanter Gegensatz ins Auge: Während bei den Architeken die *Entwurfslehre* einen ausgesprochen dominierenden Platz einnimmt und sich in unterschiedlichem sachlichem Zusammenhang über die ganze Studiendauer hinzieht, findet dieser Unterrichtsstoff bei den Ingenieuren nirgends auch nur Erwähnung. Wenn dieser Kontrast auch nicht an der abwegigen Vorstellung liegen kann, Ingenieure hätten bei ihrer Berufsausübung nichts zu entwerfen, so veranlasst er doch zu einer grundsätzlichen Frage ganz anderer Natur: *Ist Entwerfen überhaupt erlernbar*?

Wie dem auch sei, jedenfalls ist es eine Tatsache, dass Ingenieurstudenten, wenn ihnen Lehrer nicht informell darüber berichten, in der Schule vom Entwerfen nichts hören. Angehende Bauingenieure werden ausschliesslich – und dies mit der dem Schultyp eigenen Gründlichkeit – mit der Berechnung *vordefinierter* Konstruktionstypen bzw. dem theoretischen *Nachweis* von deren Tragfähigkeit vertraut gemacht. Projiziert man dieses Lehrkonzept in das Schema des dialektischen Vorgangs des Entwerfens in Abb. 220, so lässt sich daraus ohne weiteres die gängige Meinung über die Rollenverteilung zwischen den beiden Berufsgattungen bei gemeinschaftlicher Projektierungsarbeit ablesen:

> Der Architekt ist der schöpferische Formgestalter des Gebäudes. Der Ingenieur sorgt mit seinen Berechnungen für dessen Stabilität und Festigkeit.

Der «studierte Entwerfer» ist im Entwurfsprozess per definitionem die Quelle der ausschlaggebenden *intuitiven* Einfälle.

Vergleicht man auch die übrigen Inhalte der Lehrstoffe – die stark kulturgeschichtlich betonten gegenüber den vorwiegend mathematisch orientierten – und unterstellt den einschlägigen Ausbildungsstätten bedenkenlos ihre weltanschauliche Polarisierung, so überrascht auch der weitere Gedankensalto nicht mehr, mit dem die Gesellschaft dieses Denkschema kurzerhand auf die *Mentalitäten* der *Menschen* der beiden Berufsklassen überträgt. Zur pseudowissenschaftlichen Untermauerung der gegensätzlichen mentalen Dispositionen boten sich dem «terrible simplificateur» dann noch die im 19. bis tief ins 20. Jahrhundert so populären *Dichotomien* an, mit denen menschliche Begabungen mit Vorliebe nach ihrer einseitigen «Gehirnlastigkeit» eingestuft wurden. Es bestach die – inzwischen physiologisch längst überholte – Mär, wonach sich der anatomische Sitz der gegensätzlichen Veranlagungen genau mit dem deutlich auf zwei Kopfhälften aufgeteilten Hirnsubstrat deckt [2]. An einige Beispiele solcher auch heute da und dort noch herumgeisternder Zweiteiligkeiten sei hier der Kuriosität halber erinnert:

Linke Hemisphäre	Rechte Hemisphäre
(Ingenieur)	(Architekt)
verbal	visuell-räumlich
rational	intuitiv
abstrakt	konkret
objektiv	subjektiv
realistisch	impulsiv
intellektuell	gefühlvoll

Aus dieser stereotypen Mentalitätszuordnung ergibt sich ganz von selbst die im architektonischen Entwurf besonders bedeutsame Zuständigkeitszuweisung:

> «Venustas» ist die exklusive Domäne der Architekten.

Wenn sich auch die meisten Architekten der Unbilligkeit solch verallgemeinernder Qualitätszuweisungen vollauf bewusst sind –

Veranlassung, sich der favorisierenden Einschätzung durch die Gesellschaft zu widersetzen, haben sie jedenfalls keine.

... und dessen logische Verirrungen

Zur Bestätigung der Lebenserfahrung, dass es – gottlob – ganz unterschiedliche, auch überwiegend rational oder emotional veranlagte Menschen gibt, bedarf es beileibe nicht der Herbeiziehung fadenscheiniger Metaphern wie die der obigen Dichotomien. Entscheidend ist nur die Feststellung, dass solche Veranlagungen, wo immer diese im Gehirn auch angesiedelt sein mögen, nie die *Folge* der Berufsausbildung sind und daher kausal auch nichts mit dem Berufstitel zu tun haben.

Niemand bezweifelt die unersetzliche soziale und kulturelle Funktion, die die höheren technischen Lehrinstitutionen als Wissensvermittler ausüben. Sie sind aber im Unterschied zur Grundschule für die Formierung der Mentalitäten ihrer Zöglinge bei weitem nicht so wichtig, wie sie sich selbst nehmen. Ontogenetisch sind die Persönlichkeitskonturen der Studenten ja längst vor dem höheren Studium vorgezeichnet. Auch die schmale ingenieurtypische Wissensaneignung von «vielem über Wenig» muss daher die spätere Entfaltungsweise ihrer Talente keineswegs einschränkend präjudizieren. Ganz abgesehen von dem auch unmittelbar entwurfsinspirierenden Potenzial der *formalen Schönheiten mathematischer Gesetzmässigkeiten*, liegt die Triebfeder des ungeduldigen jungen Menschen zur Studienwahl des Ingenieurs nicht vorrangig in seiner ausgesprochenen Vorliebe für die Rationalität der zu erlernenden Arbeitswerkzeuge, als vielmehr in der Einsicht der Notwendigkeit von deren tieferem Verständnis zur Verwirklichung seiner – durchaus emotional erlebten – Erfindungs- bzw. Gestaltungsträume. Auf dieser menschlichen Ebene unterscheiden sich motivierte Ingenieure durch nichts von ebensolchen Architekten.

Die Wichtigkeit etablierter Ausbildungsprogramme wird weiterhin durch die Tatsache relativiert, dass sich ein beachtlicher Teil der erfolgreichen Architekten das Rüstzeug zur Entfaltung ihres Gestaltungstalents auf ganz unkonventionellen, bezeichnenderweise oft mit handwerklicher Arbeit verbundenen Bildungswegen erworben hat. Bei Ingenieuren ist dies wegen der grösseren Schwierigkeit der autodidaktischen Aneignung mathematisch orientierter Wissenschaften seltener der Fall. Dennoch stammt ein bedeutender Teil der wichtigsten Erfindungen – man denke nur an Edison – von reinen Autodidakten oder erfolgreichen «dropouts», die den beengenden Zwängen der technischen Lehranstalten vorzeitig entflohen. Lehrstoffe von Schulen sind deshalb grundsätzlich kein Massstab für deren professionelle Anwendungsweise durch den von seiner persönlichen Veranlagung geprägten Menschen.

Ausserdem ist – schon im Vergleich mit den auch unter sich weit divergierenden beruflichen Laufbahnen der Architekten – die Auffassung, dass ausgerechnet Bauingenieure, nur *weil* sie etwas mehr von der *rationalen* Statik verstehen, keine Empfindsamkeit für «venustas» haben könnten, kaum mehr als eine – nicht immer ganz neidfreie – Schutzunterstellung.

Bei differenzierter Betrachtung stürzen jedenfalls die Scheinbegründungen für eine gegensätzliche mentale Disposition der beiden Berufsangehörigen wie ein Kartenhaus in sich zusammen. – Dies ändert aber nichts an der realen Existenz der vorgefassten Meinungen. Wie Architekten, vor allem aber die hier in erster Linie ins Auge gefassten Ingenieure in ihrer täglichen Arbeit mit diesem öffentlichen Vorurteil umgehen, ist eine Frage ihrer persönlichen Lebenseinstellung.

Selbst Robert Maillart, der, auf sich allein gestellt, Brücken von grosser gestalterischer Ausdruckskraft geschaffen hat, wich, wie Sigfried Giedion im folgenden Zitat aus seinem Klassiker «Raum, Zeit und Architektur» sehr bedauert, bei seinen Hochbaukonstruktionen der formalen Auseinandersetzung mit den zuständigen Architekten aus: «Er, ein bescheidener Helfer der Architekten, konstruierte eine ganze Anzahl von Bauten, die so wirken, als hätte er damit nichts zu tun gehabt» [10]. – Fühlte sich Maillart, dessen Kriterien für Schönheit vermutlich anderer Art als die seiner «Auftraggeber» waren, auf dem glatten Parkett der Architekturszene schlicht verunsichert, oder sah er keinen sonderlichen Anreiz darin, den Architekten heisse Kastanien aus dem Feuer zu holen, die, wenn architektonisch relevant, von der Öffentlichkeit ohnehin den letzteren zugeschrieben werden? Schliesslich pflegt ja jede Baustellen-Informationstafel von Hochbauten mit unangefochtener Selbstverständlichkeit zu verkünden, welcher Architekt Urheber (und damit stillschweigend auch die schöpferische Kraft) des Projekts ist, und welcher Ingenieur dazu pflichtbewusst die zur sicheren Bauausführung notwendigen Berechnungen geliefert hat. – Dies auch dann, wenn die vom Betrachter als Architektur wahrgenommene Gestalt des Gebäudes massgeblich vom Ingenieur geformt oder mitgeformt wurde.

Schon dieser Hinweis wirft ein erstes Licht auf die subtilen Konfliktquellen, denen die Beziehungen zwischen Angehörigen der beiden Berufsgattungen durch die Voreingenommenheit der Gesellschaft ausgesetzt sein können.

Der Ingenieur zwischen Wissen, Verantwortung und Kreativität

Zum besseren Verständnis solcher Dissonanzen scheint es angebracht, zuerst einen Blick hinter die Kulissen der intellektuellen Sorgen des Ingenieurs zu werfen, die Aussenstehenden ja meist weit ferner liegen als die des Architekten:

Der wertvollste Ausbildungsziel aller Ingenieurausbildung ist die Vermittlung der mathematisch-naturwissenschaftlichen Grundlagenkenntnisse der physikalischen Gesetzmässigkeiten. Dieses Wissensgut wird, einmal zum integrierenden Bestandteil der sonstigen Vorstellungswelt des angehenden Ingenieurs verarbeitet, zu einem festen Bezugsraum all dessen persönlichen Denkens.

Im Unterschied zum exakten Naturwissenschaftler, für den das (*analytisch* beschreibbare) Verständnis der Naturphänomene als solches Endziel seines Bestrebens ist, verwendet der Ingenieur die bestehenden – inhärent immer unvollständigen – Kenntnisse umgekehrt zur Erfindung und Herstellung von Gebrauchsgegenständen mit beabsichtigten Eigenschaften, d.h. zur gezielten *synthetischen* Reproduktion von Phänomenen. Bei dieser Tätigkeit gerät er unvermeidlich in ein Spannungsfeld zwischen seinem persönlichen Innovationsdrang, den Grenzen seines Wissens und der Verantwortung seines Tuns gegenüber der Gesellschaft.

Bauwerke können beispielsweise einstürzen. Da es keine absolute Sicherheit gibt und statistische Erhebungen über die Gefahren (wie Erdbeben, Stürme und Schneefälle etc.) nicht Aufgabe des Einzelnen sein können, ist die bedrohte Gesellschaft natürlich berechtigt, dem Ingenieur Richtlinien über die «Dosierung» der zu garantierenden Sicherheit vorzuschreiben. Neben der Übermittlung der notwendigen Daten versuchen sich dann amtlich ernannte wissenschaftliche Gremien immer wieder an der (in umfassend verbindlicher Form unlösbaren) Aufgabe, Sicherheitsvorstellungen in mathematisch objektivierte Vorschriften der Festigkeitsberechnung umzusetzen. – Der dem Amtsschimmel innewohnende Drang, sich zu verselbstständigen, führt dann leicht dazu, das Kind mit dem Bade auszuschütten und gleich auch das Innovationspotenzial des Bauingenieurwesens zu strangulieren.

Das Normen-(Un)wesen

Seine diesbezügliche Sorge brachte Maillart schon 1938, als sich der allgemeine Regulierungsfimmel im Vergleich zu heute noch in Grenzen hielt, mit folgenden Worten zum Ausdruck [10]:
«Leider verführen oder zwingen die amtlichen Vorschriften, besonders wenn sie als Lehrstoff benützt und von den Kontrollbeamten buchstäblich angewendet werden, den Ingenieur zu deren strikter mechanischer Anwendung. Eine allgemeine Lockerung der Vorschriften im Sinne der Zuweisung einer grösseren Verantwortung an den konstruierenden Ingenieur würde sehr zur qualitativen Verbesserung unserer Bauwerke beitragen. Vor allem dürften die Vorschriften nicht schon dem Studierenden angelernt werden, da dies der Freiheit seines Blickfeldes nur abträglich sein kann [...]»

Maillart wendet sich gegen die geistige Bevormundung des Ingenieurs und dessen Teilerziehung zum formaljuristisch untadeligen Formularausfüller von Rechenrezepten. Neben der damit verbundenen Verantwortungsflucht verkommt dabei auch die Naturwissenschaftlichkeit seines Denkens. Nur das kritische Hinterfragen des Wirklichkeitsgehalts von Formeln und Theorien, d.h. der ihnen zugrunde liegenden Modellvorstellungen, lässt den Konstrukteur diese sinnvoll anwenden oder kann ihn zu Gestaltungsideen anregen. Paradoxerweise führt nicht selten ausgerechnet die exakte Applizierung – sinnwidrig gebrauchter – Vorschriften zu Baukatastrophen. – Verantwortungsübernahme ist weit mehr als eine soziale Pflichtübung. Sie ist ein inhärenter Wesenszug des Berufsethos des Ingenieurs, dessen einziger Garant letztlich nur seine *persönliche* Urteilskraft ist.

Der Computer

Gleich wie die Verwendung standardisierter Rechenrezepte, entrückt auch die blinde Anwendung der tiefgefrorenen Weisheiten von Computerprogrammen den Statiker vom Verständnis seines eigenen Tuns und damit auch seiner echten Verantwortungsfähigkeit. Es gilt deshalb heute in noch erhöhtem Masse, was Pier Luigi Nervi 1969 schrieb [12]: *«Mit Theorie lassen sich heute auch komplizierte statische Probleme leicht lösen [...] Allein, wie immer äussert sich die Verminderung geistigen Bemühens und der Fortfall jenes Ringens, das einzig eine intuitive Vision statisch-konstruktiver Systeme gewährleistet, in einem Verlust an Ausdruckskraft und in der technischen Kälte zahlreicher heutiger Bauten.»*

Die ursprüngliche Bemühung des Ingenieurs um sinnlich nachempfundenes Verständnis der Tragweise seiner Konstruktionen hat dem allgemeinen Aberglauben an Zahlen und deren vollkommen wirklichkeitsfremder Scheingenauigkeit Platz gemacht. Während es Maillart in seinem Zitat noch um die Ermahnung zum *Grundlagenverständnis* der damals bei ihrer Anwendung wenigstens rechnerisch noch bewusst nachvollzogenen Formeln ging, erübrigt sich bei der Anwendung von Computerprogrammen sogar die Kenntnisnahme dieser Formeln selbst. Damit entfällt jegliche Anforderung an die für das kreative Schaffen ausschlaggebende Vorstellungskraft des Ingenieurs. – Sinngemäss zu Maillarts Empfehlung die Rechenvorschriften betreffend müsste man bei Übungsaufgaben der Konstruktionslehre auch die Verwendung von Statiksoftware aus der Ingenieurausbildung verbannen.

Das Experiment: Schlüssel zur konstruktiven Entwurfsfreiheit

Das einzige legitime Mittel, das den Ingenieur in die Lage versetzt, sich auf verantwortungsvolle Weise von den Fesseln der Bauvorschriften und den Grenzen des theoretisch Erfassbaren zu befreien, ist das *Experiment* am Modell oder dem Prototyp einer Baukonstruktion. Der wissenschaftlich durchgeführte physikalische Versuch ist die letztlich massgebliche Instanz zur Wahrheitsfindung der wirklichen Eigenschaften und Verhaltensweisen technischer Objekte.

Dass Versuchsvorbereitungen und -durchführungen direkten Kontakt mit der Materie erfordern und der Ingenieur sich dabei auch die Finger beschmutzen kann, passt allerdings schlecht zum keimfreien Computer-Environment, in dem er sich heute seinen virtuellen Illusionen hinzugeben pflegt. – Vielleicht gibt es jedoch zu denken, dass sich Flugzeugbauer, an deren physikalisches Verständnis ihrer Aufgabe aus naheliegenden Gründen gnadenlosere Anforderungen gestellt sind, diesen Luxus nicht leisten können. Auch bei modernsten Flugzeugprojekten ist das Experiment nach wie vor der entscheidende Schlüssel zur Wahrheitsfindung.

Es ist wohl kein Zufall, dass alle in diesem Abschnitt zitierten Ingenieure, in deren schöpferischem Tun sich Logik mit Einfühlungsvermögen verbanden, engen Kontakt zum Handwerk hatten und zur Überprüfung ihrer, das theoretisch Nachweisbare überschreitenden Konstruktionsideen regelmässig auf das Experiment zurückgriffen.

Der Konstruktionsentwurf wird für den Ingenieur erst dann zum echten Erlebnis, wenn er diesen aus der Warte der architektonischen Gesamtsicht der Aufgabenstellung angeht und sich gänzlich *unbekümmert* um dessen «Berechenbarkeit» von der *intuitiv* als richtig erachteten Lösungsvorstellung leiten lässt, um sich anschliessend der geistigen Herausforderung des rationalen Verständnisses zu stellen und letzteres in der Realisierung des Bauwerks der unerbittlichen Bewährungsprobe auszusetzen wagt.

Als Leitmotiv zu seinem Buch fasste Eduardo Torroja die mentalen Vorgänge beim Entwerfen von Tragkonstruktionen in beinahe poetischer Weise zusammen: *«Die Entstehung eines konstruktiven Gefüges, das Ergebnis eines schöpferischen Prozesses, in dem sich Technik mit Kunst, Einfallsreichtum mit Studium, Vorstellungskraft mit Sensibilität verschmelzen, entzieht sich der Beherrschung durch die reine Logik und bewegt sich in den geheimnisvollen Gefilden der Intuition»* [19].

Angesichts der unerschöpflichen Vielfalt denkbarer Formgebilde und Baustoffkombinationen stellen auch die naturgesetzlichen Gestaltungszwänge keine Behinderung der freien konstruktiven Entwurfsentfaltung dar. Dies ebenso wenig, wie die Musik durch Respektierung der klassischen Harmonielehre – ob bei Beethoven oder den Beatles – an Ausdrucksspannweite einbüsst.

Die Tuchfühlung mit der «Architektur» und den Architekten

Aus dem schmalen Blickwinkel seines abgeschotteten Lehrbereichs bleibt dem angehenden Ingenieur der Einblick in die lebendige und vielschichtige Denk- und Vorstellungswelt der Architekten verwehrt. Dennoch kann er, falls er den ästhetischen Gestaltungsaspekt der Konstruktion als Anliegen empfindet, seine persönliche Einstellung zur Baukunst entwickeln und anwenden. Dies bedingt allerdings, dass ihm die strapaziöse Schulung zum Machbarkeits-Verifikator das Selbstvertrauen in seine eigene Intuitionsfähigkeit zur *unbefangenen* Lösungssuche *selbstgestellter* Aufgaben nicht vorzeitig erstickt hat.

Des Konstrukteurs Beziehung zu Ästhetik

Man muss wohl davon ausgehen, dass motivierte Ingenieure, wenn auch nicht unbedingt für das Rechnen, so doch für analytisches Denken über naturgesetzliche Verhaltensweisen der stofflichen Welt ein besonderes Faible haben. Sonst hätten sie ja diesen Beruf nicht ergriffen. Diese Neigung beeinträchtigt zwar nicht ihre ästhetische Sensibilität, beeinflusst jedoch – was ganz allgemein bezüglich jedermanns persönlicher Vorstellungswelt gilt – massgeblich ihre *Wahrnehmungsweise* des Schönen. So verhindert sie ihr ausgeprägtes Einfühlungsvermögen in das Festigkeitsverhalten der Materie, ein *tragendes Gebilde*, dessen Gestalt in schmerzender Disharmonie zu seiner statischen Funktion steht, goutieren zu können.

«Venustas» ist für den Statiker aber – anders als bei den Architekten – kein Thema des expliziten akademischen Diskurses. Intellektualistischen Auslassungen über Irrationalitäten steht sein analytischer Geist ohnehin skeptisch gegenüber. Dennoch ist – als *stiller Katalysator* – sein subjektiv wertendes Formgefühl beim Konstruktionsentwurf von letztlich ausschlaggebender Bedeutung. Einzig diese *Empfindung* kann – ungeachtet seines Bestrebens nach rationaler Begründbarkeit des Ergebnisses – bei der Lösungssuche für das *inhärent undeterminierte* Formfindungsproblem die Funktion des Entscheidungskriteriums übernehmen. Das unmittelbare taktil-sinnliche Nacherleben der stofflichen «Befindlichkeit» der Konstruktion ist daher – *fern von jeglicher stilistischer Absicht* – der massgebliche Antrieb des formgestalterischen Schaffens des Ingenieurs und dominiert auch seine Wahrnehmungsweise der «venustas» physischer Gegenständlichkeiten.

Ist es «déformation professionelle», wenn der Ingenieur das forschende Hineinhorchen in das stoffliche Sein dem Eindruck des optischen Scheins voranstellt? Oder wenn er aus dieser introvertierten Sicht die mit Pathos zelebrierten, von Ismen strotzenden Ergüsse des postmodernen Architekturdiskurses über die Transzendentialitäten der Baukunst nur als Wildwuchs leerer Worthülsen empfinden kann? Und ihn ganz generell gegenüber der Ernsthaftigkeit der Architekturszene misstrauisch macht? – Seine diffuse Berührungsangst mit der «Architektur» wäre begründet, gäbe es nicht genauso viele Architekturauffassungen wie sich Architekten auf diesem Planeten tummeln, – darunter auch nicht wenige, die seiner kritischen Sichtweise durchaus nahe stehen.

Der Alltag der Ingenieure und Architekten

In der Praxis hat es der Statiker völlig in der Hand, diesen emotional befrachteten Auseinandersetzungen ganz aus dem Weg zu gehen und dabei ungestört sein gutes Auskommen zu finden. Er muss dazu nur seine persönliche Berufsauffassung mit der von der Gesellschaft an ihn gestellten Erwartung in Einklang bringen, d.h. sein Wissen und Können, so wie er es gelernt hat, den Architekten als Dienstleistung zur Verfügung zu stellen. Er überlässt diesen dann alle gestalterischen Entscheidungen und vermeidet so auch das Glatteis subjektiver Ermessensfragen.

Diese Arbeitsteilung ergibt sich bei den weitaus meisten tagtäglichen Bauaufgaben auch ganz von selbst. Die Wahl der überwiegenden Mehrzahl der in Hochbauten vorkommenden Tragkonstruktionen wie Decken, Stützen, Balken, Rahmen oder Fachwerke ist weitgehend durch die gebrauchsfunktionalen geometrischen Gegebenheiten der Bauaufgabe bedingt und für ihre konstruktive Ausführung können sich Architekten und Ingenieure auf ein ganzes Spektrum zig-fach bewährter Vorbilder abstützen. Wenn sich in den Details auch hier immer ein Freiraum zur Gestaltung finden lässt – ein Bedürfnis, das Rad neu zu erfinden, taucht nur in Ausnahmefällen auf. Die routinemässig anfallenden statischen Probleme lassen sich daher im Rahmen der herrschenden Bauvorschriften mit Standard-Berechnungsmethoden zuverlässg lösen.

Bei aussergewöhnlichen Hochbauvorhaben allerdings, die, wie u.a. Hallenbauten grösserer Spannweiten, der konstruktiven Formgestaltung weiten Entfaltungsraum eröffnen und daher sein Erfinderherz höher schlagen lassen, kann der von eigenem formalem Ausdruckswillen beseelte Ingenieur mit der gesellschaftlichen Zuständigkeitszuweisung in Konflikt geraten. Er steht dann, falls sich seine Überzeugungen nicht mit den Vorstellungen des Architekten zur Deckung bringen lassen, vor der Wahl, sich entweder stolz von der verlockenden Aufgabe zurückzuziehen, oder aber dienstbeflissen unter Verleugnung des eigenen Urteils auch die widersinnigsten Gestaltungsfantastereien des beauftragenden Architekten *irgendwie* zum Halten zu bringen. – Peinlich wird es, wenn Statiker in Eigenkompetenz entworfenen Konstruktionen durch manieristische Formanpassungen an modische Architektur-Geschmacksrichtungen einen künstlerischen Anstrich zu verleihen versuchen.

Zeit, die Fiktionen zu überdenken?

Die oft kontradiktorische Beurteilungsweise ästhetischer Qualitäten von «Ingenieurbauten» durch Gesellschaft und Architekten ist nur ein Spiegel der auf die verbreitete Verwechslung von Berufsbezeichnung mit persönlicher Veranlagung zurückzuführenden Verunsicherung. Den unzähligen Beispielen von Landschaft verschandelnden, aus der Scheuklappenperspektive ingenieurschulmässigen Machbarkeitsdenkens hervorgegangenen Kunstbauten des Strassenbaus stehen allgemein bewunderte Bauwerke aus der Werkstatt der Ingenieure gegenüber. Zu letzteren gehört auch der längst zu den architektonischen Weltwundern zählende, einst von den Architekten so verteufelte Eiffelturm. Nein, ästhetische Sensibilität hat nichts mit Beruf zu tun. Die «stilistische» Einmischung von Architekten in Ingenieurentwürfe kann sogar – ähnlich wie die der Schönheitschirurgen – durchaus zu unglaubwürdiger Entstellung natürlicher Schönheit führen.

Die Gefahren der ästhetischen Bevormundung durch Architekten musste schon 1913 auch Maillarts Muota-Brücke – sie ist im Jahr 2001 durch eine von Jürg Conzett entworfene, das ursprüngliche Baukonzept sinnvoll ausdeutende moderne Brückenkonstruktion ersetzt worden [4] – erfahren, wie ein knapper Auszug aus dem damaligen Dialog zwischen den Behörden und der Schweizerischen Bauzeitung belegt: *«Zur Erzielung einer besseren ästhetischen Wirkung, namentlich um dem Auge die leichte Bogenform des Brückenobjektes kräftiger darzustellen, mussten Öffnungen in den Brüstungen vermieden werden»*, lautete die architektonische Begründung. Da es sich bei dem Bauwerk aber keineswegs um eine Bogenbrücke, sondern um einen beidseitig durch äussere Momente «aufgespannten» Balken handelt, dessen Ausdruckskraft in seiner schlank gestreckten, leicht geschwungenen Eleganz liegt, war die Reaktion der Bauzeitung: *«Wir kommen nicht umhin, zu bemerken, dass wir die geschlossene Brüstung [...] als Fälschung empfinden [...] Die Brückenbauer sollten, so sehr sie die Mitarbeit der Architekten begrüssen, sich gegen solche Modeeinflüsse wehren»* [1].

Aufschlussreich an dieser Äusserung ist nicht nur ihr Inhalt, sondern auch die zaghafte Formulierungsweise, mit der Ingenieure die päpstliche Ästhetik-Entscheidung von Architekten anzuzweifeln wagen. Dabei hätte der Ingenieur allen Grund, selbstsicherer aufzutreten. Bei unvoreingenommener Betrachtung ist das Abhängigkeitsverhältnis *in der Sache* ja eher umgekehrt: Während Ingenieure, wenn auch nicht architektonisch, so doch technisch in der Lage sind, jedes Bauwerk zu realisieren, sind die Architekten bei Bauten grösserer Dimension völlig auf die Hilfe der Ingenieure angewiesen, – in durchaus vergleichbarem Sinne so, wie der (*extrovertierte*) Sehende ohne Ergänzung seiner optischen Sinneseindrücke durch den, auch dem (*introvertierten*) Blinden eigenen, taktilen Erfahrungsschatz nichts Substanzielles wahrzunehmen imstande ist (vgl. S. 129 ff.).

Zur gestalterischen Verselbstständigung muss sich der Ingenieur aber von der puren Rationalität seiner Schulung befreien.

> *Erst wenn sich der Ingenieur mit der Einsicht anfreundet, dass aus der Gesamtsicht einer Bauaufgabe weder alles Nachweisbare «richtig», noch alles «Richtige» rational nachweisbar ist, ist er zur sinnlich inspirierten Suche nach allein intuitiv wahrnehmbaren Gestaltungskriterien angeregt – und überschreitet damit den Rubikon zur Architektur.*

Der Computer als Vermittler?

Wenn es überhaupt ein «Wesen» gibt, auf das das Ingenieuren so gern angedichtete Stereotyp purer Rationalität und Emotionslosigkeit wirklich zutrifft, so ist dies der Computer. Seit diese Maschine das Denken und Verhalten der zivilisierten Menschheit tiefschürfender gewandelt hat, als es jede Veränderung gesellschaftlicher Regeln zustande brächte, befindet sich auch die intellektuelle Arbeitsweise nicht nur der Ingenieure, sondern auch der – sentimentaleren – Architekten in einem laufenden Adaptationsprozess.

Im Verein mit den neuen Kommunikationstechnologien brachte der Computer in der Tat eine einschneidende qualitative und zeitliche Verbesserung des *technischen* Informationsaustauschs bei verteilter Projektbearbeitung mit sich. Der Nutzwert vor allem der Software zur geometrischen Modellierung technischer Objekte und die Möglichkeit des unmittelbaren Austauschs ihrer Daten bis hin zur automatischen Steuerung ihrer Herstellungsprozesse kann nicht hoch genug eingeschätzt werden. – Auf den Gehalt an *individueller sinnlicher Expressivität* der professionellen Beiträge zur Architektur aber hat sie einen zwar angleichenden, jedoch sterilisierenden Effekt.

So ist beispielsweise die heute fast idyllisch anmutende, bis vor wenigen Jahren bei den Architekten in hohen Ehren gehaltene Kultur – Architekturbücher sind ja voll solcher «Psychogramme» –, das gestalterische Talent von *Persönlichkeiten* mit der Ausdruckskraft ihrer Handskizzen in Verbindung zu bringen, der fieberhaften Suche nach der leistungsfähigsten – *völlig anonymen* – Software zur automatischen Generierung imponierender Darstellungen gewichen. Die Architekten verlernen als Maschinisten von CAD-Systemen das sinnlich und intellektuell anspruchsvolle Zeichnen und umgehen damit – gleich wie die Ingenieure – die Notwendigkeit des Bemühens um intimes Selbstverständnis ihres Tuns.

Partnerschaftliches Entwerfen

Die hier der Deutlichkeit halber in grellen Farben geschilderten Gräben zwischen «Denkwelten» und die Auswirkungen stereotyper gesellschaftlicher Berufsvorstellungen werden im täglichen Leben durch die von von ihrer praktischen Tätigkeit absorbierten Architekten und Ingenieure nie so dramatisch wahrgenommen. Die unterschiedliche Fokussierung auf ein- und denselben Problemgegenstand kann ganz im Gegenteil oft spannungsvolle Anregung zum beidseitig befruchtenden Gedankenaustausch sein.

Architektur und Ingenieurwesen

Wie weiter oben bereits angedeutet, ist die typisch *interdisziplinäre* Zusammenarbeit, wie sie beispielsweise Aerodynamiker, Statiker, Maschinenbauer und Elektroniker bei der Projektierung eines neuen Flugzeugtyps praktizieren, zwischen Bauingenieuren und Architekten *in dieser Form* nicht denkbar. – Dies aus dem einfachen Grund, weil Architektur und Baustatik zwei völlig wesensverschiedene Dinge sind, die sich überhaupt nicht, schon gar nicht komplementär, zusammenfügen lassen.

Architektur ist – im Gegensatz zur Baustatik, die ein abgrenzbares Fachgebiet darstellt – *keine Disziplin.* Sie umfasst weder ein bestimmtes Wissensgebiet, noch bezieht sie sich auf *objektiv* feststellbare Merkmale der ihr zuzuordnenden Erzeugnisse. Architektur ist weit eher, wie sie Silvain Malfroy in knapper Form charakterisiert: eine «*Entreprise* rationelle *indisciplinée*» [9].

Architektur ist *als Sache* undefinierbar. Sie kann nur als *Absicht* verstanden werden, das der Natur des Menschen innewohnende Anliegen, sich und anderen eine zweckdienliche und erfreuliche Umwelt zu schaffen, mit den verfügbaren intellektuellen und technischen Ressourcen in die Tat umzusetzen. – Ein *Unterfangen*, das im Einzelnen so viele Gesichter annehmen kann wie die unübersehbare Mannigfaltigkeit der diesbezüglichen Wünsche und praktischen Realisierungsmittel der Menschheit selbst.

Bauwerke sind in diesem Kontext nur eine der möglichen, wenn auch die wohl repräsentativste *Erscheinungsform* der Architektur. Auf sie beziehen sich die Aspekte der Trilogie, deren integrale Berücksichtigung aus der Sicht Vitruvs – auf die auch wir uns hier berufen – *das Bauen* (als «entreprise») zu Architektur macht (vgl. S. 121). Ihre Zeitlosigkeit verdanken die drei Kriterien ihrer vorsichtigen Zurückhaltung, sich nicht auf Art und Einzelheiten ihrer Erfüllung festzulegen.

Architekt und Baustatiker

Betrachtet man die Architektur aus dieser Warte, so wird offensichtlich, dass sich der Architekt – im Unterschied zum Statiker, der sein abgerundetes Wissensgebiet einigermassen beherrschen kann – bei all seiner «Universalität» nie als berufliche Verkörperung der *Architektur als solcher* in ihrer ganzen Uferlosigkeit betrachten kann. Der einzelne Architekt muss die Architektur aber, will er sie betreiben, für sich überschaubar machen. Dabei bleibt ihm keine andere Wahl, als sie mit seiner *eigenen Ansicht* über die Erfüllungsweise der Vitruv'schen Kriterien zu identifizieren. Inwieweit diese individuelle *Architekturauffassung* dann auch, wie Malfroy sagt, «rationelle» ist, hängt von der betreffenden Persönlichkeit ab.

Diese Architekturauffassung, in der sich Veranlagung und Studium, Lebenserfahrung und Wünsche des Architekten widerspiegeln, ist denn auch die Quelle seiner intuitiven Einfälle, mit denen er die Lösungssuche einer konkreten Bauaufgabe angeht. In letzterer wird er von selbst Akzente setzen, die seine persönlichen Anliegen zum Ausdruck bringen. *Als Sache* wird das Gebaute dann insoweit zu Architektur, als in dessen Gestalt die *Intention* ihres Urhebers, die vitruvianischen Kriterien integral zu erfüllen, visuell wahrnehmbar bzw. *subjektiv* nachempfindbar ist.

Gleich wie der Architekt den Bauentwurf aus seiner eigenen Perspektive anpackt, kann ihn der Bauingenieur aus dem Blickwinkel seines Einfühlungsvermögens in «firmitas» aufrollen – und ebenfalls zu Architektur machen, wenn er das Festigkeitsproblem als Teilaspekt einer Gesamtsicht der Bauaufgabe sieht und seine analytische Logik mit eigenem Gestaltungswillen verbindet. Mit diesem Zugang steht auch einer komplementären partnerschaftlichen Zusammenarbeit mit entspechend disponierten Architekten nichts im Wege.

Wenn sich bei gemeinschaftlicher Projektierung der Ingenieur auch natürlicherweise überwiegend den technischen und der Architekt den menschlich-sozialen Entwurfskriterien der baulichen Aufgabe zuwendet, so sind im Einzelfall der Unterschiedlichkeit der relativen Beiträge der Partner zur Gesamtlösung – abhängig von der Art der Kenntnisse und der Stärke der Anliegen der Beteiligten – kaum Grenzen gesetzt. Sie ist auch nur sehr vage durch den in Frage stehenden Bauwerkstyp bedingt: Architekten können ebenso entscheidende baukonstruktive Ideen haben, wie es dem Ingenieur nicht verwehrt sein kann, auch allgemein-menschliche Gesichtspunkte als Entwurfskriterien ins Spiel zu bringen.

Was den gemeinsamen *architektonischen* Entwurf von der üblichen interdisziplinären, auf der Zusammenführung rationalen Fachwissens beruhenden Teamarbeit abhebt, ist die zusätzliche Präsenz des *subjektiven* Entscheidungskriteriums von «venustas». Da das Entwurfsergebnis nur eine einzige Form haben kann, die hier aber der Beurteilung zweier *individueller*, nicht ohne weiteres verträglicher Standpunkte unterliegt, setzt die Einigung auf eine von beiden Partnern getragene Lösung auch einen weitgehenden *intersubjektiven Konsens* in deren ästhetischen Wertempfindungen voraus. *Kreativ* ergänzen können sich daher Architekten und Ingenieure nur als unter sich harmonierende *Menschen*, die im Übrigen auch die Passion für das zu schaffende Werk vor die Neigung zu persönlichem Protagonismus stellen.

Diese fast symbiotische Kooperation ist, wenn sie auch (gemessen an den sprichwörtlichen Unverträglichkeiten) erstaunlich oft zustande kommt, keine Selbstverständlichkeit. In eher esoterischen Raumphantastereien verhaftete Architekten können nicht Partner des Ingenieurs mit eigenständigem Formempfinden sein, ebenso wie umgekehrt der nach Wahrhaftigkeit strebende Architekt mit allzu diensteifrigen, alles realisierbar machenden Ingenieuren nichts anzufangen weiss.

Die auf gegenseitigem Einfühlungsvermögen in die Vorstellungswelt des Partners beruhende dialektische Auseinandersetzung bei der Suche nach Kohärenz der Lösung einer gemeinsamen Bauaufgabe ist jedenfalls immer ein erfüllendes intellektuelles Abenteuer und nicht selten die Basis dauerhafter Freundschaften. – Das für diesbezügliche schöpferische Momente geeignete Ambiente ist nicht das Büro, sondern ein Tisch mit einer guten Flasche Rotwein.

Schlussfolgerung:

> *Jede amtliche Regelung der Zuständigkeitsbereiche der beiden «Berufe» geht nicht nur völlig an der echten Frage von deren ergänzenenden Zusammenarbeit, dem menschlichen Aspekt, vorbei, sondern ist ein massiver Eingriff in die Entfaltungsfreiheit des Individuums und kann nur eine generelle Qualitätsverminderung des Bauens zur Folge haben.*

Reform der Berufsausbildung?

Auch den technischen Lehrinstitutionen bleibt der latente Antagonismus zwischen der beiden zu späterer Zusammenarbeit bestimmten Berufe nicht verborgen. Da und dort wird deshalb immer wieder versucht, die entsprechenden «Fachbereiche» durch teilweise Überlappung ihrer Lehrpläne in engeren Kontakt zu bringen [7].

Die Lösung des Problems kann aber, wie aus den obigen Ausführungen wohl deutlich hervorgeht, nicht in der Reorganisation der Fachbereiche (bzw. Abteilungen) liegen, die sich als solche wegen ihrer unterschiedlichen Natur ohnehin nicht erfolgreich gegenseitig durchdringen lassen. Die Existenz der Unverträglichkeiten ist keine Sachfrage, sondern eine der *individuellen Geisteshaltung* innerhalb eines lebendigen menschlichen Beziehungsgeflechts, die im Übrigen nur einen undefinierbaren Teil der Studenten der beiden Bereiche überhaupt berührt bzw. bewegen kann. Es nützt daher – analog zu den oben erwähnten amtlichen Reglementierungsvorstössen – nichts, an den ausbildungsstrukturellen Überresten des 19. Jahrhunderts herumzuflicken und dabei genau wieder dem Irrtum zu verfallen, der an der Wurzel der Entzweiung liegt: am dogmatischen *Vorschreiben* von Lehrplänen *als solchem*.

Es lässt sich jedoch ein Erfolg versprechender Weg vorstellen: Die Öffnung eines *alternativen Studienwegs,* der – innerhalb des bestehenden Lehrangebots beider Bereiche, aber losgelöst von deren festen Fachausbildungsstrukturen – die kritische Nahtstelle zwischen Architektur und Ingenieurwesen (und damit den beiden «Denkkulturen») mehr als nur sachlich *überbrückt.* – Ein Bildungsweg, in dem der Student nicht als Objekt eines Ausbildungssystems geformt wird, sondern, falls er von der baukonstruktiven Seite der Architektur fasziniert ist, selbst die Initiative zu deren Ergründung ergreifen kann. *Es geht darum, den von kreativer Unruhe beseelten Studenten nicht am Studium dessen zu hindern, was seiner Veranlagung entspricht und was er selbst zur Erreichung seiner Berufsziele als nötig erachtet.*

Der generellen Zielsetzung entsprechend läge die eingehende (theoretische und experimentelle) Befassung mit Statik und Festigkeitslehre, *einschliesslich der Frage der konstruktiven Formfindung*, die ja, wie in der Architektur, auch in sämtlichen anderen technischen Bereichen von fundamentaler Bedeutung ist, im Zentrum des Studiums. Im Übrigen könnte jeder sein Wissen, seinen Neigungen entsprechend, in beliebigen anderen Aspekten des Konstruktionsentwurfs, ob wissenschaftlicher, technischer oder kultureller Natur, ergänzen. – Eine moderne Form der Wanderjahre, die in früheren Zeiten ja die grossen Baumeister hervorbrachten.

Das Ausbildungsmodell erfordert keine Veränderung administrativer Strukturen und ist daher unmittelbar realisierbar, vorausgesetzt, das Konzept habe die Kraft, bei den zuständigen Stellen die zu dessen Realisierung unverzichtbare «menschliche» Qualitäten zu mobilisieren: Aufgeschlossenheit und Toleranz.

In einer Zeit wie der gegenwärtigen, in der die Wirklichkeitswahrnehmung des «zivilisierten» Menschen alle Bodenhaftung zu verlieren droht, Intelligenz mit mechanistischer Logik, Verständnis mit Reproduktionsmenge von Information verwechselt wird und die Architektur, nicht anders als die Aktienbörse und die Kunst, von Fatamorganas lebt, tut man gut daran, sich darauf zu besinnen, dass Wahrhaftigkeit ohne intimen Bezug zu ganz urwüchsigen sinnlichen Befindlichkeiten nur haltloses Konstrukt unseres Geistes sein kann.

Die moderne Neurophysiologie hat zu dieser unentrinnbaren Abhängigkeit des Gehalts auch rein rational scheinender Weltvorstellungen von unserer Physis auch das biologische Substrat gefunden: Obwohl unsere Wirklichkeitswahrnehmung im Einzelnen oft durch die wunderbaren logischen Verschaltungen unseres Gehirns gesteuert ist, sind unsere diesbezüglichen Entscheidungen – einschliesslich der meinungsbildenden – letztlich immer von der Chemie des alle Nervenzellen durchdringenden, *emotiven* limbischen Systems dominiert. So ist die Ratio alleine auch nie der Motor kreativen Schaffens.

Kaum eine philosophische Anmerkung über die aktuelle Zwiespältigkeit des menschlichen Selbstverständnisses verdient daher grössere Beachtung, als die eines forschenden Neurophysiologen wie Wolf Singer:

«...noch nie zuvor hat die Menschheit so viel gewusst und gekonnt wie heute und nie zuvor war sie so ratlos oder, versöhnlicher formuliert, ihrer Ratlosigkeit und Geworfenheit so bewusst [...]. Zunächst hat sich die Menschheit, als sie sich ihrer Geworfenheit gewahr wurde, den Göttern anvertraut, dann hat sie versucht, ihr durch Erkenntnis zu entfliehen, und jetzt, wo sie das Ziel zum Greifen nahe wähnt, selbst die Schöpferrolle zu übernehmen, muss sie erkennen, dass ihr dazu die Weisheit fehlt» [17].

Literatur zu diesem Kapitel

1. BILL, M.: Robert Maillart. Erlenbach-Zürich, 1947
2. BIRBAUMER, N.; SCHMIDT, M.F.: Biologische Psychologie. Berlin; Heidelberg; New York, 2. Aufl.,1991
3. BISCHOFBERGER, W.: Aspekte der Entwicklung taktil-kinästhetischer Wahrnehmung. Villingen-Schwenningen, 1989
4. CONZETT, J.: Structure as Space. Architectural Association. London 2002
5 DARTON, R.: Das Glück der Gemeinschaft. «Der Spiegel» Nr. 7, 2002
6. GIRKMANN, K.: Flächentragwerke. Wien; NewYork, 6. Aufl., 1963
7. HACKELBERGER, C.: Architekten – Ingenieure. «Deutsche Bauzeitung», Juni 1996
8. HOSSDORF, H.: Modellstatik. Wiesbaden; Berlin, 1971
9. MALFROY, S.: Le Projet architectural: Entreprise rationelle indisciplinée. Ecole d'architecture de Lille et... Nr. 1, février 2001
10. MARTI, P.: Robert Maillart – Betonvirtuose. Gesellschaft für Ingenieurbaukunst, Band 1, 1996
11. MOTTA FARIO, da L.: Morphologie der gekrümmten Flächentragwerke. Dissertation ETH Nr. 11590, 1996
12. NERVI, P. L.: Bauten und Projekte. Teufen. 1957
13. PIAGET, J.: Der Aufbau der Wirklichkeit beim Kinde. Gesammelte Werke. Band 2. Stuttgart,1974
14. PFAMMATTER, U.: 1795: Geburtsstunde der modernen Architekten- und Ingenieurausbildung. «Schweizer Ingenieur und Architekt. Nr. 45, 1995
15. POLENI, G.: Memorie istoriche della Gran Cupola del Tempio Vaticano. Padua, 1748
16. SCHMIDT, R.F.; THEWS, G.: Physiologie des Menschen. Berlin; Heidelberg; New York etc., 25. Auflage, 1993
17. SINGER, W.: Für und wider die Natur. Kapitel aus: Glück und Gerechtigkeit. Hg. R. Stäblein. Insel Verlag 1999
18. SKOLARSKI, G.: Die Brücke von Mostar. LGA-Rundschau 2000-4
19. TORROJA, E.: Razón y Ser de los Tipos estructurales. Consejo Superior de Investigaciones Cientificas, 10. Auflage, Madrid 2000
20. VITRUV: Baukunst. Basel; Boston; Berlin, 1987

Jeder Mensch entwickelt durch das Hantieren mit Gegenständen und Gleichgewichtserfahrungen am eigenen Leib ein intuitives Gespür für statische Gesetzmässigkeiten. So lernt jedes Kind, dass die Stabilität eines Körpers mit der Breite seiner Standfläche zunimmt, oder dass man beim Auftürmen von Paketen vernünftigerweise die schwereren zuunterst anordnet. Mit derartigem Empfinden beurteilt der Laie nach Massgabe seiner persönlichen Erfahrungen unbewusst auch die «Richtigkeit» baulicher Objekte. Und zweifellos wird durch diesen Wahrhaftigkeitssinn auch seine Wahrnehmungsweise von «venustas» beeinflusst.

Wie alle exakten Naturwissenschaften sind auch Statik und Festigkeitslehre Bestrebungen, Sinneserfahrungen wie die obigen systematisch zu erfassen und in objektive, allgemein gültige und mathematisch formulierbare Naturgesetze einzufangen. Mit diesen werden die beschriebenen Phänomene auf dem reinen Vernunftsweg auch durch jeden sinnlich Unerfahrenen *erlernbar*. Nur enthalten solche mathematischen Modelle immer vereinfachende, mehr oder minder, bei der Materialfestigkeit besonders gröblich von der Wirklichkeit abweichende Idealisierungen. Deshalb ist beispielsweise keine Theorie imstande, auch nur den Vorgang des Zerbrechens eines Streichholzes annähernd wirklichkeitsgetreu nachzuvollziehen. Angewendet auf den Bauentwurf erkennt auch keine Theorie, dass, obwohl dies schon jeder sensible Laie zweifelsohne empfindet, in ein Haus mit Holzfachwerkwänden keine massiven Decken aus Stahlbeton gehören. – Die Theorie ist beim Entwerfen in der Tat kein Ersatz für das sinnliche Einfühlungsvermögen.

Das Denken in überschaubaren Konzepten

Ihre Spontaneität lässt der Intuition beim Entwurf auch keine Musse zu ausgeklügelten Berechnungen. Dennoch kann die vertiefte Kenntnis ausgefeilter Theorien *indirekt* auch hierbei von grosser Hilfe sein, falls der Entwerfende sich deren essenzielle Grundgehalte in Form überschaubarer, durch die Intuition assoziierbarer *Vorstellungen* verinnerlicht hat. Das Ingenieurwissen wandelt sich dann von einem trockenen Nachweismittel in eine Quelle der gestalterischen Inspiration, öffnet den Blick fürs Wesentliche und zügelt allzu ausschweifende Einfälle in physikalisch realistische Bahnen. – Zu diesem Denken in einfachen Konzepten gehört die kritische Vergegenwärtigung von *Gemeinsamkeiten* und *Divergenzen* der tragwerksspezifischen Ingenieurtheorien.

In Abb. 222 sind einige Lösungsbeispiele für die häufige konstruktive Aufgabe der eindimensionalen Überbrückung eines freien Lichtraums dargestellt. Die triviale Feststellung, dass alle hierfür denkbaren Traggebilde völlig *gestaltunabhängig* dem *gleichen*, allein durch ihre Belastung bestimmten Momentenverlauf mit dem Wert **M** in Feldmitte unterworfen sind, ist für den Entwurf weit hilfreicher als deren spezielle Berechnungsweisen. Im Bewusstsein dieser Invarianz kann die Suche nach der optimalen Tragwerksform, statt zwischen Standardtypen auszuwählen, ganz allgemein nach Gestalt und Material der Bauform fragen, die aus der Gesamtsicht aller funktionellen Randbedingungen diesem leicht schätzbaren Moment optimal widerstehen kann. Dafür müssen allerdings die abstrakten Momente, die ja *als solche* in der Natur keine physische Entsprechung kennen (vgl. Kap. 3.2), als äquivalente Kräftepaare **D** und **Z** mit entsprechenden «Hebelarmen» gedacht werden, als die sie dann mit den an den entsprechenden Stellen des frei erdachten Gebildes auftretenden Materialspannungen ins Gleichgewicht gesetzt werden.

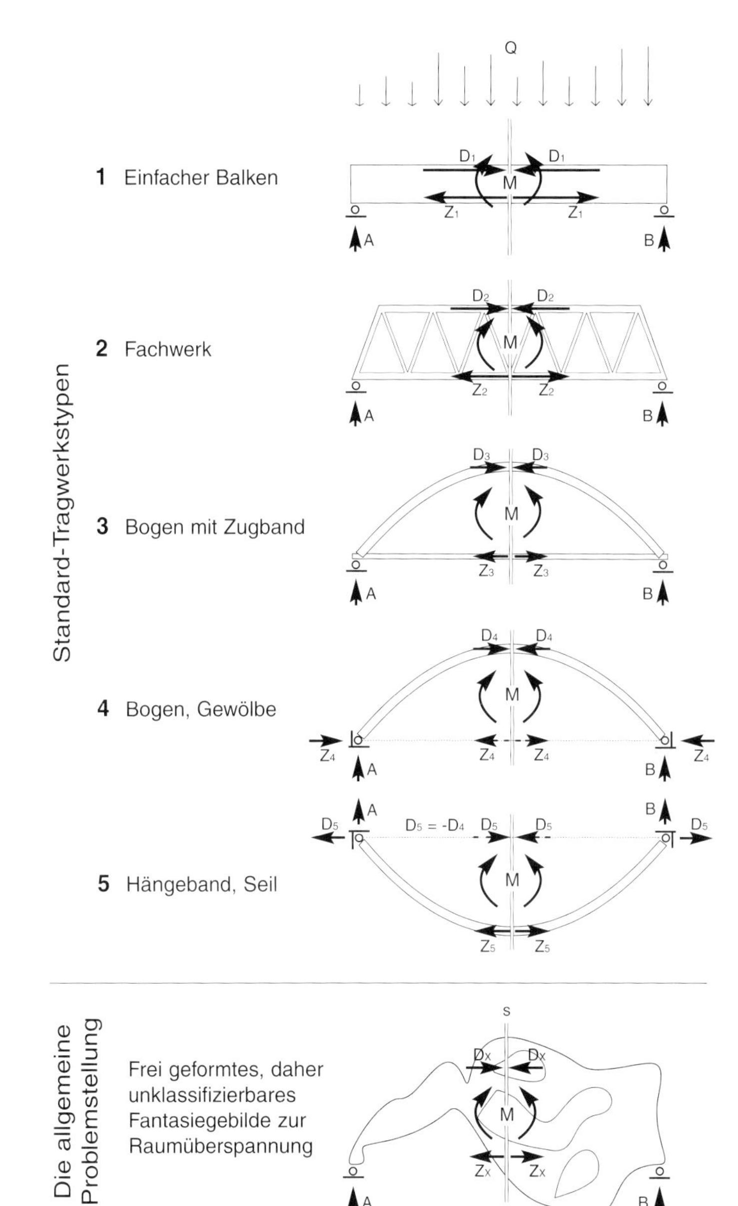

222 Die *Gemeinsamkeit* des Feldmoments der verschiedenen Tragwerkstypen zur Überspannung eines horizontalen Lichtraums.

1. Beim *Balken* hat das Kräftepaar – hier Biegemoment genannt –, weil schlank, einen kleinen Hebelarm und verbiegt sich deshalb.
2. Beim *Fachwerk* wirkt das Kräftepaar mit grossem Abstand auf Ober- und Untergurt und erzeugt dort Zug- bzw. Druckspannungen.
3. Beim *Bogen mit Zugband* verhalten sich die Elemente hinsichtlich Momentengleichgewicht identisch zu denen des Fachwerks.
4. Beim *Bogen ohne Zugband* ist die fehlende Hebelkraft des letzteren durch die virtuelle Wirkungslinie der Auflagerreaktion ersetzt.
5. Genau das Gleiche – nur mit umgekehrtem Vorzeichen – geschieht beim *Hängeseil ohne Druckstab.*

Auf S. 150 ist ein Quervergleich zwischen den oben genannten Tragwerkstypen hinsichtlich ihrer *Divergenzen* im statischen Zustandekommen des gemeinsamen Feldmoments angeführt.

Bauwerke wachsen aus der Erde. Dabei steht die rationale Ordnung des Artefakts in formalem Kontrast zur willkürlichen Topografie seiner natürlichen Umgebung. Die gestalterische Interpretation des Dialogs zwischen diesen artverschiedenen geometrischen Gegebenheiten war zu allen Zeiten Thema des architektonischen Entwurfs.

Konstruktiv vollzieht sich der Übergang vom Baugrund zum eigentlichen Hochbau immer über ein Zwischengebilde – je nach den funktionellen Anforderungen des Gebäudes das Kellergeschoss, eine Plattform, einzelne oder zusammenhängende Stützwände oder dgl. –, ein «Interface», dessen Gestaltung seiner oberen Seite sich nach den Lagerungserfordernissen der aufsteigenden Tragkonstruktion und gegen unten nach der von der Festigkeit des Baugrunds bedingten Fundationsweise richtet. Während die Freiheit der Materialwahl für dieses Zwischenglied durch die Notwendigkeit seiner chemischen Verträglichkeit mit dem umgebenden Erdreich stark eingeschränkt ist – heute verwendet man fast ausschliesslich Beton –, sind der Baustoffwahl für das frei aufstrebende Traggebilde keine Grenzen gesetzt.

Bei vielen Bauwerken befindet sich daher an der Schnittstelle zwischen der Tragkonstruktion und deren auf dem Interface sitzenden Widerlagern eine zu expressiver Gestaltung anregende konstruktive Zäsur. Dort ereignet sich auch, für jedermann spürbar, die statische Konfrontation von Actio und Reactio zwischen den vertikal oder schief ankommenden Auflagerkräften des Tragwerks einerseits und den sich diesen widersetzenden Stützkräften andererseits. – Nicht ohne Grund nennt man daher Widerlager auch «Kämpfer».

Bei den nachfolgend aufgeführten Baukonstruktionen war die Nachempfindung dieser Dialektik ein massgeblicher – durchaus subjektiver – Beweggrund zur Gestaltung der Widerlager (vgl. auch Kap. 1.6 und 1.10).

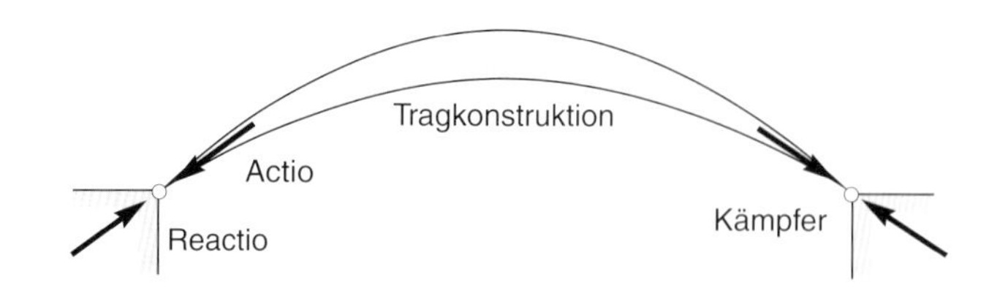

223 Die Dialektik zwischen Actio und Reactio der Auflagerkräfte an den Kämpfern gewölbeartiger Tragkonstruktionen – ein Brennpunkt der konstruktiven Gestaltung.

Die Hypar-Holzschale als gewölbeartiger Tragkörper

Der architektonische Ausdruck des 1960 gemeinsam mit Architekt *Rolf Gutmann* entworfenen Eigenheims in Hegenheim (Elsass) ist neben der eigenwilligen Form seiner Dachkonstruktion als solche auch spürbar durch die plastische Gestaltung ihrer Widerlager geprägt.

Das Entwurfskonzept des Architekten, das von der Vision eines einzigen integralen, die gesamte Wohnfunktion unter einem durchgehenden Dach erfüllenden Vielzweckraums getragen war, bot sich dem Ingenieur als willkommene Gelegenheit, eine lang gehegte konstruktive Wunschvorstellung in die Tat umzusetzen: die Realisierung einer freigespannten, hölzernen Hypar-Schale, die zugleich Tragkonstruktion und attraktiver, auch raumakustisch idealer Sichtplafond des Innenraums ist. Unter Einbeziehung der vielfältigen geometrischen Gestaltungsmöglichkeiten und der statischen Eigenschaften des parabolischen Hyperboloids entstand dann in vertrauter Zusammenarbeit die eigenwillige Behausung einer aufgeschlossenen Bauherrin.

224 Der aus der abgewinkelten Beckenwand herauswachsende Kämpfer des Dachgewölbes. Die sich gegen die Spitze hin verjüngenden Dachrandträger leiten die Membranschubkräfte der Hypar-Schale zum Widerlager.

225 Ansicht des Becken-Widerlagers von innen. Sichtbar ist auch die aufgeleimte Brettverstärkung des Randträgers in Richtung Kämpfer.

226 Der architektonische Ausdruck des Gebäudes ist deutlich von der statisch nachempfindbaren skulpturellen Formgebung der Eckwiderlager mitgeprägt. Die schief auf die Ecken einwirkende Schubkraft der Hypar-Schale wird dort in zwei Komponenten zerlegt, die dann einzeln ihren Widerstand in den sich überkreuzenden, als Fortsätze in den abgewinkelten Stützmauerwänden eingespannten Betonscheiben finden.

227 Überblick über die Gesamtanlage des Wohnsitzes mit der formalen Einbindung der Dachkonstruktion in die Elemente der Umgebungsgestaltung. Die im Grundriss rechteckige Hypar-Holzschale wirkt zwischen den sich diagonal gegenüber liegenden Beton-Widerlagern als Druckgewölbe. Zwischen den freien Dachspitzen wirkt sie als Kragdach, das von den Zugspannungen in der Schale und den Druck-Randgliedern gehalten wird.

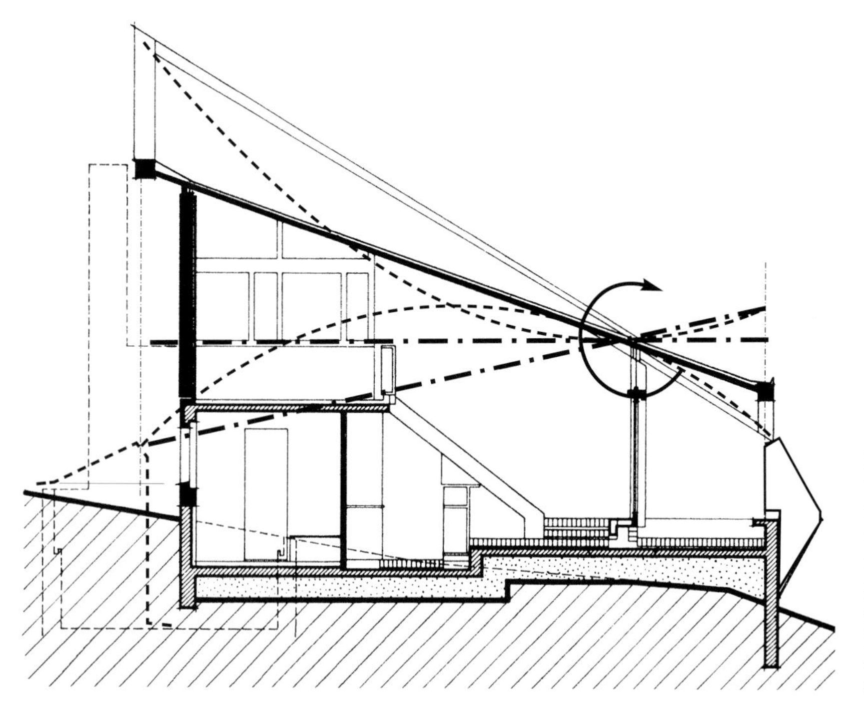

228
Querschnitt durch das einräumige Wohnhaus mit der in seiner erhöhten Ecknische eingebauten Schlafgalerie.
Die Zeichnung verdeutlicht die Drehbewegung der geraden Erzeugenden der Hyparfläche des Dachs um die als Leitgerade dienenden horizontalen Oberkanten der Raumabschlusswände. Eingezeichnet sind auch die beiden diagonalen parabel- bzw. hyperbelförmigen Schnittkurven, von denen die gewölbeartig nach oben gekrümmte sich direkt auf die Widerlagerpunkte abstützt.

229 Blick durch die gläsernen Umfassungswände des grosszügigen Wohnraums mit Bar. Die Oberkanten der Eckwände fallen mit der Lage der beiden horizontalen Erzeugenden der Hypar-Schale zusammen (s. Querschitt Abb. 228).

Die hyperbolische Paraboloidfläche entsteht durch Überstreichen des durch die Dachränder definierten windschiefen Vierecks mit im Grundriss zu diesen parallelen Geraden (s. Abb 228). Die in ihrer Vertikalprojektion auf einem Rechteck von 14 x 20 m aufgebaute Dachschale sitzt mit ihren zwei sich diagonal gegenüberliegenden unteren Spitzen punktförmig auf Widerlagern und wird an ihrer oberen Spitze durch eine Halterung in der Mauerecke der Hauswand gegen Umkippen um die Verbindungsachse der beiden Kämpferpunkte stabilisiert. Die vierte Spitze kragt frei aus. Der dortige Schalenbereich bildet so ein grosszügiges, Schatten spendendes Vordach.

Die Suche nach der optimalen Geometrie der Hypar-Schale war durch die Absicht geleitet, einerseits die Lage von deren beiden horizontalen Erzeugenden mit der Grundrissanordnung der transparenten äusseren Abschlusswände des Wohnraums zusammenfallen zu lassen und andererseits gegen die Dachspitze hin Raum für eine Galeriefläche zu schaffen und dabei statisch und formal die Schaffung des diagonal gegenüberliegenden auskragenden Vordachs zu ermöglichen.

Auch an diesem Gebäude ist die Dialektik zwischen tragenden und getragenen Bauteilen unterschiedlicher Materialien spürbar ausgedrückt. Die zwei Widerlagerkörper zur Abfangung des Bogenschubs der Holzschale wachsen monolithisch aus dem jeweiligen «Interface» zum Baugrund: auf der Nordseite aus einer abgewinkelten Stützmauer, im Süden aus der konkaven Ecke eines L-förmigen Schwimmbeckens, das als solches auch schon das Fundament für die Dachkonstruktion bildet. Beide Widerlager bestehen aus einem Paar sich senkrecht durchdringender Scheiben, von denen jede eine Komponente der schiefen Dachschubkraft übernimmt.

Die Schalenfläche besteht aus zwei, in den Hauptspannungsrichtungen der Hypar-Schale kreuzweise verlegten, 15 mm starken Bretterlagen, von denen in Faserrichtung die obere die Druck- und die untere die Zugspannungen übernimmt. Die Resultierenden der aus den einzelnen Bretterlagen schief ankommenden Randkräfte werden über den Randbalken auf die Widerlager abgeführt.

Die Verwirklichung dieser einmalig aus Holz gefertigten Hypar-Schalenkonstruktion stellte auch eine Herausforderung an den Wagemut und die handwerkliche Phantasie des Zimmermanns dar. Die Konstruktion wurde durch die St. Galler Firma Osterwalder an Ort und Stelle auf einem entsprechenden Lehrgerüst zusammengeleimt und verschraubt (s. Abb. 231, 232).

Zur Überprüfung des Tragverhaltens der Konstruktion wurden im Laboratorium Experimente an einem naturgetreu aus Furnierholz zusammengeleimten Modell im Massstab 1:10 durchgeführt (s. Abb. 230). Einige der Deformationsmessungen am Modell wurden später am ausgeführten Tragwerk nachvollzogen und ergaben – typisch in der elastischen Einsenkung der freien Dachspitze unter bekannter Ecklast – eine perfekte Übereinstimmung.

230 Die Tragweise der Hypar-Schalenkonstruktion wurde an einem wirklichkeitsgetreu aus Furnierholzstreifen zusammengeleimten Modell im Massstab 1:10 experimentell nachgeprüft. Neben dem Spannungsverlauf in den Brettern interessierte zur richtigen Dimensionierung der dortigen Bewegungsfugen vor allem die Durchbiegung der Dachfläche über den gläsernen Raumabschlusswänden.

231 Die auf einem Lehrgerüst verlegten, sich in den beiden Hauptspannungsrichtungen orthogonal überkreuzenden Bretterschichten wurden an Ort gegenseitig verleimt.

232

Verschrauben der doppelschichtigen Bretterlage der Schale zur Erzeugung des für die Verleimung erforderlichen Anpressdrucks.

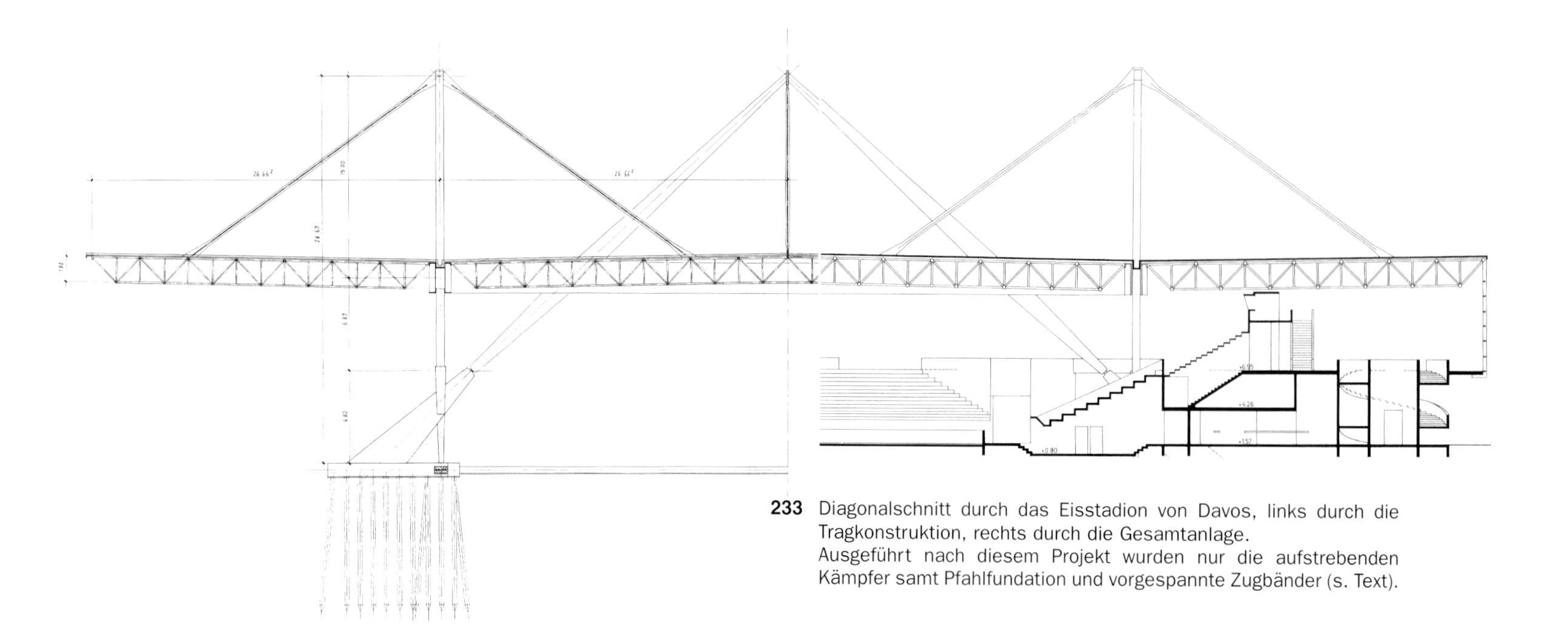

233 Diagonalschnitt durch das Eisstadion von Davos, links durch die Tragkonstruktion, rechts durch die Gesamtanlage.
Ausgeführt nach diesem Projekt wurden nur die aufstrebenden Kämpfer samt Pfahlfundation und vorgespannte Zugbänder (s. Text).

Die Stahlkonstruktion im Dialog mit dem Widerlager

Das Projekt für die Tragkonstruktion des 1969 von Architekt *Ernst Gisel* entworfenen Eishockey-Stadions in Davos hatte zur Aufgabe, den allseitig verglasten kubischen Baukörper des Stadiongebäudes mit seiner quadratischen Grundrissfläche von 76 x 76 m möglichst stützenfrei zu überdachen. Um dem grossen, von hohen Schneelasten beanspruchten Flachdach dennoch innere Auflagermöglichkeiten zu verschaffen, wurde ein neuartiges Tragsystem erdacht, das der Anlage zugleich auch einen unverwechselbaren architektonischen Ausdruck verlieh.

Über den Verbindungslinien der Seitenmitten des quadratischen Dachgrundrisses war die Errichtung vier imposanter Böcke vorgesehen, die je aus einem Paar geneigter, sich an ihrer Spitze gegenseitig abstützender, aus Stahlblech zu eleganten Hohlprofilen zusammengeschweisster Stützträger gebildet sind. In ihrer halben Höhe durchdringen diese an acht Stellen die Dachfläche und bieten sich dort unmittelbar als Stützpunkte an. Zudem verschaffen beidseitig von den vier Pfeilerspitzen, im Grundriss zur Stützbockebene senkrecht, schräg nach unten weisende Hängestangen an ihren Endverankerungen dem Dach acht weitere Auflagermöglichkeiten. Die Deckenkonstruktion der auf diese Weise in moderaten 19 m-Abständen unterstützten Dachfläche selbst ist ein leichtes, konventionelles Raumfachwerk.

Den gelenkigen Auflagerpaaren je zweier benachbarter Stahlböcke wachsen bis zur Höhe von 8 m vier expressiv durchgestaltete Widerlager aus Stahlbeton entgegen, die deren Schubkräfte zu den Fundamenten übermitteln. Diese sind ihrerseits durch zwei vorgespannte, kreuzweise unter der Beeisungsanlage des Hockeyfelds verlaufende Zugbänder gegenseitig verbunden.

Heute ist davon jedoch nur wenig zu sehen. Nachdem der ganze Unterbau mit den ausdrucksvollen Widerlagern schon erstellt war, gab eine inzwischen lokalpolitisch aus dem Gleichgewicht geratene Davoser Regierung der bündner Holzbaulobby während der Winter-Arbeitspause den Auftrag, den bestehenden Bauteilen ein monströses hölzernes Gebilde überzustülpen. Nur dessen unverwechselbaren Eckunterstützungen zeugen noch von der ursprünglichen Bauidee.

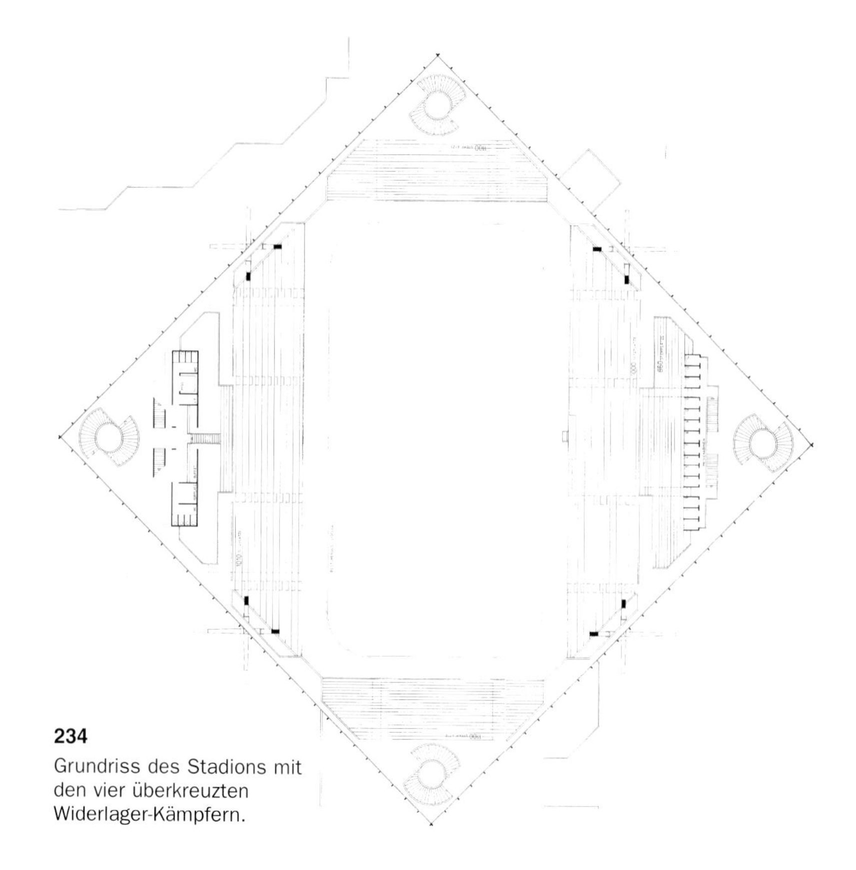

234
Grundriss des Stadions mit den vier überkreuzten Widerlager-Kämpfern.

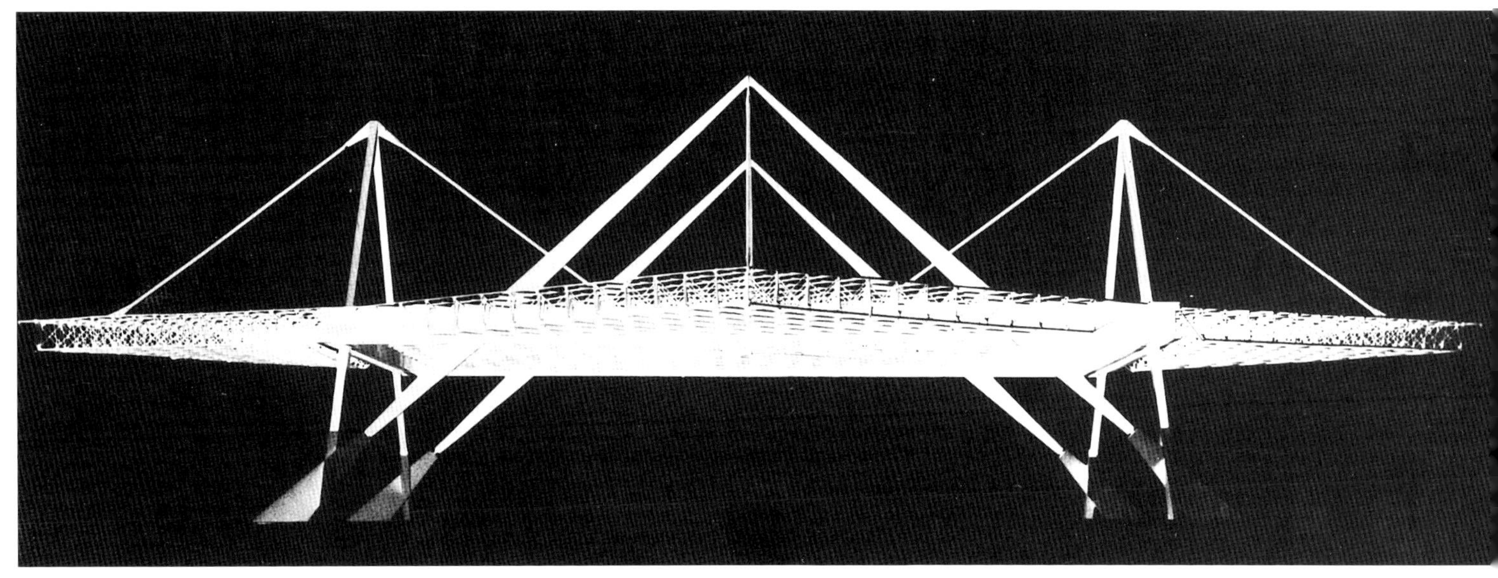

235 Ansicht des im Laboratorium hergestellten metallenen Präzisionsmodells der Tragkonstruktion der Stadionüberdachung im Massstab 1 : 100.

236
Detail-Ansicht des Modells der sich durchdringenden Kämpfer der stählernen Stützböcke.

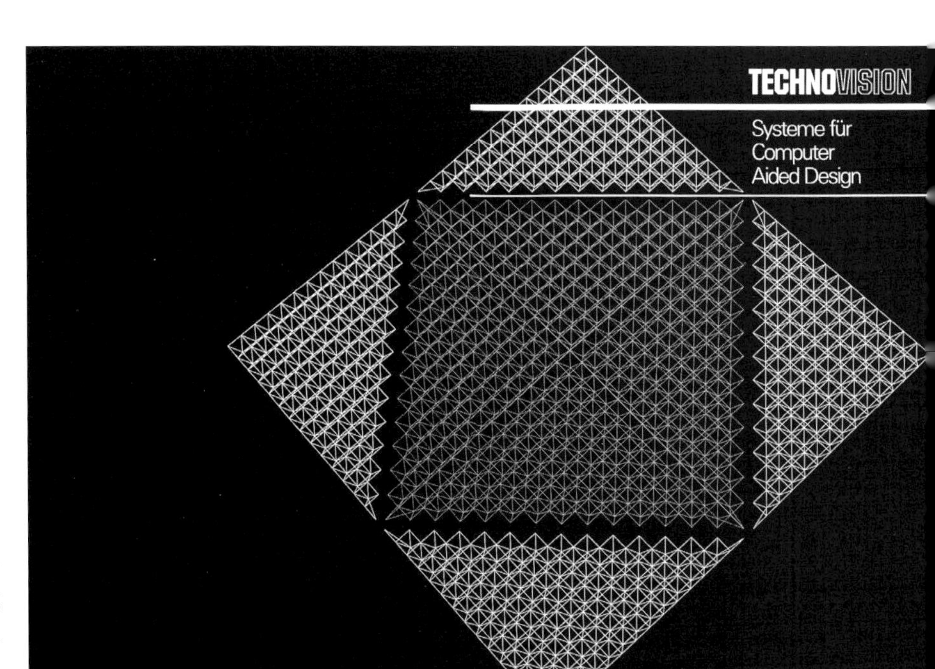

237
Struktur der Tragkonstruktion des Flachdachs, zusammengesetzt aus acht identischen, dreieckigen, als Raumfachwerke ausgebildeteten Konstruktionseinheiten. Die vier mittleren, sich zu einem Quadrat ergänztenden Einheiten sind zur Stabilisierung der Gesamtkonstruktion in ihrem zentralen Treffpunkt gegenseitig biegesteif verbunden.

Die perspektivische Zeichnung wurde zur Illustration eines CAD-Werbeprospektes verwendet (vgl. 4. Kap.).

2.2.3 Zur Verbundkonstruktion

Auch die Bewertung unterschiedlicher Verbundkonstruktionsweisen ist nicht frei von subjektivem Ermessen.

Unter Verbundkonstruktion versteht man ein aus statisch wirksamen Einzelteilen *unterschiedlicher Materialien* zusammengesetztes Traggebilde. Offensichtlich ist dessen Tragfähigkeit gewährleistet, wenn all seine Elemente und deren gegenseitigen Verbindungen die zur Erfüllung ihrer statischen Teilfunktion erforderliche Festigkeit besitzen. Nach diesem pauschalen Kriterium beurteilt auch das so genannte Traglastverfahren die «Zulässigkeit» von Verbundkonstruktionen (vgl. Kap. 3.1).

Der sensible Entwerfer, der ausser der Festigkeit auch die divergierenden Formänderungseigenschaften der Verbundmaterialien nachempfindet und sich nebst der Tragsicherheit auch um die materialkonforme Gestaltung des Tragwerks sorgt, gelangt jedoch zu einer differenzierteren Beurteilung. Denn auch Baustoffe wünschen sich für ihr Wohlbefinden einen adäquaten Atemraum.

Die diesbezügliche Unterscheidung wird ersichtlich, wenn man in den drei in Abb. 238 gegenübergestellten Tragwerken ausser der Feststellung ihrer identischen Feldmomente, auch das statische Zustandekommen der letzteren in Abhängigkeit des konstruktiven Gefüges verfolgt: Das von den Auflagern her in allen Fällen gleich anwachsende, im Schnitt **b** den Wert **m** annehmende Feldmoment, findet in den Traggebilden seinen materiellen Widerstand in den als Kräftepaar repräsentierten Druck- und Zugzonen. Je nach dem Anteil, den die formbedingte Änderung des Hebelarms oder die der Kraftgrösse des Kräftepaars zur Momentenvariation beiträgt, entstehen zwischen den Druck- und Zugzonen stark unterschiedliche *Schubkräfte*.

In Verbundkonstruktionen werden aus naheliegenden Gründen oft – was auch die Philosophie des Stahlbetons ist – den Zug- und Druckzonen unterschiedliche Baustoffe zugeordnet. Wenn dort die gegenseitige Übertragung der Schubkräfte durch direkten Kontakt erfolgt, so werden die beiden Materialien ungeachtet ihrer verschiedenen rheologischen und Festigkeitseigenschaften, sei es über Haftung oder gegenseitige Verkrallung, zu gleicher, oft schlecht verträglicher Verformung *gezwungen*. Ein typisches Tragwerksbeispiel hierzu ist der auch als Fall 1 in Abb. 238 schematisch dargestellte Stahl/Beton-Verbundbalken. Der Umgang mit der inhärenten, sich immer wieder in Bauschäden mainifestierenden Imperfektion des direkten Haftverbunds hält die einschlägigen Versuchsanstalten rund um die Welt dauernd in Atem.

Diese Probleme verschwinden, wenn die Schubübertragung wie in Fall 2, dem Fachwerk, indirekt über biegeweiche Diagonalen erfolgt. Es ist daher kein Zufall, wenn in diesem Buch diverse Beispiele zur Fachwerk-Verbundkonstruktion (s.S. 20, 81 und 84), aber keines zum weit üblicheren Verbundbalken vorkommen.

Über Stahl- vs. Spannbeton

Auch der Stahlbeton – als solcher schon eine über Schubhaftung wirkende Verbundbauweise – zeichnet sich nicht durch die Transparenz seiner Festigkeitseigenschaften aus. Es sind andere Reize, die ihn zu einem beliebten Baustoff machen (s. Kap. 2.2.4).

Der vorgespannte Beton bedeutet daher auch aus der Perspektive des Haftverbundproblems einen Qualitätssprung gegenüber dem klassischen Stahlbeton. Denn die Interaktion zwischen Beton und Spannstahl erfolgt bei ihm unter Gebrauchsbelastung nicht wie bei der schlaffen Bewehrung über die Haftung, sondern wirkt – in dieser Hinsicht mit Fall 3, dem Bogen mit Zugband, vergleichbar – vorwiegend wie eine unabhängige äussere Belastung auf das Betongebilde (vgl. Kap. 2.4).

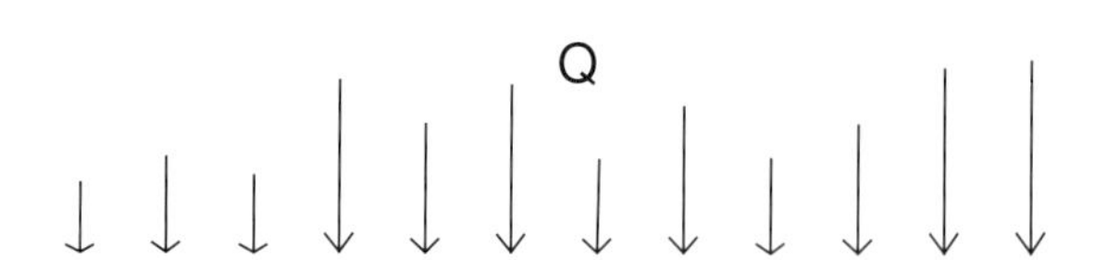

1. Einfacher Verbundbalken

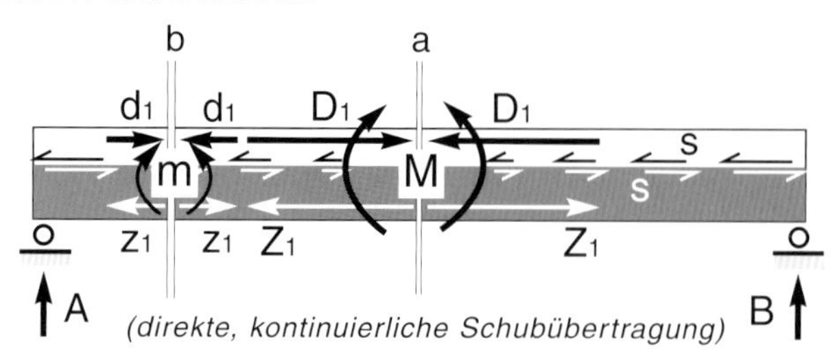

2. Verbundfachwerk

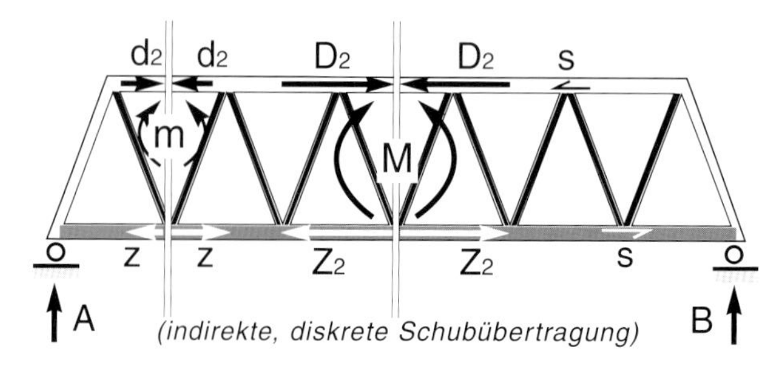

3. Bogen mit Zugband

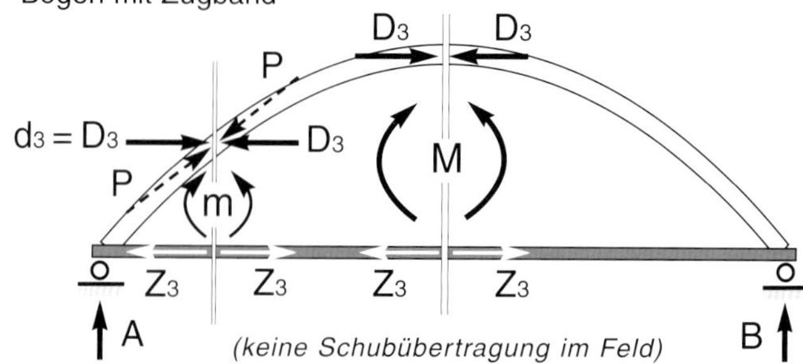

238 Die *Divergenz* der Entstehungsweisen des Form- und Festigkeitswiderstands gegen das von Null auf **M** anwachsende Feldmoment im Quervergleich dreier als Verbundkonstruktionen gedachter Standard-Tragwerkstypen. (Die verschiedenen Baustoffe sind an den unterschiedlichen Grautönen erkennbar)
Die unterschiedliche Wirkungsweise des Moments zeigt sich bei seiner Auflösung in ihr unmittelbar auf die Bauteile wirkendes Kräftepaar: In Fall 1 und 2 ändern sich mit zunehmendem Moment nur dessen Kräftvektoren, im Fall 2 dagegen einzig der «Hebelarm».

1. Beim *Balken* entsteht der kontinuierliche Zuwachs von $\mathbf{d_1}$ und $\mathbf{z_1}$ an den Berührungsflächen der beiden Verbundmaterialien Schubspannungen **s**, die beide Baustoffe zu gleicher Verformung zwingen.
2. Beim *Fachwerk* geschieht die Schubübertragung indirekt und sprunghaft an den Knotenpunkten über die Fachwerksdiagonalen. Weder diese noch Ober- oder Untergurt sind dabei einer Zwängung ausgesetzt.
3. Beim *Bogen* ergibt sich der Momentenzuwachs durch den Verlauf der Stützlinie von selbst. $\mathbf{D_3}$ ist die invariante Horizontalkomponente der axialen Gewölbekraft **P**.

Ein Holz/Stahl-Verbundfachwerk

Die hier dargestellte Shedhallenkonstruktion in Aesch BL (1957) ist eines der vielen Beispiele von Holzkonstruktionen, die im Lauf der Jahre mit *Hans Schmidlin,* dem unternehmungsfreudigen Inhaber eines Zimmerei- und später unter ISAL bekannten Fensterbaubetriebes entworfen und realisiert wurden (s. Werkverzeichnis).

Als eigene Fabrikerweiterung richtete sich die Konstruktionswahl nach deren wirtschaftlich optimalen Herstellbarkeit mit betriebseigenen Resourcen. Die Konstruktion wurde daher vorwiegend aus vorhandenem Abfalllagerholz zusammengeleimt und samt ihrer Beton- und Stahlteile von der eigenen Belegschaft errichtet.

Die 22 m weit gespannten Hauptbinder der Shedhalle sind Holz/Stahl-Verbundfachwerke, deren Ober- und Untergurte aus je einem Paar nebeneinander liegender «Hetzer»-Balken bestehen, zwischen denen die mit Ringdübeln versehenen Knotenbleche der schlanken Stahlausfachungen eingeklemmt sind (s. Abb. 241). Die für den Shedlichteinfall sehr transparente Verbundbauweise ist dem reinen Holzbau auch fertigungstechnisch überlegen.

Bemerkenswert ist die extreme Leichtigkeit der 8 m weit gespannten Dachpfetten. Ihr 55 cm hoher Doppel-T-Querschnitt besteht aus einem Steg von 6 mm dicken, kreuzweise zusammengeleimten Abfallbrettern und den oben und unten darauf genagelten «Flanschen» aus Norm-Dachlatten. Die seitlich äusserst biegeweichen Träger steifen sich gegenseitig durch Verbindung mit filigranen Lattenkreuzen gegen das sonst unvermeidliche Ausknicken ihrer Druckflansche aus (Abb. 240). Zur horizontalen Stabilisierung der Shedtragwerke als Ganzes diente ein in deren Stirnbereichen über den Pfetten liegender, aus flachen Brettern zusammengenagelter Fachwerkverband (Abb. 239).

239 Gemeinsamer räumlicher Treffpunkt des Verbundfachwerks mit dem aus Brettern zusammengenagelten Dachverband.

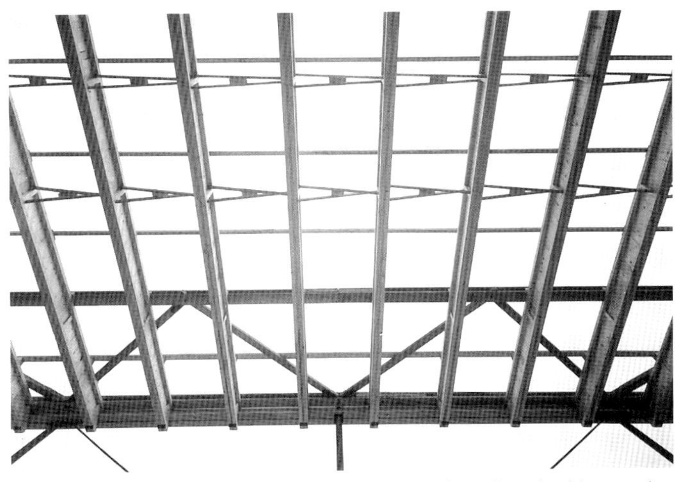

240 Die filigranen Latten-Kreuzverbände verhindern das «Auskippen» der schlanken Oberflanschen der Dachpfetten.

241 Ringdübelverbindung zur Schubübertragung zwischen einem Fachwerk-Knotenblech und dem (hier aufgeklappten) Paar der Untergurt-Holzbalken.

242

Das Gesamttragwerk, eine Kombination aus drei tragenden Baumaterialien: Holz, Stahl und Beton.

Auch hier sind es die als Interface im Boden eingespannten Betonpfeiler, die in klarer Zäsur die darüber liegende, punktförmig gelagerte und frei tragende Holz/Stahl-Verbundkonstruktion tragen.

Im Stahlbetonbau von Form*elementen* zu sprechen, ist streng genommen ein innerer Widerspruch. Denn im Unterschied zu Bauweisen in anderen Materialien wie Stahl oder Holz, bei denen sich die Gesamtkonstruktion aus einer Kombination formal durch ihre industrielle Fertigungsweise stark vorgeprägter Einzelteile zusammensetzt, ist der Betonbau durch seine bis ins Datail frei gestaltbare monolithische *Ganzheitlichkeit* gekennzeichnet. Der Begriff des «Elements» kann sich daher hier nur auf die spezifische statische *Funktion* beziehen, die einer Formenfamilie innerhalb einer Gesamtkonstruktion zugeschrieben wird. Aber auch statische Teilfunktionen lassen sich in einem Kontinuum oft nur sehr unscharf abgrenzen (vgl. auch Kap. 3.4).

Typisch für diese fliessende Begrifflichkeit des Beton-Formelements ist das Konzept des «Plattenbalkens». Bei diesem T-förmig mit der Massivdecke verschmolzenen Unterzug stellt sich die Frage nach der statisch «mittragenden Breite» der an sich unbestimmt ausgedehnten Deckenplatte. Ihr Mass wird in den einschlägigen Normen durch geometrische Faustformeln fixiert, obwohl sie in Wirklichkeit erheblich und veränderlich von der Belastungsart des Balkens abhängt.

Die bürokratische Festschreibung von Formelementen ist ein beliebtes Tummelfeld des Normenunwesens und wirkt dann als echter Bremsklotz für den kreativen Entwurf, wenn sie, wie in Abb. 244 dargestellt, den irreleitenden Eindruck vermittel, es existieren statisch verbindliche Proportionenregeln für Formelemente des Stahlbetons (vgl. S. 138).

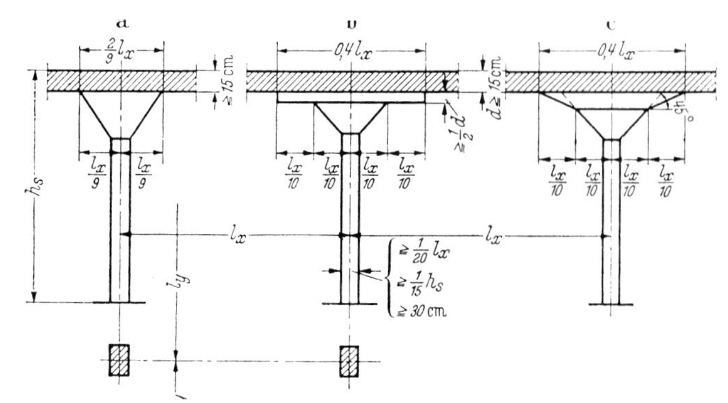

244 Die seit 1925 in ähnlicher Form geltenden deutschen DIN-Normen für den Entwurf von Pilzdecken mit verbindlich vorgeschriebenen Verhältniszahlen der Pilzmasse zu den Deckenspannweiten.

Mit der regionalen Unterschiedlichkeit derartiger amtlicher Regeln führt sich die vermeintliche Objektivität der Ingenieurwissenschaften von selbst ad absurdum. So beklagt auch der Brückenbauer Hans Wittfoht in seinem Buch «Triumph der Spannweiten» (Düsseldorf 1972, S. 303) die Normen-Bevormundung und stellt der diesbezüglichen «germanischen» die «weitherzigere romanische Auffassung» gegenüber.

243 Pilze als raumgestalterische Elemente in der Eingangshalle des Wohlfahrtsgebäudes der Fa. Geigy, Schweizerhalle (***Vischer Architekten***, Basel, 1968). Im Hintergrund ist die doppelläufige Aufgangstreppe sichtbar, die wie eine offene Hand auch als Abstützung der Decke wirkt.

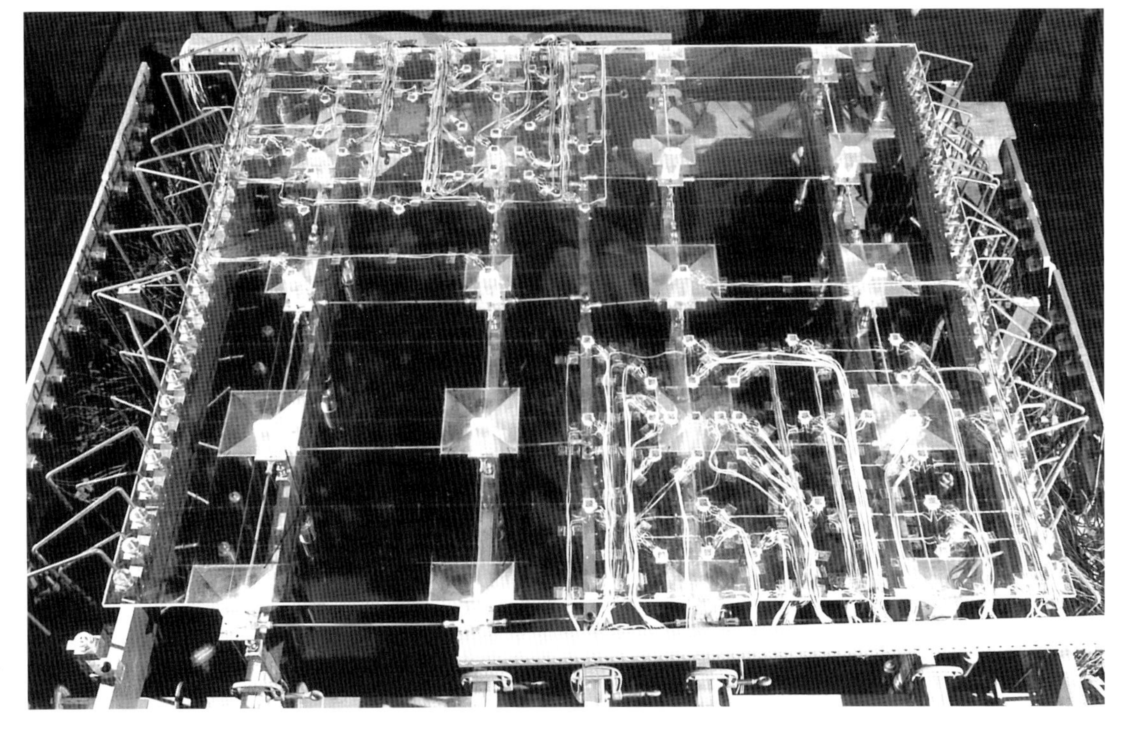

245
Elastischer Modellversuch an einer mit zwei Pilztypen unterschiedlicher Dimensionen unterstützten Decke zur Untersuchung von deren Auswirkungen auf die Momentenverteilung in der Platte.

246 Studie einer rautenförmigen, mit den Pfeilern rahmenartig verbundenen Pilzdecke. Die offensichtlich wirtschaftliche und optisch ansprechende Konstruktionsweise wurde zur optimalen Raumnutzung in Auto-Einstellhallen erdacht.

Das Formelement «Pilz»

Die als Pilz bezeichnete Säulenkopfverbreiterung an Pfeilern zur punktförmigen Abstützung grossflächiger Massivdecken kann als repräsentatives Formelement des Stahlbetons gelten. Diese mit der Deckenplatte monolithisch verschmolzene Verstärkung soll einerseits das «Durchstanzen» des schlanken Stützenschafts durch die dünne Platte verhindern und andererseits die sich über den Einzelstützen konzentrierenden Decken-Biegemomente ausgleichend verteilen. Die optimalen Abmessungen des Pilzes zur Erfüllung dieser Funktionen lassen sich – wie immer – nicht berechnen. Seine geometrische Gestaltung liegt im Ermessen des um Nachempfindung der äusserst komplexen räumlichen Spannungszustände im Pilzkopf bemühten Konstrukteurs.

Die Erfindung der Pilzdecke vor knapp hundert Jahren bedeutete eine signifikante Bereicherung der damals bekannten Konstruktionsweisen, ermöglichte sie doch erstmals die balken- und unterzugslose, zudem zweidimensional tragende Überspannung von Räumen. Die sich simultan in den U.S.A. (System Turner) und der Schweiz bei Robert Maillart abspielende Entstehungsgeschichte des Pilzes ist ein für das Ringen des kreativen Ingenieurs um wissenschaftliches Verständnis seines Vorhabens, aber auch des Frusts über das verkrustete Fachdenken seiner Kritiker typischer Zeitspiegel und zeigt die Überzeugungskraft der Experimente Maillarts, denen die Durchsetzung seiner bis heute gültigen konstruktiven Erkenntnisse zu verdanken ist (vgl. S. 138, und Lit. S. 142).

Die Abbildungen 244 und 246 zeigen zwei Varianten freier Pilzformen, deren Gestaltung neben ästhetischer Empfindung von statischen, gebrauchsfunktionalen und wirtschaftlichen Überlegungen gleichermassen geleitet war.

Vom Pilz zum Nicht-Pilz

Das kristallklare architektonische Gestaltungskonzept der Architekten *Tibère Vadi* und *Max Rasser* für den ultramodernen Neubau eines Geschäftshauses in der Basler Altstadt – heute Sitz des Architekturmuseums – war für den Ingenieur eine Herausforderung, für dessen sichtbares Tragskelett eine formal ebenso schlicht überzeugende Konstruktion zu finden.

Der Bau steht auf der teils schiefwinkligen Eckparzelle eines zusammenhängenden Gebäudeagglomerats. Seine beiden Strassenfronten sollten durchgehend mit einer der Tragkonstruktion vorgehängten «Curtain-Wall» eingehüllt werden, deren streng orthogonale, abwechselnd transparente, transluzide oder opake Glas-Metall-Elemente den Sichtfassaden sowohl Ordnung als auch eine erfrischende Lebendigkeit verleihen.

Als von Trägern bzw. Unterzügen ungestörte und gegenüber der unregelmässigen Umrandung orientierungsneutrale Konstruktionsweise bot sich für die Geschossdecken die simple Stahlbetonplatte an. Diese ist im Bauinneren durch die umgebenden Giebelwände begrenzt und ruht an ihren offenen Seiten punktförmig auf frei stehenden, gegenüber der Fassadenhaut zurückversetzten Geschosspfeilern. Obwohl die Letzteren möglichst schlank sein sollten – eine Forderung, die durch Stahlstützen statisch problemlos zu befriedigen gewesen wäre –, wurden sie aus Gründen der Materialtreue als runde, spiralarmierte Stahlbetonstützen ausgeführt – ein Konzept, in dem sich zur Lagerung der Platte Pilzköpfe geradezu aufzudrängen schienen.

Die Pilzform liess sich aber formal nicht mit der streng geometrischen Leitidee der Architekten in Einklang bringen. Das Dilemma regte dazu an, die ursprünglichen Beweggründe zur Erfindung der Pilzverstärkung neu zu überdenken. Dabei stellte sich heraus, dass es weniger eine zwingende statische Notwendigkeit als vielmehr konstruktive Schwierigkeiten waren, die den Pilzkopf entstehen liessen. Denn die Anwendung der in Stahlbetonunterzügen längst üblichen Schubbewehrung durch «aufgebogene Armierungseisen» und «Bügel» lässt sich in dünnen Platten aus Platzgründen nicht bewerkstelligen.

Der damalige Umgang im Laboratorium mit Modellen aus armiertem Mikrobeton (vgl. z.B. Kap. 1.3) legte es nahe, die konstruktive Schwierigkeit der Schubbewehrung von Platten als reines Massstabsproblem zu betrachten. Demnach galt es nur, die üblichen Dimensionen der Bewehrung und die Korngrösse des Betons den knappen Raumverhältnissen anzupassen, um auch die Platte schubfest armieren zu können. – Damit war der pilzlose Pilz erfunden.

Anmerkung:
«Schubkörbe» ähnlicher Bauart sind heute handelsübliche Standardprodukte.

247 Eckansicht des heutigen Architekturmuseums in Basel.

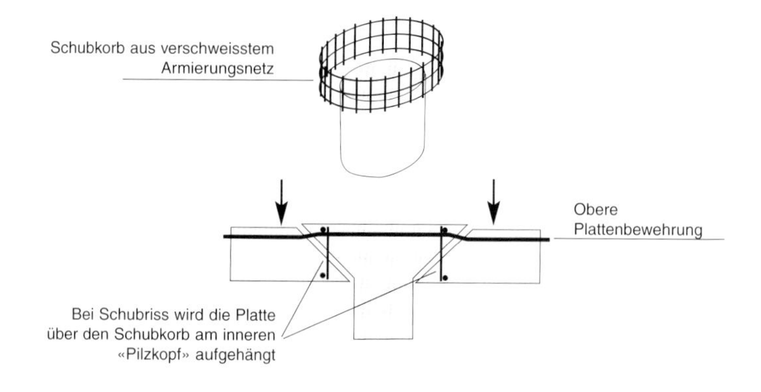

248 Wirkungsweise des Schubkorbs.
Mit wachsendem Abstand von der Säule vermindern sich die Schubspannungen rasch auf Werte, die der Beton auch ohne besondere Bewehrung verkraften kann.

Stilisierte Eckversteifung einer weit gespannten Saaldecke

Im Rahmen der Beratertätigkeit (1990–91) für die Architekten *Aurelio del Pozo Serrano* und *Luis Marín de Terán* bei der Projektierung des «Palacio de la Cultura» von Sevilla mit einem Opernhaus für 1800 Zuschauer und grossen Ausstellungsräumlichkeiten stellte sich u.a. auch die Aufgabe der Deckenkonstruktion des im Keller des Gebäudes untergebrachten Experimentiertheaters.

Die Besonderheit der Aufgabe lag in den äusserst beengten räumlichen Gegebenheiten, innerhalb derer eine sinnvolle Lösung für die Tragkonstruktion der schwer belasteten Decke gefunden werden musste. Nach unten war die verfügbare Raumhöhe durch den Grundwasserspiegel begrenzt. Oben musste eine flächendeckende Hängekran-Anlage, die ein störungsfreies Lichtraumprofil erforderte, eingebaut werden. Eine Ausgangslage, die sofort an die Konstruktion einer vorgespannten Platte denken liesse, wäre das Bauvorhaben nicht in Andalusien gewesen, wo die entsprechende Technologie nicht verfügbar war.

Es galt daher, die Deckenplatte, um sie möglichst schlank zu halten, längs ihrer Ränder rahmenartig möglichst biegesteif in die Stiele der ohnehin notwendigen Stützen einzuspannen. Das Formgebilde war so in der Lage, die diskreten Einspannmomente in den Stützenköpfen in ein kontinuierliches Randmoment der Deckenplatte überzuführen. Dabei beginnt die Ausbreitung der konzentrierten Druckkräfte aus den Eckmomenten schon in den V-förmigen Stützenköpfen selbst, wodurch die sonst üblichen schrägen Eckversteifungen umgangen werden konnten. Die Gestalt der Eckausbildung ist Form gewordener Ausdruck des klassischen Verständnisses von *schlaff bewehrtem Stahlbeton*: Die Betonmasse verdichtet sich an den Körperstellen des grössten statischen Bedarfs an Druckfestigkeit und bildet dort, wo sie nicht benötigt wird, Hohlräume. Dieses Prinzip wurde im vorliegenden Fall in einem ordnenden geometrischen Konzept formal stilisiert.

249 und 250
Querschnitt, Grundriss und Längsschnitt duch die Deckenkonstruktion.

251
Rohbauaufnahme der «abgeknickten» Eckversteifungen als Randeinspannung der Hohlkörperdeckenplatte.

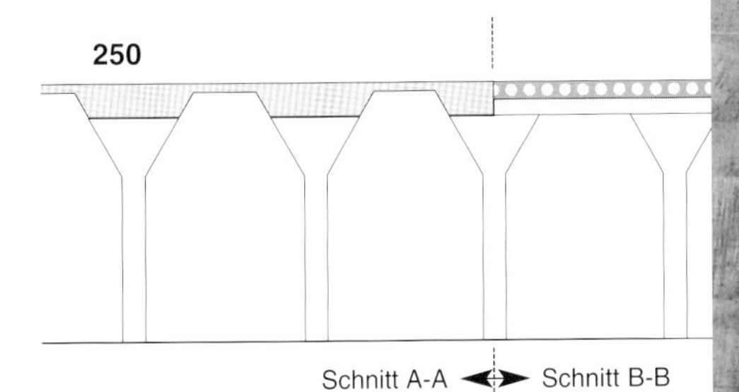

Proportion und geometrische Ähnlichkeit

Als «*ähnlich*» bezeichnet man in der Geometrie topologisch identische Figuren unterschiedlicher Grösse, deren entsprechende Längenmasse in einem festen Verhältnis zueinander stehen. Die beim architektonischen Entwurf als Arbeitsinstrument so wichtigen Anschauungsmodelle sind bekanntlich derartige zu einem wirklichen Objekt ähnliche Figuren.

Dem gegenüber versteht man unter «*Proportion*» das Grössenverhältnis ausgewählter Teile *innerhalb* einer zusammenhängenden Figur. Ihr Mass ist die Verhältniszahl charakteristischer Längen der verglichenen Elemente.

Die beiden Begriffe sind insofern eng verknüpft, als ähnliche Figuren auch in sich selbst durchwegs *gleiche* Proportionen aufweisen. – Proportionen sind demnach in ähnlichen Figuren, ebenso wie deren dimensionslose Winkel, *invariant*.

Niemand bezweifelt, dass unsere ästhetische Wahrnehmung äusserst empfindsam auf Proportionen anspricht. Das Erlebnis der Proportion ist daher in Kunst und Architektur ein, wenn auch nicht objektiver, so doch intersubjektiv weitgehend konsensfähiger Wertmassstab. Die mysteriöse Kausalität der Beziehung zwischen der messbaren Proportion und unserem Wohlgefühl hat Menschen immer wieder dazu angespornt, diese auch zu quantifizieren. Die Entdeckung eines rationalen Bausteins zur Konstruktion von «venustas» würde ja auch die Architektur der Wissenschaftlichkeit einen Schritt näher bringen.

Der vollkommenste, in seiner ästhetischen Ausstrahlung bis heute nachempfindbare Versuch, verbindliche Proportionengesetze für die Baugestaltung zu formulieren, ist zweifellos die antike Formenlehre. Sie setzt mit ihren «Modulen» die Abmessungen aller Bauwerksteile in ein festes gegenseitiges, letztlich auf eine Reverenzgrösse – den Durchmesser des Säulenfusses – bezogenes Massverhältnis. Diese Harmonieregeln wurden in der Renaissance, zusammen mit dem neu entdeckten «Goldenen Schnitt», wieder aufgegriffen. In der modernen Architektur hat Le Corbusier mit seinem auf menschlichen Körperproportionen in Verbindung mit dem goldenen Schnitt aufbauender «Modulor» ein völlig anderes universelles Proportionengesetz aufgestellt, dessen Anwendungsbereich er kühn bis in die Dimensionen des Städtebaus extrapoliert hat. Die Vision des grossen Meisters hat unter den Architekten auch eine breite Anhängerschaft gefunden.

All diese Leitregeln für die architektonische Gestaltung sind, da sie sich allein auf die immaterielle Geometrie beziehen, reine Konstrukte des menschlichen Geistes und haben nichts mit Naturgesetzlichkeit zu tun. – Architektur ist aber auch physisch gebaute Wirklichkeit.

Die physikalische Ähnlichkeit

In der Physik, die sich, weit über ihre visuelle Erscheinung hinaus, mit der Wesensart der *stofflichen* Welt auseinandersetzt, ist der Begriff der «Ähnlichkeit» bedeutend weiter gefasst: Dort formuliert die sogenannte *Ähnlicheitsmechanik* die naturgesetzlichen Bedingungen, unter denen sich (auch hier geometrisch ähnliche) *materielle* Gebilde unterschiedlichen Massstabes *physikalisch* gleich oder zumindest analytisch vergleichbar *verhalten*.

Die Ähnlichkeitmechanik bildet die theoretische Grundlage für die wissenschaftliche Durchführung von Experimenten an Modellen zur Simulation des Verhaltens eines geplanten (meist vielfach grösseren) Originalgegenstands. Sie liefert die Regeln, nach denen die Messergebnisse auf den Massstab des «Prototyps» umzurechnen sind (vgl. Kap. 3.1). Sie vermittelt indirekt aber auch einen aufschlussreichen Einblick in generelle naturgesetzliche Zusammenhänge – u.a. auch diejenigen zwischen Grösse und Form –, in die alle Erscheinungen in Natur und Technik eingebunden sind.

Zur Formulierung der Ähnlichkeitgesetze stützt sich die Modellmechanik auf die *Dimensionen* der in den Vergleich des Verhaltens ähnlicher Gebilde einbezogenen physikalischen Grössen. Konkret sind die letzteren, um nur einige wenige zu nennen, Materialkonstanten wie Elastizitätsmodul oder Dichte, Umgebungsbedingungen wie Temperatur und Schwerebeschleunigung sowie für das verglichene Verhaltensphänomen repräsentative Grössen wie Kraft, Spannung, Frequenz, Geschwindigkeit u.s.f. Die Ähnlichkeitbedingungen sind in den für den Versuch massgeblichen, aus den obigen Grössen zusammengesetzten (wie die geometrische Proportion dimensionslose) Verhältniszahlen ausgedrückt und schreiben die Faktoren vor, mit denen diese zur korrekten Modellsimulation in Abhängigkeit des Modellmassstabs «verzerrt» werden müssten.

Die Schaffung der apparativen und materialtechnologischen Voraussetzungen zur praktischen Erfüllung dieser theoretischen Bedingungen ist die herausfordernde Aufgabe der Modellversuchstechnik. Auf Grund der begrenzten Verzerrbarkeit stofflicher Eigenschaften stösst diese Bemühung jedoch oft an die Grenzen des technisch Möglichen. So gibt es beispielsweise, entgegen einer typischen Forderung der Ähnlichkeitsmechanik, kaum Materialien, deren Festigkeitsverhalten sich in unterschiedlichen Spannungsbereichen naturgesetzmässig vergleichbar ist. – Schon diese Problematik weist auf die physikalische Widernatürlichkeit der geometrischen Ähnlichkeit in unterschiedlichen Grössenordnungsbereichen hin.

Dennoch lässt sich die Präsenz der Ähnlichkeitsgesetze in der Natur auf Schritt und Tritt beobachten. Dies vor allem, wenn materialungebundene mechanische Grössen wie Schwingungsfrequenzen oder Geschwindigkeiten an zwar nicht geometrisch ähnlichen – diese gibt es nicht –, so doch morphologisch verwandten Naturobjekten gegenüber gestellt werden.

Vergleicht man beispielsweise die Fortbewegungsweise von verwandten Lebewesen, so stellt man fest, dass sich die Frequenzen ihrer rhythmischen Bewegungsabläufe mit wachsender Grösse deutlich verringern, ihre Fortbewegungsgeschwindigkeit aber zunimmt. Dies trifft auf den majestätischen Flügelschlag des Adlers gegenüber dem Geflatter eines Kolibri ebenso zu wie auf die unterschiedlichen Laufweisen eines Erwachsenen und eines Schulbuben.

Die allgemeine Abhängigkeit der Schallfreqenzen von der Grösse ist besonders offenkundig. Die Abmessungen der Tonträger sind ebenso bei Pfeifen der Kirchenorgel wie bei den Saiten des Konzertflügels für die Tonhöhe massgebend. Dass die Frequenzsteigerung von elektronischen Schaltkreisen mit deren Miniaturisierung eng verknüpft ist, braucht nicht erwähnt zu werden.

Aus rein dimensionalen Überlegungen aufgestelle Ähnlichkeitsgesetze können solche Beobachtungen auch quantitatv meist erstaunlich zutreffend wiedergeben.

Die Modellgesetze der Statik

In der Statik – einem kleinen Teilgebiet der Physik – spielt ausser den räumlichen Dimensionen (Länge, Fläche und Volumen) als physikalische Dimension einzig die der Kraft eine Rolle. Die Dimensionen aller übrigen dort verwendeten physikalischen Grössen sind Kombinationen dieser Grunddimensionen (vgl. Kap. 3.2).

Ein wichtiges Modellgesetz zwischen dimensionsgleichen Grössen der Statik sagt aus, dass *in geometrisch ähnlichen Tragwerken dann gleiche Spannungen auftreten, wenn beide den gleichen äusseren Flächenlasten ausgesetzt sind.* Die praktischen Auswirkungen dieses Gesetzes können einschneidend sein:

Repräsentiert die Fächenlast jeweils das Eigengewicht der verglichenen Gebilde – in Stahlbetonkonstruktionen ist dies meist der Löwenanteil der Gesamtbelastung –, so ist die geforderte Belastungsgleicheit ganz offensichtlich nicht erfüllt. Da das Eigengewicht mit der dritten, die Fläche aber mit der zweiten Potenz des Massstabes anwächst, fällt die Eigengewichtsbelastung des kleineren Modells im Vergleich zur wahren des Prototyps viel zu gering aus. Die zur Erfüllung der physikalischen Ähnlichkeit fehlende Last muss im Modellversuch künstlich ergänzt werden. Bei einem Modell im Massstab 1:20 erfordert dies eine Lastkorrektur um das 19-fache seines Eigengewichts!

Man muss weit ausholen, um in der Natur Ausnahmebedingungen anzutreffen, unter denen sich gleiches statisches Verhalten geometrisch ähnlicher Tragwerke denken lässt: Auf dem Mond ist ein materialgerecht nachgebildetes «Modell» unter Eigengewicht gleich wie auf der Erde beansprucht, wenn es exakt 2,5 mal grösser ist. Auf dem Mars müsste es etwa 1,6 mal grösser, auf dem Jupiter 1,5 mal kleiner sein. Der Ähnlichkeitsfaktor ist in diesem Fall die Quadratwurzel aus dem Verhältnis der unterschiedlichen Schwerebeschleunigungen an der Oberfläche der Gestirne.

Auf der Erde gilt aber nach wie vor die Regel: *gleiche statische Beanspruchung geometrisch ähnlicher Gegenstände unterschiedlicher Grösse gibt es natürlicherweise nicht.* – Oder umgekehrt: *Ähnliche Gegenstände unterschiedlicher Grösse sind ungleich beansprucht.*

Während die erste Aussageform die vom Modellstatiker zu überwindende Schwierigkeit charakterisiert, beinhaltet die zweite eine das Formfindungsproblem des Konstrukteurs erschwerende Gesetzmässigkeit:

> *Die Formen optimal tragender Konstruktionen lassen sich nicht geometrisch ähnlich in unterschiedliche Grössenordnungen übertragen.*

Nur die jedesmal erneute Suche nach einer von der Ähnlichkeit notwendigerweise abweichenden Form führt in unterschiedlichen Grössenordnungen zur Erfüllung des obersten Leitziels beim Entwurf von Tragkonstruktionen, nämlich – wie dies auch die Natur tut – zum sparsamen Materalverbrauch die Baustofffestigkeiten bei Erfüllung ihrer funktionellen Aufgabe optimal zu nutzen.

252, 253 Proportionenabhängigkeit von der Grösse. – Die Heuschrecke hat trotz ihrer im Verhältnis zur Körpergrösse weit grösseren Muskelkraft relativ wesentlich schlankere Beine als der Elefant.

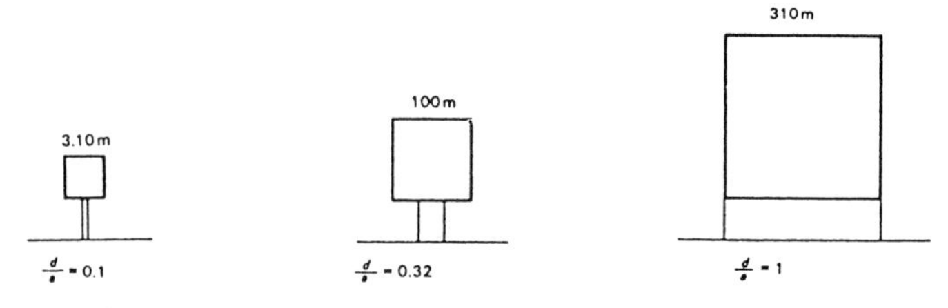

254 Äquivalente Tragfähigkeit morphologisch vergleichbarer Gebilde führt bei verschiedener Grösse zu unterschiedlichen Proportionen der Tragelemente (aus H. Hossdorf: «Modellstatik»).

Proportion und Objektgrösse

Wie in Kap. 2.1 dargelegt, gibt es keinen deduktiven Weg zur Gestaltfindung. Auch die Ähnlichkeitsgesetze der Statik sagen nichts über die Form selbst aus, sie können aber einen *Hinweis* auf die *Richtung* der erforderlichen Gestaltveränderungen eines morphologisch gegebenen Traggebildes bei Veränderung seiner Grösse geben.

In Abb. 254 ist die naturgesetzliche Gestaltanpassung eines solchen Gebildes – ein simpler Pfeiler trägt einen Betonkubus – an seine Ausmasse dargestellt. Mit der Vergrösserung des Kubus muss der Pfeilerquerschnitt geometrisch *überproportional* anwachsen, bis er mit Erreichen des Kubenquerschnitts auf die physisch mögliche Grenzgrösse seiner «Formklasse» stösst.

Schon die extreme Schlankheit eines Getreidehalms im Vergleich zu der des Baumstamms zeigt, dass die überproportionale Zunahme von Tragquerschnitten mit der Grösse auch in der Natur überall anzutreffen ist. Dies wird in Abb. 252 und 253 an einem Beispiel aus der Tierwelt verdeutlicht.

Die einzig sichere Lehre, die sich aus den Ähnlichkeitsgesetzen über Proportionenregeln ziehen lässt, kann nur eine – für die Formfindung wenig hilfreiche – exkludierende sein:

> ***So wenig die Baupläne der Natur geometrische Proportionengesetze kennen, so wenig kann es für die Baukonstruktion verbindliche Proportionenregeln geben.***

Diese Feststellung wendet sich in keiner Weise gegen die Proportion als Vermittler von Schönheitserlebnissen als solche. Sie widerlegt nur jeglichen Universalitätsanspruch fester geometrischer Proportionenregeln und begrenzt deren Anwendbarkeit auf das kulturelle Umfeld ihrer Entstehung.

Die Schönheitswahrnehmung bedarf nicht der pseudorationalen Bevormundung durch fiktive Regeln. Unser Wertgefühl für Proportionen beruht vielmehr auf der allgemeinmenschlichen Gabe zur Assoziation des Gesehenen mit phänomenologisch verwandten Erlebniserfahrungen, die uns beispielsweise auch im physischen Verhältnis zwischen Material, Belastung und Grösse «richtig» proportionierte Konstruktionsformen als schön empfinden lässt.

Die Ähnlichkeitsbetrachtungen veranlassen noch zu einer Anmerkung zur Nützlichkeit der Anschauungsmodelle als Entwurfsmittel:

Wie aus deren Wortsinn hervorgeht, ist es nicht die Ähnlichkeit als solche, sondern die eingangs erwähnte, der geometrischen Ähnlichkeit innewohnende *Invarianz* der Proportionen, die Architektur-Modellen ihre durch verbale Beschreibung unerreichbare Übermittlungskraft der ästhetischen Gestaltungsabsichten ihres Urhebers verleiht.

Die geometrische Ähnlichkeit der Anschauungsmodelle gaukelt aber dem Betrachter eine trügerische Scheinfestigkeit des dargestellten Objektes vor. Ohne die Vergegenwärtigung der physikalischen Ähnlichkeitsgesetze, die im Modellversuch ja durch massive äussere Einwirkung erst künstlich erfüllt wird, pflegt man die Tragfähigkeit von Konstruktionsentwürfen an Modellen umso unzutreffender zu überschätzen je kleiner diese sind.

255 *Das Vorbild*: Schalenshedkonstruktion mit 25 m Spannweite. (Überdachung des Zentrallagers des VSK in Wangen bei Olten, vgl. Kap. 1.4)

Ein Beispiel «unähnlicher» Formfindung

Die Problematik der Verwendung eines bestehenden Tragwerks als Vorbild für den Entwurf einer verwandten Konstruktion anderer Grössenordnung lässt sich am Beispiel des Wettbewerbsvorschlags für den Bau einer grossflächigen, mit einer Shedkonstruktion zu überdachenden Industrieanlage für die *Aluminium Menziken* nachverfolgen.

Die Begeisterung der am Submissionswettbewerb teilnehmenden Bauunternehmung *Schäfer AG* in Aarau für die sich damals (1960) im Bau befindliche vorfabrizierte Schalenshedkonstruktion des VSK in Wangen (vgl. Kap. 1.4), veranlasste sie, deren Projektverfasser mit dem technischen Entwurf zu betrauen. Dies mit der Wunschvorstellung, die Konstruktionsweise des Vorbilds (mit Spannweiten der Shedeinheiten von 25 m) möglichst originalgetreu auf das Projekt mit den hier geforderten 40 m Spannweite zu übertragen.

An eine streng ähnliche Vergrösserung sämtlicher Dimensionen des Originals war schon deshalb von vornherein nicht zu denken, weil die entsprechende Erhöhung nur die Entstehung nutzlosen Innenraums zur Folge gehabt hätte. Eine blosse Höhenverringerung der ursprünglichen Zylinderschale hätte aber die Fensterfläche unzulässig verringert und aus statischen Gründen zudem eine Erhöhung des Rinnenträgers erfordert, was den Lichteinfall zusätzlich beieinträchtigt hätte. – Als einziger Ausweg blieb die Suche nach einer grundlegend neuen, der Problemstellung angemessenen Schalenform.

Der obere, ursprünglich gerade Schalenrand der Zylinderschale wurde jetzt seitlich direkt zu den Shedauflagern abgebogen, wodurch zur Überbrückung der grossen Spannweite eine doppelt gekrümmte Schalenform mit gewölbeartiger Tragwirkung entstand. Die Funktion der im Original als Biegebalken wirkenden unteren Randträger reduziert sich hier auf die eines reinen Zugbandes für das «Gewölbe». Seine dadurch entfallende Konstruk-

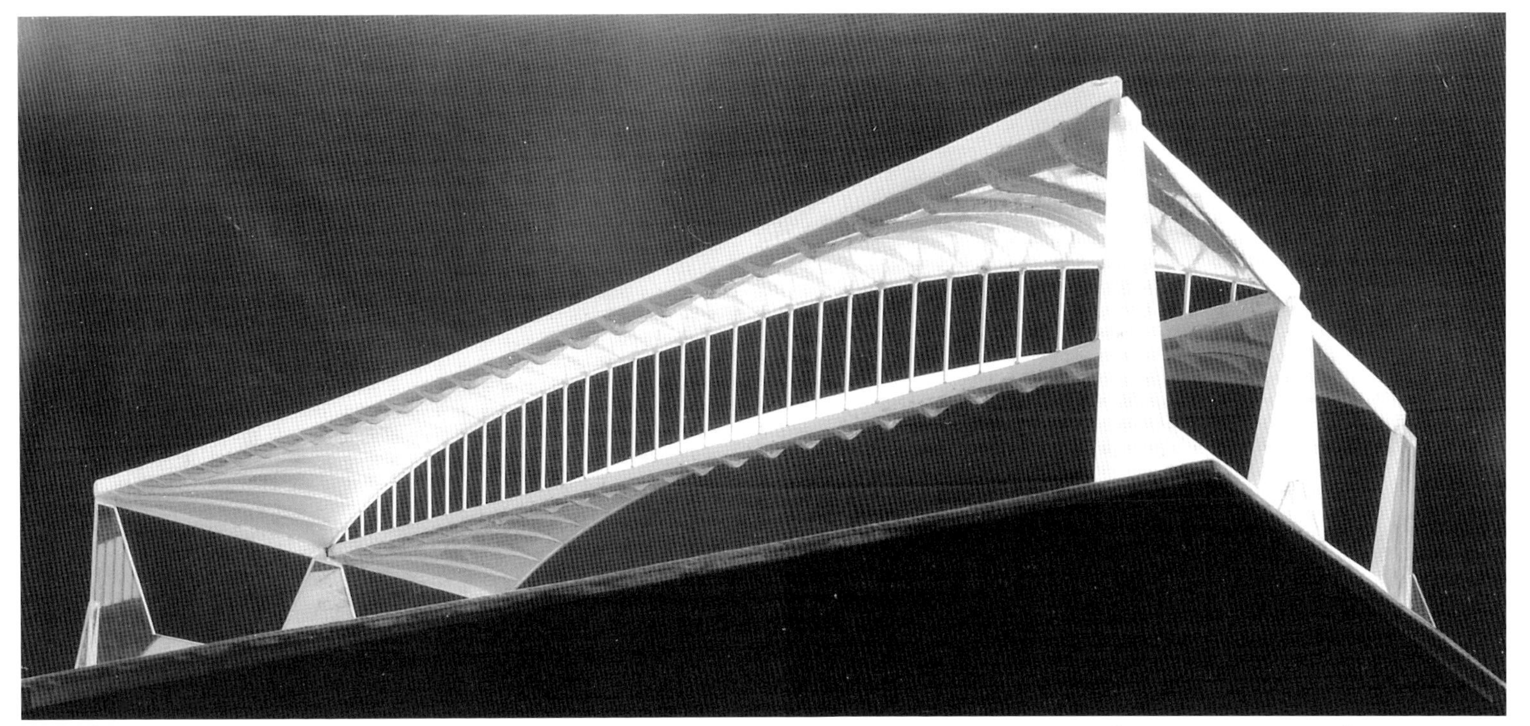

256 *«Übertragung» des Vorbilds* auf eine Schalenshedkonstruktion von 40 m Spannweite – Wettbewerbsprojekt für eine Industrieanlage für die *Aluminium Menziken AG* (1970).

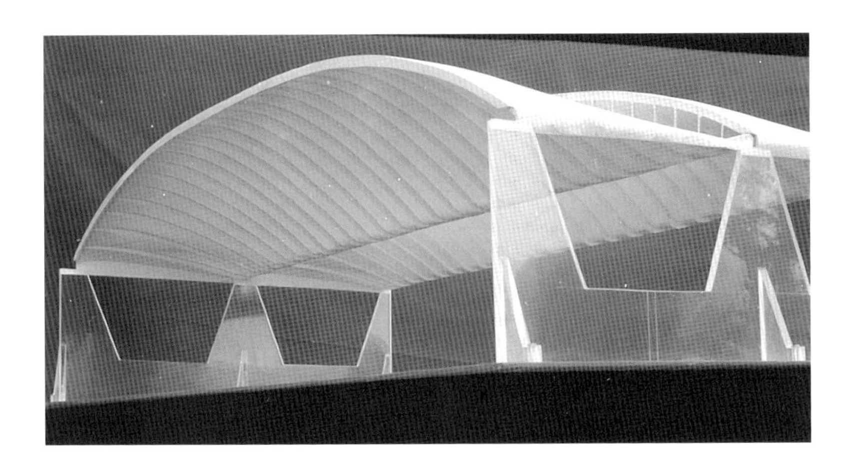

tionshöhe kommt nun der Fensterfläche zugute und kompensiert deren Verlust durch die neue Bauform.

Die Gewölbetragwirkung der Schale erübrigt auch eine räumlich gekrümmte Spannkabelführung. Die Vorspannung der nun gerade in der Dachrinne liegenden Kabel überdrückt die Zugspannungen im unteren Bereich der Schale einschliesslich derjenigen des «Zugbandes».

Zur Beibehaltung der bewährten Konstruktionsweise mit vorgefertigten Elementen wurde auch die räumliche Schale in Querstreifen zerteilt. Dank der Gewölbewirkung der Schale bleiben die Fugen bei äusserst geringer Schubbeanspruchung stets auf Druck beansprucht (vgl. Kap. 1.4 und 2.1).

Durch die doppelte Krümmung der Schalenfläche verringert sich auch deren «Querbiegung». Die nach wie vor für Transport und Montage erforderlichen Randversteifungen der Streifenelemente konnten so äusserst schlank gehalten werden. Im Unterschied zum Original wurden diese nun auf der Unterseite der Schale angeordnet. Dies erleichtert nicht nur das Anbringen der äusseren Wärmeisolation und Regenhaut beträchtlich. Die Rippungen verleihen der Schalenfläche im Innenraum auch eine deutliche muschelartige Textur, die ihre räumlich geschwungene Form sichtbar erlebbar macht.

Das Projekt wurde seinerzeit von der Bauherrschaft mit Enthusiasmus aufgenommen. Das Bauvorhaben wurde aber sistiert.

257, 258

Modellansichten des Projekts, aus denen die grundlegenden formalen Veränderungen – die räumliche Krümmung der Schalenfläche, die Verminderung der Höhe des Randträgers, die Rippenanordnung auf der Schalenunterseite – gegenüber dem kleineren Vorbild deutlich hervorgehen.

Wie schon die Bezeichnung andeutet, versteht man unter Vorspannung das künstliche Unter-Spannung-Setzen einer Tragkonstruktion, *bevor* sie ihrer normalen Gebrauchsbeanspruchungen ausgesetzt wird. Da die Wahl von Art und Grösse dieses der Konstruktion dauerhaft aufgeprägten Vorspannungs-Zustandes auch ihre späteren Gebrauchsbeanspruchungen entsprechend verschiebt, ist die Vorspannung ein einzigartig leistungsfähiges Instrument zur gezielten Steuerung der Tragwerksbeanspruchung oder – umgekehrt – auch iher optimalen Formgestaltung.

Ist im Bauwesen von Vorspannung die Rede, denkt man dabei unwillkürlich an vorgespannten Beton. Der Spannbeton hat denn auch, nachdem er in den 50er Jahren zu einer breit anwendbaren Technologie ausgereift war, die Konstruktionsweise von Brücken- und Hochbauten spektakulär beeinflusst. Er führte nicht nur zu einer deutlichen Qualitätsverbesserung der Betontragwerke gegenüber dem klassischen Stahlbeton und zu umwälzenden bautechnischen Verfahren. Durch erfinderische Ausnützung seiner grossen Anpassungsfähigkeit erschloss er dem Baustoff Beton auch viele neue Anwendungsgebiete und gestalterische Ausdrucksmöglichkeiten.

Auch die moderne Spannbetontechnik beruht auf einem statischen Prinzip, das sich der Mensch schon von alters her bei der Ersinnung seiner Artefakte dienstbar machte. Das Daubenfass, der Regenschirm, der Fahrzeugpneu sind allgegegenwärtige Beispiele dafür. Heute sind Anwendungen des Vorspannprinzips, beginnend schon mit jeder fest angezogenen Verbindungsschraube oder der federnden Unterlagsscheibe, in allen Bereichen der Konstruktionstechnik anzutreffen.

Aus dieser Sicht wird der Spannbeton zu einem von vielen Anwendungsbeispielen eines weit allgemeineren mechanischen Konzepts, dessen Anwendungsmöglichkeiten noch keineswegs ausgeschöpft sind. – Es ist diese *Wesensart* der Vorspannung, der wir im folgenden auf den Grund gehen wollen.

Das Wesen der Vorspannung

Die Erzeugung des Vorspannungs-Zustands ist – genau wie das Aufziehen einer alten Federuhr – immer mit der «Aufladung» des Tragwerks mit potentieller elasto-statischer Energie verbunden. Die hierzu notwendige Arbeit leisten, wenn nicht ausnahmsweise natürliche Zustandsänderungen (z.B Materialerwärmung) diese übernehmen, spezielle mechanische *Vorrichtungen*.

Womit rechtfertigt sich nun dieser technische Aufwand, der ja – anscheinend paradoxerweise – unvermeidlich zu einer *Zusatzbeanspruchung* der Konstruktion führt, deren Widerstandskraft doch logischerweise zum Tragen ihrer natürlicherweise zu erwartenden Belastungen zur Verfügung stehen soll?

In der Tat ist die Anwendung der Vorspannung nur dann sinnvoll, wenn sie in der Konstruktion ohnehin vorhandenene, im ungespannten Zustand aber ungenutzte Tragreserven aktivieren kann. Und solche kommen fast ausschliesslich in *Konstruktionselementen mit ausgeprägter Unterschiedlichkeit (bzw. Asymmetrie) ihrer Druck- und Zugfestigkeit* vor.

Die Asymmetrie von Festigkeiten

Festigkeitsasymmetrien können sich in verschiedener Form äussern. So ist allgemein bekannt, dass Beton gegenüber seiner hohen Druckfestigkeit eine äusserst geringe Zugfestigkeit aufweist – *er reisst*; dass ein dünner Stahldraht trotz seiner praktisch symmetrischen Materialfestigkeit wegen seiner Schlankheit keine Druckbeanspruchung verträgt – *er knickt*; dass ein stumpfer Fugenstoss zwischen zwei Bauelementen nur Druck und keinen Zug aufnehmen kann – *er öffnet sich*. Die Asymmetrie kann sich demnach auf die Festigkeitseigenschaften des *Materials*, der *geometrische Form* oder der gegenseitigen *Verbindungen* von Konstruktionsteilen beziehen.

Die Charakteristiken des Festigkeitsverhaltens pflegt man als Spannungs/Dehnungs- bzw. Kraft/Verformungs-Funktionen in Diagrammen festzuhalten, in denen man auch den (aus Sicherheitsgründen reduzierten) zur Nutzung zugelassenen Funktionsbereich einzeichnen kann. In Kolonne 1 der Schaubilder in Abb. 261 sind solche Verhaltenssteckbriefe, geordnet nach Art und Grad ihrer Asymmetrien, für verschiedene Materialien und Konstruktionsformen schematisch dargestellt.

In den Kolonnen 2–4 lässt sich die diesen Fällen entsprechende Wirkungsweise der Vorspannung durch Verschiebung des Koordinatensystems des erwünschten Beanspruchungsbereichs in den natürlichen Belastbarkeitsbereich der Konstruktion ablesen:

Kolonne 2: Der für die vorgesehene Anwendung erwünschte Beanspruchungsbereich des Konstruktionselements fällt im Vergleich zu Kolonne 1 nicht in dessen natürlichen Belastbarkeitsbereich.

Kolonne 3: Die Vorspannung bewirkt eine Verschiebung des Koordinatensystems des benötigten Beanspruchungsbereichs.

Kolonne 4: Bei geschickter Wahl der Vorspannung fällt die Gebrauchsbeanspruchung nun in den nutzbaren Funktionsbereich des Konstruktionselements.

Sinngemässe Anwendung des Vorspannprinzips

Die Spannungsverteilung in einem Traggebilde – vom einzelnen Niet bis zum komplexen Konstruktionssystem – ist bei bekannter Belastung durch dessen Gestalt, das Verformungsverhalten seiner Bestandteile und die Art seiner Abstützung in der Umgebung bestimmt. Sie quantifiziert die Druck- bzw. Zugbeanspruchung aller Zonen seiner Konstruktionselemente einschliesslich deren Verbindungen.

Durch geschickte Auswahl aus der grossen Palette der ihm geläufigen Lösungsmöglichkeiten gelingt es dem Konstrukteur auch ohne Anwendung der Vorspannung meist problemlos, das Tragwerk aus Elementen mit den statisch geforderten Festigkeitseigenschaften zusammenzusetzen und diese korrekt zu «dimensionieren».

Wie in Kap. 2.1 dargelegt, erschöpft sich das Betätigungsfeld des Statikers aber keineswegs in der «Machbarmachung» vorgegebener Tragwerkskonzepte. Seine eigentliche Kunst liegt vielmehr im *Entwerfen* eben dieser (Berechnungs)-Vorgaben. Und in dieser kreativen Tätigkeit ist die Festigkeit – wenn auch als zwingend zu erfüllende Bedingung immer gegenwärtig – nicht mehr alleiniges, oft sogar sekundäres Kriterium für die Wahl einer Konstruktionsweise (vgl. Kap. 2.1).

Bei der Suche nach dem idealen *Baustoff* für Konstruktionselemente – soweit sich diese überhaupt von der Formfrage trennen lässt – gerät die nutzungsfunktional, wirtschaftlich oder aus ästhetischen Gründen vorgezogene Wahl eines Materials sehr oft in Konflikt mit dessen ungenügender Festigkeit. Die Aufspaltung der Gesamtkonstruktion in (meist kaschierte) Traggerüste und daran «angeklebte» Materialmuster ist der bequeme Ausweg aus diesem Dilemma.

Bei Baustoffen mit den genannten asymmetrischen Festigkeitseigenschaften vollbringt die Vorspannung zur Integration von Nutz- und Tragfunktion in einer einheitlichen Konstruktion oft Wunder. Durch die Verschiebungswirkung auf deren Gebrauchsbeanspruchung lassen sich Festigkeitsdefizite sozusagen überlisten. Im ungespannten Zustand unbrauchbarer Konstruktionselemente, werden die zur Erfüllung einer erwünschten statischen Funktion notwendigen Eigenschaften artifiziell aufgeprägt. – Auch der Beton wird ja vorgespannt, um dem überall leicht verfügbaren und fast unbegrenzt formbaren Baustoff *trotz seiner miserablen Zugfestigkeit* sonst unzugängliche Anwendungsbereiche als tragendes Material zu erschliessen.

In Anbetracht ihres Potenzials, Baustoffe vielfältigeren Verwendungsmöglichkeiten zuzuführen, ist die Vorspannung ganz allgemein ein leistungsfähiges Instrument beim architektonischen Streben nach Ganzheitlichkeit des baulichen Werks.

Die Wesensart der Vorspannung in all ihren Erscheinungsformen lässt sich wie folgt zusammenfassen:

> *Vorspannung ist Mittel zum Zweck, ein gegebenes Traggebilde durch Aufladen mit elasto-statischer Energie künstlich in einen derartigen permanenten Grundspannungszustand zu versetzen, dass seine Konstruktionselemente ungeachtet ihrer asymmetrischen Festigkeitseigenschaften auch unter der kombinierten Wirkung aller erwartbaren Gebrauchsbelastungen im Bereich ihrer natürlichen Widerstandsfähigkeit beansprucht bleiben.*

Die Tragweise des Fahrzeugpneus ist ein besonders illustratives Beispiel zu dieser Definition: Der Energiespeicher ist hier die komprimierte Luft. Ihr Innendruck versetzt die durch Kunststofffasern oder Stahldrähte verstärkte Karkasse des Reifens in einen derart hohen permanenten Zugspannungszustand, dass diese die Radlast über ihre – im ungespannten Zustand ja völlig druckweichen – Flanken anstandslos von der Felge zur Aufstandsfläche des Reifens übertragen kann. Die dabei senkrecht durch die Karkasse fliessenden Druckspannungen wirken sich einzig als *Verminderung* der zur Formerhaltung des Pneus benötigten Zugspannungen aus.

Ganz allgemein entlehnen sich vorgespannte Gebilde bei Bedarf die erforderliche Tragkraft aus Vorräten vorsorglich angelegter Spannungsreserven. Dieser Borgungsprozess ist bei ideal elastischen Materialien vollkommen reversibel. Beim Fahrgebrauch des Pneus wiederholt sich dieser Vorgang in besonders rascher Folge.

Technische Anwendungsformen der Vorspannung

In der Technik kommt das Vorspannprinzip in den unterschiedlichsten Erscheinungsformen zur Anwendung. Die entsprechenden Artefakte sind jedoch notwendigerweise allesamt durch die Präsenz der zur Ausübung der *zwei Grundfunktionen* der Vorspannung erforderlichen Komponenten gekennzeichnet: Einerseits der *Spannobjekte*, der Elemente der betreffenden Konstruktion, die im Sinne der nebenstehenden Definition vorgespannt sind. Und andererseits der *Spannmedien*, der Energiespeicher, die für die Erzeugung und Erhaltung der Spannkräfte sorgen.

Die Spannmedien sind entweder physisch *autonome*, durch entsprechende Vorrichtungen spannbare elastische Stoffe, wie gedehnte Gummiseile bzw. Stahldrähte oder komprimierte Gase, die ihre Spannkraft von aussen in das Spannobjekt *induzieren,* oder aber die Spannobjekte übernehmen bei so genannter *Eigenvorspannung* die Funktion des Spannmediums – quasi in «Personalunion» – selbst (Abb. 261).

Offene vs. geschlossene Vorspannsysteme.
Die von den Spannmedien ausgehenden Kraftwirkungen bilden samt ihrer Reaktionen, völlig unabhängig von den äusseren Belastungen, denen die betreffende Konstruktion sonst noch ausgesetzt ist, für sich allein ein vollständiges Gleichgewichtssystem (vgl. auch Abb. 263). Davon ist das für die Vorspannung verwertbare, unmittelbar auf die Spannobjekte einwirkende Kräftespiel ein vom Konstruktionstyp abhängiges Teilsystem.

In *geschlossenen Spannsystemen* stützt sich die Spannkraft des Mediums ausschliesslich auf das Spannobjekt ab. Da hier Spannobjekt und Spannmedium auch physisch kompakte Gleichgewichtseinheiten bilden, sind die betreffenden Artefakte wie beispielsweise der Fussball oder das vorgefertigte Spannbetonelement, von Hause aus auch im vorgespannten Zustand *mobile* Ganzheiten.

Bei *offenen Spannsystemen,* wirken die Spannkräfte ausser auf das Spannobjekt auch auf dessen an der eigentlichen Vorspannung zwar unbeteiligte, deshalb aber nicht weniger Beanspruchungungen ausgesetzte *Umgebung*, wodurch die Gebilde

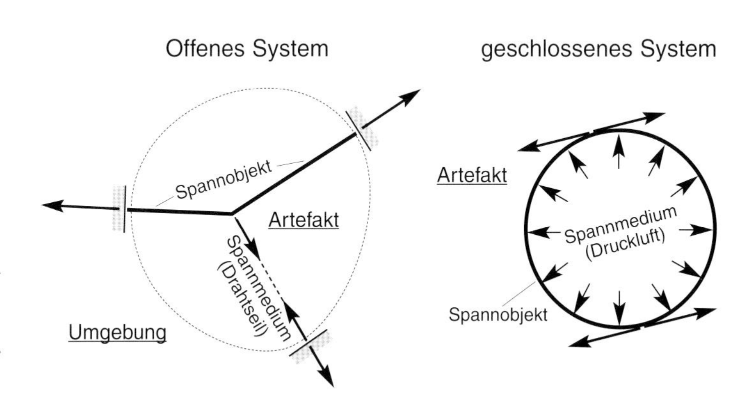

259 Beispiele von offenen und geschlossenen Vorspannsystemen.
Links: Gegen den Baugrund abgespanntes und in der Umgebung verankertes Tragseil.
Rechts: In sich selbst im Gleichgewicht befindlicher Fussball.

auch örtlich an diese gebunden sind. Beim Fahrzeugpneu stützt sich beispielweise der Spanndruck teilweise direkt auf die passive Radfelge ab, ohne dort einen nutzbringenden Effekt auszulösen. Bei Eigenvorspannung bleibt der Spannkraft des Objekts mangels eines separaten Spannmediums von vornherein keine andere Wahl, als sich exklusiv auf die Umgebung abzustützen (s. Abb. 260).

Das Spannmedium und die Formänderungen

Bei induzierter Vorspannung beteiligt sich das Spannmedium automatisch auch an den Formänderungen, denen das Spannobjekt während seiner praktischen Benutzung unterworfen ist, und variiert dabei unvermeidlich auch seine Spannkraft entsprechend. Um dennoch eine auf Lebenszeit ausreichende Vorspannung zu gewährleisten, sind als Spannmedien nur Stoffe verwendbar, deren Formänderungen – wie etwa die der hochelastischen, zum Verpacken verwendeten Gummiringe – beim Spannen ein Vielfaches der beim Gebrauch des Spannobjekts (z.B. der Manipulation der Pakete) auftretenden Verformungen betragen (vgl. auch Kap. 2.4.4).

Selbsttätige Eigenvorspannung durch Zwängung

Materialien verformen sich nicht nur unter Krafteinwirkung. Je nach physikalischem Zustand (z.B ihrer Temperatur oder Feuchtigkeit) verändern sie auch von selbst ihr Volumen. Werden diese Volumendehnungen durch Einkapselung in eine starre Berandung verhindert, entstehen Zwängungskräfte, die der zur Rückgängigmachung der unbehinderten Formänderung notwendigen äusseren Krafteinwirkung entsprechen. Das Gebilde versetzt sich in den Zustand *selbsttätiger Eigenvorspannung.*

Beim *Daubenfass* sind beispielsweise die Holzdauben Spannobjekt und Spannmedium in einem. Die Verhinderung des durch das *Aufquellen* des feuchten Holzes verursachten Ausbauchens des Fasses durch die Fassreifen wird die Tonnenwand ringförmig unter Vorspannung gesetzt. Dabei werden die Daubenbretter – wie bei jedem Holzzuber – stirnseitig wasserdicht gegeneinander gepresst.

Der *Schrumpfsitz* ist eine im Maschinenbau übliche kraftschlüssige Verbindung rotierender Bauteile mit ihrer Drehachse, die auf der Zwängkrafterzeugung durch Behinderung der Wärmedehnung beruht. Bei Abkühlung der mit Untertoleranz gebohrten Löchern versehenen, in erhitztem Zustand auf ihre Welle aufgeschobenen Baulemente, entsteht durch Verhinderung der Schrumpfung der notwendige Anpressdruck zur Erzeugung einer zuverlässigen Reibverbindung zwischen beiden Maschinenelementen.

Passive und aktive Umgebung, Spannsystem-Hierarchien

Die oben erwähnte «Umgebung» des Spannobjekts ergänzt die offenen Spannsysteme auf unterschiedlichste Weise zu vollständigen Gleichgewichtssystemen:

Wenn, wie bei vielen Baukonstruktionen, der feste Baugrund die feste Bezugsumgebung ist, bleiben die betreffenden Artefakte – beispielsweise abgespannte Zeltkonstruktionen – unverrückbar an den Ort ihrer Erstellung gebunden. Ist die Umgebung jedoch Bestandteil eines *geschlossenen Konstruktionssystems,*

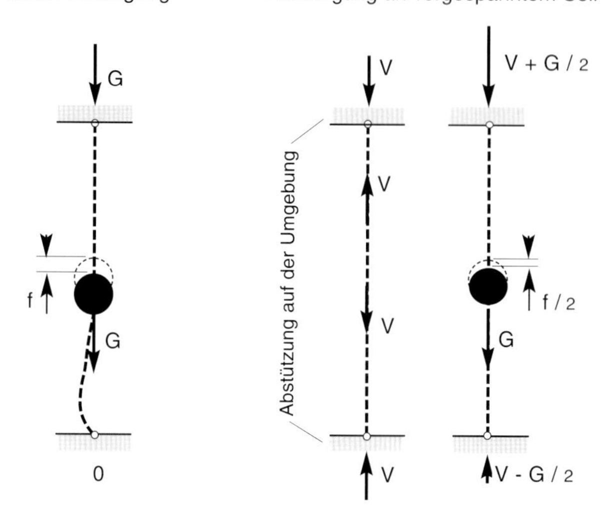

260 Prinzip der selbsttätigen oder extern erzeugten Eigenvorspannung. Einfachstes Beispiel: Aufhängung eines Gewichts am vorgespannten Draht, der Spannobjekt und Spannmedium in einem ist. Gegenüber einer losen Aufhängung verdoppelt sich die Formänderungssteifigkeit, die totale Tragfähigkeit bleibt unverändert.

wird dieses, gleich wie die geschlossenen Spannsysteme, als Ganzes *mobil* manipulierbar. Letzteres trifft bei Einbezug der Radfelge auf das das offene Spannsystem «Fahrzeugpneu» enthaltende «Wagenrad» oder, unter Einbeziehung der Umgebung «Rumpf», auf das die Mastabspannung enthaltende Artefakt «Segelschiff» zu. – In all diesen Normalfällen dient die Umgebung dem Spannsystem als quasi-*starres, passives* Widerlager.

Es kommt auch vor, dass die Umgebung ausser der Rolle der passiven Abstützung auch die des *aktiven* Induktionsvermittlers der Eigenspannung des Spannmediums annehmen kann. Wie das folgende Beispiel zeigt, entstehen dann *hierarchisch verschachtelte Spannsysteme*, bei denen, auf niederer Hierarchiestufe, vollkommene Gleichgewichtssysteme aus Spannobjekt und Umgebung sind, auf höherer Ebene zu Spannobjekten eines auf sie einwirkenden – offenen oder geschlossenen – Spannsystems werden:

Eine faltenlos in ein starres, windschiefes Berandungsviereck eingepasste *hyperbolisch-parabolische* Haut setzt sich bei entsprechender Veränderung ihres physikalischen Zustands – beispielsweise Abkühlung – selbsttätig unter allseitige Zugvorspannung und wirkt unter Einschluss ihrer passiven Umgebung wie ein geschlossenes Spannsystem. Dank ihrer negativen Gauss'schen Krümmung lässt sich der gleiche Spannungszustand jedoch auch über kinematische Veränderung seiner Umgebung erreichen, d.h. durch Drehung der sich gegenüber liegenden Spitzen des Berandungsvierecks um die Verbindungsachse der übrigen beiden. Das derart zum Spannmedium gewordene System bedarf dann seinerseits wieder einer Umgebung, auf die es sich abstützen kann.

In diesem Sinn lassen sich im Konstruktionsgebilde des Pavillons der Expo '64 (s. Kap. 1.9) drei Hierarchiestufen unterscheiden: Die zum Tragen bestimmten Spannobjekte, die Kernelemente Typ A, bilden offene Systeme, denen die Spannkraft aus der Umgebung induziert werden muss (s. Modellversuch Abb. 115). Sie konnten daher nur als schlaffe, als solche tragunfähige Elemente an die Baustelle transportiert werden. Im Montagegerüst wurden sie dann zu höheren Tragwerkseinheiten, den «Tulpen», kombiniert, die nunmehr durch ihre innere Abstützung und einen zentralen Spannmechanismus zu geschlossenen Spannsystemen wurden. Sie konnten von den Montagekranen als Ganzheiten zu ihren Stützen getragen werden (Abb. 127, 128). Durch die gegenseitige Vorspannung dieser Einheiten – die Vernähung ihrer Überbrückungselemente – wurde die Gesamtkonstruktion wieder zu einem offenen, örtlich fixierten System.

Abspannung: Vorspannung zur räumlichen Objektfixierung
Im Unterschied beipielsweise zur reinen Hängeseil-Konstruktion, die die Form ihrer Durchhangkurve, wie jede Hausfrau aus Erfahrung mit der Wäscheleine weiss, jeder Veränderung der Lastverteilung der an ihr aufgehängten Gewichte anpasst, besteht die Aufgabe der Abspannung ganz im Gegenteil in der Verhinderung derartiger Deformationen, d.h. der «Formeinfrierung» solch extrem biegeweicher Konstruktionen. Als Medium dienen in der Regel hochelastische Zugseile. Da hier die initiale Zugspannung – im Gegensatz zur Wäscheleine, die infolge ihrer Gebrauchslast ausschliesslich Zugspannungen ausgesetzt ist – auch zur Verkraftung von Druckspannung aus der Gebrauchs-Druckspannung genutzt wird, stellt die Abspannung eine Anwendungsvariante des Vorspannprinzips dar.

Seine vielseitige Nutzung im Schiffsbau – das Beispiel der Mastabspannung wurde schon weiter oben angeführt – ist wohl die kulturhistorisch älteste systematische Anwendung des Abspannprinzips, die sich auch bei der Konstruktion moderner Segelyachten weiterhin bewährt.

Das klassische Beispiel eines geschlossenen Konstruktionssystems ist das filigrane Speichenrad. Dort wirken die Felgen als Druckringe, gegen die die hochfesten Stahlspeichen – die Spannobjekte – über ihre Nippel auf Zug derart vogespannt sind, dass sie die bei Gebrauch auftretenden Druckkräfte aus der Achslast ohne auszuknicken durch Verminderung ihrer Zugspannungen ertragen. Die Speichen fixieren nicht nur die zentrische Lage der abgespannten Radnabe. Durch ihre in der Ansicht überkreuzte Anordnung wird das Rad auch zur Übertragung von Drehmomenten aus Brems- und Beschleunigungskräften befähigt. Ihre triangulierende Spreizung zu den beiden Achslagern hin stabiliert es auch gegen seitliche Kräfte. Eine spektakuläre Anwendung dieses statischen Konzepts war auch das Millennium-Riesenrad am Themseufer von London.

Auch zur Fixierung schwingungsgefährdeter Bauteile kann die Abspannung, wie am Beispiel der Verhinderung des Flatterns einer hochelastischen Dachkonstruktion gezeigt (Abb. 95, Kap. 1.9), eingesetzt werden.

Aufspannung: Vorspannung zur Formstabilisierung
Flächenhafte haut- oder stoffartige Gebilde nehmen weder, wie die ebenso biegeweichen Seile einer Hängekonstruktion, eine durch die Belastung bedingte Form an, noch lassen sie sich durch Abspannen in eine frei wählbare Gestalt zwingen. Ihre – faltenfreie – räumliche Form ist, wie jeder Schneider weiss, durch den geometrischen Zuschnitt seiner Teilflächen vorbestimmt. Wird diese Soll-Form *als solche* gestrafft, d.h. unter allseitige Zugvorspannung gesetzt bzw. *aufgespannt,* verwandelt sich das Tragverhalten des weichen Gebildes in das einer starren, auch zur Aufnahme von Druckspannungen befähigten Schale.

Sehr anschaulich demonstriert dies das *«unstarre» Luftschiff,* ein geschlossenes Spannsystem, dessen Gewebehülle formbestimmend ist und, durch den Innendruck allseitig auf Zug vorgespannt, auch Membrandruckkräften – z.B. aus Biegebeanspruchungen des Gesamtkörpers – widerstehen kann.

Auch die Form des *Regenschirms* ist durch den Zuschnitt seines Stoffbezugs determiniert, der durch seine aktive Umgebung, die Rippen des Spannmechanismus, sowohl in Radial- als auch in Ringrichtung unter Zugvorspannung gesetzt wird. Er erträgt so die bei Regen und Wind auftretenden Ringdruckspannungen nicht durch Durchhang des Stoffes, sondern formstabil durch *Abbau* der diesem aufgeprägten Membranzugspannungen.

Vorspannung in der Natur

Die Natur macht sich das Vorspannprinzip bezeichnenderweise nur bei lebenden Organismen zunutze. So sind die durch den osmotischen Druck bewirkte Aufspannung der pflanzlichen Zellwände, ohne die kein Grashalm aufrecht stehen könnte, oder der in der Tierwelt für viele Lebensfunktionen unverzichtbare Muskeltonus Phänomene, die mit dem Tod der Organismen erlöschen. Unsere Fähigkeit zu schlucken und zu husten – sich wiederholende, reversible Beanspruchungsvorgänge – verdanken wir einzig der lebenslangen Vorspannung der ohne sie nicht kontraktionsfähigen Knorpelspangen der Luftröhre durch den Tonus der sie umhüllenden Muskulatur.

In diesen organischen Beispielen bedarf die Aufrechterhaltung der Spannkraft des Mediums – der Muskelkraft bzw. des osmotischen Drucks –, im Gegensatz zu den technischen Spannmedien, der fortwährenden Energiezufuhr. Diese Diskrepanz ist ein Fingerzeig auf die naturgesetzliche Vergänglichkeit jeder nicht nachspannbaren Vorspannung. Denn streng genommen gibt es auch in der Technik keine Vorspannmedien (wie Spannkabel oder Gasdruck), die nicht aus verschiedenen Gründen (z.B. wegen des Schwindens und Kriechens der Baustoffe) daran leiden, im Laufe der Zeit ihre Spannkraft einzubüssen. Ideal-elastisches, endlos reversibles Verhalten gibt es auch in der toten Materie nicht.

Ist die qualitativ inhärente, im Hinblick auf den zweiten Hauptsatz der Thermodynamik auch philosophisch einleuchtende Vergänglichkeit der Vorspannung ein Argument gegen deren Anwendung? Auch dies ist, wie die Lebenseinstellung zur Vergänglichkeit und der Sicherheit überhaupt, letztlich eine individuelle Ermessensfrage.

261 Tabelle asymmetrischer Festigkeitscharakteristiken

Natürliche Belastbarkeitsbereiche der Konstruktionselemente

2

Erwünschte Beanspruchungsbereiche für den Gebrauch

Reine Zugfestigkeit

Lineare Elemente: Seile, Kabel, Litzen

Flächenelemente: (imprägnierte) Gewebe
Kunstfaserlaminate, Häute
Metallbleche

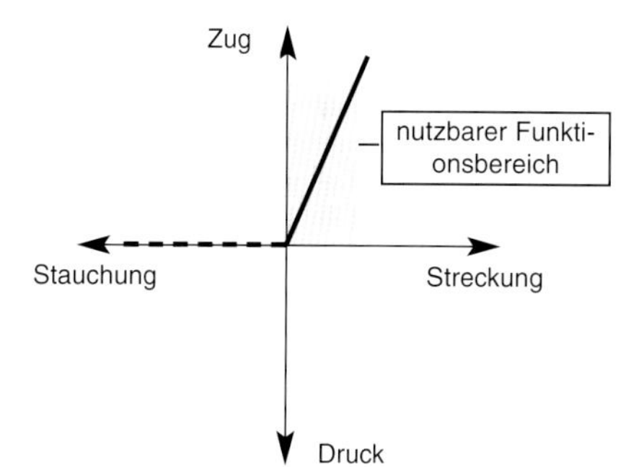

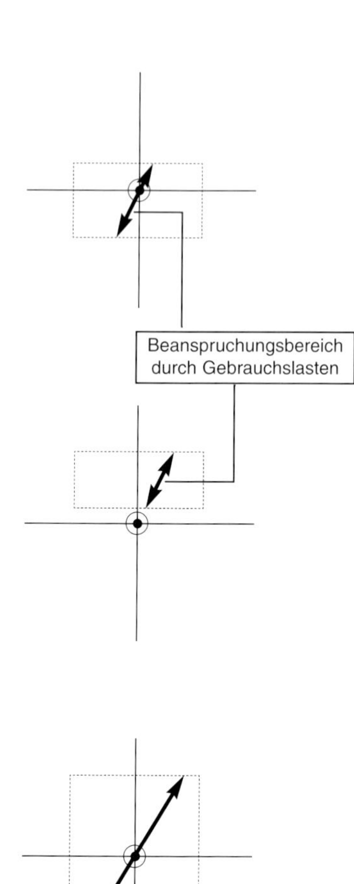

B

Reine Druckfestigkeit

trocken geschichtetes Mauerwerk
stumpfe Stossfugen aller Art
Druck-Auflager

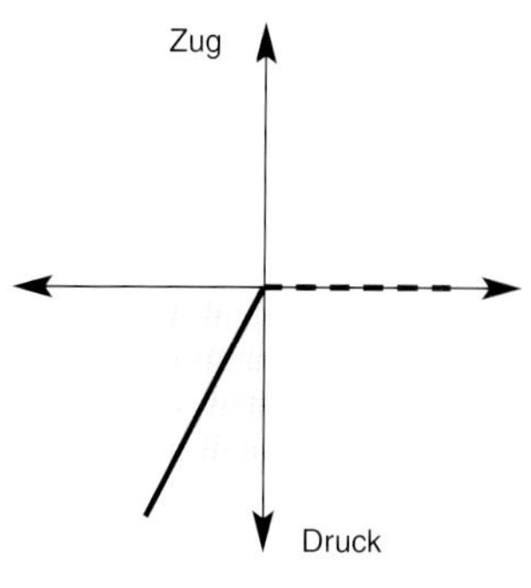

C

Symmetrische Materialfestigkeit
(wenn nicht unter Kategorie E fallend)

Stahl, Hartmetalle
Holz längs zur Faserrichtung
Harte Kunststoffe, GFK

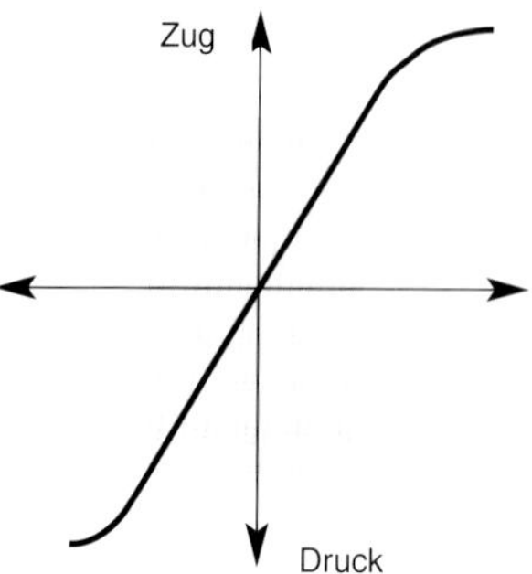

D

Materialabhängige Asymmetrie der Festigkeit

Beton, Naturstein
Holz quer zur Faserrichtung
Klebverbindungen
vermörteltes Backsteinmauerwerk

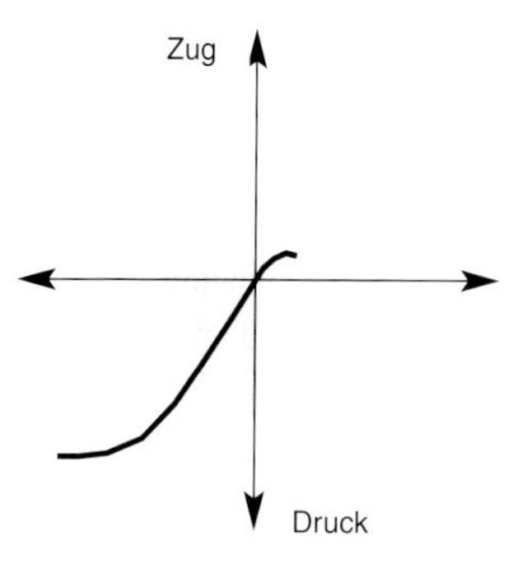

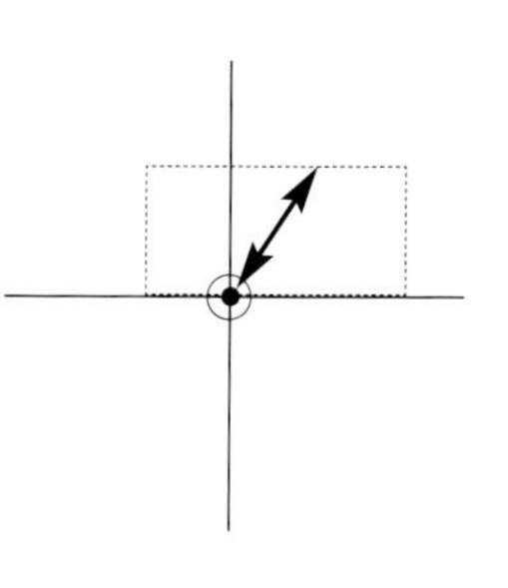

E

Formabhängige Asymmetrie der Festigkeit

wegen der Knick- bzw. Beulstabilität von der Schlankheit der Elemente abhängige reduzierte Druckbelastbarkeit

Bei extremer Schlankheit geht Fall E in Fall A über.

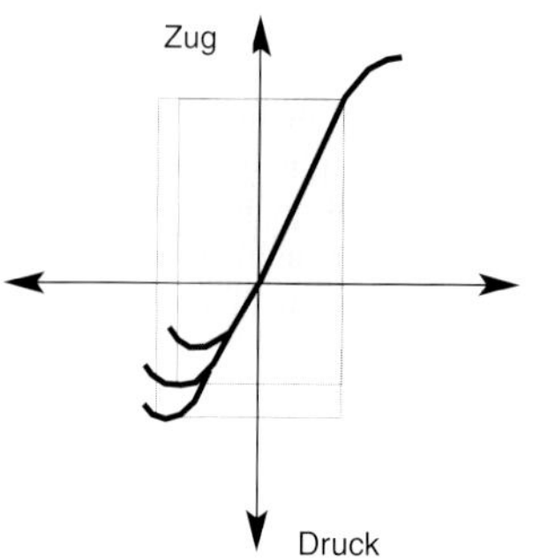

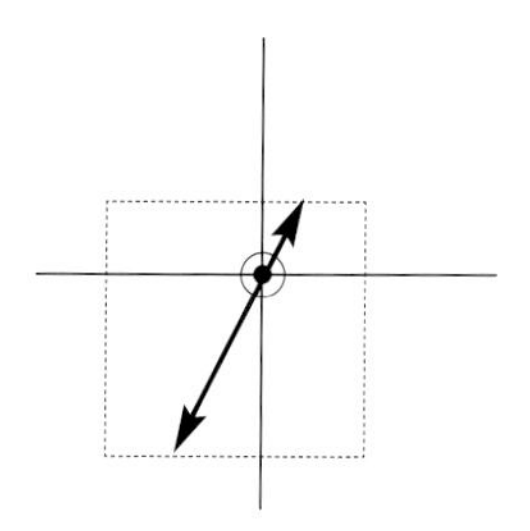

Wirkung der Vorspannung (Koordinatenverschiebung der Gebrauchsbeanspruchungsbereiche)	Überlagertes Ergebnis (Die Gebrauchsbeanspruchung fällt in den nutzbaren Funktionsbereich)	Beispiele	
		Konstruktionstyp	***Vorspannmedium***

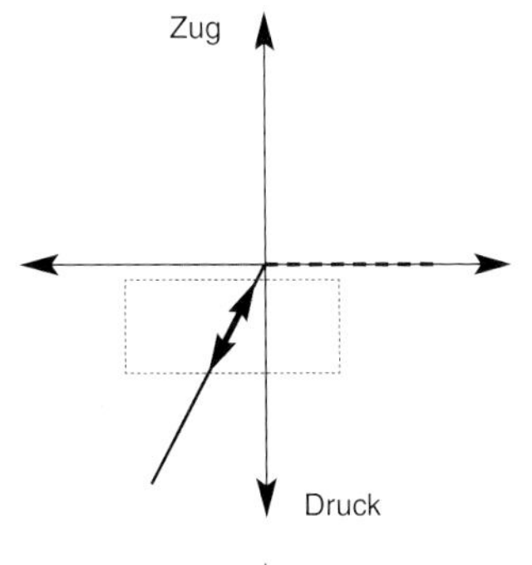

Mastabspannungen (z.B. Schiffbau) — Seilspanner
Beton-Zugband — Spannkabel bzw. -stäbe

Nicht-starres Luftschiff — Gasdruck
Regenschirm — Hochelastischer Aufspannmechanismus

Beanspruchung durch Vorspannung

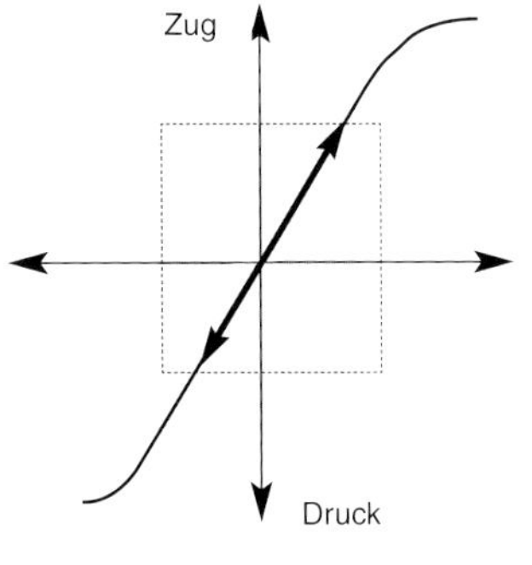

Daubenfass — Quellkraft des Holzes gegen Spannkraft der Eisenringe
Elementbauweise — Spannkabel
Hochfeste Schraube
elastischer Dichtungsring

Vorspannung ist sinnlos

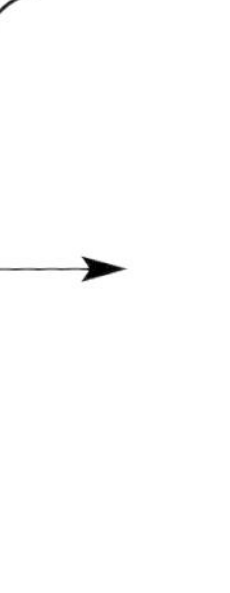

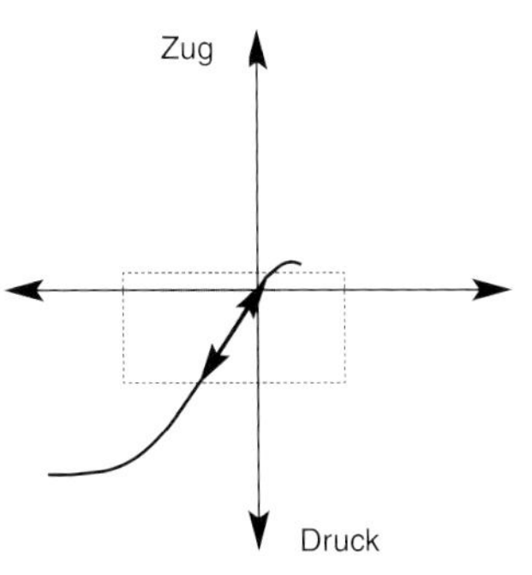

Bei vielen der praktisch vorkommenden Konstruktionstypen ist die Anwendung der Vorspannung zwecklos bis schädlich. Dies trifft z.B. für alle auf Biegung beanspruchte Träger aus Materialien mit angenähert symmetrischen Materialfestigkeiten zu.

vorgespannter Beton
Spannbeton

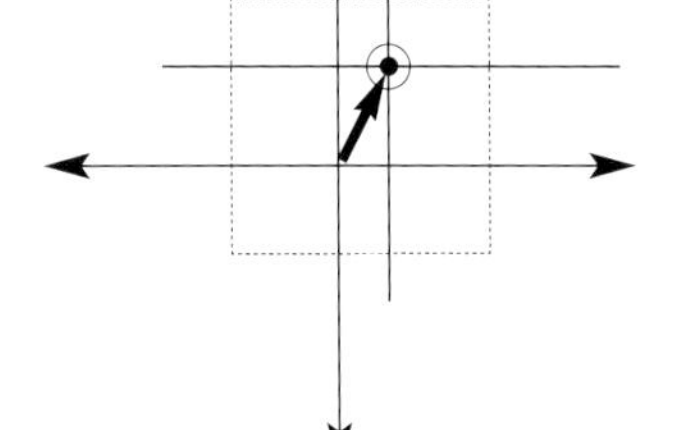

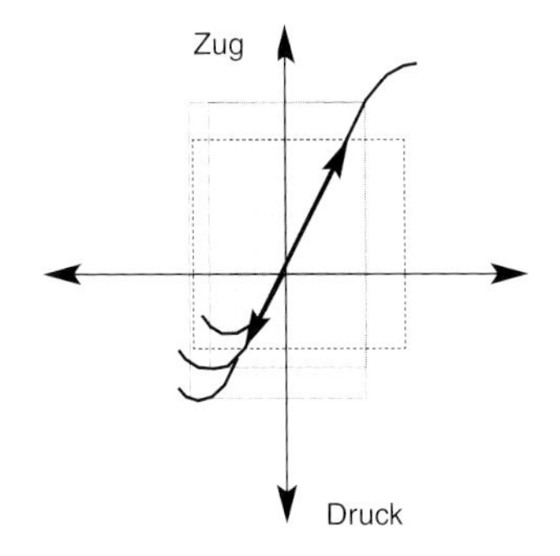

Fahrradspeichen
Beton-Hängesäulen

Ausgewählte Eigenschaften des vorgespannten Betons

Die Einzigartigkeit des vorgespannten Betons liegt in der gezielten Manipulierbarkeit der statischen Wirkungsweise des Spannmediums. Sie eröffnet dem Konstruktionsentwurf einen gegenüber dem schlaff bewehrten Stahlbeton beträchtlich erweiterten Gestaltungsspielraum.

Bei so genannter «voller» Vorspannung, auf deren Betrachtung wir uns im Folgenden konzentrieren, wird der rissempfindliche Beton unter Gebrauchsbelastung, auch wenn er armiert ist, nie auf Zug beansprucht. Diese Charakteristik ist dem Baustatiker auch deshalb höchst willkommenen, weil sich das Formänderungsverhalten vorgespannter Tragwerke weit genauer als die Stahlbetonkonstruktion nach den Hypothesen der Elastizitätstheorie verhält. Es lohnt sich daher beim Entwurf von vorgespannten Tragwerken, die theoretischen Kenntnisse über deren elastisches Verhalten voll auszuschöpfen. Ausserdem ist auch der elastische Modellversuch zur Simulierung von deren Tragverhalten besonders geeignet (vgl. Kap. 3.1).

Die räumlich freie Führbarkeit der Spannkräfte

Das Spannmedium des vorgespannten Betons sind hochfeste und daher auch hoch dehnbare einzelne oder zu Kabeln zusammengefasste Stahldrähte. Diese werden bei üblicher Verwendung an der Baustelle, eingepackt in schützende Hüllrohre, in die Schalung der Tragkonstruktion verlegt, in Beton eingegossen und nach dessen Erhärten an ihren freien Enden vorgespannt und verankert. Dank ihrer Biegsamkeit können die Kabel längs beliebiger räumlicher Kurven durch den Betonkörper geführt werden.

Wir betrachten zunächst die beim Spannen solcher Kabel auf ihre Umgebung ausgeübten Kräfte:

In Abb. 262 ist die Wirkung eines durch einen Fantasiekörper – man kann sich diesen z.B. als flache Scheibe vorstellen – verlaufenden, willkürlich geformten Spannkabels dargestellt. An den beiden Endverankerungen stützen die Kabel ihre Spannkraft als Druckkräfte **V** direkt auf das Spannobjekt ab. In den gekrümmten Kurvenabschnitten pressen ausserdem längs der Kabel verteilte, orthogonal zur Achse wirkende *Umlenkkräfte* **u**, deren Grösse durch den jeweiligen Krümmungsradius bestimmt ist, auf den Betonkörper. Durch den seitlichen Druck treten beim Spannen der Kabel auch tangentiale Reibungskräfte auf, die wir hier aber vernachlässigen, da sie für unsere Betrachtung unbedeutend sind.

Wie aus dem Kräftediagramm der auf den Betonkörper wirkenden Spannkräfte eines Kabels – die Umlenkkräfte der beiden Kurvenabschnitte sind in den Resultierenden $\mathbf{U_1}$ und $\mathbf{U_2}$ zusammengefasst – ersichtlich, ist deren vektorielle Summe gleich Null. Sie bilden immer ein geschlossenes Gleichgewichtssystem.

Führt man nun in Gedanken einen beliebigen Schnitt **s** durch das vorgespannte Objekt, so ergibt sich, ebenfalls aus Gleichgewichtsgünden, dass der auf die Schnittfläche wirkende resultierende Belastungsvektor **V** aus der Summe der Anker- und Umlenkkräfte des abgeschnittenen Teilstücks wieder genau in die Spannkabelachse zu liegen kommt.

Dies bedeutet aber keineswegs, dass der Beton an der geschnittenen Kabelstelle auch physisch an der Angriffsstelle der resultierenden Spannkraft des Kabels belastet wird. In Wirklichkeit setzen sich an jeder Schnittstelle die Betonspannungen aus der *Fernwirkung* aller an ihrer tatsächlichen Angriffsstelle wir-

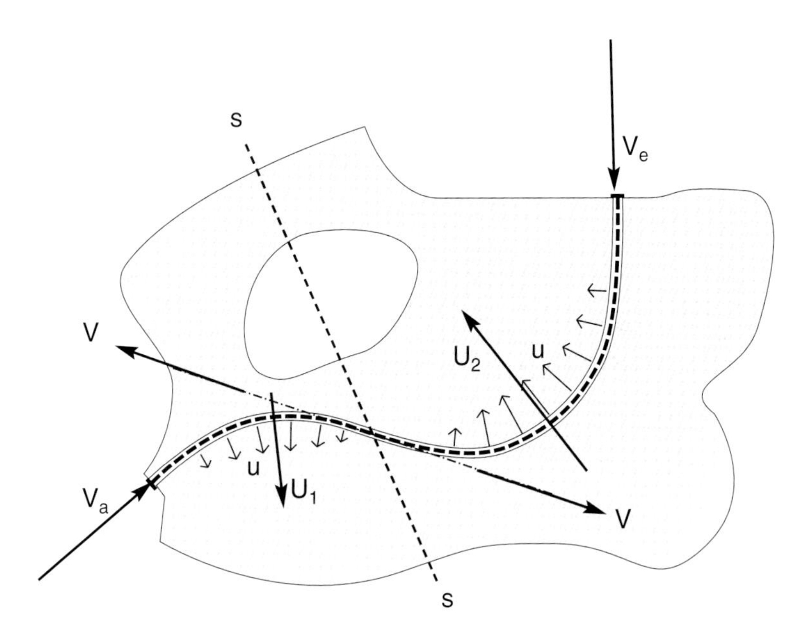

262 Die Kraftwirkungen eines frei durch ein massives, scheibenartiges Fantasiegebilde geführten Spannkabels.

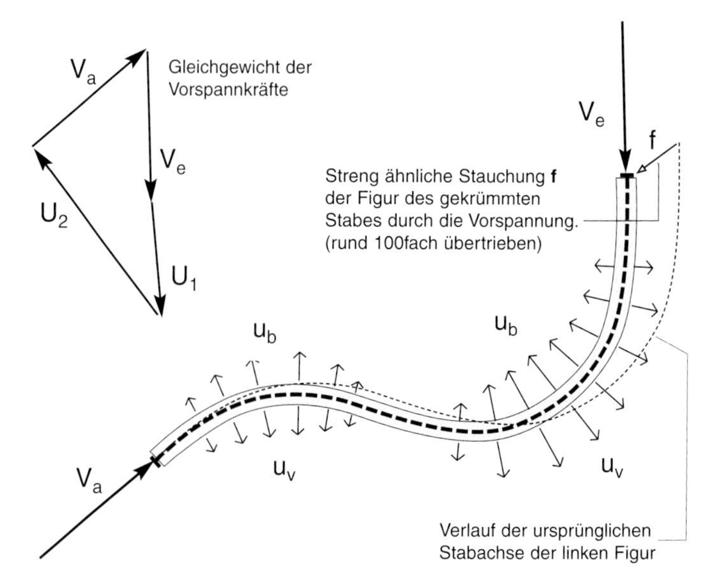

263 Die unveränderte Wirkung der Spannkräfte auf einen aus dem Gebilde der Abb. 262 herausgeschnittenen Betonstreifen und ihr Gleichgewichtszustand mit dem Fluss der erzeugten Betonspannungen.

kenden Aktionskräfte zusammen. Je weiter entfernt diese liegen, desto breiter verteilt sich ihre Einzelwirkung auf die Schnittfläche. Es ist leicht einzusehen, dass sich bei einem komplex geformten Baukörper – man denke etwa an ein räumlich gekrümmtes Schalengebilde – die genaue Ermittlung der Spannungsverteilung einer einfachen Berechnung entzieht.

Der zentrisch vorgespannte gekrümmte Stab
Schneidet man aus der Scheibe in Abb. 262 längs dem Spannkabel einen schmalen Betonstreifen heraus, so bleibt der in Abb. 263 dargestellte gekrümmte, zentrisch vorgespannte Stab übrig. Die auf ihn durch die Vorspannung einwirkenden Kräfte bleiben von dieser Operation natürlich unbetroffen. Im Unterschied zur Scheibe ist nun aber die Spannungsbeanspruchung des Betonkörpers bekannt. Die auftretenden Druckspannungen können hier mit genügender Genauigkeit als gleichmässig über den Stabquerschnitt verteilt betrachtet werden. Sie «fliessen» mit konstantem Druck durch den gebogenen Stab und ändern dabei in den Krümmungen gleich wie das Spannkabel ihre Richtung. Dabei entstehen ebenfalls Umlenkkräfte $\mathbf{u_b}$, die denjenigen aus Vorspannung $\mathbf{u_v}$ genau entgegenwirken. Für den unbefangenen Beobachter erstaunlicherweise, kann sich daher ein dünner, noch so gekrümmter Stab beim zentrischen Vorspannen in keiner Weise verbiegen. Die Druckstauchung des Betons bewirkt einzig eine geringe proportionale Verkleinerung seiner Figur.

Als tragendes Element eingesetzt verhält sich das Gebilde unter äusserer Belastung, solange diese keine die Druckvorspannung übersteigenden Zugspannungen verursacht, als homogener Betonkörper, in dem das Stahlkabel kaum mehr eine direkte statische Rolle spielt. Die unter Gebrauchsbelstungen auftretenden Formänderungen sind daher dominant durch das elastische Verhalten des Betons bestimmt.

Die Knickstabilität des vorgespannten Stabes
In Abb. 264 sind zwei schlanke gerade Stäbe in einem Fall einer zentrisch angreifenden äusseren Druckkraft, im anderen Fall einer äquivalenten axialen Vorspannkraft ausgesetzt. Nimmt man, wie man dies bei jeder Stabilitätsbetrachtung tut, noch eine geringe initiale Abweichung **e** der Stabachse von der idealen Geradlinigkeit an, so zeigen die Prüfstäbe bei gleicher Steigerung ihrer Belastung ein grundlegend unterschiedliches Verhalten: Während der äusserlich belastete Stab entsprechend seiner Schlankheit früher oder später ausknickt, lässt sich der vorgespannte Stab nicht aus der Ruhe bringen. Er geht erst bei Erreichen seiner Material-Druckfestigkeit zu Bruch. Schlussfolgerung: *Durch geführte Vorspannung alleine bringt man kein Gebilde zum Knicken.* – In Abb. 264 ist das Phänomen eingehender erläutert.

Der gerade Zugstab
Auf den ersten Blick mag es widersinnig erscheinen, den vorgespannten Betonstab zur Aufnahme von reinen Zugkräften einzusetzten, ist doch das zur Vorspannung notwendige Spannkabel auch ohne den Umweg über den Beton in der Lage, die zu erwartenden Zugkräfte direkt aufzunehmen. Die Begründung der Konstruktionsweise liegt in der weit höheren, ausserdem durch die Wahl seines Querschnitts leicht steuerbaren Dehnungssteifigkeit

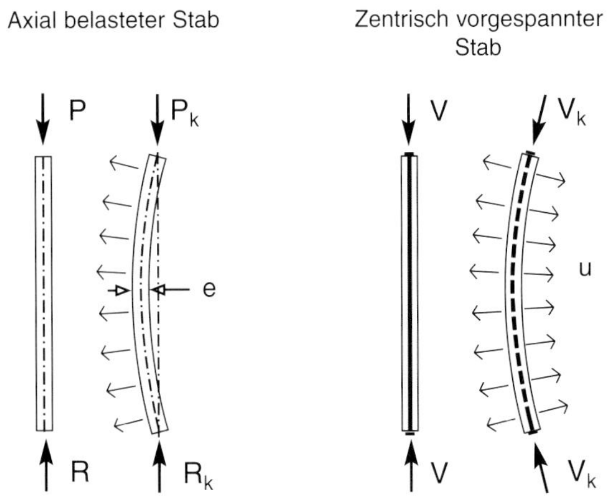

264 Das unterschiedliche Stabilitätsverhalten des äusserlich belasteten zum zentrisch vorgespannten Stab.
Beim äusserlich belasteten Stab wirken Aktion und Reaktion auf ihrer geraden Verbindungslinie auf den Stab ein. Dessen bogenförmige Achse verläuft daher gegenüber dieser Wirkungslinie mit einer variablen Exzentrizität **e**, wodurch bezüglich ihr ein Biegemoment entsteht, das eine Vergrösserung der ursprünglichen Pfeilhöhe zur Folge hat. Diese Erscheinung kann je nach seiner Schlankheit zum Ausknicken des Stabes führen.
Die geführte Vorspannung hat die gegenteilige Wirkung. Auch bei Vergrösserung der Pfeilhöhe wirkt die Vorspannkraft immer in der mit der Stabachse identischen Spannachse und erzeugt dabei Umlenkkräfte, die der Tendenz zum Ausknicken entgegenwirken. Mit zentrisch geführten Spannkräften alleine bringt man keinen Stab zum Ausknicken!

des Beton-Zuggliedes. Zudem bietet der vorgespannte Beton zuverlässigen Korrosionsschutz für den Stahlkern.

Für seine praktische Verwendung als schlankes Zugband – beispielsweise zur Aufnahme von Horizontalschüben in bogenartig wirkenden Konstruktionen (vgl. Kap. 1.2, 1.6, 1.8, 2.14) – spricht auch seine oben besprochene Knickstabilität: Das Band kann im Bauvorgang lange vor der entlastenden Wirkung der Gebrauchszugkräfte bedenkenlos mit äusserst hohen Druckspannungen aufgeladen werden. Dieses Charakteristikum wurde bei der hängenden Wendeltreppe in Kap. 2.32 auch zur Aufnahme von Biegebeanspruchungen genutzt.

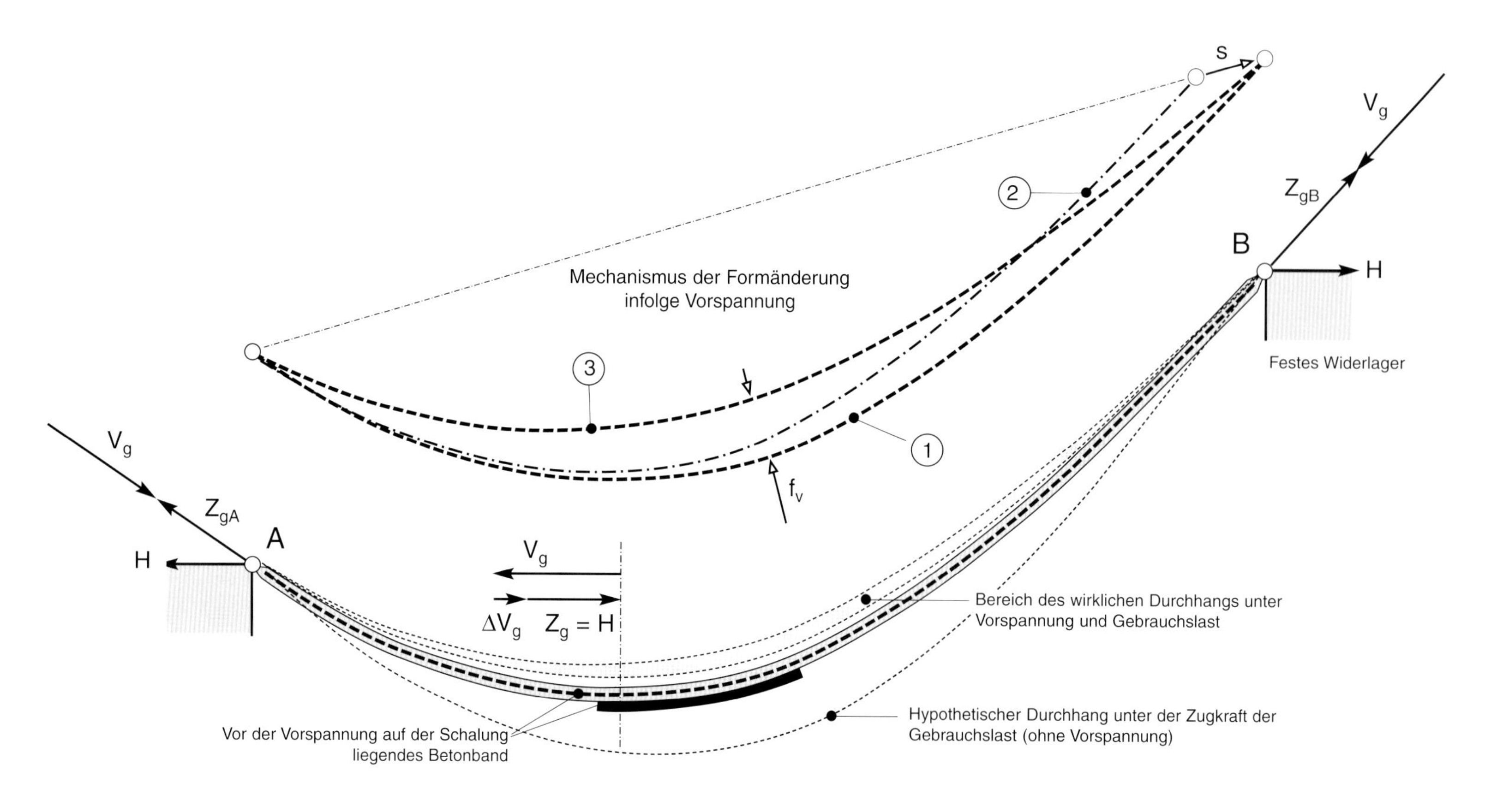

265 Deformation der Kettenlinienform eines Betonbandes unter Vorspannung und dem Eigengewicht proportionalen Lasten (die eingezeichneten Durchhänge sind massstäblich rund 200fach überhöht).

Das vorgespannte Beton-«Hängeseil»

Das in Abb. 265 dargestellte vorgespannte Betonband, das mit seinen Enden **A** und **B** drehbar an festen Widerlagern hängt, hat die Form einer «Kettenlinie», d.h. genau die Durchhangkurve, die ein weiches Seil unter seiner Eigenlast annehmen würde. Statisch gesehen, ist es nichts anderes als ein dünner, gekrümmter Stab.

Wäre das (zunächst als gewichtslos betrachtete) Gebilde nicht fest verankert, würde es wie in Abb. 263 erläutert unter zentrischer Vorspannung seine ursprüngliche Gestalt **1**, wie in Kurve **2** dargestellt, ähnlich verkleinern und dabei auch seine abgewickelte Länge entsprechend verkürzen. Da die unverschieblichen Auflager diese ungestörte Formänderung aber nicht zulassen, kann es seine gestauchte Länge nur durch eine Streckung **s** der Distanz zwischen den Endpunkten seiner verkleinerten Figur bis zur deren Deckung mit den festen Auflagerpunkten beibehalten. Dabei wird das Gebilde unweigerlich um einen Betrag $\mathbf{f_v}$ angehoben. Linie **3** ist die so resultierende Durchhangkurve. – Die bei dieser Anpassung im Stab auftretenden Biege- und Normalspannungen sind seiner Schlankheit wegen vernachlässigbar gering.

Dank der gewählten Kurvenform wird der Stabquerschnitt auch unter Eigengewichtsbelastung nur axial beansprucht. Im Unterschied zur (reibungslos angenommenen) Vorspannkraft $\mathbf{V_g}$ ist die Grösse der «Seilzugkraft» $\mathbf{Z_g}$ aber nicht konstant, sondern nimmt, da nur ihre Horizontalkomponente **H** unverändert bleibt, mit der Steilheit der Schnittkurve entsprechend zu und erreicht in der Spitze B ihren Höchstwert $\mathbf{Z_{gB}}$. Will man das Gebilde gegen diese Eigengewichts-Zugbeanspruchung voll vorspannen, so erfordert dies offensichtlich eine Mindestvorspannkraft $\mathbf{V_g}$, die $\mathbf{Z_{gB}}$ genau entgegenwirkt. Unter der kombinierten Wirkung beider Belastungen verbliebe dann im im Betonband ein längs der Kurve

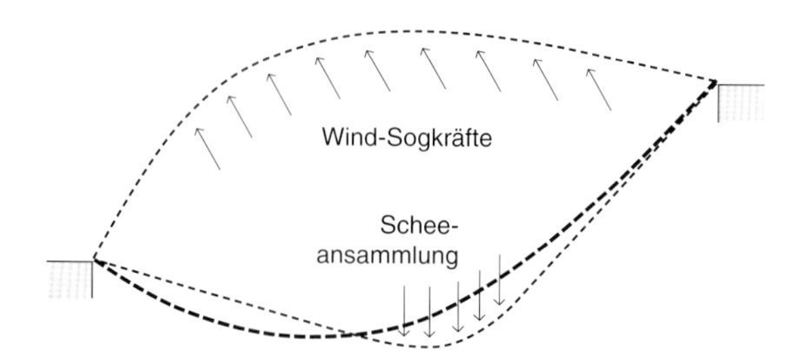

266 Formen, die das Band unter den oben angeführten Lastfällen annehmen würde, wenn es ein gewichtsloses, biegsames Seil wäre.

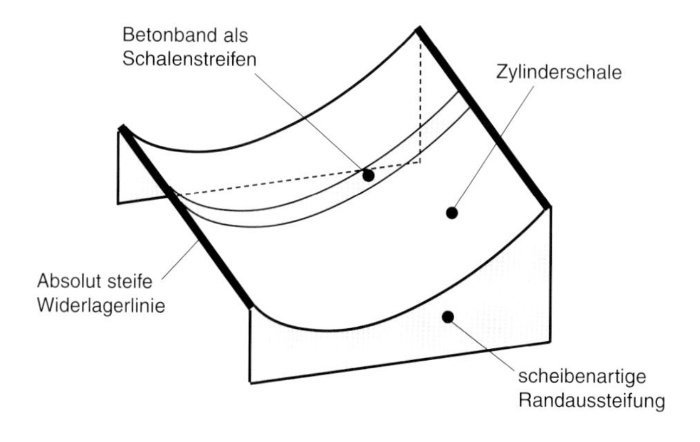

267 Das Betonband als Streifen aus einer (schematisch dargestellten) zylindrischen Schale mit ihren Form bestimmenden Randgliedern.

variierender Druckspannungsüberschuss $\Delta\mathbf{Z}$, der es geringfügig anhebt.

Wäre das betrachtete Band eine reale Baukonstruktion, so hätte es neben dem Eigengewicht noch weitere Gebrauchslasten wie z.B. Schnee, Wind oder Erdbeben zu tragen. Da diesen Zusatzbelastungen aber auch andere, von der Kettenlinie stark abweichende Seillinien entsprechen, würden sie versuchen – so wie es die Leine beim Aufhängen der Wäsche tut – die Bandform ihrem Tragbedürfnis anzupassen (s. Fig. 266). Dabei würde aber der schwache Betonquerschnitt in ungebührlichem Masse verbogen und überbeansprucht. Das hängende Betonband ist daher als Tragkonstruktion praktisch unbrauchbar.

Dennoch wollen wir das Verhalten des Bandes, nun aber in seiner Rolle als Teil eines Flächentragwerks, weiter verfolgen.

Das Hängeband als Streifen-Ausschnitt einer Zylinderschale

Verbreitert man das nach wie vor an steifen Widerlagern aufgehängte (vorgespannte) Band zu einer ausgewachsenen Zylinderfläche, so ändert sich dadurch nichts an seinem statischen Verhalten. Erst wenn man die Fläche längs ihrer Seiten mit einer scheibenartigen Aussteifung versieht, wird sie zu einem zweidimensional tragenden Schalengebilde, das sich nicht nur gegenüber eindimensionalen Tragwerkstypen (wie Hängeseile und Gewölbe) unterschiedliche Tragweise charakterisiert, sondern sich auch im elastischen Gebrauchsverhalten deutlich von den schlaff armierten Betonkonstruktionen abhebt.

Die Schale erreicht das Gleichgewicht seiner Teile – hier des ausgeschnittenen Bands – mit ihren Lasten weder über unverkraftbare Biegebeanspruchungen noch über unakzeptable Formveränderungen, sondern durch die selbsttätige Angleichung ihres *räumlichen,* tangential in der Mittelfläche der gekrümmten Schale wirkenden Membranspannungszustandes an seine Tragaufgabe.

Auch die in unserem Kettenlinien-Band durch die zentrischen Zug- und Druckkräfte erzeugten Spannungen können als Membranspannungen aufgefasst werden. Diese bleiben von der Bandverbreiterung als solche unberührt und verlaufen zunächst orthogonal zu ihren festen Auflagerlinien. Die «störenden» Lastfälle, deren Bestreben eine Sonderseillinie zu bilden, durch die aussteifenden Randglieder vereitelt wird, generieren statt dessen längs der Ränder des Bandes (Membran-)*Schubspannungen*, die auf die *Grösse* der Normalspannungen korrigierend einwirken, bis diese die Lasten auch mit den unveränderlichen Krümmungen der Kettenlinie biegefrei abtragen können. Da sich diese Schubspannungen erst an den fernen Randgliedern abstützen können, fliessen sie durch die ganze Schalenfläche und verändern deren gesamten Membranspannungszustand. Jeder Belastungsart entspricht dann ein – durch seine mathematische Schönheit immer bestechendes – Kurvenbild von Spannungstrajektorien.

Ganz allgemein gilt:

> *Im Gegensatz zum Bogengewölbe oder seinem statischen Spiegelbild, dem Hängeseil, ist bei der (per definitionem randversteiften) Schale die Biegefreiheit ihrer Lastabtragung nicht durch eine bestimmte geometrische Form bedingt.*

Gebrauchsbeanspruchung und -verformung des Spannbetons

Es liegt in der Natur vorgespannter Konstruktionen, dass deren Baustoffe im Augenblick der initialen Vorspannung oft ihrer höchsten je auftretenden Beanspruchung ausgesetzt sind. Denn die späteren Gebrauchslasten bauen durch ihre «Ausleihung» von Druckreserven die Spannungen im Beton nur ab. Zudem lässt die Spannkraft durch den rheologischen Volumenverlust des Betons und die Relaxation des Spannstahls im Laufe der Zeit um ein hier nicht näher betrachtetes, aber bekanntes Mass nach. Da ausserdem die Festigkeit des Betons mit dem Alter zunimmt, kommt dem Vorspannen u.U. auch die Bedeutung eines Festigkeits-Prüfversuchs zu (vgl. Prototypversuch Kap. 1.9).

Aus den angeführten Gründen verhalten sich auch die Verformungen vorgespannter Konstruktionen in ungewohnter Weise: Im Gegensatz zu den üblichen, mit der Belastung zunehmenden Durchbiegungen (oder Duchhängen) werden diese beim Spannen initial nach *oben* gebogen und *vermindern* unter Gebrauchslast ihre negative Stichhöhe. Die auftretenden Verformungsbereiche sind ausserdem absolut gesehen bedeutend geringer, da die grosse (bei Betonkonstruktionen meist dominante) hypothetische Eigengewichts-Durchbiegung durch die Vorspannwirkung schon vor der Entfernung der stützenden Schalung durch Selbstabhebung überkompensiert ist. Diese generell anzutreffende Verformungscharakteristik vorgespannter Konstruktionen ist in Abb. 265 am Beispiel der Hängeschale exemplarisch dargestellt.

Die Verschiebung und Verringerung der Verformungsbereiche wirkt sich auch reduzierend auf die Randschnittkräfte in den so genannten «statisch unbestimmten Systemen» aus. Dort ist sie auf die typische konstruktive Formgestaltung vorgespannter Tragwerkselemente – beispielsweise die Überflüssigkeit von Eckverstärkungen – von entscheidendem Einfluss (vgl. Kap. 1.5).

Randstörungen und Vorspannung

Das starre Randglied, dem, wie weiter oben festgestellt, der biegefreie Membranspannungszustand in der Schale zu verdanken ist, stört in seiner unmittelbaren Nähe paradoxerweise selbst dessen Zustandekommen. So verhindert es in der Hängeschale ganz offensichtlich die mit den auftretenden Membranspannungen unzertrennlich verkoppelte Durchhangveränderung der Kettenlinie (s. Abb. 266). Die Schale stützt sich statt dessen an ihren Seiten direkt auf das Randglied ab und ruft dort unvermeidlich auch *quer zur Mittelfläche* gerichtete Auflagerreaktionen hervor, die ihrerseits höchst unerwünschte örtliche Biegebeanspruchungen zur Folge haben. Glücklicherweise pflegen diese «Parasitärmomente» mit ihrem Abstand vom Auflager rasch abzuklingen. Dennoch stellen sie ein ernst zu nehmendes, bei freien Schalenformen quantitativ schwer erfassbares Phänomen dar. In Kap 2.4.3 ist der an einem Kugelschalen-Modell experimentell ermittelte Verlauf solcher Randstörungen aufgezeichnet.

Auf die Anregung dieser Erscheinung zu formgestalterischer Umsetzung wird in Kap. 1.13 näher eingegangen.

Der vorgespannte Balken und seine statische Verwandtschaft zum Gewölbe

Nicht ohne Grund wird oft auf die Verwandtschaft des Spannungsverlaufs im vorgespannten Betonbalken mit dem im gemauerten Gewölbe hingewiesen. Beide Tragwerksformen erfüllen ja den gleichen konstruktiven Zweck der Überbrückung eines horizontalen Lichtraums (vgl. Abb. 222), indem exzentrisch auf sie einwirkende Kräfte – beim Balken die *aktive* Spannkraft, beim Bogen die *passiven* Horizontalkomponenten der Auflagerreaktionen – dafür sorgen, dass ihre gleichermassen zugschwachen Baustoffe im Gebrauchzustand einzig auf Druck beansprucht bleiben. Ist die Vorspannung demnach statisch gesehen nichts weiter als ein gewöhnliches Beispiel einer äusseren Tragwerksbelastung?

Abb. 268 zeigt die äquivalente Wirkung auf unterschiedliche Weise als Vorspannung gedachter Normalkräfte auf den Schnitt **s** in Feldmitte eines mit der verteilten maximalen Gebrauchslast **q** belasteten einfachen Balkens. Die in der Nähe der Unterkante des Balkens wirkende Spannkraft **V** sei so gewählt, dass die sich aus den Belastungen in Feldmitte ergebenden Normalspannungen, am unteren Balkenrand von Null ausgehend, durchwegs im Druckbereich liegen, – eine Spannungsverteilung, die auch beim Bogen einen eben noch zulässigen Grenzfall darstellt.

Fall A: Der Balken ist auf die ganze Länge durch ein Spannmedium auf Biegung mit Normalkraft vorgespannt.

Fall B: Der Balken ist, jetzt durch äussere Druckkraft P = V identisch wie im Fall A beansprucht.

Fall C: Durch ihren parabolischen Verlauf erzeugt die Spannkraft eine gleichmässige Umlenkkraft **u**, die der Belastung **q** unmittelbar entgegenwirkt. Der Träger verhält sich, als sei er mit der Last **q – u** belastet. Dadurch vermindern sich auch die Balken-Querkräfte entsprechend, nicht aber die Auflagerreaktionen. Denn die direkt auf das Auflager wirkenden Vertikalkomponenten V der geneigten Verankerungskräfte des Spannkabels ergänzen die reduzierte Auflagerquerkraft wieder zu $\mathbf{R_q}$.

Fall D: Fall D ist quasi die Umkehrung des Falles C. Der um die gleiche Stichhöhe wie das obige Kabel nach oben gewölbte Balken verhält sich zusammen mit dem Kabel *teilweise* wie ein Bogen mit Zugband. Auch hier erzeugt der dem Bogen folgende, dem Normalkraftanteil der Vorspannwirkung entsprechende Druckspannungsanteil den Balken entlastende Umlenkkräfte **u**. Die Vertikalkomponente der geneigt ankommenden Normalkräfte stellen hier das Gleichgewicht der Auflagerreaktionen wieder her.

Fall E: Durch entsprechende äussere Krafteinwirkung ensteht im Balken ein zu Fall D identisches Spannungsbild.

Der Wesensunterschied des statischen Verhaltens zwischen dem durch Vorspannung und dem durch aktive äquivalente äussere Krafteinwirkung unter gleiche Grenzspannung gesetzten Balkens

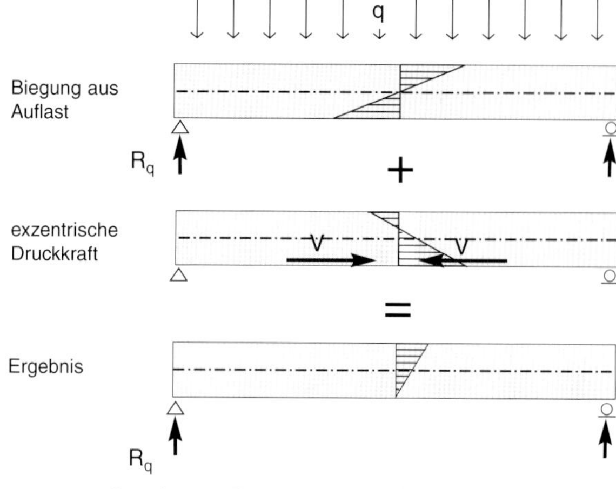

Gemeinsame Entstehungsweise der im nachstehenden Vergleich angenommenen Spannungsverteilung in Feldmitte der Balken.

Fünf verschiedene Arten exzentrischer Unterdrucksetzung des Balkens mit gleicher Auswirkung auf die Spannungsverteilung in Feldmitte:

Fall A: Mit geradem Kabel durchwegs exzentrisch vorgespannt

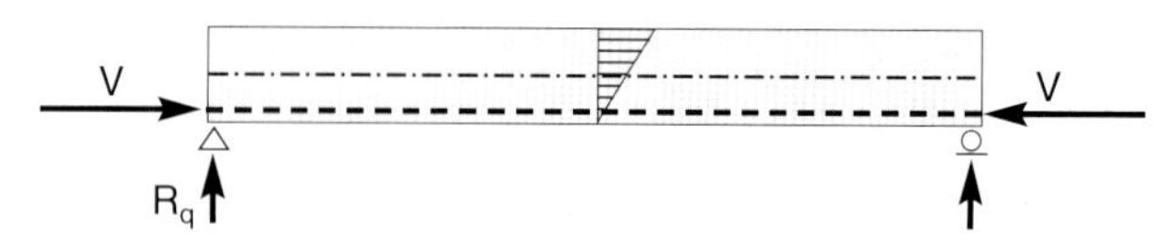

Fall B: Durch entsprechende exzentrische äussere Kraft zusammengedrückt

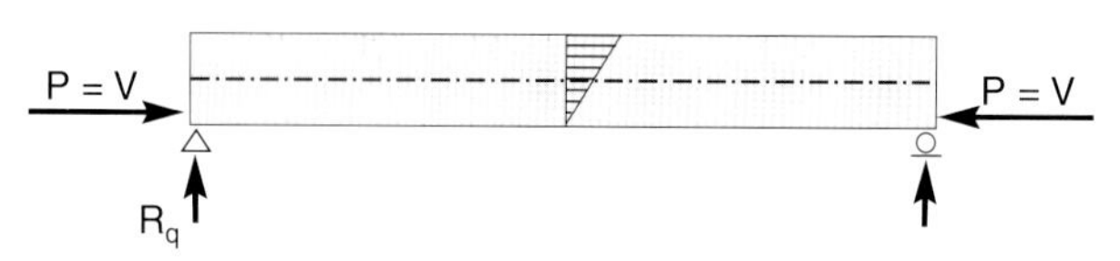

Fall C: Vorgespannt mit parabolisch gekrümmtem Kabel

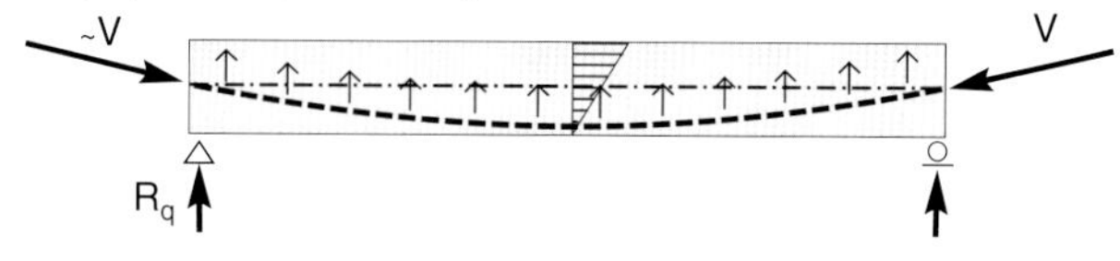

Fall D: Durch gerades Kabel vorgespannter, bogenförmig aufgewölbter Balken

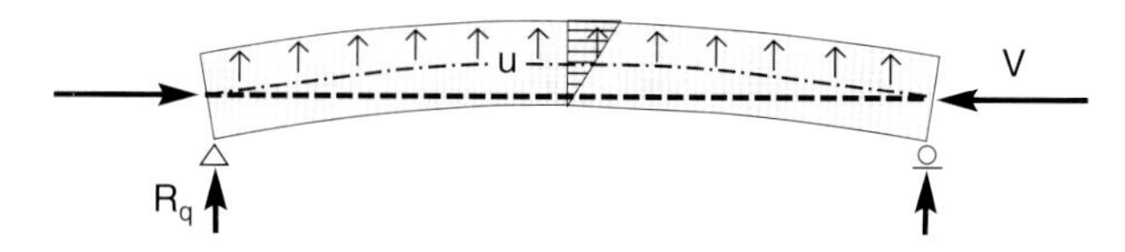

Fall E: Durch äussere Horizontalkraft unter Druck gesetzter aufgewölbter Balken

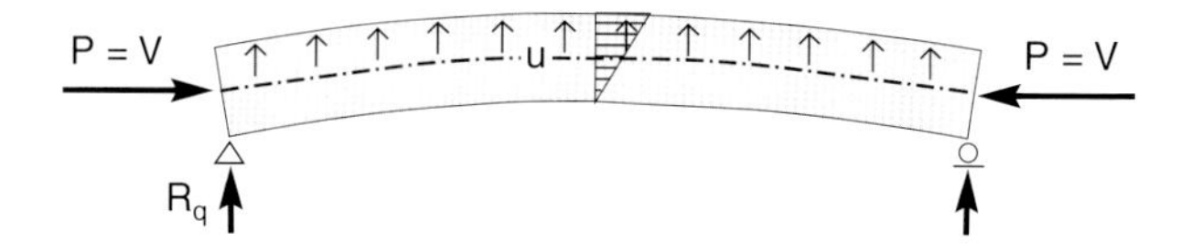

268
Gegenüberstellung in Feldmitte auf unterschiedliche Weise exzentrisch gedrückter Balken.

tritt erst zu Tage, wenn bei unverändertem **V** bzw. **P** die der Betrachtung zu Grunde gelegte Gebrauchlast **q** erhöht wird. Die Folge der dabei erforderlichen Zugspannungen ist in der nachfolgenden Abb. 269 dargestellt:

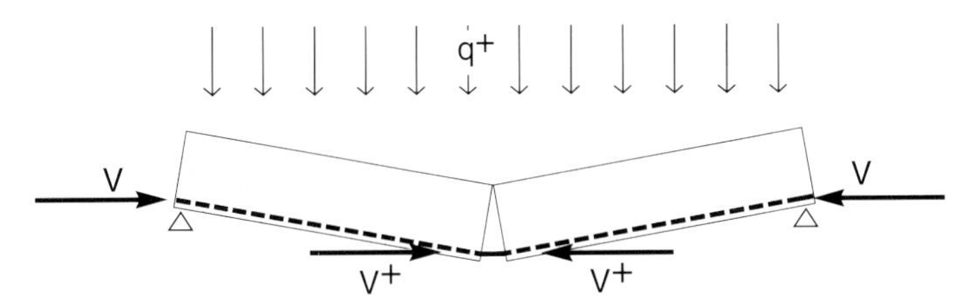

Der durch Kabel vorgespannte Balken (Fälle A, C und D) widersteht der Überlastung durch Überbrückung des Risses durch Tragreserven des Spannstahls.

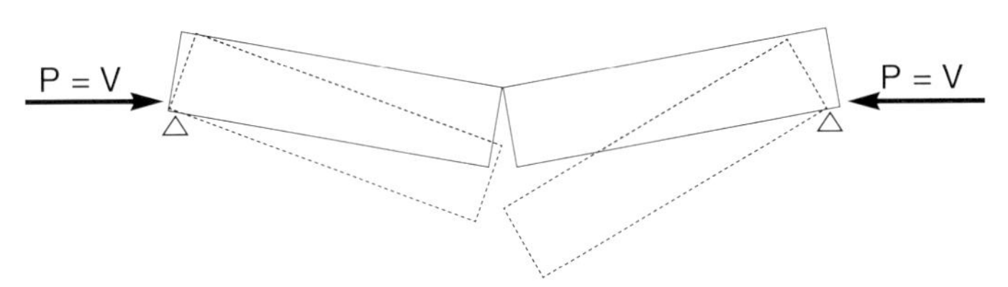

Der exzentrisch gedrückte Balken ohne Spannmedium (Fälle B und E) geht bei Überlastung ohne Vorwarnung schlagartig zu Bruch. Das Gebilde besitzt keinerlei Tragreserve.

269 Gegenüberstellung des Bruchverhaltens des durch ein durchgehendes Spannmedium vorgespannten gegenüber dem durch äussere Kräfte unter Druck gesetzten Balkens.

Die Feststellung dieser grundlegenden Diskrepanz des Bruchverhaltens – und damit der Tragsicherheit – der zwei hinsichtlich ihrer Gebrauchsspannungen vergleichbaren Fälle war der historische Anlass zur systematischen Entwicklung des neuen «Traglastverfahrens», der Bemessungstheorie, die das klassische «Dimensionieren» von Tragwerken nach «zulässigen» Spannungen durch die Untersuchung von deren Bruchmechanismen ersetzt bzw. ergänzt (vgl. S. 150, 199).

Der im Fall E parabolisch aufgewölbte, durch die Kraft **P** zusammengepresste Balken scheint sich auf den ersten Blick genau wie ein Bogen zu verhalten. Auch hier zeigt sich der Unterschied erst bei Überlastung: Im Gegensatz zum Bogen, der sich der Lasterhöhung durch proportionale Steigerung der *passiven* Auflagerreaktionen automatisch entgegen stemmt, bleiben die aktiven äusseren Kräfte **P** von der Laststeigerung unbeeinflusst. Der Fall E verhält sich beim Bruch nicht anders wie ein gerader Balken.

Nicht immer lässt sich die Tragweise eines konstruktiven Gefüges durch ein eindeutiges Verhaltensmodell erfassen. So wirken in der Struktur der im folgenden Kapitel 2.4.1 skizzierten Sprengwerksbrücke die drei oben auseinander gehaltenen Mechanismen – Balkenwirkungen und Bogen – in kompliziertem gegenseitigem Wechselspiel zusammen. Ausserdem lassen sie das die Tragsicherheit all ihrer Bauteile massgeblich mitbestimmende Reibungsproblem in den Steinfugen gänzlich ausser Acht (vgl. S. 34).

Schlussanmerkung

Die in diesem Kapitel unter Verzicht auf mathematisches Formelwerk skizzierten, oft stark vereinfachenden Einblicke in das Problemfeld der Vorspannung erheben keinerlei Anspruch auf didaktische Geschlossenheit. Demgegenüber möchte die Darlegung – als Kontrast zu säuberlich präparierten Schulaufgaben – einige Kostproben der an das grundlegende *physikalische Verständnis* appellierenden Fragestellungen vermitteln, mit denen sich der Ingenieur beim Entwurf neuartiger Tragwerkstypen auseinanderzusetzen hat, bevor er überhaupt an eine analytische Berechnung denken kann. Jeder Vorstoss in konstruktives Neuland stellt den Enwerfenden vor überraschende, theoretisch unergründete, daher weder durch Schulwissen, geschweige denn den Computer gebrauchsfertig beantwortbare Fragen.

Vorgespannte Konstruktionen sind mit Schadensfolgen bei mangelhafter Konzipierung und Ausführung besonders anfällig. Ihre erhöhte Empfindlichkeit – hinter der sich andererseits auch der Reiz der grossen gestalterischen Möglichkeiten des Spannbetons verbirgt – lässt sich im Wesentlichen auf das Zustande kommen ihrer statischen Gebrauchsbeanspruchung als *Differenzfälle* der Wirkung natürlicher und künstlich aufgebrachter Belastungen zurückführen. Die zuverlässige Realisierung vorgespannter Tragwerke stellt daher entsprechend hohe Anforderungen an das Können, das Urteilsvermögen und Verantwortungsbewusstsein sowohl des entwerfenden Ingenieurs als auch der ausführenden Handwerker. Die gleichen Qualifikationen sind bei nachträglichen Eingriffen in bestehende Spannbetonkonstruktionen gefordert, sollen dabei die jenen zu Grunde liegenden Konzepte nicht in Mitleidenschaft gezogen werden (s. S. 39).

Die Teufelsbrücken

Die Schöllenenschlucht bildete zu allen Zeiten das Nadelöhr des direkten Zugangs zur Alpenüberquerung über den St. Gotthardpass. Der Schwindel erregend tiefe Taleinschnitt, den die tobenden Wildwasser der Reuss dort in den Granitfelsen gefressen haben, konnte nur durch ein kühnes Brückenbauwerk überwunden werden. Die Geschichte dieser baumeisterlichen Herausforderung, die sich mit dem wachsendenden Warenaustausch zwischen dem deutschen und italienischen Raum in veränderter Grössenordnung immer wieder von Neuem stellte, ist denn auch entsprechend sagenumwoben. Laut Legende musste im 13. Jahrhundert die erste dieser (hölzernen) Überbrückungen von den Urnern durch einen Pakt mit dem Teufel erkauft werden.

Die erste steinerne Teufelsbrücke wurde 1585 erbaut. Sie hiess «der stiebende Steg» und führte am nördlichen Zugang über eine gefährliche, hölzerne Lehnenkonstruktion, die an der fast senkrechten Felswand klebte. Sie wurde später (1707) durch den ersten Tunnel im Alpengebiet, den Durchstich durch das Urnerloch, bequemer zugänglich. Als in den Französischen Revolutionskriegen General Alexander Suworow 1799 mit seiner Armee von 25'000 Mann und 900 Pferden über den Sankt Gotthard in Richtung Norden vorstiess, wurde durch die Innerschweizer Truppen des französischen Generals Lecourbe die Scheitelpartie der Bogenbrücke herausgesprengt. Bei der dennoch im Nahkampf auf einem notdürftig über die Lücke errichteten Holzsteg erzwungenen Überquerung verloren viele Russen durch Sturz in die Reuss ihr Leben.

Im Rahmen des Baus einer neuen, von Flüelen bis Biasca mit grossen, zweiachsigen Wagen befahrbaren Strasse wurde in den Jahren 1820–1830 die etwas höher liegende, ebenfalls in Granitstein gemauerte zweite Teufelsbrücke erstellt. Die beiden Bauwerke blieben dann bis zum Jahr 1888, in dem die vernachlässigte alte Brücke in einem Unwetter vom Hochwasser weggeschwemmt wurde, nebeneinander bestehen (s. Abb. 270).

Das nach dem zweiten Weltkrieg explosionsartig anschwellende Verkehrsaufkommen erforderte bald den weiteren Ausbau der Gotthard-Strasse. 1953 wurde daher für den Entwurf der dritten Teufelsbrücke ein Ingenieur-Wettbewerb ausgeschrieben, dessen Ergebnisse wegen des geschichtsträchtigen Umfelds des Bauvorhabens auch in der Öffentlichkeit mit grossen Emotionen diskutiert wurde.

Zur Ausführung gelangte das Projekt von Ingenieur Rudolf Scherrer – eine hinsichtlich der *Verbundbauweise* ihres schiefen Bogens äusserst interessante Konstruktion aus Granitstein, Betonquadern und Stahlbeton (vgl. Kap. 2.1.1). Die Stahlbetonteile dieses Tragwerks mussten, nicht zuletzt auch als Folge des korrosionsfördernden feucht-«stiebenden» Klimas des Standortes 1998 einer gründlichen Sanierung unterzogen worden.

Die Idee der modernen Granitsteinbrücke

Die Idee, die Brücke als *vorgespanntes* Sprengwerk aus *reinem* Naturstein auszubilden, kam zu spät, um noch in die Entscheidungsdiskussion einzufliessen. Dennoch wurde der Vorschlag 1954 von der Redaktion der «Schweizerischen Bauzeitung» als «Ei des Kolumbus» bezeichnet und dort mit der folgenden, sich auf die Wettbewerbsvorgaben beziehenden Begründung publiziert: «Er entspricht sowohl den ästhetischen Gesichtspunkten als auch dem Wunsch nach geringem Unterhalt und bietet überdies wesentliche technische Vorteile» (siehe SBZ 1953, S. 413).

270 Die erste und zweite steinerne Teufelsbrücke wie sie 1830 bis 1888 nebeneinander standen.

Es waren vor allem die auf S. 170 angeführten Überlegungen über die nahe Verwandtschaft der statischen Wirkungsweise des vorgespannten Sprengwerks – einem damals noch unerprobten Tragwerkstyp – mit der des klassischen Gewölbes, die zur Projektidee inspiriert hatten. Asserdem bot sich das Querprofil des zu überbrückenden Taleinschnitts in geradezu idealer Weise zur harmonischen Einbettung dieser Konstruktionsform in das Landschaftsbild an (Abb. 271).

Das Bauwerk sollte auch eine *ideelle* Brücke zwischen der in den nahe gelegenen Granit-Steinbrüchen gepflegten Steinmetzkunst und modernster Ingenieurbaukunst schlagen. Im dekorativen Bild der genau nach Mass zusammengefügten Mauerblöcke liess sich ja, wie in den römischen Steingewölben auch, die statische Wirkungsweise der neuartigen Konstruktion nachempfinden.

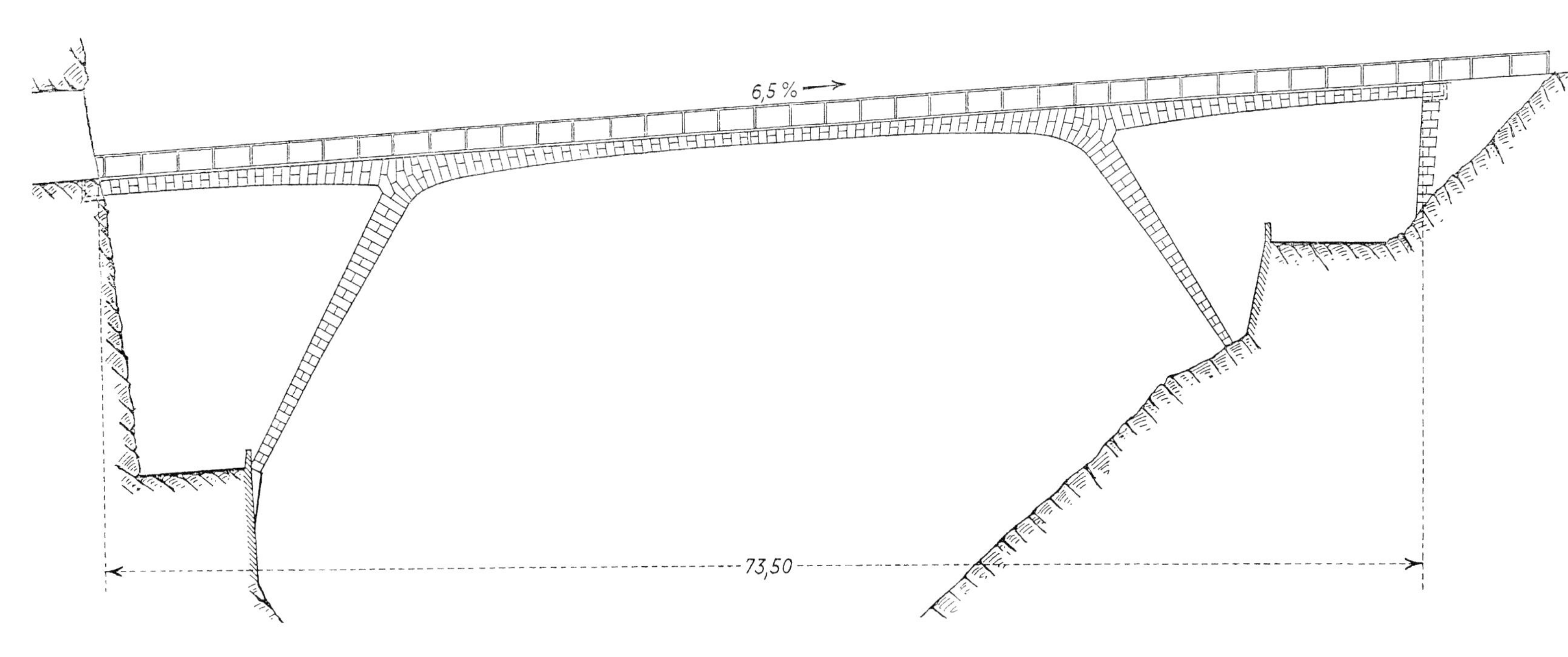

271 Konstruktionsidee für die Teufelsbrücke. (Ansicht in zur Abb. 270 entgegengesetzter Blickrichtung).
Ein aus Granitblöcken gemauertes vorgespanntes Sprengwerk, in dessen Fugenbild der Spannungsverlauf der statischen Beanspruchung ablesbar ist.

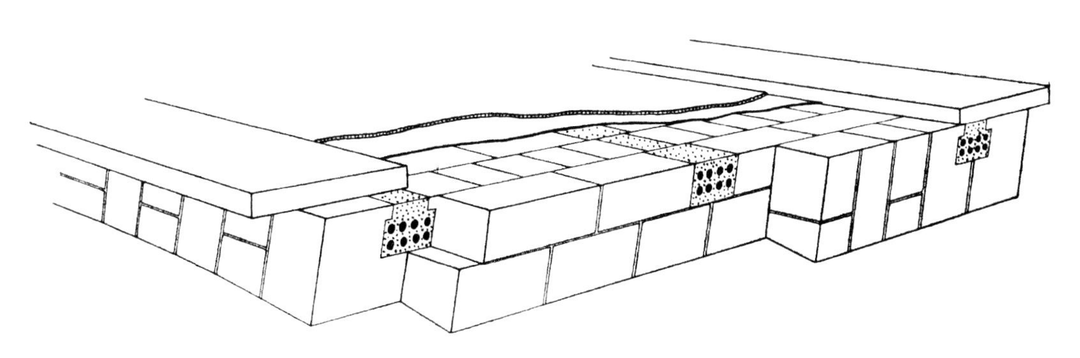

272 Querschnitt durch den gemauerten Fahrbahnträger
Die Spannkabel verlaufen in vier Bündeln durch nachträglich ausgegossene Mauerwerksaussparungen. Sie sind zur gleichmässigen Einleitung der Druckkraft an den Fahrbahnenden je in einem armierten Betonquerriegel verankert. Ihre Umlenkkräfte verteilen sich quer zur Fahrbahn – wie auch in jedem gemauerten Gewölbe – durch Reibung in den gedrückten Fugen.

Nichts spricht gegen die Verwendung des Granitmauerwerks als ausschliessliches Baumaterial des Sprengwerks. Als vorzuspannender Baustoff sind die physikalischen Eigenschaften eines gesunden Granitsteins im Gegenteil denen des Betons beträchtlich überlegen: höhere Druckfestigkeit, kein Schwinden, kein Kriechen!

Die Vorspannung bewirkt die Verwandlung des aus Elementen zusammengefügten Mauerwerks in ein monolithisches, daher auch sehr korrosionssicheres Kontinuum (vgl. Kap. 2.2). Die Spannkabel, die sich in drei Bündeln, feldweise parabolisch gekrümmt in Aussparungen im Mauerwerk durch die Fahrbahnplatte schlängeln, stützen an deren Enden ihre Ankerkraft über einen Stahlbeton-Querriegel gleichmässig verteilt auf sie ab. Unvermeidlich entstehen im Gemäuer durch die örtlichen Umlenkkräfte und die Verkehrslasten auch geringfügige Biegezug- und Schubspannungen, die (wie auch im gemauerten Gewölbe) von der Zugfestigkeit der Steine und der Reibung verkraftet werden müssen (vgl. Kap. 2.1). Diesbezügliche experimentelle Untersuchungen wurden später anlässlich ähnlicher Problemstellungen in der Segmentbauweise durchgeführt (vgl. Kap. 1.4).

Diese Veröffentlichung in der SBZ wurde zum Auslöser der später engen und dauerhaften Beziehung zu Spanien. Das oben skizzierte Konstruktionskonzept erweckte die Aufmerksamkeit von Eduardo Torroja, dessen damaliges «Instituto de la Construcción y del Cemento» nach einem ersten Artikel über die Teufelsbrücke in den Folgejahren in seinem Organ «Informes de la Construcción» unter der Redaktion von Fernando Cassinello auch alle weiteren Bauprojekte und die Entwicklungen im Laboratorium publizierte.

2.4.2 Die gedrückte Beton-Perlenkette

Der Entwurf des Architekten *Hermann Baur* für die Bruder-Klaus-Kirche in Birsfelden bei Basel (1957), enthielt neben der eigenwilligen Gestaltung von Andachts- und Altarraum auch die Idee eines Glockenturms in Form eines offenen Halbzylinders mit sichtbarem Treppenaufgang. Dessen Exponiertheit regte dazu an, auch aus der Treppenkonstruktion selbst ein kleines Schmuckstück zu machen.

Die sich aufdrängende Spiralform des Treppenlaufes wurde daher als frei fliegende, sich ohne jegliche seitliche Halterungen im Turmraum um eine schlanke Kernsäule schraubende Wendeltreppe realisiert. Da der Treppenlauf aus Sicherheitsgründen nicht im Turmboden, sondern erst über einem leichten, in die Turmöffnung führenden Pergoladach beginnt, wurde das ganze Paket der aus 49 vorgefertigten Stufenelementen aufgeschichteten Treppenkonstruktion am Boden des Glockenraums *aufgehängt*. Die Stufen wurden durch Löcher in ihren 25 cm starken zylinderförmigen Köpfen an ein im erwähnten Boden verankertes Spannkabel eingefädelt und dann von unten zusammengespannt. Durch das Aneinanderpressen der vermörtelten Zylinderelemente entsteht, ähnlich wie man dies vom Zusammendrücken einer Perlenkette kennt, ein steifer Stab.

Die ausserordentliche Schlankheit der Kernsäule war nur durch ihre Aufhängung in Verbindung mit dem Phänomen des auf S. 167 beschriebenen Stabilitätsverhaltens des zentrisch vorgespannten Stabs erreichbar. Sie wäre im Hinblick auf unsymmetrische Treppenbelastungen als durchgehend bewehrte am Boden gelagerte Stahlbetonstütze statisch nicht ausführbar. Da beim Vorspannen keine Knickgefahr besteht, konnte die Säule derart unter Druck gesetzt werden, dass sie die Biegemomente aus Treppenbelastungen ohne weiteres aufnimmt. Unter Gebrauchslast gibt es keine Knickgefahr. Der weiche Hängepfeiler – er könnte ohne untere Fixierung von Hand um Dezimeter zum Schwingen gebracht werden – wurde in der Pergoladecke mit einem vertikal verschieblichen Dorn gegen horizontale Bewegung gesichert.

273 Eingangspartie der Bruder-Klaus-Kirche in Birsfelden mit Blick auf den offenen Glockenturm mit der Wendeltreppe.

274
Schnittzeichnung der hängenden Wendeltreppe mit den Details ihrer Lagerung.

275
Gesamtbild der Treppenanlage.

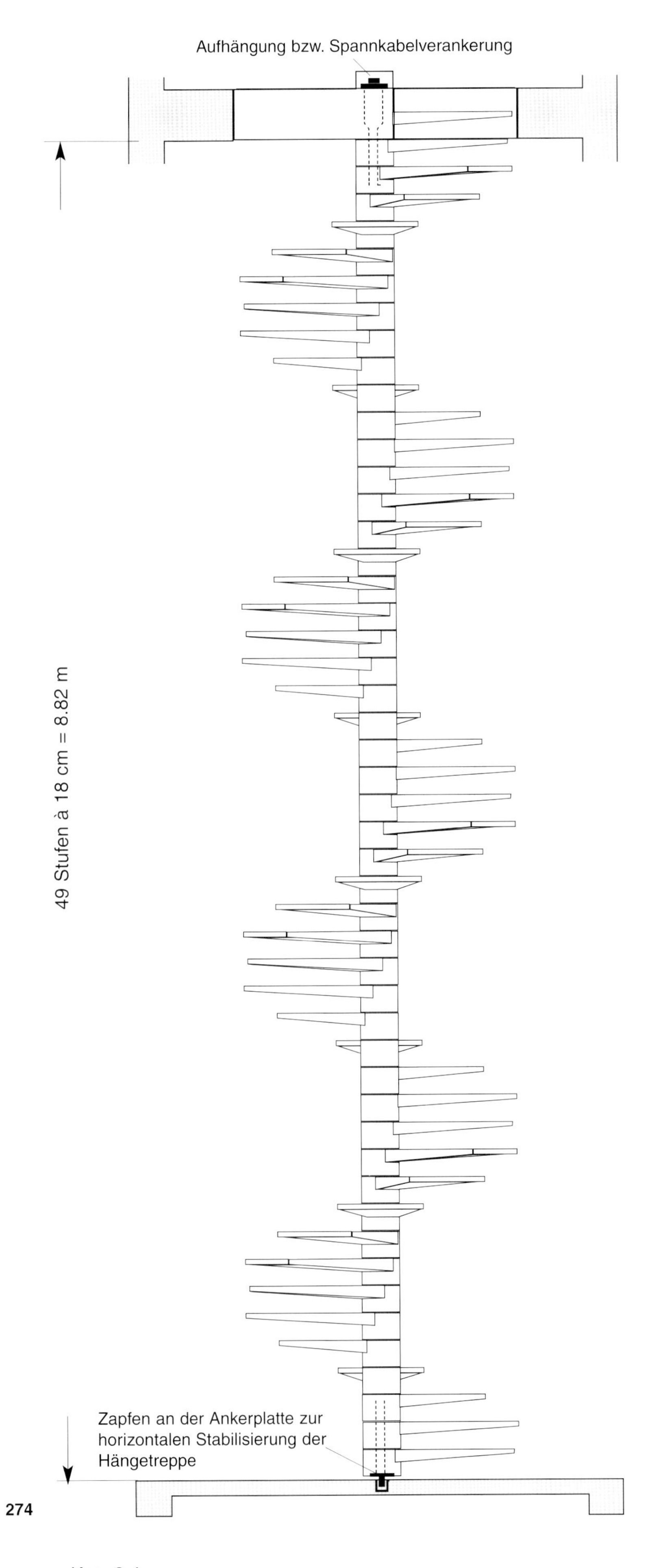
Aufhängung bzw. Spannkabelverankerung
49 Stufen à 18 cm = 8.82 m
Zapfen an der Ankerplatte zur horizontalen Stabilisierung der Hängetreppe

274

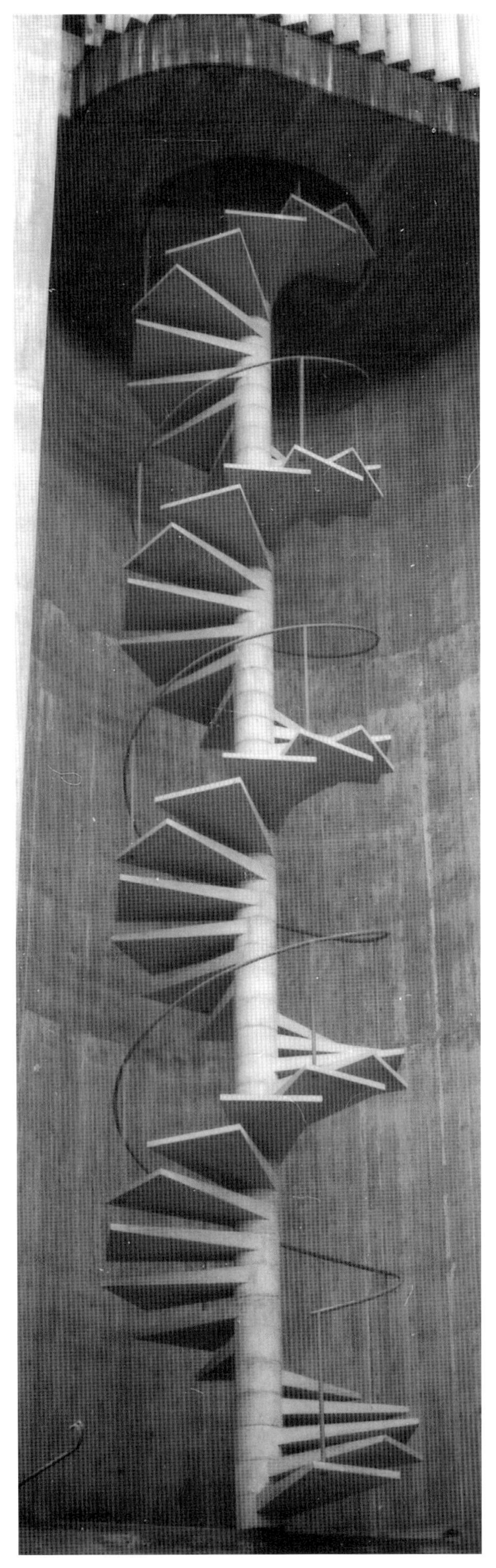

275

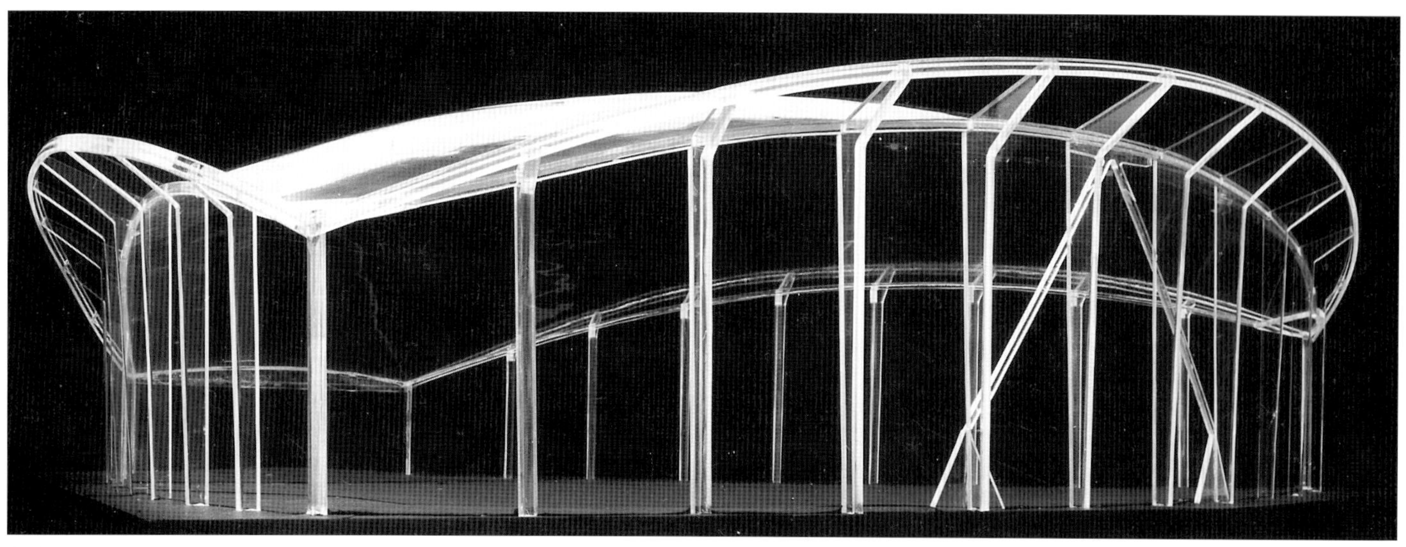

276 Ansicht des Acrylharz-Modells des Projektvorschlags für die Konstruktion des «Auditorium Maximum» der Universität Hamburg.

1957 – Projekt eines Angebotswettbewerbes gemeinsam mit der Baufirma *Polensky & Zoellner* (vgl. Kap. 3.1) auf Einladung des durch seine grossartige Schalenüberdachung der Hamburger Markthallen bekannten Architekten *Bernhard Hermkes* für die Konstruktion des «Auditorium Maximum» der Universität Hamburg.

Die besondere statische Problematik der Aufgabe ergab sich aus der ungewöhnlichen Umrandungsform der als flache Kugelschale vorgesehenen Überdachung, die beträchtliche, aber nicht rechnerisch erfassbare Randstörungsmomente erwarten liess.

Um dieser Gefährdung zu begegnen, wurde die Kugelschale durch ein Randglied in Gestalt eines frei ausserhalb der Dachfläche verlaufenden «Gürtels» abgestützt, der, *wenn vorgespannt*, den Randstörungen aktiv entgegen wirkt (vgl. Kap. 1.13). Die Elimination der Parasitärmomente versprach neben der Materialersparnis vor allem auch eine beträchtliche Verminderung der bei diesem Projekt besonders gefürchteten Beulgefahr der Schale.

Der Gürtel wird von schmalen Konsolen getragen, die, aus den Fassadenstützen auskragend, die Grundrissrichtung der einzuleitenden Stützkräfte bestimmen. Im Aufriss sind die Kragarme derart nach oben geneigt, dass sie die an ihren Spitzen angreifenden Umlenkkräfte aus dem räumlich gekrümmten Gürtel praktisch biegungsfrei auf Stützen und Schalenrand übertragen. Zum Verständnis der Tragwirkung des vorgespannten Gürtels ist auch hier darauf zu achten, dass die Stützkräfte nicht unmittelbar durch die Umlenkkräfte der gespannten Kabel, sondern durch die des gespannten Betonbandes als solches zustande kommt. Die perfekte Wirkungsweise des konstruktiven Konzepts war an einem Modellversuch nachgewiesen worden (Abb. 279).

Aus den statisch-funktionalen Überlegungen ergab sich von selbst eine ausdrucksvoll beschwingte Umrandung des Dachrandes, die, beispielweise mit Glas eingedeckt, auch als Vordach eine zusätzliche architektonische Funktion gehabt hätte.

Den Zuschlag erhielt das mächtige Unternehmerkonsortium Dyckerhoff & Widmann KG und Wayss & Freytag AG.

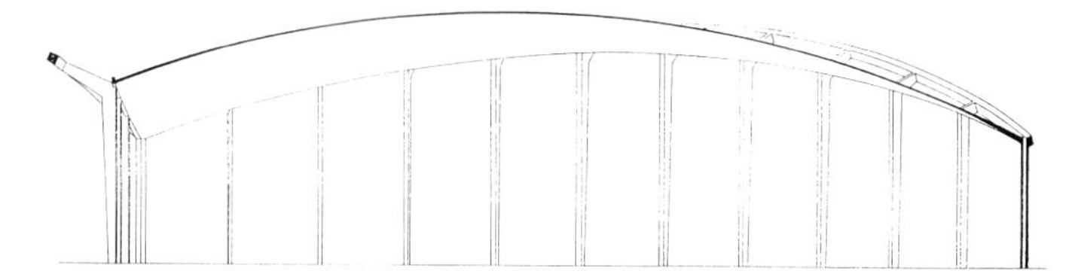

277 Längsschnitt durch die Symmetrieachse der Konstruktion.

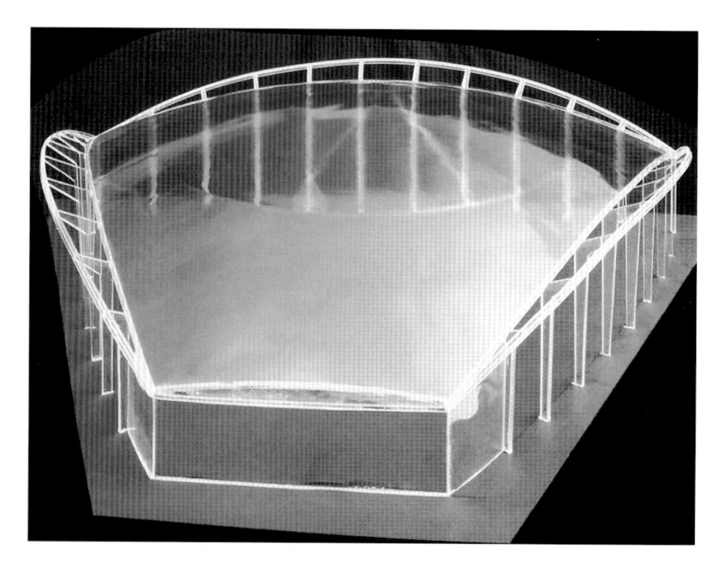

278 Aufsicht auf die von den «Randgürteln» eingefasste Kugelschale.

Die gemeinsame Wettbewerbsarbeit war auch der Beginn einer langjährigen engen Zusammenarbeit mit Polensky & Zoellner, vorwiegend über das Modellversuchslaboratorium (vgl. Kap. 3.6).

279 Erster improvisierter elastischer Modellversuch (1956) zur Ermittlung der Vorspannwirkung auf die Schalenrandmomente.
Die Vorspannung wurde in den Modellecken mittels dünner, durch entsprechend orientierte Abstützröhrchen geführte Drahtseile in die Gurten der Randglieder eingeleitet. Ihre Spannkraft wurde durch – über einen hölzernen Mechanismus wirkende – vorgefertigte Betongewichte erzeugt.

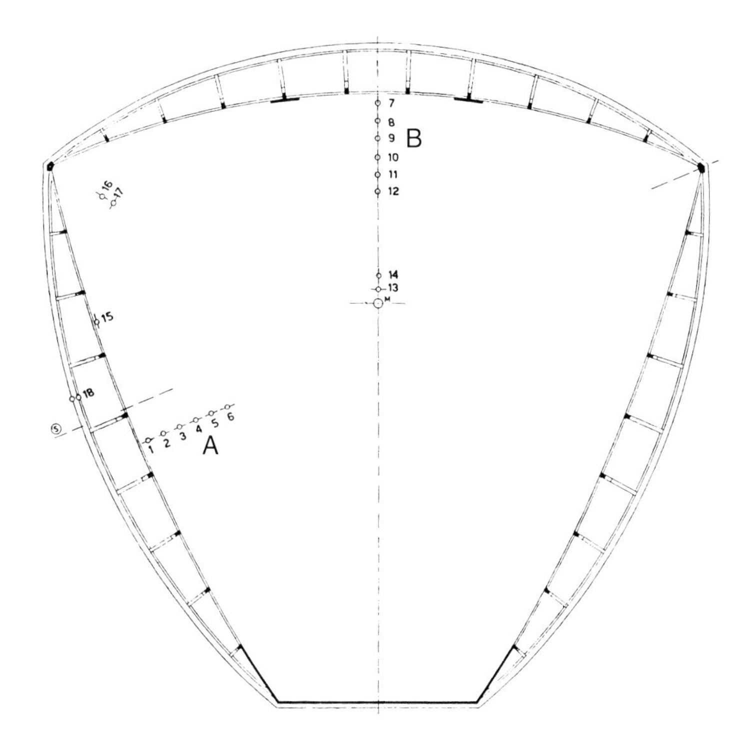

280 Anordnung der Messstellen-Gruppen A bzw. B der in der nebenstehenden Figur dargestellten Ergebnisse.

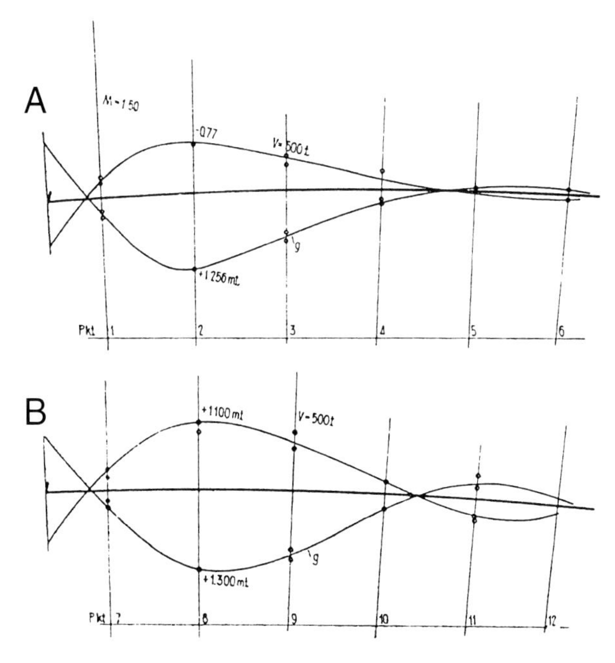

281 Messergebnisse der Randstörungsmomente in den Bereichen A und B, getrennt nach Eigengewicht und Vorspannung.
Sehr schön sichbar ist der für gekrümmte Schalen typische, periodisch abklingende Verlauf der «Parasitärmomente» und die sich gegenseitig kompensierende Wirkung der Lastfälle Eigengewicht und Vorspannung.

2.4.4 Zusammengespanntes Faltwerk aus Holz (1959)

Anlass zur Entwicklung des hier beschriebenen Konstruktionskonzeptes waren die zahlreichen Projektstudien, die der auch als Architekturtheoretiker des evangelischen Kirchenbaus bekannte Architekt *Otto Senn*, in seinem Büro betrieb. Für den Ingenieur stellte sich die reizvolle Aufgabe, eine funktionell sinnvolle Überdachungsweise für die stets auf regelmässig polygonalen Grundrissen aufbauenden Kirchenentwürfe zu entwickeln.

Das Ergebnis war ein vorgespanntes Faltwerk aus Holz, das zugleich selbsttragende Konstruktion und sichtbare dekorative Innenraumdecke ist. Ausserdem erwiesen sich dabei, neben den günstigen akustischen Reflexionseigenschaften von Holzflächen als solche, die statisch begründeten Faltungen des Plafonds auch raumakustisch als sehr erwünscht.

Das näher studierte Dach hatte die Gesamtform einer flachen Pyramide mit pentagonalem Grundriss. Seine fünf geneigten Seitenflächen sind aus stufenförmig gegeneinander gefalteten Brettern gebildet. An ihren Enden sind sie mit den im Grat der Pyramide verlaufenden schmalen Hetzerbindern vernutet. Die Höhe der Faltungen nimmt gegen den Pyramidenrand kontinuierlich zu, damit das Gebilde bei zunehmender Spannweite die Dachlasten immer als Biegeträger direkt auf die Gratbalken abführen kann. Die gefältelte Dreiecksfläche bildet mit seinen aussteifenden Randbalken eine fest gefügte konstruktive Einheit.

Zur Montage des Dachs werden diese fünf grossflächigen Elemente, mit den Füssen der Gratträger auf dem hexagonalen Unterbau gelagert und an ihrer gemeinsamen Pyramidenspitze vorübergehend durch einem zentralen Pfosten abgestützt.

Sollen diese Teile nun statisch als monolithisches *Flächentragwerk* zusammenwirken, bedingt dies die kraftschlüssige Übertragung der dabei im unteren Bereich der Pyramide auftretenden, ringförmig umlaufenden Membranzugspannungen. Dazu sind die Stufenbretter als solche ohne weiteres in der Lage, nicht aber deren Nutenverbindung mit den Gratbalken noch diese (quer zur Faserrichtung beansprucht) selbst, geschweige denn die zwischen den Randträgerpaaren klaffenden Fugen (s. Zeile 1 und 2 in Abb. 261).

Die Vorspannung überwindet diese Probleme auf Anhieb. Auch hier bewirkt sie an den drei Schwachstellen der Konstruktion eine Verschiebung der Gebrauchsbeanspruchung unter Nutzung in deren natürliche Tragfähigkeitsbereiche. In Abb. 283 ist diese Wirkungsweise im Einzelnen dargelegt:

Die geraden Spannkabelabschnitte mit der Spannkraft **V** verlaufen frei in den oberen Hohlräumen der unteren Stufen der fünf Faltflächen und sind jeweils in den anliegenden Randträgern der benachbarten Dreieckskörper verankert. Als hexagonale Ringe üben sie auf die Gratträger je eine horizontale resultierende Kraft $\mathbf{H_v}$ aus, die ins Zentrum der Pyramide gerichtet ist.

Zum Verständnis der Auswirkung dieser Spannbelastung auf das Gesamtverhalten des Tragwerks ist im Detail A die statische Interaktion zwischen Spannkräften und Holzkonstruktion dargestellt. Die Spannkraft $\mathbf{V_1}$ stützt sich über den Gratbalken auf die dazwischen liegenden im Flächensegment **1** enthaltenen Stufenbretter der Faltdecke ab und setzt deren Querschnitt unter Druckspannungen, die, als integrale Druckkraft $\mathbf{D_1}$ zusammengefasst, der Spannkraft wieder genau das Gleichgewicht halten. Sie wirken unmittelbar als Druckvorspannung auf die zugschwache Nutverbindung. Ihre Normalkomponente $\mathbf{N_{D1}}$ presst gemeinsam mit der entsprechenden Ankerkraftkomponente $\mathbf{N_{V1}}$ die Elementfuge und den Gratbalken quer zusammen.

Die Spannkraft $\mathbf{V_2}$ gleicher Grösse hat den spiegelbildlichen Effekt. Sie belastet die Nute des Feldes **2** mit der entsprechenden Druckraft $\mathbf{D_2}$ und verdoppelt die Fugenpresskraft auf $\mathbf{N_{D1+D2}}$. Die Horizontalkomponenten der Druck- und Spannkräfte $\mathbf{H_{V1+2}}$ $\mathbf{H_{D1+2}}$ eliminieren sich gegegenseitig im örtlich begrenzten Bereich des betrachteten Details und beeinflussen daher das Gesamttragverhalten des Faltwerks in keiner Weise. Aber durch die Druckvorspannung seiner Schwachstellen ist die Tragkonstruktion nun zur Verkraftung der späteren Gebrauchsbelastungen bereit.

Ganz allgemein kann im Holzbau die Kabelvorspannung die statischen Funktionen ausüben, die im Stahlbau die hochfeste Schraube wahrnimmt. Wegen der «Lebendigkeit» des Holzes erfordert sie nur bedeutend höhere Dehnwege des Spannmediums (vgl. S. 185).

282
Leider wurde nie eines der Kirchenprojekte Otto Senns ausgeführt. Bei der von ***Burckhardt Architekten*** projektierten Überbauung der Evangelischen Heimstätte am Leuenberg bot sich jedoch 1964 eine Gelegenheit, das Konstruktionsprinzip in kleinerem Massstab praktisch zu testen. Dort wurden, wie im nebenstehenden Bild erkennbar, drei quadratische Räume mit identischen vorgespannten Holzpyramiden überdacht.

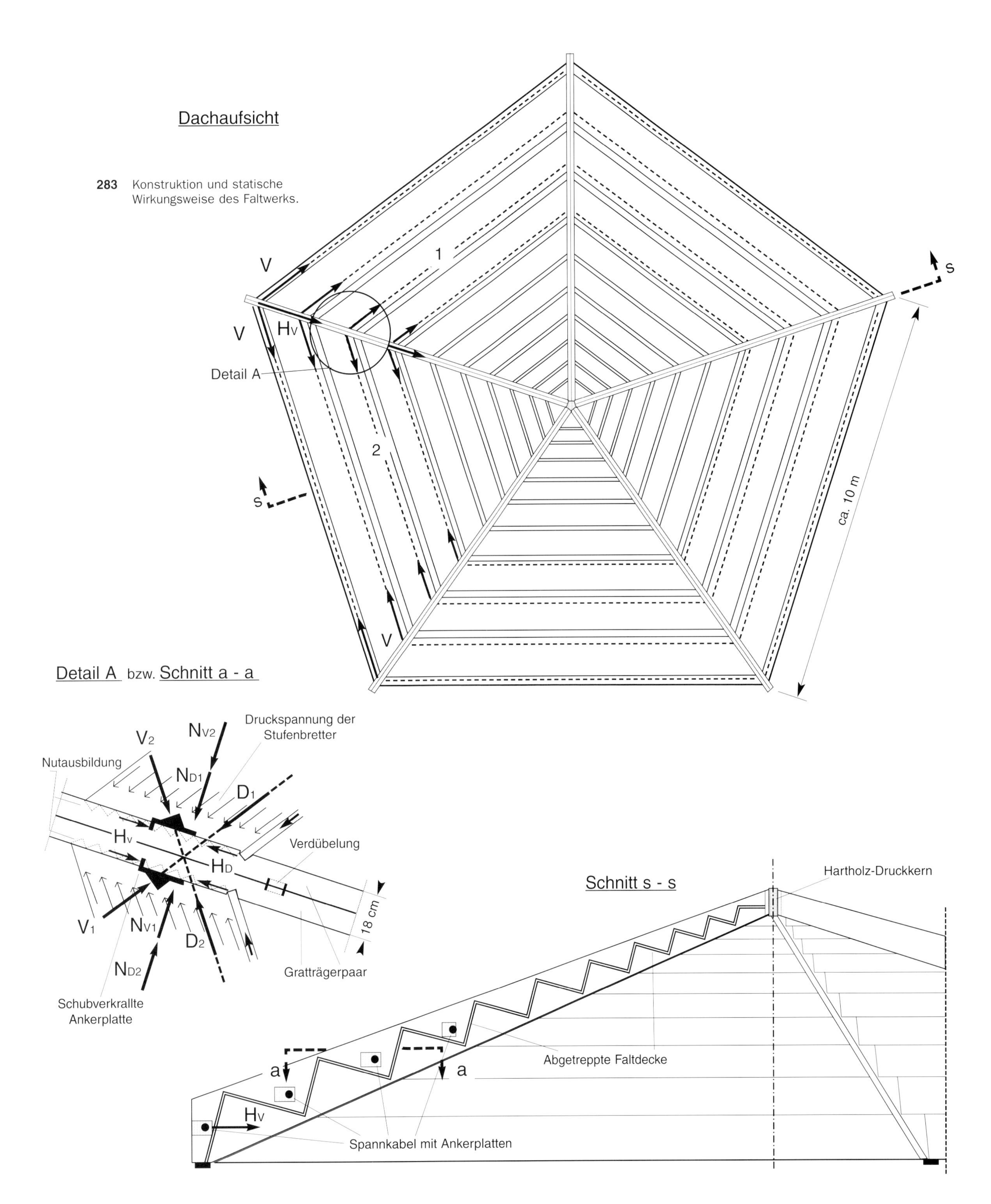

283 Konstruktion und statische Wirkungsweise des Faltwerks.

284
Aufsicht auf ein Holzmodell der pentagonalen Faltwerksüberdachung (1 : 20).
Das Modell ist wirklichkeitsgetreu mit Stahlsaiten vorgespannt. In den Abtreppungen sind deren Spannschlösser sichbar.

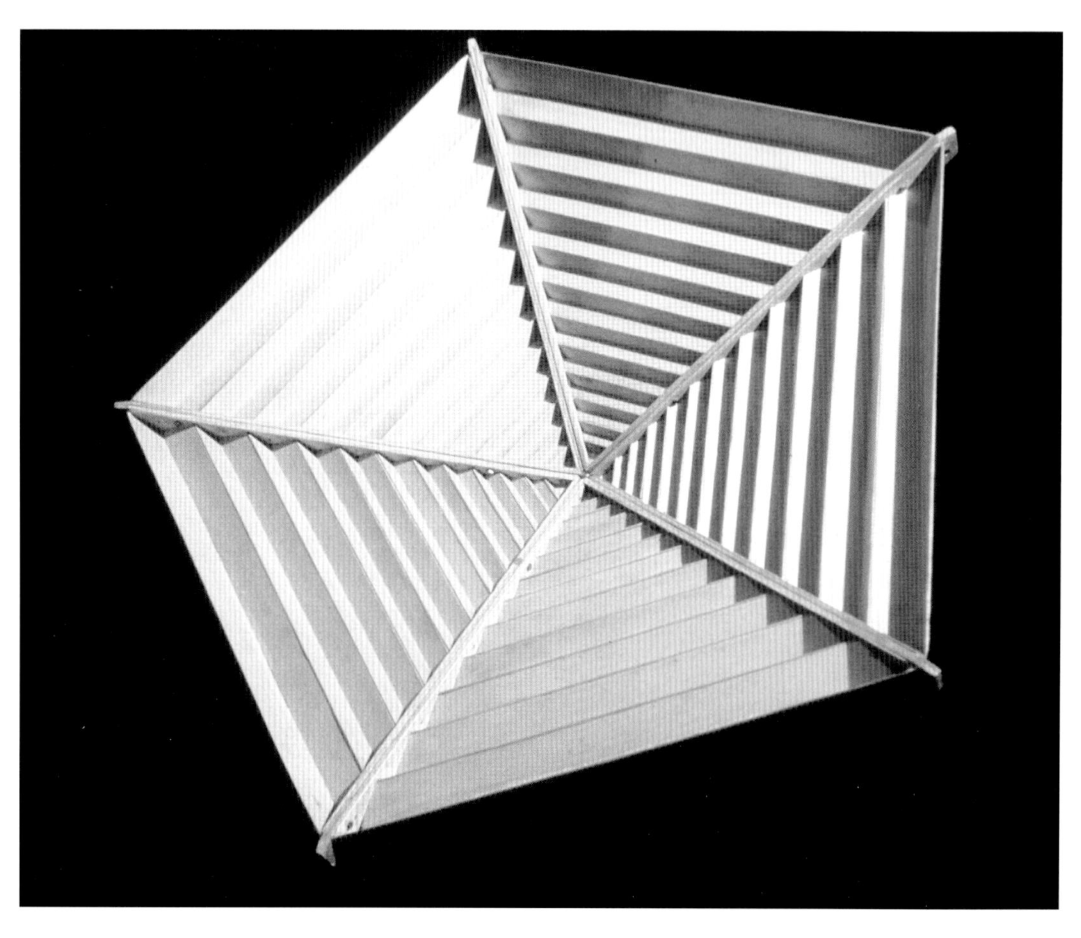

285
Innenansicht der Konstruktion als fertige Raumdecke.

2.4.5 Die aufgespannte Blechhaut

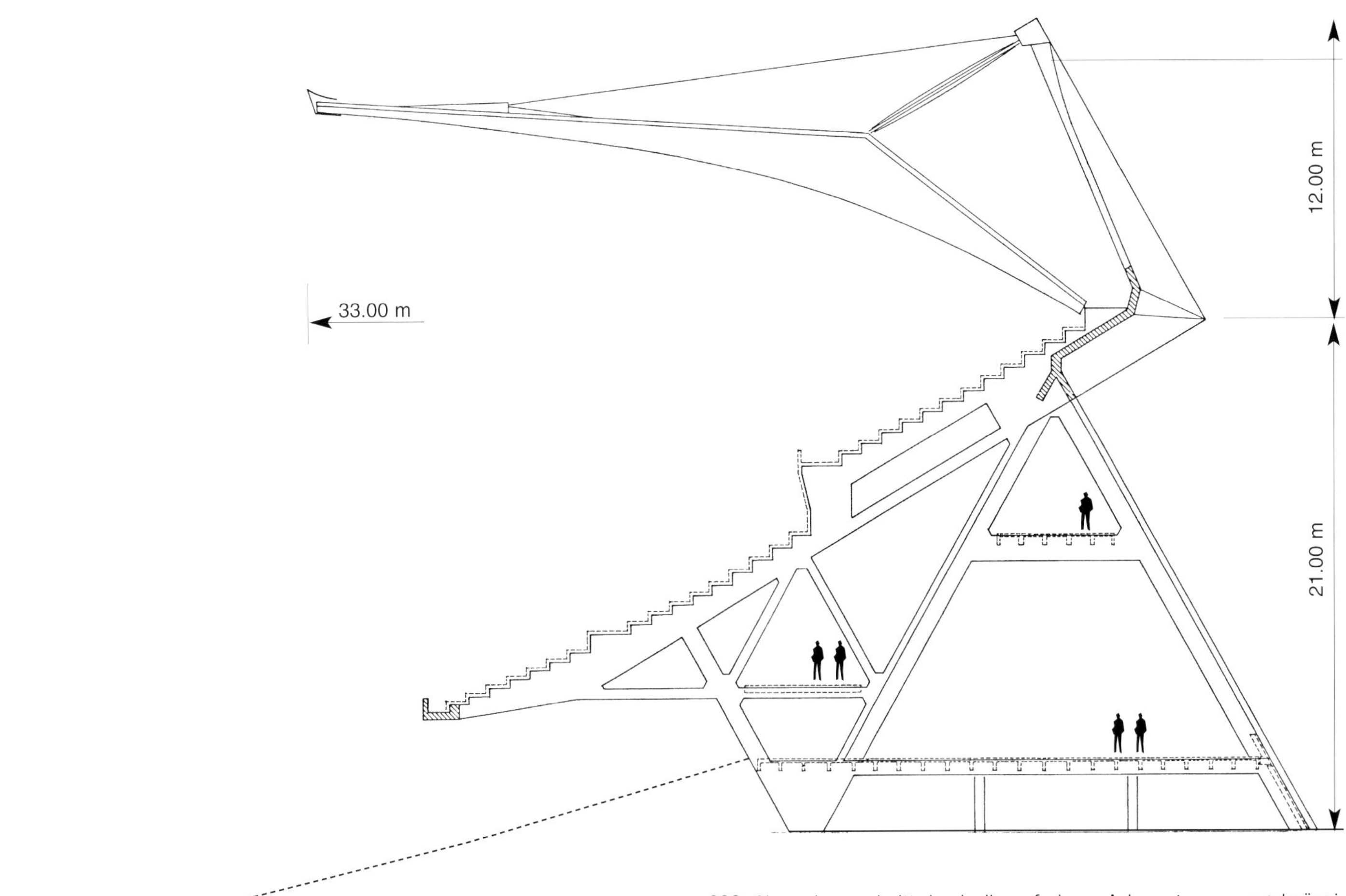

286 Normalquerschnitt durch die auf einem Achsraster von regelmässigen Dreiecken mit mehrfachen 30°-Winkeln strukturierten Tribünenkonstruktion und die Aufspannung des Blechdachs an den vorgespannten Tribünenpylonen.

Anlässlich der Expo '92 fasste die Stadt Sevilla auch den Bau eines olympiatauglichen Sportstadions ins Auge. Die Konstruktionsweise des hier skizzierten Projektvorschlags (1989) trägt auch den wirtschaftlichen und klimatischen Gegebenheiten Andalusiens Rechnung.

Die beträchtliche Auskragung der Tribünenüberdachung von 33.00 m und die fehlende Schneebelastung motivierten zur Suche nach einem superleichten Tragwerk. Hier bot sich – in modifizierter Form – das für die Expo '64 erfundene Aufspannprinzip wiederum als Lösung an (vgl. Kap. 1.10). Statt wie dort die tragenden «Kernelemente» jeweils zu viert in sternförmige Konstruktionseinheiten zu gruppieren, werden sie hier als sich seitlich im Abstand von 6.00 m berührende individuelle Kragträger aneinander gereiht. Abb. 287 erinnert an den damaligen Modellversuch zur Untersuchung der Tragwirkung dieser Elemente.

Als tragende Haut der Hypar-Schale war anstelle des kriechenden Kunststoffs ein dauerhaftes, 3 mm dickes Stahlblech vorgesehen. Die Herstellung der doppelt gekrümmten Blechtafeln und deren gegenseitige Verschweissung ist eine Stahlbauaufgabe, mit der die andalusischen Schiffsbauwerften bestens vertraut sind.

287 Modellversuch an einem Kernelement der Tragkonstruktion für die Expo '64 (vgl. Kap. 1.10).
Der Vergleich mit der obigen Zeichnung lässt ohne weiteres die Tragwirkung des Tribünendachs erkennen.

Da die Windkräfte – hier vorwiegend nach oben wirkende Sogkräfte, die die Schale auf allseitigen Zug beanspruchen – die dominante Nutzlast darstellen, muss die Vorspannung zur Vermeidung des Ausbeulens der Blechschale im Wesentlichen nur deren Eigengewichts-Druckbeanspruchung kompensieren.

Das im Grundriss als Kreissegment gekrümmte Gebäude mit den überdachten Hochtribünen wird von fachwerkartigen Stahlbetonrahmen getragen, die jeweils unter den Achsen der Kragelemente stehen. Deren oberer Abschluss ist ein durchlaufender Träger, dessen Unterkante gegenüber der Horizontalen 30° geneigt ist. Die sich durch den Verlauf des Tribünenbodens ergebende Variation seiner Konstruktionshöhe erweist sich auch statisch als sinnvoll.

Die grosse Steifigkeit des oberen Endes dient der festen Einspannung der senkrecht dazu herausragenden 12.00 m hohen Kragstiele, an deren Spitze die Spannglieder der Hypar-Schalen und deren V-förmigen Stützböcke zusammenlaufen und so das pauschale Kragmoment des Tribünendachs übernehmen. Die Stiele sind vorfabriziert und werden durch Vorspannung an den Unterbau «angenagelt».

Der erwähnte Neigungswinkel ermöglichte die Auffindung eines geometrischen Ordnungsrasters von rechten Winkeln und gleichseitigen Dreiecken für die Struktur der Tragkonstruktion. Beinahe die gesamte Last des Hochtribünenbereichs stützt sich quasi punktförmig auf die Wurzel eines V-förmigen inneren Stützenpaars, das sich zu seiner Stabilisierung seitlich auf die geneigten Fassadenstreben abstützt. Die Verteilkorridore zu den Tribünen liegen auf vorgefertigten Stahlbetonträgern und verlaufen an zweckmässiger Lage durch die sich ergebenden Dreiecksöffnungen. Sie sind in Querrichtung durch entsprechende offene Treppenanlagen untereinander verbunden. Durch die Transparenz der Konstruktion ergibt sich aus der Haupthalle ein perfekter visueller Überblick über die Besucherbewegungen.

Das Olympia-Stadion ist ein Traum geblieben und wurde aus finanzpolitischen Gründen nie gebaut.

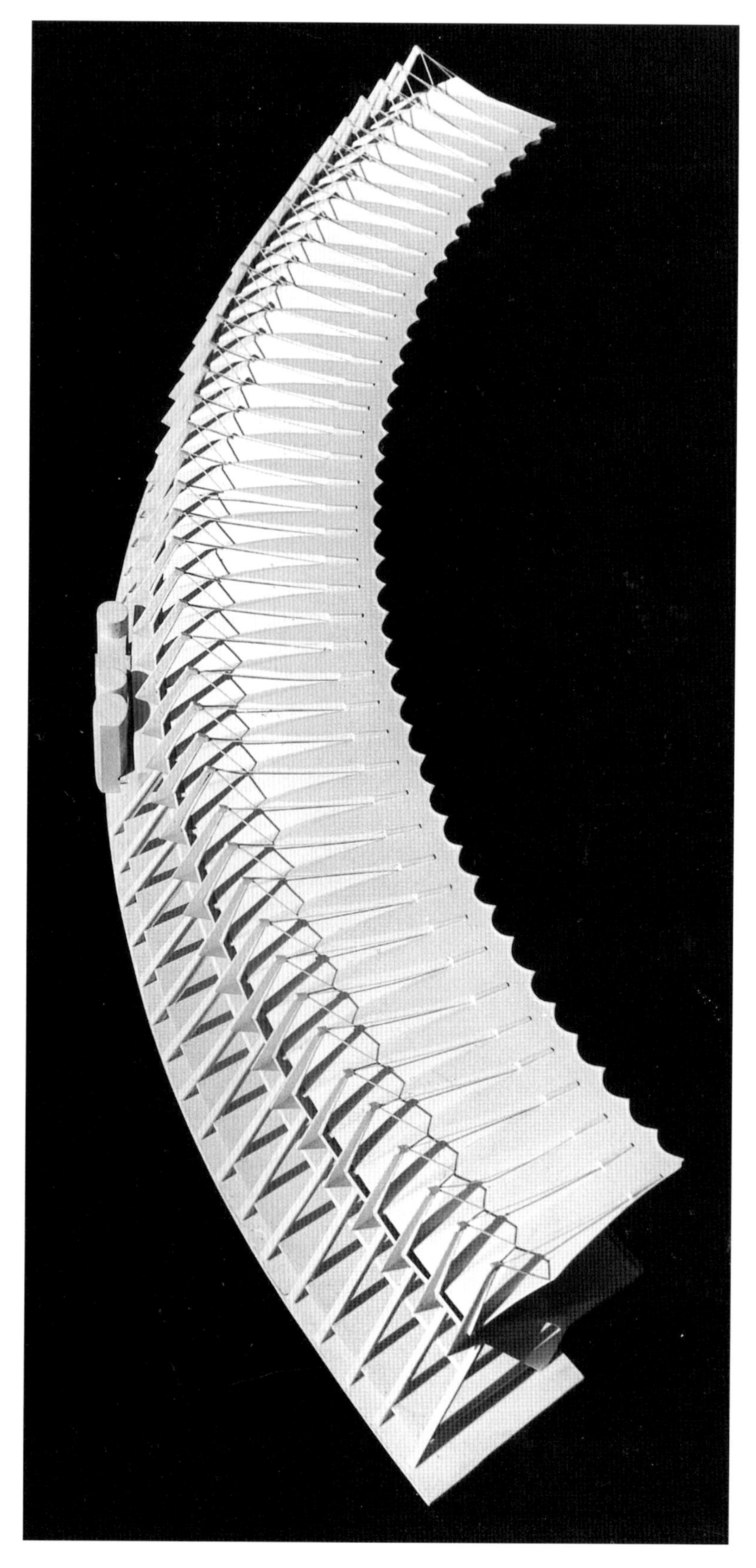

288
Dachaufsicht.
Aus der Vogelperspektive sind die an ihrer freien Kante schwimmhautartig eingebogenen Dachflächen zwischen den gekrümmten Tragelementen gut sichtbar. Sie bestehen aus ebenen, an ihrer Unterseite durch einen aufgeschweissten Kreuzrost verstärkten Blechen.

289 Fernansicht der Stadionfassade (die zylindrischen Gebilde im Zentrum des Bildes sind der ästhetische Beitrag der beteiligten Architekten).

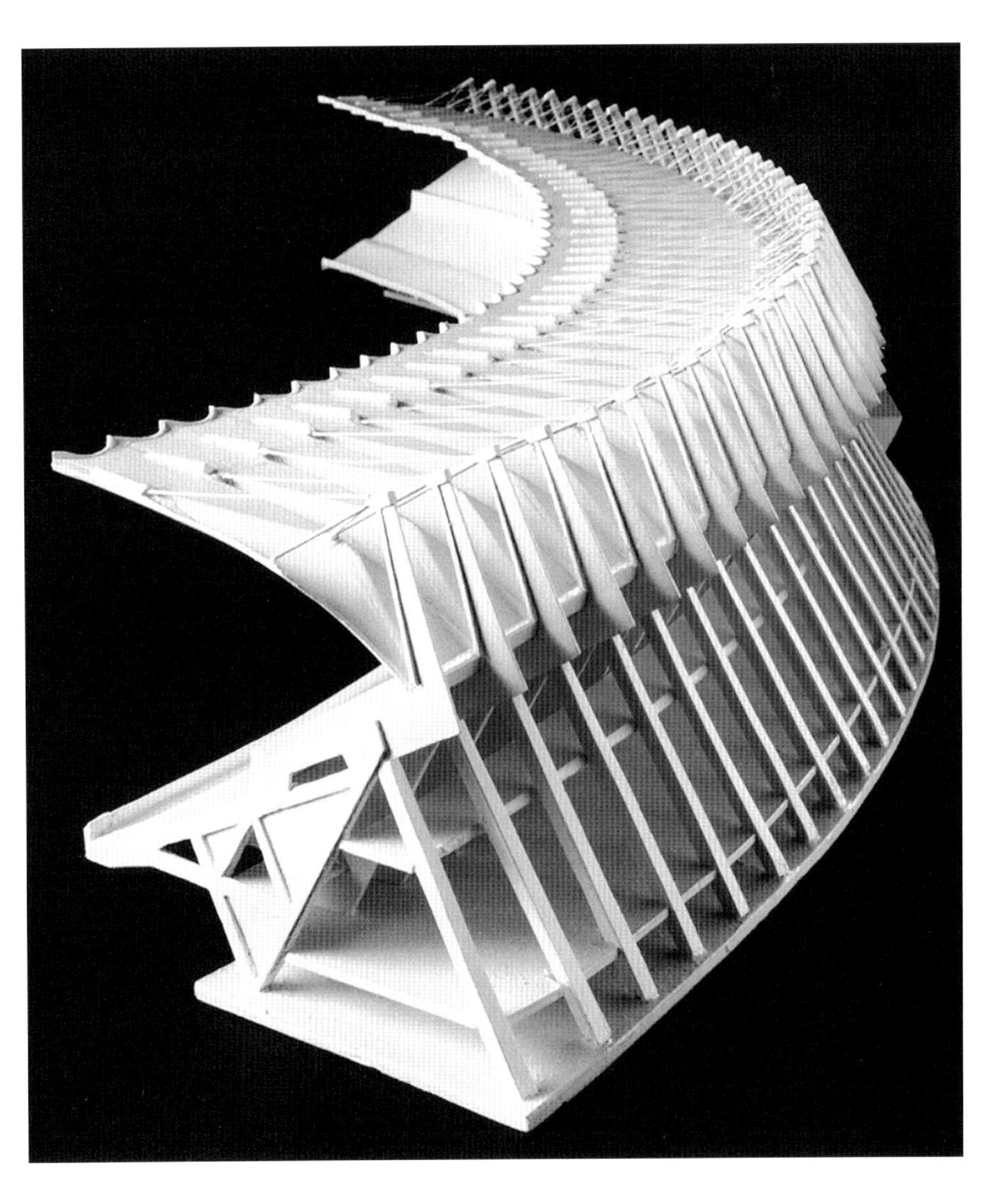

290
Hier ist der T-förmige Querschnitt der vorgespannten massiven Kragträger, deren Spitzen die Spannglieder und Druckabstützungen des Tribünendachs tragen, erkennbar.

Bei der Suche nach dem optimalen konstruktiven Konzept zur Lösung einer Bauaufgabe sind Überlegungen über die Art dessen bautechnischer Realisierung ebenso wichtig wie die Gesichtspunkte des Verhaltens der Konstruktion im endgültigen Gebrauchszustand. Die zeitliche und örtliche Abfolge des Bau*prozesses* ist oft für die Kosten und letztlich auch die formale Gestaltung des Tragwerks entscheidend.

Während die Zeit an der Naturgesetzlichkeit der Baustatik nichts ändert, ist die Material- und Bautechnik einem steten Wandel unterworfen, den es zur Umsetzung in konstruktive Konzepte immer wieder von neuem zu verstehen gilt. Der Schlüssel zu jeder Bauinnovation liegt alleine in der geschickten Kombination dieser drei Aspekte. Es ist daher kein Zufall, dass viele der als grosse Baugestalter geltenden Ingenieure wie Eiffel, Nervi, Maillart oder Torroja auch Bauunternehmer waren.

Als Beispiel für den Einfluss der Bautechnik auf die konstruktive Gestaltung seien hier nur die Hebegeräte erwähnt, deren Leistungsfähigkeit und Verbreitung sich in den letzten 50 Jahren rund verhundertfacht hat. Sie waren zusammen mit der Entwicklung der Transporttechnik u.a. die Voraussetzung für die industrielle Vorfertigung von Betonelementen grösseren Ausmasses, wodurch auch deren Formgebungsmöglichkeiten neue Wege eröffnet wurden (vgl. auch Kap. 1.4, 1.7 und 1.9).

Im Folgenden sind zwei Anwendungsbeispiele der Vorfertigung von Stahlbetonelementen angeführt, die sich in ihrer Wesensart und Logistik der Durchführung stark unterscheiden.

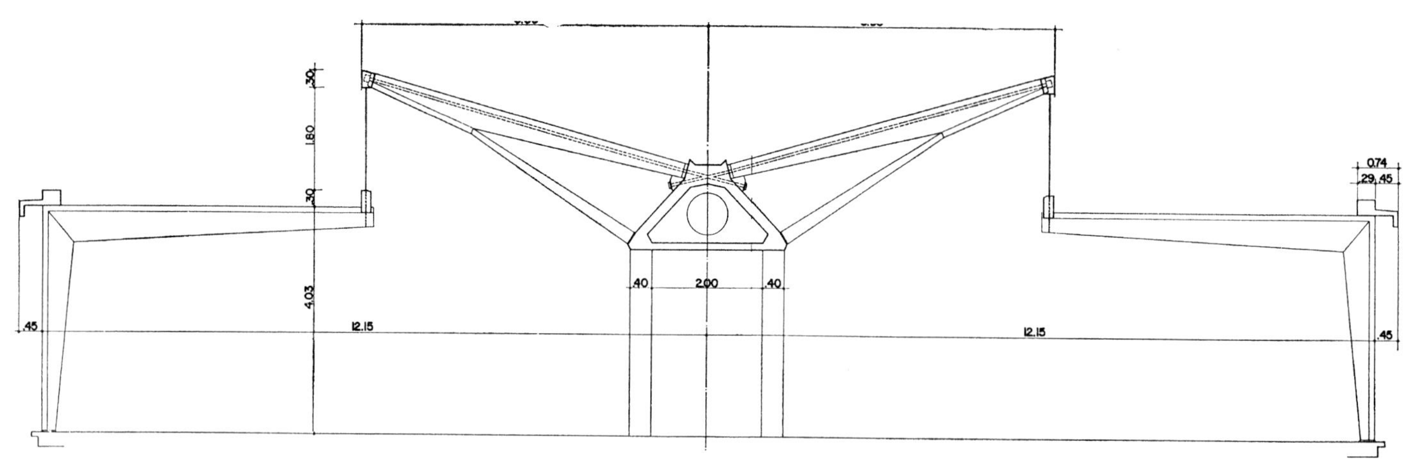

291 Querschnitt durch die Tragstruktur der in vorgefertigter Elementbauweise erstellten *Laboratoires des Usines Sécheron S.A.* in Gland bei Genf. Zu beachten ist die feingliedrige, (statisch-funktional) expressive Gestaltung der einzelnen vorfabrizierten Bauelemente.

2.5.1 Elementvorfertigung

Am Anfang stand der Wunsch der *Groupe d'Architectes Rohner-Kronauer,* die im lang gestreckten Laborgebäude beidseitig eines zentralen Längskorridors symmetrisch angeordneten Arbeitsräume durch ein zentrales shedartiges Fensterband auszuleuchten. Das ausgeführte Tragwerk realisiert diese Vorstellung durch ein konstruktives Konzept, nach dem der vom Oberlicht unterbrochene Dachbereich der Laborräume mit einem Stab- und Rahmenwerk aus Fertigelementen stützenfrei überspannt wird.

Über dem erwähnten Korridor verläuft ein Kastenträger in armiertem Ortsbeton mit gleichschenklig-dreieckigem Querschnitt. Er ist dank seiner grossen Biege- und Torsionssteifigkeit das statische Rückgrat der Gesamtkonstruktion und ist gleichzeitig Luftkanal für die Klimaanlage. Seine horizontale Basis ruht alle 10 bzw. 12 m auf Pfeilerpaaren, die in den seitlichen Fluchten des Gangs angeordnet sind und bildet so auch dessen Sichtplafond.

Aus dem First des Tägers spriessen alle 4.00 m vorgefertigte, bis zum oberen Rand der beiden Lichtbänder der Laborräume ausladende Kragträger, die sich ihrerseits über geneigte, V-förmige Böcke auf die beiden Unterkanten des Hohlkastens abstützen. Sie sind durch Vorspannung an Ort eingezogener gerader Spannkabel an den Kastenträger «angenagelt». An ihren Spitzen hängen über dünne Rundstähle die Träger des tiefer liegenden horizontalen Dachbereichs der Laborräume, die zusammen mit den Fassadenstützen winkelförmige monolithische Rahmenelemente bilden, die ihnen auch die notwendige Horizontalsteifigkeit verleihen. In Bau-Längsrichtung wirken die trianguliert angeordneten Hängestäbe gemeinsam mit den Betonelementen, die das Fensterband einrahmen, als stabilisierendes Verbundfachwerk.

Erwähnenswert mag noch sein, dass die sich im First überkreuzende Vorspannung der Dachträger eine doppelte Funktion übernimmt: sie wirkt als deren zugfestes Auflager und überdrückt durch entsprechende Formgebung der Träger auch die dort auftretenden Biegezugspannungen.

292 Ansicht der zur Längsversteifung der Dachkonstruktion tranguliert angeordneten Aufhängungen des horizontalen Deckenbereichs der Laborräume.

294 Abstützungen der Kragträger auf dem Torsionsträger.
Unter den oberen Auflagerpunkten sind die Spannköpfe der spiegelsymmetrischen Träger sichtbar.

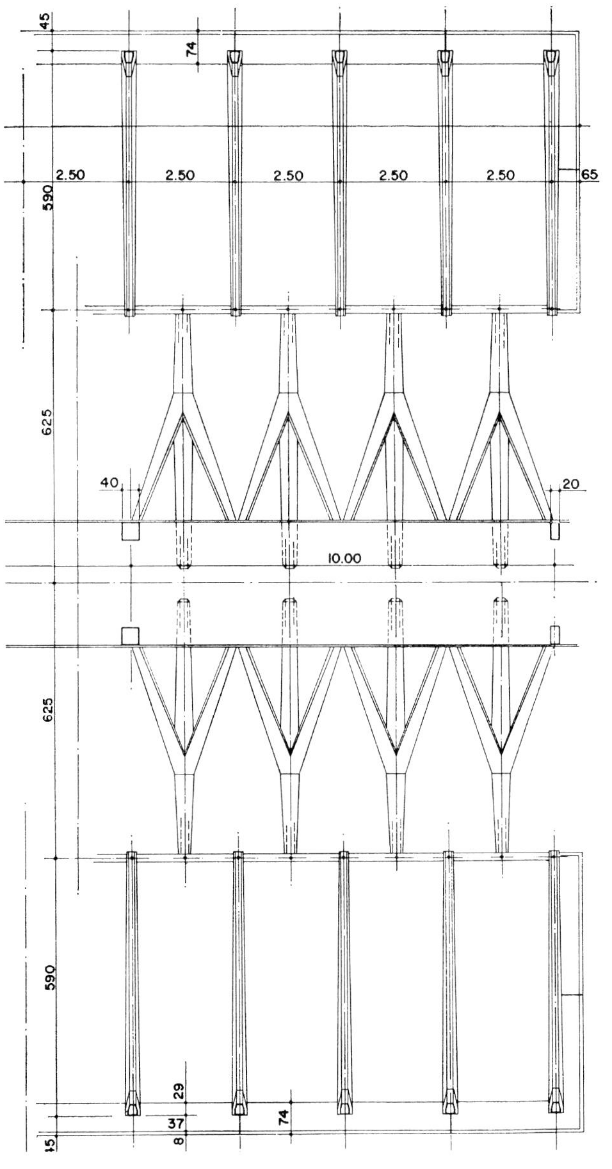

293
Grundriss der Dachkonstruktion.

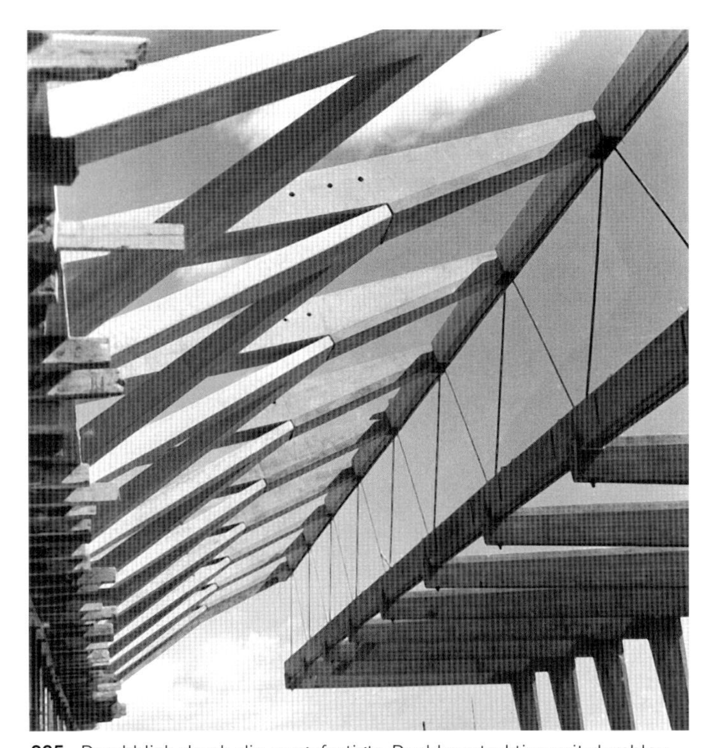

295 Durchblick durch die vorgefertigte Dachkonstruktion mit durchlaufendem Fensterband über den Laboratoriumsräumen.

296 Aussenansicht des Laborgebäudes im Rohbau.

297 Innenansicht des zentral vom Torsionsträger auskragenden Traggerippes mit den an seinen Spitzen aufgehängten flachen Labordecken.

2.5.2 Schalungsvorfertigung

Architekt *Leonhard Safier* wurde von der Benzin-Vertriebsgesellschaft EUROGAS beauftragt, ein modulares Bausystem für eine noch unbekannte Anzahl von Automobil-Service-Stationen zu entwickeln, in dem sich je nach örtlichen Bedürfnissen auch weitere Dienstleistungseinrichtungen wie Läden, Cafés, Bankkassen etc. unterbringen lassen. Seine eingehenden Studien über die optimale Raumnutzung, in die er vor allem fahrgeometrische Überlegungen über die Bewegungsabläufe der Besucherfahrzeuge einbezog, führten ihn zur Wahl eines sich unter 60° überschneidenden Grundrissrasters aus gleichseitigen Dreiecken.

Dem Ingenieur stellte sich die Aufgabe, eine wirtschaftliche, auf diesem Raster basierende Dachkonstruktion zu finden, die sich problemlos an die stark variierenden Grundrisse der jeweiligen Ausführungsprojekte anpassen liess und den Service-Stationen auch ein gemeinsames, einprägsames und attraktives architektonisches Gesicht verlieh. So entstand ein ideeles Baukastensystem aus diagonal aneinander gereihten hexagonalen Zellen mit dreieckigen Zwischenzwickeln, die als Dachergänzung eingefügt oder auch weggelassen werden konnten.

Die Modularität der Bauaufgabe liess natürlich sofort an die Vorfabrikation der Dachelemente denken. Gegen eine *industrielle* Vorfertigung sprach jedoch die – aufgrund der zeitlich und räumlich weit auseinander liegenden Realisierungen – begrenzte Anzahl der benötigten Elemente. Der Bauherr konnte daher davon überzeugt werden, die teuren, aber oft wieder verwendbaren Giessformen für die Betonelemente in eigener Regie herzustellen, einzulagern und sie an den jeweils beauftragten Unternehmer auszuleihen. Auf diese Weise waren auch der formalen Gestaltungsfreiheit der Tragkonstruktion keine wirtschaftlichen oder bautechnischen Grenzen mehr gesetzt. Die einzelnen Schalungselemente (für je ein Pilzsegment) wurden daher als starre, leicht transportier- und montierbare Kastenkonstruktionen mit glasfaserarmierter Polyester-Oberfläche ausgebildet. Jeder Dorfbaumeister konnte damit unter entsprechender Anleitung das delikate Tragwerk problemlos herstellen.

Als Tragelement zur Überdachung der sich identisch wiederholenden Sechseckzellen wurde eine von intuitiven statischen Überlegungen geleitete, ansonsten völlig frei geformte, äusserst materialsparende pilzförmige Betonmembrane entwickelt. Wie in Abb. 297 dargestellt, entsteht die untere Sichtfläche ihrer sechs Dreieckssegmente durch Rotation einer Ellipse um die Symmetrieachse zweier benachbarter Pilze. Ihre Oberfläche ist hingegen im zentralen Bereich durch einen (radial ebenfalls elliptischen) Rotationskörper um die Achse des Hexagons selbst bestimmt und passt sich gegen den Rand hin der Form der Unterseite an. Definiert durch diese beiden Aussenflächen wird der Pilz zu einem zwischen 5 cm und (in den Diagonalen) 12 cm Stärke variierenden Schalengebilde.

Die einzelnen Pilze stützen sich einzig an ihren durch Armierung verstärkten Spitzen über einen kleinen, ebenfalls vorgefertigten sechsflächigen *Verbindungskörper* von 16 cm Durchmesser gegenseitig ab. Die Körper dienen auch der optischen

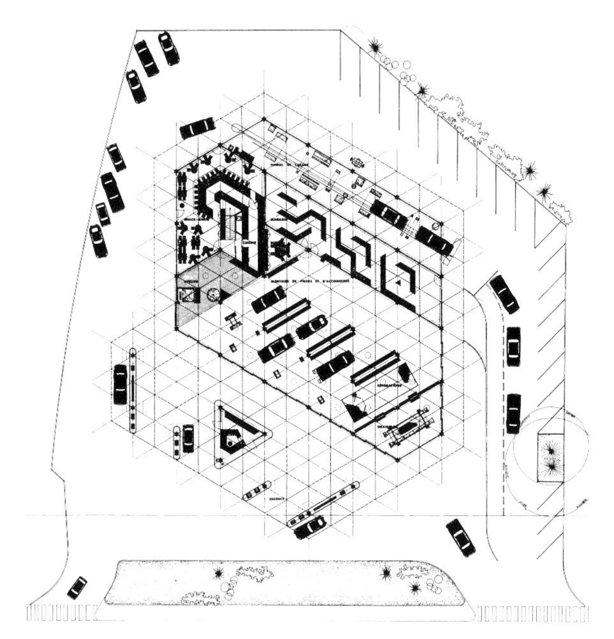

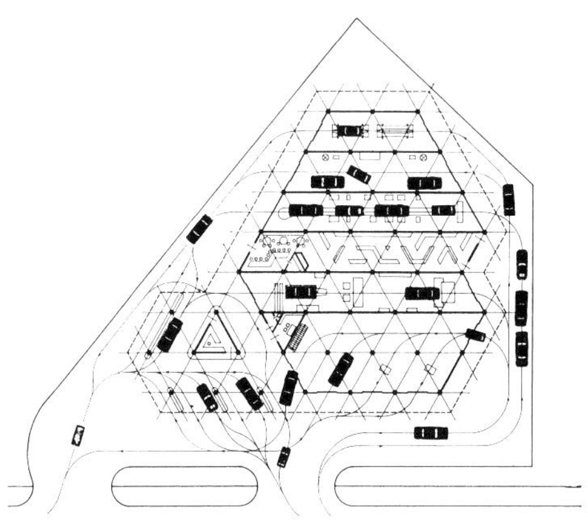

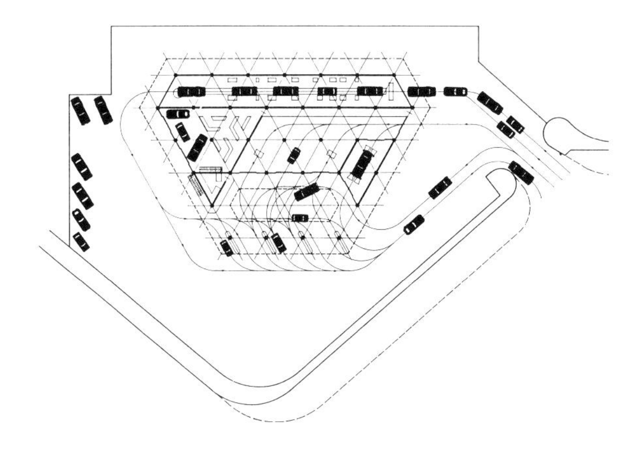

298 Beispiele einiger ausgeführter EUROGAS-Servicestationen:
Oben: Centre Acacias in Genf (1966)
Mitte: Zentrum in Brüssel (1969)
Unten: Einkaufszentrum Schönbühl in Luzern (1968)

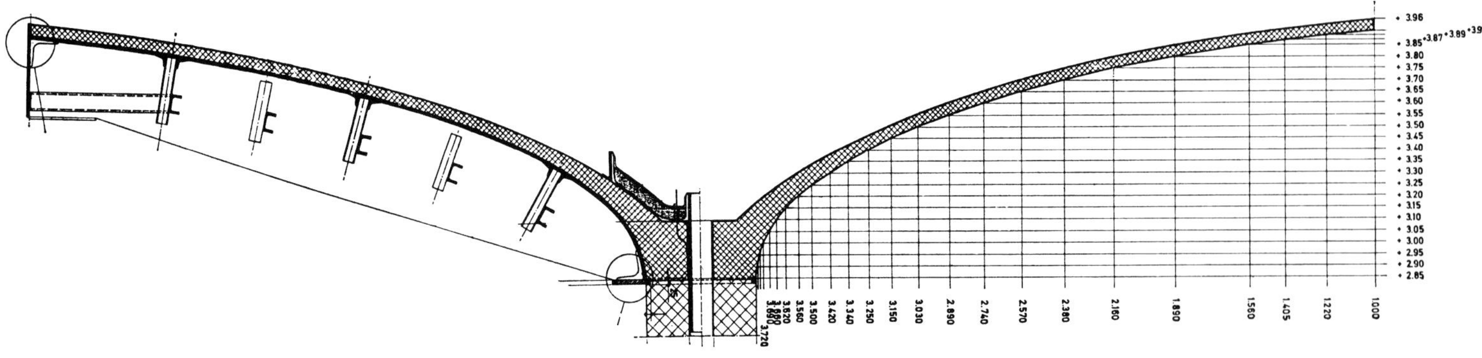

299 Querschnitt durch ein Pilzelement. – *Links* ein Schnitt durch die Tragkonstruktion des Schalungskörpers mit seiner GFK-Kunststoffoberfläche. *Rechts* die Schnittkoordinaten der ellipsoiden Oberfläche. In der Mitte links ist der als zentrale Konter-Schalung dienende Rotationskörper sichtbar.

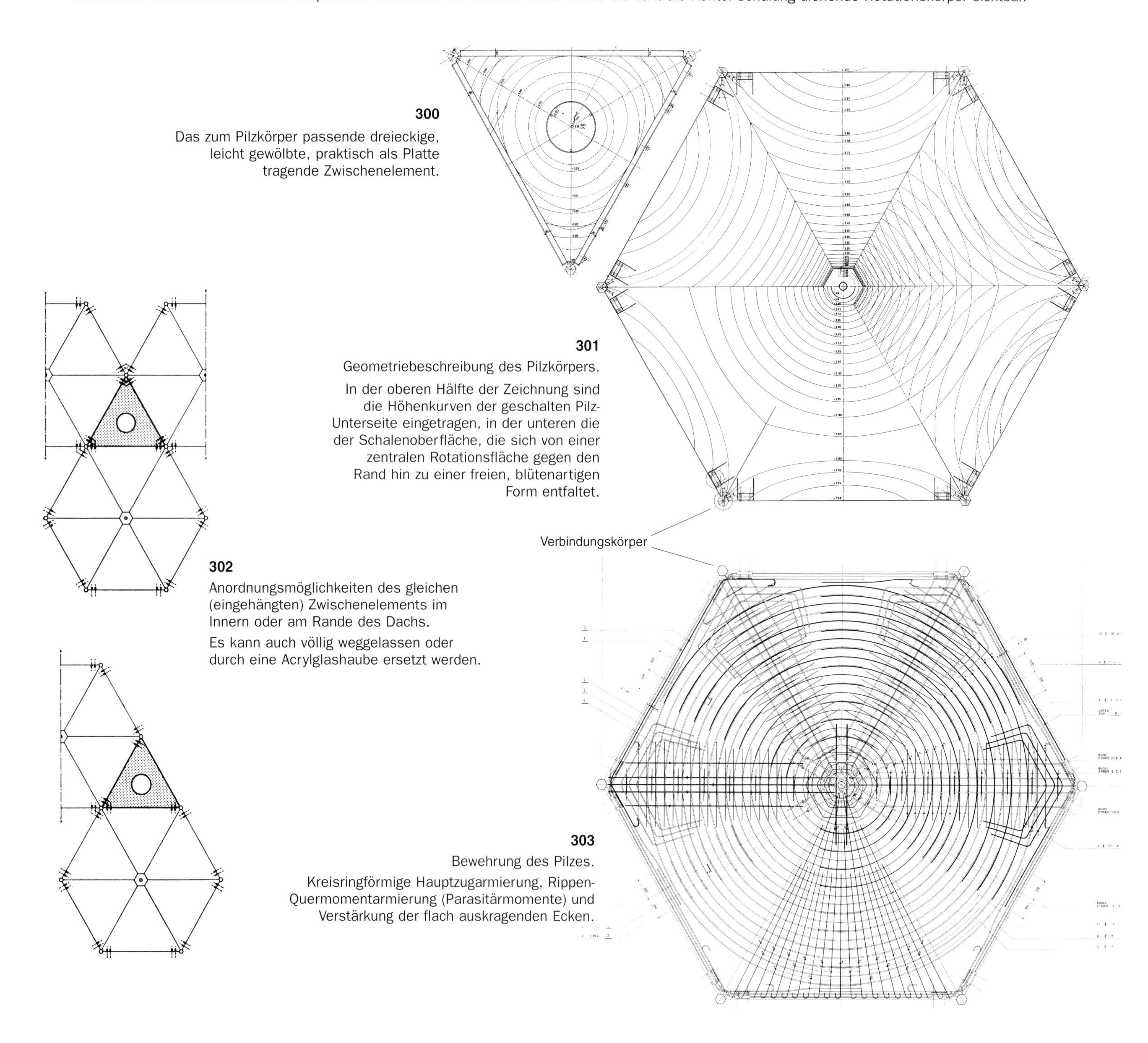

300
Das zum Pilzkörper passende dreieckige, leicht gewölbte, praktisch als Platte tragende Zwischenelement.

301
Geometriebeschreibung des Pilzkörpers.

In der oberen Hälfte der Zeichnung sind die Höhenkurven der geschalten Pilz-Unterseite eingetragen, in der unteren die der Schalenoberfläche, die sich von einer zentralen Rotationsfläche gegen den Rand hin zu einer freien, blütenartigen Form entfaltet.

302
Anordnungsmöglichkeiten des gleichen (eingehängten) Zwischenelements im Innern oder am Rande des Dachs.

Es kann auch völlig weggelassen oder durch eine Acrylglashaube ersetzt werden.

303
Bewehrung des Pilzes.

Kreisringförmige Hauptzugarmierung, Rippen-Quermomentarmierung (Parasitärmomente) und Verstärkung der flach auskragenden Ecken.

Überbrückung der abweichenden Fertigungstoleranzen der benachbarten Elemente. Im Übrigen genügt, wie in Abb. 303 sichtbar, entsprechend der sich räumlich nach oben entfaltende Formgebung der Pilze im Wesentlichen eine einfache Ringarmierung, um ihre nicht unbedeutende Ausladung tragfähig zu machen.

Das genaue Tragverhalten dieses frei geformten Schalengebildes, insbesondere seine örtliche Biegebeanspruchung in ihrem flacheren Randbereich, wurde im Laboratorium auch an einem exakt nachgebildeten, in einer Gipsform in Epoxydharz gegossenen Modell im Massstab 1:10 untersucht (s. Abb. 306).

Die Versuchsergebnisse kamen dann später im Rahmen der Zusammenarbeit mit der Digital AG zur Verifizierung der sich dort (1968) in Entwicklung befindlichen STRIP-Finite-Element-Programme für Schalentragwerke wieder zur Anwendung. Der aufschlussreiche Vergleich der Ergebnisse des analogen Modellversuchs mit dem denen einer Finite-Element-Berechnung ist in Kapitel 3.1 angeführt.

304

Schalung einer Pilzeinheit.

Blick auf die Polyester-Oberfläche und die präzise, leicht nach oben gekrümmte Randabschalung aus Stahlblech.

Im Vordergrund ist auch ein eingebauter hexagonaler Verbindungskörper erkennbar.

305

Bewehrte, zum Betonieren bereite Pilzeinheit.

Der ebene Stahlring markiert die oberste kreisförmige Höhenlinie der Betonoberfäche.

Im Zentrum ist noch die zapfenartige Konter-Schalung erkennbar.

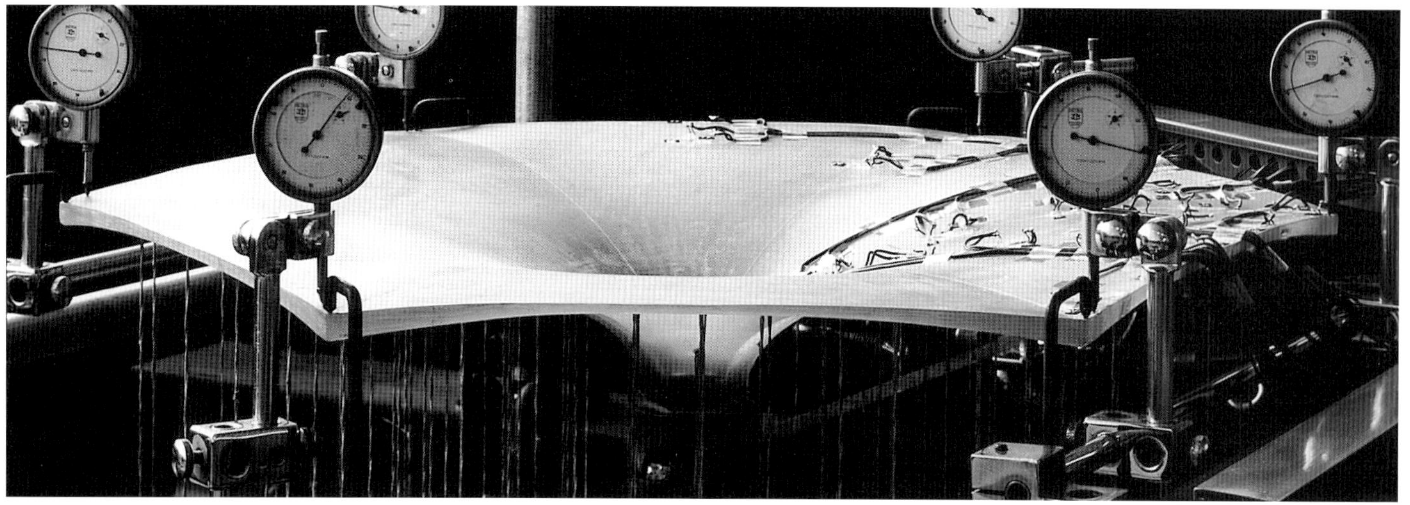

306 Das aus durchscheinendem Epoxydharz gegossene Versuchsmodell der Pilzkonstruktion im Laboratorium (vgl. Modellversuch Kap. 3.1). Zu beachten ist die exakt nachgebildete Stärkevariation der Membrane zwischen 5 cm im Feld und 12 cm an der Spitze des Pilzes.

307
Die Gewölbehalle als Luxusrestaurant mit den Aufhängungsstellen der Beleuchtungskörper in den Berührungsfugen der Pilzelemente.

308
Die Gewölbehalle als Werkstatt und Lager.

309 Nachtaufnahme der Service-Station EUROGAS in Genf. – Das Bauwerk steht momentan in Erwartung des Genfer Denkmalschutzes unter Abrissverbot.

310
Ansicht des Tankstellenbereichs von Acacias.
Man beachte die (auch dekorativen) Verbindungskörper am Dachrand und das Zustandekommen eines «Innenhofs» durch Weglassen eines Pilzes.

311
Die Pilzgewölbe bei künstlicher Beleuchtung.

Als Experiment für die polyvalente Verwendbarkeit kinematischer Strukturen kann der seinerzeit ausführungsreif durchdachte Projektvorschlag für den Schweizer Pavillion zur Weltausstellung Expo '92 in Sevilla gelten.

Durch konsequente Nutzung der hohen Strahlungsenergie der andalusischen Sonne sowie die Einbeziehung überlieferter Weisheit des Gastlandes in baulicher Klimatechnik – die Steuerung des täglichen Wärmehaushalts durch zweckmässige Betätigung der Sonnensegel im Innenhof, dem «patio» – sollte moderne Solartechnik ein optimales Klima für die Ausstellungsbesucher schaffen. Ein ringförmiger Baukörper zur Unterbringung der thematischen Schau umfasst daher einen 40 m breiten Innenhof, der von einer mobilen, mit Solarzellen bestückten Struktur überdacht ist. Diese liefert die Energie zur Kühlung der Ausstellungsräume und dient als Sonnen- und Regenschutz für das darunter liegende Restaurant.

Die Gestalt des kinematischen Dachgebildes aus Aluminium-Leichtkonstruktion ist über computergesteuerte Hydraulik in weiten Grenzen wandelbar. Die Neigungen der zwölf durch scharnierartig faltbare Kunststoffhäute miteinander verbundenen und aus dem gemeinsamen Drehgestell ausstrahlenden «Finger» des Dachgebildes lassen sich individuell so steuern, dass ihre Bewegungsabläufe je nach Tageszeit und Wetter – oder auch einfach Lust und Laune – ganz unterschiedliche Funktionen erfüllen:

- Tagsüber wirkt das mobile Dach als Maschine zur Gewinnung von Sonnenenergie. Es dient der exakt nach dem Sonnenstand programmierten räumlichen Orientierung der darauf montierten Solarpaneele und symbolisiert damit inhärent auch die Schweizer Spitzentechnologie in der Zeitmessung.
- Durch seine Ausrichtung spendet das Dach dem offenen Restaurant immer Schatten und schafft zusammen mit der seitlich aus dem Unterbau ausströmenden, leicht unterkühlten Abluft ein optimales Open-Air-Klima. Zudem kann es bei grosser Hitze die Besucher über fächelnde Bewegungen durch beliebig dosierbare Lüftchen erfrischen.
- Bei schlechtem Wetter spannt sich das Dach, ausgelöst duch Feuchtigkeitssensoren, automatisch als horizontaler Regenschirm über den Innenhof.
- Nachts, wenn die Ausstellungspavillons für das Publikum geschlossen sind, kann das Computer gesteuerte, programmierbar beleuchtet und angestrahlte Dachgebilde zur weit sichtbaren Show werden. – Zu bestimmten Zeiten hätte der Pavillon seine Beweglichkeit unter Beweis stellen und in bunter Farbenpracht die fantasievollsten Bilder an den Nachthimmel malen sollen.
- Im Ruhezustand lagern die Dachspitzen auf dem Rand des ringförmigen Unterbaus, aus dem sich Fensterflächen in die offenenen Zwickel des Faltdachs schieben: Der Pavillon wird zum gewöhnlichen, geschlossenen Mehrzweckbau.

Zur technischen Entwicklung des Vorhabens war der Bau eines wirklichkeitsgetreuen, ca. 2 m grossen kinematischen Modells vorgesehen, dessen Steuerlogik mit der des Prototyps vollkommen identisch sein sollte. Wie ein lernfähiger Roboter sollte die

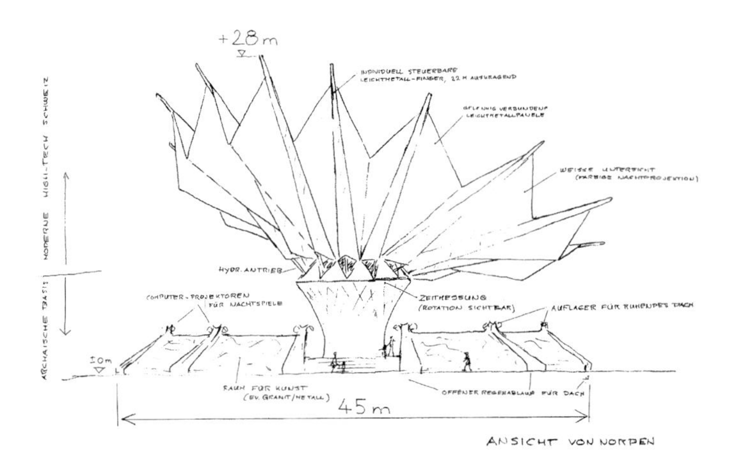

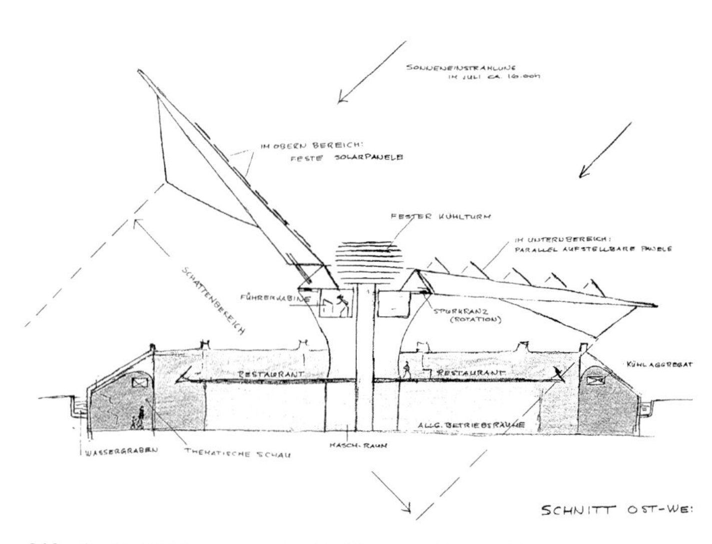

312 *Oben:* Ansichtsskizze des Pavillon-Projekts von Norden.
Unten: Querschnitt durch die Dachkonstruktion mit den Sonnenpaneelen und dem zentralen Kühlturm und den Ausstellungsring.

Dachkonstruktion in der Lage sein, einmal manuell durchlaufene Bewegungen speichern und wieder reproduzieren zu können.

Diese Eigenschaft hätte das Modell dann auch zur Jugendattraktion des Schweizer Pavillions machen sollen: Die jungen Besucher sollten, entsprechend angeleitet, im Sinne eines Wettbewerbs das dort ausgestellte Modell nach eigener Bewegungsfantasie selbst programmieren dürfen. Als Prämie war geplant, die vom Tagesgewinner ersonnenen Kapriolen der Dachstruktur der Öffentlichkeit im Rahmen des nächtlichen Auftritts des Schweizer Pavillons realiter vorzuführen.

Nach der Ausstellung sollte der Pavillon entweder als permante, wirtschaftlich selbsttragende Attraktion mit Restaurant der Stadt Sevilla vermacht werden oder, an exponierter Stelle der spanischen Küste wieder aufgebaut, weiterleben.

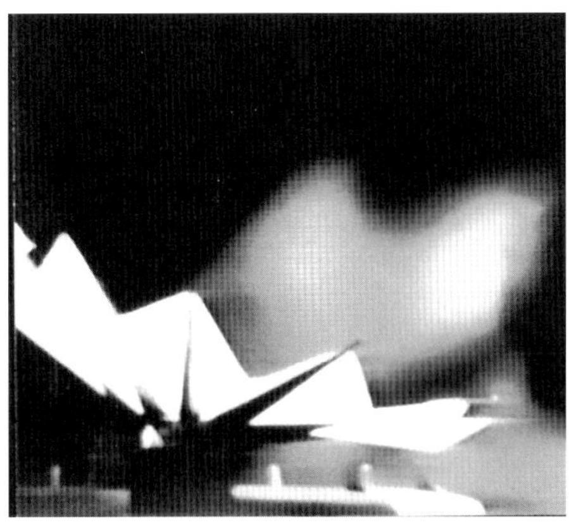

313 Obere Bildreihe: Aufsicht auf das langsam rotierende, sich gegen die Sonne ausrichtende Dach mit den Solar-Paneelen.
Mittlere Bildreihe: Die Dachstruktur erhebt sich abends von ihren Lagern und faltet sich zu einer Blume.
Untere Bildreihe: Nachts verwandelt sich das Gebilde in ein tanzendes Kunstwerk aus Licht und Bewegung.

Seldwyla in Sevilla – das Schicksal des Projekts

Persönlich-politische Rangeleien auf höchster Bundesebene brachten das Projekt schliesslich zu Fall. Trotz begeisterter Zustimmung einzelner Bundesräte entschied sich die Regierung stattdessen in selbstgefälligem Sarkasmus, der Welt die Zukunftsvision des Landes als papierenen Turm unter dem offiziellen Motto «Suiza no existe» zu präsentieren...

II. Entwurfswerkzeuge

3

Vom physischen Modellversuch zur Hybridstatik

Um den Entfaltungsraum für Konstruktionsideen über seine konventionelle Begrenzung auf das rein rechnerisch Überprüfbare hinaus auszuweiten, wurde dem Ingenieurbüro 1957 ein Laboratorium für experimentelle Statik angegliedert, das bald auch eine eigenständige Dynamik entwickelte.

Der Aufbau dieses Instituts fiel in die Zeit der stürmischen Entwicklung der Computertechnologien und der Entdeckung des verheissungsvollen Instruments «Software». Das Kapitel berichtet, wie diese Techniken in experimentelle Mittel für den Bauentwurf umgesetzt wurden.

Die Entwicklungen gipfelten in der «Hybridstatik», einem neuartigen Versuchs- und Berechnungssystem für den Baustatiker, das die Vorteile der Versuchstechnik mit den Steuer- und Rechenfähigkeiten des Computers zur optimalen Symbiose vereinigte.

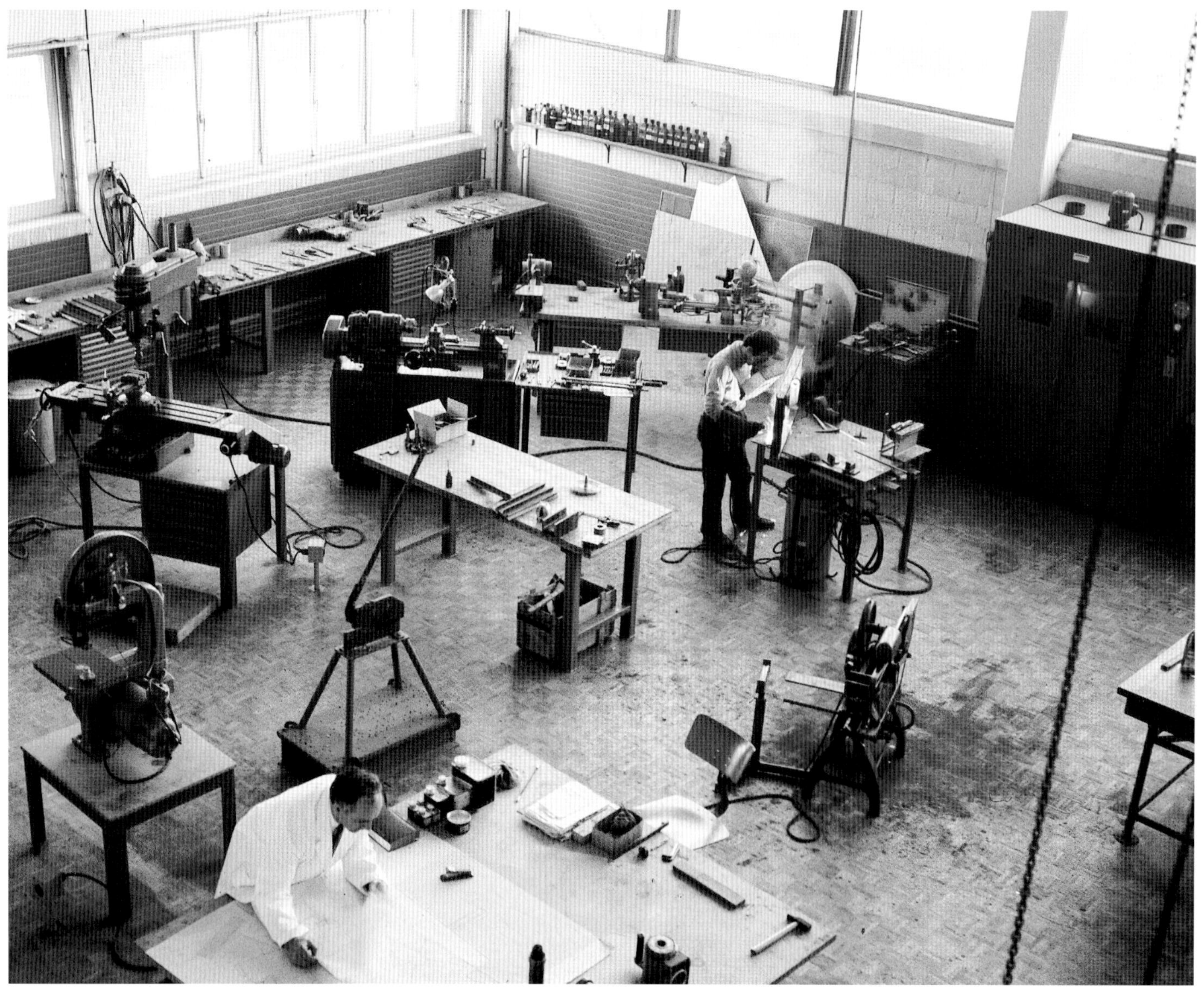

314 Der unmittelbare Kontakt des Ingenieurs mit der stofflichen Wirklichkeit: Stimmungsbild der kleinen Universalwerkstatt des Versuchslabors.

315
Léon Beuret, der langjährige Werkstattchef (rechts im Bild), bei der Arbeitsbesprechung an der 3D-Fräsmaschine.

Die Motivation zum Aufbau eines privaten Versuchslaboratoriums war der intensive Wunsch, der statischen Berechnung – dem üblichen Arbeitsinstrument des Bauingenieurs – das physikalische Experiment als ebenso leicht griffbereites Werkzeug zur Seite zu stellen. *Diese Ergänzung versprach vor allem eine signifikante Erweiterung der Gestaltungsfreiheit beim Bauentwurf.*

Dieser Beweggrund allein hätte aber kaum ausgereicht, um als kleines Ingenieurbüro das technologisch und wirtschaftlich unabsehbare Abenteuer zu wagen, in Konkurrenz mit öffentlich subventionierten Institutionen die bestehenden Versuchsverfahren von ihrer sprichwörtlichen Schwerfälligkeit befreien zu wollen, wenn nicht schon der *Weg und die notwendigen Einrichtungen zur Verfolgung dieses Ziels* einem generelleren Anliegen entgegen gekommen wären: Die hautnahe Beschäftigung mit fachbereichsübergreifenden Technologien und die Verfügbarkeit über eine leistungsfähige Werkstatt zur unverzüglichen praktischen Umsetzung von konstruktiven Ideen beliebiger Art.

Beide, das Experiment und die Werkstatt, sind unerschöpfliche Fundgruben der Wahrnehmungserfahrung mit stofflichen Phänomenen und damit u.a. auch fruchtbarer Nährboden zur Förderung der intuitiven Formgestaltungsfähigkeit.

Die Bedeutung des Experiments

Das Experiment ist, weit über die visuelle Beobachtung hinaus, die letztlich zuständige Quelle unseres Wissens über das Sein und die Verhaltensweisen der physischen Welt. Es vermittelt dem Menschen ein mit *all seinen Sinnen* nachvollziehbares Verständnis der stofflichen Umwelt. Dies weiss schon das Kleinkind, wenn es – zum Leidwesen oder zur verständigen Freude der Mutter – aus Neugier alles ausprobiert, was ihm in die Finger gerät. So beruhen auch sämtliche Hypothesen der Denkmodelle der *exakten* Naturwissenschaften, die bestrebt sind, die Zusammenhänge der Naturerscheinungen in mathematisch formulierte kausal-logische Naturgesetze einzufangen, auf experimentell erworbenem Erfahrungswissen. Dies gilt bis hin zu so abstrakten Theorien wie die der Relativität von Albert Einstein.

Technische Erzeugnisse sind ebenfalls Teile der Natur und unterliegen daher den Gesetzen der exakten Naturwissenschaften. Trotzdem wird es dem Wesen der Ingenieurwissenschaften nicht gerecht, sie, die sich spezifisch um die analytische Beschreibbarkeit der Eigenschaften und des Verhaltens von Gebrauchsobjekten bemühen, als angewandte Naturwissenschaften anzusehen.

Naturwissenschaften vs. Ingenieurwissenschaften

Die zwei Wissenschaftsarten unterscheiden sich grundlegend in ihrer Zielsetzung: Während es den exakten Naturwissenschaften um die Erweiterung und Vertiefung des allgemeinen Natur*verständnisses* als solches geht, richtet sich das Interesse der Ingenieurwissenschaften auf die möglichst unverzügliche Erlangung *ausreichender* theoretischer Kriterien zur Beurteilung der *Machbarkeit* aktueller technischer Vorhaben.

Diese Fokussierung auf die Realisierbarkeit von Nutzerzeugnissen konfrontiert die Ingenieurwissenschaften mit einer den Naturwissenschaften völlig wesensfremden und im Prinzip, da inhärent subjektiv gefärbt, unlösbaren Problemstellung: der Frage nach der *Gebrauchssicherheit* ihrer Schöpfungen. Deren Beantwortung ist letztlich eine *Ermessensfrage*.

Es liegt auch in der Natur technischer Innovationen, dass die Theorien zur wissenschaftlichen Erfassung ihrer neuartigen physikalischen Problematik erst «post festum» entstehen. – Weit gespannte Kuppeln wurden gebaut, ohne sie statisch berechnen zu können; Dampflokomotiven fuhren, bevor ihre Funktionsweise thermodynamisch verstanden wurde; Flugzeuge flogen, Dezennien bevor es eine Tragflügeltheorie gab. Müsste der Ingenieur vor der Realisierung seiner Einfälle deren theoretische Berechenbarkeit abwarten, gäbe es keinen technischen Fortschritt. Der wissenschaftliche Erklärungsbedarf eines technischen Konzepts entsteht im Gegenteil erst durch dessen erwiesene Nützlichkeit und nicht zuletzt durch das Interesse der Menschen an der Minimierung seiner potenziellen Anwendungsgefahren.

Ingenieur-Theorien und das Experiment

Ingenieurwissenschaftliche Theorien sind mathematische Formulierungen von *Modellvorstellungen* über die möglichen Verhaltensweisen einer Klasse verwandter technischer Objekte unter der Einwirkung der dort kausal auftretenden physikalischen Grössen. Ihr Zweck ist es, die Verhaltenseigenschaften eines spezifischen Exemplars dieser Klasse während seiner vorgesehenen Nutzung *quantitativ* vorausberechnen zu können.

Der Inhalt solcher Theorien gruppiert sich qualitativ immer um eine exakt-naturwissenschaftliche, analytische Kernbeziehung zwischen den beteiligten Wirkgrössen. Diese wird durch problemspezifische, meist *formabhängige empirische Wirkgrössenbeziehungen* ergänzt, deren quantitative Werte durch experimentell zu bestimmende *Koeffizienten* charakterisiert sind. Ausserdem werden meistens auch Vereinfachungen an der geometrischen Beschreibung der Objekte vorgenommen, entweder um die Theorie als gebrauchsfertige Formel darstellen oder – wie dies bei ihrer Darstellung in Form von Differentialgleichungen oft der Fall ist – überhaupt berechnen zu können. Ingenieurmässige Berechnungsverfahren beruhen also immer auf *Näherungstheorien*, deren Grad an Übereinstimmung mit der Wirklichkeit nur beurteilen kann, wer deren Hypothesen kennt und die nötige Erfahrung besitzt, um diese zu bewerten.

Auch der Anwendungsbereich, innerhalb dessen solche Theorien *überhaupt* einen Sinn machen, ist meist auf einen Ausschnitt aus dem möglichen Aktionsspektrum der betrachteten Wirkgrössen beschränkt. Um die Beschreibung der Verhaltensweise des technischen Objekts über seinen gesamten Nutzungsbereich abzudecken, bedarf es dann oft mehrer – unter sich inkompatibler – Theorien. Man denke beispielsweise nur an die grundlegende Diskrepanz zwischen der Überschall- und Unterschall-Aerodynamik.

Der quantitative Aussagewert der Ingenieurtheorien hängt nach dem oben Gesagten auf zwei unterschiedlichen Ebenen völlig vom Experiment ab: Einerseits von den Versuchsreihen, die Grundlage zur Aufstellung der theorieeigenen empirischen Wirkgrössenbeziehungen waren, und anderseits von der experimentellen Bestimmung der Koeffizientenwerte, die im konkreten Anwendungfall der Theorie auftreten.

Die Theorien der Statik und Festigkeitslehre
Die einzige Naturgesetzlichkeit, der sämtliche Theorien der Statik und Festigkeitslehre unentrinnbar unterworfen sind, ist die Lehre vom Gleichgewicht. Da die Naturwissenschaft aber weit davon entfernt ist, auch die uferlose Mannigfaltigkeit der Festigkeitseigenschaften von Baustoffen in umfassender Form gesetzmässig einzufangen, entstanden und entstehen immer neue ingenieurwissenschaftliche Theorien über das materialabhängige Verhalten von Tragkonstruktionen.

Die unangefochtene Königin unter den Festigkeitstheorien ist die Elastizitätstheorie. Sie beschreibt das Kraft-Verformungsverhalten der Stoffe als ideal-elastisches Kontinuum mit einem System von partiellen Differentialgleichungen. Diese repräsentieren eine Modellvorstellung, nach der sich in erster Approximation, zumindest in Teilbereichen ihrer Beanspruchbarkeit, sämtliche feste Körper verhalten. Spezielle Lösungen dieser Gleichungen vermitteln (teils unter vereinfachenden Annahmen) ein Bild der grundsätzlichen Verhaltensweisen unterschiedlichster Tragwerksformen. Das Studium der Elastizitätstheorie ist daher die Grundlage für jedes logische Verständnis und die Bildung intuitiven Einfühlungsvermögens für Festigkeitsprobleme.

Will man das Verhalten realer Baustoffe in ihrem gesamten Beanspruchbarkeitsbereich theoretisch erfassen, so ist man gezwungen, die Hypothese des linearen Spannungs/Dehnungs-Zusammenhangs – die für ihre mathematische Eleganz entscheidende Kernannahme der Elastizitätstheorie – zu verlassen. An ihre Stelle tritt ein Strauss schwerfälliger Plastizitätstheorien. Diese werden vor allem dann notwendig, wenn das Materialverhalten innerhalb einer Konstruktion zur Feststellung der *Tragsicherheit* über dessen normalen Nutzungsbereich (der sich vorwiegend im linearen Bereich bewegt) hinaus bis zum Bruch verfolgt werden soll.

Die ingenieurwissenschaftlichen Theorien dienen der professionellen Projektierung von Konstruktionen innerhalb der geläufigen Tragwerksklassen, *Triebfeder* des technischen Fortschritts sind sie aber nicht. Die zur Lösung eines neuartigen Problems erforderlichen Erkenntnisse liefert nur das Experiment.

Der Platz des Modellversuchs
Experimentelle Festigkeitsuntersuchungen dienen *entweder* der Feststellung der Widerstandsfähigkeit und der unter Belastung auftretenden Verformungen von *einzelnen* Bau- und Verbindungsteile *oder* sie ergründen das Verhalten einer statisch zusammenhängenden Gesamtkonstruktion mit all ihren Bestandteilen in ihrem *integralen* Zusammenwirken.

Im ersten Fall werden die Versuche üblicherweise an Probekörpern in wahrer Grösse durchgeführt. Die auf Qualität bedachte einschlägige Industrie und die weltweit tausende von Materialprüfungsstellen sind mit den dazu erforderlichen handelsüblichen Prüfmaschinen ausgerüstet. Die Gebrauchsbeanspruchung der so getesteten Bauteile innerhalb der in Frage stehenden Gesamtkonstruktion wird über die statische Berechnung ermittelt.

Im zweiten Fall bedarf die Bewertung der Versuchsergebnisse keinerlei theoretischer Vergleichswerte. Das Versuchsresultat ist als solches schon die ganze physikalische Wahrheit, deren Vorausberechnung im Gegenteil in der Regel die Leistungsfähigkeit jeder analytischen Methode hoffnungslos übersteigen würde. Versuche dieser integralen Art, die oft zur völligen Zerstörung des Versuchsobjekts führen – wie beispielsweise die bekannten Crash-Tests an Automobilen – werden bei industriellen Massengütern an einzelnen Prototypen vorgenommen.

Im Bauwesen ist die Voraussetzung zu Versuchen an Prototypen nur selten gegeben (ein Ausnahmefall ist in Kap 1.4, S. 38 beschrieben). Tragkonstruktionen sind ja meist einmalige Erzeugnisse von gewaltiger Dimension, die schon aus Kostengründen nicht zum Zweck der Überprüfung und Korrektur ihrer Konstruktionsweise ausprobiert werden können. Dies ist auch der Grund, weshalb beim Bauingenieur der analytischen Voruntersuchung, der «statischen Berechnung», ein vergleichsweise so überaus hoher Stellenwert zukommt.

Wenn aber der Innovationsgehalt eines Entwurfs den Rahmen des theoretisch zuverlässig Erfassbaren übersteigt, muss das Experiment *am Objektmodell im stark verkleinerten Massstab* in die Bresche springen. Da die Umrechnung der am Modell beobachteten und gemessenen Erscheinungen auf diejenigen des wirklichen Objekts nach Naturgesetzen der klassischen Mechanik erfolgt, ist die Modellsimulation bei Erfüllung (bzw. Erfüllbarkeit; vgl. dazu Kap. 2.3) der postulierten Ähnlichkeitbedingungen jeder theoretischen Berechnung an Wirklichkeitstreue weit überlegen.

Der Modellversuch – ein Entwurfswerkzeug?
Evidenterweise setzt die Herstellung eines Versuchsmodells, genau wie auch jede statische Berechnung, die Kenntnis der Geometrie des zu untersuchenden Objekts voraus. Aus dieser Sicht ist der Modellversuch ebensowenig ein Hilfsmittel zur Formfindung wie die Berechnung, sondern nur Mittel zur *Überprüfung* der Brauchbarkeit der beim Entwurf *angenommenen* Konstruktionsweise. Der kreative Prozess der Formfindung spielt sich nach wie vor einzig im Kopf des Entwerfenden ab (vgl. Kap. 2.1).

Dennoch kann der Modellversuch den Entwurfsprozess, wenn auch nicht unmittelbar als solcher, so doch oft *allein durch seine blosse Verfügbarkeit* entscheidend unterstützen. Er befreit den verantwortungsbewussten Ingenieur von der Sorge um die Grenzen der analytischen Verifizierbarkeit seiner guten Einfälle.

Da das Experiment letzte Instanz bei der Wahrheitsfindung über das Verhalten physischer Phänomene ist, dient es nicht nur zur objektiven Selbstüberprüfung intuitiver Entwurfsideen aller Art, sondern legitimiert bei Divergenz der Aussagen auch zur Ignorierung amtlicher Berechnungsnormen.

Das technologische und soziale Umfeld der Labortätigkeiten

Die Aktivitäten des Laboratoriums fielen in eine Zeitspanne umwälzender technologischer Entwicklungen (1950er bis 1970er Jahre).

Im Bauwesen betraf dies vor allem die Verfügbarkeit neuer und verbesserter Baustoffe, die Ausbreitung der Vorspanntechnik, das Vordringen der industriellen Fertigung gegenüber der

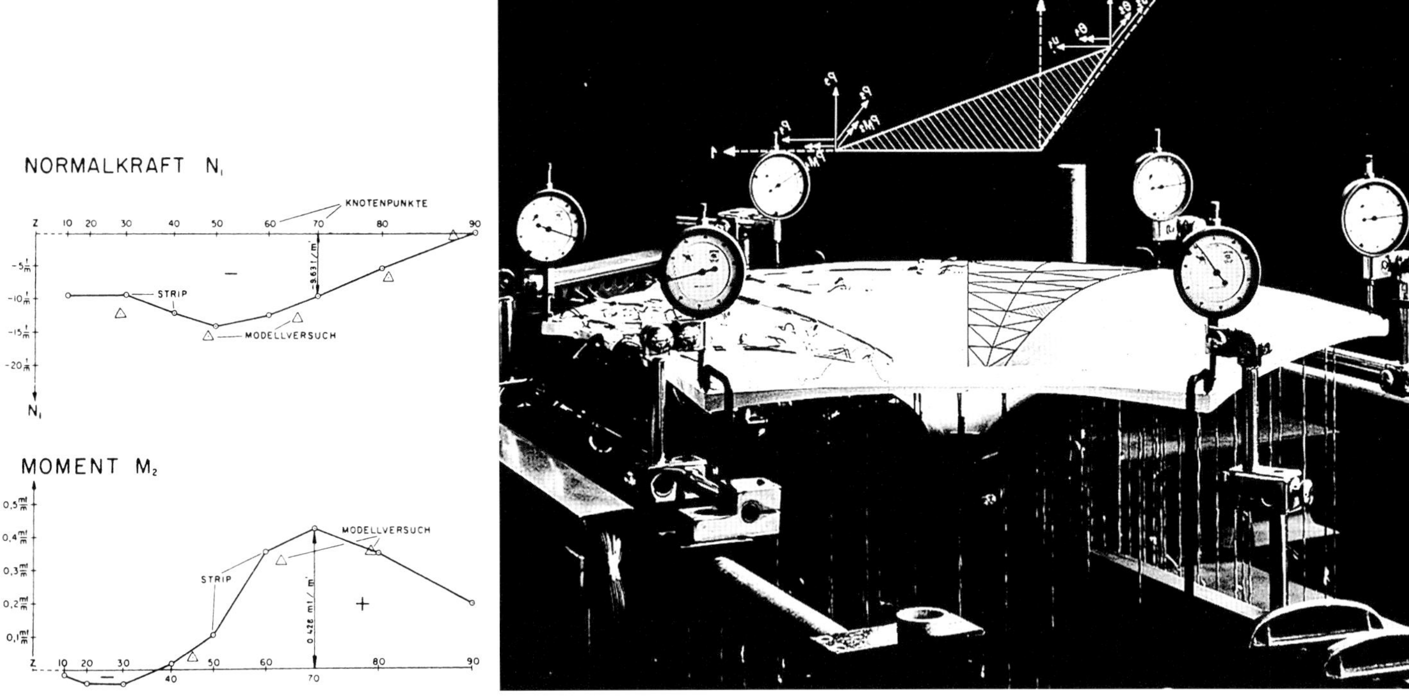

316 Modellstatische Überprüfung der Ergebnisse der Finite-Element-Berechnung mit dem STRIP-Programm einer frei geformten Schalenkonstruktion. Die Übereinstimmung der Messwerte mit den berechneten Werten ist zufriedenstellend. Die Abweichungen sind normal und lassen sich teils auf vereinfachende numerische Annahmen in der Theorie (Grösse der Elemente) teils auf Messungenauigkeiten zurückführen.
(Bei der untersuchten Konstruktion handelt es sich um die in Kap. 2.5.2 näher beschriebenen Dachpilze.)

Verarbeitung an der Baustelle und ganz allgemein die fortschreitende Ablösung der Handarbeit durch immer leistungsfähigere Baumaschinen. Dieser Wandel schlug sich natürlich in einem entsprechenden Anpassungsprozess der Bauentwürfe nieder, wie dies auch an den Konstruktionsbeispielen in diesem Buch verfolgbar ist.

Der Computer

Noch unmittelbarer als durch die Bautechnik selbst wurde die Arbeits- und Denkweise des Ingenieurs durch den Einbruch der Computertechnologie in alle Bereiche seiner angestammten Tätigkeiten beeinflusst. In Anbetracht der dominanten Bedeutung, die der statischen Berechnung bei den Bauingenieuren zukommt, stürzten sich diese mit euphorischem Eifer auf dessen ungeahnte Rechenkapazitäten und wurden bei der Entwicklung der Finite-Element-Methode führend – einem umwälzenden Computer-Berechnungsverfahren, das viele der bisher numerisch nicht auswertbaren Theorien der Festigkeitslehre der praktischen Anwendbarkeit zuführte und zur Erfindung neuer, vorher in ihrer Differenziertheit unpraktikabler Denkmodelle über das Materialverhalten, vorwiegend in Stahlbetonkonstruktionen Anlass gab.

Das Verfahren stand teilweise auch im Wettbewerb mit der im Labor entstehenden Hybridstatik (vgl. Kap. 3.5). Trotzdem erfolgte letztere in enger und gegenseitig inspirierender Tuchfühlung mit dem damaligen Schweizer Pionier-Unternehmen auf dem Gebiet der ingenieurmässigen Computeranwendung, der von Vermessungsingenieur Karl Weissmann gegründeten Digital AG., wo sich damals das FE-Programmsystem STRIP in Entwicklung befand (s. Abb. 316).

Im Übrigen wurden im Laboratorium, wie in den folgenden Kapiteln beschrieben, vor allem die Fähigkeiten des Computers als elektronisches Prozesssteuerungsgerät ausgeschöpft.

Die Aktivitäten des Laboratoriums fielen auch in die Zeitspanne einer akademischen Auseinandersetzung über den Stellenwert der klassischen Elastizitätstheorie gegenüber der sich zum «Traglastverfahren» emanzipierenden Plastizitätstheorie als verbindlichem Mittel zur Bemessung von Tragwerken. Die Kontroverse wurde an der ETH-Zürich – ein Schulbeispiel für die oben erwähnte subjektive Komponente der Ingenieurwissenschaften – mit dem Feuer eines Glaubenskriegs ausgefochten.

Tatsache ist, dass weder die eine noch die andere Theorie das wirkliche Verhalten eines Tragwerks – schon gar nicht unter allen denkbaren Belastungszuständen – wiederzugeben imstande ist. Diese in diesem Buch des Öfteren betonte Feststellung bedurfte bei erfahrenen Ingenieuren zu keiner Zeit einer Belehrung durch akademische Dispute. Die Wahl der zur zuverlässigen Beurteilung eines spezifischen statischen Problems geeigneten Theorie (bzw. Modellvorstellung) liegt und lag zu allen Zeiten im Ermessen des verantwortlichen Ingenieurs. Im Zweifelsfall gilt das Experiment.

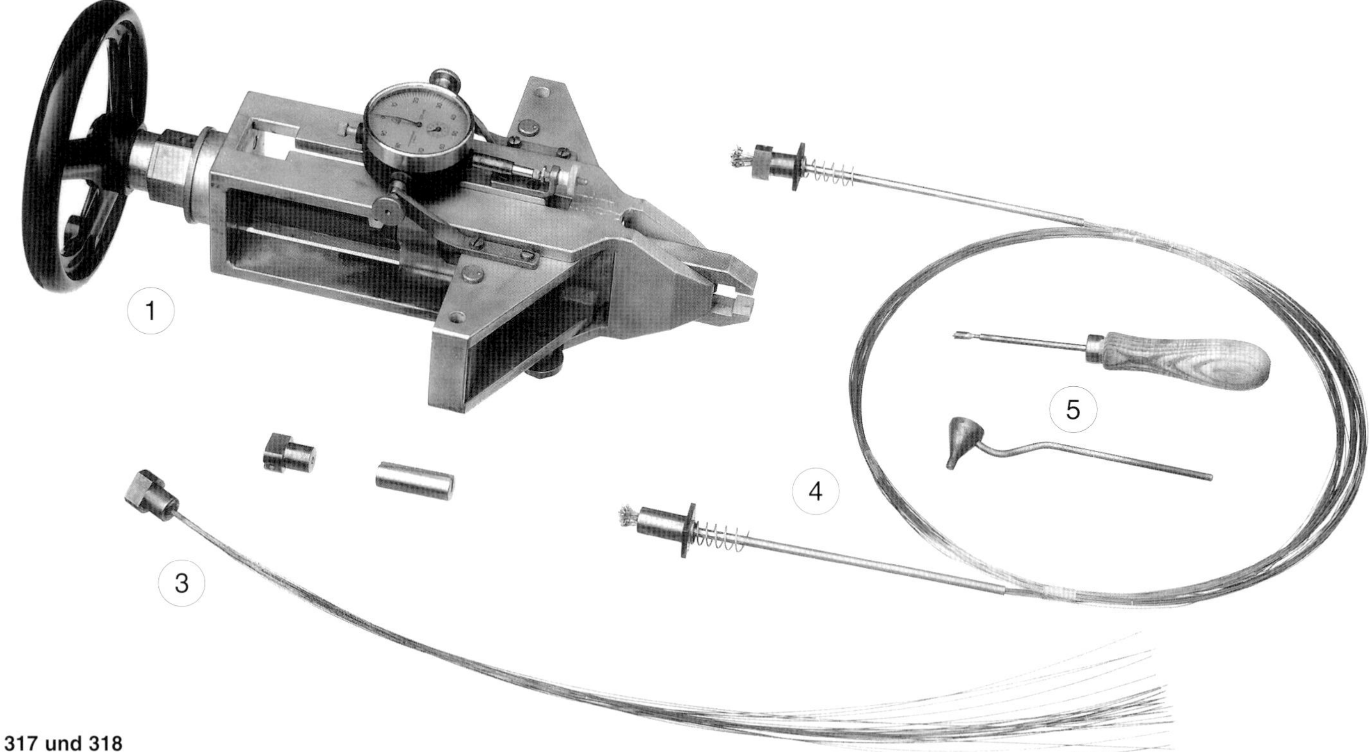

317 und 318
Vorspannsystem für Mikrobeton-Modelle (Abb. oben und Details unten);

1. Die über ein Federblatt wirkende mechanische Spannvorrichtung
2. Kopf der Spannvorrichtung mit Abstützspitze und Ankerkopfgreifer
3. Fertiger Ankerkopf mit eingegossenem Drahtbündel
4. Spannkabel mit festem und beweglichem Ankerkopf
5. Giesstrichter und Knotenbiegewerkzeug
6. Ankerkopf mit geknoteten Spanndrähten vor dem Vergiessen
7. Ankerplatte, Hüllrohr und Spiralbewehrung
8. Ablängbares Stützteil zur Fixierung des Spannwegs

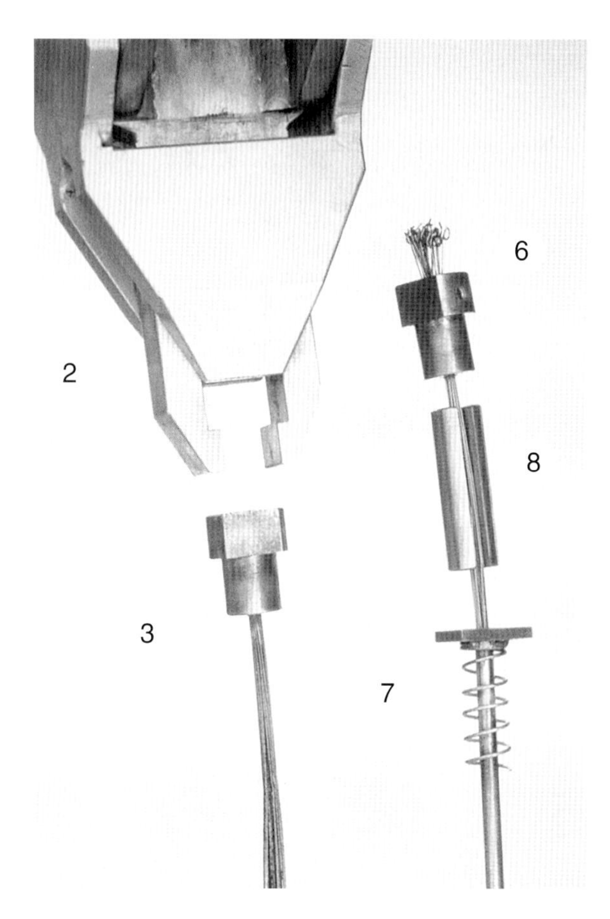

318

Die modellstatischen Aktivitäten

In der Modellstatik gibt es zu beiden Seiten der oben angedeuteten Kontroverse gewissermassen äquivalente Modellversuchsverfahren: Der elastische Modellversuch und das Experiment am Real- bzw. Bruchmodell. Im Labor wurden beide Wege beschritten.

Realmodelle

Realmodelle bestehen aus Materialien, deren Spannungs/Dehnungs-Diagramme in ihrem gesamten Beanspruchungsbereich bis zu deren Bruch gleich oder zumindest proportional zu denjenigen der Baustoffe des wirklichen Objekts sind. Ausserdem sind in diesen Modellen sämtliche konstruktive Details massstabsgetreu nachgebildet. Ihre Herstellung setzt daher die Verfügbarkeit der entsprechenden Materialien und, da sie beim Versuch vom Gebrauchszustand bis zum Bruch allen erdenklichen Belastungen ausgesetzt werden, entsprechend ausgeklügelte Belastungsvorrichtungen voraus (vgl. Kap. 3.2.3). Als Beispiel hierzu sei die im Labor entwickelte Technik zur wirklichkeitsgetreuen Modellierung der Vorspanntechnik angeführt:

Als *einzige* Möglichkeit, die Tragfähigkeit der neuartigen Schalenshedkonstruktion für das VSK-Zentrallager in Wangen zuverlässig zu verifizieren, bot sich der Belastungsversuch am vorgespannten «realen» Modell aus Mikrobeton an (vgl. Kap. 1.4). Keine Theorie, auch nicht das Traglastverfahren, ist u.a. imstande, die Wirkungsweise der dort lebenswichtigen Reibungsübertragung der Spannungen durch die Fugen der aneinander gepressten Schalenränder und deren Verhalten bei Überbelastung bis zum Bruch nachzuvollziehen.

Die Notwendigkeit dieses Versuchs, ohne den die Verwirklichung des erwähnten Projekts unverantwortbar gewesen wäre, führte zur Entwicklung eines kompletten Vorspannsystems für Mikrobeton-Modelle im Massstabsbereich etwa zwischen 1:10 und 1:20. Die dabei entstandenen Apparaturen fanden in der Folge in einer Vielzahl weiterer Modellversuche Verwendung.

Abb. 317 und 318 zeigen die System-Elemente. Die Schwierigkeit der gemeinsamen Verankerung eines Bündels hochfester 0.5 mm dünner Drähte wurde durch «Knotenbildung» an deren Enden mittels eines Spezialwerkzeugs und Vergiessen mit einer Zinklegierung des ganzen Pakets in einer konische Aussparung des Ankerkopfs überwunden. Zur Fixierung des Spannwegs wurden die Spannköpfe über ein seitlich einschiebbares, nach Mass präzise abgelängtes Element auf die Ankerplatte abgestützt. In Abb. 55 sind die im Modell eingebauten Verankerungen deutlich erkennbar.

Die Realversuche sind sowohl der Elastizitäts- wie der Plastizitätstheorie insofern weit überlegen, als dort das Verhalten des Versuchsobjekts in seinem *gesamten* Belastungsspektrum in *einem einzigen* Modell simuliert wird. Denn bevor das Modell zu Bruch gebracht wird, dient es auch zur Ermittlung der – weitgehend elastischen – Eigenschaften des Prototyps im Gebrauchszustand. In diesem Buch sind einige Anwendungen von Realmodellen unterschiedlicher Art aufgeführt (vgl. Kap. 1.3, 1.9, 3.6).

Der elastische Modellversuch

Der elastische Versuch simuliert – genau umgekehrt zum Realversuch – nicht die Materialeigenschaften des zu untersuchenden Objekts, sondern den der Elastizitätstheorie zugrunde liegenden linearen Spannungs-Dehnungs-Zusammenhang des ideal-elastischen Kontinuums. Er ist daher eine physikalische Analogie zu dieser Festigkeitstheorie (vgl. Kap. 2.1.1).

Zur exakten Simulation der Theorie muss sich die Versuchstechnik und Materialwahl des Modells auf die Beibehaltung des linearen Zusammenhangs zwischen Spannung und Dehnung im ganzen Wirkungsbereich des Experiments ausrichten. Die hierzu theoretisch am besten geeigneten Werkstoffe, die Metalle, sind für die praktische Verwendung wegen ihrer aufwändigen Verarbeitbarkeit und auch versuchstechnisch wegen ihrer hohen Steifigkeit nicht allgemein einsetzbar (s. Abb. 319). Wie die bequem verarbeitbaren Kuststoffe zu ideal-elastischem Verhalten «domestiziert» wurden, ist in Kap. 3.2 beschrieben.

Der Hybridversuch

Beim Hybridversuch wird die Eigenschaft des elastischen Modells, sich mit den Hypothesen der Elastizitätstheorie kompatibel zu verhalten, dazu ausgenützt, um es als analogen Lösungsgenerator der allgemeinen elastizitätstheoretischen Differenzialgleichungen, angewendet auf einen unbegrenzt komplex geformten Körper zu verwenden. Dieses Konzept und die darauf aufbauende Hybridstatik ist das zentrale Thema der folgenden Kapitel.

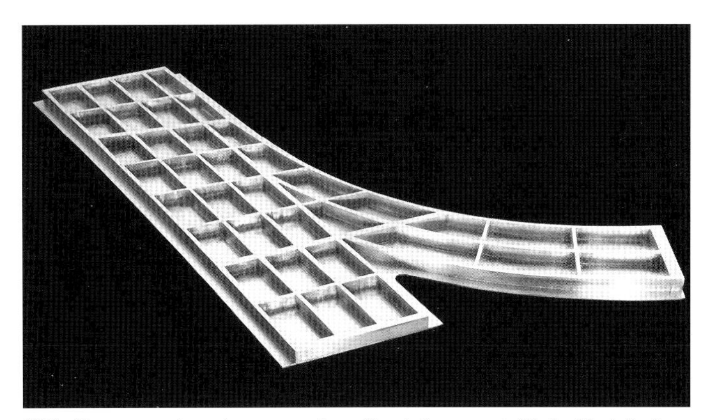

319 Das versuchsweise aus vollem Aluminium ausgefräste Modell einer Brückenabzweigung (Zufahrt zur Köhlbrand-Brücke in Hamburg).

320 Elektro-mechanische Apparatur zu Messung von Seilkräften, wie sie beispielsweise in dem in Kap. 1.9 beschriebenen Modellversuch (in Abb. 113 links erkennbar) verwendet wurde.

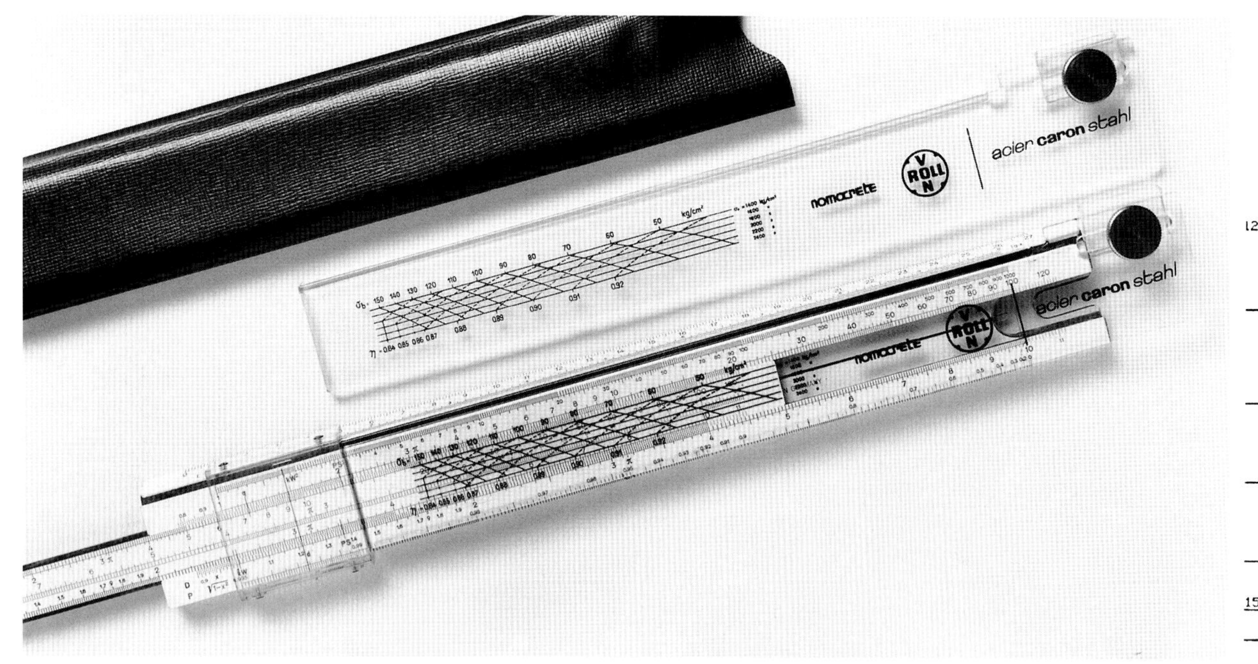

321 Das Rechenschieber-Zusatzgerät «Nomocrete» zur vereinfachten Dimensionierung von Stahlbetonquerschnitten auf Biegung nach dem n-Verfahren. Das Gerät, das 1953 von der Von Roll AG als Werbeartikel für ihren Armierungsstahl (vgl. Kap. 1.1) an die Bauingenieure abgegeben wurde, ist ein Vorläufer der später weit verbreiteten Stahlbeton-Rechenschieber.

Entlastung des Ingenieurs von Routinearbeit

Zur Verbesserung der Arbeitsbedingungen des entwerfenden Ingenieurs gehört auch seine Entlastung von lästiger Routinearbeit. Der frühzeitige Umgang mit dem Computer und seinen grafischen Peripheriegeräten in der Messtechnik liess auch sehr bald deren Leistungspotenzial zur Schaffung arbeitsentlastender Hilfsmittel der Datenverarbeitung erkennen.

So entstand 1973 u.a. das erste grafisch unterstützte System FERRO zur automatischen Generierung von Biegelisten für den Stahlbeton (s. Abb. 322). Zur Förderung solcher Rationalisierungsanstrengungen und zum Aufbau eines entsprechenden Dienstleistungsbetriebs gründeten die dem Laboratorium nahe stehenden Inhaber eigener Ingenieurbüros A. Cogliatti, W. Jauslin, J. A. Torroja (Spanien) und H. Wittfoht (Deutschland) 1974 die Digitec AG. Jeder der Teilnehmer erwarb in der Folge eine zum Labor-System kompatible Computeranlage und konnte so während der folgenden Jahre in seiner praktischen Tätigkeit die neuesten Softwareentwicklungen unmittelbar nutzen. Dazu gehörte vor allem auch das in Kap. 3.5.4 beschriebene Einflusslinien-Statikprogramm HYBRAN. Mit der Umorientierung der Labortätigkeiten musste diese kollegiale Verbindung 1978 aufgelöst werden.

Im Rückblick war der Wunsch nach Befreiung von Routinearbeit schon vor der Gründung des Laboratoriums ein Anliegen. Die in Abb. 321 dargestellte Erfindung des «Nomocrete», die das damals erforderliche umständliche Nachschlagen in Tabellenwerken durch das simple Auflegen eines transparenten Nomogramms auf den Rechenschieber ersetzte, hat durch die erwähnte Lizenzvergabe auch die Anfänge des Ingenieurbüros finanziert.

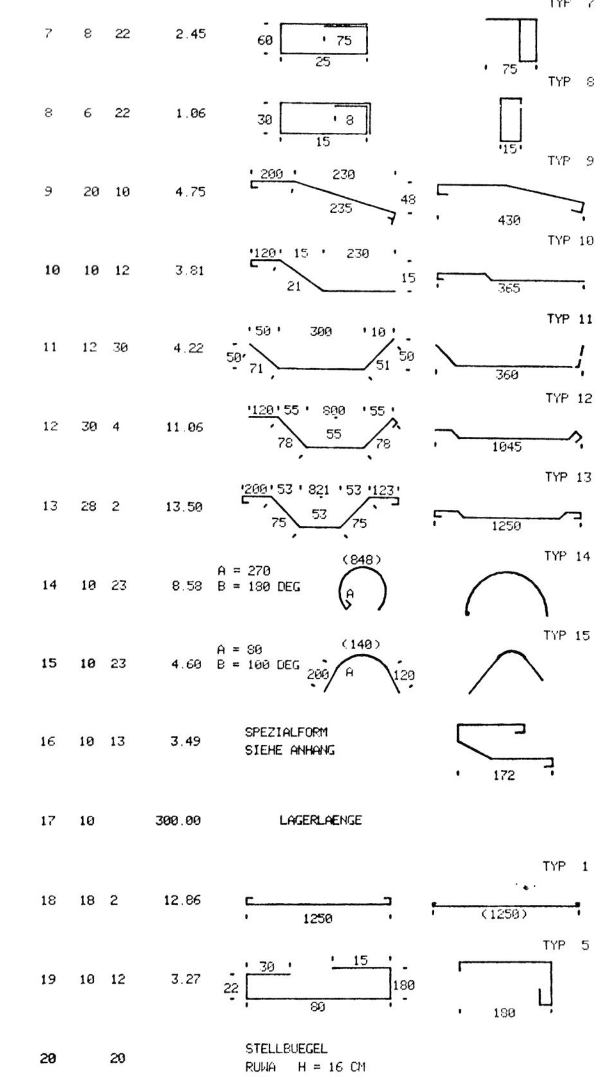

322
Auszug aus einer Biegeliste des FERRO-Programms.
Der Konstrukteur kreuzte bei der Listenerstellung aus dem Bewehrungsplan eine standardisierte, optisch lesbare Lochkarte an, aus der dann neben der Materialberechnung auch die grafischen Darstellungen für den Abbieger und den Eisenverleger automatisch erzeugt wurden.

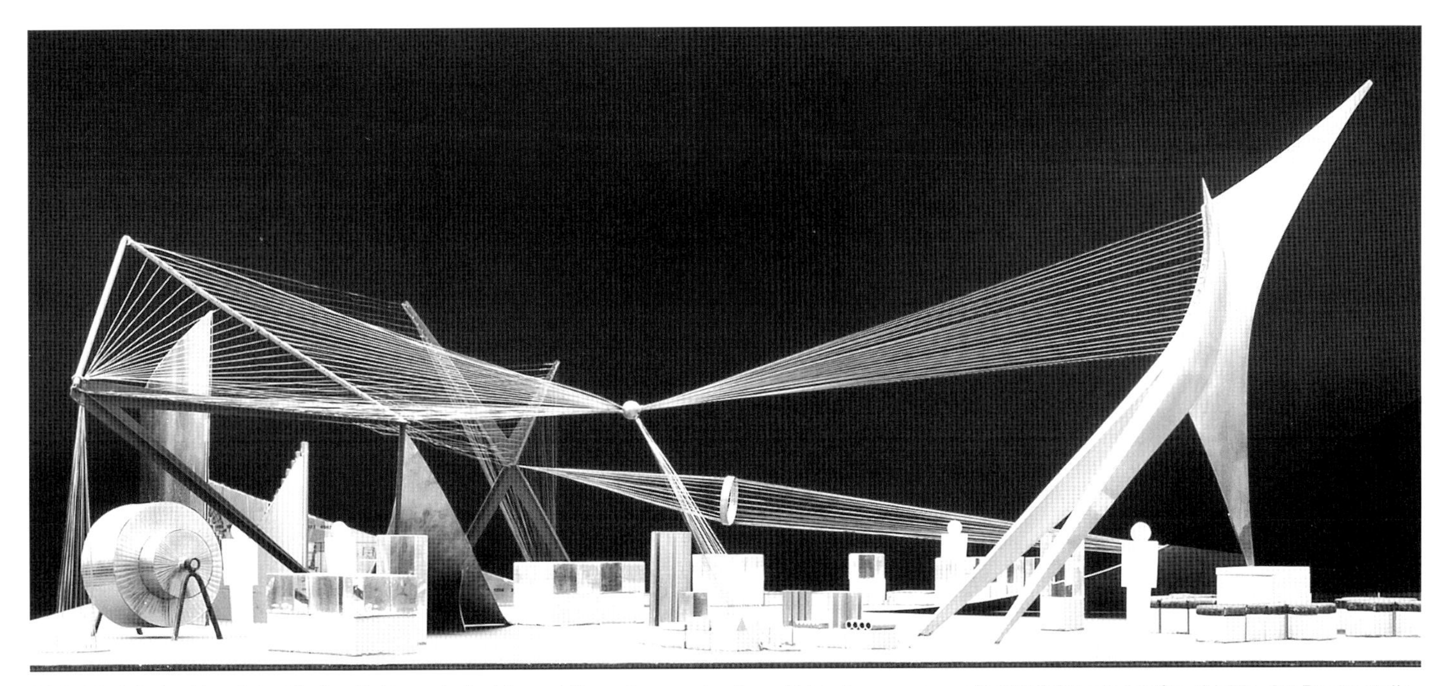

323 Modell der Metallplastik des Sektors «Industrie und Gewerbe» an der Expo '64 in Lausanne zur Symbolisierung der Geschichte der Buntmetalle. Ihr freihändiger Entwurf diente der neugierigen Auslotung der Publikumswirkung derartiger «Ingenieurkunst». Der in die Zukunft weisende Pylon aus Titan (rechts im Bild) zierte nach der Expo immerhin noch 30 Jahre lang den Vorplatz des Verwaltungsgebäudes der Metallwerke Dornach.

Handlungsfreiheit durch die eigene Werkstatt

Entscheidend für den erfolgreichen Betrieb eines Versuchslaboratoriums ist neben der Kompetenz und dem Einfallsreichtum seines Personals, die Anpassungsfähigkeit seiner Einrichtungen an die unvohersehbaren experimentaltechnischen Anforderungen der anfallenden Aufgaben. Da solche Flexibilität die dauernde Zugriffsmöglichkeit auf eine leistungsfähige Werkstatt bedingt, die Kosten zu deren Bereithaltung aber im Missverhältnis zum sporadischen Aufkommen experimenteller Aufgaben steht, wurde die Improvisationsfähigkeit der Werkstatt genutzt, um auch «artfremder» Sondererzeugnisse zu entwerfen und herzustellen.

Typisch für diese Aktivitäten, waren die aussergewöhnlichen Aufgaben, die das Laboratorium ausser seiner Hauptfunktion bei der Projektierung des Pavillons (vgl. Kap. 1.9) im Rahmen der Expo '64 übernahm: Im Handel nicht erhältliche und in Einzelanfertigung sonst unbezahlbare Ausstellungselemente wurden kurzerhand auf informelle Weise direkt im Labor entworfen und hergestellt. Dazu zählten u.a. die Schwimmbojen auf dem Genfer See (Abb. 325) und die mobilen Radarattrappen für die thematische Schau des Sektors «Les échanges«.

Die in Abb. 323 und 324 gezeigte Buntmetallplastik für die Expo '64, die im Auftrag der Metallwerke Dornach frei entworfen wurde, ist ein weiteres Beispiel für die vielseitigen Einsatzmöglichkeiten einer anpassungsfähigen Werkstatt.

Im übrigen diente das Laboratorium ganz allgemein als permanenter Bastelraum für Anschauungsmodelle zur Erläuterung von Projektideen des Ingenieurbüros.

324 Blick in die ausgeführte Buntmetallplastik im «Industrie»-Pavillon der Expo '64.

325
Die im Labor entworfenen und dort teilweise auch hergestellten Schwimmkörper mit Wappen-«Segeln» für die Expo '64 (vgl. Kap. 1.9).

[illegible] 67 von Barry [illegible] New Zealand
6.11.66 石崎 [illegible] H. Ishizaki Kyoto. Japan
石崎英子 [illegible]
1. 7. 66. H. [illegible] Frankfurt
1. 7. 66 H. [illegible]
15-7-66 K. Møllbak 25.8.66.
28.7.66. Siegfried [illegible] [illegible] Wien
28.8.66 Peter Dietz Müller (Ruhr).
29.8.66 [illegible] Weimar
11.9.66 [illegible] Pakistan
11.9.66 [illegible] Aachen
15.9.66 Basim A. Haddad. Beirut Lebanon
15.9.66 H. C. Egli [illegible] Istanbul
20.9.66 B. B. J. A. [illegible]
29.9.66. K.W. 21.4.1969 [illegible]
6.10.66. Olaf [illegible] Ankara
1.11.66 [illegible] Génie G.Armée de France
1.11.66 Walter [illegible]
20.7.67 J. [illegible] Architekt 27.1.71 Basel
20.7.67 E.R. Schmid " FSAI [illegible]
25.7.67 Hilmar Bürggrabe Institut f. Modellstatik
7 August 1969 David [illegible] Duke University, USA
11th August 1969 P.L. Nayhem [illegible] Indian Institute of Technology, MADRAS. INDIA
11 SEPT 67 ELBERT O. SPEIDEL GLENDALE USA CALIFORNIA
[illegible]
10. Juni 1968 E. [illegible] [illegible]
5. 2. 1968 F. Bau Robert Mark Princeton University
12. [illegible] 1968 S. Wüstemann June 17 '70 Dept of Civil Engr. Princeton N.J. the U.S.
12. 3. 1968 Turnjäck [illegible] Versuchsanstalt [illegible]
April 68 Hector Barkley Florence [illegible] Cornell University
" 68 Grazia Bartlan Siena [illegible] " "
7 Dicembre 67 [illegible] + [illegible] Politecnico Milano
[illegible]
[illegible] [illegible] Como
Carlo [illegible]
7 Dicembre 67 [illegible] [illegible]
[illegible] 67 Cassina [illegible]
10. Dezember 67 A. Koch Weimar
28.6.68 M. Milosavljević Harare
28.6.68 J. Veracha [illegible]
5.7.68 W. Wölcke 16.3.66.
5.7.68 A. Zimmermann [illegible] 13.1.1969
24.7.68 R. [illegible] Wien Gruppe Herr E. Gisel [illegible] Sem. ARCH. ETH.
11-4.68 Moreau Congo.
12-8.68 Roger [illegible] Australia
12-8.68 [illegible] Schweden
20.8.68 [illegible] CH

9.5.69 J.H. Schmidt T.H. Delft
9-5-69 [illegible] T.H. Delft
Mit herzlichem Dank!
03.06.69 [illegible] EMPA admiration et notre [illegible] amical [illegible]
Das Labor hat mir besonders gefallen und wünsche viel Erfolg
[illegible] Bratislava
18.7.67 P.W. Abeles
25.06.69 [illegible] that's the world USA – England.
Vaduz FL
25.06.69 Panamá, centro del mundo, corazón del [illegible] Vicente Ernesto Abradlluca Panamá, R de P.
18th Dec. 1967 Adam Neville Univ. of Calgary, Canada
18.3.66 K. Leinemann DIGITAL ZH.
Johann P. Wolf Digital
Madrid. – 25-FEBRERO-1969. – Un sabio madrileño
¡Preciosa Basilea! [illegible]
[illegible]
25.06.69 In modello veritas! Alfredo de Luigi
19.3.1969 Com muita admiração pelo interessante trabalho que tem feito
o.Prof. Universität Karlsruhe [illegible] Lisboa – EMPEC
20.5.67 Hans Rosenfeld Chile Univ. Católica [illegible]
8.6.67 Anton Umek Ljubljana, Jugoslawien
Aug. 9, 1971 Garland [illegible] Vashon Island, Wa. U.S.A.
[illegible] Burton, Wash. U.S.A.
26.11.71 INSTITUT F. MODELLSTATIK TU BERLIN
Dr. [illegible] [illegible]
ETH Zürich
[illegible] 9 70 Charles H. Thornton New York Lev Zetlin Assoc.
[illegible] 9 70 Patricia Thornton New York
4.10.70 [illegible] Milano
[illegible] W. G. Godden Berkeley, U.S.A.
P. S. Balint Uni. New South Wales, Sydney
[illegible] : mit der festen Absicht selbst meine Modellversuche zu machen!)

327
Kollage von Eintragungen im Besucherbuch des Laboratoriums.

Das Laboratorium – ein Ort der Begegnung

Seine lebendige Ausstrahlung als vielseitiges, stets mit unterschiedlichen Aufgabenstellungen experimentierendes Atelier, machte das Laboratorium zu einem beliebten Exkursionsziel für die Studenten und Lehrer der verschiedensten technischen Ausbildungsstätten und bildete den anregenden Rahmen zur Erörterung konkreter Probleme aus der aktuellen Berufspraxis. Für die an der Entwicklung oder Durchführung eines gemeinsamen Projekts beteiligten Architekten, Ingenieure und Handwerker war dabei die unverzügliche Improvisationsmöglichkeit von Anschauungsmodellen oder von technisch-physikalischen Musterprüfungen besonders hilfreich.

Für die Besucher aus dem engeren Fachbereich der sich mit Festigkeitsfragen befassenden Versuchstechnik – in der Regel verantwortliche Repräsentanten öffentlicher Institutionen, wie Modellversuchs- und Materialprüfungsanstalten – war der Blick ins Laboratorium auch Inspiration zur Lösungsfindung für Ihre eigenen Probleme auf dem Gebiet der computerisierten Experimentaltechnologie.

Der Umzug der Hybridstatik an die Universidad Politécnica de Barcelona

Mit der Neuausrichtung der Labortätigkeit auf reine Softwareentwicklungen (vgl. Kap. 4), stellte sich 1978 die Frage nach einer sinnvollen Weiterverwendung der hybridstatischen Einrichtungen.

Der glückliche Umstand, dass zu jener Zeit unter Leitung von José Antonio Torroja an der Technischen Universität von Barcelona eine neue Bauingenieur-Fakultät ins Leben gerufen wurde, führte zur Übernahme eines grossen Teils der Laboreinrichtungen durch diese Institution. Torrojas vertiefte Kenntnisse der Hybridstatik garantierten den reibungslosen Transfer des Know-how (vgl. Kap. 3.5.4).

Der Aufgabe einer Hochschule entsprechend, wurden die versuchstechnischen Einrichtungen und die Hybridstatik überwiegend für die Lehre und kaum zur Lösung praktischer Probleme eingesetzt. Der entsprechende Kurs in experimenteller Statik besteht bis auf den heutigen Tag.

326
Übergabe der betriebsbereiten Hybridanlage an die Polytechnische Universität Barcelona 1978. Von links: Prof. J.-A. Torroja, Prof. Hans von Gunten (für dessen Büro damals ein Modellversuch in Arbeit war), Heinz Hossdorf, die damaligen Assistenten und heutigen Lehrstuhlinhaber: Prof. Oliver Javier, Prof. Benjamín Suarez, Prof. Elena Blanco, Prof. Eugenio Oñate.

Alle stofflichen Dinge dieser Welt sind äusseren *Einwirkungen* ausgesetzt, die sich auf deren Zustand und Verhaltensweise *auswirken*. Die exakten Naturwissenschaften identifizieren die beteiligten Wirkgrössen, machen diese als messbare *physikalische Grössen* quantitativ erfassbar und ergründen die Gesetzmässigkeiten ihrer gegenseitigen Beziehungen.

Die physikalischen Wirkgrössen der Baustatik

In der Statik und der Festigkeitslehre, die das Gleichgewicht, die Formänderung und innere Beanspruchung von ruhenden Körpern unter der Einwirkung von äusseren Belastungen untersuchen, sind die einzigen physikalisch massgeblichen Grössen die *Kraft* und *Verschiebung* sowie die *Spannung* und *Dehnung*. Mathematisch werden die ersteren als Vektoren, die zweiten als Tensoren beschrieben.

Der Statiker operiert bekanntlich mit einer ganzen Reihe weiterer Wirkgrössen, die sich aber sämtlich auf die oben angeführten zurückführen bzw. aus ihnen ableiten lassen: *Momente* sind das Äquivalent zu einem Paar in Abstand parallel, aber entgegengesetzt gerichteter Kraftvektoren, dem «Kräftepaar». Das analoge gilt, angewendet auf Verschiebungsvektoren, für die *Verdrehung*. Andere Bezeichnungen wie Torsions- oder Biegemoment, Normal- oder Querkraft, Membranspannung etc. erleichtern die Verständigung über ihre Funktion in entsprechenden Tragwerkstypen, haben aber keinerlei besondere physikalische Bedeutung. Dies ist im Zusammenhang mit deren experimenteller Erfassung erwähnenswert, da sich ja nur physikalische Erscheinungen als solche und nicht als deren begriffliche Ableitungen unmittelbar *messen* lassen.

Während äussere Kräfte und Verschiebungen unabhängig voneinander wirken können, sind die zur Beschreibung der örtlichen Materialbeanspruchung dienenden Spannungen und Dehnungen untrennbar miteinander verkoppelt. Im ideal-elastischen Körper, der ja Hauptgegenstand unserer Betrachtungen ist, gilt das Hooke'sche Gesetz, das zwischen den beiden eine durch den Elastizitätsmodul quantifizierte lineare Beziehung definiert.

Von den zwei Grössen ist aber nur die Dehnung als solche messbar (s. Kap. 3.2.1). Die den Statiker, weil sie in unmittelbarer Beziehung zur Kraft steht, vordergründig interessierende Spannung kann jedoch immer über das erwähnte Gesetz – bei mehrachsigen Spannungzuständen unter Berücksichtigung auch der Poisson'schen (Querdehn-)Zahl – errechnet werden. Messtechnisch gesehen sind daher Spannung und Dehnung ein und dasselbe. *Damit reduzieren sich die «echten», in der Statik massgeblichen Wirkgrössen auf drei.*

Aktionen und Effekte

In der Gleichgewichtslehre ist die Feststellung, welche der an einem statischen Ereignis beteiligten physikalischen Grössen die Rolle von Ursache oder Wirkung spielen, kein Thema. Denn nach dem Newton'schen Prinzip der Mechanik von actio und reactio sind bei der in der Statik vorherrschenden Wirkgrösse, der Kraft, Ursache und Wirkung beliebig vertauschbar. Es bleibt dem freien Ermessen überlassen, dem einen der immer als gegensätzlich orientiertes, sich selbst aufhebendes Paar auftretenden Kraftvektoren Ursächlichkeit zuzuschreiben. Auf das Gleichgewicht hat dies keinen Einfluss (vgl. Kap. 2.2).

Beim Experiment macht eine eindeutige Zuordnung der Ursächlichkeit jedoch insofern einen Sinn, als die dortigen Vorgänge mittels entsprechender Vorrichtungen immer aktiv durch den Menschen *ausgelöst*, deren Wirkung dagegen passiv durch ihn beobachtet bzw. *gemessen* werden. Ursache und Wirkung lassen sich also grundverschiedenen Modalitäten des Versuchsprozesses zuordnen: der Generierung der *Aktionen* einerseits gegenüber der Messung von deren *Effekten* andererseits. Die statischen Wirkgrössen nehmen daher je nach der Rolle, die sie im Experiment spielen, den Platz von *Aktions*- oder *Effekt*-Grössen ein.

Dank ihrem dualen Wesen können die Kräfte, je nach ihrer momentanen Funktion im Versuchsablauf in die eine oder die andere Rolle schlüpfen. Als Aktionsgrösse (z.B. in einer Belastungsvorrichtung) bewirken sie ein Ereignis, als Effektgrösse (z.B. Auflagerreaktion) sind sie dessen Folge. Das gleiche gilt für die Verschiebungen. Spannungen *bzw.* Dehnungen sind hingegen (von rheologisch verursachten inneren Spannungs/Dehnungszuständen abgesehen) ganz offensichtlich immer Effektgrössen.

Zwischen den drei physikalischen Grundgrössen der Statik bestehen demnach genau *sechs* kausale Beziehungsmöglichkeiten. Sie sind in der unten abgebildeten Tabelle (Abb. 328) mit Beispielen aus dem Bauwesen zusammengestellt. Die Klassifizierung der statischen Wirkgrössen nach ihrer jeweiligen ursächlichen Funktion wird sich in den weiteren versuchstechnischen Betrachtungen als sinnvolles Ordnungsprinzip erweisen.

	Aktion (Ursache)		*Effekt (Wirkung)*	*Beispiele:*
1.	Kraft	—	Kraft	Auflagerkräfte infolge äusserer Belastungen
2.	Verschiebung	—	Kraft	Veränderung der Auflagerreaktionen durch Fundamentsenkung
3.	Kraft	—	Verschiebung	Verbiegungen infolge äusserer Belastungen
4.	Verschiebung	—	Verschiebung	Generelle Verformung durch örtliche Auflagerverschiebungen
5.	Kraft	—	Spannung bzw. Dehnung	Materialbeanspruchung infolge äusserer Belastungen
6.	Verschiebung	—	Spannung bzw. Dehnung	Beanspruchung durch Auflagerverschiebungen

328 In elastischen Gebilden existieren sechs lineare Grundbeziehungen zwischen Aktions- und Effekttypen.

Die Leitvorstellungen der versuchstechnischen Entwicklung

Im Schema der Abb. 328 war der theoretische Rahmen des von der Experimentaltechnik zu bewältigenden Problemkreises abgesteckt. Mit dem Ziel, den Modellversuch aus seinem bisherigen Status als sporadisch eingesetztes, weitgehend improvisiert durchgeführtes und zeitraubendes Hilfsmittel zu einem präzisen, universellen und jederzeit verfügbaren Entwurfsinstrument zu machen, galt es, den Modellbau und die Versuchs- und Messtechnik auf einen technologischen Stand zu bringen, mit dem sich die sechs kausalen Beziehungen zwischen den statischen Wirkgrössen an beliebig geformten Modellen auf bequeme Weise simulieren liessen.

Der Weg zur Verwirklichung dieser Wunschvorstellung war anfangs keineswegs klar vorgezeichnet. Zu vielfältig waren die ungelösten Einzelprobleme, die einer systematischen Realisierung entgegen standen. Der Entwickungsprozess war daher ein dauerndes Wechselspiel gegenseitiger Anregung zwischen versuchstechnischem Fortschritt und neuen Denkansätzen. Die schrittweise Entdeckung und Einbeziehung der sich zeitlich parallel entwickelnden Computertechnologie, zunächst zur digitalen Datenerfassung und -auswertung, dann zur «real time»-Steuerung von Versuchsabläufen und später zur umfassenden Software-Verarbeitung, spielte dabei eine zu Beginn nicht voraussehbare, aber letztlich entscheidende Rolle.

Aber auch die weniger spektakuläre, doch deshalb nicht minder wichtige analoge Messtechnik lag, was ihre Verwendbarkeit in der Modellstatik anbetraf, stark im Argen. Die Messaufnehmer – die Sensoren – sind das Herzstück jeder Versuchseinrichtung. Die Zuverlässigkeit ihrer analogen elektrischen Messsignale bestimmen, trotzdem diese im Auswertungsprozess digital gewandelt werden, die Qualität jeder auch Computer dominierten Versuchsanlage.

Ein sich dauernd von Neuem stellendes, ganz pragmatisches mechanisches Problem war die Suche nach der flexibelsten Art der Lastaufbringung. Seine schlussendlich elegante Lösung trug entscheidend zur Befreiung der Modellstatik von ihrer angestammten Schwerfälligkeit bei. In dieser Hinsicht ebenso wichtig war die Entwicklung eines modularen Bausystems zur versuchsbereiten Montage der Modelle.

Nicht zuletzt mussten auch optimale Bedingungen für die Modellherstellung selbst gefunden werden. Dies betraf vor allem die Frage nach der Wahl des Materials aus dem Gesichtspunkt seiner mess- und versuchstechnischen Eignung einerseits und seiner universellen Verarbeitbarkeit andererseits. Die diesbezüglichen Abklärungen erforderten systematische Versuchsreihen an Materialproben, führten zur Entwicklung spezieller Geräte und Messverfahren und bestimmten den Werkzeugmaschinenpark der Modellwerkstatt.

Die folgenden Seiten vermitteln einen Einblick in die angetroffenen versuchstechnischen Probleme und deren Lösungsart im Laboratorium.

Die *Spannung* ist die wichtigste physikalische Grösse zur Beurteilung der örtlichen Beanspruchung von materiellen Gebilden. Paradoxerweise lässt sich diese aber nicht unmittelbar messen. Auf die Spannung kann nur indirekt über ihre verformende Wirkung auf das Material bzw. die von ihr verursachte (leicht messbare) örtliche *Dehnung* geschlossen werden. Dies setzt aber voraus, dass zwischen Spannung und Dehnung ein bekannter naturgesetzlicher Zusammenhang besteht.

Bei rein elastischen Körpern sind Spannung und Dehnung per definitionem proportionale Grössen, die sich durch simple Multiplikation mit einer Konstanten, dem *Elastizitätsmodul*, ineinander überführen lassen. Die Einhaltung dieser einfachen Gesetzmässigkeit macht elastische Modelle zur Spannungsermittlung in komplex gestalteten Tragwerken so ausserordentlich leistungsfähig (vgl. Kap. 2.1).

In Wirklichkeit verhalten sich aber nur ausgesuchte Materialien mit genügender Genauigkeit ideal-elastisch. Dies sind in weiten Beanspruchungsbereichen vor allem harte Metalle, also Werkstoffe, deren Verarbeitung zu frei geformten Konstruktionsmodellen äusserst aufwändig ist. Die wesentlich weicheren, für die Modellherstellung unvergleichlich besser geeigneten Kunststoffe besitzen dagegen einen zeit- und temperaturabhängigen und zudem von Produkt zu Produkt unterschiedlichen Elastizitätsmodul, der die Spannungsermittlung stark erschwert.

Das Komparatorprinzip merzt nun diesen versuchstechnischen Nachteil der Kunststoffe aus: Das Messverfahren überlistet gewissermassen die naturgegebene Undurchführbarkeit der unmittelbaren Spannungsmessung, indem sie die am Modell zur Ermittlung der Spannung gemessene Dehnung mit der simultanen Dehnungsmessung an einem aus dem Modellmaterial hergestellten Probekörper *vergleicht*, der unter bekannter Spannung steht. Die zu eruierende Spannung ist dann einfach die mit dem Verhältnis der zwei gemessenen Dehnungen multiplizierte Spannung am Probekörper. Der zeit- und auch temperatvariable Elastizitätsmodul des Modellmaterials eliminiert sich bei diesem Verfahren von selbst.

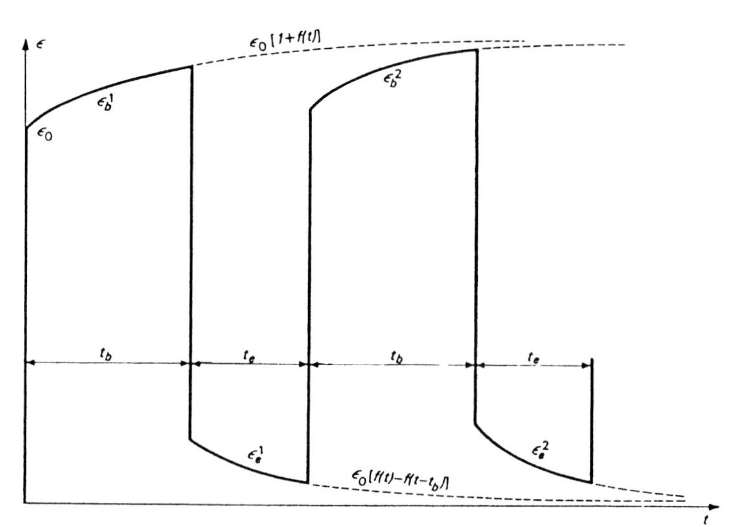

329 Zeitlicher Dehnungsverlauf eines Kunststoffs unter zyklischer Be- und Entlastung.

330 Der manuelle Komparator mit seiner zur gemessenen Spannung proportionalen Momentenskala und dem Knopf zur Verschiebung des Laufgewichts (hier in zentraler Null-Stellung).

Der manuelle Spannungskomparator

Auf dem obigen Prinzip beruhte schon der 1962 im Labor entwickelte manuelle Spannungskomparator. Aus ursprünlich rein analogen messtechnischen Überlegungen wurde bei diesem Gerät auch der oben erwähnte analytische Vergleich der Dehnungen umgangen. Stattdessen wird hier der Prüfling – ein aus dem Modellmaterial gefertigter, einseitig in die Drehachse einer zweiseitigen Hebelwaage eingespannter Balken mit bekannten Dimensionen – durch manuelles Verschieben des Laufgewichts an seiner Dehnungsmessstelle mit einer bekannten Spannung belastet, bis die dortige Dehnung mit der des Modells *übereinstimmt*. Die an einer Skala abgelesene (positive oder negative) Lage des Laufgewichts ist dann bis auf einen aus den Abmessungen des Prüfstabs rechnerisch bestimmten Eichfaktor des Probekörpers ein direktes Mass für die im Modell auftretende Spannung.

Dieses Verfahren überwindet auch die messtechnisch fatale Eigenschaft der Kunststoffe zu *kriechen*, d.h. sich bei fester Be-

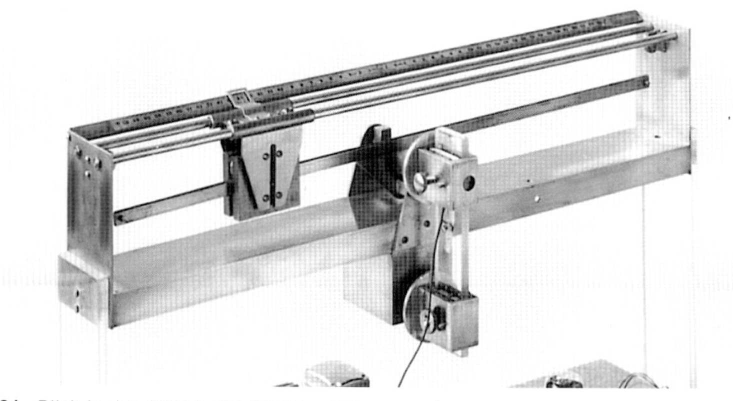

331 Blick in das Innere des Spannungskomparators.
Das verschiebbare Gewicht übt über den einseitig im Drehlager des Waagebalkens fest eingespannten Probekörper (hier ein Stab aus Acrylharz) ein Moment aus, das an der Dehnungsmessstelle eine zum Zeigerausschlag proportionale, analytisch eichbare und von der auftretenden *Dehnung unabhängige* Vergleichsspannung hervorruft.

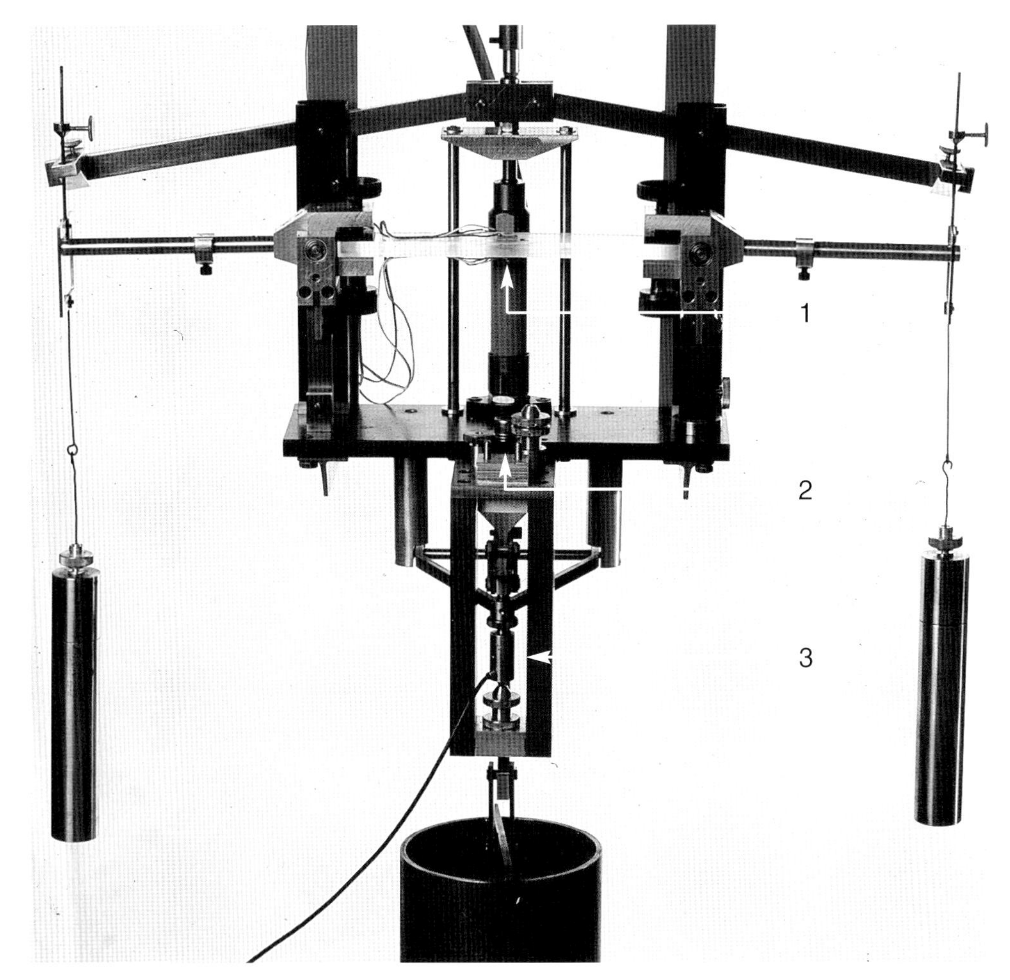

332
Der «universelle Komparator» zur Messung von Spannung, Kraft und Verschiebung.
Die Eichmessungen werden über einen elektro-pneumatisch betätigten Mechanismus computergesteuert synchron mit den entsprechenden Aktionen am Modell durchgeführt.

1. Spannungs-Eichmessung über die Dehnungsmessung an einem Prüfstab aus Modellmaterial, der über seine Drehlager durch das exzentrisch hängende Gewichtspaar einem konstanten Biegemoment ausgesetzt wird.
2. Verschiebungs-Eichmessung an einem fix eingestellten Verschiebungsweg.
3. Kraft-Eichung an einem Muster-Pendelkraftmesser. Darunter hängt das Eichgewicht.

lastung nach einer initialen elastischen Verformung gemäss einer stetigen, monotonen Zeitfunktion weiter zu dehnen und bei Entlastung im umgekehrten Sinne asymptotisch auf den Nullwert abzuklingen (vgl. auch Kap. 1.9). Bei zyklischer Be- und Entlastung ist somit die in jedem Zeitpunkt auftretende Dehnung die komplexe Folge einer ganzen Belastungsgeschichte (s. Abb. 329). Da sich diese «Überdehn»-Funktionen aber nachgewiesenermassen proportional zur verursachenden Spannung verhalten, genügt es zur Elimination auch dieses unsicheren Kriechdehnungsanteils aus der Spannungsermittlung, den Komparator synchron mit den Belastungszyklen des Modells zu bedienen.

Der manuelle Spannungskomparator wurde in grösserer Serie für andere Versuchslaboratorien fabriziert.

Der universelle Komparator

Die systematische Umstellung auf Digitaltechniken führte 1967 im Zusammenhang mit der Entwicklung der Hybridanlage (s. Kap. 3.4) auch zu einer umfassenderen Anwendungsweise des Komparatorprinzips. Durch die umwälzende Möglichkeit, die analogen Dehnmesswerte nun – digital gewandelt – in «real time» im Prozessrechner analytisch weiterverarbeiten zu können, erübrigte sich das manuelle, viel Aufmerksamkeit erfordernde synchrone «Wägen» der Vergleichsspannung. Es genügte jetzt, die Messung der Dehnungen am Modell simultan mit der laufenden Dehnungsmessung an einem synchron mit den Belastungszyklen des Versuchsablaufs jeweils unter *gleiche* Eichspannung gesetzten Prüfkörpers rechnerisch zu vergleichen (s. Abb. 332). Die präzise zeitliche Steuerung wurde vom Prozessrechner übernommen.

Der Antrieb zur Ersinnung der Komparator-Methode war zwar das Problem der Spannungsmessung an Kunststoffen. Deren Anwendung erwies sich dann aber aus generellen messtechnischen Gründen auch bei der Erfassung der übrigen physikalischen Versuchsgrössen, der Kräfte und Verschiebungen, von Vorteil. Wenn Signalwerte nicht direkt gemessen, sondern über einen rechnerischen Vergleich mit einer synchron belasteten, entsprechend geeichten Messeinheit erfasst werden, kompensieren sich praktisch alle erdenklichen äusseren Störeinflüsse wie Netz-, Temperatur- oder Luftfeuchtigkeitsschwankungen. Der «universelle Komparator» enthält die entsprechenden drei Eicheinheiten (s. Abb. 332).

In Anbetracht der grossen baustatischen Aussagekraft der Reaktionskräfte erhielt die Entwicklung von leistungsfähigen Geräten für deren experimentelle Erfassung erste Priorität. Dabei ging es nicht nur – was Kraftmesser einschliesslich der Waagen ja normalerweise tun – um die Bestimmung der algebraischen *Grösse* der Kraft, sondern ebenso sehr um die Feststellung ihrer Wirkungsrichtung und deren räumlicher Lage. In anderen Worten: die Kräfte mussten als Vektoren erfasst werden.

Die Pendelstütze zur Komponentenmessung

Auch Kräfte sind, genau wie die Spannungen, als solche nicht direkt messbar. Auch hier kann auf die einwirkende Kraft nur über die Dehnungsmessung an einem elastischen Prüfkörper geschlossen werden. Die Verformung des Gesamtgerätes muss dabei aus den oben erwähnten Gründen minimal gehalten werden. Eine sinnvolle elektrische Verschaltung der «strain gauges» tut ihr Übriges, um äussere Störquellen zu eliminieren.

Um die Wirkungsrichtung der zu messenden Kraft exakt vorbestimmen zu können, wurde das Gerät als Pendelstütze ausgebildet. Der Apparat misst so einzig in der Verbindungsachse seiner beiden Lager wirkende Kräfte – und dies sind im Allgemeinen nur *Komponenten* der zu bestimmenden Krafteinwirkung. Zur Messung beliebig gerichteter Kraftvektoren ist daher der Einbau einer entsprechenden Kombination dieser Komponenten-Messgeräte erforderlich.

Zur Lagerung der Pendelspitzen wurden ursprünglich Stahlkugeln verwendet, die sich drehbar auf einer am Modell befestigten Bronze-Pfanne aufstützten. Da so keine Zugkräfte übertragbar sind, mussten diese als Differenz zwischen der Wirkung einer künstlichen Vorbelastung und der eigentlichen Modellbelastung bestimmt werden. Anfänglich geschah dies durch Gewichtsbelastungen am Modell, später durch einen speziellen Feder-Mechanismus, bis die Kraftmessgeräte fest verschraubbar im modularen Baukastensystem integriert wurden (s. Abb. 339).

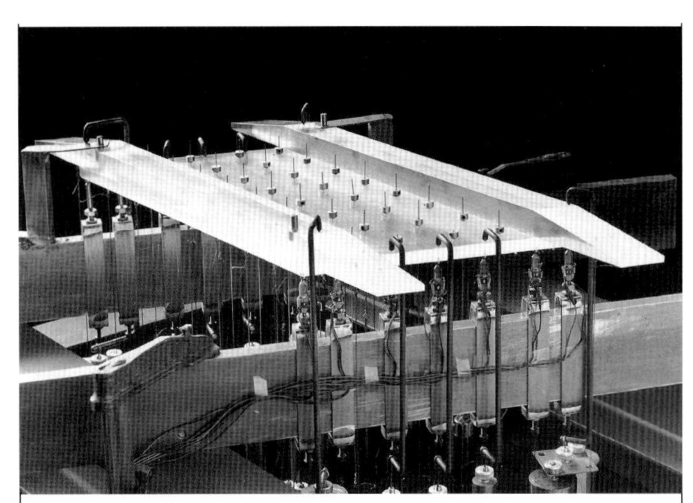

333 Beispiel eines Modellversuchs (einer schiefen Trogbrücke), bei dem die Auflagerdruckmesser der ersten Serie noch mit an den Bügeln hängenden Gewichten vorbelastet wurden.

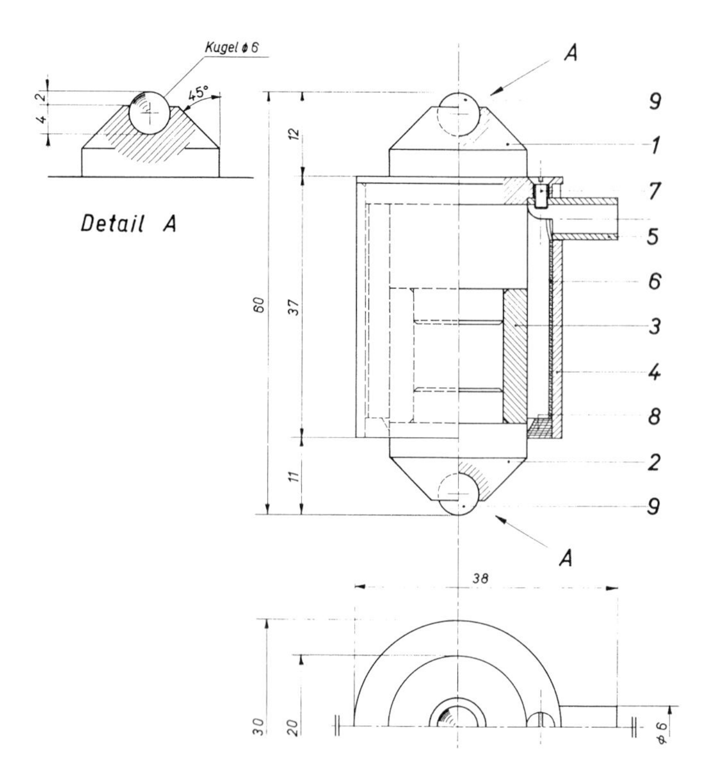

334 Querschnitt durch eine Pendel-Kraftmessdose (etwa wahre Grösse). Der massive Stahlkörper zwischen den Kugelspitzen ist nur örtlich zur Dehnungsmessung durch ein Aluminiumröhrchen «aufgeweicht».

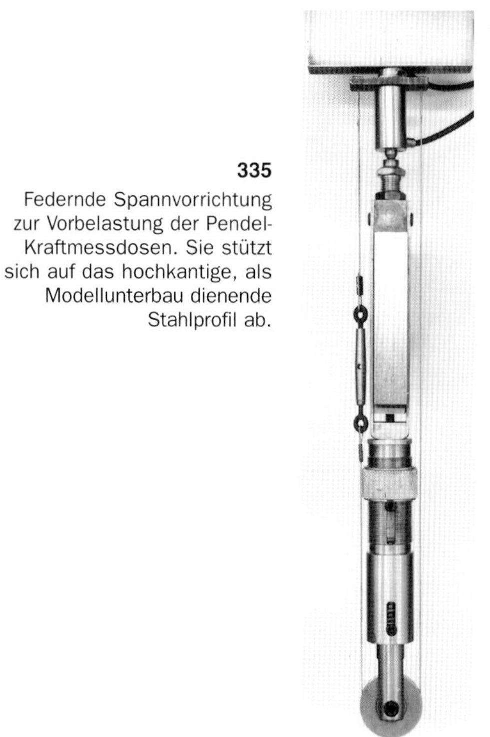

335 Federnde Spannvorrichtung zur Vorbelastung der Pendel-Kraftmessdosen. Sie stützt sich auf das hochkantige, als Modellunterbau dienende Stahlprofil ab.

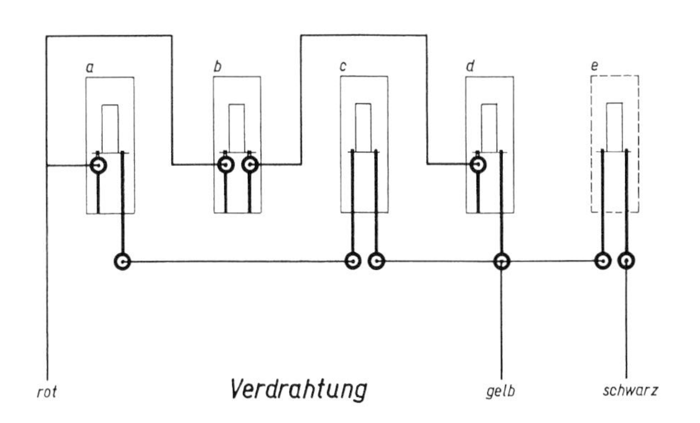

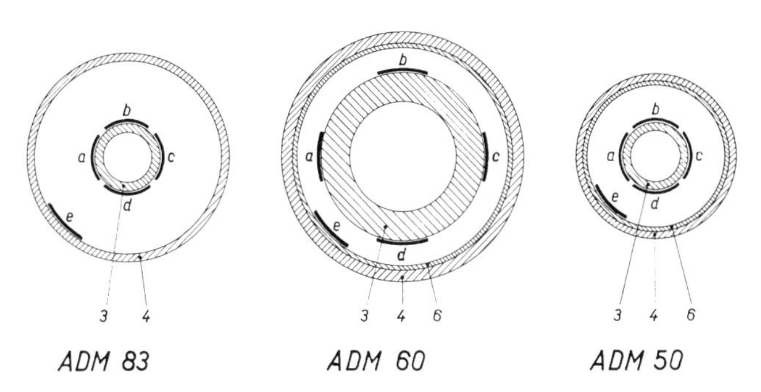

336 Horizontalschnitt mit der räumlichen Anordnung und elektrischen Schaltung der fünf zur Messung verwendeten Dehnmessstreifen. Die vier kreuzweise angeordneten Streifen kompensieren etwaige Biegestörungen, der fünfte dient der Temperaturkompensation.

Gerät zur Messung von räumlichen Dynamen

Die allgemeinste Erscheinungsform der «Kraft» wird bei den Theoretikern *Dyname* genannt. Sie verheiratet einen Kraft- und einen Momentenvektor (beide beliebig gerichtet) zu einer übergeordneten Grösse, die die räumliche Krafteinwirkung bezüglich eines bestimmten Raumpunktes vollständig beschreibt. Anschaulich bedeutet dies: Es genügt nicht, Grösse und Richtung einer Kraft zu kennen, man muss auch wissen, wo diese angreift und ob sie nicht noch von einer Drehwirkung um ihre eigene Achse begleitet ist.

Die Dyname ist durch total sechs – drei Kraft- und drei Momenten-Komponenten – bestimmt. Zu deren experimenteller Bestimmung ist dementsprechend die Messung von sechs Kraftvektoren in sinnvoller räumlicher Anordnung erforderlich. Da sich mit dem vektoriellen Gebilde der Dyname quantitativ nur mit den Mitteln der analytischen Geometrie – und das heute natürlich per Computer – effizient umgehen lässt, bedingt dies die Definition eines mit dem Gerät bzw. dessen Montageplattform fest verbundenen lokalen Koordinatensystems.

Es gibt ein kinematisches, die «Verschiebung» anstelle der «Kraft» betreffendes vektorielles Äquivalent zur Dyname. Werden die beiden in elastische Beziehung gebracht, liefern sie die so genannte *Steifigkeitsmatrix* der der Prozedur unterworfenen Stelle des (elastischen) Körpers (beispielsweise der Fuss eines Brückenpfeilers).

Ein im Labor gebautes, kompaktes Dynamen-Messgerät, mit dem auch die Steifigkeitsmatrix experimentell bestimmt werden kann, ist in Abb. 337 dargestellt.

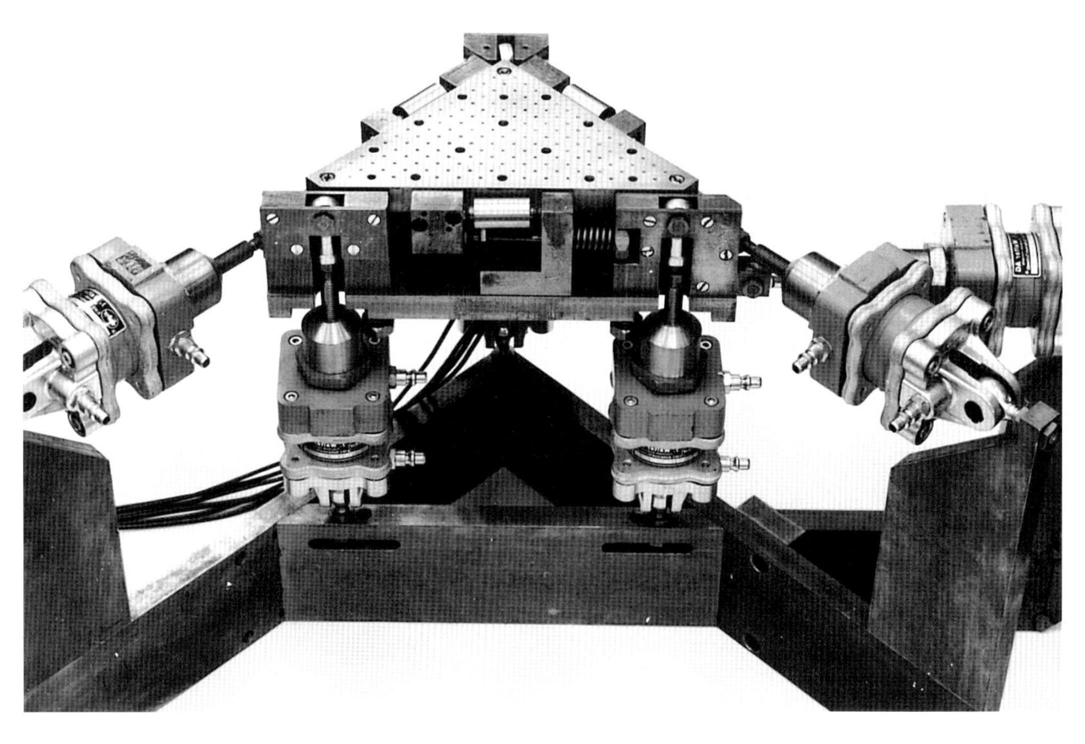

337
Universeller Steifigkeitsmatrix-Generator. Seine obere, dreieckige Belastungsfläche ist von sechs feder-vorbelasteten Pendel-Kraftmessdosen getragen (davon sind die drei horizontalen sichtbar). Überdies kann sie über pneumatische Pressen in sechs Richtungen verschoben bzw. gedreht werden.
Das Gerät war on-line mit dem Computer verbunden, sodass räumliche Kraftmessungen auf dem Bildschirm als Vektoren in richtiger Grösse, Richtung und Lage projektiv dargestellt werden konnten.

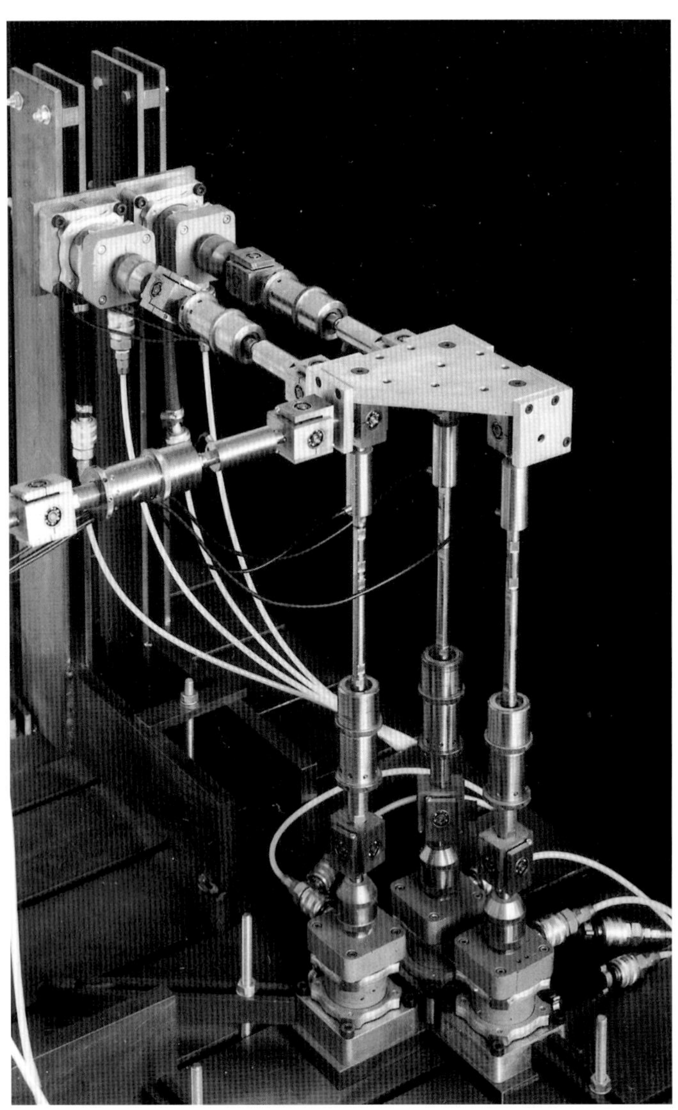

338 Modular zusammengebauter räumlicher Steifigkeitsmatrix-Generator. In dieser Zusammenstellung sind im Unterschied zur nebenstehenden Zeichnung die Drehlager eingeschlossen.

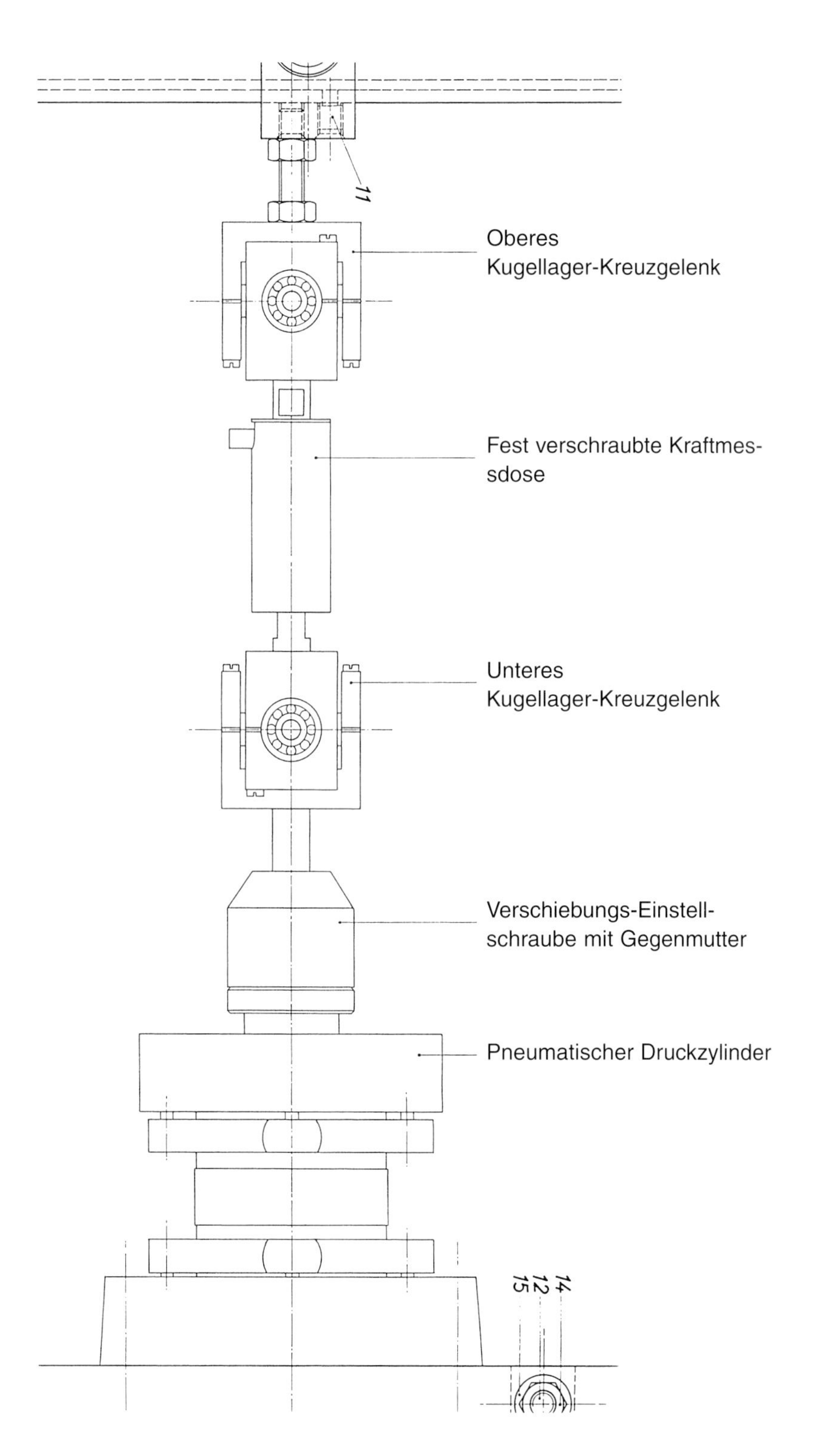

339 Einige der Elemente aus dem Baukastensystem für den Modell-Unterbau. Massstab etwa 1 : 2.

Unten der pneumatische Verschiebungsgeber: Sein Aktionsweg wird durch Feineinstellung eines Anschlags vorbestimmt.

Zwischen den zwei Kardangelenken (die nun die Funktion von Pendelstützen-Lagern übernehmen) ist ein auf Zug und Druck belastbares Kraftmessgerät fest eingeschraubt.

Das Baukastensystem für den Versuchsaufbau

Jedes Versuchsmodell benötigt einen speziellen Unterbau, über den es mit eindeutig definierten Randbedingungen auf seine Umgebung – hier den Aufspannboden – abgestützt ist. Zur effizienten Montage dieses Unterbaus wurde ein einheitliches modulares Baukastensystem aus gegenseitig verschraubbaren Einheitselementen entwickelt, in das auch sämtliche Kraft- und Verschiebungsgeber sowie die Messaufnehmer integrierbar waren.

Zur präzisen Simulation der gewünschten Freiheitsgrade der Tragwerks-Lagerungen wurden speziell entwickelte, praktisch spiel- und reibungsfreie, dennoch «harte» Kardan- und Torsionsgelenke verwendet. Verschiebungs-Aktionsgeber und Kraftmes-

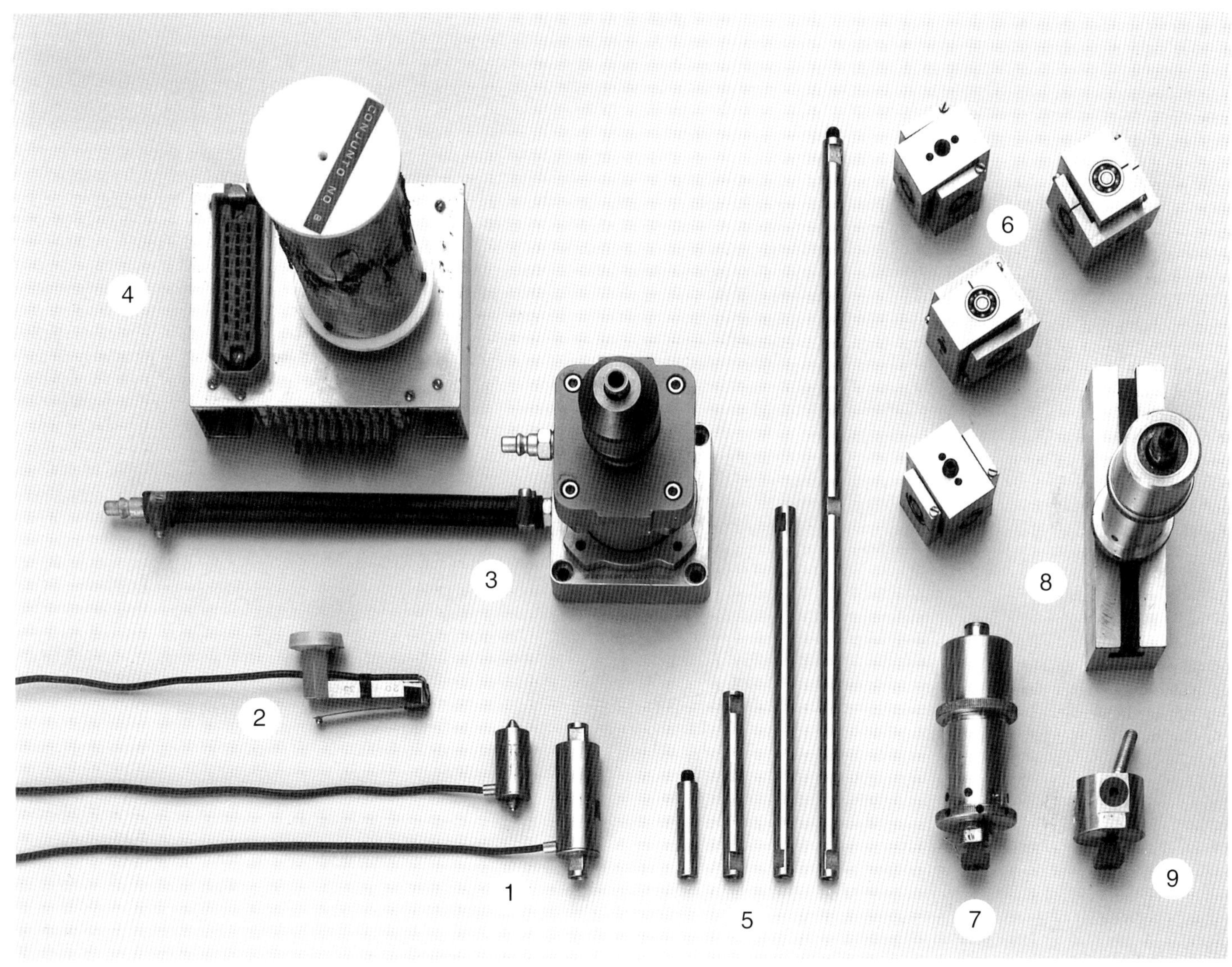

340 Auslage einiger Elemente des modularen Modellaufbau-Systems:

1 Auflagerdruckmesser der Typen ADM 50 und 83
2 Federnder elektrischer Deflektometer mit Magnetbefestigung
3 Pneumatischer Verschiebungsgeber
4 Elektrische Brückenergänzungseinheit zur Temperaturkompensation für zehn Dehnungsmessstellen
5 Zusammenschraubbare Stützelemente mit binärer Längenabstufung
6 Massive (praktisch undeformierbare) Kardangelenke mit (praktisch reibungsfreien) Kugellagern zur Modellauflagerung
7 Drehlager zur Aufnahme der Stützelemente bzw. Erweiterung des Freiheitsgrades der Kardangelenke mit Feingewinde zur Höhenverstellung
8 Auf dem mit Nut versehenen Basiselement montiertes Drehlager zu dessen Fixierung auf dem Aufspannboden
9 Fixierelement zur Montage von Verstrebungen des Modellaufbaus

ser konnten, in das Bausystem integriert, an jeder gewünschten Stelle eingebaut werden.

Im folgenden Unterkapitel 3.2.3 ist erläutert, wie sich die pneumatischen Zylinder auch als Aktionsgeber zur Erzeugung von Einheitslasten verwenden lassen.

Mit dem Baukastensystem erübrigte sich auch die kompakte räumliche «Waage» zur Messung der Steifigkeitsmatrix. Ihr physisches Äquivalent konnte nun bei Bedarf jederzeit modular zusammengestellt werden (s. Abb. 338).

3.2.3 Krafterzeugung und Modellversuchs-Modalität

Die Optimierung der Gerätschaften zur Erzeugung präziser Krafteinwirkungen auf die Modelle ist eine zentrale Aufgabe der Versuchstechnik. Vom Leistungsvermögen dieser Einrichtungen hängt der Zeit- und Arbeitsaufwand für Aufbau und Durchführung der Versuche entscheidend ab.

Die Anforderungen an die Belastungstechnik sind je nach physikalischer Modalität des Modellversuchs sehr unterschiedlich:

Im Realversuch

Wie in Kap. 3.1 festgehalten, bestehen reale Modelle aus den gleichen oder sich doch sehr ähnlich verhaltenden Baustoffen wie das zu simulierende Vorbild. Um ihr wirkliches Festigkeitsverhalten festzustellen, werden sie kontinuierlich ansteigend bis zum Bruch belastet. Da in diesem weiten Beanspruchungsbereich einerseits keine lineare Beziehung zwischen den Verformungserscheinungen und der Belastung bestehen kann, die Modellbelastung anderseits an die Ähnlichkeitsgesetze gekoppelt ist, erfordert dies eine Lastverteilung, die zur wirklichen *proportional* und zudem als Ganzes innerhalb eines naturgesetzlich gegebenen Bereichs *quantitativ steuerbar* ist.

Diese hohen Anforderungen bedingen entsprechend komplizierte – und auch schwerfällige – Einrichtungen. Das hierzu im Labor verwendete hydraulische Belastungsbecken ist hier auf Bildern einer Reihe von Anwendungen (z.B. Kap. 1.3) zu sehen. In einfachen Fällen genügt auch eine handelsübliche Druck- und Zugmaschine (s. Versuche auf S. 240).

Im Bereich der Gebrauchslasten verhalten sich auch Realmodelle – wie das wirkliche Tragwerk – weitgehend elastisch, sodass sie vor ihrer Zerstörung auch für entsprechende Versuche wie Spannungsermittlung oder Schwingungsverhalten (s. Kap. 1.9), verwendet werden können.

Im klassischen elastischen Modellversuch

Da hier das Modell nur auf sein elastisches Verhalten unter Gebrauchslast untersucht wird, spielt die absolute Grösse der aufgebrachten Kräfte im Prinzip keine Rolle. Die applizierte Kräfteverteilung muss aber zur wirklichen Belastung weiterhin *proportional* sein. Dies erfordert die Bereitstellung von Belastungsgruppen aus entsprechend tarierten Gewichten.

In der Hybristatik

In der in Kap. 3.5 näher erläuterten Hybridstatik, wo das (ebenfalls elastische) Modell ausschliesslich der Messung von Einflusswerten dient, beschränkt sich die erforderliche Art der Belastung auf das *sequenzielle* Aufbringen von *einzelnen Einheitskräften.*

In Kap. 3.5 ist die Applikation vertikaler Kraftaktionen durch die Universal-Belastungsmaschine zur Gewinnung von Einflussfeldern beschrieben. Die Grösse der Last ist frei wählbar und bleibt üblicherweise während des ganzen Versuchsablaufs unverändert. Es genügt, die Grösse der gewählten Last zu kennen, um die Messwerte auf die Wirkung einer Einheitslast umzurechnen.

Die Skalierung der Einflusskoeffizienten erfordert aber nicht notwendigerweise die Vorwahl einer bekannten Kraft. Es genügt, wenn das Datenerfassungssystem über die Grösse der in jedem Messdurchlauf wirkenden Aktionskraft informiert ist. In diesem Sinne kann, in Verbindung mit dem universellen Komparator (siehe Abb. 332), sogar die ihrer Natur nach messtechnisch höchst unzuverlässige, versuchstechnisch aber äusserst praktische Pneumatik zur Simulierung *exakter* Einheitskräfte eingesetzt werden.

Pneumatische Zylinder wurden in der vorangegangenen Beschreibung des modularen Baukastensystems nur als Gerät zur Erzwingung *fester Verschiebungen* aufgeführt, weil sie wegen ihrer unkontrollierbaren Kolbenreibung als Kraftgeber zu ungenau sind. Wird jedoch im Falle der sequenziellen Belastung die wirkliche Kolbenkraft bei jeder Aktivierung durch eine elektrische Kraftmessdose *simultan gemessen*, so kann der Prozessrechner die zugehörigen Einflusswerte in real time dennoch exakt ermitteln. In Abb. 370 ist ersichtlich, wie auf diese Weise z.B. horizontale Kräfte über Seilzüge auf das Modell aufgebracht werden.

Die gesamte Mechanik ist von dem allgegenwärtigen Naturgesetz des Gleichgewichts beherrscht. Auch sämtliche zwischen Aktionen und Effekten aufgestellten, errechneten oder gemessenen statischen Beziehungen sind diesem Gesetz unterworfen und können nur dann fehlerfrei sein, wenn ihre Aussagen dessen Bedingungen erfüllen. Mathematisch ausgedrückt befindet sich ein Körper im Gleichgewicht, wenn die vektorielle Summe aller auf ihn einwirkenden Kräfte und Momente (bzw. Dynamen) gleich Null ist. Bei einem Bauwerk (bzw. seinem Modell) bestehen die dabei betrachteten Einwirkungen aus den äusseren Belastungen und den durch sie hervorgerufenen Auflagerreaktionen.

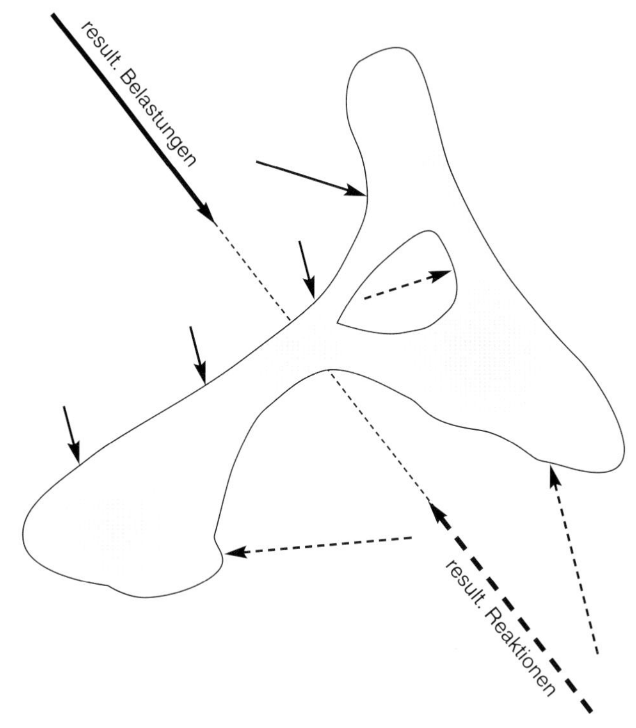

341 Das Gleichgewicht der Kräfte.

Nutzung des Gleichgewichts im Modellversuch

Will man sich nun bei der statischen Ausdeutung von Messergebnissen am Modell auf das Gleichgewicht berufen, so setzt dies die Kenntnis, d.h. die experimentelle Erfassung *sämtlicher* Auflagerreaktionen voraus. Nur so lassen sie sich mit den (von vornherein bekannten) jeweils aufgebrachten Belastungen in eine aussagekräftige Gleichgewichts-Beziehung bringen.

Einführung der Ortsvektoren

Doch auch die Kenntnis aller Aktions- und Reaktionsvektoren als solche reicht noch nicht zur Überprüfung des Gleichgewichts aus. Erst wenn auch die *räumliche Lage* ihrer *Wirkungslinien* bekannt ist, können die Momentenanteile der Dynamen in gegenseitige Beziehung gebracht werden. Dies bedingt – gleich wie beim Dynamen-Messgerät – die Einführung eines Koordinatensystems, in dem auch die räumlichen Angriffspunkte der Vektoren auf das Modell beschrieben sind. Damit werden ortsgebundene Messwerte, von denen man bisher im Kopf zwar immer «wusste», wo sie aufgenommen wurden, über einen Datenträger systematisch in gegenseitige geometrische Beziehung gebracht.

Unter einem geschlossenen Gleichgewichtssystem verstehen wir also ein Versuchskonzept, bei dem alle zum Nachweis des Gleichgewichts notwendigen Krafteinwirkungen (Aktionen und Reaktionen) samt der zugehörigen geometrischen Grössen erfasst sind und vor der Weiterverwendung der gemessenen Kräfte automatisch auf ihr Gleichgewicht überprüft werden. – Ein Konzept, das dem Modellversuch eine bislang ungekannte Zuverlässigkeit und statisch-interpretative Aussagekraft eröffnet:

Das Gleichgewicht als messtechnisches Kontrollkriterium

Ausfälle oder Fehlanzeigen einzelner Messungen lassen sich nie ganz ausschliessen, sind aber als solche durchaus nicht immer ohne weiteres erkennbar. Das geschlossene Gleichgewichtssystem bannt nun diese, allen physikalischen Experimenten inhärente Gefahr durch eine automatische Selbstkontrolle seiner Zuverlässigkeit. Wie dies versuchstechnisch im Einzelnen geschieht, wird in Kap. 3.4 erläutert.

Natürlich lässt sich mit Messwerten nie ein numerisch exaktes Gleichgewicht nachgewiesen. Das Bestreben, die unvermeidlichen Ungenauigkeiten möglichst klein zu halten, war der Grund für die in Kap. 3.2 beschriebenen Anstrengungen zur Entwicklung einer ausgefeilten Kraftmesstechnik. Durch statistischen Ausgleich kann die Präzision der analogen Messwerte weiterhin gesteigert werden (vgl. Kap. 3.5).

Berechnung von Schnittkräften über das Gleichgewicht

Das entscheidende Leistungspotenzial der Methode des geschlossenen Gleichgewichts liegt aber weniger in ihrer – wenn auch wichtigen – Fähigkeit, sich selbst zu überprüfen:

Bei genauer Kenntnis aller auf ein Gebilde einwirkenden Kräfte lassen sich bekanntlich auch beliebige Schnittkräfte berechnen. Da diese wiederum mit dem Integral der durch die Schnittfläche «fliessenden» Spannungen im Gleichgewicht sein müssen, lassen sich auch über diese eindeutige Aussagen machen. Die im Schnitt herrschende Spannungsverteilung ist dadurch – da die Verformungen ja nicht durchwegs bekannt sind – zwar im Allgemeinen nicht genau bestimmt. Die Kenntnis der Schnittkraft genügt dennoch in vielen Fällen für die dortige Bemessung.

Damit vermindert sich die Notwendigkeit der abundanten Verwendung von – nur einmal verwendbaren – Dehnungsmessstreifen, dem bisher einzigen experimentellen Weg zur Spannungsermittlung, der im Übrigen umgekehrt meist keine genaue Berechnung der Schnittkräfte zulässt. Neben einer entscheidenden Leistungssteigerung als Entwurfswerkzeug bringt die beschriebene Methode also auch eine wesentliche Vereinfachung und Rationalisierung der Modellversuchstechnik mit sich. Diese Eigenschaften gehören zu den Voraussetzungen, die später auch die Entwicklung der Hybridstatik ermöglichten (s. Kap. 3.4).

Auf der folgenden Seite ist ein anschauliches Anwendungsbeispiel aus der Konstruktionspraxis beschrieben.

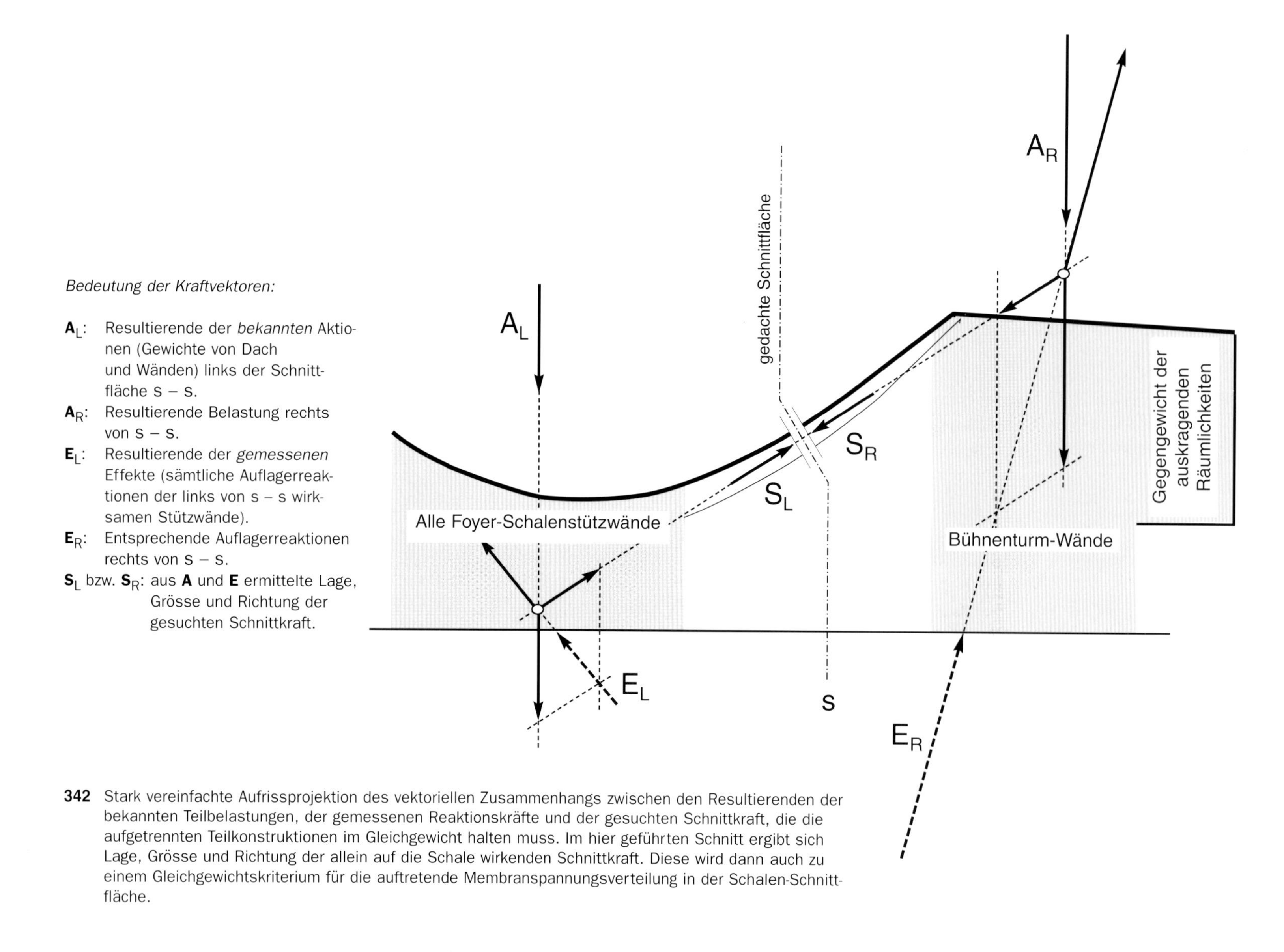

Bedeutung der Kraftvektoren:
A_L: Resultierende der bekannten Aktionen (Gewichte von Dach und Wänden) links der Schnittfläche s – s.
A_R: Resultierende Belastung rechts von s – s.
E_L: Resultierende der gemessenen Effekte (sämtliche Auflagerreaktionen der links von s – s wirksamen Stützwände).
E_R: Entsprechende Auflagerreaktionen rechts von s – s.
S_L bzw. S_R: aus A und E ermittelte Lage, Grösse und Richtung der gesuchten Schnittkraft.
A_L
A_R
gedachte Schnittfläche
S_L
S_R
Alle Foyer-Schalenstützwände
Bühnenturm-Wände
Gegengewicht der auskragenden Räumlichkeiten
E_L
E_R
s

342 Stark vereinfachte Aufrissprojektion des vektoriellen Zusammenhangs zwischen den Resultierenden der bekannten Teilbelastungen, der gemessenen Reaktionskräfte und der gesuchten Schnittkraft, die die aufgetrennten Teilkonstruktionen im Gleichgewicht halten muss. Im hier geführten Schnitt ergibt sich Lage, Grösse und Richtung der allein auf die Schale wirkenden Schnittkraft. Diese wird dann auch zu einem Gleichgewichtskriterium für die auftretende Membranspannungsverteilung in der Schalen-Schnittfläche.

Anwendungsbeispiel Basler Theater

Den Anstoss zur Entwicklung der erläuterten Versuchsmethode gab das Problem der statischen Erfassung des «wirklichen» Tragverhaltens der irregulär berandeten, vorgespannten Betonschale des Theaterdachs und ihre Interaktion mit den frei geformten Tragwänden, auf denen sie sich abstützt. Die zu dieser Problematik angestellten Entwurfsüberlegungen sind in Kap. 1.12 dargelegt.

Bei dem zur Abklärung der offenen statischen Fragen durchgeführten Modellversuch wurden die hinsichtlich ihrer Aufstandsfläche voneinander unabhängigen Wandstücke und Widerlagerscheiben sowie die Seitenwände des Bühnenturms erstmals auf (total acht) speziell gefertigte, separate «Schlitten» gestellt, die auf je sechs (wie in Abb. 335 noch vorgespannten) Pendel-Kraftmessern statisch bestimmt gelagert waren – die ersten Vorläufer der in der Folge entwickelten Dynamen-Messgeräte (s. Kap. 3.2).

Bei Belastung der Dachschale gaben so die total 48 Reaktionsmessungen nicht nur Auskunft über Grösse und Verteilung ihrer Verankerungskräfte und damit der Beanspruchung der Stützelemente, sondern liessen auch Schlussfolgerungen über die Wirkungsweise der Schale selbst zu – beispielsweise über die Grösse der erwarteten, aber kaum berechenbaren Ringspannungen.

Insbesondere wurde, wie in der Legende der obigen Zeichnung erläutert, gedanklich ein Querschnitt durch die frei zwischen den Foyer- und den Bühnenturmauflagern hängende Schale geführt und die dortige Schnittkraft ermittelt, die aus den auf die zertrennten Teilbauten wirkenden Belastungen und Auflagerreaktionen resultiert. Gleichzeitig wurde die Schale längs der angenommene Schnittline beidseitig mit Dehnungsmessstreifen bestückt (s. weisse Pfeile in Abb. 343) und zur direkten Messung der dortigen Membranspannungen eingesetzt.

Stimmt nun – was im konkreten Fall erstaunlich genau zutraf – die ermittelte Resultierende der Schnittkraft mit dem (numerisch aus den Einzelmessungen interpolierten) Integral der gemessenen Schnittspannungen über die Schalen-Querschnittsfläche überein, so ist der Beweis des fehlerfreien Funktionierens sowohl der Reaktions- wie auch der Spannungsmessungen erbracht. Damit kann auch auf die übrigen, nicht über das Gleichgewicht überprüfbaren Spannungsmessungen vertraut werden – eine weitere Leistung der Versuchsmethode des «geschlossenen Gleichgewichts».

343
Versuchsbereites Modell.
Man beachte die Konzentration der Messstellen in den kritischen Schalenbereichen.
Die weissen Pfeile deuten auf den zur Kontrolle nachgemessenen Schalenschnitt (siehe Text).

344
Der Modellunterbau mit den acht Auflager-«Schlitten», mit denen die entsprechenden Wandelemente des Modells biegefest verklebt wurden.

Die «Einflussfunktion» quantifiziert in einem elastischen Gebilde die Wirkung, die ein Einheits-Aktionsvektor (Kraft oder Verschiebung) in Funktion der räumlichen Lage seiner Angriffsstelle (seinem Ortsvektor) auf einen an einer festen Stelle auftretenden Effekttyp ausübt. Sie ist somit ein Oberbegriff zu der jedem Baustatiker bekannten «Einflusslinie», die sich auf die Wirkung einer wandernden Einzellast in einem linearen Gebilde bezieht.

Bis zur Überhandnahme der Computerstatik war die Einflusslinie, nicht zuletzt wegen ihrer Anschaulichkeit, für jeden Baustatiker das höchste der Gefühle. Insbesondere an der ETH, einer massgeblichen Keimzelle der graphischen Statik, wurde die «Kultur» der Einflusslinien lange gepflegt. Bis in die 70er Jahre wurde kein Brückentragwerk berechnet, ohne dabei auch mit den arbeitsaufwändigen Einflusslinien zu jonglieren. Heute sind sie praktisch in Vergessenheit geraten – ob zu Recht oder zu Unrecht, wird noch zu kommentieren sein.

Da die Einflussfunktion in den weiteren Ausführungen eine zentrale Rolle spielt, lässt es sich nicht vermeiden, den Sinn und Zweck der Einflusslinie hier wieder in Erinnerung zu rufen.

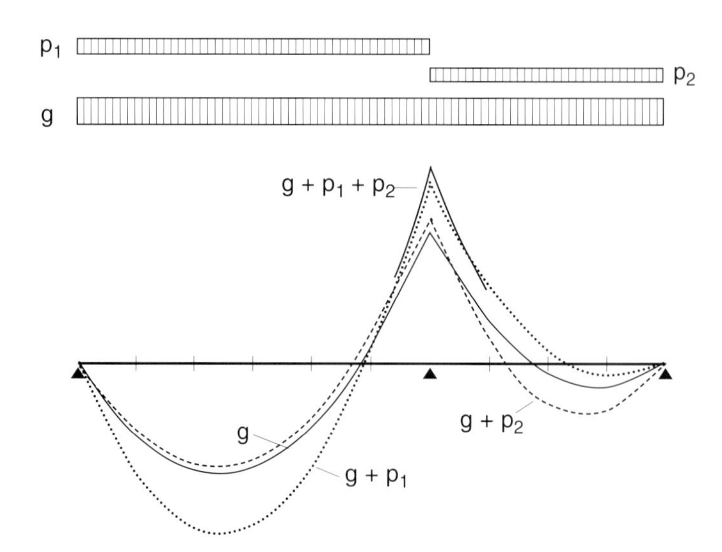

345 Das vertraute Bild der Momentenlinien eines Durchlaufträgers – Superposition von *Zustandsfunktionen* infolge des Eigengewichts sowie der ungünstigsten Feldbelastungen durch die Nutzlast.

Einflusslinien von Stabwerken

Die Aufgabe jeder statischen Berechnung besteht in der Ermittlung der extremen Beanspruchungen (Effekte) an allen Stellen eines *vorgegebenen* Tragwerks unter sämtlichen erdenklichen Belastungsweisen (Aktionen), denen es während seines Gebrauchs ausgesetzt ist oder sein könnte.

Bei ebenen Stabwerken bleiben die untersuchten Effekttypen auf das Biegemoment, die Quer- und Normalkraft sowie die Auflagerreaktionen beschränkt. Bei den Aktionen herrschen normalerweise die in der Stabwerksebene (einzeln oder verteilt) wirkenden *vertikalen* Lasten vor. Wir beschränken uns hier auf die Betrachtung des Biegemoments.

Zustandslinien

Die «Momentenlinie» gehört zum täglichen Brot des Baustatikers. Sie beschreibt die Verteilung des Biegemoments längs eines stabartigen Gebildes, beispielsweise eines Balkens, als Folge einer bestimmten Art der Belastung. Sie erfasst also den *gesamten Zustand* seiner Beanspruchung hinsichtlich der betrachteten Effektgrösse. Deshalb zählt man die Momentenlinie zu den *Zustandslinien*.

Oft ist bei einem Tragwerk die zu erwartende Belastung so eindeutig, dass zu dessen Bemessung die Berechnung einer einzigen Zustandslinie ausreicht. In anderen Fällen, wie in der in Abb. 345 dargestellten und im Hochbau üblichen Art der Balkenberechnung, wird die Wirkung der ungünstigsten Kombination einer geringen Zahl möglicher Zustandslinien gesucht (im Beispiel des Eigengewichts g, kombiniert mit verschiedenen Auftretensarten der Nutzlast p). In den meisten Fällen genügt die Berechnung einiger weniger Lastfälle zur sicheren Dimensionierung.

Einflusslinien

Man kann zum gleichen Ergebnis auch über einen komplizierten Umweg gelangen: Statt die Beanspruchung des Balkens für wenige ausgesuchte Lastfälle zu berechnen, «vergisst» man zunächst die Grösse und Verteilung der wirklich vorkommenden Belastungen und untersucht den «Einfluss», d.h. die Wirkung, die eine über den Balken wandernde Einheitslast in Funktion ihrer örtlichen Lage auf jeden der in Betracht gezogenen Effekttypen ausübt. Dies erfordert zunächst wieder die Berechnung jetzt *fiktiver* Zustandslinien (in unserem Beispiel der Momentenlinien) für jede einzelne einer ganzen Reihe von Laststellungen. Die entsprechenden Ergebnisse sind in Abb. 346 im Falle unseres Balkens für total 11 Laststellungen übereinander aufgezeichnet.

Liest man nun in diesen Zustandslinien das an einer festen Stelle auftretende Biegemoment von oben nach unten ab und zeichnet dessen Werte in einer neuen Darstellung des Balkens von links nach rechts an den Ort der sie verursachenden Laststellung auf, so erweisen sie sich als Punkte einer eleganten Kurve – der *Einflusslinie*. Diese hat nach den Gesetzen der Mechanik auch eine physikalische Bedeutung: Sie ist – wie man sich an einem einfachen Biegeexperiment leicht selbst überzeugen kann – die (überhöhte) Form, die eine entsprechend aufgelagerte, an der betrachteten Momentenstelle durch gegenseitiges Verdrehen gebrochene elastische Rute annehmen würde! Auch die Einflusslinien der übrigen Effekttypen besitzen unter Vorstellung andersartiger Manipulationen der Rute (Abscheren für die Querkraft, Anheben für die Auflagerreaktion) entsprechende Analogien zu Biegelinien.

Aber die mathematische Schönheit allein genügt nicht zur Rechtfertigung des Arbeitsaufwands. Da wir es in unseren Betrachtungen mit linear-elastischen Systemen zu tun haben, dienen die in den Kurven ablesbaren Einflusswerte als *Koeffizienten*

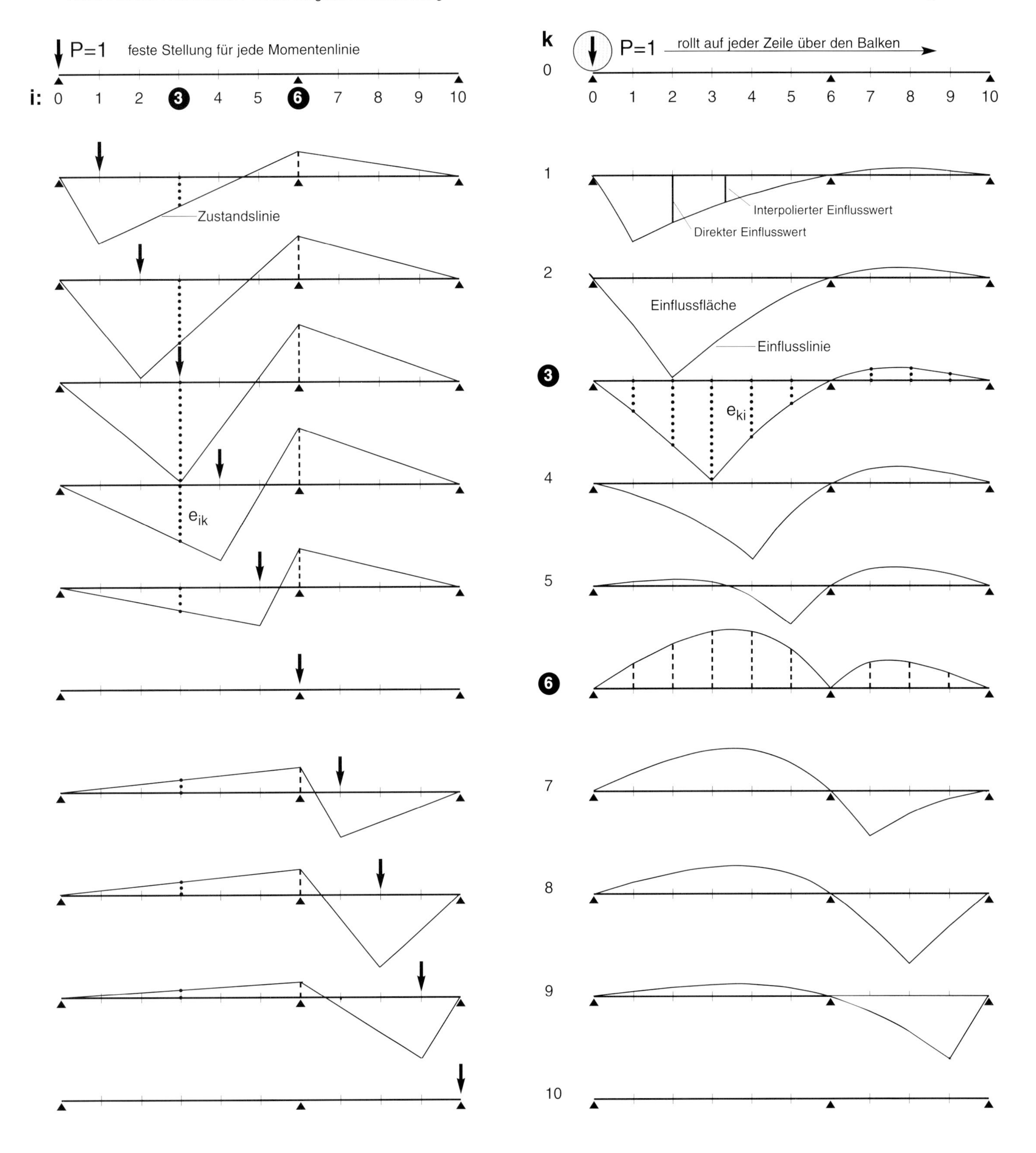

346 Zustands- und Einflussfunktionen am Beispiel der Momentenbeanspruchung eines über zwei Felder durchlaufenden Balkens (siehe Text).

zur Berechnung der Wirkung (hier auf das Biegemoment) irgendwelcher Aktionen (hier von vertikalen Lasten). Den quantitativen Effekt einer realen Einzelaktion erhält man durch simple Multiplikation deren Grösse mit dem entsprechenden Einflusswert, die Gesamtwirkung durch Summierung der entsprechenden Produkte. Auch die Wirkung von verteilten Streckenlasten lassen sich leicht über die *Einflussfläche* – das Integral der Einflussfunktion über deren Länge – ermitteln. Auf diese Weise hätte man bei Kenntnis der Einflusslinien auch die eingangs durchgeführte Balken-Berechnung unter bekannter Belastung im Nu durchführen können. Nur: der Aufwand zur Erzeugung der Einflusslinien hätte den Rechenaufwand gegenüber der direkten Zustandsberechnung weit überstiegen.

Der gewichtigste Grund für das seinerzeitige Interesse an der Einflusslinie lag aber an ihrer nach wie vor wertvollen Eigenschaft, dass sich an ihr die für das Auftreten der Extremwerte von Effekten massgebliche *Stellung* einer wandernden Last mühelos ablesen lässt. Und diese kann je nach Effekttyp und untersuchter Schnittstelle sehr unterschiedlich sein. Dieser Vorzug der Einflusslinie kommt bei der Untersuchung der Wirkung fahrender Schwerlasten auf Brückenbauten besonders deutlich zur Geltung.

Über die Grenzen der Notwendigkeit derart genauer und arbeitsintensiver Suche nach Extremwerten lässt sich streiten. Hingegen nicht darüber, dass die Einflusslinien eine weit umfassendere Information über das elasto-statische Verhalten des betrachteten Tragwerks enthalten als eine beschränkte Auswahl von Zustandslinien.

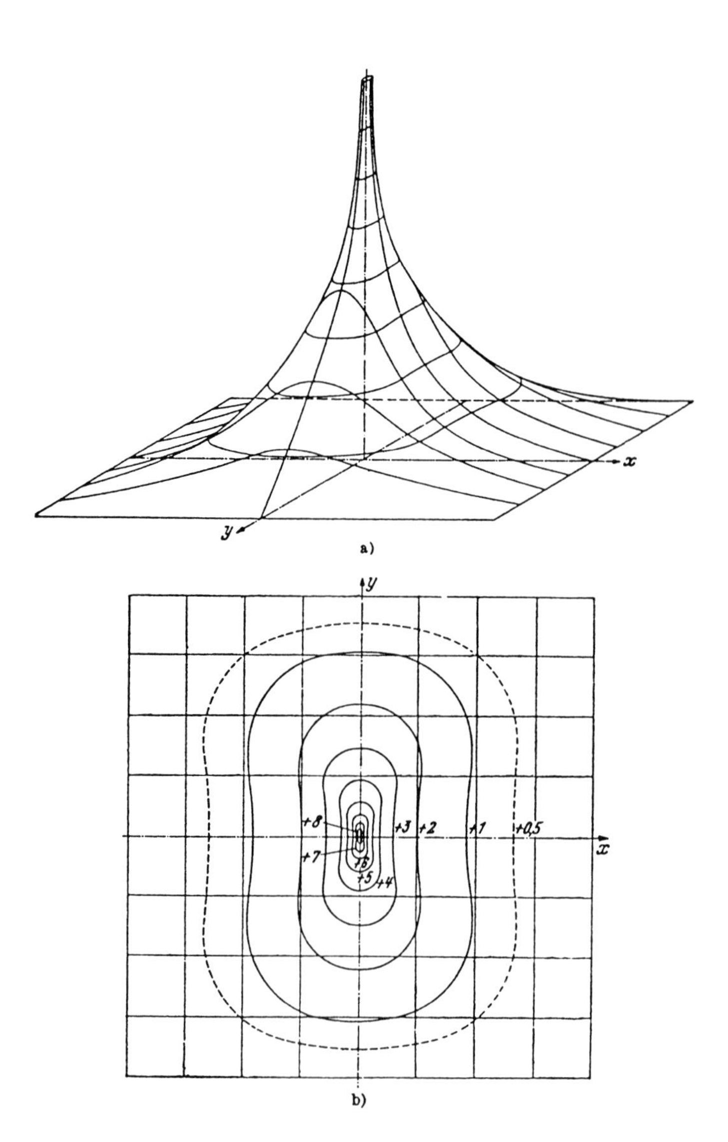

347 Schrägbild und Grundriss mit Höhenlinien eines mit enormem Rechenaufwand ermittelten Einflussfelds für das Biegemoment m_x im Mittelpunkt einer frei drehbar gelagerten quadratischen Platte (aus Girkmann: «Flächentragwerke»).

Einflussfelder von Platten

Das Einflussfeld ist das zweidimensionale Analogon zur Einflusslinie. Bei Platten ist es eine räumlich gekrümmte Fläche über dem Plattengrundriss und ensteht durch das Aufzeichnen der Einflusswerte des betrachteten Effekts als Höhe am zugehörigen Standort der Einheitslast. Sein praktischer Nutzen ist der gleiche wie der der Einflusslinie: Die Wirkung beliebiger (vertikal angreifender) Lastkombinationen kann bei Kenntnis der Einflusskoeffizienten durch einfache Superposition errechnet werden. Gerade oder gekrümmt duch das Einflussfeld geführte senkrechte Schnitte ergeben die Einflusslinien über ihren Basiskurven – z.B. über den Achsen einer frei geformten Geleiseanlage auf einer Plattenbrücke. Das durch das Einflussfeld begrenzte Volumen über einer beliebig umrandeten Grundrissfläche liefert die Wirkung einer dortigen gleichmässigen Belastung.

Nun ist aber die analytische Behandlung von Flächentragwerken – dazu zählt man die Platten, Scheiben und Schalen – mathematisch ungleich schwieriger als die von Stabwerken. Aus ihren Differenzialgleichungen abgeleitete explizite Lösungsformeln existieren nur für geometrisch einfache Grundkörper und dies nur für besondere Lastfälle. Schon das in Abb. 347 dargestellte Bild des Einflussfeldes einer Platte mit denkbar einfacher quadratischer Umrandung ist das Ergebnis mathematischer Methoden, die das einschlägige Repertoire jedes Bauingenieurs überfordern, aber auch ohne dies für die Praxis viel zu aufwändig wären.

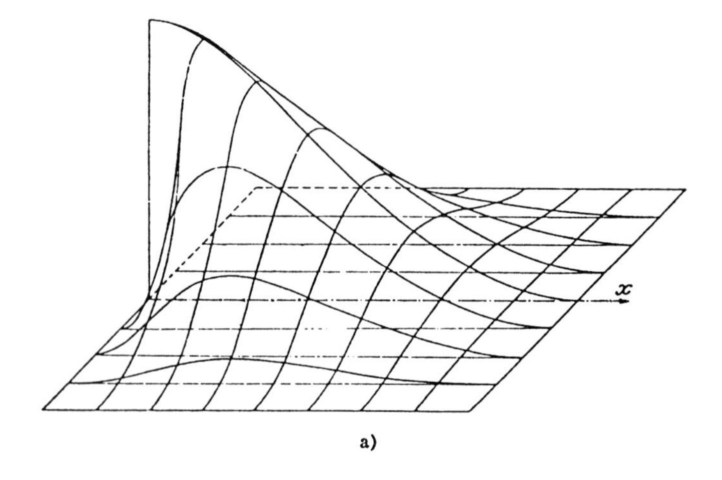

348 Schrägbild des Einflussfeldes für das Einspannmoment in Seitenmitte einer allseitig eingespannten quadratischen Platte.

349
Manuelles Zeichnen von Höhenlinien des Einflussfeldes einer unregelmässig umrandeten Platte.
Der fahrbare Belastungs- und Zeichenstift folgt, manuell gesteuert, der Kurve konstanter Null-Anzeige der elektrischen Messbrücke (1962).

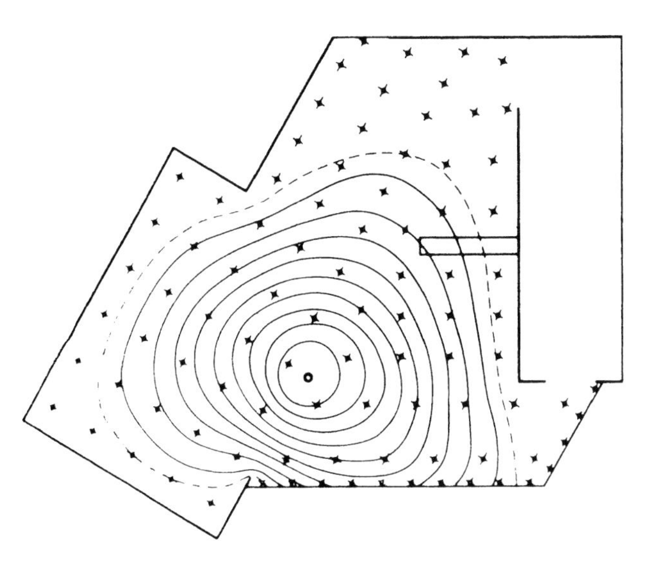

350 Zeichnungsergebnis der mit dem obigen Gerät an einer unregelmässig umrandeten Platte experimentell ermittelten Höhenkurven des Einflussfelds eines Biegemoments.

Auch hier hilft wieder das Experiment. In Abb. 349 ist das Labormodell – ein simples Aluminiumblech – einer unregelmässig umrandeten und zudem unterschiedlich eingespannt aufgelagerten Platte zu sehen. Es wurde mit einem Kohlepapier (Schwärze nach oben) und darüber mit einem Transparentpapier belegt, auf dem sich so jede örtliche Druckbelastung abzeichnet. Ein unten mit einem bekannten Gewicht belasteter, das Modell umgreifender «Lastbügel» pendelt auf einem schmalen, mit einem Drehknopf steuerbaren Metallrädchen. Man musste nun nur noch einen Ort mit einem gewünschten, am Messgerät abgelesenen Einflusswert aufsuchen und anschliessend mit dem Gerät so über das Modell steuern, dass dabei die Messanzeige unverändert blieb. So zeichnete das Rad zwangsläufig eine Höhenkurve des gesuchten Einflussfelds.

Bei sorgfältiger Versuchsdurchführung zeigen Messergebnisse an Modellen generell eine erstaunlich genaue Übereinstimmung mit entsprechenden Werten aus elastizitätstheoretischen Berechnungen. Mit einer Ausnahme: das Modell kennt keine «Singularitäten». In der Theorie sind sie die Folge idealisierender Hypothesen für das mathematische Modell, die in der physischen Welt aber nicht auftreten können. In Abb. 347 strebt beispielsweise der Einflusswert bei Annäherung der Last an den Effektpunkt gegen Unendlich. Erfahrungsgemäss bilden sich in Wirklichkeit an solchen Stellen im Material theoretisch nicht darstellbare, aber immer ausgleichende räumliche Spannungszustände aus. In der realen Welt gibt es auch keine Punktlasten und Spannungen lassen sich nicht in Punkten messen. Beide beanspruchen eine physische Fläche. Aus diesem Grund sind auch die scharfen Spitzen der Einflussflächen nur Theorie. In Wirklichkeit sind sie ausgerundet.

Die beschriebene Methode zur grafischen Darstellung analytisch nicht berechenbarer Einflussfelder zeigt – bei dieser Art der Problemstellung – die klar überlegene Leistungsfähigkeit analoger messtechnischer Verfahren zur Erfassung des wirklichen statischen Verhaltens von elastischen Gebilden. Sie ist aber in der beschriebenen Form für die allgemeine praktische Anwendung viel zu umständlich. Eine auf ihr beruhende statische Berechnung bedürfte der grafischen Auswertung tausender solcher Einflussfelder.

Auch die heutige, bei ernsthafter Betrachtung unhaltbare Meinung, analoge Methoden seien ohnehin überholt und alles liesse sich heute mit der FEM-Methode lösen, hilft hier nicht weiter. Sie trifft nicht im Entferntesten zu (vgl. Kap. 3.5.1).

Die digitale Erfassung der Einflusswerte

Aus dem Dilemma der Erkenntnis, dass Einflussfunktionen an anspruchsvollen Gebilden analytisch nicht beschreibbar sind und sich nur experimentell in analoger Form erfassen lassen, dergestalt in der Praxis aber kaum anwendbar sind, führt nur ein Ausweg:

Das einzige Medium, das analoge Messgrössen wie – digital gewandelte – Einflusswerte gemeinsam mit geometrischen Daten (den Ortsvektoren von Aktionen und Effekten) analytisch verarbeiten, speichern und verwalten kann, ist der Computer. Dies bezieht sich gleichermassen auf die Erfassung und Darstellung der Einflussfunktionen selbst, wie auf deren Weiterverarbeitung als Basisinformation zur Durchführung anspruchsvoller statischer Berechnungen am jeweiligen Untersuchungsobjekt. Aus dieser Feststellung mussten nun nur noch die Konsequenzen gezogen werden.

Zum Nachweis der erreichbaren Messgenauigkeit von Einflusswerten wurden schon 1960 – noch vor der Entwicklung der Methode des geschlossenen Gleichgewichts – an einem in Längsrichtung dicht mit Dehnungsmessstreifen bestückten dünnen Eisenstab von 1 m Länge unter verschiedenen Lagerungsbedingungen Biege-Einflusslinien ermittelt und mit den berechneten verglichen.

Der Versuchsablauf erfolgte analog zum Rechenablauf in unserem Balken-Beispiel in Abb. 351: Für jede Laststellung einer wandernden Einzellast wurden die Werte sämtlicher Messstellen als Zustandswerte abgefragt und in Form sequenzieller Spalten einer Matrix abgespeichert. Am Ende der Prozedur enhält dann jede Zeile die Funktionswerte einer Einflusslinie.

Ergebnisse solcher Messungen – sie haben beinahe rechnerische Präzision – sind in Abb. 352 dargestellt.

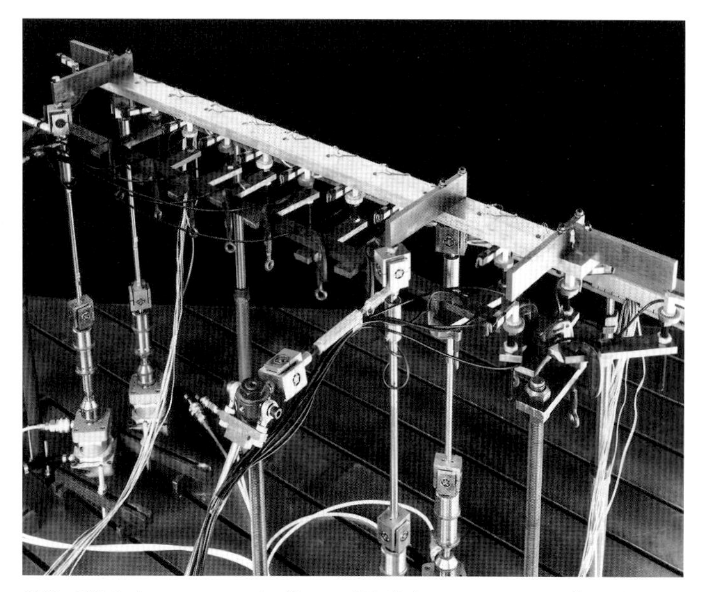

351 Mit Dehnungsmessstreifen und Deflektometern ausgerüster Versuchsbalken aus Acrylharz zur Generierung von Einflusslinien.

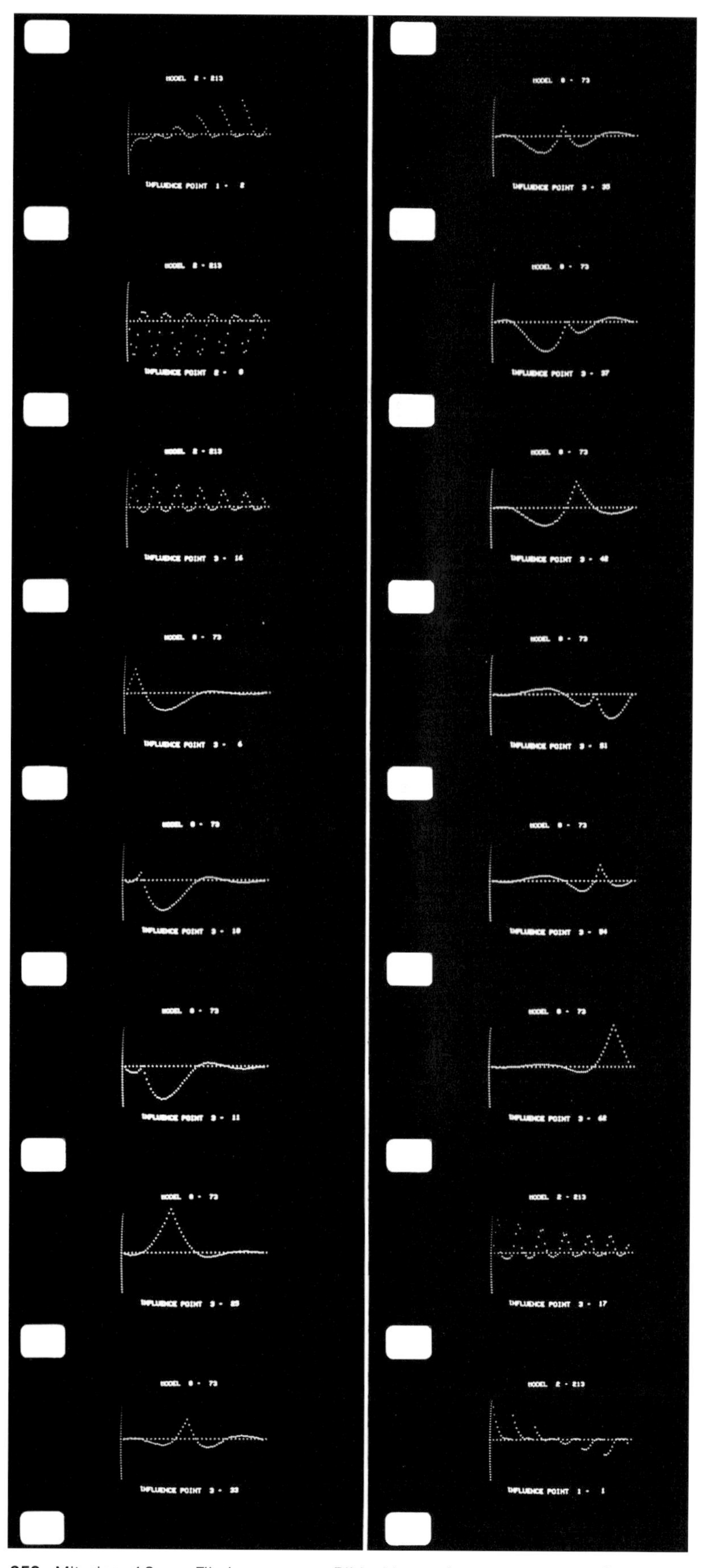

352 Mit einer 16 mm-Filmkamera vom Bildschirm aufgenommene, vom Computer aus Zustandswerten vieler Laststellungen zusammengestellte Einflusslinien von direkten Randdehnungsmessungen an einem stählernen Probestab.

353 Erzeugung von Einflusslinien-«Hardcopies» vom Speicher-Bildschirm.

		Einheits-Aktionen	
		Kräfte	Verschiebungen
Effekte	Reaktionen	1	2
	Verschiebungen	3	4
	Spannungen	5	6

354 Allgemeine Grundmatrix mit ihren sechs Untermatrizen der direkt gemessenen Einflussgrössen. Sie ist der Steckbrief der elasto-statischen Verhaltensmöglichkeiten des getesteten Gebildes.

Einflussfunktionen

Die soeben näher beleuchteten Einflusslinien und Einflussfelder sind in zweierlei Hinsicht Sonderfälle von Einflussfunktionen:

Erstens beziehen sie sich beide auf geometrisch sehr einfache Tragwerkstypen: die Stabwerke und Platten. Einflussfunktionen lassen sich aber – ob analytisch berechenbar oder nicht – in jedem beliebig geformten elastischen Körper definieren.

Zweitens werden die Linien bzw. gekrümmten Flächen in beiden Fällen stillschweigend als stetige Funktionen betrachtet. Dies macht sie auch differenzier- und integrierbar und ermöglicht die Interpolation zwischen berechneten oder experimentell erfassten Einzelwerten. Diese schöne Eigenschaft wird, wo sie zutrifft, auch bei der weiter unten behandelten numerischen Weiterverarbeitung der Einflussfunktionen genutzt werden.

Die Stetigkeit ist aber keine notwendige Eigenschaft der Einflussfunktionen. Der Funktionsbegriff bezieht sich einzig auf die *eindeutige lineare Zuordnung* der Effektwerte zu spezifischen Aktionen. Es kommen daher ebensogut auch Einfluss-Funktionswerte ohne geometrische Nachbarschaftsbeziehungen vor.

Die gesamte Information über das elasto-statische Verhalten des untersuchten Konstruktionsgebildes wird in Form einer Koeffizienten-Matrix festgehalten.

Die Grundmatrix der Einflusswerte

Als Grundmatrix bezeichnen wir die Darstellungsform der während des Versuchsablaufs *direkt* anfallenden Einflusswerte. Jedem dieser bis in die Millionen gehenden Koeffizienten entspricht also genau ein analoger Messwert, den der Prozessor in versuchstechnisch bereinigter Form und modellmechanisch schon auf das Verhalten des wirklichen Objekts umgerechnet abspeichert.

Die Struktur und der qualitative Inhalt dieser Grundmatrix ist, unabhängig von den spezifischen Eigenschaften des getesteten Gebildes, durch die physikalische Wesensart des Versuchsverfahrens vorgegeben, das ihrer Erzeugung zugrunde liegt:

- Bei Vollständigkeit setzt sich die Grundmatrix aus sechs Untermatrizen zusammen, deren Elemente sich durch ihre Zuordnung zu je einer der sechs in Abb. 354 festgehaltenen, direkt messbaren Grundrelationen zwischen den Aktions- und Effekttypen entsprechen. Sie unterscheiden sich durch ihre physikalische Dimension (dem Quotienten aus Aktions- und Effektdimensionen) und unterliegen dementsprechend bei ihrer ähnlichkeitsmechanischen Umdeutung auf die Verhaltensweise des wirklichen Objekts unterschiedlichen Umrechnungsfaktoren. Die Einflusswerte der Submatrizen 1 und 4 sind demnach dimensionslos und deshalb unabhängig von Massstab und Material des Versuchsmodells unverändert auf den Prototyp übertragbar.

- Der Matrix 1 kommt bei vollständiger Erfassung aller Reaktionswerte die besonders wichtige Aufgabe zu, Voraussetzung für die spätere Durchführung aller erdenklichen Gleichgewichtsbetrachtungen bzw. -berechnungen zu sein (vgl. Kap. 3.5.3).

- An Stellen der Matrizen 2 und 3, wo Aktionen und Effekte örtlich zusammenfallen (z.B. bei der Durchbiegungsmessung direkt unter der Angriffsstelle der Einheitslast oder der Reaktionmessung infolge der Einheitsverschiebung des betreffenden Auflagers) erhalten die Einflusswerte die besondere Bedeutung von *Steifigkeitswerten.* Bei der späteren analytischen Verarbeitung der Matrix können diese Werte zur Simulation eines gegenüber dem Messmodell veränderten statischen Systems verwendet werden (vgl. Kap. 3.5).

- Die Matrizen 5 und 6 sind durch entsprechenden Messaufwand beliebig detaillierbare passive Infomationsergänzungen. Die aufgeführten «Spannungen» sind noch untransformierte, der gemessenen Dehnung proportionale Richtwerte.

Im nächsten Kapitel wird auf die experimentelle Generierung der Einflussmatrix und deren Weiterverarbeitung eingegangen.

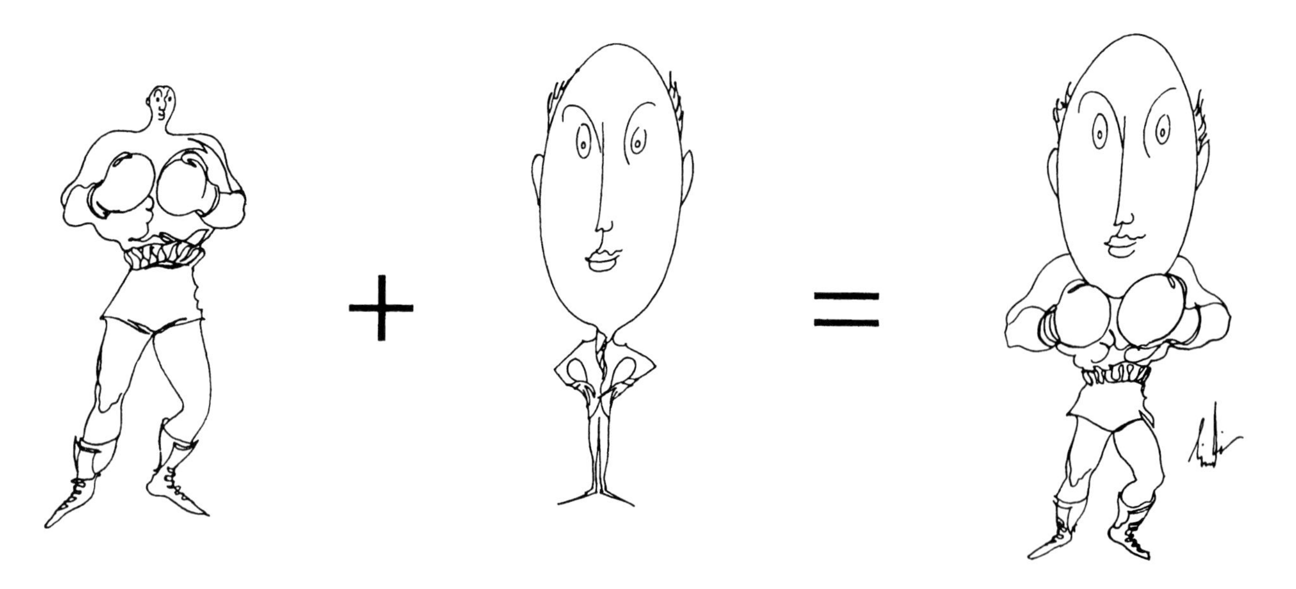

355 Hybridstatik – die optimale Symbiose zwischen dem arbeitswütigen, aber kopflosen digitalen Computer und dem allwissenden, aber stummen analogen Modell. (Karikatur des bekannten Illustrators Lindi in einem Artikel in der «Schweizerischen Bauzeitung» 1965).

Die Hybridstatik ist eine Synthese aus den einzelnen, im Labor entwickelten Versuchstechniken und -methoden in ein kohärentes und integrales System zur Untersuchung und statischen Berechnung elastischer Traggebilde unbegrenzter Formenvielfalt.

Sie beruht auf dem Konzept, die analytisch nicht erfassbaren Einflussfunktionen – der «Verhaltenssteckbrief» jedes elastischen Körpers – an einem wirklichkeitsgetreuen Modell des zu untersuchenden Tragwerks experimentell zu entlocken, um diese umfassende Information anschliessend mit entsprechender Software zur Simulation des Tragverhaltens der Konstruktion unter realen (Belastungs-)Bedingungen auf dem Computer zu nutzen.

Die Umsetzung des Konzepts in ein praktisch einsetzbares System erfordert die Erfüllung unerbittlicher Bedingungen:

- Hohe qualitative Zuverlässigkeit der analogen Messtechnik. Strikte Anwendung der Komparator-Methode (vgl. Kap. 3.2.2).
- Die Erfassung der Aktionen und Effekte als Komponenten ihrer vektoriellen (bzw. tensoriellen) Software-Beschreibung in einem (durch ein Koordinatensystem) definierten Modellraum (vgl. Kap. 3.2.3).
- Ein Versuchsaufbau, der hinsichtlich der Auflagerung des Modells die Bedingungen eines geschlossenen Gleichgewichtssytems erfüllt (vgl. Kap. 3.3).
- Auf der Software-Seite: ein besonderes Betriebssystem zur Programmierung der Versuchsabläufe mit einer entsprechend strukturierten Datenbank als Informationsdrehscheibe zwischen den mit geometrischen Daten behafteten Einflusswerten und den später auf sie angesetzten Auswertungsprogrammen.

3.5.1 Die technische Realisierung

Eine hinreichend dichte Einflussmatrix zur Beschreibung des elastischen Verhaltens eines frei gestalteten Bauwerks kann leicht die Generierung und Verarbeitung hunderttausender, durch tausende von Einzelaktionen bewirkte Effekte bzw. Einflusswerte erfordern – ein Prozess, der das versuchstechnische Leistungsvermögen herkömmlicher Gerätschaften bei weitem überstieg. Die notwendigen Apparaturen mussten daher neu erfunden und hergestellt werden.

Der Entwicklung der Belastungstechnik kam dabei der Umstand entgegen, dass sich der in der herkömmlichen Statik wegen seiner Umständlichkeit – oder, weil ohnehin analytisch nicht erfassbar – so gemiedene Umweg der Berechnung von Lasteinwirkungen über die Einflussfunktionen in der Hybridstatik im Gegenteil als der einfachste, ja sogar einzig gangbare Weg erweist. Die sequenzielle Applikation von Einheitsaktionen lässt sich unvergleichlich viel leichter automatisieren als die physische Zusammenstellung komplizierter Lastgruppen. Schon das saubere Aufbringen gleichförmiger Lasten ist technisch kaum denkbar. Über Einflusswerte kann dagegen die Wirkung beliebiger Belastungsarten jederzeit problemlos durch den Computer simuliert werden.

Mit seinen interdisziplinären technischen Problemstellungen war das Entwicklungsprojekt der Hybridstatik eine äusserst spannende Herausforderung. Da die Herstellung der neuartigen Geräte im Auftrag, wenn überhaupt denkbar, dann unbezahlbar gewesen wäre, wurden diese kurzer Hand in der eigenen Werkstatt gebaut. An der Realisierung waren neben den einsatzfreudigen und fähigen Mitarbeitern auch die Experimentalphysik der Universität Basel unter Eugen Baumgartner sowie – in Fragen der Prozesssteuerung – Peter Dietz (vgl. Beitrag Kap. 4) durch Rat und Tat massgeblich beteiligt.

356 Blick in den von der Koordinaten-Belastungsmaschine überstrichenen Versuchsraum der Hybridanlage mit dem steifen, aus plangefrästen Stahlprofil-Flanschen gebildeten Aufspannboden. Im Bild befinden sich drei im Text näher beschriebene Modelle in versuchsbereitem Zustand.

Die koordinatengesteuerte Belastungsmaschine

Bei Baukonstruktionen überwiegen normalerweise die lotrechten, durch die Gravitation verursachten Belastungen. Dazu zählen die Konstruktionseigengewichte, die Lasten von Verkehrsmitteln und Menschenansammlungen, die Gewichte von Lagergütern und Gebäudeeinrichtungen sowie die Schneelasten. Die durch senkrechte Einheitslasten generierten Einflusswerte sind daher zur späteren Simulierung der wirklich auftretenden Lastfälle von vorrangiger Bedeutung.

Das apparative Herzstück der Hybridanlage ist denn auch eine computergesteuerte Maschine zur sequenziellen Belastung der Modelle mit einer an beliebiger Stelle absetzbaren vertikalen Einzellast, gekoppelt mit der weiter unten beschriebenen Einrichtung zur automatischen Abfragung der jeweils zugehörigen Messdaten bzw. Einflusswerte. Seine globale Konstruktionsweise ist die eines den Modell-Versuchsraum überstreichenden koordinatengesteuerten Brückenkrans mit Laufkatze. Auf ihr steht ein turmartiger Aufbau, in dem ein senkrecht verstellbares Rohr einen Satz austarierter Gewichte enthält, die einzeln und kombiniert als auf den Laststift wirkende Kraft angewählt werden konnten.

Die erwünschte Belastungssequenz wurde durch einmaliges manuelles Anfahren mittels einem projizierten Fadenkreuz der vorgesehenen Lastpunkte und die Registrierung ihrer Koordinaten vorprogrammiert (s. Abb. 360). Die geometrischen Daten flossen dann automatisch auch in die Grundmatrix des untersuchten Objekts.

Das Gerät wurde in der Werkstatt des Laboratoriums Hand in Hand mit der laufenden Entstehung seiner informellen Konstruktionsskizzen (s. Abb. 358) innerhalb weniger Monate betriebsbereit fertig gestellt. Pläne wurden von der Maschine nie angefertigt.

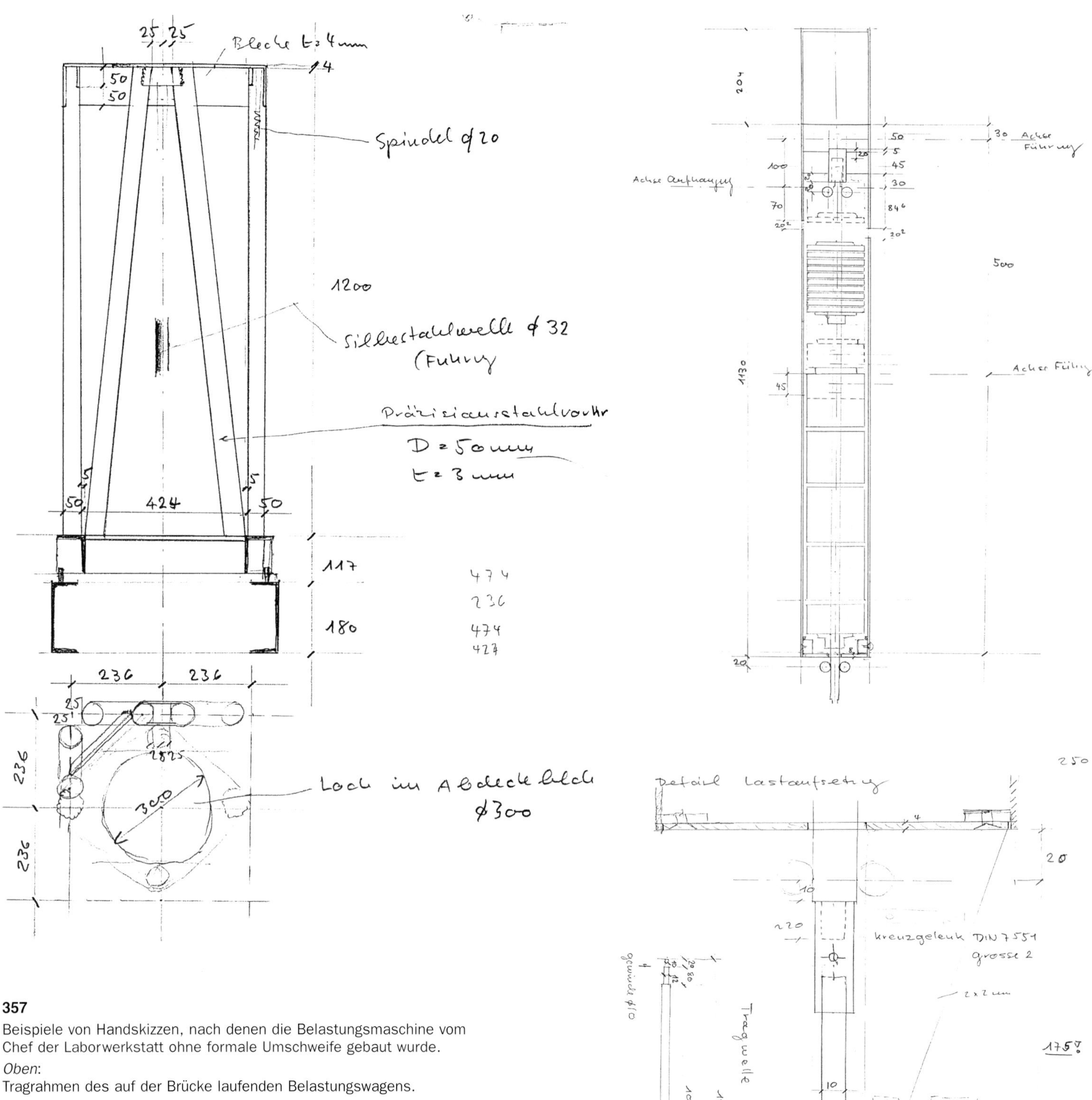

357

Beispiele von Handskizzen, nach denen die Belastungsmaschine vom Chef der Laborwerkstatt ohne formale Umschweife gebaut wurde.

Oben:
Tragrahmen des auf der Brücke laufenden Belastungswagens.

Oben rechts:
Querschnitt durch den steifen, über eine Spindel manuell höhenverstellbaren Rohrbehälter mit den darin gelagerten Eichgewichten. Diese waren digital abgestuft und konnten zur Belastung des Laststifts an mechanischen Schaltern in beliebiger Kombination ausgewählt werden. So konnte für jeden Modellversuch die messtechnisch optimale Einzellast eingestellt werden.

Rechts:
Detail des zur Vermeidung horizontaler Zwängkräfte pendelnd aufgehängten Laststiftträgers. Die Spitzen des Laststifts konnten der Härte des zu belastenden Modellmaterials angepasst werden.

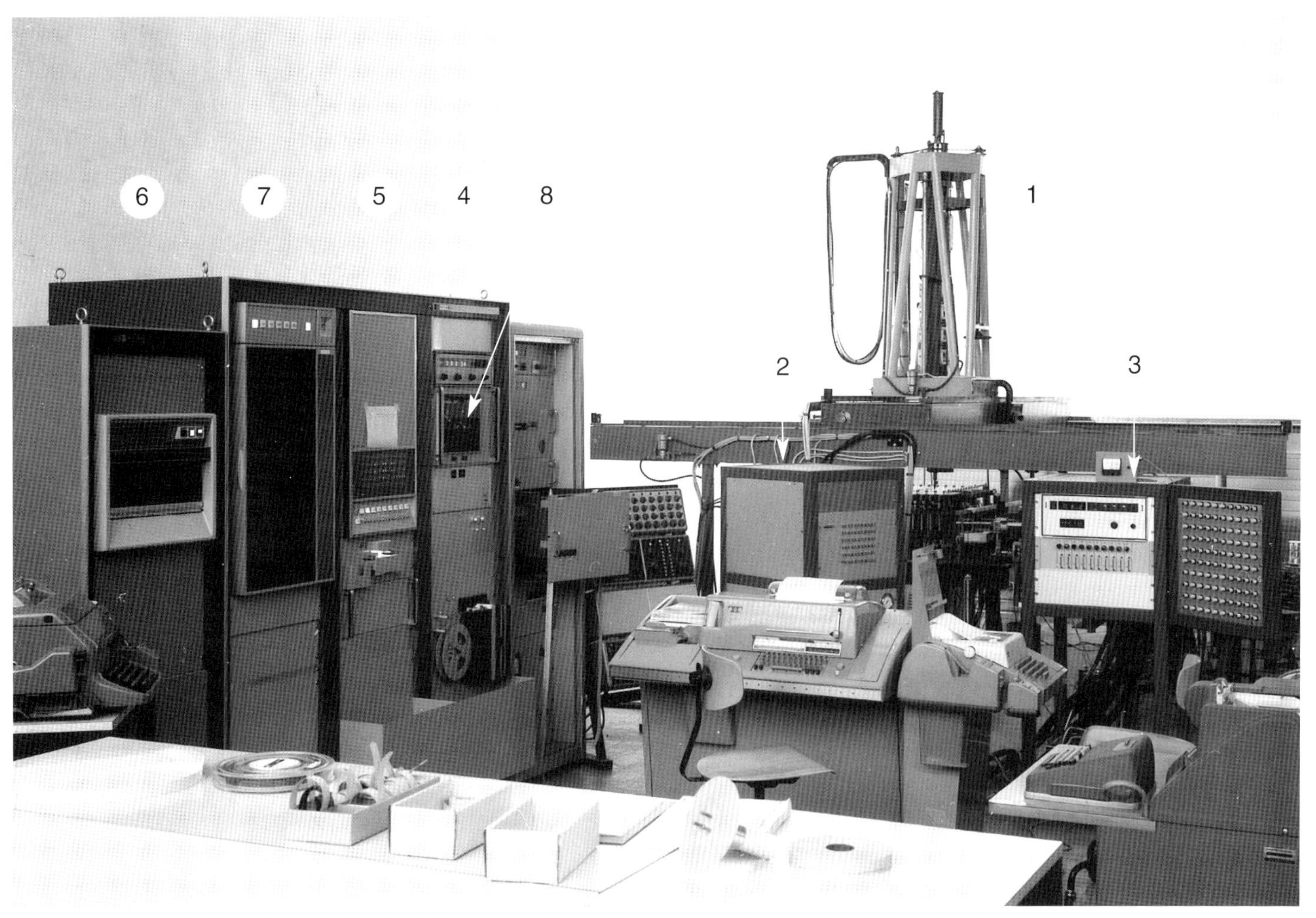

358 Das gesamte Geräteorchester beider Entwicklungsgenerationen der computergesteuerten Hybrid-Versuchsanlage (1967).

1. Koordinaten-Belastungsmaschine.
2. Steuerbare Druckluftversorgung mit 100 Zapfstellen.
3. Selbst gebautes prozessgesteuertes Messstellenwählgerät mit 100 abgleichbaren Anschlüssen.
4. Superpräzises integrierendes VIDAR-Digitalvoltmeter.
5. Frei programmierbarer Zentralcomputer HP-2116 B mit 64K Arbeitsspeicher zur Steuerung des Versuchsablaufs und für die anschliessende endgültige hybridstatische Berechnung.
6. HP-Plattenlaufwerk mit Fest- und Wechselplatte von je 500K 16-bit-Worte Speicherkapazität zur on-line Registrierung der Einflusswerte (Kostenpunkt damals 80'000 sFr.!).
7. Magnetbandeinheit zur längerfristigen Aufbewahrung der Einflussfunktion.
8. Erster HP-Pixelbildschirm zur Erzeugung grob punktierter Linien und Felder. Er wurde zur Darstellung der Einflusslinien in den Abbildungen 352 und 368 eingesetzt.

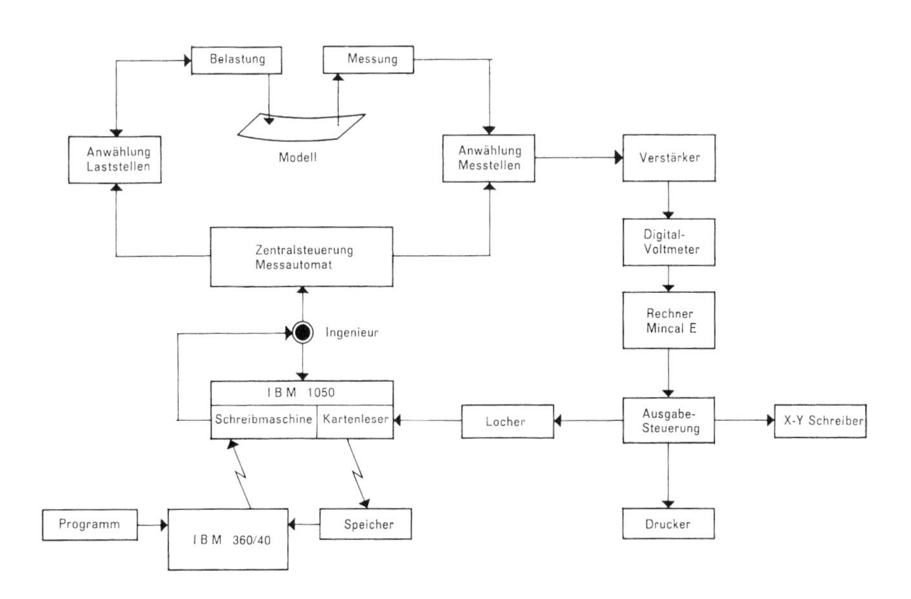

359

Geräte-Organigramm des Vorläufers der oben beschriebenen Hybridanlage (aus SBZ 1965).

Vor Anschaffung des eigenen, in einer höheren Sprache (hier FORTRAN) programmierbaren Computers, des HP-2116 B, konzentrierte sich die Aufgabe des in «Assembler» zu programmierenden Dietz'schen Prozessrechners Mincal E auf die real time Steuerung der Versuchsabläufe, die Bereinigung der Messdaten und deren Registrierung auf dem IBM-Kartenlocher. Die Daten wurden per Telefonleitung zum Rechenzentrum der IBM übermittelt, wo die Auswertungsprogramme der Hybridstatik auf der legendären IBM 360/40 liefen.

Die dieser ersten Generation zugehörigen Geräte sind im Bild oben noch erkennbar.

360 Auf die Modelloberfläche projiziertes Fadenkreuz zur Vorprogammierung der später automatisch anzusteuernden Lastkoordinaten.

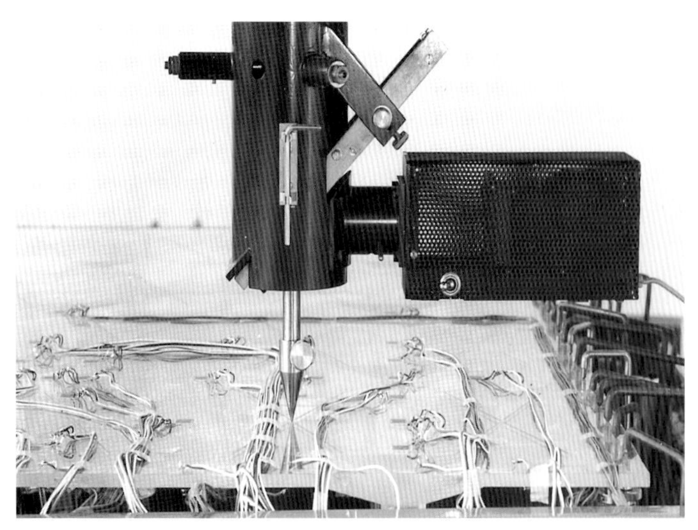

361 Belastungskopf des Koordinatenwagens mit auf das Modell abgesenktem Laststift.

362 Links bzw. rechts im Bild die im Labor gebauten, frei programmierbar gesteuerten pneumatischen Aktionsgeber bzw. elektrischen Effektscanner.

Programmierbare Aktionserzeugung und Effektmessung

Alle auf die Modelle wirkenden Aktionen (einschliesslich der Absenkung des Laststifts der Koordinatenmaschine) wurden durch Betätigung pneumatischer Zylinder ausgelöst, die an eine fahrbare zentrale Druckluftversorgung mit 100 Zapfstellen angeschlossen waren. Die letzteren wurden einzeln oder in Gruppen gemäss einem spezifisch auf jeden Modellversuch zugeschnittenen Programm aktiviert.

Ebenso programmgesteuert wurden die elektrischen Messaufnehmer der Effekte (Dehnungen, Verschiebungen und Reaktionskräfte) über eine zentrale Schalteinheit für 100 abgleichbare Messkreise angewählt. Drei dieser Anschlüsse wurden durch den in das Hybridsystem integrierten universellen Komparator belegt (vgl. Kap. 3.2).

Die zentrale Bedeutung der Messung *sämtlicher* Auflagerreaktionen im Modellversuch zur Ermittlung von Schnittkräften wurde in Kap. 3.3 bereits angesprochen. In der Hybridstatik gewinnt die Reaktionsmessung noch an Bedeutung: Sie ist die entscheidende Brücke zwischen der von Natur aus unpräzisen analogen Messtechnik und der exakten, in sich widerspruchsfreien analytischen Berechnung. Sie erfüllt diese Funktion in zwei Stufen:

Erstens: zur Fehlerüberwachung und -lokalisierung

In Kap. 3.3 wurde die zuverlässige Aufdeckungsmöglichkeit von fehlerhaften Reaktionsmessungen in geschlossenen Gleichgewichtssystemen angedeutet. In der Hybridstatik, wo die Belastungen in Form grosser Serien an unterschiedlichen Stellen des Modells angreifender Einheitsaktionen aufgebracht und die zugehörigen Reaktionen jeweils gemessen werden, verrät sich die fehlerhafte Messstelle bei Annäherung der Aktion von selbst: Während des programmierten Versuchsablaufs wurde das Gleichgewicht jeder einzelnen Einheitsaktion mit den gemessenen zugehörigen Reaktionen in real time errechnet und die auftretenden Abweichungen vom Sollwert 1 in einem Protokoll ausgedruckt (s. Abb. 363). Bei Überschreiten einer tolerierten Fehlergrenze schlug das System Alarm und der defekte Messsensor konnte durch die aktuelle Laststellung identifiert werden.

Zweitens: zum statistischen Fehlerausgleich

Die der Hybridstatik eigene grosse Wiederholung von Messungen an den gleichen Messaufnehmern und deren spätere analytische Verwendung als Summanden erlaubte die Anwendung statistischer Methoden zur weiteren Präzisionssteigerung der Einflusswerte.

Nach Passieren der oben erwähnten Kontrolle wurden die gemessenen Einflusswerte der Reaktionen unter Einbeziehung ihrer Ortsvektoren automatisch einer Ausgleichsrechnung unterzogen und derart korrigiert, dass sie mit den jeweiligen Aktionen ein auch numerisch perfektes Gleichgewichtssystem bildeten. In dieser Form wurden sie dann als endgültige Einflusswerte gespeichert. Damit war jeder denkbaren Messfehlerfortpflanzung bei ihrer Weiterverarbeitung von vornherein ein Riegel vorgeschoben. *Sämtliche Ergebnisse der mit den Einflusswerten später durchgeführten statischen Berechnungen erfüllen so ohne weiteres Zutun ebenfalls die Gleichgewichtsbedingungen.*

Dies hebt die experimentelle Hybridstatik auch hinsichtlich ihrer analytischen Tauglichkeit auf den Stand jeder rein theoretischen Berechnung – mit dem Vorzug, dass sie diese ungeachtet der Komplexität der Form des untersuchten Tragwerks immer an einem gleichermassen perfekten elastischen Modell der Wirklichkeit durchführt.

CORRECT TOTAL: -1

LP	TOTAL	ERROR
1	-.1010E+01	.9617%
2	-.1001E+01	.0820%
3	-.1001E+01	.1431%
4	-.9754E+00	-2.3573%
5	-.9843E+00	-1.5708%
6	-.9877E+00	-1.2284%
7	-.9928E+00	-.7234%
8	-.9964E+00	-.3553%
9	-.9963E+00	-.3680%
10	-.1004E+01	.3839%
11	-.1023E+01	2.2587%
12	-.9952E+00	-.4810%
13	-.9997E+00	-.0327%
14	-.1001E+01	.1388%
15	-.9986E+00	-.1377%
16	-.9960E+00	-.3951%
17	-.9947E+00	-.5286%
18	-.1009E+01	.9486%
19	-.1006E+01	.6326%
20	-.1004E+01	.4279%
21	-.1009E+01	.8991%
22	-.9907E+00	-.9258%
23	-.9907E+00	-.9287%
24	-.1000E+01	.0260%
25	-.1004E+01	.3855%
26	-.1002E+01	.1695%
27	-.9986E+00	-.1403%
28	-.1009E+01	.9316%
29	-.9994E+00	-.0603%
30	-.1015E+01	1.4785%
31	-.9871E+00	-1.2897%
32	-.1004E+01	.3923%
33	-.1000E+01	.0262%
34	-.9875E+00	-1.2485%
35	-.9875E+00	-1.2464%
36	-.9908E+00	-.9166%
37	-.9940E+00	-.5982%
38	-.9851E+00	-1.4868%
39	-.1005E+01	.4613%
40	-.1010E+01	.9569%
41	-.1007E+01	.7272%
42	-.1010E+01	.9517%
43	-.9892E+00	-1.0815%
44	-.9953E+00	-.4673%
45	-.9869E+00	-1.3115%

363 Original-Protokoll der Ergebnisse der Gleichgewichtskontrolle der der (in diesem Fall) 22 Reaktionsmessungen infolge vertikaler Einheitsbelastungen an (hier 45) Belastungspunkten.
Links: die Summe der gemessenen vertikalen Reaktionen.
Rechts: die prozentuale Abweichung vom Soll-Wert 1.

3.5.3 Hybridstatische Simulationssoftware

Erweiterung der Grundmatrix

Das Resultat des experimentellen Teils der Hybridstatik ist die in Kap. 3.2 schon dargestellte Grundmatrix mit den Einflusswerten der gemessenen physikalischen Grössen.

Wie dort auch dargelegt, lassen sich aus diesen Grundwerten weitere, in anderen physikalischen Aktions- und Effektgrössen ausgedrückte Einflusswerte ableiten, die bei deren analytischer Auswertung durch den Statiker je nach Tragwerkstyp sinnvoller zu handhaben sind. Hier einige Beispiele:

Ableitung von Aktionstypen

Moment-Aktionen können überall dort abgeleitet werden, wo – zur Bildung von Kräftepaaren – in der Nähe ihrer gedachten Angriffsstellen die Kraft-Zustandsfunktionen infolge paralleler Einheitskräfte bekannt sind. Dies trifft im ganzen Bereich der durch die Belastungsmaschine erzeugten Einflussfelder von vornherein zu. Die beiden Effektkomponenten einer (in diesem Fall horizontalen) Einheitsmomenten-Aktion können durch lineare Überlagerung der entsprechend gewichteten Wirkung der am nächsten benachbarten drei vertikalen Kraftaktions-Vektoren errechnet werden.

Wo diese Voraussetzung nicht zutrifft, müssen im Modellversuch zusätzliche Kraftaktionen eingeführt werden, wie dies beispielsweise zur späteren Untersuchung von Vorspannwirkungen notwendig ist (siehe weiter unten).

Zur Erzeugung von *Verdrehungs-Aktionen* gelten analoge Voraussetzungen wie für die Momente.

Ableitung von Effekttypen

Schnittkräfte: Wie in Kap. 3.3 festgestellt, sind Schnittkräfte als solche nicht messbar. Sie können aber bei Kenntnis von Lage und Grösse der Belastungs- und Auflagerreaktions-Vektoren immer für jede beliebige Schnittstelle des Tragwerks über Gleichgewichtsbetrachtungen berechnet werden. Die Hybridstatik nutzt diesen Sachverhalt, indem sie diese Rechenoperation für sämtliche in der Grundmatrix samt deren Aktionserweiterung enthaltenen Zustandsfunktionen der Reaktionen an einer frei wählbaren Anzahl von Schnittstellen durchführt. Es entstehen so Einflussfunktionen, die sich auf die in der Stabstatik üblichen Schnittgrössen wie *Biegemomente*, *Normal-* und *Querkräfte* beziehen.

«Flächen»-Kräfte: Spannungen- bzw. Dehnungen lassen sich nur an der Oberfläche des Modells messen. Da ihre Hauptrichtung im allgemeinen unbekannt ist, müssen die drei Komponenten des ebenen Spannungstensors individuell gemessen und je als Einflusskoeffizienten behandelt werden. Die Spannungsrichtung lässt sich erst als Ergebnis eines bestimmten Lastfalls errechnen.

Dagegen können die Einflusswerte paralleler, sich beidseitig einer Platte oder Schale direkt gegenüberliegender Dehnungsmessungen analytisch zu Einflusswerten von Komponenten örtlicher Flächentragwerks-Schnittgrössen umgedeutet und in die erweiterte Matrix eingeführt werden. So lassen sich getrennte Einflussfunktionen für *Biegung*, *Membrankräfte* oder *Drillung* generieren.

		Einheits-Aktionen		abgeleitete Aktionstypen	
		Kräfte	Verschiebungen	Momente aus (1)	Verdrehungen aus (2)
Effekte	Reaktionen	1 (Einflussfunktionen)	2 (Steifigkeitswerte)		
	Verschiebungen	3 (Zustandsfunktionen, Steifigkeitswerte)	4		
	Spannungen	5	6		
abgeleitete Effekttypen	Schnittkräfte aus (1)	Biegemomente			
		Normalkräfte			
		Querkräfte			
	Rotationen aus (3)	Verdrehungen			
	«Flächen»-Kräfte aus (5)	Membranspannungen			
		Biegespannungen			

364 Erweiterung der Grundmatrix um weitere Aktions- und Effekttypen.
Beispiele aus der Grundmatrix der experimentell erfassten Einflussfunktionen rechnerisch abgeleiteter Zustands- und Einflussfunktionen neu definierbarer Aktionen und Effekte.

```
CARGA 1 -- PESO PROPIO     PUMAR SISTEMA S2


   FUERZAS DE REACCION  (  MP  )

 FZ  501   213.7  502    43.3  503    60.4  504   340.7  505   867.4
 FZ  506    73.7  507   -30.6  508   488.0  509   572.6  510   617.1
 FZ  511   222.2  512   -49.4  513   187.5


CARGA 1 -- PESO PROPIO     PUMAR SISTEMA S[illegible]


   FUERZAS DE REACCION  (  MP  )

 FZ  501   217.[illegible]  502    55.9  503    85.9  504   3[illegible].1  505      .0
 FZ  506  1134.2  507   240.7  508      .0  509   547.9  510   655.2
 FZ  511   218.4  512   -5[illegible].6  513   194.2
```

365 Ergebnis der 13 Auflagerreaktionen der Brücke von Abb, 366 unter Eigengewichtsbelastung. Oben vor und unten nach der hybridstatischen Entfernung der Stützen 505 und 508.
Nach Elimination der Stützen bleibt die Summe der Reaktionen exakt erhalten.

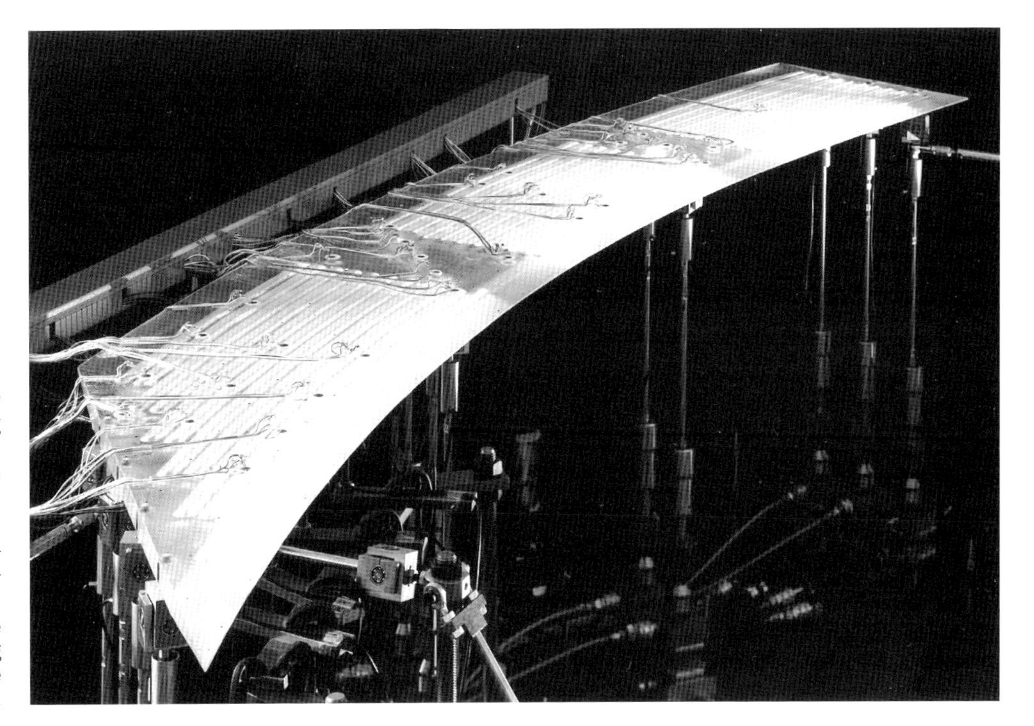

366
Suche nach der optimalen Abstützung eines Paares von Überführungsbrücken des «Enlace Marqués de Torroja» über den Autobahnring M 30 in Madrid.
Das Modell des gekrümmten, anisotropen Plattentragwerks ist in der ersten Feld-Stützenreihe schief auf vier Pfeilern gelagert.
Ohne auf das Modell zurückzugreifen wurde die Brücke hybridstatisch unter Weglassung zweier Stützen berechnet und gebaut (siehe Text und Abb. 365 und 367).

Matrixtransformation zur Modifikation des statischen Systems

An allen Stellen des Tragwerks, wo Kraft/Verschiebungs-Beziehungen (bzw. Steifigkeitswerte) gemessen wurden, können die im Modellaufbau realisierten Auflagerbedingungen durch rein analytische Transformation der Einflussmatrix nachträglich modifiziert werden. Auflager können entfernt, eingefügt oder als Feder ausgebildet werden, ohne das Modell zu verändern oder neu zu messen. Diese Voraussetzung trifft bei dem in Kap. 3.2 beschriebenen Steifigkeitsmatrix-Generator von vornherein zu, gilt aber auch für jede Verschiebungsmessung unter einer Einzellast. Sind die Durchbiegungen einer Platte an allen Aktionsstellen der vertikalen Einzellasten bekannt, so lässt sich beispielsweise ihre Beanspruchung als Fundamentplatte mit variabler Bettungsziffer berechnen.

In Abb. 364 sind die Stellen, an denen Einflusswerte auch die Bedeutung von Steifigkeitswerten erlangen, als Punkte angedeutet. Die Transformation der Matrix erfolgt über die Berechnung der zur Befriedigung der erwünschten Randbedingungen notwendigen virtuellen Kräfte oder Verschiebungen und der Überlagerung von deren Einflüssen auf alle übrigen vorhandenen Einflusskoeffizienten. Zur Ermittlung der virtuellen Kräfte ist für jede Zustandskolonne ein lineares Gleichungssystem zu lösen.

In den Legenden der Abb. 365 und 366 ist skizzenhaft die praktische Anwendung einer Systemmodifikation wiedergegeben. Bemerkenswert ist dabei die numerisch exakte Erhaltung des Kräftegleichgewichts.

Simulation der äusseren Belastungsfälle

Die aus der Wirkung beliebiger Lastkombinationen resultierenden Effekte ergeben sich durch einfache «Überlagerung» der mit den einzelnen Lasten multiplizierten Einflusswerte. Wo zusammenhängende Einflussfelder oder Einflusslinien, wie sie von der Koordinaten-Belastungsmaschine generiert werden, bekannt sind, berechnet das Hybridsystem bei Belastung des Tragwerks durch variable Nutzlasten darüber hinaus selbsttätig die ungünstigsten Laststellungen samt den zugehörigen Effektgrenzwerten automatisch.

Ausserdem lassen sich Einflusslinien längs beliebiger Grundrisskurven generieren. Sie ergeben sich durch Schneiden des räumlichen Felds mit der durch die Kurve bestimmten vertikalen Zylinderfläche und sind ein äusserst leistungsfähiges Mittel zur Bestimmung der Extrembeanspruchungen infolge von spurgeführten Verkehrslasten (s. Abb. 368).

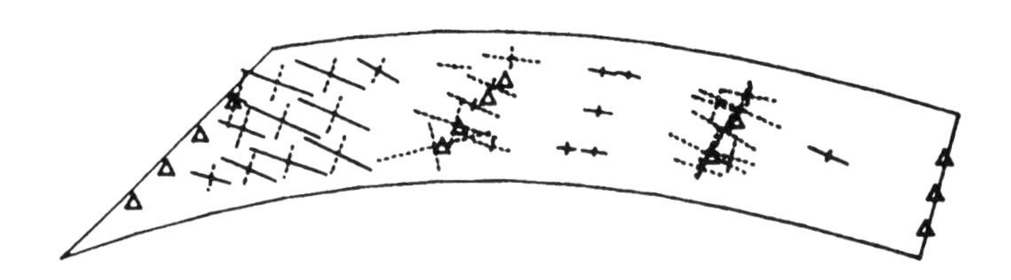

367 Zustandsbild der Hauptspannungen infolge Eigengewicht an der Oberfläche der Brücke aus Abb. 366.
In der Darstellung ist die in Abb. 365 verwendete Numerierung der Auflagerpunkte eingetragen.

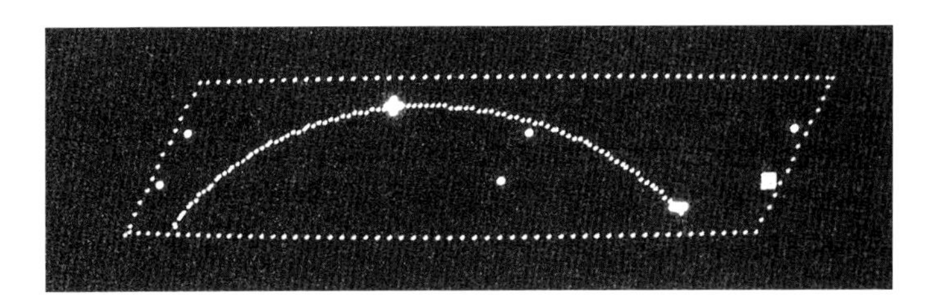

368 Schiefe Plattenbrücke auf sechs Pfeilern.
Auf der Bildschirm-Darstellung ist die gekrümmte Achse eines Bahngleises eingezeichnet, längs dessen die Einflusslinien durch Schneiden mit den Einflussfeldern bestimmt sind. Aus ihnen wurden dann die Beanspruchungsgrenzwerte aller Effekte infolge eines fahrenden Eisenbahnzugs automatisch ermittelt.

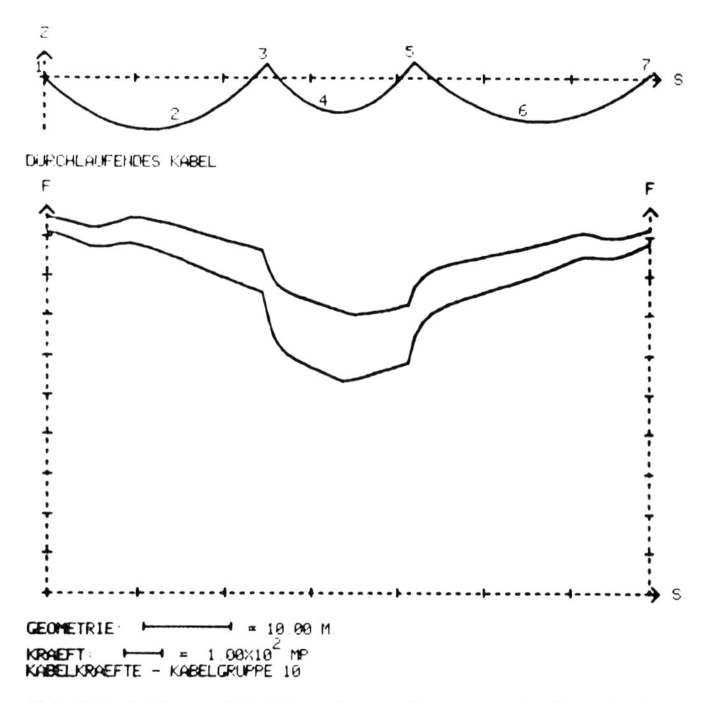

369 Beispiel der analytisch berechneten Grenzwerte der Spannkraftverteilung unter Berücksichtigung der Schwind-, Kriech- und Reibungsverluste längs eines im Aufriss feldweise parabolisch geführten Spannkabels (in der Grundrissabwicklung).
Die kontinuierlichen Werte werden vom Hybridprogramm automatisch in ein System von Einzelkräften aufgelöst, die in den Wirkungslinien der physischen Aktionen des Modellversuchs liegen.

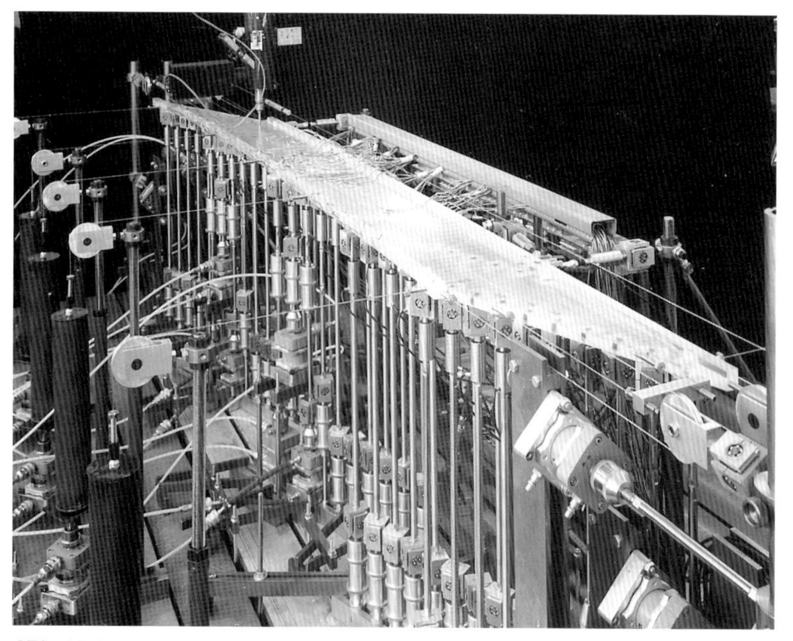

370 Modell einer vorgespannten, extrem schief auf fünf Auflagerreihen gestützten, gekrümmten Plattenbrücke mit Randverstärkung.
Links im Bild sind die fünf Quer-Seilzüge zu erkennen, die je eine Einheits-Zustandsfunktion zur späteren Simulation der Horizontalkomponenten der Vorspann-Umlenkkräfte liefern.
Rechts sieht man die je einem Spannkabel entsprechenden Längs-Seilzüge, deren Einflusswerte der «Normal»-Spannungsermittlung dienen.

Der Sonderlastfall der Vorspannung

Wie in Kap. 2.2 erläutert, lässt sich die Krafteinwirkung der Vorspannung in drei unterschiedliche Wirkungsarten aufteilen: die Verankerungskräfte, die tangentialen Reibungskräfte und (bei gekrümmten Kabeln) die verteilten Umlenkkräfte. Da sich aus praktischen Gründen die Kräfte der sich in Kurven durch das Material schlängelnden Spannkabel am Modell nicht im Materalinneren aufbringen lassen, werden sie im Experiment durch äussere, in deren jeweiligen Wirkungslinien agierende Kräfte simuliert.

Die hybridstatische Darstellung der räumlichen Kräfteinwirkungen der Vorspannung durch Gruppen äusserer Einzelkräfte setzt schon aus Gründen des Gleichgewichts, aber auch der Genauigkeit der Ersatzdarstellung die Erzeugung genügender Einflusswerte infolge Kraftaktionen mit entsprechenden Wirkungslinien voraus. Ein Beispiel der Erzeugung solcher für die spätere Simulation der Vorspannungswirkung notwendigen Aktionen geht aus Abb. 370 hervor.

Das Applikationsprogramm berechnet aufgrund des angenommenen Spannkabelverlaufs zunächst die auftretenden Grenzwerte der Spannkräfte (s. Abb. 369). Aus diesen ermittelt es die Umlenk- und Reibungskräfte und verteilt diese dann, entsprechend gewichtet, auf die vorhandenen Aktionsvektoren der Einflussmatrix. Eine Korrekturrechnung berücksichtigt dabei näherungsweise auch den kaum modellierbaren, jedoch wenig relevanten Einfluss der Reibungsverluste auf die «Normal»-Spannungen.

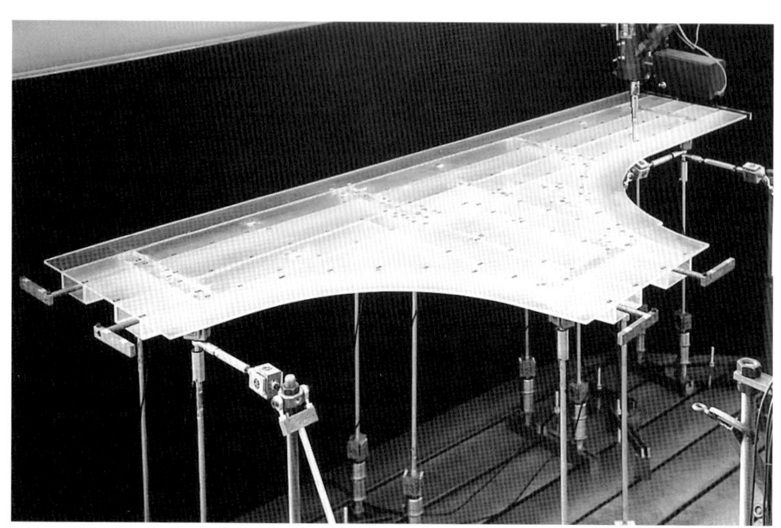

371 Modell des statisch komplexen Brückenabschnitts mit Strassenverzweigung einer weitläufigen Hochstrassen-Konstruktion, die sich an den drei Schnittstellen in Wirklichkeit als monolithisches Tragwerk mit doppeltem Kastenträger fortsetzt.
Das gesamte Tragwerk wurde mit HYBRAN als zusammenhängendes elastisches Kontinuum berechnet, wobei die verwendeten Einflusswerte der Verzweigungskonstruktion vom Hybridversuch, diejenigen der normalen Brückenzweige aus der rein analytischen Berechnung als Durchlaufbalken stammten.
Im Bild sind die aus den sechs Auflagerpunkten der drei Kastenträgerpaare herausragenden Hebel zu erkennen, die zur Messung von deren Biege- und Torsionssteifigkeit von der Maschine belastet wurden.

3.5.4 Die Verbindung zur Computerstatik

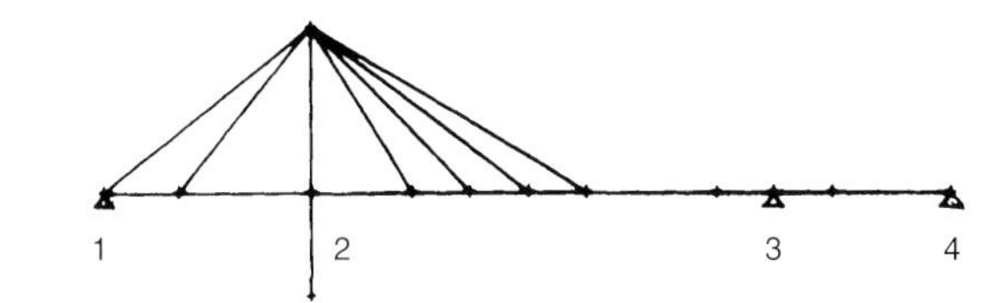

Das fantastische Leistungsvermögen des Computers beruht auf zwei unterschiedlichen, aber gleichermassen bedeutsamen Eigenschaften der elektronischen Datenverarbeitung: einerseits der gewaltigen *Menge* der Daten, die griffbereit gespeichert und andererseits der *Geschwindigkeit*, mit der diese analytisch verarbeitet werden können. Während im Administrations-, Geschäfts- und Finanzwesen vor allem Ersteres in Form intelligent verwaltbarer Datenbanken ausgeschöpft wird, stürzten sich die technisch-wissenschaftlichen Anwender auf die bislang nicht im Traum vorstellbare Rechenkapazität des «number crunchers» und entwickelten zu deren optimaler Ausbeutung auch innovative numerische Rechenverfahren.

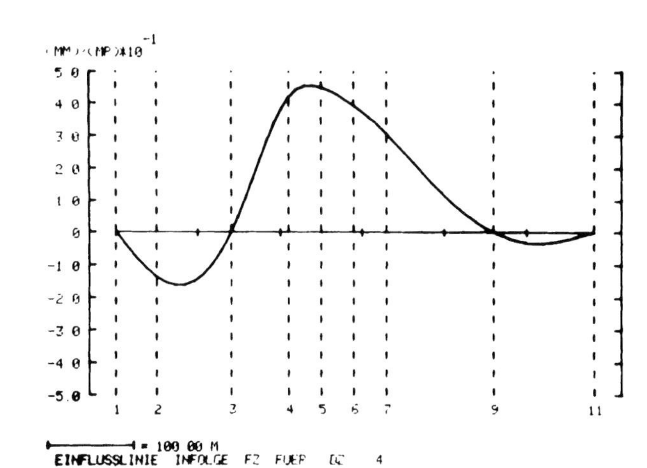

Klassische Computerstatik vs. Hybridstatik

Das Konzept der «Finiten Elemente» ist in fast allen Zweigen der Ingenieurwissenschaften weit verbreitet und wohl das bekannteste Beispiel dieser Bestrebungen (vgl. Kap. 3.1 und 3.2). Bei all diesen Programmen steht die Aufgabe der numerischen Lösung grosser Gleichungssysteme im Vordergrund, wobei die dazu notwendigen Matrizeninversionen den Löwenanteil der Rechenkapazität verschlingen. Für solche Rechenprogramme ist typisch, dass sie, ausgehend von einem limitierten Satz von Eingabedaten – im Fall einer statischen Berechnung: die Geometriebeschreibung und die Lastfälle – zielgerichtet auf die Ergebnisse infolge spezifischer Belastungszustände hinsteuern.

Bei der Hybridstatik ergibt sich ein ganz anderes Bild, dessen Wesensart derjenigen von Verwaltungsprogrammen weit näher steht. Die rechenaufwändigen Inversionen kommen dort, wenn überhaupt (im Fall von Systemmodifikationen), kaum erwähnenswert vor, da ja das analoge elastische Modell von Natur aus tut, was die erwähnten Gleichungssysteme zu simulieren bestrebt sind. Die analytischen Operationen beschränken sich hier, wie weiter oben ausführlich beschrieben, im Wesentlichen auf einfache Linearkombinationen zwischen Zeilen und Spalten der Einflussmatrix. Andererseits stellen aber die Matrizen als vollständiger Verhaltenssteckbrief des Tragwerks ungewöhnlich grosse Datenmengen dar, die langfristig gespeichert verwendungsbereit verwaltet werden. Spezifische Problemlösungen können dann jederzeit mit geringem Aufwand herausgezogen werden.

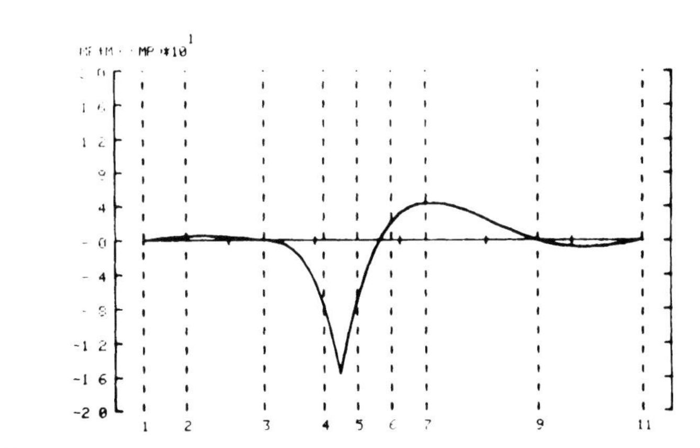

Entsprechend dieser Diskrepanz zwischen klassischer Computerstatik und Hybridstatik sind auch die Datenstrukturen von deren Software hoffnungslos inkompatibel. An ein programmiertes, gegenseitig ergänzendes Zusammenspiel beider Konzepte ist daher nicht zu denken.

HYBRAN – das analytische Einflusslinienprogramm

In vielen Bauwerken sind ausserordentlich geformte und deshalb hybridstatisch untersuchte Gebilde integrale Bestandteile einer übergeordneten, ansonsten in ihrem globalen statischen Verhalten mit klassischen Berechnungsmethoden problemlos beschreibbaren Tragkonstruktion. Ein Beispiel hierzu ist in Abb. 371 angeführt und erläutert. Es war natürlich wünschenswert, in solchen Fällen das Verhalten des Gesamttragwerks im Computer als ein einziges elastisches Kontinuum behandeln zu können.

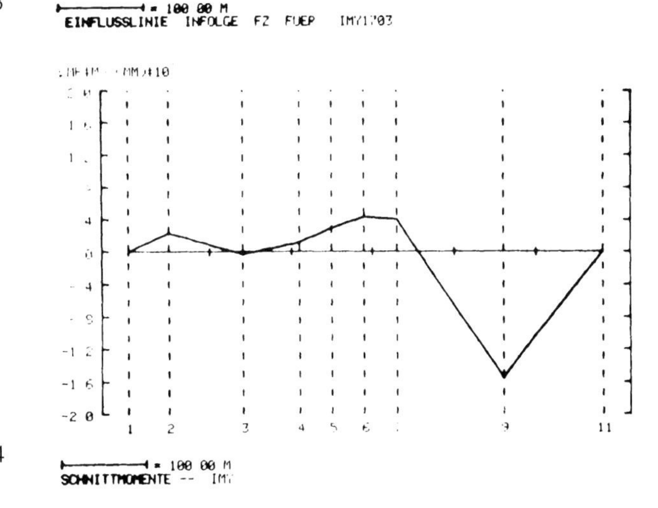

372 Beispiele aus tausenden gespeicherten Ergebnissen und Zwischenergebnissen der analytischen HYBRAN-Berechnung einer Schrägseilbrücke.
1. Geometrie des statischen Systems.
2. Einflusslinie der Horizontalauslenkung der Pylonenspitze.
3. Eine Momenten-Einflusslinie des Fahrbahnbalkens.
4. Momentenverlauf im Balken infolge Einsenkung des Lagers 3.

Aufgrund der oben erwähnten Unverträglichkeit mit bestehenden Programmsystemen setzte eine Verheiratung der beiden

Konzepte die Entwicklung eines neuartigen analytischen Baustatik-Programms voraus, in dem das hybridstatische Konzept der Tragwerksberechnung über Einflussfunktionen voll übernommen wurde. Konkret entstand unter der Bezeichnung «HYBRAN» ein allgemeines Programmsystem zur Berechnung von Stabtragwerken. Mit ihm wird wie im Modellversuch in einem ersten Durchgang eine in Anzahl und Auflösung wählbare Menge von Einflusslinien berechnet, die dann erst in einer zweiten Stufe zur Berechnung der Effekte infolge spezifischer Lastfälle zum Einsatz kommen. Seine Datenbank ist die der Einflussfunktionen-Matrix, in der auch die hybridstatischen Werte, die sich durch nichts von den errechneten unterscheiden, gespeichert sind.

Auch ganz ohne analog erfasste Einflusswerte ist «HYBRAN» ein eigenständiges, leistungsfähiges Statikprogramm mit allen Vorzügen der Anschaulichkeit und Anpassungsfähigkeit der Einflussfunktionen. In Abb. 372 sind einige wenige Beispiele der Darstellungsweise von Einflusslinien und Lastfallergebnissen der analytischen Berechung einer Schrägseil-Brücke aufgeführt.

Die Hybridstatik erweist sich also in doppelter Hinsicht als «hybrid»: einerseits, weil ihre digitalen Rechenwerte auf analog erfassten Daten beruhen und andererseits, weil so erhaltene Ergebniswerte auch problemlos mit rein analytisch errechneten Werten durchmischt werden können.

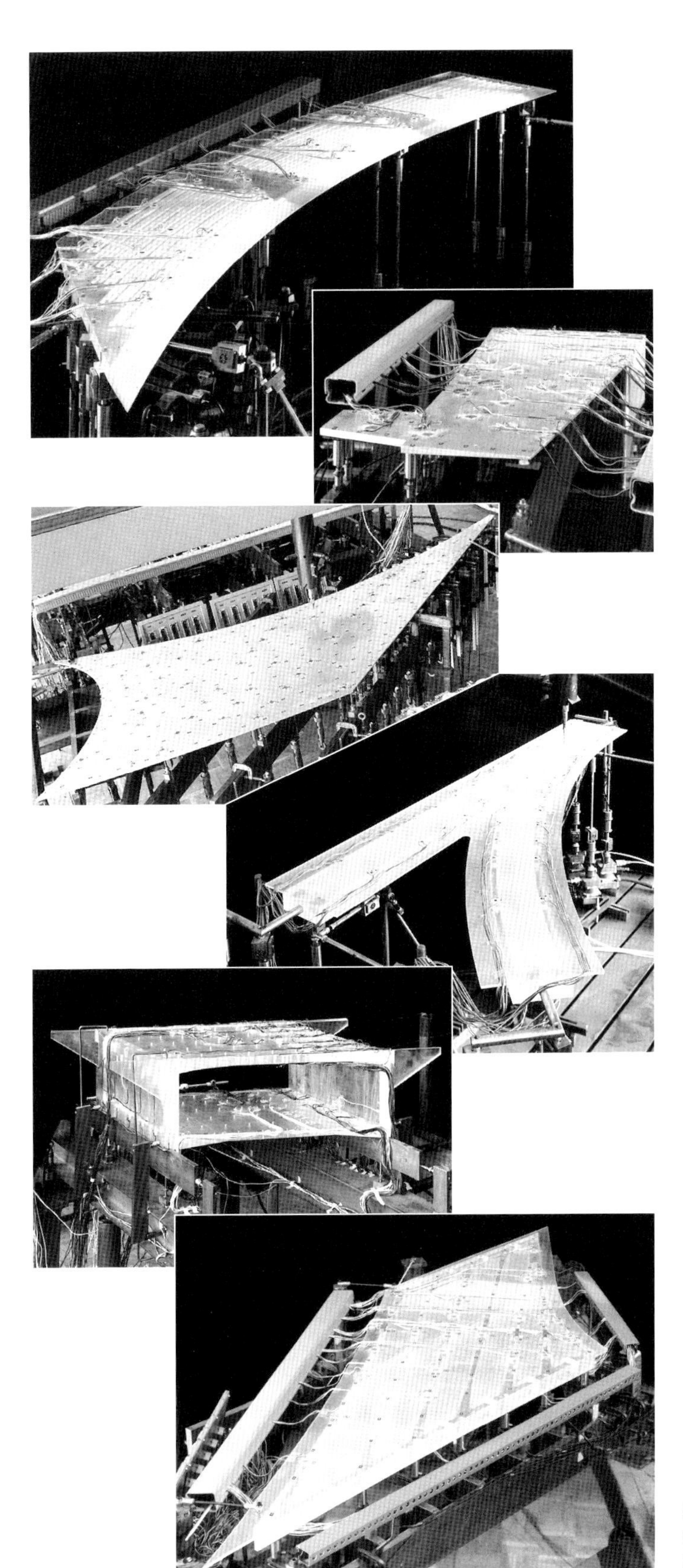

Die im Labor betriebene Entwicklung von Versuchsverfahren erreichte bald einen Leistungsstand, der die Bedürfnisse des eigenen Projektierungsbüros weit überstieg. Es war daher nur folgerichtig und wirtschaftlich notwendig, das erworbene Know-how und wachsende Leistungsangebot der Einrichtungen auch den Ingenieurkollegen zur Lösung ihrer besonderen Festigkeitsprobleme zur Verfügung zu stellen. Von dieser Möglichkeit machten andere Ingenieurbüros des In- und Auslandes in den 60er und 70er Jahren denn auch regen Gebrauch.

Der vielfältige Einsatz der Modellversuchstechnik bei eigenen Konstruktionsentwürfen wurde, verteilt auf die Kapitel dieses Buchs, im Zusammenhang mit den betreffenden Projekten schon genügend dargestellt.

Die Auswahl der auf den folgenden Seiten aufgeführten Beispiele von Auftragsversuchen – total etwa 40 – gibt einen Einblick in die Mannigfaltigkeit der sich den Ingenieuren stellenden Probleme und der zu ihrer Beantwortung eingeschlagenen experimentellen Lösungswege. Man wird dabei feststellen, dass zielgerichtete Experimente, im Unterschied zur sterilen Computerbenutzung, bei der der Anwendungsspielraum von vornherein durch die verfügbaren Programme determiniert ist, auch als solche, wie das zu untersuchende Objekt selbst, mit viel Einfühlungsvermögen in die jeweilige Aufgabenstellung vorbereitet werden müssen.

Unter den externen Versuchen dominieren die teil-automatisierten Hybridversuche, vorwiegend an frei geformten Brückenbauwerken, die sich – teilweise bis heute – einer genauen statischen Berechnung entziehen. Zu den wichtigsten Kunden zählten die Schweizerischen Bundesbahnen, für die eine Vielfalt von Unter- und Überführungsbauwerken untersucht wurden und die damalige deutsche Baufirma Polensky & Zoellner unter der technischen Leitung des renommierten Brückenbauers Hans Wittfoht.

Da es zu weit führen würde, hier all diese interessanten Konstruktionen darzustellen, beschränken sich die in diesem Kapitel beschriebenen Beispiele auf externe Modellversuche, aus denen die Vielseitigkeit ihrer Anwendungsmöglichkeiten hervorgeht.

373
Einige Beispiele von Modellversuchen an frei umrandeten und unregelmässig gelagerten Brückenbauwerken.

Vibrationsversuche an Eisenbahnwaggons

Auftraggeber: Schindler Waggon, Pratteln (1972)

Wird der menschliche Magen Vibrationen ausgesetzt, kann sein Inhalt in hydrodynamische Resonanzschwingung geraten, die zum Gefühl von Übelkeit führen. Die physiologische Erscheinung tritt erfahrungsgemäss bei Schwingungsfrequenzen zwischen etwa 7 und 11 Hz auf.

Fahrzeugingenieure wissen dies natürlich. Solange man die alten Eisenbahnwagen noch aus Stahl herstellte, wurden ihre Erbauer aber kaum mit diesem Problem konfrontiert. Die Eigenschwingungsfrequenzen lagen hier ganz von selbst immer weit über 20 Hz. Der Übergang zur Leichtbauweise in Aluminium änderte diese Situation radikal. Die geringere Masse und das niedrigere Elastizitätsmodul des Konstruktionsmaterials drückte nun die üblichen Eigenvibrationen der Fahrzeuge in den kritischen Frequenzbereich.

Dies musste auch der hier betrachtete, für den Zürcher «Goldküsten-Express» entworfene Waggon erfahren. Ausser seiner leichten Bauweise waren die Seitenwände zwischen den Drehschemel-Lagern noch von grossen Türöffnungen durchbrochen, was eine weitere Verminderung seiner Steifigkeit zur Folge hatte. Messungen an einem Prototyp im Werk des Herstellers ergaben Schwingungen von unter 10 Hz. – Der Fahrzeugkasten musste verstärkt werden. Aber wo und wie?

Die geschweisste Alu-Blech-Konstruktion des Waggons wurde in allen Einzelheiten in einem Acrylharz-Modell im Massstab 1 : 10 nachgebaut – bis auf die Wandstärke, die, da keine genügend dünnen, die Blechstärke nachbildenden Kunststoffplatten erhältlich waren, im Verhältnis verdoppelt wurden musste. Für die Art der vorgesehenen Versuche war dies aber ohne Belang, da für die globale Eigenschwingung des Wagenkastens nur die Membranspannungen in der Blechkonstruktion massgebend sind und der Wandstärke-Effekt somit ähnlichkeitsmechanisch kompensiert werden kann. Dennoch wäre das Kunststoff-Modell zur genauen Ermittlung der *absoluten* Eigenfrequenzen des wirklichen Fahrzeugs nicht präzise genug gewesen. Da aber vergleichbare Messwerte am Prototyp zur Verfügung standen, konnten die Umrechnungsfaktoren vom Modell auf die Wirklichkeit exakt «geeicht» werden.

Damit konnte der *relative* Einfluss von Veränderungen an der Tragkonstruktion auf die Schwingungsfrequenz des Wagenkastens sehr zuverlässig ermittelt werden. Durch versuchsweises Aufkleben von «Blech»-Verstärkungen am Modell wurde nun die optimale Steifigkeitsverbesserung des Waggons gesucht. Der Prototyp zeigte dann genau das vom Modellversuch vorausgesagte Schwingungsverhalten.

374, 375 Zwei Ansichten des Acrylharz-Modells des Eisenbahnwagens mit seinen durch die grossen Zugangstüren stark durchbrochenen Seitenwänden.

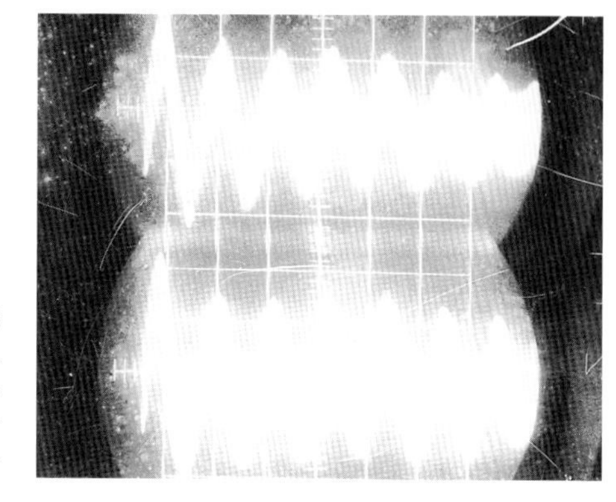

376
Beobachtung der über Dehnungsmessstreifen erfassten Modellvibrationen am Kathodenstrahl-Oszillographen.

Dynamischer Versuch an felsverankerter Steinschlag-Galerie (1980)

Auftraggeber: Ingenieurbüro Realini und Bader, Lausanne

377 Die ausgeführte Steinschlag-Galerie...

378 ... und das vorgespannte Mikrobeton-Modell im Massstab 1 : 20.
Die frei neben den oberen Deckenunterzügen liegenden Spannkabel wirken bei Überlastung als federnde Einspannung des Kragdachs.

Um die Sicht des Autofahrers auf das herrliche Landschaftspanorama nicht zu stören, wurde die 250 m lange Schutzüberdachung der Alpenstrasse nicht wie sonst üblich durch eine dichte Reihe von Randpfeilern unterstützt, sondern als frei aus der Felswand auskragendes Tragwerk entworfen.

Entscheidend für die Bemessung eines Schutzdachs gegen Steinschlag ist nicht das Gewicht der sich möglicherweise vom Berghang lösenden Steinmassen, sondern die *Aufprallkraft* einzelner mächtiger, mit grosser Geschwindigkeit herunterstürzender Felsbrocken. Diese kann leicht das Hundert- bis Tausendfache von deren Gewicht erreichen.

Die auftretende Stosskraft sinkt bekanntlich entscheidend – deshalb u.a. die Auffangnetze für Akrobaten – mit der elastischen Nachgiebigkeit der Aufprallfläche, hier des Galeriedachs. Der Ingenieur Roland Hofer erfand nun für dieses Bauwerk eine geniale Konstruktionsweise zur Dämpfung der Aufprallkräfte: Der obere Zugstab der tragenden Dreieckskonsolen des Kragdachs wurde durch im Fels verankerte hochelastische Kabel mit entsprechender Spannungsreserve vorgespannt. Bei Stossbelastung konnte das Dach so wie eine Feder – an seiner Spitze um Dezimeter – nachgeben und dann unbeschadet wieder in seine Ursprungslage zurückschnellen.

Die wirklich auftretenden Beanspruchungen der Konstruktion sind theoretisch kaum zu ermitteln. Das räumliche Tragwerk verhält sich je nach Aufprallstelle unterschiedlich. Auch die Nachgiebigkeit der Betonplatte und die dämpfende Wirkung ihres Belags, ja sogar die zeitliche Fortpflanzung der Störwirkung im Material spielen dabei eine bedeutende Rolle. Daher wurde ein auch materialtechnisch äusserst wirklichkeitsgetreues, vorgespanntes Modell aus Mikrobeton hergestellt und durch fallende Stahlkugeln belastet. Die dynamischen Messungen gaben dann einen aufschlussreichen Einblick in das reale Tragverhalten. Einmal mehr zeigte sich auch hier , dass die wirklichen Tragreserven einer komplexen Konstruktion die theoretisch erfassbaren meist deutlich übersteigen.

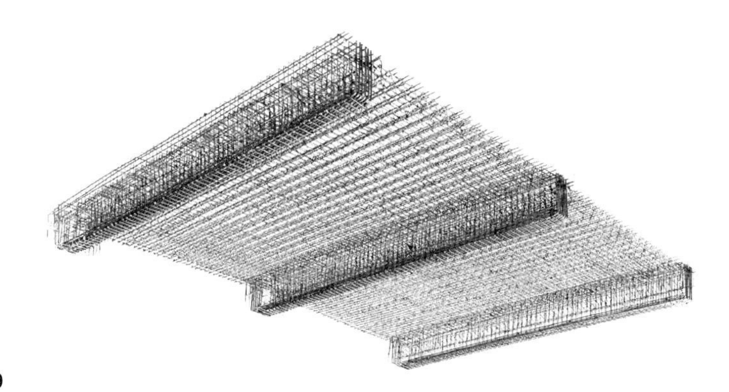

379
Die exakt nachgebildete Stahlbeton Bewehrung der Galeriedecke.

Einspannung eines Stahlprofils als Fortsetzung eines Stahlbeton-Pfeilers

Auftraggeber: Ingenieurbüro Gebr. Gruner, Basel (1971)

380 Bruchversuch der Einspannstelle der Stiele eines grossen stählernen Hallenrahmens in die Stahlbetonstützen des Unterbaus an einem Mikrobeton-Modell im Massstab 1 : 10.
Es war abzuklären, ob die konstruktive Ausbildung der Kontaktflächen zwischen Beton und Stegoberfläche – rechts im Bild die an der Stegoberfläche angeschweissten Armierungen – die dort durch die exzentrische Belastung der Stützen auftretenden hohen Schubspannungen sicher überträgt. Die ungünstigste Beanspruchung der Übergangsstelle entspricht einer schiefen exzentrischen Druckkraft, deren Wirkungslinie durch die Achse der links im Bild sichtbaren provisorischen Rohrstütze verläuft.

381 Nach Belastung des Modells durch die Druckmaschine in der erwähnten Wirkungslinie wurde das oben sichtbare Resultat erzielt.
Das Bruchbild entsprach einem bei der gegebenen Belastung zu erwartenden normalen Stahlbetonbruch und fand unter der kritischen Einspannzone des Stahlprofils mit der Betonstütze statt.

382 Bruchversuch am Mikrobeton-Modell eines V-förmigen, vorgespannten Dachträgers. Der Versuch galt der Quantifizierung der geringen Beulsicherheit der Konstruktion bei Überlastung. Das Ausknicken der Seitenwände ist im Bild gut erkennbar.

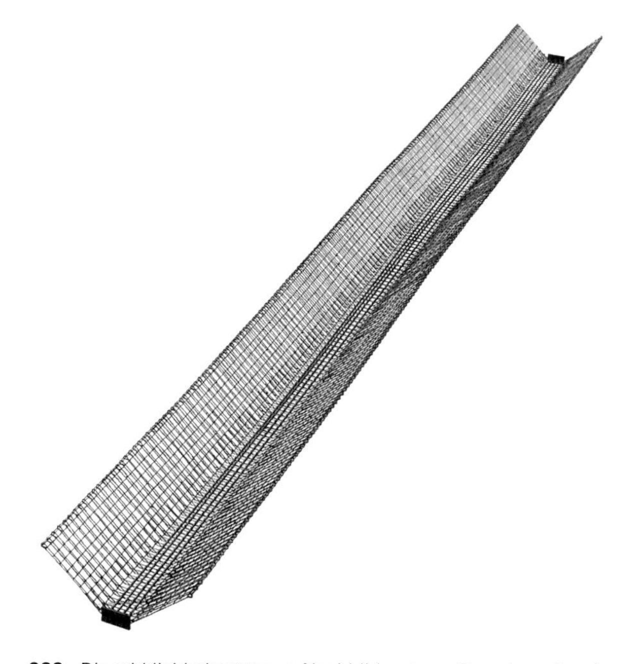

383 Die wirklichkeitsgetreue Nachbildung von Bewehrung und Spannkabeln im Modell 1 : 10.

Zwei Forschungsaufträge

Auftraggeber: Beispiel 1: Ministerium für Forschung und Technologie, Bundesrepublik Deutschland
Beispiel 2: COFRATOL, Hersteller für Schalungsrohre

384 Elastische Modelle von rechteckigen Hohlprofilen unterschiedlicher Seitenlänge und Vorrichtung zu deren Belastung mit reinen Torsionsmomenten. Die üblicherweise zur Untersuchung des statischen Verhaltens räumlicher Brückentragwerke angewendete Balkentheorie mit St-Venant-Torsion trifft auf kurze, breite Konstruktionen nicht mehr befriedigend zu. Durch die Torsion entstehen indirekt auch bedeutende, in dieser Theorie unberücksichtigte Biegebeanspruchungen, die aber analytisch kaum allgemein erfassbar sind. Bei den im Brückenbau so wichtigen Hohlkästen hängt die Wirkung der Wölbkrafttorsion weitgehend von deren Seitenverhältnis ab. Die Versuche hatten zum Ziel, empirische Gesetzmässigkeiten über den Zusammenhang der erwähnten Grössen zu finden. Sie wurden auf Initiative und Verantwortung von Dr. Hans Wittfoht durchgeführt.

385 Vergleich der Tragweise einer üblichen Rippendecke mit der einer «COFRATOL»-Decke. Die elastischen Versuche richteten sich hier auf die wissenschaftliche Untermauerung der verbesserten Lastverteilungswirkung der Decke mit geschlossenen Hohlräumen.

Elastische Versuche für vorgespannte Wehrpfeiler-Schützenwiderlager

Auftraggeber: Stahlton AG, Zürich

Wehrpfeiler sind mächtige, meterdicke Wandscheiben aus Stahlbeton, die, parallel zueinander in Stromrichtung aufgestellt, dem hydrostatischen Druck auf die zwischen ihnen zur Stauung des Flusses aufgespannten stählernen Tore widerstehen.

Segmentschützen sind eine verbreitete Art der Torkonstruktion. Ihre gewaltige in den Drehlagern konzentrierte Druckkraft wird über schmale, sich am äussersten hinteren Rand der Wandscheiben befindliche Betonkonsolen in die Wehrpfeiler eingeleitet. Diese örtlichen Widerlager müssen ihre Stützkraft durch hohe, dem Beton unbekömmliche Zugspannungen in den Rest des Wehrpfeilers einleiten. Diese Widerlagerköpfe werden daher durch Vorspannung an den Pfeiler «angenagelt». Die zu erwartenden Zugspannungen werden dadurch von vornherein überdrückt.

Die Modellversuche galten der Ermittlung von Grösse und Verteilung der Spannungen an der Oberfläche der Wehrpfeiler infolge der Vorspannung und unterschiedlicher Belastungen und Stellungen der Segmentschützen sowohl bei beidseitig symmetrischer als auch bei unsymmetrischer Wirkung.

Die drei Versuche sind insofern erwähnenswert, als zu ihrer Durchführung – dem jeweiligen Entwicklungsstand der Versuchstechnik entsprechend – unterschiedliche Belastungseinrichtungen eingesetzt wurden. Im Übrigen könnte die gestellte Aufgabe heute ebenso gut über Computerprogramme gelöst werden.

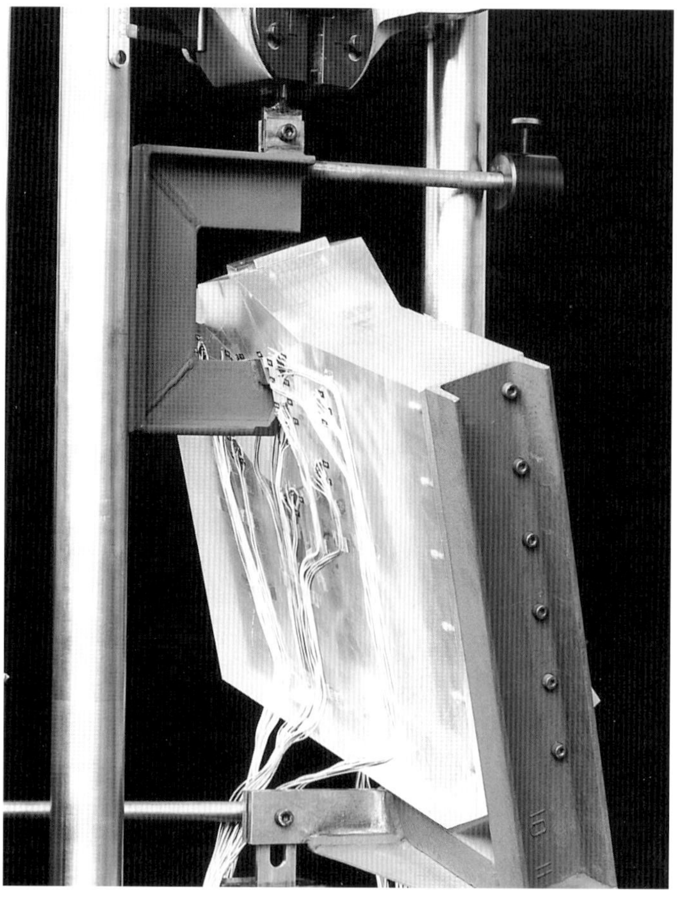

386 Zweiter Wehrpfeiler in Mexiko (1965). Zur Belastung des Modells wurde die Zerreissmaschine des Labors eingesetzt.

387
Erster Wehrpfeiler in Mexiko. Das Modell wurde mit der Mikrobeton-Vorspanneinrichtung des Labors belastet.

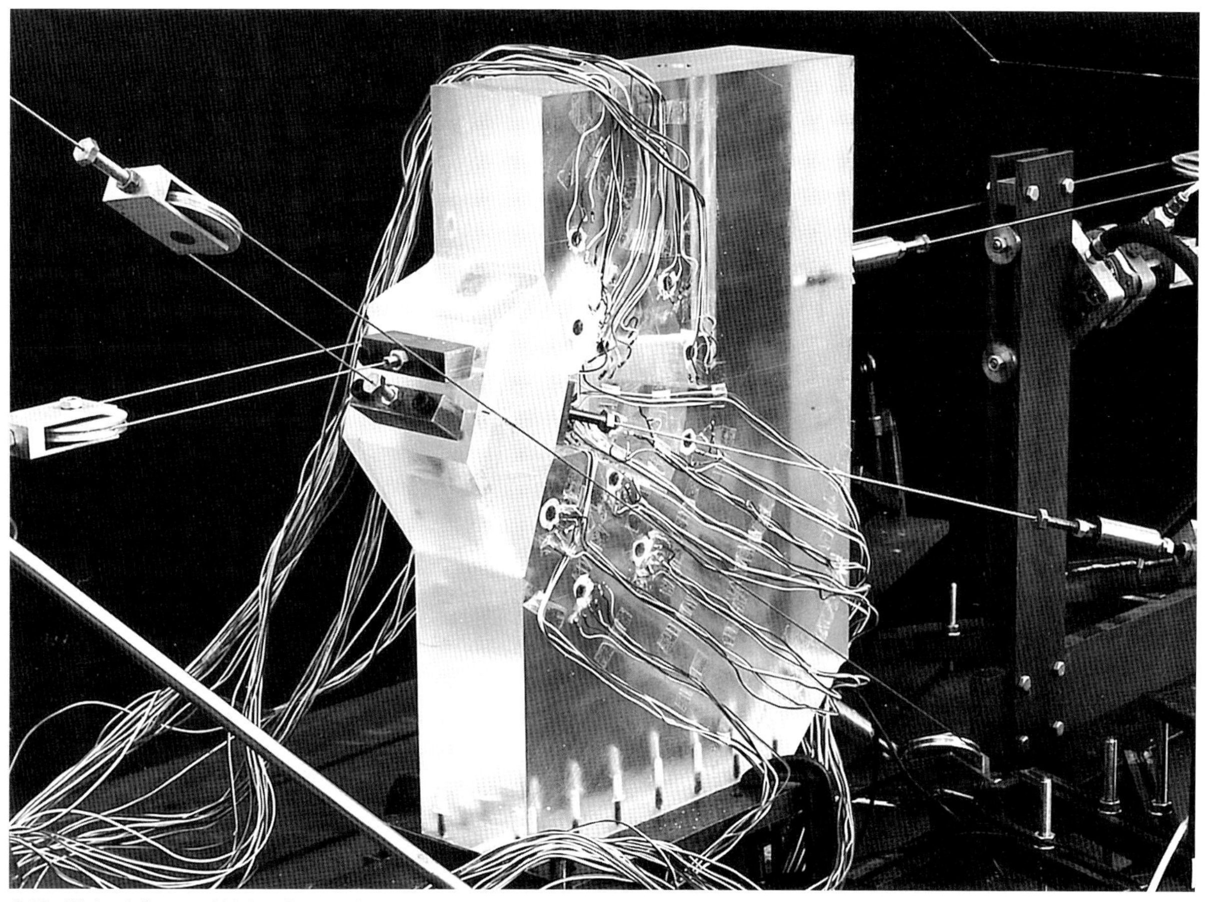

388 Wehrpfeiler von Valeira, Portugal.
Die Belastung wird durch Seilzugkräfte in zwei Richtungen aufgebracht. So konnten Einflussfunktionen in Abhängigkeit der Spannkabelrichtung errechnet und der günstigste Angriffswinkel bestimmt werden.

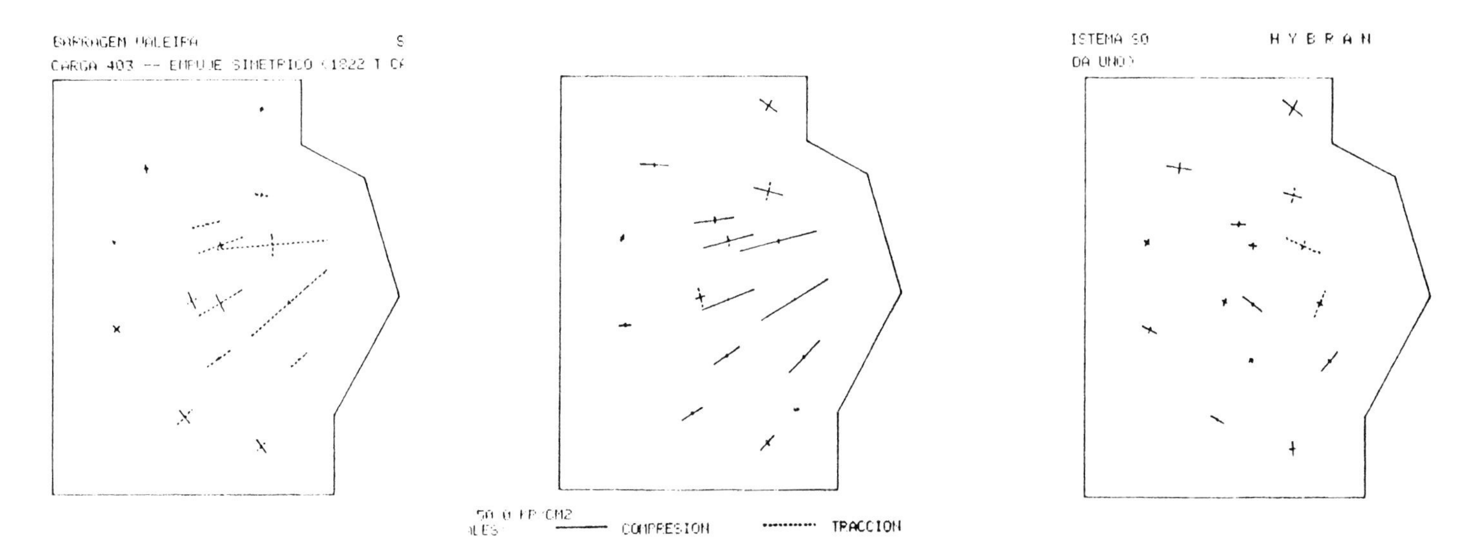

389 Automatisch generierte Ergebnisdarstellung dreier Lastfälle: *Links:* Volle Vorspannung allein.
Mitte: Symmetrische Schützenlast.
Rechts: Schützenlast und Vorspannung kombiniert.

Modellversuche an Hochhäusern

Auftraggeber: Beispiel 1: Ingenieurbüro Gebr. Gruner, Basel
Beispiel 2: Ingenieurbüro Altdorfer, Cogliatti und Schellenberg, Zürich

Beim Entwurf von Türmen und turmartigen Gebäuden verursachen die vorwiegend horizontal wirkenden dynamischen Belastungen durch Erdbeben- und Windkräfte die am schwierigsten erfassbaren statischen Probleme.

Viel theoretische und experimentelle Forschungsarbeit (z.B. an Modellen auf steuerbaren Rütteltischen) wurde in den letzten Dezennien weltweit dem Problem der Erdbebenbelastung gewidmet. Die aerodynamische Wirkung von Windkräften wird in Institutionen, die mit den notwendigen Windkanälen ausgerüstet sind, ebenfalls an Modellen untersucht (vgl. Kap. 1.9).

Das Laboratorium hat sich auf diesem Gebiet der Aktionserzeugung nicht aktiv betätigt. Hingegen wurden mehrere Modellversuche zur Untersuchung des elastischen Verhaltens schlanker Hochhauskonstruktionen unter horizontalen statischen, die Erdbeben- bzw. Windwirkung simulierenden Ersatzlasten durchgeführt. Die entsprechenden Kraft/Verformungs-Messungen ermöglichen die Ermittlung der globalen Steifigkeit der komplex zusammenwirkenden Bauteile wie Wände, Tragpfeiler, Decken, Liftschächte etc. als Ganzes, woraus sich auf die für die Beurteilung der dynamischen Wirkung massgebliche Frequenz der Eigenschwingungen des Bauwerks schliessen lässt.

390

Beispiel 1: Sandoz AG, Bau 503, Laboratoriumsgebäude in Basel (1969). Das elastische Verhalten des als ungewöhnlich weit gespanntes Rahmentragwerk konzipierten und daher relativ «weichen» Gebäudes wird zur Bestimmung seiner Eigenfrequenz horizontalen Belastungen unterworfen.

391

Beispiel 2:
M.G.B.-Hochhaus in Zürich (1968).
Die massive Kernkonstruktion des Gebäudes (seine Fassade ist auf einer leichten, horizontal unwirksamen Stahlkonstruktion angestützt) wird hier in gekippter Lage den Horizontalkräften ausgesetzt.

Eine bauliche Sonderkonstruktion in Coventry, England

Auftraggeber: Bauunternehmer und Planer Richard Costain, London

Die Konstruktionsweise dieses Gebäudes gehört wohl zu den interessantesten bautechnischen Experimenten.

Das Gebäude wurde, wie aus der Tube gepresst, von oben nach unten «aufgerichtet». Beginnend mit dem auf Erdgeschosshöhe fertig betonierten Flachdach wurde darunter in senkrechten Streifen der tragende Kern mit Betonsteinen nach unten «gemauert», währenddem im benachbarten Streifen der ganze Bau mit hydraulischen Pressen Steinhöhe um Steinhöhe angehoben wurde. Bei Erreichen einer Stockwerkshöhe wurde dann in der stationären Schalung die vorgespannten Deckenträger betoniert. So konnten auch alle übrigen Ausbauarbeiten ohne die Notwendigkeit von Höhentransporten und Treppensteigen immer auf der untersten Etage durchgeführt werden.

Die Aufgabe des Modellversuchs bestand in der Feststellung der globalen Steifigkeit des Baukörpers in seiner Interaktion der senkrechten Wandscheiben mit den breiten, relativ biegeweichen Deckenträgern und der Empfindlichkeit dieser «deck slabs» auf ungleichmässiges Anheben durch die Pressen.

392 und 393
Zwei Baustadien des in inverser Reihenfolge von oben nach unten errichteten Gebäudes.

394
Das Acrylharz-Modell des gesamten Gebäudes im Massstab 1 : 50.

392

393

394

395 Der Vorgang des Untermauerns und der hydraulischen Anhebung.

396 Versuchsmodell 1 : 20 der flachen Deckenträger.

Untersuchung der Tragkonsolen des «National Westminster Tower» in London

Auftraggeber: Ingenieure Pell, Frischman & Partners, London (1977)

Das konstruktive Konzept dieses Wahrzeichens von London besteht im Wesentlichen aus einem 200 m hohen, in das Fundament eingespannten Stahlbetonkern, der später die öffentlichen Dienste des Gebäudes beherbergte und einer diesen umfassenden Stahlkonstruktion als Träger der Büroräume des Geschäftsbaus. Letztere bildet auch die Metallfassade des Gebäudes, die aber nicht bis auf die Strassenebene hinunter reicht, sondern in unterschiedlicher Höhe von drei mächtigen, aus dem Kern ragenden Stahlbeton-Konsolen abgefangen wird. Diese tragen an ihrem äusseren Rand die Last von bis zu 42 Stockwerken.

Die Schwierigkeit, die Tragweise dieser geometrisch komplizierten und statisch schwer durchschaubar im Kern verankerten «Warzen» – auch nach langwierigen Computerberechnungen – für eine korrekte Bemessung ausreichend zu verstehen, veranlasste die verantwortlichen Ingenieure zur Beauftragung des Labors mit dem Modellversuch.

Das Experiment war eine Anwendung der Hybridstatik. An einem Acrylharz-Modell des unteren Bereichs des tragenden Kernschafts wurden an kritischen Stellen seiner drei Mammut-Konsolen die Einflusswerte der Spannungen unter wandernder Einzellast gemessen und daraus die ungünstigste Wirkung der Belastung durch die Fassadenstützen infolge Eigengewicht und möglicher Nutzlastverteilung ermittelt.

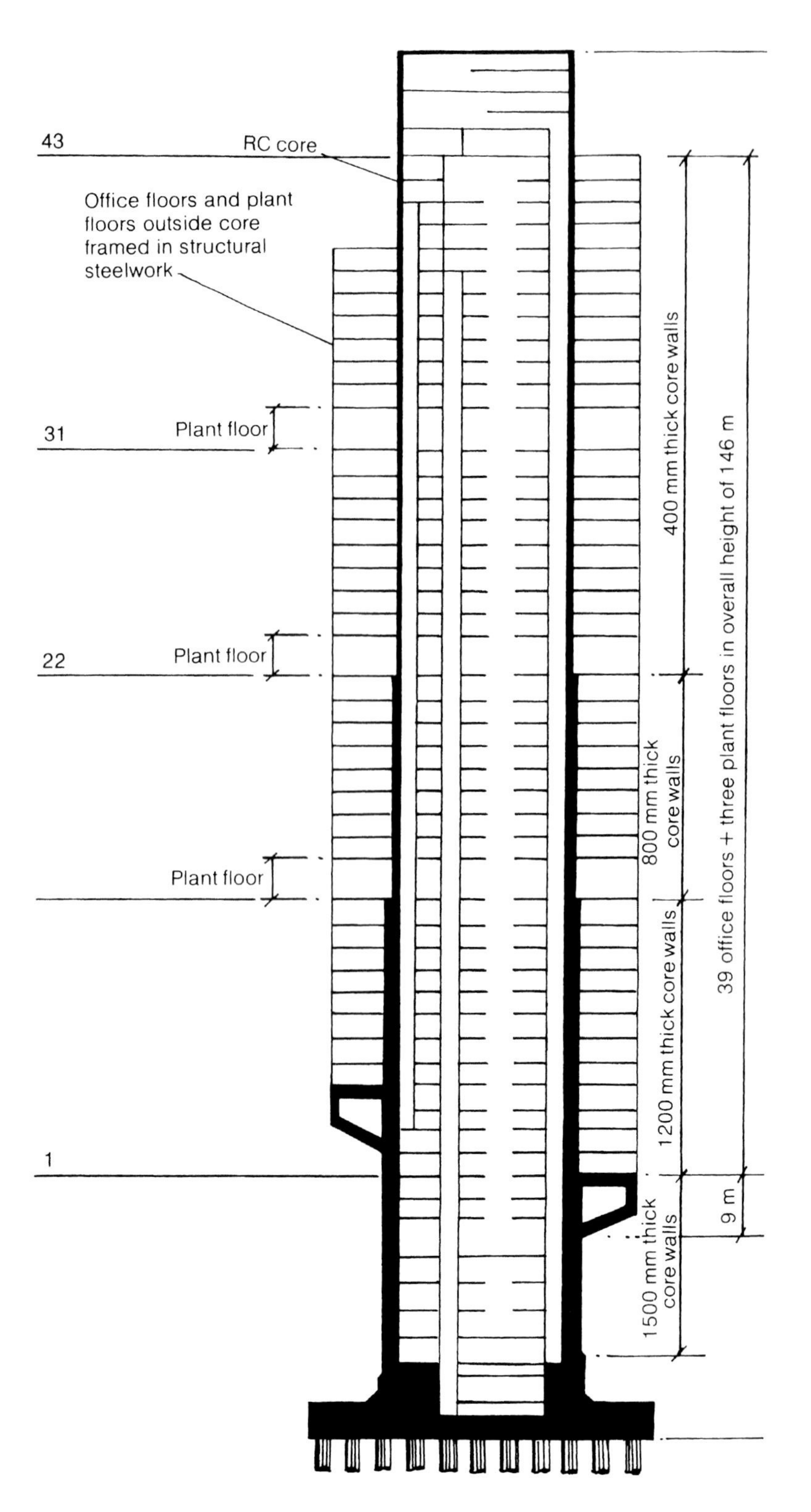

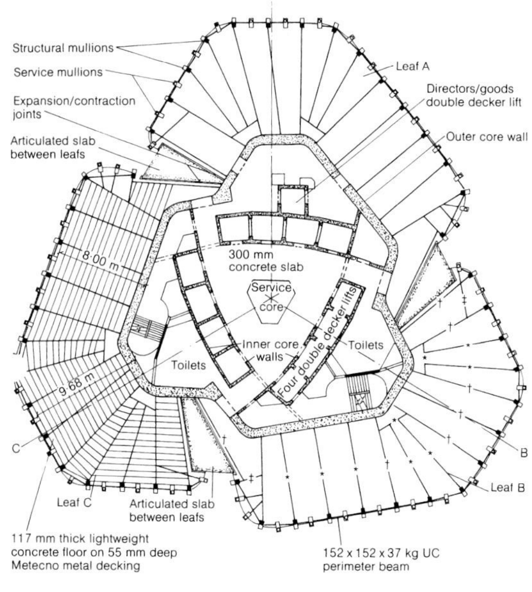

397 Die Baukonstruktion:
(aus dem Projektbericht der Ingenieure)
Oben: Vertikalschnitt durch den tragenden Kernschaft.
Links: Grundriss mit Querschnitt des Kerns und der Anordnung der Fassaden-Tragpfeiler.

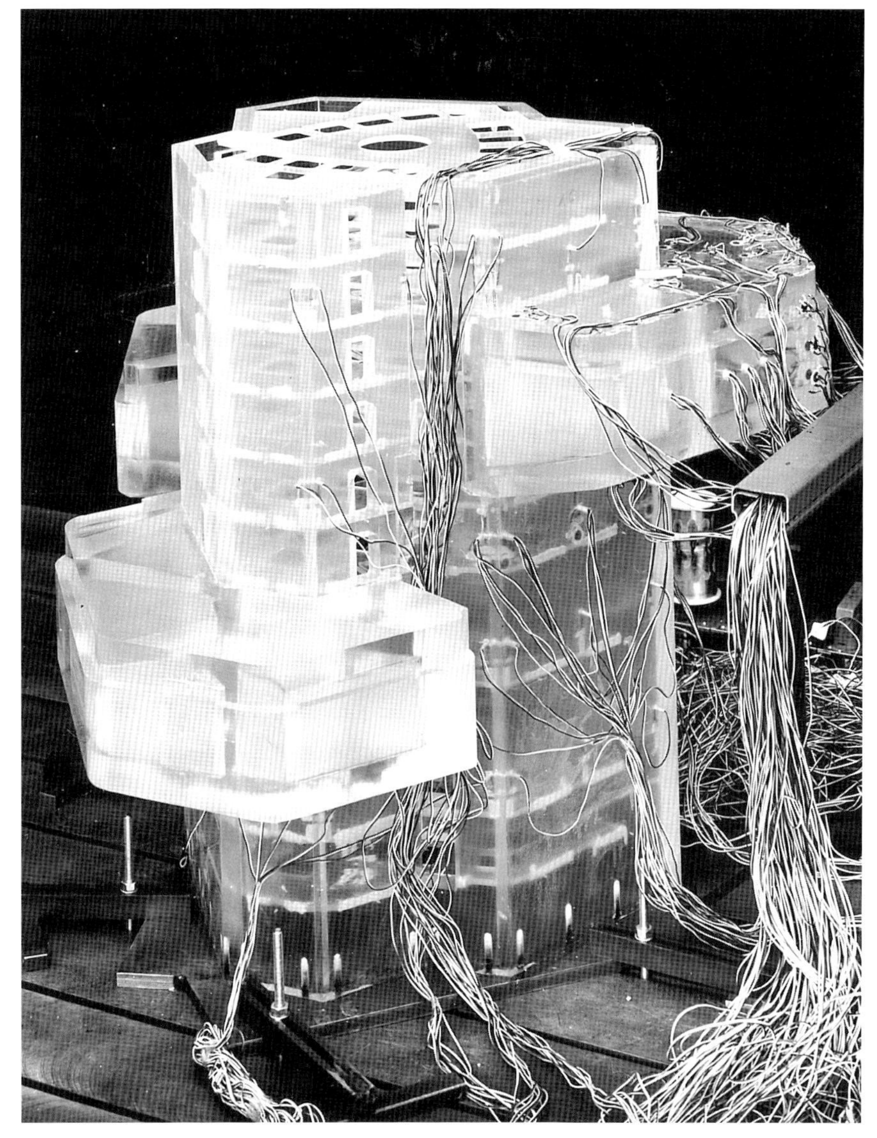

398

Das mit 200 elektrischen Dehnungsmessstreifen bestückte Acrylharz-Modell im Massstab 1 : 50.

Alle Einzelheiten wie die Tür- und Deckenaussparungen auch in den aussteifenden Stockwerksdecken innerhalb des Kerns wurden wirklichkeitsgetreu nachgebildet.

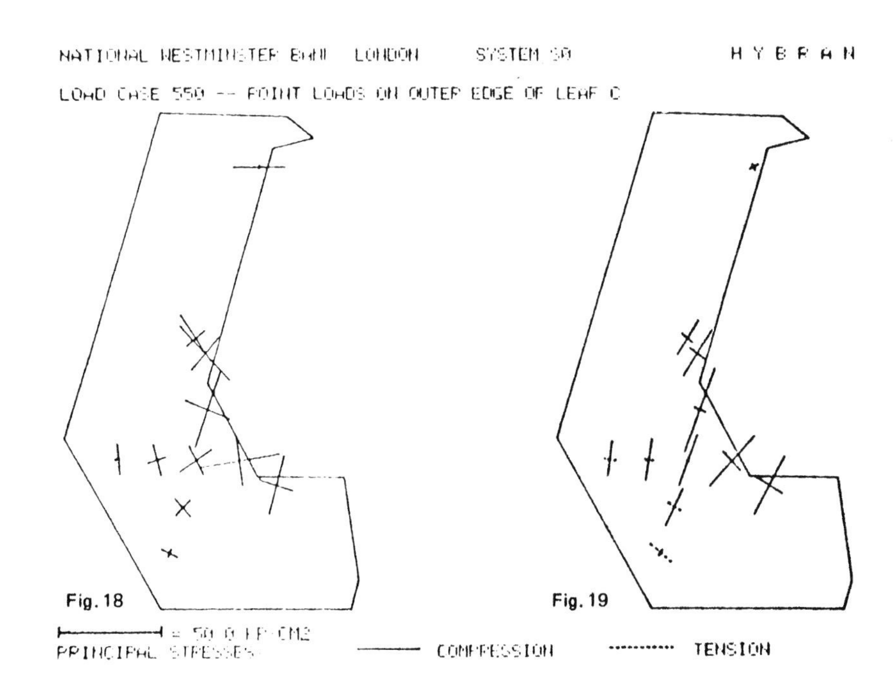

399

Beispiele von automatischen Ergebnisdarstellungen.

Links: Die Hauptspannungen auf der Unterseite des Kragkastens unter voller Belastung.

Rechts: Hauptspannungen an den gleichen Stellen infolge einer Einzellast in der vorderen unteren Ecke.

4

Computer-Modellierung der gegenständlichen Welt

Die Faszination für die revolutionären Möglichkeiten, die sich dem Computer zur Abbildung der menschlichen Gegenstandsvorstellung eröffneten, führte zur Suspension der Bauentwurfstätigkeit und der Verwandlung des Laboratorums in ein reines Softwarehaus, das sich nun voll der Entwicklung virtueller Darstellungskonzepte zuwandte.

Die Leser dieses um Anschaulichkeit bemühten Buchs sollen aber nicht mit der technischen Beschreibung abstrakter Computerprogramme gelangweilt werden. Um diese Lebensphase der Vollständigkeit halber dennoch nicht zu übergehen, hat es Peter Dietz auf Ersuchen des Buchverfassers dankenswerterweise übernommen, die ideelen Beweggründe und die abenteuerlichen äusseren Umstände dieser Aktivitäten in erzählerischer Form zu schildern.

Peter Dietz

Jahrgang 1933. Diplom in Physik, Promotion in Informatik.
1951 Eintritt ins neu gegründete väterliche Unternehmen der industriellen Elektronik, 1968 geschäftsführender Gesellschafter der sich zum Computerhersteller entwickelnden Firma.
1983 Ausscheiden aus dem Unternehmen bei dessen Eingliederung in eine europäische Firmengruppe. Heute gemeinsam mit beiden Söhnen in der Entwicklung und Finanzierung innovativer Infrastruktur- und Unternehmensprojekte tätig.
Seit 1985 Lehrauftrag für Informatik an der Universität Dortmund.
Verfasser des Buchs «Aufbruchsjahre», in dem er aus der Sicht seiner eigenen Erfahrungen die Sturm- und Drangzeit der deutschen Computerindustrie schildert.
(InnoVatio-Verlag AG, Fribourg 1995).

Der Schritt in die reine Virtualität

von Peter Dietz

Worüber nun noch berichtet werden soll, ist eine in mehrerlei Hinsicht bemerkenswerte Geschichte. Die Hinwendung vom physischen zum reinen Computer-Modell, die Heinz Hossdorf in seinem Laboratorium Anfang der 70er Jahre zu vollziehen begann, war einerseits völlig konsequent. Wie wir sahen, hatte er schon seit den 60er Jahren Computer eingesetzt, zunächst für seine modellstatischen Untersuchungen, später bei deren Erweiterung auf die Hybridstatik. Insofern stand das, was sich nun in Basel entwickelte, ganz und gar in der Kontinuität des bisherigen, erfolgreichen Bemühens um die Entwicklung neuartiger, auch computergestützter Entwurfswerkzeuge für den Ingenieur.

Andererseits überschritt Hossdorf damit die Grenzen der theoretischen Mechanik und ihrer Anwendungen im Bauingenieurwesen und in der Architektur. Was sich damals in Basel zu entwickeln begann, zielte viel weiter. Es entstand ein computerbasiertes Entwurfssystem für die mechanische Konstruktion schlechthin und damit, wenn man so will, für die digitale Erfassung und Repräsentation von «Dingen der physischen Welt überhaupt». Für unseren Protagonisten bedeutete dies allerdings einen eher selbstverständlichen Schritt, denn er hat die Ingenieurwissenschaften nie als eine Ansammlung isolierter Disziplinen aufgefasst, sondern stets als Einheit begriffen.

Überdies markierte die Ingenieurskunst keineswegs die Grenzen dessen, was Hossdorf vorschwebte. Für ihn bildete der Computer «ein einzigartiges Instrument zum kognitiven Umgang des Menschen mit seiner realen, dreidimensionalen Welt», und er sah darin «eine Kulturrevolution wie die Erfindung der Schrift».

Der grundlegende, ja geradezu universelle Ansatz, den Hossdorf zu jener Zeit gewählt hat, führte zu Konsequenzen, die er damals vielleicht noch nicht zur Gänze absehen konnte, die sich gleichwohl bald einstellen sollten. Er betrat ein ganz neues Feld, dessen wissenschaftliche Grundlegung und kommerzielle Erschließung erst vor kurzem unter dem Begriff Computer-Aided Design (CAD) begonnen hatte. Aus seinem hochspezialisierten, auf eine Marktnische fokussierten Labor erwuchs ein Softwarehaus, das sich dem weltweiten Wettbewerb stellen musste, wollte es auf Dauer reüssieren.

Das Umfeld

CAD ist heute ein etabliertes Verfahren in fast allen Bereichen der Technik. Es gibt z.B. kaum noch einen Architekten oder Bauingenieur, der es nicht tagtäglich als nützliches Werkzeug zur Unterstützung seiner Entwurfs-, Berechnungs- oder Planungstätigkeit einsetzt. Zu der Zeit, über die hier referiert wird, war dies jedoch noch keineswegs der Fall. Daher mag zum besseren Verständnis des Umfelds, in das Hossdorf damals eintrat, ein kurzer Blick auf die Vorgeschichte der Computer-unterstützten Konstruktion hilfreich sein.

Um das Jahr 1960 hatten sich die Computer so weit entwickelt, dass sie nicht nur Zahlen in Lochkarten stanzen und auf Endlospapier drucken, sondern auch Grafiken auf Zeichenmaschinen ausgeben konnten. Es lag der Versuch auf der Hand, diese Innovation auch für den Konstrukteur nutzbar zu machen. So entstand zu jener Zeit am Massachusetts Institute of Technology (MIT) ein Programm, das bereits den Namen «CAD» trug und mit dem man technische Zeichnungen erstellen konnte, wenngleich noch in sehr rudimentärer Form. Später entstand daraus ein leicht verbessertes System namens «Sketchpad». Die ersten Anwender der neuen Technik kamen aus dem Bauwesen, aber in größerem Umfang wurde sie dann von der amerikanischen Automobilindustrie eingesetzt, darunter von General Motors. Außerhalb der USA entwickelte sich gegen Ende der 60er Jahre in Großbritannien ein Schwerpunkt der Forschung und Entwicklung auf diesem Gebiet; hier ist in erster Linie das CAD Centre in Cambridge zu nennen.

Worauf die CAD-Technik zu jener Zeit abzielte, hatte nicht weniger, aber auch nicht mehr zum Gegenstand als die Unterstützung der gewohnten Tätigkeit des Konstrukteurs – oder dessen, wofür man sie hielt – durch den Computer. Das Reißbrett war das Vorbild. Seit hundert Jahren stellte es praktisch das einzige Arbeitsmittel der Ingenieure dar, mit dem sie sich bildhaft ihrer gedanklichen Schöpfungen vergewissern und sie denen übermitteln konnten, die sie in die Realität umzusetzen hatten. So bemühten sich die CAD-Systeme der ersten Generation, die typischen Einzelschritte des Reißbrett-Entwurfs nachzubilden und dem Ingenieur die damit verbundenen Vorgänge des Berechnens und Zeichnens auf möglichst perfekte, zeit- und arbeitssparende Weise abzunehmen. Mit der wachsenden Rechenleistung und dank graphischer Ein- und Ausgabegeräte, die inzwischen zur Verfügung standen, gelang es, interaktiv arbeitende Systeme zu entwickeln. Um das Jahr 1975 brachte die amerikanische Firma Computervision das erste schlüsselfertige System dieser Art auf den Markt. Zahlreiche Wettbewerber traten bald darauf mit demselben Konzept auf den Plan. Alle diese Systeme hatten zweifellos ihren Nutzen, was aber nichts an der Tatsache ändert, dass es sich bei ihnen letztlich nur um automatisierte Reißbretter handelte.

Dass die CAD-Technik nicht bei der Erstellung und Bearbeitung von Plänen stehen bleiben könne, sondern einen entscheidenden Schritt darüber hinaus tun müsse, war zu jener Zeit nur einigen wenigen Fachleuten bewusst. Ihre Überlegungen kreisten um die Frage, wie man technische Gegenstände, die ja realiter stets körperlicher Natur sind, in ihrer dreidimensionalen Gestalt mit Hilfe des Computers beschreiben und so zur Grundlage von CAD-Systemen machen könne. Damals wurde die Idee der «3D-Modeler» geboren, darunter vor allem die sogenannten «Solid Modeler», die in der Lage sind, volumenorientierte Computermodelle realer, körperhafter Objekte zu erzeugen und zu verarbeiten.

Bemerkenswerterweise sind hier fast ausschließlich Entwicklungen zu nennen, die in Europa stattgefunden und dieser neuen Idee zum Durchbruch verholfen haben. Um das Jahr 1970 ging Dr. Charles Lang vom MIT ins englische Cambridge zurück und gründete dort die Shape Data Ltd., in der dann der 3D-Modeler «Romulus» entwickelt wurde. In Frankreich entstand ein System namens «Euclid»,– nicht zu verwechseln übrigens mit dem auf Schweizer Boden entwickelten, auf Objekte mit frei geformten Oberflächen spezialisierten «Euklid». In der Bundesrepublik Deutschland entwarf eine Gruppe an der TH Berlin unter Prof. Günther Spur das System «Compac», und Prof. Hans Seifert von der Universität Bochum schuf den Modeler «Proren», den er dann im Rahmen der Firma Isykon erfolgreich auf den Markt zu bringen verstand. Dies waren die herausragenden, aber keineswegs die einzigen Pioniere der neuen CAD-Technik in Europa.

Auch Heinz Hossdorf gehört in diese Reihe dieser Pioniere. Sogar an vorderster Stelle. Denn er war, wie wir noch sehen werden, seiner Zeit in vieler Hinsicht weit voraus.

Die Anfänge

Wie kommt ein gestandener Bauingenieur dazu, sich auf so unbekanntes, unsicheres Terrain zu wagen wie das des Computer-Aided Design? Was waren die Beweggründe? Wo nahm die Entwicklung ihren Anfang? Aus der zeitlichen Distanz eines Vierteljahrhunderts, das zwischen damals und heute liegt, lassen sich vor allem drei Quellen ausmachen, aus denen sich das Engagement gespeist hat.

Als erstes ist der bereits erwähnte, eher triviale Umstand zu nennen, dass Heinz Hossdorf seit Mitte der 60er Jahre in zunehmendem Umfang mit Computern gearbeitet und dabei – wie er es heute ausdrückt – etwas vom «Wesen» dieser Maschinen gelernt hat. Erst dienten sie ihm zur Steuerung, dann zur Auswertung der Messergebnisse seiner modellstatischen Versuche. Später kamen die Hybridstatik und die auf ihr beruhenden Programme hinzu, von denen an anderer Stelle schon die Rede war. So wie er auch sonst neue Techniken rasch in sein Tun einbezog und sich zunutze machte, um seine gestalterischen Ziele zu erreichen – das mechanische Prinzip der Vorspannung ist als Beispiel bereits genannt worden –, so entdeckte Hossdorf ganz unbefangen den Computer als ideales Hilfsmittel, um seine immer weiter gehenden Pläne zu verwirklichen. Dass er von Hause aus kein Informatiker war und deshalb nicht Gefahr lief, sich in all den Implikationen zu verstricken, die dies unvermeidlich mit sich bringen würde, geriet dabei eher zum Vorteil. Vermutlich hat ihm seine Intuition gesagt, dass er auf dem richtigen Wege sei. Er selbst sagt heute, er habe es «gewusst», was subjektiv allerdings auf dasselbe hinausläuft.

Ein zweiter Grund darf in der Tatsache vermutet werden, dass unser Protagonist ständig mit zwei disparaten Repräsentationsformen der gedachten Wirklichkeit zu tun hatte. Hier das physische Modell aus Acryl oder einem anderen Werkstoff, in einem bestimmten Maßstab und so detailgetreu wie nötig der Realität nachgebildet. Dort der auf Papier gezeichnete Plan desselben Objekts, stammte der nun aus dem eigenen Ingenieurbüro oder woanders her. Vom einen zum anderen führte keine andere Brücke als die der gedanklichen Interpretation. Sie entstammten jeweils eigenen Welten, waren weder in der Zielsetzung noch in ihrer Struktur noch hinsichtlich des verwendeten Substrats miteinander kompatibel. Und sie waren nicht ineinander überführbar, schon gar nicht auf irgendeine automatisierbare Art und Weise. Das Unbefriedigende dieses Zustands war sicherlich eine Ursache für das Räsonnement über ein besseres, einheitliches Abbild der Wirklichkeit. Hinzu kam – und darüber wurde sich Hossdorf sehr früh klar –, dass auch die Welt des «Papiers» in sich sehr problematisch ist, da es sich in der Regel als unmöglich herausstellt, die unterschiedlichen Abbilder ein und desselben Objekts zu einer geschlossenen, widerspruchsfreien Informationsbasis zusammenzufügen.

Drittens liegt es auf der Hand, dass Heinz Hossdorf sich schon immer mit Fragen der Form und damit der Geometrie auseinandergesetzt hat. Ein beredtes Zeugnis hierfür legen seine in Kapitel 1 vorgestellten Entwürfe und Bauten ab, aber auch die Prinzipien zur Umsetzung statischer Konzepte, die er in Kapitel 2 vorstellt. Nicht vergessen sei auch, dass ihn als Inhaber eines baustatischen Ingenieurbüros auch die Lösung tagtäglicher Probleme beschäftigte, wie zum Beispiel die von Volumenberechnungen bzw. Massenauszügen aus vorgegebenen geometrischen Daten von Tragwerken.

Schliesslich sind einige praktische Probleme zu nennen, die bei den in Kapitel 3 ausführlich behandelten modellstatischen Versuchen und ihrer Auswertung auftraten. Die Modellstatik beruht ja auf dem Prinzip, dass ein physikalisches Modell an verschiedenen Orten nacheinander bestimmten Belastungen unterworfen und die dabei an einzelnen Stellen des Modells auftretenden Kräfte gemessen und in Spannungen umgerechnet werden. Dies geschieht in der Regel nur einmal. Anhand der so gewonnenen Einflussfunktionen werden nachträglich die einzelnen Belastungen der erwarteten Gesamtbelastung entsprechend rechnerisch superponiert, oder es werden besonders interessierende Lastfälle im Nachhinein simuliert. Gerade beim letzteren ergaben sich Schwierigkeiten. Es erwies sich zum Beispiel als sehr umständlich, die Schneelast auf einer Dachfläche oder den über eine Brücke fahrenden Zug zu definieren und hinsichtlich der damit verbundenen Belastungen in die Rechnung einfließen zu lassen. Oberflächlich betrachtet lag der Grund darin, dass das verwendete Beschreibungs- und Rechenverfahren keine Ortsvektoren kannte, mit deren Hilfe sich z.B. eine geschlossene Kontur beschreiben und die von ihr umschlossene Fläche berechnen ließ. Bei genauerer Betrachtung gelangte Hossdorf jedoch zu dem generellen Schluss, dass man dem Modell ein Koordinatensystem überstülpen müsse. Und von dort war es nicht weit zu der allgemeineren Erkenntnis, dass es an einem universellen, virtuellen Modell des Objekts mangele.

Nachzutragen bleibt, dass die Computer-Welt zu jener Zeit in zwei Hemisphären geteilt war: in die der kommerziell-administrativen und jene der technisch-wissenschaftlichen Anwender. Die einen mussten immer größere Datenmengen bewältigen, was schließlich zur Entwicklung von Datenbanken geführt hat, aber ihre Anforderungen an die Rechenleistung blieben eher bescheiden. Für die anderen stand eine hohe arithmetische Rechenkapazität im Vordergrund; dies galt vor allem für die Ingenieure, die sich mit der Lösung gewaltiger Gleichungssysteme und dem ihr immanenten Problem der Matrizeninversion konfrontiert sahen; die Methode der Finiten Elemente ist ein typisches Kind dieser Computernutzung. Aber die Ingenieure sahen ihre Aufgaben eher als isolierte, jederzeit wiederholbare Rechenvorgänge mit nur wenigen Ein- und Ausgabedaten an, die kaum einer gesonderten Verwaltung bedurften.

Heinz Hossdorf hingegen hatte bereits die spezifischen Anforderungen der Hybridstatik gezwungen, beide Hemisphären zu vereinigen. Der einmal experimentell erzeugte «Steckbrief» eines Tragwerks umfasste eine große Datenmenge vor allem in Gestalt von Einflussfunktionen, die verwaltet und jederzeit neu abrufbar sein mussten, wenn es um die Analyse eines neuen Lastfalls ging. So entstand bereits in Hossdorfs Laboratorium eine wohlstrukturierte Datenbank, die – im Gegensatz übrigens zu kommerziellen Datenbasen, die nur ungerichtete Größen kennen – in der Lage war, vektorielle Daten zu verwalten. Eine Datenbank dieser Art bildete denn auch von vornherein die unverzichtbare Grundlage für das zu entwickelnde CAD-System. Auch darin war Hossdorf seiner Zeit weit voraus.

Die Vision

Es muss um das Jahr 1974 gewesen sein, als Heinz Hossdorf diese Einsicht kam. Wäre es ihm nur darum gegangen, die genannten Probleme im Rahmen der Modellstatik zu lösen, so hätte er dies, wie es so üblich ist, sozusagen durch die Hintertür bewerkstelligen können. Zum Beispiel, indem er die Ortsvektoren auf irgendeine Weise nachträglich eingeführt und das Programm um einige spezielle Algorithmen ergänzt hätte. Aber Hossdorf ist diesen scheinbar einfacheren Weg nicht gegangen. Er war überzeugt, dass die Lösung nur in einem vollständigen Abbild der Wirklichkeit liegen könne, in einem virtuellen Computermodell, und dass dies weit über Anwendungen in der Modell- und Hybridstatik hinaus von Bedeutung sein werde.

«Warum für jede Anwendung, ja für jede Disziplin ein gesondertes Modell?» fragte er sich. Ein einziges, vollständiges Modell genüge. Er war überzeugt, dass dies erreichbar sei und dass dem Menschen damit zum ersten Mal ein Werkzeug in die Hand gegeben werde, mit dem er der dreidimensionalen Wirklichkeit gerecht werden könne, für die er bisher keine Darstellungsmittel besaß. Dass dies eine Lebensaufgabe sein würde, war Hossdorf klar, aber es war ihm auch «wichtiger als alles andere», wie er später gesagt hat: «Ich musste dies machen!» Nicht von ungefähr hat er sich um diese Zeit endgültig von seinem Ingenieurbüro getrennt. Er wollte seinen Kopf für die neue Aufgabe frei haben. Mehr noch: Er wollte den notwendigen Abstand von vertrauten Techniken wie der Modellstatik gewinnen und einen «ganz neuen, allgemeinen Blickwinkel einnehmen». Alles andere würde sich «daraus von selbst ergeben». Dies stellte für unseren Protagonisten in jeder Hinsicht eine Zäsur dar: intellektuell, beruflich und – das Wort ist nicht zu hoch gegriffen – existentiell.

Wie wir gesehen haben, unternahmen andere Personen und Institutionen etwa zur selben Zeit den Versuch, das überkommene, Reißbrett-bezogene CAD-Paradigma zu überwinden und CAD-Systeme mit dreidimensionalen Modellen als Informationsbasis auszustatten. Obwohl die meisten damit – zumindest auf längere Frist – durchaus erfolgreich waren, gibt es doch zwei Gesichtspunkte, in denen sie sich vom Hossdorf'schen Ansatz unterschieden: Zum einen konzentrierten sie sich in der Regel auf bestimmte Anwendungsgebiete: Bauwesen, Maschinenbau, Chemieanlagenbau, um nur einige zu nennen. Zum anderen nahm das Modell nicht in allen Fällen den zentralen Rang ein, der ihm eigentlich zukam. Hossdorf hingegen versuchte von vornherein, die disziplinspezifische Isolation zumindest im Kern zu überwinden; er sah so viele Gemeinsamkeiten in den Ingenieurwissen-

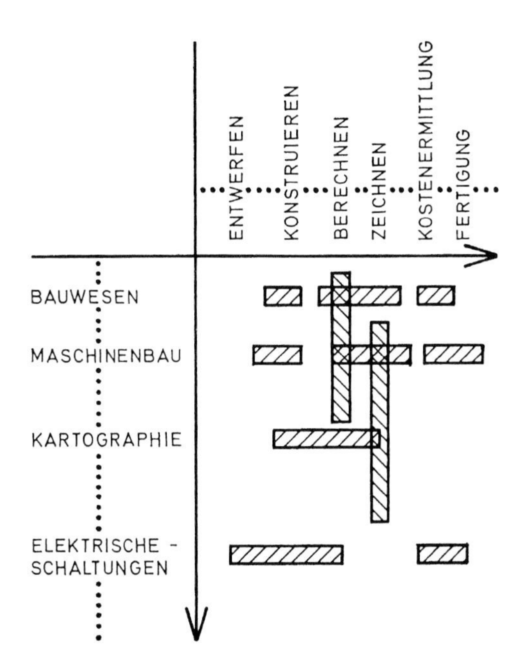

400 Schematisch skizzierte Bestandesaufnahme der Einsatzbereiche des Computers in der Technik.
Es gab eine kunterbunte Kollektion von Insellösungen, die in verschiedenen Disziplinen der Technik deren Funktionsbedürfnisse streckenweise abdeckten oder umgekehrt spezifische Funktionslösungen, die in einigen Fachbereichen anwendbar waren.
Es galt, den gemeinsamen Hintergrund zu definieren.

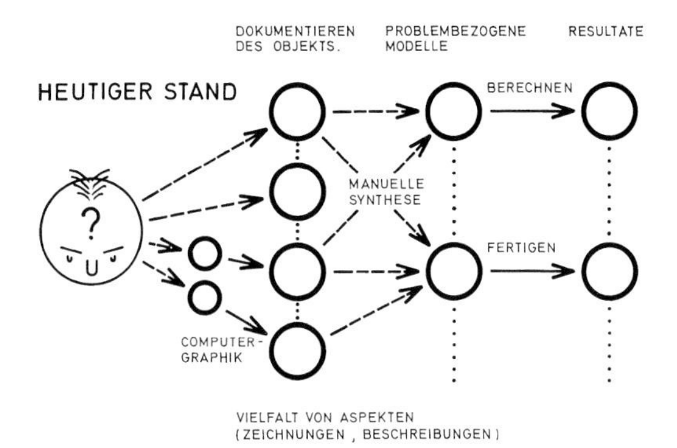

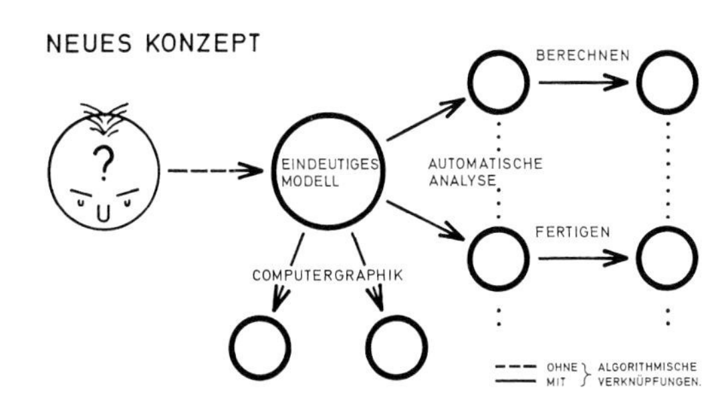

401 Erste Darstellung der zentralen Bedeutung des Computermodells als eindeutige Abbildung der menschlichen Objektvorstellung und als Informationsdrehscheibe in allen Bereichen der Technik.
(Abb. 400 und 401 aus «Neue Zürcher Zeitung», Beilage Forschung und Technik, 18.01.1978.)

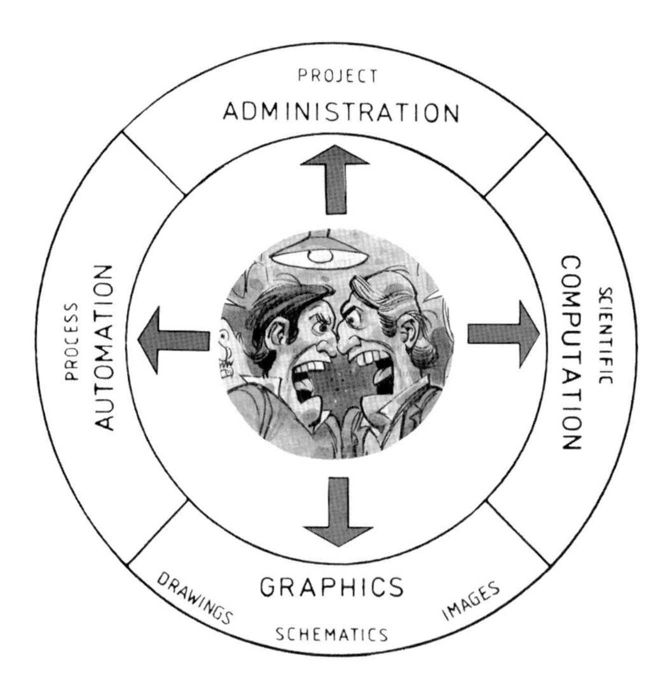

402 Die üblichen menschlichen Verständigungsprobleme in Industriekreisen bei gemeinschaftlich bearbeiteten Projekten wegen der üblichen Inkohärenz der verschiedenartigen Objektdokumentationen.
(Die Abb. 402,403 und 404 sind von Hossdorf verwendete Darstellungen).

schaften und ihren Anwendungen, dass sich für ihn eine weitgehende Einheit ergab. Und er stellte das virtuelle Modell wirklich in den Mittelpunkt und stattete es von vornherein so mächtig aus, dass es einem universellen Anspruch genügen konnte.

Was Hossdorf vorschwebte, geht vielleicht am klarsten aus einem Beitrag hervor, den er 1978 für die Neue Zürcher Zeitung schrieb und aus dem wir auszugsweise zitieren:

«Wenn der Mensch ein neues Material, ein neues Werkzeug in die Hand bekommt, muss er auf Umwegen erst lernen, es sinngerecht, entsprechend seinen neu zu verstehenden inhärenten Eigenschaften, einzusetzen. So ist in diesen ersten Jahren des CAD viel Mühe darauf verwendet worden, herkömmliche Arbeitsmethoden minuziös zu analysieren, um sie gewissenhaft auf dem Computer abzubilden. Allgemein bekannt sind die beeindruckenden Anstrengungen, welche unternommen wurden, den Vorgang des Zeichnens von Plänen möglichst ‹naturgerecht› durch den Computer nachvollziehen zu lassen, ohne zu realisieren, dass das Problem des Zeichnens aus einem völlig neuen Blickwinkel betrachtet werden kann und muss.

Der Computer besitzt eine schöne Eigenschaft, welche für sich allein schon fasziniert, deren weitreichende indirekte Auswirkung aber erst auf den zweiten Blick erkannt wird: Er ist der erste dem Menschen zur Verfügung stehende Informationsträger, welcher ein Objekt vollständig und eindeutig als räumliches Modell mit allen kinematischen und physikalischen Eigenschaften festhalten kann. Diese Fähigkeit, lebendige Software-Modelle beliebiger Gegenstände der Natur zu bauen und zu manipulieren, ist nicht nur eine gemeinsame Ausgangsbasis für alle CAD-Anwendungen, sondern ist darüber hinaus der Schlüssel zum Computer-Einsatz in allen Wissensgebieten, welche sich mit der Beschreibung von physikalischen Gegenständen und deren Verhalten im Raum befassen. [...] Geht man davon aus, dass es gelingt, diese reale Objektbeschreibung in den Mittelpunkt eines Software-Systems zu stellen, so kann der technischen Information eine völlig neue Struktur zugrunde gelegt werden.»

Heinz Hossdorf stand damals mit seiner Vision ziemlich allein. Inzwischen ist vieles von dem, was er einsam in die Wüste rief, zur communis opinio gereift. Anderes bleibt noch der weiteren Entwicklung anheim gegeben. Kritisch ist auch anzumerken, dass ein solcher Anspruch zwangsläufig das kleine Team überfordern musste, das dann in Basel heranwuchs. Wenn nicht intellektuell, so doch operativ und nicht zuletzt finanziell. Und doch hat diese Mannschaft innerhalb von wenigen Jahren aus dem Nichts ein CAD-System geschaffen, das den selbstgestellten Ansprüchen in hohem Maße gerecht wurde. Dies war einerseits der hohen Qualifikation und dem starken Engagement des Teams zu verdanken, das übrigens kaum Informatiker, dafür um so mehr Ingenieure und Physiker umfasste, von denen einige aus dem Silicon Valley kamen.

Die Umsetzung

Das «universelle CAD-System aus einem Guss», wie es in einer späteren Informationsbroschüre umschrieben wurde, trug die Bezeichnung ITS. Die Abkürzung stand für «Interdisziplinäres Technisches System» und umriss den Anspruch, mit dem es antrat: Erstens, ein Werkzeug für alle Tätigkeiten von Ingenieuren zu sein, und zweitens, den technischen Schöpfungsprozess über alle seine Stufen vom Entwurf bis zur Herstellung zu begleiten. Die konkreten Entwicklungsarbeiten am ITS begannen im Jahre 1978; fünf Jahre später, um das Jahr 1983, hatte die Software ihre volle Reife erlangt.

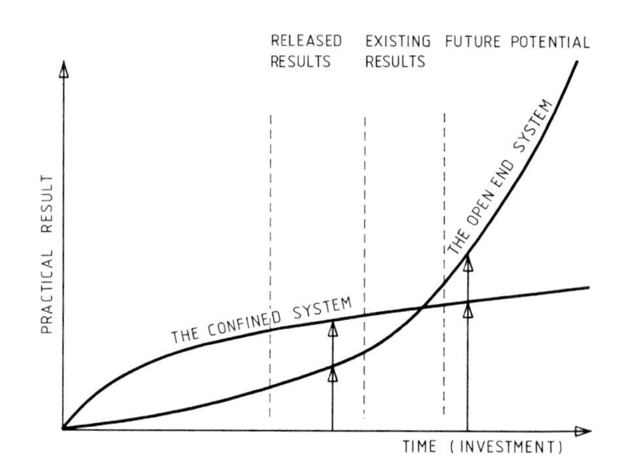

403 Vergleich der zeitlichen Erfolgsaussichten des «offenenen» ITS-100 mit den klassischen «geschlossenen» CAD-Systemen.
Darstellung, mit der Hossdorf Investoren von der mittelfristigen Rentabilität von etwas Geduld überzeugen wollte.

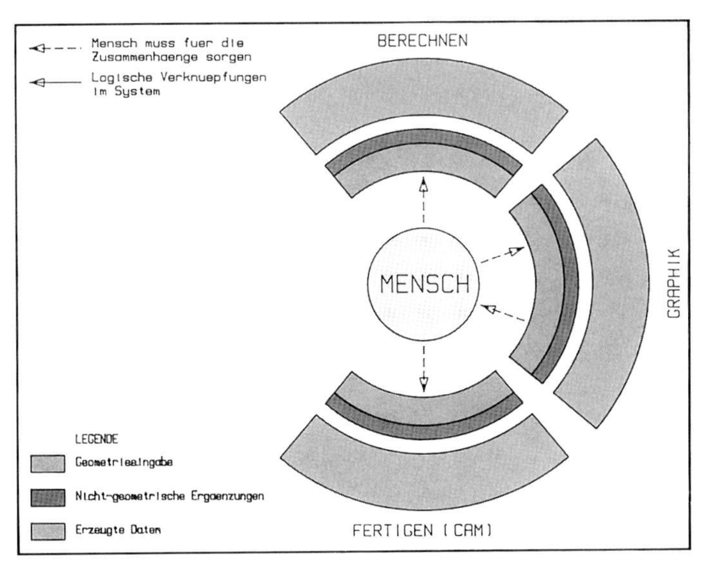

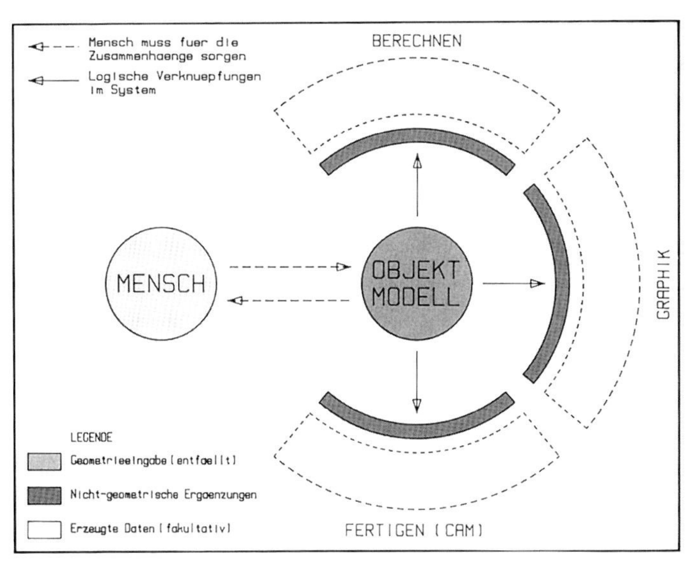

404 Gegenüberstellung des Informationsflusses zwischen der menschlichen Vorstellung und deren externer Dokumentation und Weiterverwendung.
Links: CAD-Systeme der 1. Generation. Die Art der geometrischen Beschreibung (ob grafisch, 2D oder 3D) richtet sich nach dem Zweck ihrer vorgesehenen Verwendung.
Rechts: CAD-Systeme der 2. Generation: Es gibt nur eine eindeutige Modellbeschreibung des Objekts, aus der sich jede Anwendung die notwendige Information holt. Objektänderungen erfolgen zentral und korrigieren automatisch sämtliche Anwendungen. (aus: «CAD – Umwälzung im Konstruktionsbüro der 80er Jahre». Schweizer Ingenieur und Architekt, Heft 50/1979).

Das ITS baute auf einem virtuellen Modell des zu entwerfenden, zu dokumentierenden, zu berechnenden und schließlich zu fertigenden Objekts auf, wie es Hossdorf immer vorgeschwebt hatte. Es bildete die einzige und eindeutige Informationsbasis. Hinsichtlich der Dimensionen war es hierarchisch aufgebaut; es konnte Volumina ebenso abbilden wie Flächen oder Linien im Raum. Die einzelnen geometrischen Elemente wurden durch eine eindeutige Topologie zusammengehalten. Der Übergang von einer Hierarchieebene auf die nächsthöhere oder -niedrigere war dank identischer Grundstrukturen problemlos möglich, so zum Beispiel bei der Konstruktion eines prismatischen Körpers aufgrund einer ebenen Kontur. Jedes Element der durch das Modell repräsentierten «Entität» hatte zahlreiche Standard-Attribute: Bei Bedarf konnte jeder Fläche eine virtuelle Dicke und jeder Linie eine virtuelle Querschnittsfläche zugeordnet werden, um volumenhafte Gebilde zu erzeugen; sogar dem Punkt kam, wenn erforderlich, ein virtuelles Volumen zu, wenn eine Punktmasse zur Diskussion stand. Zu den echten und virtuellen Volumina gehörte eine Massedichte, womit die Physik ins Spiel kam und der Weg zu statischen und dynamischen Berechnungen bereitet war. Hinzu kamen zahlreiche benutzerdefinierte Attribute: Rauheit, Farbe, optische Eigenschaften wie Glanzfaktor und Reflektivität bei Flächen, Fasen und Rundungen bei Linien. Auch geometrisch zu interpretierende Attribute gab es, zum Beispiel Splines, die zu frei geformten Linien führten, oder Mikrogeometrien wie Sack- oder Gewindebohrungen, die an bestimmten Oberflächenpunkten anzubringen waren.

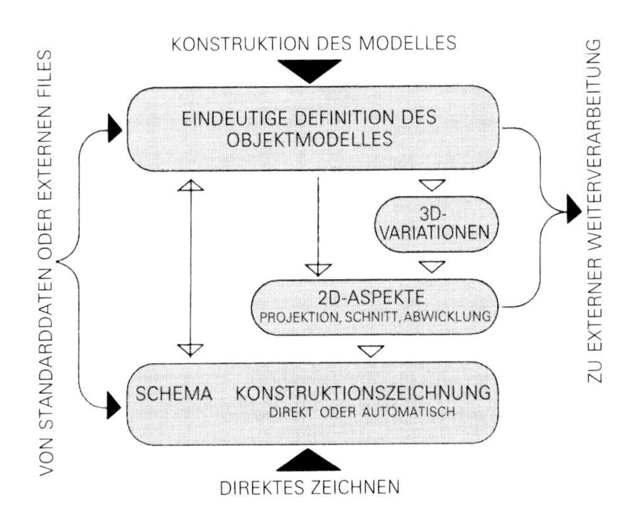

405 Das Objektmodell ist im ITS-100 primär ein *logisches* Modell von begrifflichen Entity-Definitionen und deren Beziehungen, das nach Bedarf durch zugehörige 3D-Information ergänzt werden kann. Damit ist der interdisziplinäre Kreis vollkommen geschlossen.

Diese Eigenschaften des ITS nehmen sich heute, zwanzig Jahre später, nicht mehr als etwas Besonderes aus. In der Tat sind sie – in der einen oder anderen Weise – Bestandteil der leistungsfähigeren CAD-Systeme, die inzwischen auf dem Markt sind. Aber für die damalige Zeit lag dem ITS ein äußerst innovatives Konzept zugrunde. Es brauchte auch den Vergleich mit anderen Modellen, die zu jener Zeit heranreiften, in keiner Weise zu scheuen, im Gegenteil. Dies wird deutlich, wenn man die funktionale Oberfläche verlässt und einen Blick in die Tiefenstruktur des Systems wirft. Dort herrschte die Topologie und nicht die Geometrie vor. Aufgrund seiner inneren Logik war es beim ITS – zumindest im Prinzip – möglich, den Entwurfsprozess mit abstrakten, körperlosen Elementen zu beginnen, die durch eine relatio-

406
Automatische Erzeugung von Konstruktionszeichnungen aus dem 3D-Modell am Beispiel der Darstellung von Hossdorfs Laborgebäude.

Das Modell:

Perspektivische Darstellung des Computermodells der Rohbaukonstruktion.

Das Modell enthält neben der körperhaften Beschreibung der Geometrie auch sämtliche Baustoffattribute, also die eindeutige und (soweit erforderlich) vollständige Information über das Objekt.

Das digitale Computermodell bleibt als solches – genau wie die räumliche Vorstellung im Kopf eines anderen Menschen – immer unsichtbar. 3D-Bilder gibt es nicht!

Die bisher übliche Art der Dokumentierung von Objekten durch eine zufällige Ansammlung von Zeichnungen wird obsolet. Bilder, Konstruktionszeichnungen, Massenauszüge u. dgl. werden zu Wegwerfprodukten, die bei Bedarf durch den Programmbenützer jederzeit in beliebiger Form aus dem Ojektmodell generiert werden können.

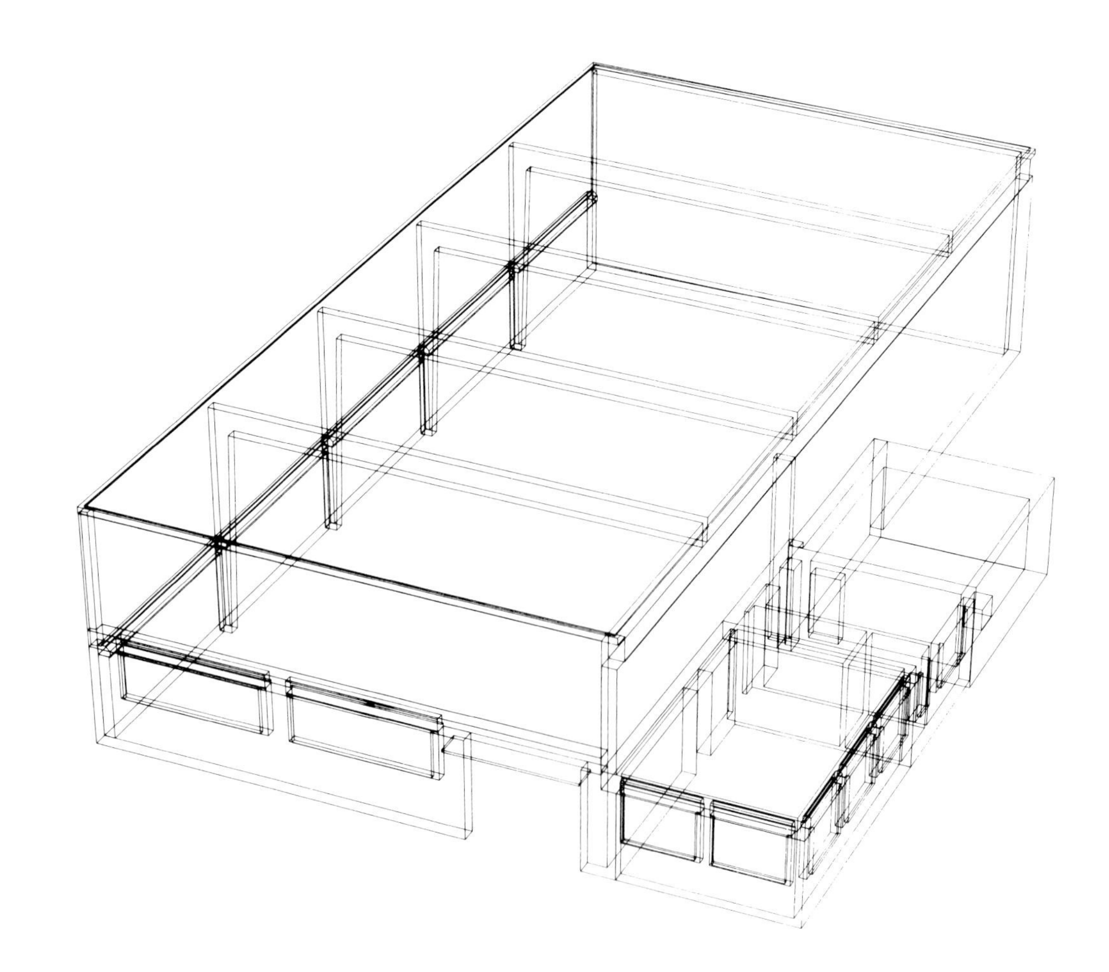

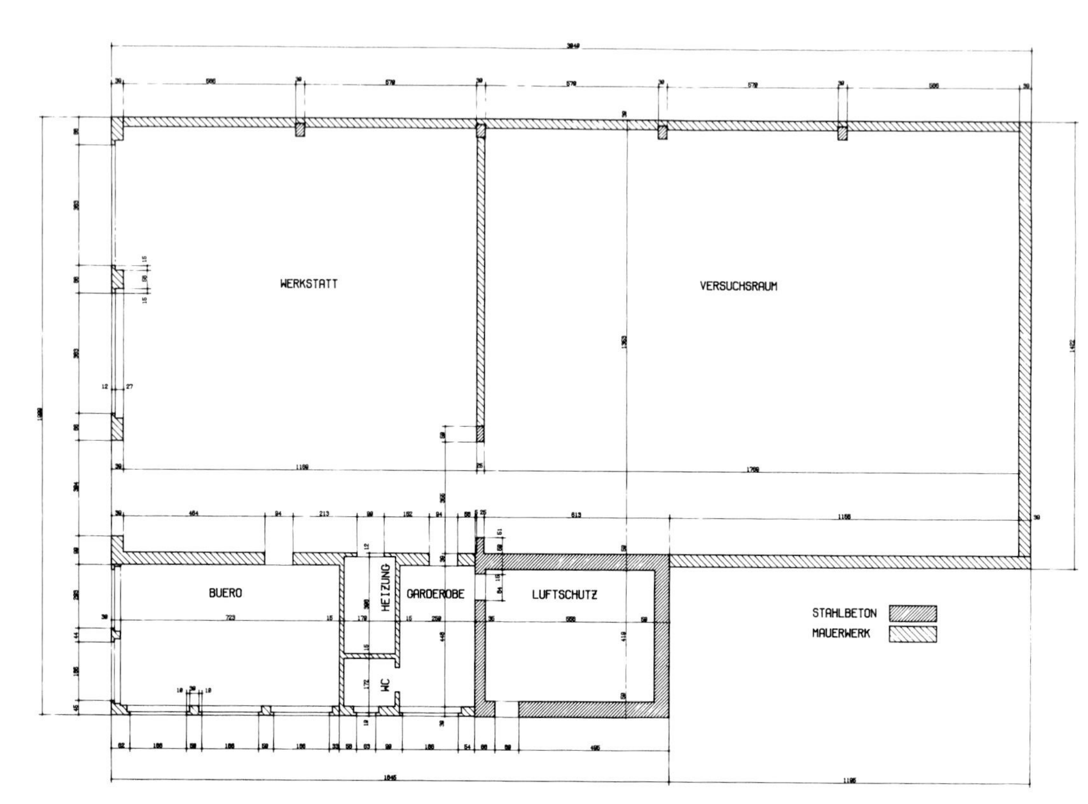

Die Konstruktionszeichnung:

Der Grundrissplan wurde im ITS-100 als Horizontalschnitt durch das Gebäude auf der gewählten Höhe automatisch generiert. Dabei entstand auch die dem Material zugeordnete Schnittflächenschraffur.

Auch die Bemassungen entstanden bis auf die Wahl der Bemassungsart und Lage der Masslinien vollautomatisch.

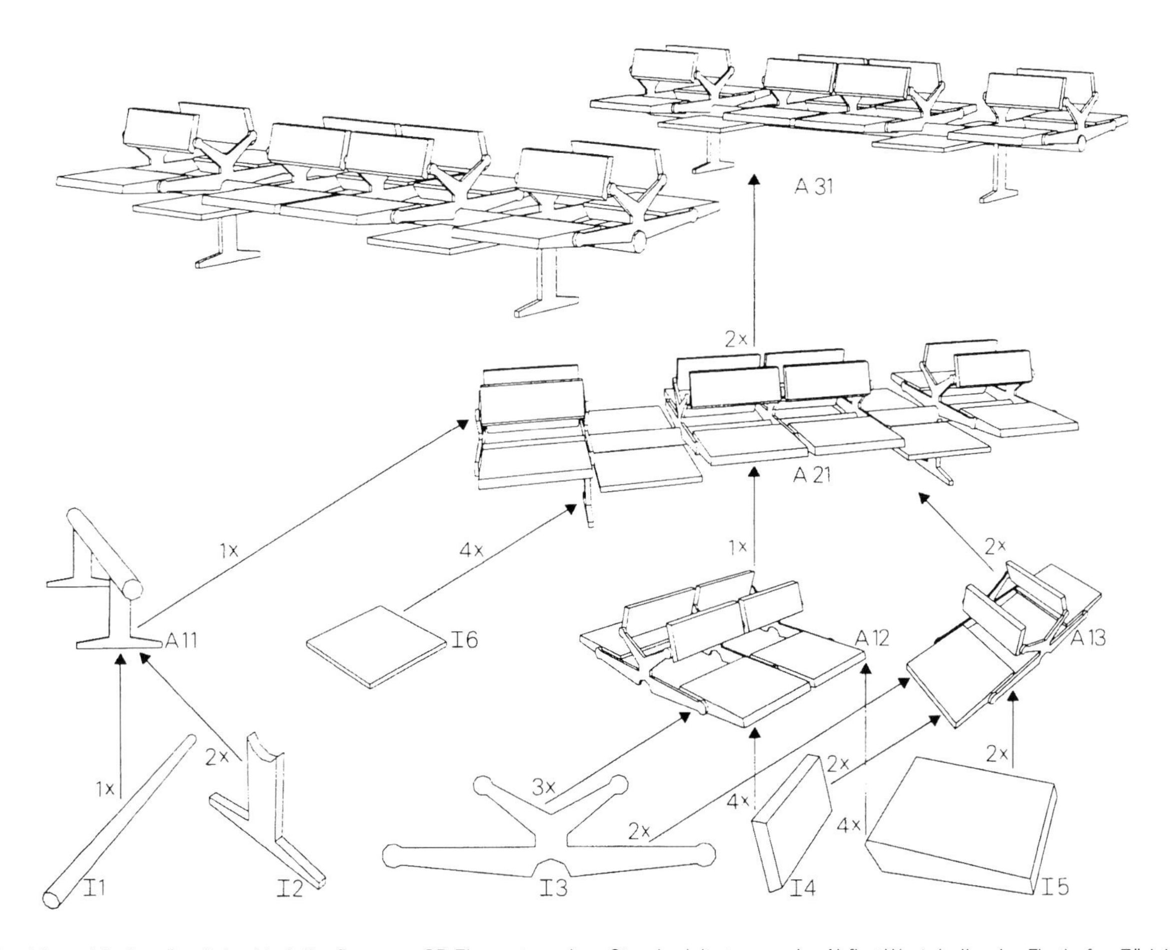

407 Der hierarchische räumliche Modellaufbau aus 3D-Elementen einer Standardsitzgruppe der Abflug-Wartehallen im Flughafen Zürich-Kloten.

nale Struktur – das heißt durch eine Topologie – zusammengehalten wurden und später um eine konkrete Geometrie erweitert werden konnten. Genau darin besteht übrigens das Grundprinzip von CAD-Systemen für den Entwurf elektronischer Schaltkreise oder die Planung von Rohrleitungssystemen. Und hierin manifestiert sich auch die Grundüberzeugung unseres Protagonisten, dass der Schöpfungsprozess des Ingenieurs – ob er sich dessen bewusst ist oder nicht – vom Abstrakten zum Konkreten fortschreitet, von formalen Relationen zu körperlichen Objekten, von der Topologie zur Geometrie.

Es ist hier nicht der Ort, Hossdorfs Schöpfung in allen Details nachzuvollziehen. Drei Besonderheiten verdienen aber noch hervorgehoben zu werden. Die erste hat mit dem Zusammenhang von Modell und Bild zu tun. Das ITS stellte das Modell in den Mittelpunkt, als alleinigen Gegenstand des eigentlichen Konstruktionsprozesses. Dennoch nahm das ITS die Zeichnung – das klassische Verständigungsmittel der Ingenieure – ebenso ernst. Aus ein und demselben Modell ließen sich nach Bedarf Bilder der verschiedensten Art erzeugen: Projektionen, Schnitte, Abwicklungen, und so fort. Diese «Aspekte» wurden dann in Konstruktionspläne, Montagezeichnungen oder andere Formen von Dokumenten übertragen, die der Konstrukteur um weitere Informationen ergänzte, zum Beispiel um die Bemaßung, die selbstverständlich computergestützt ablief, oder um graphische Attribute wie Schraffuren und Hilfslinien. Im ITS war diese strenge Trennung des Modells von seinen bildhaften Darstellungen so konsequent durchgehalten wie bei kaum einem anderen CAD-System. Die Aspekte bildeten übrigens auch den Ausgangspunkt für die Berechnung von Trägheitsachsen und -momenten.

Eine weitere Stärke des ITS lag in den vielfältigen Möglichkeiten zur Erzeugung elementarer Geometrien. Diese Technik kulminierte in Magic, einer benutzergerechten Programmiersprache mit leistungsfähigen Makrobefehlen, die u. a. den Zugang zur Variantenkonstruktion – also von maßlich oder funktional verschiedenen Versionen desselben Grundobjekts – eröffnete. Und nicht zuletzt hat Hossdorf von vornherein dafür gesorgt, dass dem ITS eine Datenbank zur Verwaltung der Modelle, Aspekte, Zeichnungen, Pläne, Stücklisten und anderer Dokumente unterlegt wurde. Auch dies war den meisten CAD-Systemen zu jener Zeit mehr oder weniger fremd.

Nachzutragen bleibt, dass nacheinander zwei Versionen des Systems entstanden: ITS-10 und ITS-100. Letztere stellte auf den ersten Blick nur eine funktionelle Erweiterung dar. In erster Linie ermöglichte sie die Verknüpfung topologisch abgeschlossener Einheiten («Entities») zu komplexen Gebilden («Items»), wie sie realiter z.B. in Form von Schraub-, Niet-, Klebe- oder Schweissverbindungen vorkommen. Überdies ließ sie mehrere Arbeitsplätze an einem Computersystem zu. Tatsächlich bedeutete der spontan gefasste Entschluss zu dieser Erweiterung einen qualitativen Sprung mit erheblichen Konsequenzen für die innere Struktur des Systems und die ihm unterlegte Datenbank. Er verzögerte die Entwicklung des ITS zur Marktreife beträchtlich und trieb den Implementierungsaufwand in unvorhergesehene Höhen.

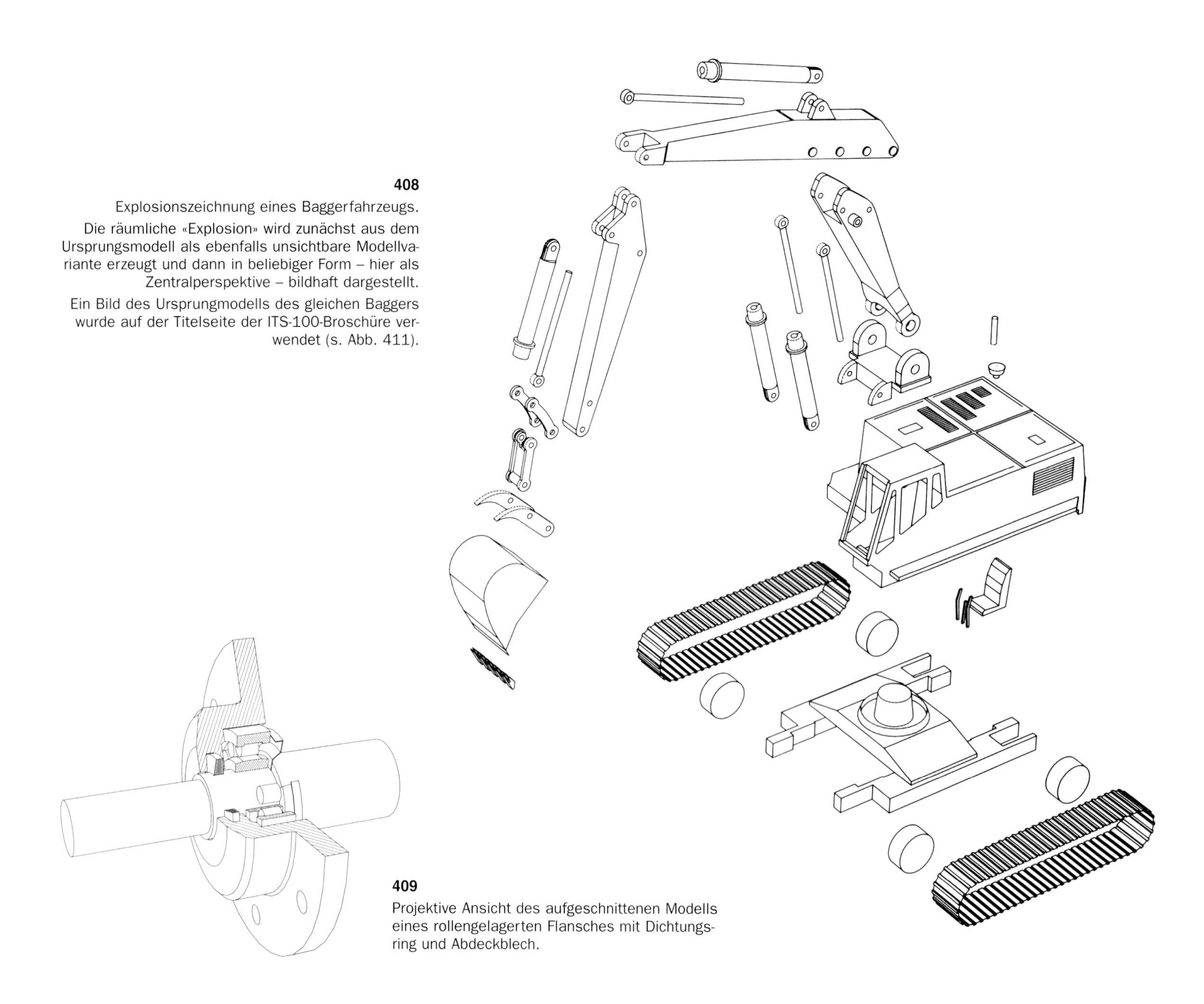

408

Explosionszeichnung eines Baggerfahrzeugs.

Die räumliche «Explosion» wird zunächst aus dem Ursprungsmodell als ebenfalls unsichtbare Modellvariante erzeugt und dann in beliebiger Form – hier als Zentralperspektive – bildhaft dargestellt.

Ein Bild des Ursprungmodells des gleichen Baggers wurde auf der Titelseite der ITS-100-Broschüre verwendet (s. Abb. 411).

409

Projektive Ansicht des aufgeschnittenen Modells eines rollengelagerten Flansches mit Dichtungsring und Abdeckblech.

Im Rückblick sieht Hossdorf seine damalige Entscheidung als Fehler an und ist überzeugt, er «hätte beim ITS-10 stehen bleiben sollen».

Die Anwender

Zu jener Zeit stand Hossdorf vor dem klassischen Dilemma, dem sich innovative Unternehmen immer wieder gegenübersehen: Einerseits erfordern es die wirtschaftlichen und finanziellen Zwänge, mit dem Produkt so früh wie möglich auf den Markt zu kommen, um die notwendigen Umsätze und Erträge zu erzielen. Andererseits kann eine verfrühte Markteinführung Probleme mit sich bringen, die für das Unternehmen kaum noch beherrschbar sind.

Unser Protagonist war – im Gegensatz zu den Gepflogenheiten der Software-Branche, der er nun nolens volens angehörte – sehr zurückhaltend beim Rühren der Werbetrommel. Hossdorf hielt das ITS über lange Zeit noch nicht für marktreif und wollte es so vervollkommnen, dass jeder Benutzer umstandslos damit arbeiten konnte. Um es etwas überspitzt auszudrücken: Betreuungsbedürftige Durchschnittskunden waren damals in Basel eher gefürchtet als ersehnt. Allenfalls waren Anwender willkommen, die ein «gewisses Verständnis» für das Grundkonzept des ITS und dessen zweckgerichteten Einsatz aufbrachten.

Einen solchen Kunden fand Hossdorf in der Bühler AG im schweizerischen Uzwil und dessen technischem Direktor Urs Häni. Das auf Mühlentechnik sowie auf Förder- und Verladeanlagen für Schüttgüter spezialisierte Unternehmen, zu dem auch die MIAG in Braunschweig gehörte, entwickelte sich zu einem echten Pilotkunden, der ab 1980 nacheinander verschiedene Versionen des ITS-10 und ITS-100 erhielt, sie ausgiebig erprobte und im Konstruktions- und Planungsprozess für den Anlagenbau einsetzte. Bei Bühler kam der Maschinen- und Anlagenbau in voller Breite zum Einsatz, und insofern war das Unternehmen ein idealer Testfall für die universelle Einsetzbarkeit des Basler CAD-Systems. Für Hossdorf war dieser Kunde auch insofern ein Glücksfall, als er sich ausserordentlich kooperativ zeigte und die Weiterentwicklung der CAD-Software im Wortsinne konstruktiv begleitete. Mehrere Jahre war sein CAD-System bei der Bühler AG im Einsatz, vorwiegend im Anlagenbau, bei Blechabwicklungen, als 3D-Modellierer für Grundlagenkonstruktionen sowie für Festigkeits- und Gewichtsberechnungen. Der für die Einführung und den Betrieb des ITS bei der Bühler AG verantwortliche Mitarbeiter urteilt heute: «Das ITS berücksichtigte in seinem Konzept bereits damals CIM-Gedanken und Ansätze für heute moderne PDM-Systeme und war damit seiner Zeit weit voraus. Auch heute noch ist dieses Konzept dem marktgängiger Systeme überlegen.» Mit anderen Worten: Was später unter den Begriffen «Computer-integrierte Fertigung» und «Produktdaten-Management» populär werden sollte, war in Basel bereits angedacht.

Ein anderes Unternehmen, das die CAD-Technologie von Hossdorf eingesetzt hat, war die Senermar S.A. Die spanische Werft suchte nach einem geeigneten Entwurfswerkzeug und wurde bei dem Basler Team fündig. Im Jahre 1981 erhielt sie eine erste Version des ITS-10. Zugleich wurde ein Kooperationsvertrag abgeschlossen, der die gemeinsame Weiterentwicklung des Systems auf bestimmten Anwendungsgebieten und den Vertrieb des ITS an Dritte durch Senermar vorsah. 1983 wurde er noch einmal erneuert.

Sogar in den USA fasste das ITS Fuß. Als Lizenznehmer und zugleich als Vertriebspartner wurde die Marc Software International im kalifornischen Palo Alto gewonnen, die sich mit eigenen Programmen auf dem Gebiet des Bauingenieurwesens profiliert und damit viele Anwender gewonnen hatte, denen sie nun die Basler CAD-Software zusätzlich offerierte. Wie viele davon tatsächlich Gebrauch gemacht haben, ist leider nicht bekannt.

Zu jener Zeit drang endlich die Überzeugung ins allgemeine Bewusstsein, dass die computerunterstützte Konstruktion die Industrie revolutionieren und ihr einen mächtigen Schub in Richtung auf erhöhte Produktivität, verbesserte Qualität und verkürzte Durchlaufzeiten verleihen würde. Als ein Problem erwies sich jedoch, dass die wenigsten Ingenieure, Konstrukteure und technischen Zeichner mit dieser Technik vertraut waren. Also sorgten nahezu alle Industriestaaten für spezielle Ausbildungsstätten, in denen der Umgang mit CAD gelehrt und praktisch erprobt wurde. So auch die Schweiz. In Bern, Lausanne und Winterthur entstand um 1984 im Rahmen des sogenannten Impuls-Programms des schweizerischen Bundesrates je ein Schulungszentrum für die Ausbildung von Ingenieuren in der CAD-Technik. Alle drei wurden mit dem ITS-100 ausgerüstet. Die Ausbildung betreuten die Fachmitarbeiter von Hossdorf.

Es war dies ein ausserordentlich prestigeträchtiger Auftrag. Von ihm hätte auch ein Sogeffekt ausgehen und Heinz Hossdorf viele neue Kunden zuführen können. Aber dazu kam es nicht. Über die Gründe hierfür sind im Folgenden einige Worte zu sagen.

COMPUTER AIDS IN BUILDING DESIGN

GEORGE BANZ
ALAIN FOURNIER

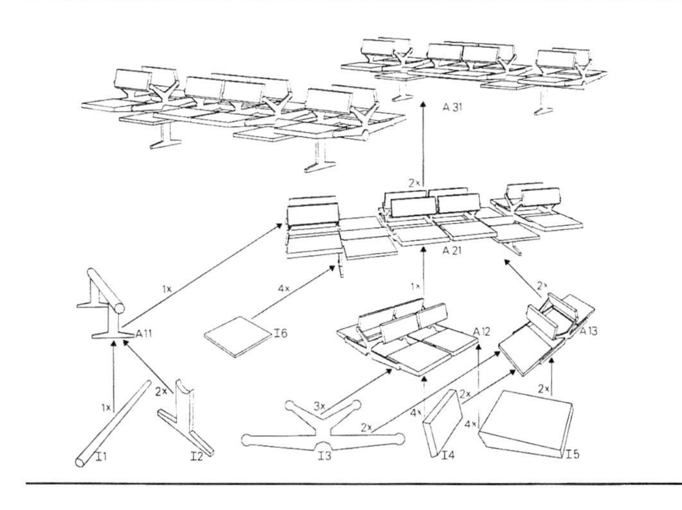

410 Ratschlag der Research Corporation des RAIC (The Royal Architectural Institute of Canada) in Zusammenarbeit mit der kanadischen Regierung zur Förderung der nationalen CAD-Aktivitäten.
Das Titelbild der Broschüre zeigt (mit entsprechendem Kommentar auf der Innenseite) die in Abb. 407 dargestellte, mit ITS-100 generierte Sitzgruppe der Wartehallen des Flughafens Kloten.

Die Partner

Seit Mitte der 70er Jahre, als er sich ins Neuland der CAD-Technik begab, war Hossdorf klar, dass er diese Reise nur in Begleitung von Partnern würde unternehmen können, die Zugang zum Marktgeschehen auf diesem Terrain hatten und womöglich auch die Reisekasse würden erheblich aufbessern können. Im Alleingang, das lag auf der Hand, hatte er keine Chance. Andererseits wollte er, der zeit seines Lebens selbstständig gewesen war, ein Mindestmaß an Unabhängigkeit bewahren, und musste es wohl auch, um die Kreativität seines Teams nicht aufs Spiel zu setzen.

Den ersten Schritt zur Quadratur dieses Zirkels ging Hossdorf bereits um das Jahr 1976, indem er Kontakt zur deutschen Firma Dietz Computer-Systeme aufnahm. Dort war man auf der Suche nach Softwarepaketen für Anwendungen in der Fertigungsindustrie, und das Angebot aus Basel für eine Zusammenarbeit kam gerade recht. Noch bevor 1978 das Gemeinschaftsunternehmen Dietz Technovision GmbH formell entstand, wurde dessen künftiges CAD-Produkt im Herbst 1977 auf der Fachmesse

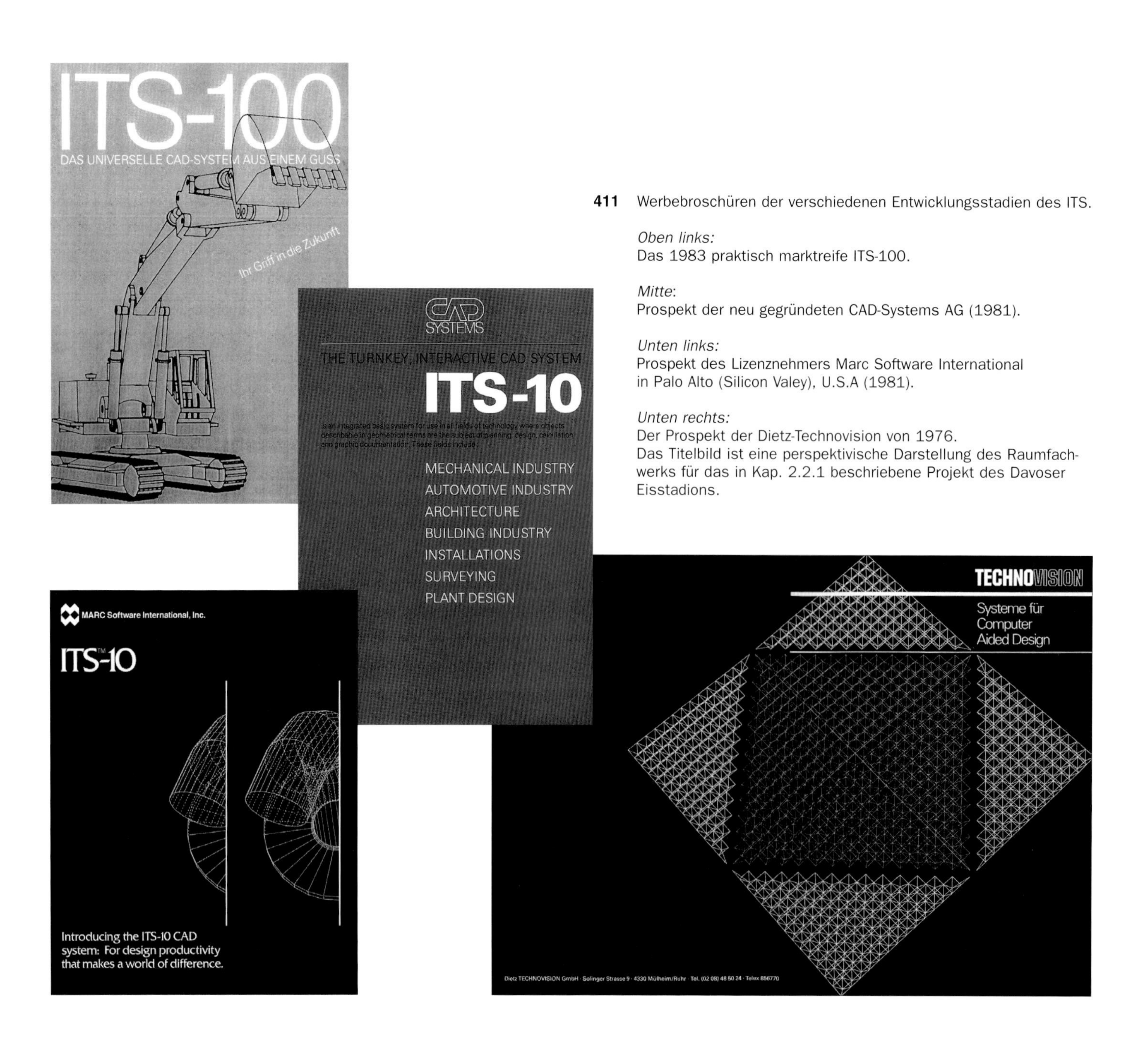

411 Werbebroschüren der verschiedenen Entwicklungsstadien des ITS.

Oben links:
Das 1983 praktisch marktreife ITS-100.

Mitte:
Prospekt der neu gegründeten CAD-Systems AG (1981).

Unten links:
Prospekt des Lizenznehmers Marc Software International in Palo Alto (Silicon Valey), U.S.A (1981).

Unten rechts:
Der Prospekt der Dietz-Technovision von 1976.
Das Titelbild ist eine perspektivische Darstellung des Raumfachwerks für das in Kap. 2.2.1 beschriebene Projekt des Davoser Eisstadions.

Systems in München groß angekündigt. Aber die Partnerschaft geriet in schwieriges Fahrwasser, weil Hossdorf die vorzeitige Vermarktung unreifer Produkte widerstrebte und ihm die Computer des Partners als Hardware-Plattform ungeeignet erschienen. In beidem hat er übrigens damals Recht gehabt. 1979 schied er aus der Technovision aus.

Wieder auf sich allein gestellt, gründete Hossdorf gegen Ende desselben Jahres 1979 die CAD Systems AG in Basel und brachte die CAD-Aktivitäten seines Labors ein. Als Mitgesellschafter gewann er den Zürcher Financier Rudolf J. Ernst und dessen Beteiligungsgesellschaft Trans K-B, die das notwendige Kapital bereitstellte und knapp 50% der Anteile an der CAD Systems erhielt. Zwei Jahre später jedoch, als bereits erste Anzeichen auf finanzielle Probleme des Partners hindeuteten, trennte sich Hossdorf von ihm und erwarb dessen Anteile am gemeinsamen Unternehmen zurück. Wenige Jahre danach kam es übrigens zum spektakulären Zusammenbruch der Trans K-B.

Die Mittel für den Rückkauf der Anteile entstammten einer Vorab-Lizenzgebühr der amerikanischen Firma Hewlett-Packard. 1980 hatte Hossdorf nämlich mit diesem Unternehmen, dessen Computer er bereits seit geraumer Zeit benutzte und das ihm insoweit vertraut war, einen Lizenzvertrag geschlossen. Allerdings war die Zusammenarbeit im Sande verlaufen, weil das ITS damals noch nicht zur Marktreife gediehen war.

Dennoch gelang es der CAD Systems AG noch einmal, einen Hersteller aus den USA als Partner zu gewinnen. Diesmal war es die Firma Prime Computer. Deren Systeme hatten die Plattform für die ITS-Installationen bei den ersten Kunden gebildet. Bereits 1981 war das ITS auf dem Prime-Stand auf der Fachmesse Systems zu sehen gewesen. Die beiden Unternehmen kamen sich näher, und Prime zeigte starkes Interesse, sich in der Basler Aktivität zu engagieren. Hossdorf stimmte diesmal einer Beteiligung zu, weil er sich davon große Chancen für den internationalen Vertrieb des inzwischen marktreifen Systems versprach und im Übrigen dringend neue finanzielle Mittel benötigte. Im Jahre 1983 wurde man handelseinig. Ein Vizepräsident von Prime flog zur Vertragsunterzeichnung in die Schweiz. Noch als er im Flugzeug war, erlitt Hossdorf einen Herzinfarkt und kam ins Krankenhaus. Der Amerikaner reiste unverrichteter Dinge wieder ab.

Bald wieder genesen, hat Hossdorf dann noch versucht, die Basler CAD-Aktivität in eine von Schweizer Hochschulen und Industriefirmen getragene Stiftung einzubringen. Dieser Versuch scheiterte an persönlichen Kompetenzstreitigkeiten innerhalb der interessierten Hochschulen, und weder die tatkräftige Unterstützung durch Prof. M. Cosanday, dem damaligen Präsidenten des Schweizerischen Schulrats, noch die erklärte Bereitschaft der Firma Bühler zu einer signifikanten Beteiligung konnten daran noch etwas ändern. Heinz Hossdorf war gezwungen, die CAD Systems AG zu liquidieren. Das war im Jahre 1984. Damit nahm auch die Geschichte des ITS ein Ende.

Die Sache hat noch eine etwas bittere Pointe. Vor der Liquidation überwies unser Protagonist nämlich noch 100'000 Franken an die Eidgenossenschaft, um eingegangene Garantieverpflichtungen im Zusammenhang mit den oben erwähnten drei CAD-Ausbildungssystemen abzulösen. Dies lenkt unsere Aufmerksamkeit auf einen Punkt, der bisher unerwähnt blieb: Fast alle, die damals an der Entwicklung von CAD-Systemen arbeiteten, hatten entweder eine Hochschule oder ein Industrieunternehmen im Rücken; darüber hinaus wurden sie – zumindest in Europa – in aller Regel kräftig aus staatlichen Töpfen finanziell unterstützt. Heinz Hossdorf hingegen stand für sich allein und versuchte, aus eigener Kraft das zu schaffen, was ihm vorschwebte. Er hat niemals einen Rappen staatlicher Förderung gesehen. Im Gegenteil: Ganz zum Schluss zahlte er dem Staat noch eine beträchtliche Summe. Er hätte dies vermeiden können, wenn er die CAD Systems AG einfach hätte in Konkurs gehen lassen. Aber dies widersprach wohl seinem Selbstverständnis als ehrlicher Kaufmann.

Die Pioniertat

Mit der Auflösung der Aktivitäten in Basel war die Chance vertan, einer europäischen CAD-Technologie von außergewöhnlichem Zuschnitt zum wirtschaftlichen Durchbruch zu verhelfen. Dies ändert jedoch nicht das Geringste an der Tatsache, dass Heinz Hossdorf einer der großen Pioniere auf dem Gebiet der Computerunterstützten Konstruktion war.

Vermutlich hat er als einer der ersten, wenn nicht sogar zuallererst die Bedeutung des virtuellen, die räumlich-stoffliche Realität widerspiegelnden Modells als unverzichtbare, weil absolut eindeutige Basis für jede computergestützte Arbeit des Ingenieurs erkannt. Für ihn gab es in dieser Hinsicht nie einen Zweifel, während sich bei vielen anderen, die zu jener Zeit noch mit der Entwicklung von Programmen zur Zeichnungserstellung und -bearbeitung beschäftigt waren, diese Erkenntnis erst allmählich durchsetzte.

Das von Hossdorf konzipierte CAD-System ist von außerordentlicher Klarheit und Stringenz geprägt. Es unterscheidet nicht prinzipiell zwischen den Dimensionen der Gegenstände; zweidimensionale Objekte – wie es z.B. Bleche zumindest in unserer Vorstellung sind – und solche mit drei Dimensionen werden grundsätzlich in gleicher Weise im Computer repräsentiert und verarbeitet. Hätten wir eine Vorstellung von vier Raumdimensionen und könnten wir uns entsprechende Objekte denken, so wäre es ein Leichtes gewesen, auch sie innerhalb der Grundstruktur des ITS zu implementieren.

Wie schon erwähnt, differenziert das ITS scharf zwischen dem Modell, den daraus unter bestimmten Bedingungen abgeleiteten Aspekten und den wiederum aus diesen gewonnenen Endprodukten wie z.B. Plänen, die zur Kommunikation unter menschlichen Individuen dienen. Eine solche explizite Trennung ist selbst bei den heutigen CAD-Systemen kaum anzutreffen; dies ist umso verwunderlicher, als sie eigentlich die Voraussetzung für sowohl konsistente als auch flexible Erzeugung und Präsentation von geometrischen Informationen bildet. Beim ITS hingegen bestehen zwischen den drei Kategorien Modell/Aspekt/Plan klare Beziehungen: Das «Modell» existiert für jedes Objekt nur ein einziges Mal; es ist in nichts anderes gegenseitig (bijektiv) überführbar (außer, wenn man so will, in die Vorstellung des Konstrukteurs von seinem Objekt). Aus einem Modell lassen sich (theoretisch) beliebig viele «Aspekte» ableiten (in der Regel handelt es sich dabei um Projektionen, Schnitte oder Abwicklungen). Diese Beziehung ist aber nicht umkehrbar, denn aus noch so vielen Aspekten lässt sich kein eindeutiges Modell erzeugen; deshalb ist es beim ITS auch nicht möglich, Aspekte interaktiv zu verändern (es sei denn, man ändere zuvor das Modell selbst). «Pläne» schließlich entstehen aus Aspekten, die um vielerlei zusätzliche Informationen wie Bemaßung, Toleranzen, Materialangaben usw. ergänzt sind; ihre interaktive Bearbeitung ist beim ITS erlaubt; allerdings kann dabei die Konsistenz mit dem Modell verloren gehen.

Ein Begriff, der sich wie ein roter Faden durch die Struktur des ITS zieht, ist jener der Topologie. Bei der Beschreibung räumlicher Objekte hat sie die Bedeutung der «Nachbarschaft» oder «Zusammengehörigkeit», wie sie im Verhältnis verschiedener «Entities» zueinander und ihrer Konfiguration zu «Items» zur Anwendung gelangt. Aber topologische Verknüpfungen sind im ITS keineswegs auf diese Bedeutung beschränkt; sie bezeichnen ganz allgemein Relationen gleich welcher Art zwischen irgendwelchen zwei Objekten. Grundsätzlich hätte man auf Basis des ITS und des ihm zugrunde liegenden Topologie-Begriffs auch CAD-Systeme für ganz andere Anwendungen realisieren können, z.B. für den Rohrleitungsbau und bei verfahrenstechnischen Anlagen, für den elektrischen Schaltungsbau und in der Elektronik. Marktgängige CAD-Systeme für diese unterschiedlichen Disziplinen haben bis heute so gut wie nichts gemeinsam. Hossdorf jedoch hat die zwischen ihnen bestehenden Gemeinsamkeiten unzweifelhaft erkannt und für das ITS möglicherweise auch auf diesen Teilgebieten des Ingenieurwesens eine Zukunft gesehen. Zu irgendwelchen konkreten Schritten in dieser Richtung konnte es freilich nicht mehr kommen.

Im Nachhinein stellen sich uns zwei Fragen. Die erste lautet: Wie konnte ein krasser Außenseiter – ein Bauingenieur zumal – ein CAD-System konzipieren, das so «universell» angelegt und seiner Zeit weit voraus war? Hierauf gibt es nur eine, wenngleich etwas vage Antwort. Das erste Kapitel dieses Buches demonstriert, dass Hossdorf den Architekten, mit denen er zusammenarbeitete, schon beim Entwurf ein kongenialer Partner war und darüber hinaus selbst zahlreiche architektonische Leistungen erbrachte. Ähnlich wie ein geplantes Bauwerk muss er die Architektur des ITS sukzessive entwickelt, stets vor seinem geistigen Auge gehabt und denjenigen vermittelt haben, deren Aufgabe es war, das System praktisch zu implementieren. Nicht umsonst spricht man ja von der «Architektur» eines informationstechnischen Systems, und gestalterische Prozesse in der Informatik haben sehr viel mit der Vorgehensweise von Ingenieuren gemeinsam.

Die zweite Frage zielt auf die Motivation ab: Warum hat Hossdorf mit dem Thema CAD begonnen, und warum hat er all die Mühen und Probleme auf sich genommen, die später daraus erwuchsen? Darauf angesprochen, erwähnt er die positiven Voraussetzungen: Nähe zum Problem, Erfahrung mit Computern, vorhandene Fachleute. Überdies habe ihn die Neugier getrieben; er habe nur einige Jahre auf die Entwicklung des ITS verwenden, es fertig stellen und später, nach seiner Rückkehr zur Ingenieurstätigkeit, als Werkzeug nutzen wollen. Allerdings wäre es ihm nie in den Sinn gekommen, ein solches Werkzeug nur aus Gründen des späteren eigenen Gebrauchs zu entwickeln. Was ihn antrieb, waren – wie zu Zeiten des Labors – ein gut Teil Neugierde und die Größe der Herausforderung. Keineswegs hingegen, so versichert er glaubwürdig, das Streben nach materiellem Reichtum.

Wie auch immer: Auch Hossdorfs drittes Lebensthema CAD steht in der Kontinuität eines Pionierdaseins.

Die Reflexion

Das Ende seiner Tätigkeit als Entwickler und Unternehmer bedeutete für Heinz Hossdorf keineswegs den Abschluss der geistigen Auseinandersetzung mit dem Computermodell als Abbild der Realität und – allgemeiner gesprochen – mit der Frage, wie sich artifizielle Gebilde wie Computer und ihre Programme zum natürlichen menschlichen Wahrnehmen und Denken verhalten. Die Reflexion über die intellektuelle Basis seiner Entwicklungen auf dem CAD-Gebiet, aber auch über die kognitiven Fähigkeiten und Beschränkungen von Menschen und Maschinen haben unseren Protagonisten über die letzten anderthalb Jahrzehnte beschäftigt, übrigens mit zunehmender Intensität.

In seinen – bisher leider unveröffentlichten – Manuskripten hat er die formalen Gründe herausgearbeitet, warum die eindeutige Repräsentation der dreidimensionalen Realität (genauer: unserer Vorstellung davon) nur mit entsprechenden Modellen (und nicht z.B. in Form von Bildern oder Zeichnungen) möglich ist. Nur sie gewährleisten nämlich das, was in mathematischer Ausdrucksweise «Bijektivität» heißt: die vollständige und eindeutige Abbildung des realen Objekts auf das virtuelle Modell und umgekehrt. Da mit dem Computer das erste und bisher einzige von Menschenhand geschaffene Werkzeug existiert, das den Umgang mit solchen Modellen erlaubt, und weil dies weitreichende, heute noch nicht absehbare Folgen für die Technik – und nicht nur für sie – mit sich bringen wird, spricht er in diesem Zusammenhang zu Recht von einer «Kulturrevolution», die durch den Computer eingeleitet wurde.

Das «I» im Namen der CAD-Software ITS stand bekanntlich für «interdisziplinär» und damit für die Auffassung, dass ein solches System die traditionellen Grenzen zumindest der ingenieurwissenschaftlichen Disziplinen nicht nur überwinden, sondern deren oft disparate Praktiken auf einen gemeinsamen Ursprung zurückführen müsse. Hossdorf hat damals die Gewissheit, dass dem so sei, aus der simplen Tatsache geschöpft, dass sie alle den Fähigkeiten des menschlichen Gehirns als gemeinsamer Wurzel entspringen. Diese «Umkehrung des Blickwinkels» überzeugt in der Tat, wenn auch auf einem sehr hohen, abstrakten Niveau. Inzwischen liegen von seiner Hand sehr viel konkretere Hinweise dafür vor, wie dies zustande kommt, wie die «diskreten» (d.h. sprachlich-begrifflichen) und «analogen» (d.h. räumlich-anschaulichen) Fähigkeiten des Menschen sich zu einer kohärenten Vorstellungswelt zusammenfügen und welche Entsprechungen dies in einem Computer finden kann. Das Ziel wird so formuliert: «Es gilt ja, den Computer als neues, äußerst ungewöhnliches, aber auch ungewohntes Darstellungsmittel von Ideen zur optimalen Symbiose mit den natürlichen geistigen Anlagen des Menschen zu bringen.»

Hoffen wir, dass Heinz Hossdorf die Zeit und die Kraft findet, uns eines nicht zu fernen Tages die Ergebnisse dieser seiner Reflexionen an die Hand zu geben. Wir werden daraus viel lernen können: über Computer und Kognition, über uns selbst, und nicht zuletzt über den, von dem dieses Buch handelt.

Anhang

Werkverzeichnis
(Auszug)

	Bauten, Projekte (P)	Ort	Auftraggeber	Architekten	Baujahr	*Buchseite*
1.	Röm.-kath. Kirche (Neugestaltung der Dachkonstruktion)	Pfeffingen BL	Zimmerei Schmidlin Aesch	–	1953	–
2.	H.G.Z. Garage und Werkstätte (erstmalig vorgesp. Stockwerksrahmen)	Zürich	H.G.Z.	Hans Beck und Heinrich Baur Basel	1953/54	–
3.	Fassabfüllhalle (genagelte 3-Gelenk-Holzbinder)	Zürich	Gulf Oil SA	Walter Senn Basel	1953	–
4.	Schöllenen-Brücke (P) (vorgesp. Sprengwerk aus Naturstein)	Kanton Uri		–	1953/54	*172*
5.	Autoeinstellhalle Viadukthaus	Aesch BL	PAX Lebensversicherung	Otto und Walter Senn Basel	1954/55	*14 ff.*
6.	Gummibandweberei Gossau (zylindr. Schalenverbundtragwerk)	Gossau SG	Elastic AG	Danzeisen und Voser St. Gallen	1956/57	*18 ff.*
7.	Fabrikations- und Verwaltungsbau (Dreifeldrig vorgesp. Schalensheds)	Muttenz BL	Graeter & Cie.	Hans Beck und Heinrich Baur Basel	1957	–
8.	Fabrikationshalle (klassische Zylinderschalensheds)	Dürrenäsch AG	Sager & Co.	Danzeisen und Voser St. Gallen	1956	–
9.	Bruder Klaus-Kirche (Turmtreppe als vorgesp. Perlenkette)	Birsfelden BL	Kath. Kirchgemeinde Birsfelden	Hermann Baur Basel	1957	*26 ff.*
10.	Wohngebäude Hansa-Viertel Berlin	Berlin	AG für den Aufbau des Hansa-Viertels	Otto Senn Basel	1957	–
11.	Schreinerei-Fabrikationshalle (Hilz/Stahl-Verbundkonstruktion)	Aesch BL	ISAL AG	–	1957	*176*
12.	Pfarrkirche Vicques (vorgesp. räumliches Rahmenwerk)	Vicques JU	Kath. Kirchgemeinde Vicques	Pierre Dumas Romont	1958/60	*42 ff.*
13.	Pfarrkirche Winkeln (frei geformte Schalen-Sattelfläche)	Winkeln SG	Röm.-kath. Kirchgemeinde	Ernest Brantschen St. Gallen	1957/58	*26 ff.*
14.	Schreinereiwerkstattgebäude (vorgesp. Stockwerksrahmen)	Basel	Voellmy & Co.	Vischer Architekten Basel	1959	*40*
15.	Zentrallager des VSK (vorgesp. Schalen-Elementtragwerk)	Wangen SO	Verband schweizer. Konsumvereine	Architekturbüro VSK Basel	1958/61	*30 ff.*
16.	Einfamilienhaus Mme. Vischer (Hypar-Schalendach aus Holz)	Hegenheim (Elsass)	Antoinette Vischer	Rolf Gutmann Basel	1960	*144 ff.*
17.	Kies- und Betonwerk	Gunzgen SO	Jakob Fritschi	–	1960 62	*46 ff.*
18.	Schwimmbad am Bachgraben	Basel	Hochbauamt des Kantons Basel-Stadt	Otto und Walter Senn Basel	1960/62	–
19.	Wohlfahrtsgebäude (vorgesp. Dachfaltwerk. Pilzdecke)	Basel	Geigy AG	Vischer Architekten Basel	1961/63	*152*
20.	Materialhalle (flache, vorgespannte Tonnenschalen)	Liesberg SO	Portlandzementfabrik Laufen	Burckhardt Architekten Basel	1961/63	*52 ff.*
21.	Grosspeter-Garage	Basel	Grosspeter AG	Hans Beck und Heinrich Baur Basel	1961/62	–
22.	Mädchenoberschule	Basel	Hochbauamt des Kantons Basel-Stadt	Hans Beck und Heinrich Baur Basel	1961/64	–
23.	Ausstellungspavillon Expo '64	Lausanne	Exposition Nationale Lausanne	Architektengemeinschaft Secteur «Les échanges»	1951 / 64	*58 ff.*
24.	Usines Sécheron (modulare Element-Konstruktion)	Gland VD	SA des Ateliers de Sécheron	Groupe d'architects Rohner-Kronauer, Genf	1961/63	*184*
25.	Lesesaal der Universitätsbibliothek	Basel	Hochbauamt des Kantons Basel-Stadt	Otto Senn Basel	1962/64	*78 ff.*
26.	Primarschule Gehrenmatte	Arlesheim BL	Gemeinde Arlesheim	Wilfrid und Katharina Steib	1963/65	–
27.	Rudolf-Steiner-Schule (Variationen von Faltwerksformen)	Basel	Anthroposophische Gesellschaft	Hans Felix Leu Basel	1964/67	*90*

	Bauten. Projekte (P)	Ort	Auftraggeber	Architekten	Baujahr	*Buchseite*
28.	Birsbrücken (vorgesp. Sprengwerks-Plattenbrücke)	Liesberg BL	Cement- und Kalkwerk Liesberg AG	–	1962/63	*55 ff.*
29.	Fussgänger-Überführung Rütihard (gekrümmter Spannbetonhohlkasten)	Muttenz BL	Baudirektion des Kantons Basel-Land	–	1976	–
30.	Stadttheater Basel (vorgespannte Beton-Hängeschale)	Basel	Hochbauamt des Kantons Basel-Stadt	Schwarz und Gutmann Basel/Zürich	1968/76	*96 ff.168, 216*
31.	Klinker-Materialhalle (Beton-Faltwerksstützwände)	Holderbank-Wildegg	Cementwerk Holderbank-Wildegg	Planungsbüro Holderbank	1962	–
32.	Evangelische Heimstätte Leuenberg (vorgespanntes Holzfaltwerk)	Höllstein BL	Verein evang. Heimstätte Leuenberg	Burckhardt Architekten Basel	1966/67	*178*
33.	Service-Stationen (modulares Pilzschalen-System)	Genf, Luzern, Brüssel	Eurogas	Leonhard Safier Genf	1966/68	*187 ff.*
34.	Kaltwalzwerk (klass. Stahl-Shedkonstruktion)	Dornach SO	Metallwerke Dornach	Zimmer und Ringger Architekten Basel	1967/68	–
35.	Postgebäude Liestal	Liestal BL	Direktion eidgen. Bauten	Bühler und Furter Liestal	1972	–
36.	Fussgängersteg über die Birs (schlank geformter Spannbetonbalken)	Dornach SO	Gemeinde Dornach	–	1967/70	–
37.	Eisstadion Davos	Davos GR	Kurverein Davos	Ernst Gisel Zürich	1969/70	*148*
38.	(P) Aluminium-Walzwerk	Menziken AG	Schäfer u. Co. Aarau	–	1970	*159*
39.	Technikum beider Basel	Muttenz BL	Hochbauamt des Kantons Basel-Land	Walter Wurster Basel	1968/71	–
40.	Architekturatelier	Zürich	Ernst Gisel	Ernst Gisel Zürich	1972	–
41.	Hallenbad	Kilchberg ZH	Einwohnergemeinde Kilchberg	L. Plüss Zürich	1971/73	–
42.	Kirche Urdorf	Urdorf ZH	Evang. Kirchgemeinde Urdorf	Schwarz und Gutmann Basel/Zürich	1971	–
43.	Satelliten-Bodenstation (frei berandete Raumfachwerke)	Leuk VS	Generaldirektion PTT Hochbauabteilung	Heidi und Peter Wenger Brig	1972/74	–
44.	Spenglereibetrieb (Beton-Stahl Mischkonstruktion)	Zürich	Rudolf Lehni	Ernst Gisel Zürich	1973/75	–
45.	Zollstationen (Stahlblech-Faltwerkskonstruktionen)	Basel	Direktion der eidg. Bauten	Giovanni Panozzo Basel	1976/78	*112*
46.	Unterführung Baldeggerstrasse	Basel	Tiefbauamt des Kantons Basel-Stadt	–	1979	–
47.	Festhalle der Basler Messe	Basel	Direkt. der Schweizer Mustermesse	Arbeitsgemeinschaft Mustermesse	1977/81	*115*
48.	Kulturpalast	Sevilla	Ayuntamiento Sevilla	Aurelio del Pozo Serrano und Luis Marín de Terán, Sevilla	1988/89	*155*
49.	(P) Olympia-Stadion (aufgespannte Stahlblech-Schale)	Sevilla	Ayuntamiento Sevilla	–	1990/91	*181*
50.	(P) Schweizer Pavillon Expo '92 (kinematische Multifunktionalität)	Sevilla		–	1990	*191*

Veröffentlichungen

Eigene Publikationen und Vorträge

«Zum Gespräch um die neue Teufelsbrücke». Schweiz. Bauzeitung Heft 46, 72. Jahrgang

«Hallenbau der Gummibandweberei AG in Gossau SG». Schweiz. Bauzeitung Heft 51, 72. Jahrgang

«Der Ingenieur und die Architektur – Baukunst und Wissenschaft». Bulletin S.I.A. Nr. 26/27 (3/4 1960), Dezember 1960

«Vorfabrizierte Schalenshedkonstruktion für den VSK in Wangen bei Olten». Schweiz. Bauzeitung Heft 50, Dezember 1962

«Modellversuchstechnik des entwerfenden Bauingenieurs». Schweiz. Bauzeitung, Heft 17, April 1963

«Schalen-Shed-Dach aus zusammengespannten Fertigteilen». Beton- und Stahlbetonbau Heft 3/1963

«Design of a polyester pavillon reinforced with glass fiber for the 64 Swiss Exhibition». Bulletin of the International Association for Shell Structures (IASS), 1950

«Projekt und Ausführung des Hauptpavillons für den Sektor 5 Waren und Werte an der Expo'64». Schweizerische Technische Zeitschrift (STZ) Nummer 32, August 64

«Eine programmgesteuerte, vollautomatische Modellmess- und Datenauswertungsanlage». Schweizerische Bauzeitung, 83. Jahrgang, Heft 39, September 1965

«Die heutige und zukünftige Modellversuchstechnik als Werkzeug in der Hand des entwerfenden Ingenieurs und Architekten». Gastvorlesung an der TU Berlin im Mai 1965

«Design Construction and Experience with Post-Tensioned Polyester Roof in the Swiss National Exhibition». The Plastics Institute, London. Conference on Plastics in Building Structures, Juni 1965

«Model Analysis versus Computer». International Conference on Space Structures. University of Surrey, 1966

«Physikalische Ähnlichkeit in Technik, Natur und Architektur». Vortrag an der Architekturabteilung der ETHZ am 5.12.1968

«Architekt und Ingenieur». Vortrag auf Einladung der Architekturabteilung anlässlich der Jubiläumstagung der Gesellschaft ehemaliger Polyaner (100 Jahre GEP) an der ETH Zürich. Publiziert in: Schweizerische Bauzeitung, Heft 2, 88. Jahrgang, Januar 1970

«Nuevas formas de cálculo. Ensayos sobre modelos y ordenadores electrónicos». Monografías del Instituto Eduardo Torroja Nr. 290, Madrid 1970

«Modellstatik». Lehrbuch. Deutsche Ausgabe: Bauverlag, Wiesbaden und Berlin 1971. Übersetzungen: «Modelos reducidos». Madrid 1972; «Model Analysis of Structures», Van Nostrand Reinhold, New York, 1974; «Statyka modelowa», Arkady, Warschau 1975

«Hybridstatik». Festschrift und Prospekt zur Einweihung des Systems in Basel, 26. März 1971

«Statique hybride, une combinaison du modèle réduit et de l'ordinateur»: Seminaire EPFL sur les méthodes de calcul des structures du génie civil du 3.2.1971

«Structural Models and Design». Einführungsbericht am Neunten Kongress der Internationalen Vereinigung für Brücken- und Hochbau in Amsterdam, 8.–13. Mai 1972

«Hybridstatik, eine Symbiose zwischen Modell- und Computerstatik». Verein Deutscher Ingenieure, VDI-Bericht Nr. 197, 1974

«Ausschöpfen der Möglichkeiten des Kleincomputers im eigenen Büro». Schweiz. Bauzeitung, Heft 39, September 1974

«Computereinsatz im kleinen und mittleren Büro des Bausektors». Vortrag an der Industrieinformationstagung der Ortsgruppe Zürich des SIA vom 5./6. April 1974

«Integration der Messtechnik in CAD-Systemen». 6th International Conference on Experimental Stress Analysis. Survey Paper of the Day, 1974

«Neues Computer-Konzept für die technische Planung – Erweiterte Möglichkeiten des Computer Aided Design». *Neue Zürcher Zeitung,* Beilage Forschung und Technik, 18. Januar 1978

«CAD - Umwälzung im Konstruktionsbüro der 80er Jahre». Schweizer Ingenieur und Architekt, Heft 50/1979

Externe Publikationen

Camenzind, Alberto: «L'Exposition Nationale Suisse Lausanne 1964». In: *Architecture – Formes + Fonctions,* 11° année. Edition 1964-1965, S. 218, 219

Cassinello Plaza, Pepa: «Heinz Hossdorf». In: *Arquitectura, Revista Oficial del Colegio de Arquitectos de Madrid,* 305 (1996).

Cassinello Plaza, Pepa: «Ciencia y Creacion en la obra de Heinz Hossdorf». In: *Arquitectura* 327 (2002)

Dietz, Peter: «Aufbruchsjahre. Das goldene Zeitalter der deutschen Computerindustrie». Fribourg, Bonn, 1995, S. 162, 168

Frischman, W. W. et al.: «National Westminster Tower Design». In: The Proceedings of the Institution of Civil Engineers, Part 1: Design and Construction, Volume 74, 1983

Joedicke, Jürgen (Hrsg.): «Schalenbau – Konstruktion und Gestaltung». Band 2 von: «Dokumente der modernen Architektur – Beiträge zur Interpretation und Dokumentation der Baukunst». Karl Krämer Verlag, Stuttgart 1962 und Verlag Girsberger, Zürich S. 37, 62 ff., 72 f.

Kugler, Silvia: «Wie baut die junge Schweiz?». In: DU. Kulturelle Monatsschrift, November 1963, S. 23

Leonhardt, Fritz: Der Bauingenieur und seine Aufgabe, 2. erw. Auflage. Darmstadt 1974, S. 36/37

Malfroy, Silvain: «Heinz Hossdorf». Eintrag in: «Architektenlexikon der Schweiz 19./20. Jahrhundert», Basel, Boston, Berlin 1998

Mosquera Adell, Eduardo: «Cuando es hueso se quiere volver piel». In: *Periferia, Revista de Arquitectura,* Junio 1987

Rühle, Hermann: «Räumliche Dachtragwerke. Konstruktion und Ausführung». VEB-Verlag für Bauwesen, Berlin 1969.

Schindler, Verena: «Baukünstler, Forscher und Computerpionier. Der Ingenieur Heinz Hossdorf in einer ersten Ausstellung in Ennenda». In: *Neue Zürcher Zeitung,* 5.6.1999

Torroja, Eduardo: «Puente pretensado de piedra natural». In: *Informes de la Construcción,* Madrid, Mai 1955

Zophoniasson-Baierl, Ulrike: «Und war und bin mit Leib und Seele Ingenieur...». Beispiele zeitgenössischer Baukunst: Ein Gespräch mit Heinz Hossdorf. In: *Basler Zeitung,* Nr. 127, 4.6.1999

«Der faszinierendste Bauplatz Basels: das neue Theater – Interessante Probleme für den Bauingenieur». In: Neue *Zürcher Zeitung,* Nr. 176, 20.4.1971

«Details zu Strukturformen der Architektur» In: DETAIL, 1968, Heft 2

«Spannkabelkontrolle in Dachschaden über Verteilzentrale COOP Wangen bei Olten». In: *Stahlton-Informationen,* Nr. 36, November 1989

Publikationen in der Zeitschrift *Werk, Schweizerische Monatsschrift für Architektur, Kunst und künstlerisches Gewerbe:*
«Fabrikationshalle der Gummibandweberei AG in Gossau SG». Heft 2, Februar 1956
«Kieswerk in Gunzgen». Heft 3, März 1963
«Haus Mme. Vischer, Hegenheim (Haut-Rhin, France)». Heft 4, April 1963
«Ein Bausystem für eingeschossige Betriebe: das Eurogas-Zentrum-Bausystem». Heft 2, Februar 1969
«Neubau Stadttheater Basel», mit Interview zum Labor. Heft 8, August 1972

Artikel in *Informes de la Construcción del Instituto Eduardo Torroja* (I.C.I.T), Madrid:
«Solución original para una nave industrial». April 1955
«Garaje en Basilea». März 1956
«Cubierta laminar pretensada». Dezember 1956
«Ensayo sobre modelo reducido, de una cubierta laminar». Januar 1958
«Cubierta de madera para una nave industrial». Mai 1958
«Heinz Hossdorf». März 1960
«(Gunzgen)». November 1963
«(VSK)». April 1964
«(Lausanne)». September 1964
«(Lesesaal Uni, Saal Rudolf Steiner)». Juli 1966
«(Liesberg, Labor Sécheron)». August/September 1966
«Vivienda unifamiliar, en Hegenheim». Dezember 1969

Biographische Daten

Geboren am 20. Dezember 1925 in Wiesbaden. Aufgewachsen in Basel. – Nach Matur und Englandaufenthalt, 1946 Bauingenieurstudium an der ETH. Vordiplom. Praktikum an Schiffswerft bei Antwerpen. – 1950 Fortsetzung des Studiums an der TU Aachen bei gleichzeitiger, zunächst sporadischer, dann vollumfänglicher Tätigkeit als Statiker im Ingenieurbüro Rudolf Hascha in Basel. – Enge persönliche Kontakte mit Architekten erwecken das Interesse an der formal-gestalterischen Seite der Konstruktion.

1953 Gründung des eigenen Ingenieurbüros. – Bauentwurfstätigkeit mit dem Bestreben, die konstruktive Lösungssuche in Einklang zu halten mit dem Wandel des technischen Umfelds, den neuen Baustoffen und der fortschreitenden Evolution der Verarbeitungs- und Konstruktionsverfahren. Zur fundierten Kenntniserweiterung kam der Bereitstellung experimenteller Arbeitswerkzeuge prioritäre Bedeutung zu. – Die Projektidee der vorgespannten «Teufelsbrücke» aus Naturstein ist 1954 Auslöser der Beziehung zu Eduardo Torroja und der dauerhaften fachlichen und menschlichen Verbindungen zu Spanien.

1957 Eröffnung des Laboratoriums für experimentelle Statik in Reinach (BL). – In praktischer Umsetzung der technologischen Möglichkeiten, die sich mit der elektronischen Revolution in der 2. Hälfte des 20. Jahrhunderts ergaben, wird die einst schwerfällige Modellversuchstechnik zu einem modernen Arbeitsinstrument für den konstruktiven Entwurf entwickelt. – Internationale Kontaktpflege zu Institutionen und Persönlichkeiten auf dem Gebiet der Modelltechnik und der industriellen Forschung.

1966 Umzug des Laboratoriums in einen Neubau in Basel. – Neben der angestammten Bauingenieurstätigkeit wird die «Hybridstatik», die Symbiose zwischen Modell- und Computerstatik, theoretisch wie technisch perfektioniert und zunehmend auch von Ingenieur-Kollegen zur Lösung spezieller statischer Probleme in Anspruch genommen. – 1967–1969 Semestervorlesungen über die Modellversuchstechnik an der ETH-Zürich. – Verfassung des Lehrbuchs «Modellstatik»

1972 Kilian Weiss wird paritätischer Teilhaber des Ingenieurbüros. – Fasziniert von der sich allgemein anbahnenden digitalen Gegenstandsmodellierung und von der festen Vision der sich dadurch eröffnenden Perspektiven in Bann gezogen, wendet sich die Forschungstätigkeit des Laboratoriums ab 1974 zunehmend der Entwicklung diesbezüglicher Software zu.

1980 übernimmt Kilian Weiss zusammen mit ehemaligen Mitarbeitern das Ingenieurbüro und führt es unter dem Kürzel WGG weiter. Die experimentellen Einrichtungen des Laboratoriums gehen an die TU Barcelona. Das Laboratorium wird zur «CAD-Systems AG». – Mit deren Systemen und dem Knowhow ihrer Mitarbeiter werden im Rahmen des eidgenössischen Impulsprogramms die ersten CAD-Schulungskurse für die Schweizer Industrie durchgeführt. – 1981 beteiligt sich die Venturekapital-Gruppe Trans-KB massgeblich an der CAD-Systems AG, stürzt diese aber im Strudel ihres Zürcher Börsenskandals 1982 in finanzielle Nöte. – Frustrierende Suche nach Innovationskapital in der Schweiz. – Die rettende Übernahme der CAD-Systems als weltweites F+E-Zentrum durch Prime Computer scheitert 1983. Liquidation der Firma.

1984 Wohnsitznahme in Madrid. – Beratungstätigkeit u.a. im Rahmen der Expo '92 in Sevilla – 1988 und 1991 vermitteln Eraldo Consolascio und Marie-Claude Bétrix im Rahmen ihrer Architektur-Seminare an der ETH bzw. der HTL Biel einen ersten thematischen Rückblick über das bauliche Schaffen. – 1996–97 einjährige Gastprofessur an der Architekturabteilung der ETH Zürich. – 1999 Ausstellung im «Museum für Ingenieurbaukunst» in Ennenda. – Jahrespreis des Bundes Schweizer Architekten (BSA).

Nachwort

Das Vorhaben, ein Buch über meine beruflichen Tätigkeiten zu publizieren, entstand im Lauf meiner Gastprofessur an der Architekturabteilung der ETH-Zürich 1996/97. Eine vom Institut für Geschichte und Theorie der Architektur (gta) gemeinsam mit dem Institut für Baustatik und Konstruktion (IBK) der Bauingenieuabteilung geplante Gesamtausstellung mit Publikation in Buchform kam jedoch aus Zeitgründen nicht zustande. Stattdessen verwirklichte das «Museum für Ingenieurbaukunst» in Ennenda GL auf Initiative von Prof. Peter Marti im Frühjahr 1999 eine erste Teilausstellung, die im Wesentlichen die Thematik des 1. Kapitels dieses Buchs abdeckte.

Die ursprüngliche Vorstellung, das Buch durch Dritte verfassen zu lassen, erwies sich aus nahe liegenden Gründen als nicht praktikabel. Zu sehr waren die darzulegenden Inhalte auf meine persönlichen Erinnerungen angewiesen. Ich habe dann auf vielseitigen Wunsch, vielfach unter Beiziehung der Beteiligten, insbesondere der Architekten, die Niederschrift selbst in die Hand genommen, mit Ausnahme des von Peter Dietz behandelten 4. Kapitels. Dadurch hat das Buch neben seinem Hauptanliegen, auf anschauliche Weise einen sachlichen, wissenschaftlich fundierten Gehalt zu vermitteln, teilweise auch den Charakter eines Erlebnisberichts angenommen. Inwieweit dies seine Objektivität beeinträchtigt oder vielleicht im Gegenteil eine Bereicherung der Inhalte bedeutet, muss der Leser beurteilen.

Zur überschaubaren Darstellung meiner dispersen Aktivitäten musste für das Buch eine auch gestalterisch erkennbare thematische Struktur gefunden werden. Die systematische Ordnung des Buchaufbaus möge nun aber nicht dazu verleiten, diese als getreuen Spiegel eines ebenso rational geplanten Lebens zu verstehen. Ich tat in Wirklichkeit immer nur, was mir in der jeweiligen Situation spontan als fesselndste Zielsetzung erschien.

Sollte es dem Buch gelingen, dem beruflichen Nachwuchs von diesem reichen Erlebnis, Ingenieur zu sein, etwas mitzugeben, ihm und dem Architekten einen vertieften Einblick in die Denkweise und die Sorgen des entwerfenden Ingenieurs um die Realisierbarkeit seiner eigenen oder anderer «Visionen» zu vermitteln und dabei die Stereotypie des gesellschaftlichen Bilds vom Ingenieur als trockenem Rechner als dürftiges Vorurteil zu demaskieren, so wäre dies die erfreulichste Rechtfertigung für sein Erscheinen.

Mein Dank gilt den vielen Architekten, Kollegen und Auftraggebern, die mir bei meinen Experimenten ihr uneingeschränktes Vertrauen entgegen brachten, ebenso wie all den ehemaligen Mitarbeitern, die im Lauf der Jahre Ingenieubüro und Laboratorium durchliefen und durch ihre Beiträge deren erfolgreiche Tätigkeit erst ermöglichten.

Die Architekten, mit denen mich durch gemeinsame Entwurfsarbeiten ein besonders enges Verhältnis verband – und persönlich bis heute verbindet –, sind an den entsprechenden Stellen des Buchs namentlich aufgeführt. Besondere Hervorhebung gebührt meinem langjährigen Teilhaber am Ingenieurbüro, Kilian Weiss, der mich mit seinem Führungstalent in entscheidenden Etappen meines Lebens von vielen belastenden Verpflichtungen entband, und Léon Beuret, der als Leiter der Werkstatt mit begeisterter Einsatzbereitschaft für die Kontinuität der Labortätigkeiten sorgte. Auch die massgebliche Mitwirkung der Physiker, Elektroniker und Informatiker Willi Salathé, Robert Norin und Peter Cole bei den Laborentwicklungen darf nicht unerwähnt bleiben.

Bei der Entstehung des Buchs war der mir in grosszügiger Weise von Architekt Hans Zwimpfer überlassene Archiv- und Arbeitsraum in Basel von unschätzbarer Hilfe. Die freizügige Überlassung der Reproduktionsrechte durch die langjährigen «Hoffotografen» Walter Grunder, Christian Baur und Peter Heman hat die Verarbeitung des umfangreichen Bildmaterials entschieden erleichtert. Auch Ulrike Zophoniasson-Baierl, die meine Texte nicht nur lektorierte, sondern auch wertvolle Anregungen zur inhaltlich-formalen Buchgestaltung beitrug, sowie Leo Lanz, der das komplexe Archivmaterial verwaltete, gilt mein besonderer Dank. Und dieser richtet sich nicht zuletzt auch an den Verlag für die ihm selbstverständliche hohe Qualität der Buchausstattung, vor allem aber für seine geduldige Nachsicht, die er meiner fragmentarischen Auslieferung des Rohmaterials entgegenbrachte.

Heinz Hossdorf

Madrid, im August 2002

Bildnachweis
Bücher und Zeitschriften

Conference on Plastics in Building Structures, 14.-16. June 1965, Pergamon Press 1966:
128

Motta Fario, Morphologie der gekrümmten Flächen, Diss. ETH 1996:
206

Girkmann, Flächentragwerke, 6. Aufl., Springer-Wien 1963:
205, 212, 214

Dorothee Huber, Architekturführer Basel, Architekturmuseum Basel 1993:
218

Heinz Hossdorf, Modellstatik Bauverlag 1971:
204, 210, 211, 254

Fritz Leonhardt, Ingenieurbau, Habel 1974:
356

Giovanni Poleni, Memorie istoriche della Gran Cupola del Tempio Vaticano 1748:
208, 209

Ward-Perkins, Architektur der Römer, Verlag Kunstkreis 1975:
213

Gazette de Lausanne (28.11.1963):
130

Neue Züricher Zeitung, 18.01.1978:
400, 401

Schweizerische Bauzeitung 72 (1956) S. 752:
10, 16

Schweizerische Bauzeitung 80 (1962), S.4:
46

Schweizerische Bauzeitung 81 (1963), S. 831:
127

SIA, Nr. 43, 22. Oktober 1998:
270

SIA (1979) H. 50:
404

Werk-Schweizerische Monatsschrift für Architektur, Kuns und Künstlerisches Gewerbe 1969, S. 87–89:
298, 301, 307, 309, 311

Bildnachweis
Fotografen, Architekten und Firmen

C. Cuendet, Clarens:
377

E. Balzer, Basel:
227, 152, 153

Christian Baur, Basel:
88, 91, 143, 145, 155, 171, 173, 175, 176, 177, 185, 187, 247, 273, 321, 340

Nouss Carnal, Delémont:
61

Heinrich Danzeisen, St. Gallen:
13, 21

EMPA, Dübendorf:
110

Peter Heman, Basel:
1, 4, 5, 6, 7, 8, 9

Walter Grunder, Binningen:
32, 33, 35, 36, 45, 53, 54, 57, 58, 59, 60, 68, 79, 81, 82, 87, 113, 139, 151, 156, 158, 160, 161, 162, 165, 183, 230, 239, 242, 245, 246, 276, 278, 279, 290, 306, 308, 314, 317, 333, 337, 343, 344, 353, 358, 366, 370, 371, 373, 374, 375, 384, 385, 386, 387, 388, 390, 391, 394, 398,

Ernst Koehli, Zürich:
83, 86

Beny Kotz:
26, 27

Landesgewerbeanstalt Bayern:
215, 216, 217

P+E Merkle, Basel:
115, 150, 287, 319, 396

METALLWERK AG, Buchs/SG:
117

Moeschlin und Baur, Basel:
44, 49, 50, 98, 157, 163

Bernhard Moosbrugger, Zürich:
95, 102, 105, 120, 123, 124, 125, 126, 135 (und Cover)

Gerd Pinsker, Riehen:
66

Otto H. Senn, Basel:
149

Schwarz + Gutmann, Zürich:
170, 182

Paul Steinemann, Basel:
253

Peter Stöckli, Basel:
186

Photo Swissair:
38, 96, 136, 166

THOMPSON, Coventry:
395

Alle übrigen Illustrationen stammen aus dem Bildarchiv des Verfassers.
Verlag und Autor haben bei der Ermittlung der Quellen der verwendeten Bilder alle Sorgfalt walten lassen. Sollten sich dennoch Fehler eingeschlichen haben, so bitten wir dafür um Entschuldigung. Richtigstellende Hinweise werden dankbar angenommen.